城市形态的人文主义视角：基于文化—环境的城市设计方法

HUMAN ASPECTS OF URBAN FORM
Towards a Man-Environment Approach to Urban Form and Design

[美] 阿摩斯·拉普卜特 著

向岚麟 王 琢 阚俊杰 译

中国建筑工业出版社

著作权合同登记图字：01-2008-3793号
图书在版编目（CIP）数据

城市形态的人文主义视角：基于文化—环境的城市设计方法 = HUMAN ASPECTS OF URBAN FORM Towards a Man-Environment Approach to Urban Form and Design / (美) 阿摩斯•拉普卜特著；向岚麟, 王琢, 阚俊杰译. 北京：中国建筑工业出版社, 2024. 10. -- ISBN 978-7-112-30322-9

Ⅰ. TU984

中国国家版本馆CIP数据核字第2024G4N499号

责任编辑：率　琦
责任校对：王　烨

城市形态的人文主义视角：基于文化—环境的城市设计方法
HUMAN ASPECTS OF URBAN FORM Towards a Man-Environment Approach to Urban Form and Design
[美] 阿摩斯·拉普卜特　著
向岚麟　王　琢　阚俊杰　译
*
中国建筑工业出版社出版、发行（北京海淀三里河路9号）
各地新华书店、建筑书店经销
北京点击世代文化传媒有限公司制版
北京云浩印刷有限责任公司印刷
*
开本：787毫米 × 1092毫米　1/16　印张：25¼　字数：563千字
2024年11月第一版　2024年11月第一次印刷
定价：**88.00**元
ISBN 978-7-112-30322-9
（43115）

译者序

阿摩斯·拉普卜特（Amos Rapoport），1929 年出生于波兰华沙，是环境行为研究（EBS）领域的奠基者之一、《城市生态学》期刊主编、《环境与行为》期刊副主编，1980 年被授予环境设计研究协会的杰出职业奖。他曾先后任教于墨尔本大学、加利福尼亚大学伯克利分校、伦敦大学学院、悉尼大学和威斯康星大学密尔沃基分校，自 20 世纪 70 年代初在威斯康星大学密尔沃基分校担任建筑学和人类学教授以来，先后出版了一系列著作，包括独自撰写的四部著作、与人合作的六部著作。在职业生涯的大部分时间里，他将文化、世界观、价值观、风气和活动领域等文化人类学概念引入并整合到环境行为研究中，从环境心理和行为的角度论述环境与人之间的互动机制，强调文化因素在建成环境中的重要作用，认为如果设计师不了解文化，就无法创造出适合人们的建成环境，更不用说传达新的意义了。他的跨文化研究引起了学术界的广泛关注。

20 世纪 90 年代以来，拉普卜特的一系列观点常被国内的学术界论及，事实上，他的生活经历与中国有着千丝万缕的联系。第二次世界大战爆发后，拉普卜特跟随父母举家逃往上海，生活在日军控制下的犹太人生活区，并在上海的犹太学校接受教育。随着日军投降，拉普卜特移民澳大利亚，在墨尔本定居，并取得学位。

国内对于阿摩斯·拉普卜特著作的引入见之于中国建筑工业出版社出版的“国外建筑理论译丛”系列，其中包括他的《宅形与文化》（*House Form and Culture*），原书于 1969 年首次出版，被翻译成其他五种语言和《建成环境的意义——非言语表达方法》（*The Meaning of the Built Environment: A Nonverbal Communication Approach*），原书于 1982 年首次出版。本书原著的出版时间为 1977 年，恰在上述两书之间，可以说是拉普卜特将其研究从建筑空间形态向更大范围的城市建成环境的拓展探索，不变的是其建筑学、心理学、人类学和跨文化视角。20 世纪 70 年代，正是人文主义研究勃兴之际，学者的研究关注点从客观空间分析的实证主义转向了社会关系和政治的人文主义，强调意义、价值和解释。拉普卜特的研究正是这一转向的产物，人类聚居的各种空间形态不仅由地形、气候、植被等自然环境塑造，也深受文化因素的影响，即卡尔·索尔（1925）提出的文化景观。而人们在空间中的行为不仅是对距离、时间或经济成本最小化的考虑，还可能出于一种对环境氛围的感知、一种文化身份的认同和归属，或是对历史传统的继承。空间环境制约人的行为，人的行为也不断塑造出与其相适应的空间环境。

拉普卜特在本书中将跨文化比较作为一个重要机制，提出了分析文化多样性与不同群体构建的物质环境之间相互关系的概念框架。他开发了一个明确的分析模型，通过使用世界观、价值观和生活方式的概念，将文化作为一个理论构造与具体的行为和活动联系起来。他认为这些行为和活动可以转化为适应功能的环境，也可以产生建筑方案的规范。他的理论贡献是将文化和活动与环境系统、活动和环境与文化意义联系起来，这为几代建筑师以及 EBS 研究人员提供了一种设计策略，将文化作为任何环境分析的基本组成部分。

进一步讲，他通过研究任何设计环境的四个元素组织——空间、意义、交流和时间——阐明了空间关系和环境线索如何创造一个有文化意义的地方。这些环境线索后来发展成为“固定的”“半固定的”和“非固定的”空间家具，被用户阅读和解释。他反复强调，我们必须特别注意这些陈设，以便理解和解码环境的意义。美国人类学家塞莎·洛（Setha Low）受拉普卜特对非固定和固定家具研究的启发，认为“这提供了关于政治归属和阶级关系的变化符号的新数据”[1]（Low，1996）。

三个基本问题

在本书中，拉普卜特开宗明义地指出环境行为的研究是系统性分析人与建成环境之间的互动关系，有别于传统的城市设计研究，它强调的是人所处的物质环境和社会行为，关注的是两者之间的联系机制，这也为全书定下了基调。

拉普卜特将人与环境研究中的诸多具体问题化繁为简，提出了三个基本问题：第一，无论是作为个体，还是作为家庭成员、社会群体成员，人们如何营造环境，究竟是哪些因素在发挥作用，强调的是人的属性；第二，环境又是如何，以及在何种程度上影响人的，这实际上讨论的是环境的特征；第三，人与环境的双向互动中又有着怎样的机制，说的是两者之间的联系。对于这三个问题，拉普卜特也给出了自己的解答思路。

对于第一个问题，拉普卜特认为，不仅是个体的感知能力在起作用，还与个体所属的物质环境和社会环境有关。个体通过感官系统感知和理解环境，并给予相应的反馈，赋予其意义。而作为一种社会动物，人所在群体的价值观、信仰等文化因素必不可避免地在个体身上留下烙印。拉普卜特在这里引入了“过滤器”（filter）的概念，将客观的真实世界与主观的感知世界联系起来。这里的过滤器就是我们通常所说的“文化”，更具体地说，是群体的共同意象和认知模式，人们将环境要素输入感知系统，这些要素在通过过滤器时被放大、削弱、转化、整理，甚至排除，最终形成输出——完成对物质环境的组织。

对于第二个问题，拉普卜特指出，建成环境是人类行为活动的背景条件，不同群体在相同的环境中的行为特征存在着差异，而不同的环境又会促进或抑制某种行为。借助回答上一问题所引出的概念，通过“过滤器”的调节，人们会根据期望、标准和偏好（同样是文化的作用），放大或忽略对部分环境要素的感知，进而随着环境的变化在行为方式上作出相应的调整。也就是说，建成环境是信息经过编码后的客观呈现，提供了文化所定义的

[1] Low，S. M. Spatializing culture：the social production and social construction of public space [J]. American Ethnologist，1996，23（4）：861-879. ——译者注

与之相适应的环境行为的线索，人们对此进行解码，进而触发恰当的行为活动。需要注意的是，建成环境所表达的文化意义多种多样，这种意义的表达和编码方式各有不同。同样地，不同群体对于环境质量的评价也有所差异。如果无法正确解码，环境对人所产生的影响往往是消极负面的。拉普卜特认为，人们对于聚居地的选择在很大程度上就是环境影响人的最佳示例。无论是定居还是迁移，人们都是通过共同的价值观、典范、意象和图式对聚居地环境进行评价，进而作出决定。

前两个问题的答案实际上已经回到了第三个问题，因为如果人与环境之间存在上述互动关系，那么两者之间就必然存在着联系机制。文化又在其中发挥了不可替代的作用。拉普卜特强调，人与环境之间相互作用的基础是适配性 / 一致性（Congruence），具体地说，是人们将其文化、价值观、行为等与物质环境进行匹配，而设计就是创造与人们观念和意象一致的工作。

环境设计四要素：空间、时间、意义与交往

在本书的第 1 章，拉普卜特将环境定义为对空间、时间、意义和交往的组织。空间与时间较易理解，“意义”（Meaning）指的是从环境到人的非语言表达（拉普卜特在之后出版的著作《建成环境的意义——非言语表达方法》（*The Meaning of the Built Environment: A Nonverbal Communication Approach*）中，就围绕“意义”进行了详细的论述）。对“意义”的重视和强调贯穿了拉普卜特一系列的研究工作，他认为“意义”是“建筑环境的最重要功能，而不是工具性功能的补充”（Rapoport，1997b: 92-94）。而“交往”（Communication）指的是人与人之间的语言或非语言沟通。

拉普卜特在这里强调的是，环境并非人与事物的随意拼凑，而是存在着一种基本规则，与文化有着系统性的联系。因此，城市设计可以定义为一种基于这些规则和文化所进行的空间、时间、意义与交往的组织，而最终的结果要使客观环境与特定群体在理想模式上取得尽可能多的一致性，或者说使设计意图与使用体验相一致。通过包括认知结构和图式在内的各种“过滤器”，将涉及空间、时间、意义与交往的各类要素层层过滤和选择，并借由意象这一媒介，最终使要素在建成环境中得以表达，构成了感知环境的基础。

这里引出了接下来几章所阐释的三个主要概念——环境感知、认知与评价。这里区分三者的目的并非是为了解释心理学上的争议，而是为了区分其作为与环境相关的一个连续过程中的不同阶段。

环境感知、认知与评价

环境心理学将人们对环境知觉体验的过程分为感知、认知和评价三个阶段。[1] 感知更

---

❶ 苏彦捷 . 环境心理学 [M]. 北京：高等教育出版社，2016. ——译者注

多是基于生理和物理的，而认知和评价是更高级的心理活动过程，与社会文化相关。人对环境的知觉体验是对被主体选择、过滤后建立的心理意象作出判断。作为社会的一员，心理意象的过滤产生总是以大脑中的文化因子为基础，对心理意象的判断也总是以观念中的价值规范、行为动机和心理期待为标准。所以，环境的知觉体验总是借助主体的观念、信仰、生活方式、行为准则等社会文化体系为中介来完成。

拉普卜特在第 2 ~ 4 章讨论了环境的评估和偏好，以及评价标准的多变性；从多个角度论述环境认知及其与城市设计的关系；环境感知的重要性及性质。

第 2 章在梳理以往研究环境质量构成要素的基础上，就环境品质的感知——环境评估和偏好之间的关系进行了说明，并详细论述了环境偏好与聚居地选择和移居之间的关系，以及内在的文化象征。理想的城市环境要符合环境质量标准和未来居民的意象，也就是说，特定的城市空间是结合了各种限制条件与可能因素，以及个体与群体感知过程的结果。因此，只要有机会，人们就会选择与其需求、偏好、生活方式和意象最匹配的居住地，无论是环境良好的独栋别墅、拥挤狭窄的贫民窟，还是杂乱无序的棚户区，也恰恰说明了环境偏好具有群体的差异性。而这正是我们在进行城市设计时所欠缺的，设计师和规划师往往根据自己的标准和偏好来强调城市意象，忽略了使用者本身的偏好和需求，以及环境所体现的价值观、生活方式、社会身份、血缘关系等文化象征意义。因此，好的城市设计应该能够延续文化，同时提供更多的可变性和表达环境偏好的可能。

在第 3 章中，拉普卜特从城市意象、认知图式、心理地图等角度，说明了环境认知与城市设计的关系。环境认知的过程就是人们通过编码、存储、唤起和解码空间环境信息，形成初步认知，并通过学习、经历和记忆，对来自新环境的信息进行测试，修正认知结果，最终形成环境行为结果，并在客观的物质环境上有所体现。其中引入了时间的维度，并且说明了环境认知是一个有着多种变量，不断调整、修正和反馈的循环过程。人们对于时间、空间和距离等环境要素的判断具有一定的主观性，涉及特定的群体特征、空间环境的尺度、处理的信息细节、对于意义所达成的共识的程度等因素，因此，人们的行为更多地依赖于这种图式，并非客观形态。城市作为一种客观物质、认知方式、社会文化相互交融的产物，是由一系列相互联系的不同尺度、规模和重要性的场所经过认知组织而成的，场所之间有着清晰或模糊的边界，环境线索定义了场所的重要性。因此，尽管我们很难避免由群体差异导致的组织方式冲突，但城市设计还是要尽可能多地满足不同群体的认知组织方式。我们需要牢记的是，主观环境影响了行为。

在说明了城市与感知输入、认知图式、环境评估等之间的关系后，拉普卜特在第 4 章强调了环境感知、认知和评价过程中，人与环境之间存在着一种动态的、积极的双向互动机制。环境感知有赖于视觉、嗅觉、听觉、触觉、动觉等多感官属性，使人们能够对环境中的所有信息（颜色、气味、声音、质地、温度等）作出回应。文化中起主导作用的感官方式，往往会得到强化，而城市设计的目的就是要最大限度地提供多感官感知的可能性。众所周知，人处理信息的能力是有限的，为此，拉普卜特将信息论中的信道容量、过载、冗余等概念引入进来，指出城市就是一个存在着潜在过载问题的社会系统，对于时间、空间、意义和交往的组织就是要使城市达到恰当的信息数量级，既要避免过度拥挤带来的过载，又要避免过度私密带来的冗余过度。第 4 章进一步说明了环境的复杂性，并且强调了速度在感知差异性和复杂性中的重要作用，因此，城市设计还要关注在不同速度动态下，不同类型空间组织方式所带来的人与环境的互动关系。

社会与文化的影响

在本书的最后两章，作者从社会、文化和领域等变量的角度分析了城市，区分开联想与感知世界。

第 5 章开篇直接指出，城市的空间、社会和时间系统是众多社会和文化因素作用的结果，提供了感知输入、认知图式素材和情感反馈。拉普卜特在这里提出了“设定条件”（setting）的概念，将环境作为一种设定系统，各种活动在其中发生。所谓设定条件就是利用适当的规则将活动与周围环境联系起来，达到允许或禁止某些活动发生的目的，当然，这一过程中也存在着群体差异。这种条件在宏观层面上的体现，就是城市内部的集聚与城市飞地的形成。事实上，人的集聚基于偏好等因素，由此形成特有的社会网络和活动体系，并发展成为某一文化所特有的行为条件系统，体现于场所意义、象征符号和各种领域。在中观和微观尺度上的体现，对聚居区甚至住宅本身的设计也具有参考意义。其最根本的理论基础，仍是之前讨论过的认知图式等概念。

第 6 章谈到更多的是“非言语交流”（non-verbal communication）问题。拉普卜特认为，环境作为一种意义的组织、一种交流形式，人们从环境的象征符号中读取相应的意义，进而完成人与环境的非语言交流。在第 2 章我们已经讨论过，不同的群体有不同的环境偏好，通常，高度、色彩、年代、位置、材料、布局、外形等象征符号会被环境使用者用来强调群体差异，正是这些明显的差别或对比，使意义才能够被解读。拉普卜特同时指出，拥有共同价值观、行为的群体所作出的一致性选择，也就是所谓的“风格”，形成了文化景观，反映了人类文化和活动对环境的改造。而不同群体的象征符号、环境偏好等需求会随着时间的推移而变化，这也是为什么文化与亚文化、传统文化（亦可称为乡土文化）与当代语境之间在文化景观上存在着较大区别。因此，拉普卜特在最后提出了“开放设计”的概念，强调了人参与其中的重要意义，城市设计要通过恰当地安排象征符号提供线索、传达意义，强化文化景观间的差异，使环境与相应群体文化的需求、价值观、认知规则等相一致，以实现设计目标。

正如拉普卜特所说，本书并非是评述城市设计中各种标准的重要性，更不是为了提供一种公式化的设计手册，而是尝试从人与环境互动关系的角度提供一种理解城市的框架。理解与解释，再次回应了人文主义对人类这一主体的观照。书中的核心——文化对建成环境的影响在今天看来似乎早已成为常识，但在此之前，人们更多地关注于气候、地形、材料等显而易见的客观环境要素，而拉普卜特却认为，价值观、生活方式、环境偏好等与人相关的主观要素才是其中的关键。他向我们揭示出全球范围内不同地域、不同文化族群的空间经验模式，以及各种“美好生活”的观念及理想化环境（正如人文地理学者段义孚所做的那样）。人不再是被动的环境使用者，而是具有个体的主观能动性，是积极的环境创造者。

值得注意的是，本书成书于1977年，正是20世纪70年代，城市设计逐步确立成为一个单独研究领域的时期，对空间的认知和理解成为人们的关注重点。前有凯文·林奇的《城市意象》（1960年），后有诺伯格·舒尔兹的《场所精神》（1979年）。城市的文化与社会结构、建筑与公共空间、环境与人的行为活动等有形和无形要素之间的关系越来越受到重视。尤其难能可贵的是，拉普卜特教授在40年前的著作中提及的关于老城更新的观点（第2章的贫民窟和棚户区两点），既要重视积极的一面，比如良好的环境氛围、频繁的社会互动和邻里关系、场所情感和社群文化延续方面的优势，但也不能将其浪漫化。在空间形态布局和社会关系发展方面，拉普卜特教授确立了后者才是最终目标的论调。对于今天国内如火如荼的城市更新运动，这些论点依然有非常现实的指导意义。

在翻译本书之际，因为它高度的跨学科特点，尤其是与社会文化研究、环境心理学、人类学等学科的互通融合，翻译团队在惊叹于拉普卜特的旁征博引和学识渊博之外，也因为自身的学识受限而在翻译中时刻感觉捉襟见肘。尤其是那些社会人文学科的专用名词，既需要考虑它们在中文翻译中约定俗成的，已经被该学科高度认可的译法，也要与大建筑学科进行对话。翻译的过程经历了反复的推敲与琢磨，初译稿历经6年完成，之后又不断打磨和润色，一个篇章至少经历三轮翻译。译者从2011年接受翻译任务到现在正式出版已经整整13年，当年出于对空间意义的兴趣毅然接受委托，到翻译过程的难产，中途虽坎坷，然从未想过放弃，只因该书的内容实在引人入胜，最终顺利完成了翻译工作。同时，我对前后参加本书翻译工作的同学致以谢意，其中包括园林学院城乡规划系的在读学生李菀珂、李懿、刘听雨，已经毕业的李敏静、陆苹，以及远赴他国工作和求学的刘雨晴（荷兰）、许晔（英国）等人。

本书首次出版距今已有40多年的时间，虽然其中涉及的环境行为学、环境心理学、文化人类学等基础科学理论还在不断发展和更新，但其基于人与环境的互动关系，通过时间、空间、意义和交往的组织，以及从社会文化视角展开的对城市形态与设计的论述仍具有一定的讨论空间。尤其是对于中国这样一个拥有悠久历史文脉的国家，文化对于建成环境的影响更是深远，因此，我们希望借助阿摩斯·拉普卜特的这本专著，使关心中国城市建设的人们能够更深一层地思考。

前言与致谢

自 1967 年以来，我一直致力于人与环境关系方面的研究，所以很难说这本书是从何时真正开始准备的。书里阐述的很多话题在我之前发表的一些文章中都曾提及。最早在伯克利开始萌芽的想法在伦敦得到了进一步发展，伦敦当地的环境对我的启发很大，同时我还得到了英国皇家建筑师学会（RIBA）和伦敦大学的一些小额资助。

我在悉尼大学时开始真正动笔，在这里完成了前期关键草稿的撰写。1969—1972 年间，我得到了悉尼大学的长期小额资助，并在课堂上测试了一些还在酝酿的发展思路。

到达威斯康星大学密尔沃基分校时，最后的版本已经完成，使我能够以发展中的文本为基础举办几次研究生研讨课，这对我帮助很大。1973 年我获得了研究生院的夏季资助，此后在没有任何资助的情况下继续写作到 1974 年。1974—1975 年间，我获得了为期三年的研究型教授职位，能够抽出一个学期的时间，还聘请到了打字助理，并在 1975 年年底前完成手稿。

我还要感谢我的妻儿，他们在我全心工作时一直理解并支持着我。

目　录

绪 论

长久以来，城市一直是人们好奇的对象。人们提出了很多界定城市的方法，并将其作为一个社会系统、经济系统和政治术语进行分析和描述；它被视为一件艺术作品、一种交流工具、一件历史文物，相应的也有许多不同的城市规划和设计方法。

近年来，一个新的研究领域兴起，它通常被称为人与环境的研究，关注的是人与建成环境相互作用的系统性研究。这门学科与传统设计不同，它强调人，包括人们的社会和心理环境，并且是系统的。虽然它对人的认识是基于一些社会和行为科学的发现和方法，但与这些科学的不同之处在于，它强调物质环境，而这些学科基本忽略了物质环境。在关注设计什么和为什么设计的过程中，在理解人与环境互动的基础上达到设计对象——人的标准，需要处理三个一般问题的某些具体方面：

（1）人们如何塑造他们的环境——作为个体或规模不同的社群，人们有哪些特征与特定环境的塑造相关？

（2）物质环境如何以及在多大程度上影响人，即设计的环境有多重要？在哪些情况下重要？

（3）在人与环境的双向互动中，有哪些机制将人与环境联系起来？

几年前，我们有必要详细介绍这一领域，但现在，一个简明扼要的总结可能就足够了。

鉴于该领域的任何问题都可以视为上述三个基本问题的组成部分，因此对于人与环境研究的某些方面的讨论，最有用的方法就是从以下问题的详尽讨论入手。

1. 第一个问题是关于人的特征——作为物种的成员、作为个体和各种社会群体的成员——他们的特征如何影响（或从设计师的角度，应该影响）建成环境的塑造。

在理想情况下，应考虑到恒定性和可变性两个方面，即社群的存在和性质——特定行为、趋势和倾向。它反过来提出了关于人类进化背景知识的潜在重要性问题，包括人类进化所处的物质和社会环境，以规定一个基准。它将提供范围，并对环境能够最好地回应人类需求，以及某些活动或思维过程导致特定环境解决方案的方式设定某些限制。

就个体而言，主要关注的是感官能力，即人作为环境的积极使用者和探索者，如何通过感官感知环境并赋予其意义。然而，由于使用、理解和解释环境的方式，甚至在这个过程中强调哪些感知方式，都会受到特定群体成员的影响，人们就不可避免地被视为群体的成员，具有特定的价值观、信仰和理解世界的方式。

此外，人们在小团体、家族、大型社会团体和机构、亚文化和文化圈中的成员身份影响着他们的角色定位、交流方式、社会网络的相对重要性和处理方式、亲属关系、价值观以及其他社群特征。这些都会影响环境的形态，反过来也会受到环境的影响。

2. 最后这一点构成了第二个问题的主题。了解建成环境对人类行为、情绪和健康的影响是至关重要的。如果没有影响或影响很小，那么研究人与环境的互动关系就不那么重要了。这也是一个极难回答的问题，因为证据往往难以比较，相互矛盾，而且没有共识或能普遍接受的理论立场。下面是一个特定理论表述的概要总结。

物质环境对人有什么影响的问题在文化地理学和环境设计学的研究中受到了关注。尽管地理学处理的是不同尺度上的一系列不同因素，但其经验仍为设计领域的发展提供了有用的参考。简而言之，地理学界有三种观点：

（1）环境决定论——认为物质环境决定了人类行为。

（2）或然论——认为物质环境给人类决策提供了可能性和限制条件，人类可基于其他标准，主要是文化标准作出决策。

（3）概率论——当前的观点认为物质环境确实对人类决策有一定的影响，但这种影响不是决定性的，不过在某些特定物质环境下，一些选择比其他选择更有可能。

在规划设计中，环境决定论一直是传统观点——即认为城市和建筑形态的变化将导致人类行为的明显变化、幸福感的提升、社会交往的增加等。作为回应，尤其是在地理学中，有人提出建成环境不是影响人类行为的主要因素，社会、经济和其他类似的环境条件才是主要的。

目前的观点是，建成环境可被视为人类活动的一个背景，这个背景可能抑制或促进某种行为，特定背景可作为催化剂促进或释放人们的潜在行为，但无法决定或产生活动（虽然其中的区别很难通过观察来辨别，但在理论上却十分重要）。同样地，限制性的环境一般会使某些特定行为变得更加困难，但通常不会完全阻止它们，尽管阻止行为比产生行为容易得多。此外，虽然人们一般（尽管不是普遍）认为建成环境具有重要而非决定性的影响，但如果在能力弱势或屈从环境的情况下（例如，老年人、病人、儿童），情况会变得更加敏感，事实上可能变得危急。

这种弱势可能是文化上的，也可能是物质上的。因此，那些经历快速变革的群体或文化“边缘”群体，可能会受到不适宜的环境形态的严重影响，比如阻止或破坏特定的家庭组织形态、阻止形成同质化的互助团体、破坏社会网络或某些机构、阻止某些仪式或经济活动，等等。所有关于能力弱势或屈从环境（不管是物质的、心理的还是文化的）的案例中，都有一个共同影响因素——面对高强度压力时的能力下降，因此来自克服限制性环境的额外压力显得异常巨大。一个复杂的因素是，就压力而言，适应的效果在空间和时间上往往与最初发生的情况相去甚远，因此难以追踪。在这种情况下，支持性或修复性环境可能是必要的。

应该强调的是，环境效应是由“过滤器”调节的，“过滤器”是人们所感知的环境的一部分，涉及期望、动机、判断和象征意义。环境品质、标准等概念也是可变的，因此，贫民窟的定义、棚户区的评价、私密性或密度的含义都是非常复杂的问题。

人们在不同环境中的行为和表现是不同的，这一事实表明了另一个重要观点，即人们在不同环境中行为得体，是因为他们使自己的行为与文化定义的适合该环境的行为规范相一致。这暗示着建成环境为行为提供了线索，所以，环境能够看作一种非语言交流的形式。利用固定式空间（墙体、门等）、半固定式空间（家具、装饰等）以及非固定式要素（Hall 1966）之间的区别——人们及其穿着、手势、面部表情、人际关系、姿势等（这些都是非语言交流研究的传统课题）都能融入单一模型中。

人们根据他们对环境线索的解读采取行动，因此必须理解这种"语言"。如果环境设计被视为编码过程，那么使用者就是解码者。如果这些编码不被共享、理解或不合适，人与环境之间就无法交流。

这种方法可以区分环境的直接影响和间接影响。前者是指环境直接影响行为、情绪、满意度、表现或互动；后者是指用环境来推断人们的社会地位或身份，并相应地改变其行为。

与大部分关于此主题的典型讨论相类似，这个讨论中也有一个隐含的假设，即将人们置于某一环境，这个环境进而对人们施加影响。但多数情况下，人们会选择他们的栖息地，从而引起各种类型的迁移——国际的、区域间的、城市间的，直到对社区、住宅和家具的选择。实际上，人们用脚投票，环境对人们的主要影响是一种积极或消极的吸引力——栖息地的选择。

在某些情况下，栖息地的选择受到贫穷、虚弱或歧视的限制，从而成为一个主要的环境问题。对于强制居住（如收容院就是一个极端的例子），环境会变得更加关键。这种强制居住恰恰就是上文提到的屈从环境的情况，这种顺从的反映在文化层面也有体现。在这些情况下，文化存续与住房和定居点的形式紧密相连，因此建成环境可能成为关键，起着几乎是负面的决定作用。

3. 在某种意义上，第三个问题是一个必然的问题。如果人与环境之间存在互动关系，那么两者之间必然存在某种联系机制。之前已经提到过几种，如环境作为一种非语言交流方式，即一种使用者可解码的代码；环境作为符号系统；感知（通过不同感官）和认知（通过命名、分类和排序赋予环境意义）似乎也是其他重要的联系机制。就其中几项而言，环境与文化密切相关，人与环境互动和设计的一些方面可以从一致性的角度来看，人们试图通过设计或者迁移，使他们的特征、价值观、期望和规范、行为等与物理环境相匹配。

通常来说，城市—人是环境—人的一个特例，因此本书主要探讨城市背景下人与环境的互动关系，并将利用一系列学科提供一个广泛的概念框架。许多任意的定义将各领域分隔开，因此有必要弥合它们的界限，这样至少有助于人们理解城市的组织方式，理解人们如何看待城市和使用城市，以及如何组织城市。所涉及的一些学科即使考虑了环境问题，也是抽象的，与作为生活环境的城市无关，因为后者是由人们体验、认识和评价的。社会和行为学科很少关注实际的三维空间，即人们实际体验和使用城市的较小尺度。

这一直是设计专业人士所关注的。然而，他们总是以行动，而不是以学术为导向，因此受其他领域新见解的影响较小，没有发展出一个理论基础。当缺少规范性时，就更易偏向于描述性而非分析性。最终，无论是社会科学还是设计专业，都没有从不同文化的案例中探讨这个问题。

我将尝试把我的以下发现运用到城市设计中：人们感知城市的方式、心理结构、给定形式对人们的影响、意象的作用、城市对人类行为或满意度的重要性，或人们如何实际体验城市等。有些人的特征需要与物质环境的某些特征相适应。个人和群体的这些特征既是普遍的——作为有机体和物种成员为人们所共有——又具有文化多样性。因此，尽管避免过度普遍化（特别是基于先验假设的情况下），以及处理物质和文化环境的可变性很重要，但也要记住，在这种可变性背后，可能有关于人们与城市环境互动方式的更多不变的过程性原则。

除了对恒定因素和可变因素的相互作用及其在城市空间中的表现感兴趣之外，我们还关注给定的城市构架如何符合人们的心理、文化和社会需求。无论未来城市的发展如何，我认为需要考虑一些基于人类特点恒定性的原则，因为这种恒定性是我将强调的文化与亚文化的可变性的基础，某些人类长期的行为模式表现可能与当前有关未来城市的理论相矛盾，事实上，当前理论中有关未来城市可变性的认识也一直处于摇摆之中。现在有许多来自伦理学、心理学、社会心理学、社会学、人类学、地理学以及人与环境研究的发现，它们从总体上揭示了人与环境特别是城市环境的相互作用。这些发现并不是孤立的——它们之间相互作用并开始形成一个综合体。这些相互作用关系并不总是显而易见的，因为这些材料散落在各种各样的期刊、书本和研讨会中，在性质、概念、方法论和方向上都有很大差异。通过将其联系到同一领域中，我们将能看出哪些内容是互相启发的，哪些内容是截然相反的，并为在城市尺度上构建一个建成环境的概念框架迈出第一步。

本书没有报告任何原创的经验性发现，而是考虑到大量人与环境的数据，选择了一些主要概念将其整合、运用到城市环境中，并考虑了它们与理解城市形态的相关性。这种相关性包括两方面：第一是分析性的，即理论和数据可以引领我们更好地理解城市形态、城市组成部分及城市与人类的一致性；第二是设计上的应用，即其中可能包含对规划设计中城市要素和系统的具体建议。因此，本书有三大功能——回顾数据、综合数据、检验这些数据与城市形态分析与设计的相关性。

需要解决的重点问题包括：使用者如何真正体验和理解城市，价值观、意象和图式的作用，以及人类行为对塑造城市形态的影响；环境的物质形态和人们的生活、使用方式之间的关系；通过扩大样本开拓视野，不仅关注乡土城市设计，而且关注宏观城市设计，了解西方以外的传统，并着眼于更多的国家。

本书的目标就是人们常说的——设计以人为本的城市。但其言下之意是，人与环境的研究领域中涌现出一些新的组织概念，这些概念可以澄清一些问题，如城市中心和邻里的意义、密度、隐私、“贫民窟”、物质形态和社会互动的关系，设施选址和使用（或不使用）

的关系，环境质量的标准及其含义等。在城市设计和规划中，以及其他尺度的设计中，需要基于真实知识的明确目标。这些目标不仅是设计决策所需要的，也是为了评估决策是否成功。事实上，缺乏评估，以及关于建筑和城市的累积性知识体系，一直是设计工作的主要弱点之一。本书将结合必要的各类数据和方法，引导形成理性的设计目标。尽管这些数据的大部分还没有真正投入使用，但对于设计师来说，了解这一观点和当前的技术状态似乎是最重要的。这些知识将不可避免地改变他们对城市和城市设计的看法和方法。

指出本书的未涉及之处也有价值。本书不涉及社会规划、政治进程、政策问题和经济问题，甚至不涉及正式设计。然而，在强调城市的社会文化、心理等类似方面时，我不否认任何其他标准。本书意在补充这些来自其他方面的标准，也对现有的城市设计和规划书籍作一个补充。

本书不打算评估各种标准在规划设计过程中的相对重要性，尽管这种评估很重要。本书尝试从人与城市互动关系的角度提供一种理解城市的框架，因此它既不是文献综述（尽管参考文献数量庞大），也不是城市设计或场地规划的指导手册。

我关注的是从心理学、行为学、社会文化学角度，采用类似的标准理解城市形态。重点是城市设计而不是规划——尽管它们的区别从来都不是很清楚。首先，我假设这种区别与尺度规模有关，规划一般考虑的尺度较大，而我们处理的是城市的一部分；其次，我假设城市设计处理的是城市要素的性质及其之间的相互关系，因为它们是被体验和理解的，而规划处理得更多的是位置和政策决定。我的目的是根据现有证据提出一种方法。它不只是给出一个简单的答案，也不是一个完成的或者完整的概念框架——它应该有助于城市中人的行为和原因的理论研究。我将强调物质、可体验和设计方面的特性。虽然现在人们已经接受了一个事实，即不能设计整个城市（尽管可以组织或构建它的骨架），但是为某些用户群体设计城市中的部分区域仍然是可行的。

我们对人类行为很感兴趣，将从个体、小团体、大团体的视角观察城市，并试图从经验和理论的角度获取相关的正确表述。我们感兴趣的是人们如何体验城市，如何赋予自己所感知的事物以意义，如何理解城市并从概念上组织它，如何赋予环境要素相应的身份，如何对要素进行分类，如何由此产生相应的行为，设计的环境如何反映理想图景，如何影响行为，如何进行选择以及基于什么。

这种方法是以自我为核心的，处理个人和群体对物质环境和社会文化环境的体验，其出发点是个人的经验世界和他的解释，群体则被看作具有共同的社会、文化和心理特征及需求的个体集合，这些特征和需求应该反映在物质环境中，并且对应于适当的要素。城市的子区域因此能与这些不同特征联系起来，各种统一概念也将明显不同的群体和地方联系起来，为整个城市提供结构性要素。

第 1 章介绍了许多后续章节即将展开阐述的概念，并为它们提供了一个框架。在探讨城市设计作为组织时间、空间、场所意义和交流的手段之后，还考虑了环境性质、文化差异、价值观的作用以及目前使用的环境感知的概念，同时指明了这种用法遇到的一些困难，并提出了三个不同的术语——“评价”“认知”和“感知”。意象和图式作为广义的、有组织的概念被引入，它们链接了许多研究发现。

接下来的三章将依次讨论“感知”的三个含义：作为灵活可变概念的环境质量和偏好及其构成部分、环境认知及其与设计的关系、感知本身的合理性及其各个方面。因此，感知—认知—评价（导致行为）的顺序是按倒序讨论的。随后，我们转向社会、文化和伦理学的概念，这些概念是对已经讨论过的城市空间组织性质的补充，接着是有关象征主义的讨论（广义上它被认为是城市环境交流功能中的一个因素），并对其跨文化影响进行了评估。

最后，本书提到了人们参与环境的必要性，以及活动与形式的关系，并引入了开放式设计的概念。

在此之后是海量的，但仍具有高度选择性的参考文献（本书的重要组成部分）。该领域文献数量的增长十分迅速，因此我武断地将 1972 年末作为文献引用的截止点，当然一些精心选择的文章除外。这部分是由于它处于本书第二稿完成（1972 年 7 月）和随后的第三稿、第四稿工作（1973 年、1974 年和 1975 年）之间。我参考了几百个新项目，但并没有改变任何结论——相反，它们为已有论点提供了更有力的支撑。

第 1 章
城市设计作为一种组织时间、空间、场所意义和交往的方式

城市环境是广义环境的一种特殊形式，因此有必要从广义环境这一概念开始讨论。从最广泛的意义上讲，环境可以定义为生物体、群体或正在研究的任何系统之外的任何条件或影响。虽然最新的生态学研究强调“环境中的生物”而不是“生物和环境”，但人们习惯于以这种方式区分周围的环境。近期出现了一些有助于环境研究的新概念，其中有人将环境描述为一个由七个组成部分的生态系统（Ittelson 1960）:

（1）感知性——个人体验世界的方式，一种联系人与环境的主要机制。

（2）表现性——涉及形状、颜色、纹理、气味、声音和象征意义对人们的影响。

（3）文化的审美价值领域——除此之外，还有整个价值领域。

（4）适应性——环境促进或阻碍活动的程度。

（5）整合性——受环境促进或抑制的社会群体类型。

（6）工具性——指向由环境提供的工具和设施。

（7）以上所有组成部分构成的一般生态学互动关系。

Lawton（1970）提出了另一种模式，他认为环境是一个由五部分组成的生态系统:

（1）个体。

（2）物质环境，包括地理、气候的所有自然特征，限制和促进行为的人造特征，以及环境的“资源”。

（3）个体环境，包括对行为控制有重要影响的个体组成——家庭、朋友、权威人士、同龄群体成员等。

（4）超个体环境，指的是因年龄、阶层、族裔、生活方式或其他特征属性分类而产生的环境特征。

（5）社会环境，包括社会规范和制度机构。

无论是这两种模式还是其他模式，都有两个共同点。第一，它们都认为环境具有多重性——社会性、文化性和物质性; 第二，它们意味着物质环境（由设计师操控的）的变化与其他领域（心理、社会等）的变化之间的联系。

环境是一系列要素和个体间关系的集合，并且这些关系是有序的——它们有特定模式。环境是有结构的，而不是事物的随机组合。它既能反映也能促进人与物质要素的联系和交

流。环境中的这些关系主要是空间上的——事物与人基本上通过空间和空间本身的分隔联系起来。

即便是动物社会，在空间上也不是随机分布，而是由物质环境与社会环境的互动关系所决定（McBride 1964，1970；Wynne-Edwards 1962）。人类心理的、社会的和文化的许多特征常常以空间的形式表现出来，例如，城市中各种同质群体在空间上的分隔。无论是人类还是动物，分组同时是空间概念和社会概念，它暗示了同一群体成员在物理和社会上的距离比其他群体成员的距离小。

空间被体验为世界的三维延伸，它环绕着我们，是一种人与人、人与物、物与物之间的间隔、关系和距离，也是建成环境的核心。相较于造型、材料等，空间组织实际上是营造环境中更基本的方面。

住宅围绕着中心形成一个村庄，例如，新几内亚的东部高地和 13 世纪德国的村庄 [图 1.1（a）]。房屋的形状和材料，甚至中央空间的形状都可能发生变化，但不会从根本上改变组织形式 [图 1.1（b）]。但是，如果将传统住宅沿街布置，将会产生完全不同的住区形式 [图 1.1（c）]。又比如基于庭院或大院的城市——我称其为"由内而外的城市"（诸如穆斯林、约鲁巴、拉丁美洲和日本的城市）。这与那些房屋面向街道并与之相关的城市有着根本的不同，无论房屋的材料或形式如何（图 1.2）。

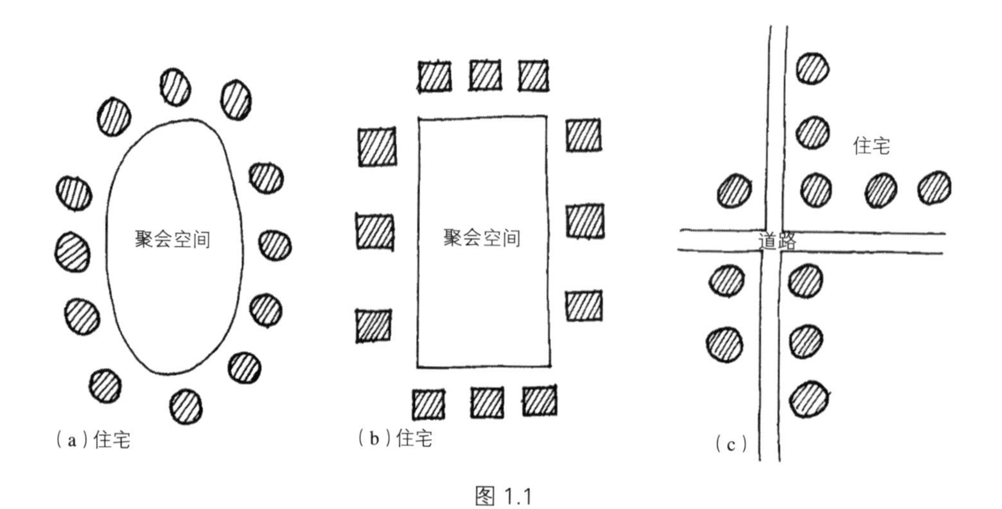

图 1.1

这种差异反映了私人和公共领域的划分，正如上个例子体现的那样。通过某种控制"锁链"明确区分私人和公共空间 [图 1.3（a）]。与其改变空间的形式和材料，不如从根本上改变其关系，通过边界的互相渗透，"锁链"就会消失 [图 1.3（b）]。

实际上，从区域景观到室内的家具布置，规划设计都是为了不同目的并基于不同规则进行的空间组织，反映了群体或个体的需求、价值观和期望，体现了文化空间与物质空间的一致性（或不一致）。这并不是要否认空间及其围合要素的形状、比例和感官体验感的重要性，以及它们的象征意义，但所有这些都发生在我前面描述的那种空间框架内。因此，空间组织是关键因素，而且对于比较环境和研究其组织规则，它也最有效。

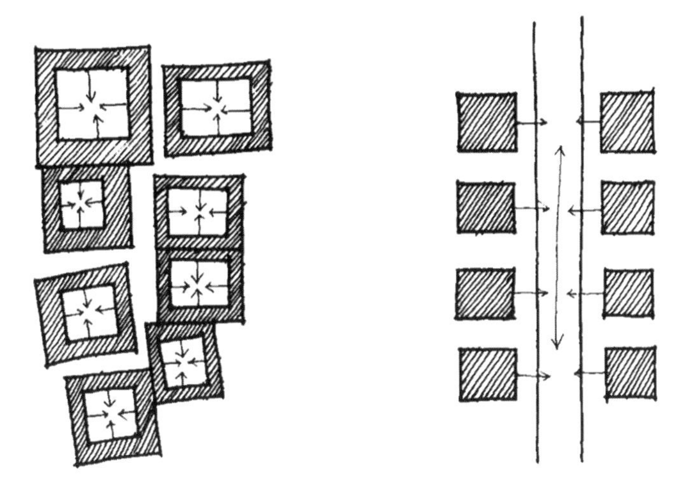

图 1.2

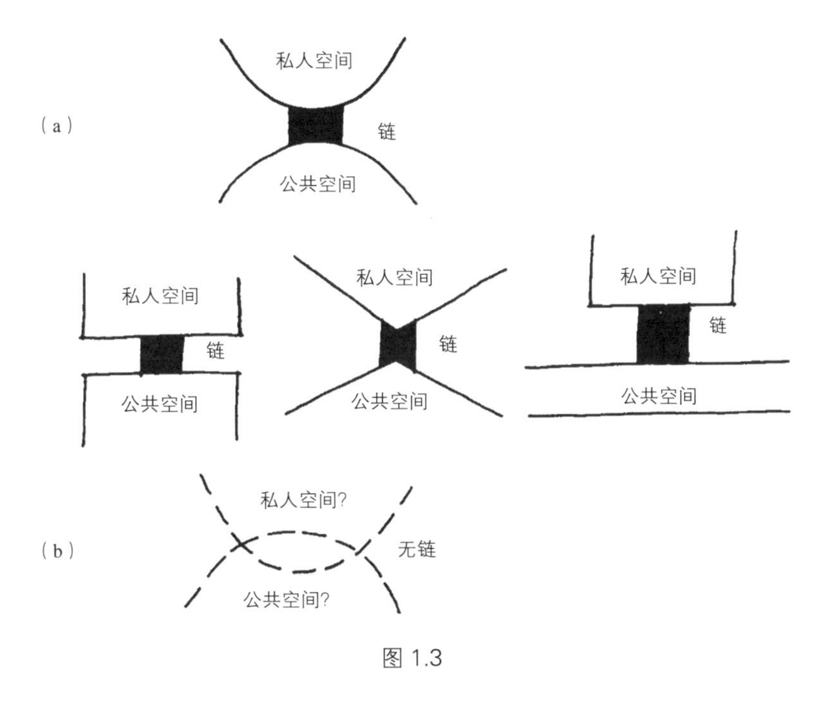

图 1.3

墨西哥的圣克里斯托瓦尔—德拉斯卡萨斯（Wood 1969）是空间组织在不同尺度上保持连续性的典范之一，构成了当地的一个本质特征（图 1.4）。该住宅由沿着个人和功能场地划分的房间组成，围绕着一个长方形的中庭布置。在下一级的 barrio[1]，也是同样地模

---

[1] 美国城镇中说西班牙语的贫民聚居区。——译者注

式——若干沿着个人和功能界线划分的元素（房屋）围绕着一个广场排列。最后，整个城镇由若干个区组成，具有不同的特点和个性，围绕着主要的城镇广场。其他环境特征与所有人类活动都发生在这样一个空间框架内。

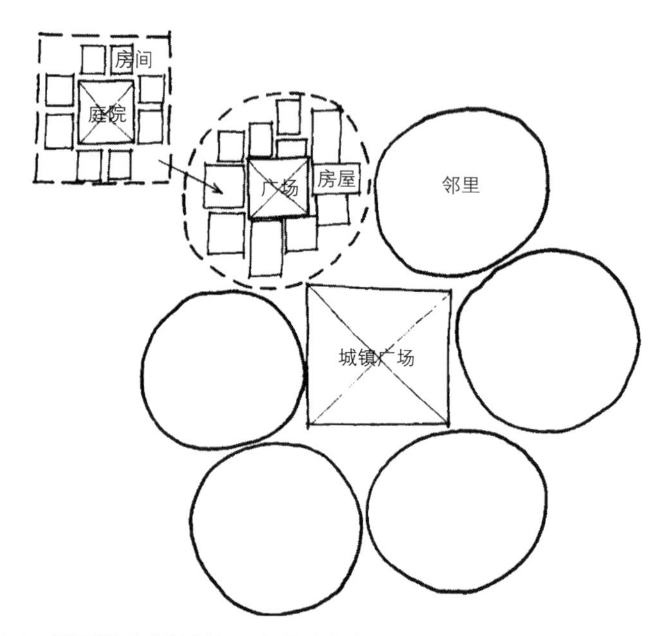

图 1.4　墨西哥圣克里斯托瓦尔的空间组织（图示）（基于：Wood 1969）

当然，建成环境还有其他属性。例如，建成环境作为场所意义的组织同样非常重要，相应地，材料、形式和细节也变得很重要。虽然空间组织确实表达了意义，并具有交流和象征的属性，但意义经常通过标志、材料、颜色、形式、景观等来表现，即通过建成环境的图像方面来表达。因此，意义可能与空间组织相吻合，或者可能代表一个独立的、不吻合的符号系统（Venturi et al. 1972），在这个系统中，不同的环境成为社会地位的标志，成为向自己和他人宣示社会身份的方式（Duncan 1973）。当然，这就意味着物质环境要素具有不同的意义，它们的影响和重要性以及对行为的影响也会有相应的变化 [Royse 1969；Rapoport 1975（a）]。

环境也具有时间性，可以将其视为一种时间组织（或者至少反映和影响了时间组织）。这可以从两个方面理解：第一，它指向一种大尺度的时间认知建构，如线性的时间流动与周期性时间；未来取向与过去取向；如何评价时间，从而将其细分为若干单位。第二，它指向人类活动的节奏和韵律，以及它们之间的一致或不一致。因此，人们可能在时间上被分开，或就此在空间上被分开，因此占据同一空间的不同节奏的群体可能永远不会碰面。显然，时间与空间两方面相互作用、相互影响（人们可能会谈到“时空”这个词）。

建成环境的空间特征极大地影响和反映了社会交往的组织。因此，哪些人在交往，在怎样的情况下交往，如何交往，在哪里交往，以及在什么背景下交往是建成环境与社会组织相互关联的一种重要方式。在城市环境方面也可以从两个方面来理解——关注活动和交流系统，同时关注人的面对面交往。当然，这些都是相互关联的，并且建成环境及其组织可被视为一种控制互动的方式——它的性质、方向、速度等。

这里有一个轻微的语义问题。意义的组织是非语言交流的一个方面，因此，“交流”一词可以从两个角度来理解，即人与环境的交流，环境中的人与人进行交流，但目前我还没有找到更准确的术语表达。

显然，建成环境的这四个方面是相互影响的，例如，环境各部分意义不同，人们之间的交流会受此影响；空间组织与时间和交流有关，等等。不过，这种表述有助于分析人与环境的互动关系。

空间意义

空间是环境的一个非常重要的方面，而不是一个简单或单一的概念 [Rapoport 1970（b）]。空间不仅是三维的物理空间。在不同时期和不同背景下，我们实际上是在处理不同“类型”的空间，这些空间的一致性是一个重要的设计议题。我们甚至忽略了一系列可被称为行为学空间的空间意义（巢域、核域、领地等，这些将在后面详细讨论），在不试图穷举的情况下，很容易列出这个术语的许多含义。

最根本的区别在于人类空间与非人类空间（子宫或原子堆内部）之间的区别。设计师关注的所有空间基本上都是人类空间，尽管雅典广场与高峰时段的公路之间存在着区别。我们能够区分经过设计的和未经设计的空间——设计就是根据一定的规则进行排序，并反映某种理想化的环境（无论多么模糊）。另外两个可供选择的规则系统说明了其他两类空间——美国中西部那样的抽象几何空间和神圣空间，后者有别于世俗空间，通常会利用一些宇宙模型或原型使之更加适合居住 [Eliade 1961；Littlejohn 1967；Rapoport 1969（a），（d），（f）]。许多传统居民点和房屋只能从这些角度来理解，就像中国、印度等文明古国中的许多城市一样（Wheatley 1971；Rykwert，日期不详；Muller 1961）。

上述两种空间类别都代表了象征性的空间。实际上，抽象的几何空间是 19 世纪美国的象征，就像神圣空间是古代中国城市的象征那样。对澳大利亚原住民来说，空间是象征性的，没有物理上的划分 [Rapoport 1972（e）]，因此，为了理解空间的象征意义，我们必须要从相关人群的角度看待它，因为除了那些能够理解象征意义的人之外，这种空间可能与其他空间在形式上并没有明显差异，但其意义或评价可能会迥然不同。目前，象征性的空间可能是一个地位极高的城市地区，或者是有围墙或湖泊的发展区 [Rapoport 1969（f）]。在更大范围内，象征性的空间可能是一类具有意义的空间（Barthes 1970-1971）。

然后人们可能说到与运动空间（Hurst 1971）相关的行为空间或行动空间（Brown and Moore 1971）——都是由特定的个人或群体使用的空间。不同群体（年龄、性别、民族或种族不同）的行为空间可能与地图上看到的整体城市空间大不一样（Haynes 1969；Tibbet

1971；Porteous 1971）。这相当于暗示了（Sonnenfeld in Saarinen 1969，p.6）（图 1.5），在物质的或地理的环境中存在着一个运行环境，人们在其中工作并受其影响。运行环境中有知觉环境，即人们直接感知并且赋予象征意义的环境，而在知觉环境中有行为环境，即人们不仅能够意识到，且还能够引发一些行为反应的环境。

这种空间实际上是为社会群体所用且反映了他们的行为模式和知觉，也可以叫作社会空间，一个在法国城市地理学和社会学中突出的概念 [de Lauwe 1965（a）；Buttimer 1971，1972；Murdie 1971]。尽管社会空间发生在物质空间内，但它们是不同的，且两者之间的一致性非常重要。社会空间往往是从某种可被称为抽象分析空间的角度研究的，即城市生态、区域分析等 [Bourne 1971；Roggemans 1971；Timms 1971；Johnston 1971（a）]，尽管需要再次强调的是，所有这些都基于实际三维空间。

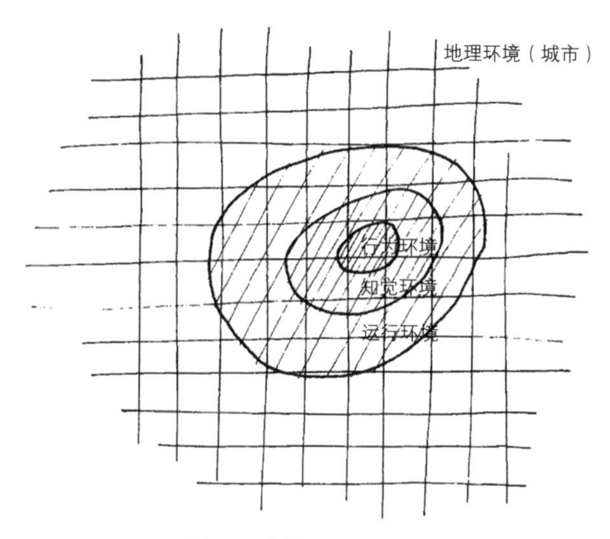

图 1.5 （基于：Sonnenfeld）

有别于“客观”空间，行为空间涉及主观空间，是心理空间的一个特例，心理空间的另一方面在于体验空间或感官空间，可以通过视觉、听觉、嗅觉、温度等任何方式来感知，且感觉模式强调的感知类型间可能存在文化差异（Wober 1966）。

行为空间和心理空间也与不同群体从不同类别、分类法或领域定义的文化空间有关，其中一个实例就是设计师与非设计师定义空间的方式不同，而另一个实例就是想象空间，对于来自另一种文化的观察者来说，它只是想象的，但却实际影响着生活在其中的人的行为（Watson 1969；K. Thompson 1969；Heathcote 1965，1972；Burch 1971）。

尽管还提出了其他空间类型 [Gould 1972（a）；Craik 1970；Norberg-Schultz 1971；Cox 1968，Skolimowski 1969；Ehrenzweig 1970]，但空间概念的复杂性应该是清楚的。不同群体建立他们可感知的空间环境，其中包含许多要素，它们的组合或风格导致特定的文化特征。

组织规则

引导空间、时间、场所意义和交往组织的规则具有规律性，因为它们与文化有系统性的联系。如果不试图对文化进行定义（Kroeber and Kluckhohn 1952），我们可以说，文化是关于一群人，他们通过学习和传播，共享一套价值观、信仰、世界观和符号系统，并由此创建了一个规则和习惯的系统，反映理想并创造了一种生活方式，指导着人们的行为、角色、礼仪、吃的食物以及建筑形式。文化内部的相似性往往大于文化间的相似性。* 文化内部的规则关乎生活方式和建成环境，还导致跨尺度的连续性。

在建成环境中，这些规则影响人们根据各种标准——年龄、性别、地位、角色等对物体和人的分隔。一种环境与另一种环境的区别在于它所体现或编制的规则本质。"未经规划的"有机的、无序的环境可以理解为源自一套不同于规划 / 设计亚文化的规则，正如法国观察家认为美国城市缺乏结构，或美国人认为穆斯林城市没有形式一样。

同样地，认为"美国西海岸没有规划"的观点 [Doxiadis 1968（b），p. 224] 则表明规则系统对人们而言还是陌生的。显然，美国西海岸的组织有一套规则和一套隐含的哲学——强调增长和过程、开放性、无限延展性、土地（被视为一种商品）的易转让性，以及公共和私人间的特定关系。实际上，人们可以认为环境的组织首先是心理行为，然后是身体行为，正如我试图说明的关于澳大利亚土著的表现 [Rapoport 1972（e）]。

鉴于城市设计是对空间、时间、场所意义和交往的组织，与要素本身相比，我们更关心要素之间的关系和基本规则 [Rapoport 1969（e）]。有人争辩说所有城市的物质组成都是相同的，即房屋、街道、集会场所、宗教建筑、植物等。不同的是意义的本质、要素组织与关系的基本原则，还有与此相关的行为，这些都需要加以分析，以便概括和比较。

设计的选择模式

因此，环境的组织是反映不同环境质量概念的规则应用的结果。因此设计可被看作为理想环境的意象提供表达形式的尝试，以使实际环境和理想环境相一致。这涉及环境质量的概念，这些概念是极其复杂和多变的，不能先验地假设，而是需要被发现 [Rapoport 1969（a），（c），1970（b），1971（b）]。换言之，根据"好"环境的含义，人们会想象美好生活和适宜的环境，并且发现各种设计总是以应用基于环境质量定义的规则创造更好的地方为目标。

任何人工产品，无论是环境还是瓶瓶罐罐（Deetz 1968），都是在各种备选方案中进行一系列选择的结果。所有人工环境的设计都体现了人的决定和选择，以及解决所有决策中

---

* 在这一点上，我不会讨论文化多样性在多大程度上受到人类作为一个物种的某些规律性和恒常性的限制。从设计师的角度来看，差异正好是非常重要的 [Rapoport 1969（a），1973（e）]。

隐含的许多冲突的具体方法。由于地球上很少有地方没有被人类以某种方式改变（Thomas 1956），因此，我们可以说地球上的大多数地方，当然包括所有城市，都是被设计过的。这是一个比通常情况下更广泛的设计定义，但如果我们关注的是所有已经建成的环境，那么这个定义就是至关重要的。显然，经过设计的环境包括：人类开垦或种植的森林、将河流改道或以某种模式圈起来的地方、铺设道路并在道路两旁设置餐馆和二手车市场的地方。一个部落的人布置一个营地或村庄的工作与一个新的城镇或步行街一样，都是城市设计的行为。事实上，刚才描述的许多看似平凡的活动对建成环境的影响是最重要的，因为城市、地区和整个国家的面貌取决于过去和现在的许多个人和团体的决定。

所有这些活动的共同之处就在于，它代表了众多选择中的一种，这种选择的具体性质往往是合法的，并反映了一系列的规则，因此，有一种看待文化的方式就是以人们最常见的选择为标准。正是选择的合法性使得景观不同，使得我们能够分辨出一个城市是在意大利、秘鲁、英国还是美国，也就是说，面对为什么环境如此不同这个问题，一个合理的答案似乎是：由于每个群体都有许多选择，他们倾向于做出与众不同的选择。这种一致的选择系统也会影响人类行为和符号意义的很多方面——人们互动的方式、他们的邻近距离、他们如何构建空间、他们是否利用街道进行互动等。

事实上，我们通常所说的风格可以定义为基于一个群体（无论是部落还是职业）的规则和文化的一致选择系统。于是设计可以看作一个选择过程，或者说是从一组备选方案中进行排除的过程（不管这些备选方案首先是怎样产生的）。替代方案的生成和排除都会运用某种明确的标准，但这些标准又常是含蓄和隐晦的，因此，有许多方案从未被人考虑过，或者说是主流文化淘汰了这些选择，它们甚至都不在初始选项中，因此这个系统的形状和大小会受到影响（图 1.6）。在原始时期和乡土环境中，这一点更加明显，因此在一个穆斯林城市中，对外朝向的房屋绝对不会出现，而在传统的墨西哥城市中一定会有广场。而且，这也适用于今天。例如，设计师绝不会使用公园停车，但城市议员和停车场管理员很可能会这么做 [Rapoport 1969（c）]。此外，在传统情况下，由于文化和物质的限制，选择比较少 [Rapoport 1969（a）]，而如今却面临选择过剩，因为人与环境研究的发展可以看作为人们提供了更有效和更人道的选择标准的尝试。在任何一种情况下，某些标准的连续运用会不断排除备选方案，直到剩下唯一一个，因此，这一设计选择模式可以用以下的图示表达（图 1.7）。

因此，这个模式将所有的设计与如何进行联系起来，同时允许并强调基本选择标准的差异。然后，问题就变成了如何以及出于何种原因做出选择，以及基于何种标准。一个重要的原因是为了实现与某些理想的一致，从而使一组排序的价值最大化，这也发生在栖息地的选择（迁移）中，可以视为一种环境反应。

不同的设计形式，无论是格调高雅的还是乡土风格，都可以通过使用的标准来区分 [Rapoport 1969（a），1973（a）]，也可以通过这种信念的共享程度、设计师和用户的标准和价值观的一致性来区分。在原始时期和乡土设计中，意象是清晰的共识，这种匹配是相对直接的。目前有许多相对特殊的意象，它们不被共享，有时甚至是对立的，所以匹配的过程要困难得多，不匹配也相当频繁。

应用的标准类型通过消除不同的替代方案，即做出不同的选择影响结果，人与环境研究的一个功能是提供有效的标准，基于对人类特征的了解补充经济、技术和其他方面（图 1.8）

由人与环境研究制定的各类标准对于城市尤为重要，因为城市的使用人群非常广泛，时间和空间尺度很大，而且设计者和使用者之间具有明显的分离。其中一些问题可以通过开放式设计或用户参与来处理，但仍然需要规范，因为在城市范围内，用户有很多事情不能做；设计师需要处理各区域之间的接合点，并组织整体结构，最后，还因为设计师需要知道各要素对不同群体的相对重要性。

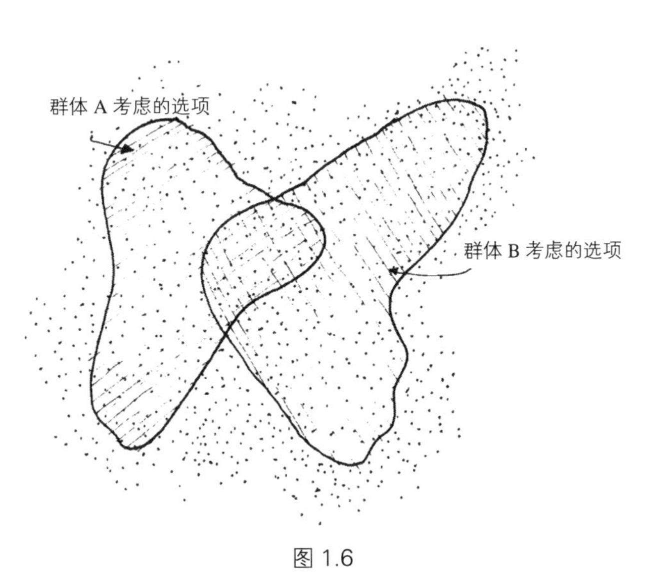

图 1.6

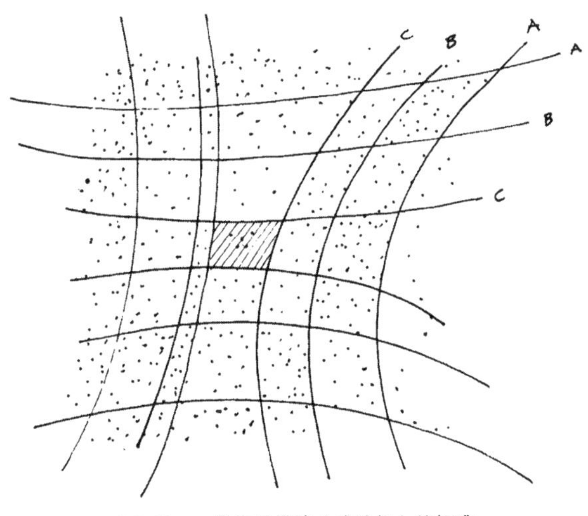

A,B,C ……代表了排除（或选择）的标准

图 1.7

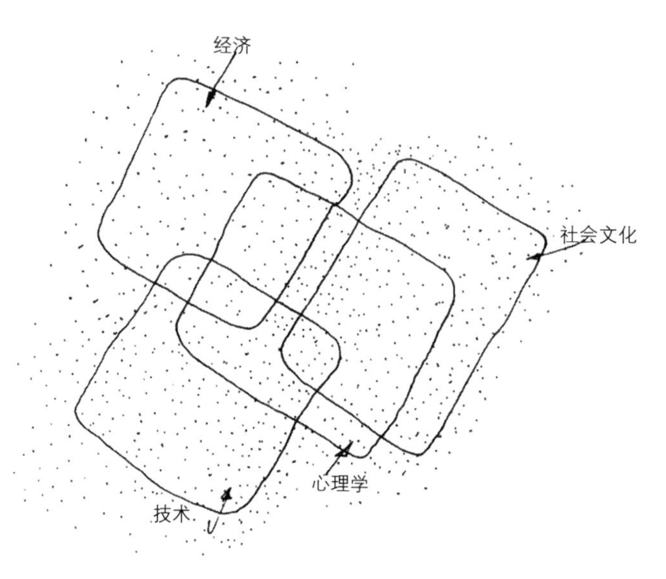

图 1.8

显然，这些标准体现了不同群体的价值观和规范。不仅使用者群体各不相同，而且设计师和使用者之间也不一样。就后者而言，我们发现设计师与使用者看待问题的方式、对空间的定义和意义，甚至偏好都截然不同（Rapoport 1968；Lansing and Marans 1969；Michelson 1968；Eichler and Kaplan 1967；Hartman 1963）。

例如，在南非的伊丽莎白新城（Australian Frontier 1971），我们发现青少年对休闲活动的偏好和为这些活动提供的空间之间存在着严重的不匹配。

活动	偏好顺序	提供顺序	
社交活动（非正式会面、跳舞、聚会、远足、咖啡厅、歌舞厅等）	1	4	严重不匹配
半社交活动（社交活动，但更为正式且经过精心组织）	2	2	匹配
运动	3	1	较不匹配
专门性活动（业余爱好、手工艺等）	4	3	不匹配

在儿童游戏 [Bishop，Peterson and Michaels 1972；Gold 1972；Rapoport 1969（b）；D.O.E. 1973] 和许多其他活动中也发现了这种关系，在我们后面的讨论中会发现，这种不匹配不仅是因为价值观，还与不同的意象和认知风格有关，人们把周围环境划分为具有附加意义和预期行为的某些类别，并使之与模式和预期相匹配。这意味着行为和活动不能只看表面价值 [Rapoport 1969（c）]。

考虑到活动，以上所述与活动系统（空间和时间上）在规划和设计中非常重要，但即使在所谓的基本需求层面，它们似乎也是极其可变的。建议采用以下模式：

任何活动都可以分解成四个部分，分别是：

（1）活动本身——吃饭、购物、喝酒、散步。

（2）进行活动的具体方式——在集市购物，在酒吧喝酒，在街上散步，坐在地板上，与其他人一起吃饭。

（3）隶属于活动系统中的额外的、相近的或相关的活动——在购物时聊八卦，散步时表白。

（4）活动的象征意义——购物作为炫耀性消费，烹饪作为仪式，一种建立社会认同的方式。

考虑到购物是一种以钱（或物）易物的交换，具体的购物方式可能会有所不同，主要影响环境的设计——超市或集市及其与城市的关系，还会影响在各种感官模式下与商品、人之间的感官互动。无论是交谈、吃饭、社交、传递信息、了解外界动态，还是其他活动，整个活动系统都会受到相关活动（如果有的话）的影响 [de Lauwe 1965（a）; Jacobs 1961; Hoffman and Fishman 1971; Rapoport 1969（a）; Rapoport 1965）]。最终，象征性功能会显现，炫耀性消费、购物成为一种娱乐或一种促使女性走出家门的方式。为了正确地设计和规划，有必要理解整个系统。针对饮酒、烹饪以及许多其他活动，也可以提出类似的观点。

看似简单的活动在这四个方面的差异导致了特定的环境形式，以及相对重要性、参与活动时长、参与人员不同等，事实上，所有这些事物都会影响到建筑形式。

这种模式已经超越了最近提出的建成环境中的显性和隐性功能的区别（Zeisel 1969; 不同的观点参见: Frankenberg 1967，pp.255ff），尽管上述（1）和（2）主要是显性的，而（3）和（4）更符合隐性，但正是（2）、（3）和（4）的多变性导致了形式上的不同以及各种设计差异化的成功。事实上，可接受性和选择（包括居住地选择）似乎更多地呈现出与（3）和（4）的关联，而且变化最多，最可能体现在意象上。

上面提到的类型学与意义的层次等级关系非常有趣，这种意义涵盖了从具体对象到使用对象，从价值对象到象征对象 [Gibson 1950，1968; Rapoport and Hawkes 1970; Rapoport 1970（c）]。此外，随着人们逐渐转向象征性的一端，多样性也会随之增加——人们认同得比较多的是他们实际看到的东西，对如何使用它的认同会少一些，对价值的认同更少，而对象征意义的认同则最少 [尽管至少在一个案例中，与使用相比，人们对审美质量的认同度更高（Coughlin and Goldstein 1971）]。价值和象征性的一端似乎与环境选择最为相关，因此在这两种情况下，潜在的和象征性的方面似乎更为重要。

这是生活方式中的文化、价值观、世界观等的反映和体现，可能是理解城市如何运作以及人们如何作出选择和在其中行为的关键要素（Michelson and Reed 1970; Michelson 1966; Feldman and Tilly 1960）。如上所述，活动可能有助于理解生活方式，并通过它理解更多的全球概念，如价值、世界观和文化，以及它们是如何与建成环境互动的 [Rapoport 1973（a）]（图 1.9）。

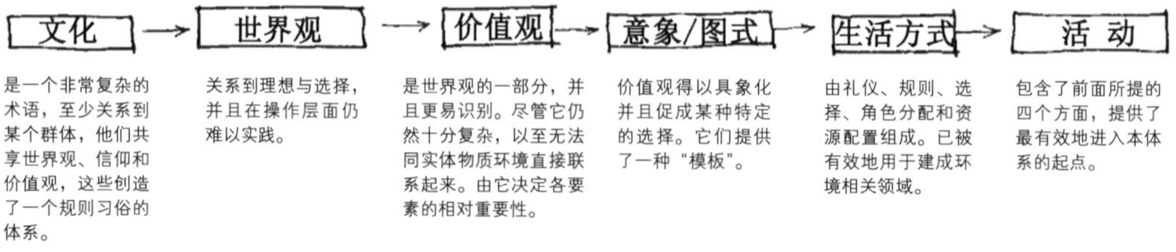

文化 →	世界观 →	价值观 →	意象/图式 →	生活方式 →	活 动
是一个非常复杂的术语，至少关系到某个群体，他们共享世界观、信仰和价值观，这些创造了一个规则习俗的体系。	关系到理想与选择，并且在操作层面仍难以实践。	是世界观的一部分，并且更易识别。尽管它仍然十分复杂，以至无法同实体物质环境直接联系起来。由它决定各要素的相对重要性。	价值观得以具象化并且促成某种特定的选择。它们提供了一种“模板”。	由礼仪、规则、选择、角色分配和资源配置组成。已被有效地用于建成环境相关领域。	包含了前面所提的四个方面，提供了最有效地进入本体系的起点。

图 1.9

生活方式可以证明是影响城市规划的主要因素之一，它通过特定的方式规划区域，在空间、时间、意义和交流上，人们根据不同的特征属性——种族、民族、宗教、阶级、收入，以及任何特定时间有影响的因素——同质化聚集在一起。所以城市是不同群体的集合，他们的生活方式反映了不同的文化与亚文化。我们将看到这是一种持久的（历史的）和广泛的（跨文化的）模式，可能会修正反对集群（Sennett 1970）的武断论点或实现异质性政策。

这意味着城市属于不同群体的地方场所都有意义，它们象征并表明了社会地位和身份——不仅仅是一个显性活动的场所。在建筑中，一个用于烹饪的厨房将有别于一个作为象征场所及地位标志的厨房，一个作为“居住”场所的客厅将有别于一个作为“神圣场所”使用的客厅，一个用于采光通风（在某些文化中，还有视野）的窗户将有别于一个用来与街道和邻宅交往的窗户（Zeisel 1969）。在城市背景下，这导致了草坪作为开放空间和社会地位象征之间的区别，住宅作为居住之用和社会身份象征之间的区别，街道作为通过性空间和停留性空间之间的区别 [Rapoport 1969（a）]。

例如，城市公园为休闲活动提供场所。具体的活动因文化而异，但仍然代表了显性功能。如果我们看到公园并未得到使用，可能会下结论说这些公园的建设是失败的（Gold 1972），但是它们也许会有潜在的功能，比如显示一个地区的社会地位和价值，或者象征性地表明一个地区并不拥挤，环境并未恶化（Carson 1972）。在这种情况下，公园的潜在功能可能实际上是有效的，即使公园在表面上看似乎并未被“使用”，即人们没有在公园里散步、玩耍等。

城市环境的文化差异

虽然所有城市环境都会组织空间、时间、场所意义和交往，但组织原则却各不相同，因此当美国城市在促使流动性和可达性最大化时，传统的穆斯林城市却通过控制流动性限制移动（Brown 1973）（图 1.10）。甚至由无数人共同选择而产生的整个景观，也会反映某些组织原则、一些现实愿景 [Jackson 1951；Rapoport 1969（a）]。移民会选择与他们故土相似的区域定居，并尝试进一步改造这些区域（Eidt 1971；Heathcote 1972；Stewart 1965；Shepard 1969）。这与环境感知和图式的作用有关（Gombrich 1961；Smith 1960），但在任何情况下，如果这种系统是已知的，人们通常一眼就可以看出哪些是特定的景观，以及为什么是这样的（Lowenthal 1968；Lowenthal and Prince 1964，1965）。

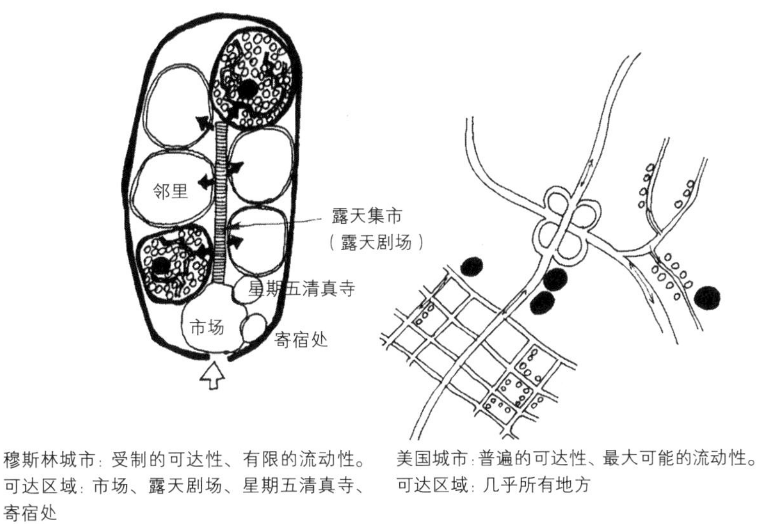

穆斯林城市：受制的可达性、有限的流动性。
可达区域：市场、露天剧场、星期五清真寺、寄宿处
（基于：Brown 1973；Delaval 1974）

美国城市：普遍的可达性、最大可能的流动性。
可达区域：几乎所有地方

图 1.10

就城市而言，定义什么是城市（Wheatley 1971；Krapf-Askari 1969）的困难与不同图式的使用有关，并且很容易显示出城市结构的差异 [Larimore 1958；Stanislawski 1950；Caplow 1961（a），（b）]。

这些差异——区位关系、领域界定 [King 1970，1974（a）（b）]、各类既定要素的意义（Duncan 1973；Royse 1969）等方面，都是由于对环境质量、意象、价值和许多社会文化因素的看法、认知和评价的不同造成的，所有这些都需要在空间差异之前加以理解（图 1.11）。

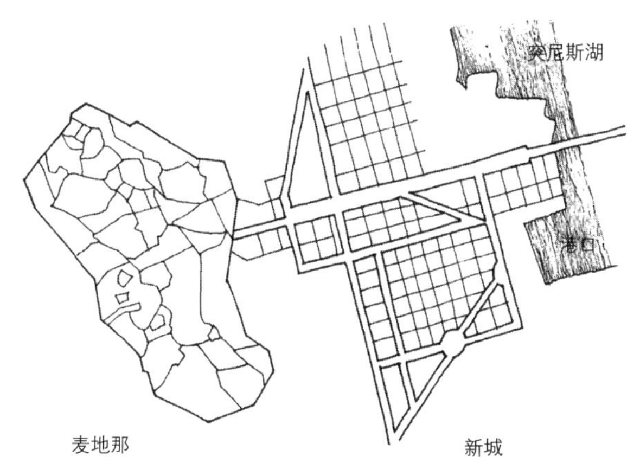

图 1.11 北非城市（突尼斯）展示出了本土城市和新城之间的差异

（图示：只有路网模式近似）（基于：Brown 1973）

应该重申的是，这同样适用于意义、交往和时间的组织。关于后者，例如节奏、时间分配、时间所附加的价值在不同文化中的差异巨大（Fraser et al. 1972；Doob 1971；Yaker et al. 1971；Parkes 1972，1973）。甚至对于义务活动与自愿活动的定义（Chapin 1968，1971；Brail and Chapin 1973）可能也不同，许多义务活动成为自愿活动，反之亦然，二者占据的时长也不一样。

这些差异很重要，因为大部分关于城市形态、城市设计的讨论都忽略了它们，这些讨论仅仅基于最新风格传统和西方城市，随之而来的是过度概括的“人类需求”。通过考虑其他类型的例子恢复平衡似乎很重要。

基于美国数据的概括可能不适用于其他地方，西方理论在非西方背景下可能也不适用。另一方面，截然不同的表达在一个更高层的概括中可能有潜在的规律。例如，英国城镇景观小组（Cullen 1961；Nairn 1955，1956；Worskett 1969；de Wofle 1971）对城市设计进行了概括性的陈述，这些陈述对于用户来说可能并不具有普遍性（Lansing and Marans 1969；Jackson 1964），但他们的论点可以看作一个一般原则的具体表达、一种对复杂性的偏爱，也许还会有其他的表达方式。大量且多样的样本可以显示出允许有效概括的规律性。可能是这样的假设：对于行为 A（U，W，V），需要环境特征 X、Y、Z。如果能发现这些现象广泛存在于时空层面将会非常重要，当然，这也意味着必须对物质形态和行为进行研究。

其中一个例子是对于同质集聚的批判（例如，Sennett 1970）。采用上述方法，发现这种集聚的某种形式非常普遍（Michelson 1966，1970；Murdie 1971；Epstein 1969；Timms 1971；Frolic 1971）。具体案例和形成原因将在之后讨论。在这一点上，我们只需指出，这种集聚可能有充分的理由，并对城市形态和设计产生一定的影响。类似的观点也适用于公共领域和私人领域的分隔（Sennett 1970，pp. 48，53 ff）。反驳这种分隔的论点并没有足够广泛的样本作为支撑，但即便是对芝加哥城市本身的分析也没有足够细致的分区，因此哪怕是非常小的区域，同样可以显示出私人与公共领域的复杂组织，以及群体的集聚。若是将样本扩大到穆斯林、日本、拉丁美洲和非洲的城市，这个观点就变得更可疑了。

在这样的城市（由内而外的城市）中，公共领域和私人领域间是明确分开的。在日本城市中，公共和私人区域中对行为的要求完全不同，所受待遇亦是如此 [Meyerson 1963；Rapoport 1969（f）]。同时，日本城市大多缺少公共开放空间，因此，购物中心和娱乐场所就被当作公共空间使用。这与西方城市大不相同 [Rapoport 1969（a）；Maki 1973]，并在微观和宏观层面上影响着城市，与最重视公共领域的古希腊城市形成了对比。在更当代的情境下，考察美国工人阶级和中产阶级对公共与私人空间的界定和使用上的区别（Hartman 1963；Fried 1973；Gans 1971），得到的普遍结论是，不同群体对城市空间有不同的使用方式，这就引出了房屋住区系统的概念（将在后面讨论）。城市空间利用是该系统的一种功能，是房屋和部分定居点一起用于各种活动的方式。

整个城市的结构方式各不相同，日本和西方城市的情况亦是如此。过去的城市会使用完全不同的宇宙象征 [Rykwert，日期不详；Wheatley 1969，1971；MuUer 1961；Lang 1952；

Rapoport 1969（f）; Tuan 1974]，这也遵循着一种规律，即在不同的文化中，城市要素间存在着截然不同的等级制度，这种等级制度在美国、欧洲和亚洲的城市是不一样的，而且随着时间的推移而变化。

我们主要关注的郊区单元，可能会比大型城市形态表现出更多跨文化的规律性，因为这些单元与一些基本的人类特征有更密切的联系。因此，恒定和变化之间的相互作用可能随着尺度而变化，我的假设是，小尺度比大尺度更稳定——大都市比邻里更容易变化。所以通过分析历史上和跨文化的小规模单位，可以学到更多的东西。

人类特征和活动本身就包括恒定因素与可变因素。未来随着科技发展，目前的行为虽不会发生根本性变化，但会随当前文化的可变表达方式进行修改。因此城市可看作是某种恒定因素在可变情况下的一种表达。

价值观在设计中的作用

从以上分析可以得出，不同群体的价值观和规则系统有助于理解群体选择所产生的城市形态。因此，价值观会影响问题的定义、使用的数据以及提出的解决方案 [Rapoport 1967（a）, 1969（c）, 1969（f）]。在这个意义上，规划和城市设计体现了参与者的价值观，无论他们是否为专业人士。同时，也需要谨慎行事。价值观与物质形态间的关系很难有迹可循，尤其是在现代城市中，价值观难以一致，很难利用价值观进行预测，也很难“将价值观与行为之间建立不切实际的一一对应的关系”[Timms 1971，p. 94; 或参见: Tuan 1968（a）]，这与将相似的概念 [如文化或亚文化，世界观（W. Jones 1972）或生活方式] 与环境建立起关系的困难一样。但这种关系确实存在 [Jackson 1966（a）]。

对于规划而言，特定人群或专业团体支持或反对城市的偏见将会对解决城市问题的不同方式产生明显影响，特别是在没有阐明和意识到这些偏见的情况下。在英美规划中，“反城市”主题无处不在（White and White 1962; Glass 1955; Howe 1971），并影响到人们对于密度之类问题的具体态度。在印度，这种反城市和支持村庄的偏见也非常强烈（Tagore 1928），已经影响了城市规划、设计和当今城市的性质（Sopher 1964）。

第二次世界大战后，联邦德国的城市重建与欧洲其他地区大不相同。这是因为他们倾向于保留传统城市形态，在小商店、住房偏好、交通方式等方面也存在着特定的价值观 [Holzner 1970（a）]。

我们要铭记，设计师或规划师与公众代表了非常不同的价值系统 [Coing 1966; Fried 1963，1973; de Lauwe 1965（a），（b）; Pahl 1971]。同样地，不同文化背景的规划师也有不同的价值观，英国和美国的规划哲学之间存在很大差异（Bunker 1971），反过来，英国、美国与法国的规划和城市社会学也有很大差异 [Rapoport 1969（c）]。这个行业内，意识形态会随时间一直改变，因此对 1950—1965 年美国规划期刊进行的五年间隔的内容分析，揭示了价值观的重大转变，强调传播、形态、经济或社会规划（Quick 1966）。最后，在英国，人们发现了三种规划意识形态——作为裁判或法官的规划师，通过改善物质环境品质促进更美好生活的规划师，以及通过设计体现如小型低密度社区、风景如画的街道和整洁有序的环境等价值的城市帮助改善社区生活的规划师（Pahl 1971，pp. 129-130）。

谈到城市设计，法国的尤纳·弗里德曼（Yona Friedman）、迈克尔·雷根（Michael Ragon）和勒·柯布西耶，以及英国城镇景观小组 [库伦（Cullen）、奈恩（Nairn）、德·沃夫（de Wofle）、托马斯·夏普（Thomas Sharpe）等] 对城市的愿景也有差异。在最近的民众提案（de Wofle 1971）中，城市的整体设计都是以形象为基础的，反映了一个明确的价值体系，并起到了规范作用。如果我们看一下提案，就会发现这些形象中体现出明显的美学和社会价值。

区划和建筑间距已被证明反映了审美偏见（Crane 1960），有人认为现代城市中的独立房屋与街道的破坏都涉及价值和意象，拒绝接受“前”与“后”重要领域之间的区分。

总的来说，每个人对城市应该是怎样的意象，体现了他们的价值观差异，这将导致产生不同的城市（例如：Elmer and Sutherland 1971）。但问题不在于此，而在于我们不仅没有明确设计师的价值观，而且很少考虑非设计师的意象与价值观。最后举一个例子，考虑一下人们对洛杉矶（Banham 1971）的不同评价和批评（这里引用 Von Hoffman 1965），以及对美国景观和沿路风光（Jackson 1964；Nairn 1965）或拉斯维加斯（Venturi et al. 1972）的与几乎所有其他设计师迥异的评价态度。

这一节的讨论表明，看待事物的方式非常重要，同时引入我们接下来将关注的感知环境、过滤器和意象的概念。

环境感知

如果人们接受以实现某种理想为目标的设计选择模式，并考虑到由此产生的环境组织中的文化差异，那么环境质量也将是一个可变的概念。这就导致了这样一个概念：在设计中，行动是通过对环境问题、机会和理想的感知推进解决方案的（以及通过与某种理想或模式的匹配接受或淘汰它们）——也就是说，人们被引入环境感知的概念。

避开明显的哲学问题，人们关注的是如何理解环境，以及这个已知环境是如何与“真实”环境关联的。一个重要问题是，环境是否能被不同群体用相同的方式感知。就认知人类学而言，我们解决的是主位（事物在一个系统内的样子）与客位（一个外部观察者评估相同事件的方式）之间的区别。

我上面提到，某些可能的解决方案未经考虑就被直接排除。实际上，它们并不属于那个特定决策者所感知的环境。使用的标准也反映了感知的机会和成本。正是这一点使得这一概念成为规划、地理学、社会科学和人与环境研究的关注点。

这项工作中的大部分内容最初来自地理学，因为它关注人们作出的决策如何影响地球。因此，对机会、风险和资源感知的概念开始发挥重要作用。例如，澳大利亚土著居民往往在矿层上扎营。矿层本身，或者说矿物这类的概念——并不是他们感知环境的一部分。即使是在技术更先进的社会中，对自然资源的解释也是多样的，至少在一定程度上会随着人的态度和价值观而变化。人们对资源的态度和评估是不同的，“资源并没有成为它们应有的样子”（Hewitt and Hare 1973，p. 29；参见：Spoehr 1956），甚至可见的城市要素也可能不构成感知环境的一部分 [Rapoport 1970（c）]。

各种景观，如高山和荒野，在不同时期人们对它的看法截然不同（Prince 1971；Nicolson 1959；Lucas 1970）。这些变化和城市与乡村的区别（即城市的定义）包括了广义上的感知环境的所有方面。假设休闲和娱乐在设计标准中越来越重要，那么，如何感知休闲和娱乐也会在设计中变得更重要（例如：Christy 1971）。如果休闲时间主要是在居住地及其周边度过，如艺术、教育或观看体育比赛等活动，那么这个场所将会有所不同，因为它会影响所需要的设施、交通和要素的场所意义等。

从心理学的角度来看，我们讨论的是刺激情境及其属性（Sherif and Sherif 1963，p. 82）。有证据表明这一定义适用于许多环境特征（Rapoport and Watson 1972）。鉴于不同的环境概念体系，感知环境既包括对人的感知，也包括对人工产物的感知。环境中的规律性不仅是由于它们的设计，还来自观察者的感知，是他们赋予了环境以秩序。

物质环境本身，特别是通过附加在其上的意义，可能会影响人们对环境质量和美好生活的感知（Sherif and Sherif 1963，pp. 92-93），因此，在某种程度上，这将成为一个自我延续的系统。人们以某种方式塑造他们的环境，然后成为一种社会化的媒介，它告诉孩子什么样的环境是恰当的，并影响他们对一般环境和相关人物的整体感知，同样重要的是在大众媒体、书籍和广告中看到或读到的环境要素。

有证据表明关于满意度的绝对判断具有相对性（Partucci 1968），如果环境和其他因素对满意度有影响，那么对相同环境的评估结果很可能会不一样，这取决于环境是如何被感知的。比如在同一居住区里，老年居民可能觉得环境的私密性很高，而非老年居民则会觉得隐私性还不够（D.O.E. 1972；Architectural Research Unit 1966）；再比如，当对环境赋予不同的意义（Duncan 1973），或者当观念改变时，人们对贫民窟和棚户区的态度也会改变。

这种方法还表明，有许多因素会影响对环境感知状况的评估和定义 [Blumer 1969（a）]。这似乎同时适用于人和事件（Warr and Knapper 1968），说明对物质环境和社会环境的感知具有共同特征。这种感知不仅受到文化和过往经验的影响，还受到由此产生的心理预期的影响，随之产生的心理设定可能影响对各种具体事物（如钱财、食物、门前草坪）的感知。例如，与酒足饭饱的人相比，食不果腹的人们会相依为伴，这使得他们对人的感知截然不同（Warr and Knapper 1968，pp. 38-39），这也是上面提到的老人与其他人感知不同的原因所在。举一个环境方面的例子，在穆斯林城市中绿化和水体是非常重要的，对美国人来说门前草坪是非常重要的，也就是说背景决定了对地方的评价（Wohlwill and Kohn 1973），当然这都与适应性有关。

因此，个人和环境形成了一个系统，而二者的互动关系在一定程度上是由物质环境和其他人所决定的，或者更准确地说，是由个人的感知和他们对环境及其意义的解读所决定的。环境感知因此包括当前的刺激信息、当前的背景信息和存储的刺激信息，还有作为感知者当前稳定的特征（Warr and Knapper 1968）和以往的经验，以及希望、野心、恐惧、价值观和各种其他“真实”和“想象”的要素。

相较于储存的信息，设计师显然能对当前的刺激信息做更多的事情（尽管在群体层面允许）。他还可以考虑感知者的稳定特征，而不是更加多变的当前状态。尽管在给定某些设置、角色等的情况下可以部分预测当前状态，但无论如何，考虑环境感知意味着必须包括这些类型的变量。

环境感知非常重要，因为它引入了（文化的和个人的）可变性，并修正了具有不变属性的单一环境的概念。一旦接受了用户感知的环境及其积极和消极的品质可能不同于规划者或设计者，并且不同的用户群体可能有不同的感知环境，那么人们理解城市的方法和用于设计的标准必须是不同的。正如我们将看到的，有很多证据可以证明这一主张，并且环境感知的概念有助于将所有这些证据联系起来。

这种方法最初会使简单问题复杂化，因为“由独立的个人经验、学习和想象的必然是任何理论体系的基础”（Lowenthal 1961，p. 248），但这是不可忽略或避免的。因此，关于澳大利亚某郊区的一项研究指出，“看着人们对外观相似的房屋和环境激发的五花八门的评论，真是令人生畏，这些人真的是在讨论相同的地方吗？”（Bryson and Thompson 1972，p. 130）。但很显然，为了能够更有效、合理地设计环境，就不得不考虑到这一点。想想我们之前关于活动（或者功能）的讨论就能知道，它们绝不是那么简单和通用，反而相当复杂。

有了环境感知的概念，就能区分显性功能与隐性功能之间的差异了。此外，由于我们往往先将环境刺激符号化，再对它作出反应，随之而来的是隐性功能在符号象征方面的更大作用（Dubos and others cited in Rapoport and Watson 1972）。说到购物，其隐性功能可能很不一样，这些具体的隐性功能在不同文化背景下也不尽相同。例如，当讨价还价发挥主要作用时，这种表面上“有效”的交易方式可能不起作用——购物作为一种活动或功能，在这两种情况下被视为有很大区别，因此在巴黎，像社交活动和信息交流这样的非显性功能更为重要 [de Lauwe 1965（a）; Coing 1966]，这对纽约（Hoffman and Fishman 1971）或波士顿西区的波多黎各人而言也一样，将极大地影响商店的特征以及它们与其他活动的相对位置。规划往往忽略了这些因素，尽管商店的社交功能在印度非常重要，但在昌迪加尔的设计中还是忽略了移动商店的重要作用。同样地，在墨西哥，集市中的流动小贩在传递重要信息中发挥了重要作用。随着人们对卫生和价格的关注，集市被永久性的商店所取代，小贩不再出现，且社交系统随之中断，商店与集市的结合满足了这两个目标。*

各个地区和城市要素的声望和象征意义、它们的相对重要性及使用方式比相对有限和相似的显性活动和功能（尽管也是多变的）更具有多样性，这些差异是由这些功能的感知

---

* 墨西哥州 AURIS 的米歇尔·A．安托基（Michel A. Antochiw）先生的个人通信，1973 年 7 月。

意义与对它们的适当环境设置的感知一致性所产生的。

环境感知的概念有助于我们解释一些基本活动或气候类型是如何导致各种各样的反应和环境背景的，因为解决方案是感知的结果。也可能在一些环境背景中，隐性功能比其他功能更重要（Frankenberg 1967，p. 257）。尽管环境感知已被证明在很多领域都很重要，但我认为由于具有较低的临界性，它在设计中更为重要 [Rapoport 1969（a）]，因此，环境塑造要比经济决策自由得多。所以在设计中，不同群体的环境感知就变得更为重要。

人们认知问题的角度和对应的解决方案不同，他们对“基本需求”的定义也不同，并给予这些需求不同的优先级；他们定义的标准（空间、“贫民窟”或舒适度）和理想环境不同；他们对密度、隐私等概念的理解不同，也以不同的方式定义前 / 后或邻里等领域。因此感知环境和体现环境的图式就成为设计决策的核心，毕竟任何设计师都要感知、评价环境并做出相应选择，从而在环境感知和行为之间建立联系 [例如：R. King 1971（a）]。

任何有关人与环境互动的尝试必须包括三个方面——了解、感受和行动。因此，我们关注三大领域：

（1）认知——涉及感知、认识和思考，是个体认识其环境的基本过程。

（2）情感——涉及对这个环境的感受和情绪、动机、欲望和价值观（体现在意象中）。

（3）意图——涉及反应、行动、争取，从而对环境产生影响，以回应（1）和（2）。

学习也起着重要作用，因为所有这些都会随着经验而变化。

因此环境感知似乎是核心，有助于我们厘清人与环境互动的许多方面。例如，健康最近被定义为最适合实现每个人为自己制定的目标的条件，而不是身体活力和健康，甚至长寿的状态（Boyden 1970，p. 134）。用我们的话说，它可描述为可感知的健康，并对规划标准有明显的影响，其中许多标准都试图为健康生活提供一定的环境条件 [Jackson 1966（b）]。

环境感知包括各种群体的态度、动机和价值观的特定组合，这些影响着他们对环境的感知，也影响着他们的行动，所有行动是对外界刺激的感知做出的反应（Downs 1968；English and Mayfield 1972；linge 1971，pp. 31-32；Lowenthal 1961；Saarinen 1969；Wood 1970）。这些决定能否生效则要取决于感知的准确性，而且现实世界的结果避免了模式唯我论的弊端。此外，尽管具有多样性，但不同人的感知和现实之间必须保持相当的对应性，否则人类是无法生存的（Sprout and Sprout 1956，p. 61）。

感知的环境

在上一节中，“环境感知”和“感知环境”这两个词是可以互换使用的。但是，环境感知的过程不同于其最终产物——即感知环境。虽然环境的感知是心智的一种属性，但其所感知的环境是一种建构，包括“决策所依据的整个一元化表面，以及自然的和非自然的、可见的和不可见、地理的、政治的、经济的和社会的要素”（Brookfield 1969，p. 53）。因此，环境感知的一般过程，也就是从真实环境或行为环境中选择相关“事实”并结构化它们的过程，可能会导致不同的建构方式形成有机体运行的环境。

这里重要的是所提出的区别的可能影响。一个重要结论是，决策是在感知环境中制定的，至少城市规划和设计中的一些冲突和难点可被视为由不同参与者在不同的感知环境中做出的决策造成的。关于感知环境的另一个重要方面是，它可被认为是人们头脑中基于已知事实、预期、想象和经验等的一种构想，往往体现在意象和图式中，可能是错误的或“不真实的”，但仍会影响行为。这有助于我们解释“想象的”环境（Watson 1969；Thompson 1969；Heathcote 1965；Burch 1971）的作用和休闲资源的不同使用，例如海滩（Mercer 1972），可能是感知的污染影响了它的使用（M. Barker 1968）。

鉴于处理这一概念的难度，它的可操作价值受到了质疑（Brookfield 1969）。这就陷入了一个两难境地，如果设计师与调查对象的感知环境不同，就无法提供任何与设计相关的信息（Ravetz 1971）。尽管有批评，但这一概念还是很有启发性的，因为它有助于理解环境中的文化差异，特别是如果人们认为设计的环境反映了某种“理想”或想象的环境 [Langer 1953；Eliade 1961；Rapoport 1972（e）]。

稍后，我们将讨论人们如何从概念层面构建世界。一种观点认为，人们构建处理世界的系统——他们根据以往的经验、知识和对未来的期望形成假设，并据此预测未来。这些构建会因人而异，有些人对刺激不作反应，但他们对刺激抱有期望（Kelly 1955），这也可以被视为感知环境的一部分，也是建成环境中的一种既定物质表现。

感知环境也可以与其他一些概念联系起来，例如列文（Lewin，1951）的生活空间、冯·于克斯屈尔（Uexküll，1957）的客观世界（Umwelt）、托尔曼（Tolman，1948）的行为空间。这显然与我们之前关于刺激的定义及其符号化等讨论相关，例如运动空间、行动空间等。实际上，可以说是感知环境构成了人们的行动空间，因为我们不了解的或不被承认的东西是无法提供行动机会的。因此，人们感知环境的主要差距往往会反映在他们的心理地图上。例如，人们可能意识不到有问题的地区，以至于在我 1964 年访问利马的时候，许多居民似乎并没有意识到棚户区的问题，因为棚户区并未形成他们感知环境的一部分，实际上，利马的上层和中产阶级在很大程度上并没有意识到足球场对其他群体的重要性（Doughty 1970，pp. 33，38）。这是因为它们所构成的整个地区不在那些基础更好、更国际化的居民感知环境之内。也可能人们现在已经意识到棚户区是他们环境中的一部分——即使他们从未真正去过那里，也不曾知道那里的具体情况。总而言之，感知环境和行为空间就是那些被定义为适用和安全的区域，后文将对此详细论述。

文献中“感知”的含义过于宽泛

“感知”这一术语在环境设计文献中的应用不同于心理学，心理学中的“感知”似乎是用于解释事物是如何被“看到”的。例如，它用于描述人们如何看待社会变化（H-

B. Lee 1968，p. 434），或是人们对可能性、资源、危险的感知（Burton 1972；Burton and Kates 1972；Kates 1962；Saarinen 1966；Kates，Burton et al. ongoing）。它还用来描述设计过程中不同群体参与者对彼此间利益的感知。在政治学中，它用于研究人们如何看待世界，以及跟踪公众观点与学者观点之间的主要差别（Robinson and Hefner 1968）。然而，将国家按照相似度分类，并对它们进行评估，这也是一种认知和评价过程，但其结果不属于感知地图，而是一种认知地图，或更准确地说，是一种评估排名的显示。

我在上文提出，感知环境是一种基于预期与已知以及经验的构建，感知的理想环境在某种程度上参与到设计中。这些都是大不相同的用处。通过感官体验现有环境，通过已知和预期理解环境，从价值观、理想等方面评估环境等，想象和创造理想环境是完全不同的活动和过程。实际上，"感知"这个词至少有三种不同的主要用法，将其用于三种不同过程会产生混淆。

首先，人们通过感官感知环境的方式是最明显的，也是最传统的讨论方式。近来，人们越来越多地通过未曾体验过的信息认识环境，基于媒体和其他信息系统提供的信息，人们的知识会有变化。在过去，道听途说的消息是有用的，民间流传的传说和神话也会产生行为后果（例如：Burch 1971），但是，今天我们所了解的地方无论是在深度还是广度上都比过去要多得多。最后，无论是直接体验还是间接了解，人们都能够评价一个环境的好坏，以及对其感到期待或不期待。

因此，"感知"一词在文献中的使用似乎太过宽泛，对感知、认知和评价进行区分似乎是有益的。这更是因为，尽管有一些证据表明文化对作为感觉经验的知觉有影响，但这三个过程是沿着一个基于思维定式、适应、文化等因素的越来越大的变化尺度而存在的（这与前面关于显性和隐性功能以及使用对象—符号对象类型学的讨论不一样），所以更应该如此。

环境的感官体验。大多数人或多或少地都会体验到相同的事物，并认同在一个特定的地方是有树木、建筑或开放空间的。这对于人类生存是必需的（Gibson 1968；Gregory 1969），尽管有证据表明这会因文化（Segall，Campbell and Herskovits 1966；Price-Williams 1969；Wober 1966）而异，同时，教育和经验也会影响区分刺激的能力（Rapoport and Hawkes 1970）。

理解与知识。这方面变化更大，因为这些知识涉及更多的选择、模式和价值观。因此，每个人都会把一个建筑视为特定的地方，而不会把它当成酒吧，除非它是已存的。同样地，每个人看到一个线性空间（我们称之为街道）或者非线性空间（我们称之为广场），都知道这些空间的用途，但人们在其中的行为方式等是多变的 [Rapoport and Hawkes 1970；Rapoport 1970（c）]。

对现有环境的评估和对"理想"环境的想象是所有要素中最多变的，因为价值观和意象在其中的作用更深。

评估、认知和感知

这样看来，用于环境语境下的感知就是一般意义上的“看到”，实际上这涉及三种不同的意义，可以通过下面这种替代表达来阐释：

（1）感知用于描述环境评估，即对环境品质的感知，由此产生了偏好、迁移（选择）、行为和决定，一个更好的术语称之为“环境评估或环境偏好”。

（2）这个词用来描述人们理解、构建和学习环境的方式，并利用心理地图协调环境，可称之为“环境认知”。

（3）最后，感知描述了人在特定时间内对所处环境的直接感官体验。这是最不抽象的，术语称之为“环境感知”。

例如，大多数城市都有地位较高的地区，即被人们高度评价的地区。它们的位置和范围都是已知的，并以特定的认知方式被定义。城市中的一些地区可能是脏乱不堪、寸草不生的，而另一些则是人们所期望的高地位地区——整洁、绿意盎然、植被丰富（澳大利亚新南威尔士州纽卡斯尔的“山区”与兰顿高地的对比）。能够感知后者是有较高地位的地区，而前者则不是（图 1.12）。游客的评价则大相径庭。同样地，人们先感知某些特定要素，用来判定是高密度或低密度的标志，然后评价其是否拥挤 [Rapoport 1975（b）]。

有观点认为，换一种讨论顺序更合乎逻辑，因为感知实际上处理如何收集和获取信息，认知处理如何组织信息（尽管这两步密切相关），而偏好处理的则是如何评估和排名。然而，由于人们对于环境的反应往往是多元化和情感化的，以偏好、认知和感知（接下来的三章）这样相反的顺序讨论似乎更好一些。

构建感知环境的这三个方面应该视为同一个过程中的不同阶段，而非独立的过程，但为了我们的研究目的，进行区分是有必要的。认知与感知的最大不同就是，来自媒体的间接知识、信息和消息在认知中起到更大的作用。通过这种非体验的方式，人们了解和评估那些他们从未亲眼见过的场所（Gould and White 1968，1974）。* 感知则更依赖感官，更关乎直接体验，并涉及在特定环境中的个体。随着体验变得不那么直接，推理的比重不断增加，我们就可以说这是认知。例如，感知距离是我们能同时看到的点的间隔，而认知距离则是估算看不见的物体间的距离，更多地依靠记忆和存储的印象等。因此，认知比感知更需要理智（Brown and Moore 1971，pp. 205-207），认知规律可以克服感官的反应——“看起来好像……但我知道……”（Bower 1971，p. 38）。认知比感知更为简化，感知具有更大的感官丰富性，因此，即使是一个人最为熟知的城市部分，也很难进行充分记忆。

---

* 1972 年 9 月，在完成本章的第二稿后，我发现了古迪（Goodey 1969）提出的环境感知、外环境感知和优先感知，与我提出的感知、认知和评估相对应。他也将认知视为对于遥远场所的感知，跟我一样，是在强调大众传媒和流行文化的影响。唐斯（Downs 1973）和斯蒂（Stea 1973）也作了类似的区分。

兰顿高地，澳大利亚新南威尔士州纽卡斯尔

纽卡斯尔的“山区”，澳大利亚新南威尔士州

图 1.12 单一城市中两处社会地位较高的区域比较

[由新南威尔士州纽卡斯尔大学地理系的 D. 帕克（D.Parkes）博士拍摄，已获授权]

这里所说的区别相当于直接和间接的个人感知（Warr and Knapper 1968，pp. 26-28），前者来自面对面的互动，而后者来自报刊、电影等。感知环境似乎是对要素直接和间接感知的结果，它们的位置、等级、类别和排列组合以及相对于某种理想或标准的评价（例如：Harrison and Howard 1972），最终将导致影响“真实”环境。

实际上，这包括四个过程：

（1）感知过程，但涉及一定程度的认知和记忆。

（2）编码过程，强调记忆、学习、分类、意象和某些价值——主要是认知性的，因此部分会有文化差异。

（3）情感过程，主要是偏好和评估，基于价值观和意向，因此其因文化而异，并导致产生行动。

（4）行动。

我已经提出这些过程中不断增加的多变性。感知是相对稳定、一致和持久的，它一直发挥着作用，并且具有跨文化的相对恒常性。总的来说，人们眼前看到的就是相同的街道、建筑、树木等，尽管可能会有一些文化影响。在认知层面的恒常性较低——人们可能会在陌生的城市迷失方向，这些城市的结构很难掌握，空间根据不同的规则进行组织，根据不同等级制度运作。偏好和评估是最易变的——某一群体视为好的环境在别的群体看来可能是坏的环境。因此，在一个群体眼中是受过污染的不具备审美价值的景观，在其他群体看来可能是很好的景观，就如 19 世纪的约克谚语所说，“哪里有污秽，哪里就有黄铜（金钱）”。同样地，每个人都会看到相同的建筑和街道，但在一个群体眼中这里就像贫民窟，而另一些群体会觉得这里是合理的甚至是理想的生活地。对于标准、风景、乡土建筑、各种风格等要素的态度和观点的历史变化，相当于在同一时期的不同偏好。在语言和感知关系上无论采取什么样的立场（沃尔夫假说）（Whorf 1956；Lloyd 1972；Rapoport and Horowitz 1960），显然，对于空间的理解（感知）比空间的概念（认知）更有恒定性。由于设计是概念空间和偏好的可视化，不仅在空间组织上存在主要差异 [Rapoport 1969（d）]，而且由此得知，相比感知，沃尔夫假说可能与环境设计（和认知）的关系更近 [Lenneberg 1972；Rapoport，in press（a）]。

感知与认知方面的差异可能是一个尺度问题。尽管我们在认知中都知道地球是圆的，但在感知上却认为人类都聚居在一个扁平的地球上。在个人的小尺度上，我们感知到的地球相对于已知的曲线形式，确实更像是平坦的。我们的感知是针对城市中非常小的部分，而我们的认知则是针对城市中更大的部分或者整个城市 [Michelson 1970（a）]，并且通常单位越大，感知的部分越小，认知的部分越大。尺度差异似乎也适用于意象形成的讨论（Lynch 1960），例如，威尼斯在大尺度上具有很高的意象性，是独一无二且让人难忘的，但在小尺度上，它则具有较低的意象性——人们很容易在其中失去方向。

多数城市环境都太大，以至于无法一目了然。因此，记忆和推理是必不可少的。使用者构建的认知图式不仅将各种连续经历的元素联系起来并赋予其形式（Pyron 1971，pp.

386-387），而且具有预测价值（Kelly 1955）。这个过程是随着时间的推移而发生的，认知是在直接体验和间接经验中逐渐建立起来的，而感知则更多是在瞬间完成。尺度对于偏好和评估的影响似乎更为模糊。一方面，人们可能对一个遥远的国家、一个陌生的宗教或者一种不同的生活方式有非常强烈的感受，但他们从来没有亲身体验过；另一方面，人们对于存在事物比不存在事物的感受更为强烈（Bartlett 1967，p. 84）。某人对所处街道的高速公路的反应与对处在城镇另一端的高速公路的反应不同，相比于一个遥远的社区，一个人对自己所处的邻里更有参与感。

城市环境中评估、认知和感知的区别——举例说明

这三个过程是单一过程的不同方面，并且相互影响。提出这种区别是为了便于分析和研究城市中人与环境的互动。例如关于驾驶、高速公路和道路的三个研究——《路上的风景》（*The View from the Road*）（Appleyard et al. 1964）、《城市出行》（*The City as Trip*）（Carr and Schissler 1969）和《开车上班》（*Driving to Work*），这些研究似乎展现越来越多的认知成分，有助于厘清我们提出的区别和涉及的理论问题。

路上的风景。本研究探讨了公路美学经验，也就是司机在空间的游戏和组织、视野和运动、光线和纹理方面的直接体验——高速公路主要是一种通过视觉实现愉快的、动态的体验，因为汽车对大多数（尽管不是所有）其他感官方式起到了过滤作用，而将重点集中到场地的运动、空间感和空间对比、节奏和运动美学等因素上。虽然涉及城市的区位意象、方向和对城市的理解，但它的目标就是把高速公路设计成一种视觉体验，创造一个连续的、富有节奏和对比、过渡自然且丰富连贯的序列，强化和帮助创造一个结构合理的、清晰的城市意象，加深观察者对环境的理解——环境的用途和符号象征意义。因此，尽管有一些认知要素，但主要强调的还是体验和感知方面。

城市出行。这项研究中，我们从公路出行的美学质量转向人们通过什么方式将连续的感官体验组织起来，并转换成认知环境表达。强调的是人们的预期和他们如何记住自己的经历。显然，它涉及编码的过程，分类有助于记忆，而记忆似乎也是预期的一种功能。分类在部分程度上因文化而异，涉及意象和图式，因此，司机与乘客、通勤者与临时游客之间会存在差异——不是在要素的相对重要性上，而是在记忆项目数量上。然而，不同种类的要素被记住的程度不同，实用性要素被记住的程度很低——即使它们在背景中又大又显眼。

这说明了两件事：首先，记忆，即哪些东西被纳入认知图式是有选择的，并涉及一些偏好；其次，象征性方面（因此是意象）可能会很重要。这项研究不同于前一项研究，它强调认知和情感因素相对于知觉以及记忆和分类的结构化作用。这一点很重要，因为在城市高速公路上行驶时，可能很少看到实际的物理环境，但对城市的认知图式了如指掌，包括运动通道和名称，而不是真实的地方。

开车上班。这项关于开车上班的17英里（约27公里）通勤路径的研究，作者凭记忆画了一张地图，无论是在方法论上（内省的）还是出发点上（心理人类学）都与其他两个不同。其关注点在于认知地图和个人如何创造一个“行为环境”。这需要通过“语义结构学”的概念来解释，它是一个人所有的认知地图、有价值的经历和吸引或排斥他的存在状态的总和，因此，从我们的角度来看，它包括了评估、情感和认知因素。由此产生的地图具有一些特点：首先，任何局部都可以“放大”以包含更多细节；其次，除了物质环境（街道、建筑、交通、标识等）和社会（人和活动）的特征外，该模式还包括非环境成分——从感知到认知的另一个重大转变。这些要素包括驾驶过程中的社会规则和个人的常规行为，以增加舒适度。这些不同的活动、外部条件与外部状态，都是通过各种感官监测到的。这就提出了一个驾驶者与车的控制论模型，建立认知表征和行为/活动之间的一种联系，换句话说，是一个行动计划（Miller，Gallanter and Pribram 1960）。因此，它有五个要素——一个路线计划，包括出发地、目的地和重大决策点（一个空间和认知地图）；驾驶规则（用于在众多行动中做出选择的一般规则）；控制操作（行为者可用的最小行为反应）；监测信息（与当前任务相关的数据类型的说明）和组织（在将数据与行动相联系时采用的解释模式）。

这种分析是在研究一种常规的城市活动是如何变成一种认知模式的，此案例中的城市常规性活动就是驾车上班，这种分析的结果显然与感知经验的结果相差甚远，但也是有关联的。事实上，这三个研究是连续的，彼此相互关联，与设计相关。例如，城市出行研究中关于什么被记住的证据与开车上班中的决策点相关，也与（路上的风景研究中）体验环境中的明显差异有关。提醒一下，使用不同感官模式与其他两项研究有关，即设计师操纵的内容以及环境与人和活动的一致性（Steinitz 1968）。尽管在这些研究中，偏好和评估是隐含的，但我们可以通过问“为什么”更清楚地介绍它们，例如，为什么一个人每天要驾车17英里去上班。显然，与时间相比，有些人觉得居住特征更重要，或者说他们已将开车视为一种乐趣。无论是开车还是乘坐公共交通都涉及偏好和评估的问题，并会影响出行行为和居住地点——靠近高速公路、公共交通路线，或者是距离工作地点足够近，可以步行上班。选择在公路上还是在街道上开车（第三个例子），在评估公路的美学方面（这是第一个例子的开始）也存在偏好，但可以从安全方面（Tunnard and Pushkarev 1963，pp. 205-206）或通过对比在高速公路上行驶与在城市中体验高速公路这一对象的截然不同的美学体验来区别对待。

进行这些区分的利弊

为了避免陷入心理学上的争论，有必要简单考虑一下前文所提出的这些区分的有效性。虽然存在一些分歧，但目前心理学界的观点是，很难将认知和感知过程区分清楚（例如：Gibson 1968，pp. 206ff，第12章和13章；Arnheim 1969；Proshansky et al. 1970，pp.101-

102; Neisser 1967; Gregory 1969; Hochberg 1968），尽管人们可以说这是感知的接受阶段和解释阶段。认为感知是被动地接受来自环境的信息和刺激，在头脑中加以结构化的观点已不再为人们所接受。取而代之的是，人们开始主动寻求环境中有意义的信息，以帮助假设和行动，因此，即使是“普通”的感知也被看作一个积极的和创造性的过程。

从感知到思维的所有过程都是在寻找场所的意义和重要性，涉及结构化和符号化。但为了分析的目的，可能将这一过程的两个极端分开。在环境背景下尤其如此，这与大多数传统心理学研究的实验室背景是截然不同的。

虽然已有证据表明，高级认知过程是通过思维定式、可用的类别和编码（Bruner 1968）影响感知的，但也有证据表明，婴儿在认知物体前就已经可以感知它（Bower 1971）（即对事物进行分类），即使和成年人一样记录下大部分信息，但他们能够处理的部分很少（Bower 1966），所以婴儿与成人的认知差异主要在于不同的信息处理方式。因为什么被感知这个问题往往比如何构建或评价的问题有更多的争论，所以感知更接近于由来自环境的刺激而确定，而不是认知或评价。换句话说，这三者的抽象和具体程度不同，感知过程最具体，其次是认知，评价则是最抽象的。

把认知分开处理，不仅让我们关注到不同文化中的建构，还使我们对相同建筑和街道、树木、光线和阴影、动静的感知相对一致。它允许人们对活动发生的地点、城市局部地区的起止位置以及彼此间的联系方式有不同的定义。这也有助于解释为了满足少数“基本需求”而产生的各种建筑和城市形态 [Rapoport 1969（a）]。出于方便，心理学中常会有这种隐含的区分，但无论如何，它有助于讨论环境评价和偏好（感知环境品质）方面的差异，而不至于陷入城市结构的较小差异和对物质环境几乎不变的感知的研究。

它允许将主要的感官过程与替代性经验分开，有助于区分人们如何学习城市、从概念上构建和组织城市以及如何通过感官体验城市。学习包括了知道往哪里看，如何通过认知的结构化记住所看到的东西，而不是改变所看到的东西（Hochberg 1968），这对于区分大尺度和小尺度的环境很重要。

这里使用的感知、认知和评价，实际上是理想的类型。尽管形成了一个连续体，但似乎也能将它们分开，因此一个特定的过程或多或少属于这些类别中的一种（图 1.13）。

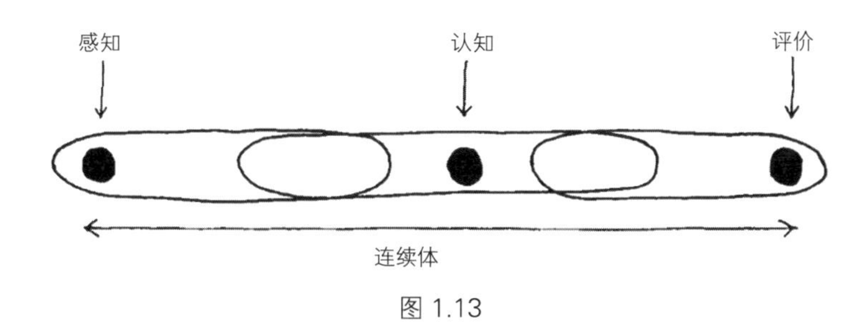

图 1.13

这不是一个绝对的区分，只是程度上有所不同，如果没有其他原因，它能帮我们厘清关于“环境感知”的大量文献，在这些文献中，这一术语以这三种方式交替使用。

所提出的区别不是先天的和无意义的感觉与物体之间的区别，而是体验城市要素的经验间的区别，因此城市要素已经有了结构和意义，它们与使用的关系、它们对不同群体的价值和象征意义，以及它们与城市结构的关系。

举一些环境的例子。就澳大利亚原住民和白人来说，对一片沙漠的实际感知是可以进行对比的，比如沙漠的颜色、质感，沙漠中的沙丘、植物，以及光、热和气味。由于他们的经验和所处的环境背景不同，所以感知的敏锐度也不同。而更大的差异出现在对领域、场所、露营地和路径的认知组织中，同时其附带的价值，比如神圣的或亵渎的，以及在使用规则上都会有更大的差异 [Rapoport 1972（e）]。后面提到的这些差异也存在于传统的原住民和脱离部落的原住民当中。同样地，我们和滕内人都能感知到相同的物质对象，并且在滕内人的住宅中，我们能体验到相同的物质空间，但对于认知类别——与神圣空间或象征主义相关——还与附加的价值观相关，两者却很难达成共识（Littlejohn 1967）。

城市范围内，假设我们在一座中国古城漫步，所看到的景象和穿过的空间也许与这座城市居民体验到的一样，但我们却不会以相同的方式理解它。从认知和评价标准的角度来看，城市则全然不同。类似于其他古城，人们通过将城市神圣化，使城市变得宜居。城市形态和人们理解城市的方式可以看作一种天体原型，神圣的纪年方式——它属于“宇宙图式”的一个方面（Wheatley 1971，pp.414-444 和最后一章；Eliade 1961）。同样地，今天人们能够体验和感知到城市中的相同要素，但在探知城市的结构和等级时，外地人总会感到不解——因此，法国人认为美国城市没有结构；西方世界则认为穆斯林城市没有结构，但他们对拉斯维加斯、洛杉矶等城市的评价却大相径庭——沿路线性空间也是争论多多。

将感知、认知和评价方面分开的效果似乎得到了最近一些实证研究的支持，这些工作涉及人们如何将城市概念化，如何看待、记忆和评估城市（Rozelle and Baxter 1972）。关于“看到的”（尽管这个词在我们的讨论中使用更多的是认知性的，因为涉及回忆而不是感官体验）结构性地标，最重要的是总体视觉印象和交通线路，而社会、经济和文化等截然不同的影响因素则在评估中非常重要。记忆是其他两个因素的综合。因此，不同的物理和社会文化因素参与了对城市的观察、记忆和评价，所有这三个过程都被用于总的概念化，即感知的或认知的环境。

过滤器模型

我们已经提出了将输入变量与主观反应联系起来的模型（Warr and Knapper 1968；Ekman 1972），它们可以归纳在过滤器模型这个通用名称下。被感知的环境，人们对景观、城市和建筑的不同态度和评价；人们对刺激物的定义和符号化的方式，以及对这些定义和符号作出反应的方式，促使我曾经提出过一个模型，它解释了人们如何通过感知的输入想象出感知环境 [Rapoport 1969（c），1971（b）]（图 1.14）。

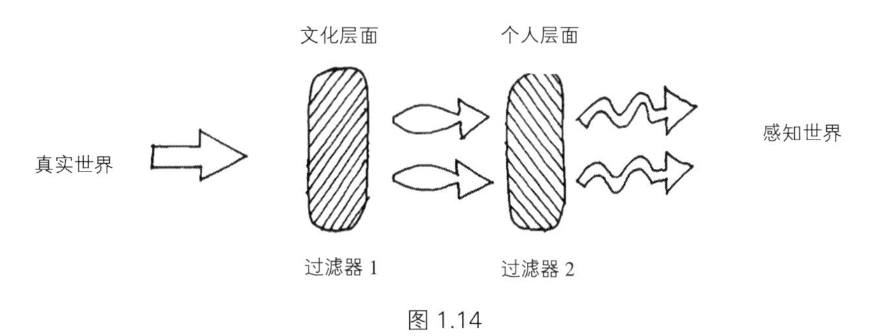

图 1.14

这个特殊的模型忽略了非感知材料的影响，但正如我们所看到的，非感知材料在环境认知中其实非常重要，它可归类为知识和期望。然而，在任何环境中，总有许多这样的过滤器。

有观点认为（Golledge，Brown and Williamson，日期不详），客观世界和感知世界是通过一个信息过滤器（知识）和一个态度过滤器（目标）区分开的。还有观点认为，这一模型能以一种电子模拟来表达。* 然而，所有这些提出的模型，其基本模式都相同。感知的和其他数据被过滤——放大、削弱、转化、整理、排序，或排除，直到构建出一个由人在其中操控的感知世界。它的扭曲，尽管是个别的变化，但对于特定人群来说也是一致且规律的。

选择、修改和构建的规则是一般文化规则系统中的一部分，因此既有构建感知环境的规则，又有在环境中行动的规则。还有一些规则体现在建成环境的组织中。

中介要素、感知世界和建成环境间的联系是由出现在其中的意象提供的，因为价值观体现在意象中，同时意象也可以结合环境排除一些不相关的事物，简化世界的复杂性，进而实现期望。

因此，当在巴黎享受一次愉快的旅行时，"意识中会立刻浮现出许多小酒馆、街道、画廊、地铁站等朦胧的意象；但如果只是出差，人们就会运行另一串代码，脑中堆满了时间表、记事簿、校样和封皮……"（Koestler 1964，p.162）。在旅行或出差这两种情况下，人们体验城市的方式截然不同。同样地，生活在城市中的各色人群、游客、规划师和设计师，对城市的体验也千差万别，尽管他们体验的是同一个城市，即它是巴黎，而非伦敦或纽约等其他城市。无论在哪种情况下，不同的活动系统会依据不同的期望和意象而产生。反过来，这些活动导致不同的行为空间，这些行为空间通过所见所闻强化最初的行动规划。

波士顿西区的例子能够说明这种过滤器对感知城市环境发展的作用。一般的波士顿人几乎不知道这个地方，或认为这是一个贫民窟（Gans 1971）。而当甘斯（Gans）的视角从游客转变为居民后，他评判的标准也发生了改变。"我对这一区域的感知发生了巨大变化……我产生了一种选择性感知，我的目光只集中在人们实际使用的地方，而不再关注那

---

* 伦敦大学学院环境研究学院，罗恩·霍克斯博士在一次个人通信中提供。

些空置的建筑和被封的商店……"(Gans 1971，p. 305)。还有类似的例子，如思维定式对邮箱、餐馆或停车标识等“可见性”的影响（Rapoport and Hawkes 1970）。

同样，在出行行为研究中，对个体出行者的感知、构想和决策过程的分析，实际上是为了试图发现这些游客的感知环境和“过滤器”。因此，“运动空间”被定义为“运动发生的环境的感知部分”（Hurst 1971，pp.250，253），它显然是感知环境的一部分，构成了一种主观环境，“通过有意识或无意识的大脑处理过滤后，根据需求、欲望和能力进行组织编码”（Hurst 1971，p. 254），再加上之前已经讨论的和即将讨论的所有其他各种因素。

我之前提到，设计中有些可能性未经考虑就被排除了，考虑到这一点，就能区分出理论上的选择范围和更有限的实际选择范围。这两种范围之所以有所差异，一是有过滤器在其中发挥作用；二是决策者在产生的感知环境中操作的结果。这表明，过滤器模型的图解和用于减少设计备选方案的标准图式是可以合并为一种图解的。

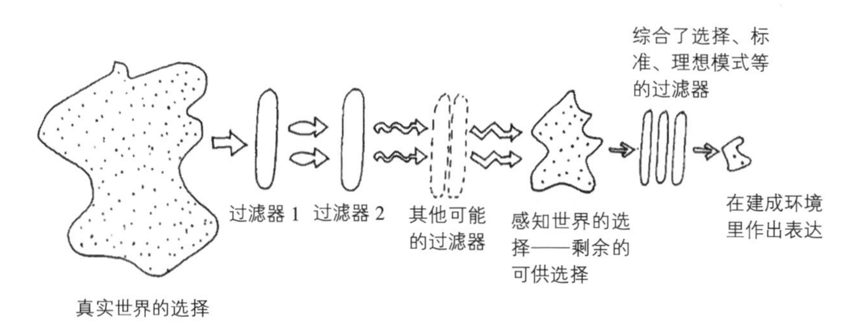

图 1.15

图 1.15 表明，过滤器和由此产生的人们采取行动的不同感知环境——不同的感知可能性、标准和选择都与意象密切相关。因此，理解意象可能会对我们理解人与环境的互动关系非常重要。这些是体现价值观和信仰的一种高效且有效的方法，它们有助于简化世界的复杂性，正如我们所看到的，设计师似乎总是用意象匹配设计方案，无论是一个原住民制作长矛（Gould 1969），还是一个艺术家试图呈现景观、城市或建筑（Gombrich 1961；Smith 1960），抑或是城市设计师在备选方案中进行选择。

此外，设计可以被视为一种过程，让使用者的经验与设计师的意图渐趋一致，使人们更倾向于产生某类反应，从使用者那里引出更多关于意象的约束条件，以便设计师通过操控物质要素引导人们的图式。

意象和图式的一般概念

我刚刚提出，“意象”概念似乎提供了成为人与环境互动研究中的一种组织性概念的可能，就像它在心理学中的应用情况（Antrobus 1970；Segal 1971）。意象往往是一种内化的表征，关于环境，它也是个人“通过体验（包括间接的体验）对已知外部现实的一种心理表达”（Harrison and Sarre 1971）。虽然这个概念可能有点过时了，但它在心理学中的应用可以追溯到巴特利特（1932）及其图式概念，而它的现代用法则来自博尔丁（1956），博尔丁进一步阐释和发展了这一概念，提出用“影像”一词作为意象研究的名称。从巴特利特和博尔丁开始，这些概念进入心理学和社会心理学领域，并向政治、国际研究、地理学、人类环境研究、市场营销、大众演讲及其他学科扩展（Willis 1968）。事实上，就像感知概念一样，这个词的使用过于宽泛和模糊，本节的目的就是厘清这种宽泛的使用，同时将这个术语在城市中的具体应用和意义讨论留到第 3 章。

该术语代表的是观念、定型、规划或地图、行动计划、概念、自我概念等。它用于强调城市的场所意义因人而异——贫民窟居民、通勤者、地理教师或规划师（即与感知环境交替使用），有时还用于风格的感受上，比如当被问到在穆斯林堡适合的建筑意象或表达时，就要看是对传统穆斯林而言，还是对 20 世纪后半叶的国际形象而言（M. Lee 1968）。这与该术语的广告和政治用途非常相近，因此在广告和市场营销中，人们可以从旨在满足妇女的不同期望和投射不同个性的形象方面比较两家商店（例如：“高端商店”对比“限时活动商店”）。这个词也被用于描述未来的发展趋势或发展模式，在相当“客观”的意义上，不包含大多其他用法暗示的心理成分（Gottmann et al. 1968）。“意象”还用于描述城市的概念，或是从形象角度，如城市是机场控制塔、巨型交换机、苜蓿叶式立交桥（Cox 1966，p. 64），或是像活着的有机体（有点类似于类比、明喻、隐喻或位置修辞，本质上相当于文学化）；或者描述人们对城市的反应方式并在文学中记录他们的印象（Strauss 1961）。

意象也指记忆，这在规划和城市设计中占据主导地位（Lynch 1960；Carr and Schissler 1969）。还有人认为，人们对自身所处的社会地位的意象或构想导致了自我意象的发展，这构成了该术语的另一种用法。

意象还是“人与环境之间的接触点”（Downs 1967），从而与行为联系起来。在这种表述中，它被宽泛地使用——可以指“图像、心理地图或空间感知，随你怎么称呼”，代表了一种“对空间的态度”，因此与情感、歧视或偏见，先入为主的观念、想法、恐惧相关。它与社会心理学关注意象如何（在定型观念的意义上）影响他人的认知，以及通过共同的社会图式、行动和行为相关，更宽泛地说，关注于意象如何影响行动和行为。这也符合社会学的概念，即满意是一种情感状态，产生于对期望和实现间的匹配或一致的感知。在这个意义上，意象显然与我所说的环境偏好和评价相关；还与环境认知相关，即创建类别并与之匹配。在这个意义上，意象与价值观紧密相连，因为后者往往体现在意象中——无论是美好的生活、适当的行为还是令人满足和满意的环境。所有的评价和设计都是通过与这些意象的匹配，以及后续人们对行为或环境的接受或不接受进行的。

社会共享的意象和图式施加了从众压力。实验表明，在一个由实验者构建的群体共识中，被测试的个人或子群体往往会报告“错误”的事情，即他们是在违背个人感官判断的情况下接受这种社会图式。接下来要回顾的是关于不同文化强调不同感知模式的证据，也与图式相关。至于偏好，无论是环境、衣着还是行为举止等，从众现象更为明显，共享的意象还反映在群体的生活方式上。从这个角度出发，我们可以理解文化图式对艺术的影响，即在艺术方面，意象与图式的匹配过程是相当明确的。圣天使城（the Castel san Angelo）被描绘成一座哥特式城堡（Gombrich 1961），早期的澳大利亚地形图采用的是英国的树种和颜色（Smith 1960），而且澳大利亚部分地区（和新西兰大部分地区）的景观实际上是对过去一些国家景观的模仿（Heathcote 1972；Shepard 1969）。在建筑上，埃及人一般不使用拱门，除非是在看不见的地方，因为拱门不符合一般建筑的固有概念（意象或图式）（Gombrich 1961）。此外，还给出了用建筑和城市表达神圣和宇宙观的简单例子。在所有例子中，人们在建筑或城市形态上的物质表达都反映了一个理想意象（Wheatley 1971；Tuan 1974）。

在这个意义上，意象和图式的概念与观点相关，即人们努力形成一种基于感官和其他数据的抽象概念——世界观。感知环境可被视为一种超大尺度上的意象。这些结构或象征形式因文化而异，是“认识世界的方式”——世界的意象由此成为一个连贯和系统的结构（Cassirer 1957），这也是我关于认知意义的主要观点（Rapoport 1976）。如果我们接受“设计让民族领域变得可见”这样的观点，即一个理想的象征形式（Langer 1953）或一个世界图像（Eliade 1961），那么就可以说城市设计是对体现理想环境的意象的物质表达，而建成环境的巨大差异在某种程度上可以解释为不同人持有的意象差异很大。

总的来说，意象似乎是一种结构或图式，它包含了（1）一些理想观念；（2）有关世界是怎样的以及如何运转的想法和知识。为了澄清这个术语的不同用法，并概括说明这些不同用法是如何与环境和城市场所文脉产生关联的，需要考虑意象和图式概念的发展。

意象概念的发展

图式的概念，在皮亚杰的发展心理学中至关重要，弗雷德里克·巴特利特爵士在1932年非常有效地使用这一概念描述记忆的某些方面（Bartlett 1967）。他指出，图式因文化而异，人们记忆事物的顺序并不是按照它们出现的顺序，而是按照它们组成图式的方式。因此，异文化的神话故事在英国人的记忆中会发生系统变化，因为它不符合英国人在一生中接触到的某类价值观和某种讲述和构建故事的方式中所学会的认知模式。出于类似原因，不同群体往往对同一个故事的记忆点有所不同。图式是人们用来组织过去和现在的行为和经验，以及用来预测未来的方式。因此，儿童的思维发展在某种程度上就是图式的成长，而文化适应是图式的变化。

图式和意象在文化和精神生活上至关重要，它使人们能将记忆与现状结合起来解决问题。研究意象非常困难，它们因人而异，并且是以非常特殊和不规则的方式组合在一起的（Bartlett 1967）。但意象又不仅仅是个人的，它还能显示出规律和系统的相互关系，所以人类群体是有组织的群体，因为他们共享相同的意象。这些意象会影响人们组织理想、时尚等的方式，包括环境，在很大程度上是设计选择模型的工作方式。事实上，有人争辩说，人们利用不同的组织建立并强调他们的身份。群体的意象或图式会导致应对环境的具体方式，从中选择并组织要素，即设计环境。同时，社会组织和环境选择有助于传播和发展特定的意象（Bartlett 1967，pp. 252-255）。

既有空间图式，又有非空间图式，后者与人们构建和控制信息和行为的方式有关。认知就是构建，这种构建会留下痕迹（Neisser 1967，p. 287）。

新的信息通过融入图式的方式与旧的信息关联，这使有机体以某种特定方式行动，从而影响已知环境和生活世界。[1]图式是“持久的、根深蒂固的、有组织地感知、思考和行为方式的分类”（Vernon 1955，p. 180），它还可以阻止事物被注意到（Abercrombie 1969，pp.31-32），对应于过滤器的概念。

在漫长的沉寂之后，图式和意象的概念最近又重新引起社会科学、艺术史和环境研究的注意，一个主要的激发因素来自肯尼斯·博尔丁（1956）的《形象：生活与社会中的知识》。[2]

博尔丁认为，所有行为都取决于形象——即我们所相信的事实——且形象被定义为主观知识，即个体对自身及世界积累的、有组织的知识。形象是抗拒改变的，与之冲突的信息最初会被拒绝（即过滤掉），但如果矛盾的信息持续下去，那么形象最终会被改变。顺带说一句，这与科学（系统化的知识）范式转变的概念密切相关（Kuhn 1965），且范式有关于它的主要形象要素。因此，这也与专业意识形态和关注点的变化相关。

形象是由事实和价值观组成的（我上面的双重分类：知识世界和理想世界）。价值观关注的是对世界及其各个部分的好坏评估等级，而这些是决定我们所看到的真理以及如何行动的最重要因素。尽管形象是主观的，但人们的行为就像是共享的一样。公共形象是存在的，而其他更注重价值的方面则具有特异性，因此有广泛共享和小团体的形象，还有私人的形象，尽管正如我在上面所论证的，在某些文化，特别是传统文化中，特异性的程度越小，一致性的方面越多 [Rapoport 1970（c），in press（a）]。这似乎与感知比认知、评价更稳定，以及具体 - 符号对象类型学有更多变异的观点相对应。

重要的是考虑博尔丁关于形象的 10 个维度的概念（Boulding 1956，pp. 47-48），并且阐述和讨论这种分类。

（1）空间形象。个体在空间中位置的图像，不仅是地方性的，更是世界性的，因为人们知道他们在世界中的位置（尽管这取决于文化）。

---

[1] Umwelt 源自德语，指的是对栖居其中的有机体产生影响的外在世界或现实。从语言学、符号学等视角来看，该词与 environment 并不对等，指涉的是在生物学、生物符号学、现象学、诠释学等理论背景下的特殊环境，意味着被主体所认知的对象化环境。后经承袭康德经验论范式的德国生物学家威克斯库尔生命科学视角的阐发，成为重要的符号学术语，它是人所建构、阐释和通过感知所及的世界，其本身既是自然现象又是文化现象。译者认为该词与 Lifeworld 意思更相近。——译者注

[2] image，此处根据经济学领域对该书的通用翻译，译为“形象”。英文与建筑规划类专业中翻译林奇的意象实为同一单词。——译者注

（2）时间形象。时间流和人们在其中位置的表述（重要的是指出这本身就是一种意象，因为其他文化对时间有不同的观点——特别是许多传统民族的周期性概念）。

（3）关系形象。将个体周围的宇宙图像描绘成一个规律系统（同样因文化而异）。

（4）个人形象。个体在他周围的人、角色和组织的世界中的形象。这是（3）关系形象在社会层面上的一部分，也因文化而异。

（5）价值形象。整个形象的各部分按优劣程度排序（在文化和个体方面存在极大差异）。

（6）情感形象。情感形象的所有各项都被赋予了感觉或感情。

（7）形象可以划分为有意识、潜意识和无意识领域。

（8）形象的确定性或不确定性的维度——形象的清晰度或模糊性；有些部分是清晰确定的，而有些部分则模糊不确定。

（9）形象本身与"外部"现实的对应关系，即现实 - 非现实的层面。

（10）与（9）密切相关，但不完全相同，根据形象是与他人共有还是为个体独有，存在一个公共 - 私人尺度（人们可以加上共享这一形象的群体规模——人性、文化、亚文化、群体、家庭等）。

显然，许多形象是非空间的，除了它们共有的类别特征外，还分为以下两类：（a）价值形象（5 号和 6 号）；（b）事实和知识形象（1 ~ 4 号）。

询问这每一个形象是否都有一个城市的对应物并没有太大意义，但举例说明这 10 个维度的形象在城市分析中的潜在洞察力也许是有用的。

1 ~ 3 号显然与城市意象（通常使用的术语）和心理地图相关，因为空间、时间及其关系是城市组织和行为的主要方面。时间，正如已指出的那样，一直以来都在城市研究中被忽略，直到最近才有相关研究出现在心理学和人类学领域（Doob 1971；Yaker et al. 1971；Fraser et al. 1972；Ornstein 1969；Cohen 1964，1967；Holubar 1969；Lynch 1972）。人们不仅有空间意象，也有时间意象，并且不同群体的时间意象需要协调，因为它们需要相互吻合。时间的韵律和节奏因群体而异（Parkes 1972，1973）。因此，对时间、空间及其关系的理解顺理成章地进入了对城市本身、城市塑造和使用的理解。

4 号影响人们自我看待的方式，也影响他们的社会结构。它既通过动机和自我形象影响设计，又通过角色定义和适当的行为与环境影响设计，通过感知到的共同点将人分组，对空间、时间、意义和沟通交往的组织产生重大影响，从而影响设计。

5 号和 6 号是一个理想的意象，在影响行为活动、生活方式、迁移和栖居地选择以及设计的评价和偏好中发挥着重要作用。它们还可能影响主观距离和时间——城市认知的重要方面。7 号影响意象的强度，假设潜意识和无意识的形象更多是带有情感的，并且可能对变化更有抵抗力（它们也更难研究）。8 号对心理地图的构建方式有重大影响，因此对如何构建心理地图亦产生重大影响。人们学习使用和了解环境，可能需要设计促进环境学习——并通过它促进城市地区的使用。群体对意象真实性的信心，以及因此而改变意象的难度，可能对设计的实施而不是形式产生重大影响。9 号与 8 号有关，但它的影响是在现实世界中发生决策的后果（防止模型是唯我论的）。

10 号对于环境期望、选择和标准，即感知环境品质非常重要，特别是当它涉及群体间的差异——无论是设计师和使用者之间，还是不同使用群体间的差异。这再次影响了设计实施，因为大尺度的设计决策反映了公众（广泛认同的）意象，比私人（特殊）意象更容易接受——所有能反映集体意象的决策，无论在何种尺度上，都更容易接受并实施。例如，某学校的规划和住宅因体现了错误的意象而遭到拒绝（Turner and Fichter 1972，pp. 134，156），布巴内斯瓦尔（印度奥里萨邦首府）的新城规划与设计也因忽略了人们对密度的意象，错用西方的低密度营地模式（意象），干扰到许多社会活动，如妇女的非正式聚会。同样，在一个高度分化、等级森严的社会中，过多异化的群体混合居住时，其社会地位的环境象征显而易见。在隐私和前后空间的区分上也有冲突（Grenell 1972，pp. 100-110），这些都与意象有关。

因此，即使在研究城市意象和图式前，这些一般性的概念也能帮我们从人与环境的角度理解城市。本书的一个中心主题就是研究意象和意象系统在连接人与环境和影响行为方面的重要性。意象和行为间的联系在规划与设计的过程中至关重要。但是，正如难以从文化、价值观和世界观等概念到活动和设计结果一样，我们也很难从意象中看出它是如何产生行动的。

实际上，意象模型仍是不完整的，因为在意象与行动间还有一道鸿沟。虽然刺激与反应之间有图式的介入，但没有任何迹象表明行为是如何产生的（Miller，Gallanter and Pribram 1960）。我猜测，其中有另一个组成部分——计划——在引导意象向行为转化。这可以被视为一个粗略的行动过程，是有机体内部的一个分级过程，是摩尔层面[1]的一种战略，是分子层面的一种战术，控制着一连串操作的执行顺序。它是一种由不协调性激活的不协调性测试机制，也是一种由不一致激活的不一致性测试机制，根据我的理解，它是与意象中体现的理想相匹配的行动。这种匹配和测试的关键是神经系统的基本构件——一个叫作 TOTE 单元（测试 - 操作 - 测试 - 退出）的反馈循环。

价值观和意图都牵涉其中。价值观对应意象，而意图对应计划；价值观决定执行哪项计划，而不是为什么执行计划。研究发现，两个不兼容的计划可能会彻底改变意象，但一般来说，虽然意象在文化相近的成员中非常稳定，但计划间的差异则大得多。

从某种程度上，这些似乎在大多数心理过程中运作的计划，可以比作特定文化的规则系统，它们常常通过测试假说的方法解决一些实际问题 [参照构建假说（Kelly 1955）]，直到测试后应用停止规则。计划因此运用意象指导行动。这不仅弥合了意象与行动之间的差距，还使意象的概念在处理环境行为上更具实操性。在理想条件下，有可能显示博尔丁形象的 10 个维度是如何对应于计划的，但是意象如此复杂，很难实现。但总的来说，从

---

[1] 摩尔是精确包含 $6.02214076 \times 10^{23}$ 个原子或分子等基本单元的系统的物质的量。相对于后面的分子层面，意味着摩尔层面是总体层面。——译者注

意象发展到行动是可行的。

我们在上文讨论过的一些问题已经足以说明意象的作用。例如，我所说的不假思索的排除选项（Whyte 1968，p. 229）、刻板印象的作用（Berry 1969）、规划目标的选择，英美规划中的反城市偏见极大地影响了许多决策（White and White 1962；Howe 1971；Glass 1955；世界心理卫生协会）。同样，定义城市的方式，既区别于非城市的标准，也与人们的“城市”意象相关。

环境构建的不同方式以及建成的城市是如何反映意象的呢？这样的例子有很多。例如，苏丹政府否决了一项阿斯旺水坝的规划，就因为规划里没有滨河大道这个不可或缺的意象。标准和规范常包含意象（Crane 1960）、城市的具体特征（Meyerson 1963）和人们对环境的评价。反过来，人们的意象又取决于其群体成员、文化、教育和其他因素（de Lauwe 1965（b），p. 153）。

那些我称之为“感知”环境或者“已知”环境的构建，实际上是一种包含了上述10个类别的环境意象，并与生活世界（Umwelt）相对应（von Uexküll 1957），这是一个早期（1909）但非常有用的概念，涉及有机体如何在Merkwelt（感知的世界）和Wirkwelt（行动或效果的世界）构建环境。这似乎与意象 - 计划 - 行动的模式有关，也与人们的行动或行为空间的概念有关。

例如，人们对城市地区、邻里特征和整个城市片区（生活在其中的人的特征）的意象，对于如何寻找居住空间（Brown and Moore 1971，p. 206）至关重要，人们询问谁，信任谁，读了什么报纸，在现实城市中寻找时依赖的是哪些视觉线索，这些都受到意象的影响。就城市各方面的价值而言，家庭的感知环境在空间上既有选择性，又有差异性。因此，它将影响人们寻找住宅时的意识空间和行动空间，以及对正在考虑的住宅和邻里社区的评价。

环境的组织至少部分取决于人们心中对好坏评价的理想意象，还取决于他们对可能性、机会和资源的“事实”意象。通过研究意象、场所意义、结构及其在行动中的作用，可以洞悉不同使用群体（如工人阶级与中产阶级）、不同规划理论（法国、英国与美国）、不同城市设计方法（勒·柯布西耶、希尔伯斯海默与库伦）和城市性质（西方的与非西方的，时尚风格与本土风格）之间的差异以及活动的潜在意义。

在另一种情况下，有人提出，所有文化在认知组织方面都有差异，其主导的等级次序为：

（a）主观优先权（价值观等）。

（b）亲缘结构——亲缘关系模式。

（c）群体间主题的相似性，事物是如何集聚并相互关联和联系的（Szalay and Bryson 1973；Szalay and Maday 1973）。

这三个类别似乎与我对博尔丁10个维度形象的归纳相关联，并提供了一个意象组成的整体结构。

（1）理想和偏好，价值观的情感排序等（5，6）。

（2）事实知识以及相关的分类和要素（1，2，3，4）。

（3）在结构、属性和成分方面的分组和相似性（7，8，9，10）。

显然还有其他研究意象的方法（Stea and Downs 1970；EDRA 3，第7节），但我将使用上述图式、匹配和一致的概念以及偏好和评估、认知和感知过程产生的已知环境组织讨论。

第 2 章
环境品质的感知——环境评估和环境偏好

在理想条件下，城市是根据人们对环境的偏好和对环境品质的认知设计的。如果说意象能具体地表达出心中的理想城市，那么人们会依靠这些意象检验实际中的城市，以心中的理想标准评价环境品质，更广泛地说，人们依靠自有的认知图式测试一个新环境，当然，这种图式是可变的（图 2.1）。

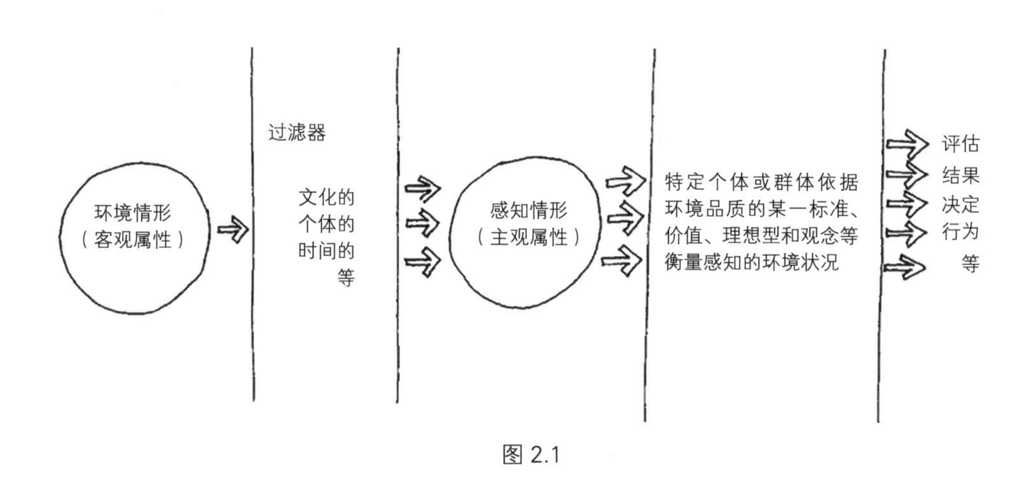

图 2.1

这些评估图式受到人们以往经验、适应水平和文化的影响，也可能受到贫困的影响，所以缺乏某些特征 [如宽敞、植被、新鲜、单层住宅……（即郊区的意象）(Flachsbart and Peterson 1973；Ladd 1972)] 的人更为重视它们。熟悉感和期望可以起到同样地作用，比如，悉尼的孩子们选择家附近的，但比家条件稍好的地方生活，他们表达出现实 / 保守的偏好。与此同时，他们也会有理想的生活环境——北海岸郊区（Clarke 1971）。对于我们先前探讨的组成意象的事实与理想成分，这个例子提供了精准的解释。

因此，城市的环境必须符合环境品质标准和预期居民的意象，广泛而言，城市特定的空间和城市的其他组织是各种限制和可能性以及个体和群体认知相互作用的结果。

城市中心与社会地位的关系是个适当的例子。在许多前工业化的城市，人们很看重这一点，比如印加城、巴洛克城镇、未与外来文化接触的日本和许多其他城市（例如：Timms 1971，pp. 220 -221），社会地位高的人住在离市中心近的地方。也许仍有城市延续这样的现象 [例如：Caplow 1961（a），（b），参见：Rhodes 1969]，以至于在巴黎，社会地位低的群体不能进驻市中心（Lamy 1967）。在意大利，中心区仍有很高的象征价值，以至于所有的电影首映式、戏剧、有一定社会价值的活动都在那里举行（Schnapper 1971），即使市中心还有棚户区（例如：MacEwen 1972）。

在当今的美国城市，市中心被视为高密度的、中下阶层聚居的、环境差和犯罪率高的阴暗地带（Cox，引自 Seamon 1972，pp. 7-1-3），即，市中心与人们向往的环境恰好相反。若单就社会和物质空间的一致性而言，比较美国和墨西哥米却肯州的情境会很有趣，在墨西哥的西班牙式城镇，社会地位和到市中心的距离成正比——离市中心越近，社会地位越高，而在印度的城镇中，二者之间并无关联（Stanislawski 1950）（图 2.2）。

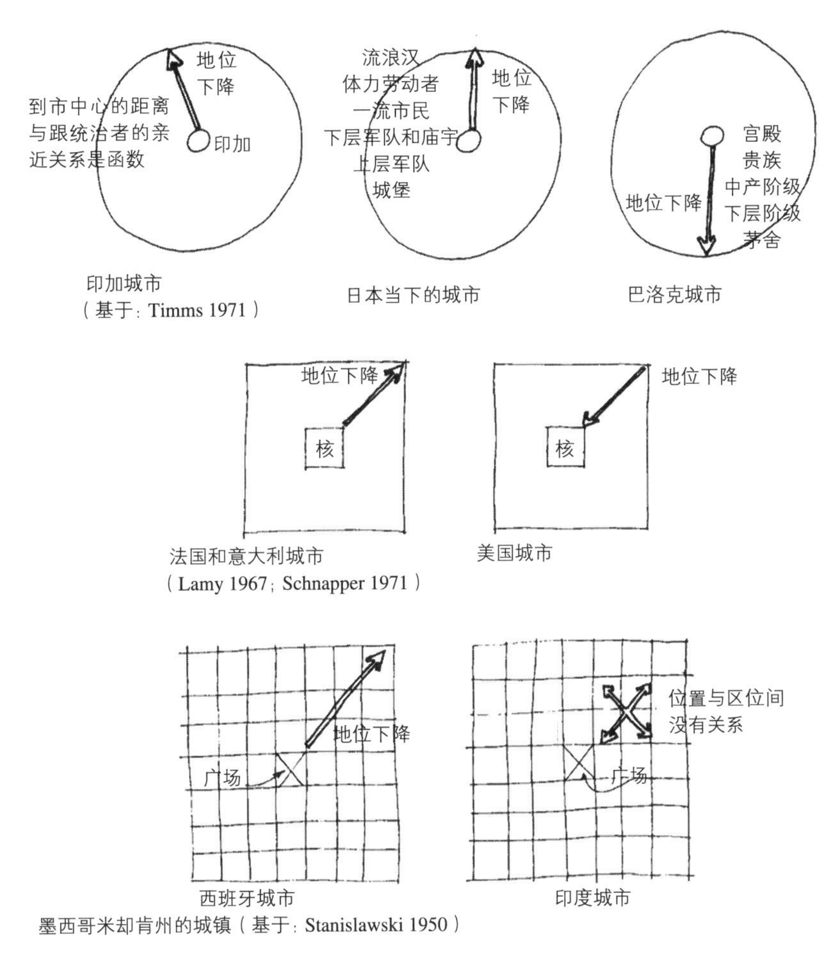

图 2.2　区位与地位关系的示例

在模式选择上，人们在比较备选方案时使用不同的标准。环境与理想意象的匹配表明，人们在分析环境并对其进行更具体的评估之前，会对环境产生整体而感性的反馈与认识。物质对象首先引起一种感觉，为更具体的形象提供背景，然后再将意象与物质对象相匹配（Bartlett 1967，pp.35，41），在环境方面，感性的意象在决策中起着主要作用（Murphy and

Colledge n.d.）。例如，在小尺度空间内，学生对宿舍楼的总体满意度相对独立于对具体建筑特征的满意度。当然，关键在于三点：对特征和感觉的感知，建筑的整体意象及其积极或消极的象征意义，人们的期望与意象的一致性（Davis and Roizen 1970）。这似乎也适用于教室（Artinian 1970）。

同样地，荒野娱乐的偏好似乎主要与情感方面有关（Shafer and Mietz 1972），并因不同群体而异，他们对景观的偏好普遍不同（Vogt and Albert 1966）。这些影响着国家公园的管理 [Shafer 1969（a）；Lucas 1970]。由此可见，其他偏好也大不相同，不管是住宅（例如：Kuper 1970；Sanoff 1969）或是大片区域（Gould and White 1974）以及其中的城市。因此，在美国南部，亚特兰大市和新奥尔良市比密西西比州的杰克逊市和阿拉巴马州的伯明翰市更受欢迎（Doherty 1968）。因此，在大尺度的环境中，最初的情感和整体反应似乎控制着随后与环境互动的方向。

情感因此非常重要，它支配着我们的大部分行为，尽管存在恒常性和文化差异（Osgood 1971，p.37），人们以不同的方式分配资源，不同群体的偏好结构和支出在营销中具有相当重要的意义。

在环境方面，优先权的相对性是很重要的 [Rapoport 1969（f）；Hoinville 1971]，它涉及对诸多因素满意度和投入成本的主观评价。例如，美国对独栋住宅的强烈偏好影响了各种住宅形态的相对可接受性，这些形态是根据空间和树木的城市意象和不同住宅类型所关联的社会意象得出的，以至于政策也受到了一定的影响，以维持理想社区的意象，与经济现实无关（N.J. County and Municipal Govt. Study Commission 1974）。总的来说，与仅满足特定标准却破坏人们期待意象的设计相比，符合意象的设计更加成功。

不同群体对环境品质有着不同的意象。在一般水平上，人们可能对颜色和形态有不同的偏好（例如：Suchman 1966）。在巴厘岛的传统观念中，山是合意的，海是差劲的，然而我们却认为海是理想的环境意象，这也是如今在此建设高档度假酒店的原因。这种情况就是由人们对景观的评价方式不同造成的。在被问及他们对于城市环境有什么样的愿景时（这是个容易的问题），大部分美国人会选择独栋住宅组成的纯居住区；小部分人会选择配套服务优良的单元住宅（Michelson 1966），但设计师通常不会同意这样的布置（Nairn 1955，1956；Cans 1969；Timms 1971，pp. 106-107；de Wofle 1971；Ekambi-Schmidt 1972）。

这就产生了显而易见的矛盾，尽管设计师和使用者们都提到“良好的环境”，但是他们对环境品质有着不同的意象（例如：Stagner），不同的使用人群之间（包括参观者和居住者）也可能出现矛盾。这是由于情感上的反应往往会超越意识范围。

这与人和事物（包括那些我们称作环境的组织）被感知的方式似乎是相通的。众所周知，在社会心理学中，潜意识感知在人类感知中起着重要作用，而且以各种感官模式的大量线索为基础。当刺激物低于意识时，使其成为潜意识的阈值各不相同，目前还不清楚不同的线索是如何使用的（Mann 1969，pp. 96-97）。这说明可能存在着一种对于环境的情感性和整体性反映，实际上已经产生了潜意识环境感知的可能性（Smith 1972）。另一个相似之处是，人的感知同样涉及意象，尽管常常称为刻板印象（Mann 1969，pp. 92-100），但它似乎与对环境的全局性、情感性反应的形成方式相似。

我已经讨论了环境品质概念的历史和文化差异，以及城市中不同群体选择不同的住宅和邻里，从而导致城市社会空间的差异（例如：Timms 1971；Johnston 1971）。很显然，前面提及的第二次世界大战后联邦德国城市重建的例子中 [Holzner 1970（a）]，环境品质的特殊定义体现在城市应有的意象中，这使得保护建筑比改建更受到人们的关注，于是城市密度、传统外观和格局保留了下来，与欧洲其他地区的状况相异。这里没人向往宽敞的生活环境，反而致力于保护街道市场和小商铺。在调查校园环境品质偏好时，也存在区域间、师生间和男女间的差异（Wheeler 1972），还有对建成的邻里和住宅环境品质定义的差异（Sanoff and Sawhney 1972），正如它们与符号和意象紧密相连（Davis 1972），因此，需要的是发掘而非假设环境品质。

我们需要考虑到美国上层、中层和下层阶级对环境的偏好，还要考虑到如何利用环境线索"解读"地位的差异，即相关的环境品质。举个例子，上层社会的人士对自然生长的植物评价很高，而中层阶级喜欢人工培育和高度修剪过的植被。同样地，新的郊区环境是下层阶级的首选，中产阶级的备选，但上层阶级并不看好。同时，较低密度对于上层阶级非常重要，这大大增加了他们对该地区的喜爱；而对于中层阶级并不重要，对于地位较低的阶层则毫无意义。在风格、材料、围栏和评价老城区方面也存在很大的差异（Royse 1969）。法国的研究者发现了环境偏好的阶层差异（Lamy 1967；Coing 1966），这种差异似乎与塑造自我形象有关而且是相对稳定的（McKechnie 1970）。

同时，研究者还发现，两个同样富裕的群体会用相去甚远的要素建立他们所在地区的身份，导致两种完全不同的城市景观和非言语表达问题（Duncan 1973）。在美国，不同种族和不同教育水平的群体对城市或郊区的环境偏好存在差异（Sklare 1972；Gans 1969）。在如何评价郊区这个问题上也存在性别差异，男性强调和平、宁静和"到处闲逛"，而女性则更重视和睦的邻里和友善的环境（Gans 1969，p. 38）。

不同文化和亚文化之间的差异是建立在认知方式、教育、培训和经验上的，人们可能期待规划师和设计师构成一个拥有非常特别的价值观、能力和世界观的群体，他们和公众在评估环境品质的方式上应该有很大差别（Porteous 1971）。事实似乎也是如此，例如，设计师比公众更倾向于高度复杂性和模糊性，而群众通常喜欢在他们熟悉的环境中创造细微的差别（Rapoport and Kantor 1967；Rapoport and Hawkes 1970）。瑞典设计师和公众对于"愉悦感"的评估是存在差异的——即对环境品质的评估（Acking and Kuller 1973）。在美国，设计师和公众对空间组织的评价不同：前者喜欢围合的、有集聚建筑群的城市区域，而后者喜欢开放的、分散的城市发展。这些差异在没有接受高等教育的公众成员（Lansing and Marans 1969）和建筑专业学生之间更加明显，因为学生在学校接受教育，在空间偏好中吸收了他们（建筑师）的亚文化价值观（White 1967）。在英国也存在类似的差异，设计师偏爱封闭的、有组织的、联排的住宅，而公众则更喜欢独立式、分散的、开放布置的住宅

（Cowburn 1966；Taylor 1973）。

公众对于分散式发展的偏好不仅与邻里距离和乡村意象有关，还与私人娱乐方式的喜好有关，可能是一种娱乐，也是一种住房现象 [Mercer 1971（a）; Young and Wilmott 1973]。这似乎是将偏好与生活方式（Michelson and Reed 1970）、是否有孩子等联系起来。还有人认为，环境偏好受到寻求感觉需求的影响，这些偏好在设计师和非设计师之间可能不同，正如我们所看到的，它也影响了不同年龄群体对住房的评估（D.O.E. 1972；Reynolds et al. 1974）。如果设计和规划的目的是提高环境品质，那么设计者和使用者对这个概念的不同理解最终会影响他们对场所的评价。

我们已经看到，郊区、分散的住房等就属于这种情况，而且更普遍的是，如果规划可以视为一种形象的创造 [Werthman 1968；Eichler and Kaplan 1967，pp.10，50；Rapoport 1972（a）]，那么这些群体就有不同的形象。规划师认为规划是在理解土地使用要求和合理组织空间方式的基础上创造更好的环境，而用户的看法却大相径庭。虽然他们认可规划提高环境品质，但却赋予了这个概念不同的含义。在其他影响因素中，他们强调社区的"阶层形象"，对他们来说，规划的本质是防止变化并保持该地区的这种阶层和地位形象。这种形象是通过物质元素的象征性属性来表达的，因此，在新的社区发展规划中，虽然很少有人（7% ~ 16%）期望使用娱乐设施，但 90% 的人希望这些设施能够表达适当的阶层形象（Eichler and Kaplan 1967，p. 114），我称之为娱乐设施的潜在功能。这都归因于物质要素对人们的意义 [Coing 1966；Duncan 1973；Royse 1969；Rapoport 1975（a）]，如前院草坪的巨大象征意义（Sherif and Sherif 1963），适当的维护或处理会导致冲突。对一些人来说，住宅是居所；对另一些人来说，这是他们社会地位的物质象征（Pahl 1971，p.55）。对后者来说，规划被认为是维护和保护一个地区适当的视觉特征，因此也反映着这个地区的价值，表明该地区的社会地位和生活方式（一种社会审美）。如此一来，人们期望通过房子和所居住地区评判这个人的社会地位和价值。

一个地区的品质评估也要根据其是否存在工厂、办公室、商店等要素来判断，规划则被视为试图阻止那些不受欢迎的要素——无论是人还是功能，也就是说，要维持区域在社会和物质上的同一性——这种目标显然与规划师的目标大相径庭。在美学上也存在一些冲突，对于使用者来说，美观主要起象征作用，是避免住房千篇一律时所强调的（Werthman 1968），景观设计和户外场地的维护亦是如此，以至于它们往往在能够负担得起之前就完成了（Werthman 1968）[这非常像利马的贫民区往往在搭建屋顶之前就购买好一个精致的前门（Turner 1967）]。

所以，成功的环境取决于它是否与恰当的意象相一致（例如：Wilson 1962；Coing 1966；Cooper 1972；Marans and Rodgers 1973）。美国中产阶级的意象包括运动设施、水体、有趣的地形、不能有非家庭用途的设施（包括教堂）和适当的购物（Werthman 1968；Eichler and Kaplan 1967）。类似的论点适用于新城镇，如果它们要吸引中产阶级和上层阶级的居民 [Rapoport 1972（a）]，也适用于住宅的设计 [Rapoport 1969（f）]。这为环境偏好的多样性，以及体现在社会和物质意象中的情感和象征方面的重要性提供了论据支持。

站在全球的高度看，不同的群体可能共享一种偏好，共用一个意象系统。因此，在美国，独户住宅的郊区理想和中产阶级意象是大多数年轻人所追求的，不论人种、家庭背景或者当前居住地如何。郊区象征着自由和身份，反映了一种没有压力的自然环境的理想状态（例如：Ladd 1972）。当然，也会存在少数人的偏好和不接受这种理想意象的地方。更详细的分析可能显示出更多的差异性，如前 / 后的区分差异、社会同质化的性质、使用的符号或社区的首选规模及其中心地位方面的偏好（Hinshaw and Allott 1972）。不过在任何情况下，环境评价都会受到期望、价值观、文化规范和过去经验的影响，这些因素会通过适应性影响匹配的标准或比较水平（Thibaut and Kelley 1959）。

美国旅游者对俄罗斯的评价体现了适应性对城市品质评估的作用。在游客眼中，莫斯科或圣彼得堡是更单调还是更热闹完全取决于行程安排。优先参观的城市显得更单调，因为游客采用了基于美国城市的适应水平。然而，在俄罗斯的逗留改变了适应水平，改变了参考标准，从而得出不同的结论（Campbell 1961，p. 34）。同样地，美国的同一小镇被评价为安静、干净和安全，或嘈杂、肮脏和危险，取决于人们来自大都市还是小乡村（Wohlwill and Kohn 1973）。

关于适应性的心理学文献（例如：Helson 1964）和关于如何看待和评价事物的社会影响的文献会使我们期待这样的结果，因此解释环境偏好的一个主要影响因素可能是相关人员的环境背景。这是熟悉的一种功能，或者是虚夸了上述因稀缺性而产生价值的事物（Flachsbart and Peterson 1973）——只要没有更迫切的需求，并且没有发生对稀缺事物的适应。这种过程的一个例子是，苏格兰的学生对家乡少有的独立住宅有强烈的偏好，但澳大利亚的学生则喜欢那些澳洲少有但苏格兰常见的联排式房屋（Thome and Canter 1970）。人们对匹配度高低的评价大相径庭。比如，法国 170 平方英尺的人均居住面积被认为是心理健康的最低标准，美国公共卫生协会（the U.S. Public Health Association）1950 年制定的标准在该数值的两倍以上，但在有些地方，43 平方英尺的人均居住面积似乎也可以接受（Mitchell 1971）。显然，人们对于密度、拥挤程度和压力的判断会有所差异 [Stokols 1972；Rapoport 1975（b）]。尽管适应性并未影响私人偏好（Marshall 1970），但它们通过文化差异发挥了间接作用 [Rapoport 1972（b）]。无论是来自城市、郊区，还是乡村的人们都会在某些维度上对各种设计做出不同评估，并且其中的一个因素可能是对某些城市空间构成方式的熟悉程度（Pyron 1972）。

一般来说，人们有不同的评价和偏好。例如，大部分人不会考虑自己的环境偏好，却会在乎品位和时尚。最近有人指出，时尚比人们想象的更重要，而且在不同的领域发挥作用——建筑领域也包括在内（尽管没有提到城市环境）。时尚被看作一种匹配新品位的尝试 [Blumer 1969（b）]——换言之，是一个意象的匹配和选择过程、一个提供接受或拒绝的基础的公共标准，并塑造了对象和环境。品位在文化与亚文化上是可变的，是生活方式的表达，还用来强调身份和地位。它对食物、服装、家具和房屋外观的选择有影响（Allen

1968），但被认为与城市空间组织没有关系。其实不然，就像英国南北方的城市差异与其他差异一样。比如说，南方的酒吧人均比例数比北方多；南方更人性化，更明确地划分为专门的领域，更多的独户住宅有后花园而没有前花园。不仅有南北之分，英国其他地区之间在住房资源分配和活动时间安排方面也存在差异。在购物偏好、使用颜色方面，在房屋形态、安排和使用方面差异明显（Allen 1968）。不同群体有不同偏好，部分体现了品位的功能和对物体的特定属性及其安排的偏好，这些同样适用于环境。例如，18 世纪英格兰品位的改变导致城市和景观在物质环境上发生明显改变，以至于美国人和英国人的不同品位和偏好产生了非常不同的环境（Lowenthal 1968；Lowenthal and Prince 1964，1965）。

风格变化是一个品位问题，毕竟风格是一系列一致性选择的结果，因此由网格道路体系向曲折的"郊区"街道转变可以归因为品位的变化。住宅和邻里文化设施对城市发展和地点选择的影响可以用品位解释，因此在一座拉丁美洲城市，品位从传统的院落向北方住宅模式转变。相应地，比起城市中心，人们对更大空间和周边地区的偏好更加强烈，品位已经通过"迁移"对城市形态产生了重要影响。*

地理学为环境评估在迁移中的作用提供了有趣的论据。例如，美国大草原的定居问题被推迟，就是因为对熟悉的有树地区的负面评价造成的，而无树地区则被认为是沙漠（Watson 1969）。在澳大利亚，不同群体对特定地区的评价差异很大，对定居产生了重要影响（Heathcote 1965）。像其他情况一样，在后一种情况下，偏好和意象导致了涉及的后果，因为移民群体再创了他们高度重视的景观（Heathcote 1972；Shepard 1969）。加利福尼亚州的大量地区，特别是中央山谷，由于某些环境特征与当时的疾病起源形象（疟疾的瘴气理论）相一致而受到了负面评价（K. Thompson 1969）。只有使用了新的评价标准，这种评价才会改变——众所周知的加利福尼亚州现在的情况。甚至今天，仍然存在着因为地区的消极评价而反对定居的情况（Gould and White 1974），而规划中的一个问题是规划者和潜在移民评价不一致。

关于城市环境的证据较少，但在悉尼、帕丁顿和类似地区的排屋被消极评价为需要清除的贫民窟，标准是将郊区的房子作为理想。当某些专业人士和其他群体的价值观和首选环境的意象发生变化时，帕丁顿（和其他类似地区）成为时尚，备受追捧，变得昂贵。有时，这种评价的变化和冲突的结果会有一个时间差，例如，在某些群体中发生了与帕丁顿相似的变化之后，贫民窟清理当局（维多利亚州住房委员会）依旧对卡尔顿（澳大利亚墨尔本）持负面评价。

对于不同的人群来说，环境的不同要素可能有两个方面的差异：首先，存在使用上的差异（对应于我之前谈到的资源定义）；其次，考虑到对类似用途的看法，在赋予它们的价值方面可能存在差异，因此，一个农民、他的孩子或一个水文学家对雪的评价是不同的。所有人都认为它干扰了出行，但其严重性有所不同（Sonnenfeld 1969）。所有这些导致了不

* 阿马托对其数据的解释大不一样。

同的环境评价。

一个对环境评估有价值的范式是地理学上对灾害认知的工作，如洪水、干旱或下雪（用我的话说是对危险的评价）（例如：Burton 1972；Burton and Kates 1972；Kates 1962；Saarinen 1966），已被证明随文化、价值、经验、适应性而变化，涉及阈值，在感知的环境中发生的机会和危险都会得到评价。在城市背景下，这似乎适用于污染（Swan 1970），因此适用于环境质量的定义，在最近出版的关于美国安全（即无危险）社区的书籍中也有体现，那里犯罪率低，空气清洁，税收适度 [Time 1972（a）]。

灾害评估受到三个不同因素的影响：

（1）受主导资源使用影响的灾害的相对潜在重要性。

（2）危险发生的频率，其阈值因熟悉程度而提高。

（3）个人对危险的体验程度，对阈值产生的适应效应。

对城市质量评价的影响似乎很明显，尽管有较低的临界值 [Rapoport 1969（a）]，但它的评价可能更加多样化。甘斯（1971）对我们已经讨论过的波士顿西区的态度表明了适应性对评估有显著影响（上述例子 3），它不仅对规划师的城市地区与“贫民窟”评价产生明显影响，还为评价前对地区的熟悉程度以及游客和居民的不同评价，带来了方法论上的启发。

典型的对郊区和新城的专业批评通常集中在缺乏视觉围合感、紧凑性和城市风格方面（例如：Whyte 1968，pp.232-233），但我们已经看到，公众对“城市性”的评价是不同的，因为不同的公众（例如：根据教育水平）评价不同，但一般倾向于绿色、开放、自然而然的发展状态。这可以看作上述（1）的例子——就生活方式、私人娱乐、价值观和身份象征而言，是对独户住宅、花园和邻里等优势资源的利用。这些关于邻里和住宅意义的不同观点，实际上是对环境资源的不同解释。根据上述（2），事件的发生频率可能与城市的使用、不同地区的生活节奏、活动周期和个人的活动空间有关，所以，不熟悉的地区会被认为比熟悉的地区更好（或更差）。一个很好的例子是为法国游客绘制的曼哈顿危险地图（《纽约时报》1972 年），我将在第 3 章讨论。有趣的是，其他国家和地区的人们比美国人更坚信，大部分美国城市尤其纽约是危险的地方，即清楚地体现了频率和熟悉性的作用。

城市内部迁移（后面会讨论到）显然涉及对“感知压力”的评估（Brown and Moore 1971，pp. 201-202），并且“危险”的类型、阈值和理想意象，在不同的人之间有所不同。

我们已经看到，社会地位较高地方的可达性也许能解释不同城市间的差异（而且后续将会看到“可达性”本身是可变且主观的概念）。我们可以使用环境偏好的潜在性和象征方面（或者更传统的经济和工作可达性的标准）解释住房选择。关于这些标准相对重要性的证据是互相矛盾的。最近的研究（例如：Brown 1975）表明，在美国，工作地点，而非品位、偏好或风格决定了住宅的选址，同样地情况也出现在法国（Ekambi-Schmidt 1972，p. 47），有很多证据说明这些考虑因素是相对不重要的 [Simmons 1968；Boyce 1969；Ward 1971；Johnston 1971（a），pp. 322-329]。除了住宅本身质量，重要因素是与各种标准相一致的社会环境和物质环境。因此我们应该思考什么是理想的城市特征——和睦相处的人（Moriarty 1974）、学校（Weiss，Kenney and Steffens 1966）、中心（Weiss，Kenney and Steffens 1966）、令人向往的地形或某些特定的环境特征，如空间、风景或者住宅类型（Young and Wilmott 1973，pp. 43-58）。

潜在的、社会文化和象征的方面——如波士顿公共绿地（Boston Common）、公共花园、历史建筑和贝肯山（或译为灯塔山）[1]的价值——在一定程度上影响了波士顿的格局，以至于它成为一个效率低下的购物中心——而且是在一种总体上强调经济效率和成功的文化中（Firey 1947，1961）。经过几代人的时间，纽约挪威人的迁移反映了某些价值观和理想意象，他们喜欢低密度、植被、靠近水的和水边游船风景（Jonassen 1961），而纽约的其他群体则有着不同的模式。

偏好揭示了环境特征的社会价值，因此，贝尔法斯特的地形（自然环境质量）极大地影响了城市模式，但解释这种模式的并不是高海拔，而是社会对海拔的评价（Jones 1960）。

对欧洲城市的研究发现了“不合逻辑的”方面（Anderson and Ishwaran 1965，pp. 62-63），我将其解释为，根据主观的、象征性的和文化的图式评价环境—理想或象征性的环境或景观（Stea 1967；Carr 1970）。这些可以从两个有助于解释环境品质构成的概念上来理解。它们涉及显性功能和隐形功能的概念，以及前面介绍过的具体对象与象征对象的尺度问题。

回顾一下，较高层次的意义（价值和象征性、潜在性）比具体的和使用端的意义更具有文化决定性，由此可知人的态度和期望在其中发挥着更大的作用 [Rapoport and Hawkes 1970；Rapoport 1970（c）]。因此，一个城市地区被所有人用同一种方式感知，虽然感知方式上差别细微，但在感知结果上可能存在很大差异。在使用层面上，一个破旧老区的利用价值，对于希望翻新它的设计者、以低房租在该地区居住并已形成社会纽带的人，还有房地产商来说是不一样的。在价值层面上，其差异可能更加明显，该地区可能被评估为贫民窟或令人向往的邻里。在象征性层面上，这种差异可能会更大，同一个地区可能被视为高尚的工人阶级家园，象征着过去的建筑遗产，或者被看作犯罪与危险的温床，象征着无力转变的贫穷。

正是这些各类事实，解释了历史上盎格鲁 - 撒克逊人对田园风光与如画风景的偏好多于对规则式的喜爱（Taylor 1973），并且一直持续到今天，以至于在城市中，乡村式海滨比都市型海滨更受欢迎（Neumann and Peterson 1970），人们需要了解导致这两种分类的具体因素。同样，虽然复杂性预测了对农村或城市场景的偏好，但无论复杂程度如何，农村场景都是首选（Kaplan and Wendt 1972），换言之，两种环境类型代表截然不同的区域，且反城市的偏见在英语国家非常普遍。人们可以认为，在这些国家，农村（自然）的形象占主导地位，而在其他国家（如法国或意大利），城市（人造）的形象占主导。

---

[1] 该区域位于波士顿金融区以北，是全市最有历史和遗存最多的地区之一，波士顿“翡翠项链”核心地段也是上流社会居住地带。——译者注

能够反映潜在性和价值 / 象征性评价标准重要性的另一个例子是城市开放空间使用的多样性，在一种情况下只是为了交流，而在另一种情况下，相关的活动如吃、喝、玩滚球、炫耀、看和被看等则重要得多 [Rapoport 1969（a），（f）]。例如，在希腊的城市开放空间中，看、被看、互动等比交流甚至风景重要得多，以至于后者可能被忽略（Thakudersai 1972）。它不仅影响到空间的组织，也影响到环境质量的隐性定义——即什么是好的空间，或空间好的部分，从而影响到居住地的选择。

这也适用于商店。马里兰州哥伦比亚市的规划已经考虑了商店的社会作用，并规划了转角商店（Eichler and Kaplan 1967，p. 67）。鉴于上述提及的中产阶级意象，它们不太可能奏效。它还表明，虽然商店和其他设施的集中在经济上是合理的，但它也是体现规划师价值观的一个功能，他们强烈支持分区和分组的设施。然而，这些价值观与其他群体的价值观并不一致，因此，对于纽约的波多黎各人、波士顿西区的意大利人或巴黎的人来说，分散的模式可能更可取，如第 1 章所述。对于英国人来说，已经证明转角商店和酒馆有助于培养和维持人们之间的熟人关系，在工人阶级地区非常重要（Wilmott 1963，pp. 88-125）。

这类差异也有助于解释日本城市的形态，那里有大量的购物空间，与娱乐和休闲密切相关，并被组织成一个几乎独立的购物街道和拱廊网络。日本的城市从来没有公共开放空间。原因之一是领域的分离，公共街道不仅与住宅明确区分开来，每栋住宅都是一个独立的世界，每户人家在围墙后做自己想做的事（Taut 1958；Canter and Canter 1971；R. Smith 1971），每家每户在处理上也会有所差异。结果是“公共环境的肮脏和私人环境的美丽”（Meyerson 1963）。因此，社区生活发生在其他地方，首先是与商店结合的欢乐度假村和娱乐中心（Ishikawa 1953；Nagashima 1970）。正因为购物是一种娱乐和社会消遣方式，这种社会互动模式才能发挥作用。

因此，首先，不同的城市重视的公共要素大不相同；其次，“娱乐”可以有不同的含义，因此需要有不同的环境满足它的具体意义。与日本不同的是，尽管这些要素在不同的地方有所不同，但历史上的大多数城市都是根据公共要素定义的，因此如果缺少适当的公共设施，“城市”的地位就会被否定。因此，希腊人坚持有广场（Agora）、体育馆和剧院，而穆斯林则坚持有星期五清真寺、永久性市场、公共浴室，等等。如何利用这些公共要素，以及它们与城市系统的关系，是非常重要的，因为每一套要素和相关的使用都意味着对城市形态和生活的不同看法。

后文会讨论娱乐休闲，但还是要简单考虑一下这个概念的多样性。如果有一定量的空闲时间，人们会以不同的方式使用它。有些人将大部分闲暇时光花在住所及其周围；有些人会去听音乐会、看歌剧、看戏剧、看艺术展览或类似活动，或积极参与艺术活动；有些人则回到学校，或旅行——去海滩、河流或山丘，去国家公园、州际或海外；另一种选择是运动，或者积极参与，或者当观众。在不同的地方和不同的时间，会有不同比例的人选择这些方式，需要不同的设施。由于其随意性，娱乐清晰地展现出了模型选择、潜在性和价值观考虑的影响，而且似乎与个性和生活方式更相关，而非年龄、性别和社会阶级

（Havinghurst 1957），以至于娱乐形式的选择反映了自身和美好生活的意象（Christy 1971）以及寻求感官刺激（Csikszentmihalyi and Bennett 1971）。考虑娱乐选择方式对规划有重要意义，特别是如果考虑到潜在的功能。例如，在城市中有许多人需要"消磨时光"。在提供公共图书馆这一设施时，可能不仅需要考虑阅读和借阅书籍的明显功能（这是一种娱乐形式），还需要考虑潜在的功能，从城市的角度看可能是最重要的，即为这些人提供一个舒适而有尊严的聚集地（Howland 1972）。这也是美国某些通宵电影的重要功能，1973 年 7 月，当纽约中央车站首次在夜间关闭时，大量曾在这里坐过和睡过的人被赶走。对场所的评价显然会受到这种考虑的影响。不同的用户群体对这种使用的评价不同（Becker 1973），规划和设计也会受到影响。

由于象征因素和潜在因素的主导作用，评价的多样性表明了，存在着一种由世界观、价值体系、生活方式定义的所谓"场所偏好"，并且这个偏好可能或不可能在某些环境——城市或自然——中产生（图 2.3）。

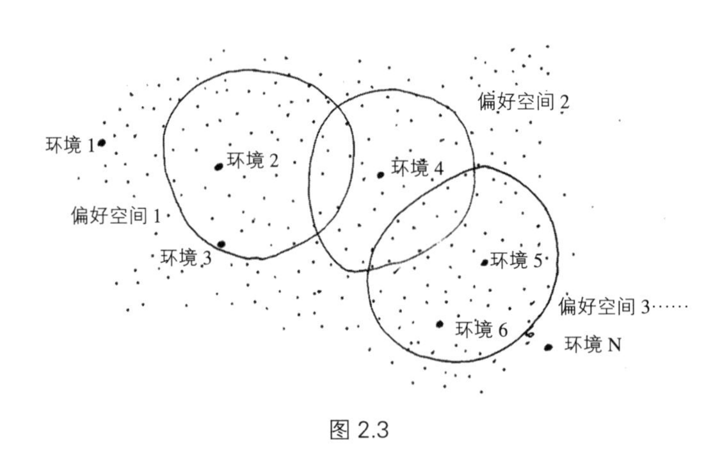

图 2.3

近年来，很多城市和住宅设计项目以独立式住宅为特色，就像我之前提到的，它反映了审美偏好，但也使人们很难分辨出房屋的前与后。从表面看，可能不需要这种区分——因为垃圾脏乱的情况很少见了，垃圾处理装置在增加。但是也有很多迹象表明，人们需要清晰地区分前后，因为房前屋后空间的象征价值差异非常大，它们有不同的处理方式和不同的物质表达。前院是向外展示的地方，通过植物种植、围栏、守护神、鸟池和各种对应物展现良好的维护状态。而后院是人们工作的地方，容纳洗或晾晒衣物、修自行车、储物或者种植蔬菜等活动 [Madge 1950；Shankland，Cox et al. 1967；Raymond et al. 1966；Pettonnet 1972（a）]。与此同时，后院允许人自己对应于一个后台区域（Goffman 1957，1963）。这种后院未必"邋遢"——它可能是中产阶级的游泳或烧烤的地方，但必须是私人的，与前院不同。如果人们在房前屋后做着与其定位不相符的行为，比如在大街上坐着、吃着，或是使用与规范不合适的象征符号，那么该地区可能被归类为"贫民窟"。比如说，前院可能并不优美且最令人震惊的是在前院拆卸小汽车。在中产阶级的评价体系中，这些都属于在后院进行的活动，但对于居住者来说，小汽车和修理小汽车作为一种展示的象征，可能取代光洁的草坪和花园，不管怎样，不同的象征符号的使用，意味着不同的意义。

偏好独栋住宅的一个重要原因是，它们提供了明确区分房前屋后的可能性，并通过适当的象征符号表达这种差异。其他原因也是象征性的和潜在性的，所以人们在抱怨后院的洗衣房因灰尘和烟雾而变黑的同时，又声称独栋住宅提供了新鲜、清洁的空气，这一点并不矛盾（Raymond et al. 1966）。由于对独栋住宅的偏好会对城市形态产生重要影响，因此，这些发现和乡村意象的重要性通常说明，如果能够提供这些要素的实体等价物，那么就可以不用空间形态本身满足人们的需求 [Rapoport 1969（c）]。这似乎比设计师与郊区长期徒劳的斗争更有用：通过理解形态背后的意义，可能会设计出更符合基本偏好的新形态。

有人指出，从停车场到办公室的步行距离可能大于公交站到办公室的距离（Gruen 1964，p. 35），然而门到门的便利是使用小汽车的主要原因。民意调查也显示，即使是免费的公共交通，人们也不会使用。显然，这涉及价值观、象征性和潜在意义等方面。人们更喜欢小汽车，是因为它代表了一种领域感，提供了隐私，防止他人的入侵，同时是一种地位和权利的象征，还能避免被攻击。实际上，所有假设都已经得到证明，但眼下的重点是，只有通过了解偏好小汽车的意义，才能使生活更美好。

我们已经知道，选择特定的娱乐形式是为了反映意象（Christy 1971），娱乐设施通常不是为了使用，而是为了更多地展现其地位和阶层形象，因此成为高档地区设计中的核心。同样，一个人住在城市里，他的地址对很多人来说是一个地位问题，用环境心理特征表明相匹配的环境品质。这在现代大城市中尤其重要，因为在这些地方，很难有表示一个人地位的其他形式，尤其是当服装和小汽车变得更加标准化和普遍化时 [Johnston 1971（a）; Lofland 1973]，人们不像他们在小型居民点那样互相熟识，社会等级也不那么清晰明确，因此建立社会身份的环境方式就不那么重要了 [Rapoport 1975（a）; Duncan]。

环境品质的组成

总体而言，环境评价与其说是具体方面的详细分析，不如说是一个整体情感反应的问题，更多的是一个潜在的而不是显性的功能问题，而且在很大程度上受到意象和理想的影响，但是可以通过确定它的一些构成要素加以澄清。

例如，在英国，人们广泛认同的是，与住宅（即小区）满意度相关的主要因素是其外观（D.O.E. 1972; Reynolds et al. 1974），但据说它在美国并不那么重要，反而"实用性"占主导（Voorhees 1968，p. 336; Cooper 1965）。但是，从上述讨论中可以看出，外观对于美国人来说同样重要，尽管其构成要素和意义可能不一样，不同的亚群体间也会有所差异。因此有必要研究具体的构成要素，它们的具体组合会在任何特定情况下定义环境品质，并将指定空间偏好。关于环境品质概念的两种明确解释如下：

（1）简单一些的解释，比如说空气和水污染、人口过剩的影响、资源的消耗、辐射、热污染，等等。我们可以称之为物质环境的物理和生化方面，并且已经看到这在部分程度上是一种主观评价 [例如：Sewell 1971；Swan 1970；Rapoport 1971（b）]。

（2）更复杂的解释与自然和人工环境中不易定义的、更多变化的品质有关，这些品质通常给人们带来满足感，在所有感官形式中越多样，对人类情感、行为及其意义所产生的积极和消极影响也就越多。这些可以称作环境的心理和社会文化方面，也正是我们此处关注的。

我们已经提到了一些有关环境品质的构成要素，例如，在英裔美国人的文化中，对自然的偏爱超过了对人工环境的偏爱。这似乎成了一种普遍的审美因素。在自然风景中，最重要的是一些多彩美丽、自然原始的要素，其他的一些概念同样重要，例如极端的粗糙和复杂，或极端的静谧和简单——这两者都有相关性 [Calvin et al. 1972；Shafer 1969（a）；Shafer and Burke 1965]。在城市社区环境下，普遍的偏好可能是密度、树木和植被、该地区的社会质量和地位、安全性和犯罪率、娱乐和教育设施质量、服务的邻近性、小气候和花园的适宜性、远离污染和噪声、良好的视野、一定的地形高差变化，诸如此类的要素。因此，我们可以创建出一种舒适感的综合指数，适用于所有情况，但具体的组合又有所不同。

单独的构成要素也会有所差异。以地形为例，总的来说，人们更偏爱高处 [Toon 1966；Petonnet 1972（b），p. 62] 和丘陵地带，因此，我们经常发现高度和地位或收入之间的关系（Jones 1960；Young and Wilmott 1973，pp. 51-60）。在内布拉斯加州林肯市，收入与海拔和多山丘陵地形密切相关*；在伦敦，收入和海拔、视野、开放空间、重要历史建筑及非工业用途水资源相关联（Young and Wilmott 1973）。但在里约热内卢，对水和海滩强烈的偏好使得山坡地带成为贫民窟所在，而意大利的上层阶级却要离开传统的城市中心搬到小山上。这里有一个不变的模型，所有位于山脚下的城市中，更受人们欢迎的场所是在城市中心或山上，而平原和边缘地带却不受欢迎（Schnapper 1971，pp. 93，127）。可以对比回顾其他情况中城市中心和边缘地带与人们期望之间的关系。有趣的是我们也可以注意到，有关环境品质方面的积极和消极评价可能完全不同，即批评和赞扬会考虑不同的因素（Bryson and Thompson 1972，pp. 132 ff）。

偏好和评估可以通过很多方式加以研究，比如问卷调查、语义差别等，通过观察、研究移民群体、了解目标群体的文化发现群体与所处环境的关系，通过分析书籍、歌曲、绘画作品和广告进行研究 [Rapoport 1969（g），1973（b）]。有些迹象表明，使用的方法可能影响所发现的偏好，因此真实环境的判断与口头介绍的环境不同（Lowenthal and Riel 1972）。与环境的描述相比，对于真实环境的评判更加不同（Lowenthal and Riel 1972）。虽然很多人在评价环境时所使用的意象与大众传媒和广告相关，但不同的环境也会产生不同的构成要素，因此他们的分析可能揭示出更多这类意象的信息。

举个例子，观察一段时间内的房地产广告，可以发现所强调的东西有一定的差异。它

* 与 M. Hill 的私人谈话，1975 年。

可能是植被、风景、区位、房屋或选址的特点、地区的环境氛围、娱乐设施或（即将入住者的）社会地位。在房屋和公寓广告中（Michelson 1971，pp. 144-145），不同的价格范围和针对不同目标人群的报纸也存在差异。例如，考虑小区的名称——其包含的术语有：山丘、山峰、高度、悬崖、山谷、庄园、公园、湖泊、风景等，清楚地表明了被高度重视的各种意象。下面的案例来自1972年4月澳大利亚悉尼报纸上的一条真实广告（图2.4）。

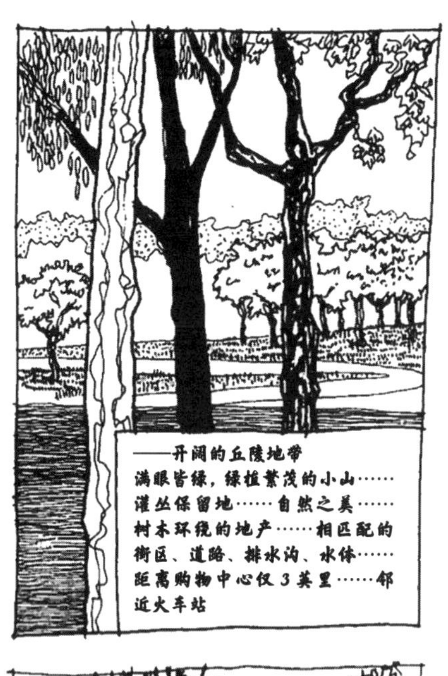

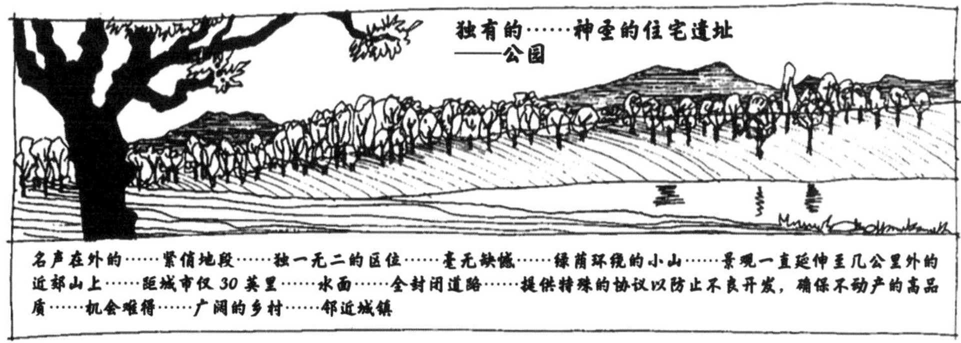

图2.4　房地产广告中有关环境品质的五个例子（澳大利亚悉尼，1972年4月）

通过分析房地产广告和报纸上的专栏可以得出相似的结论，对于规划师和设计师来说，分析针对其规划片区内目标人群的房地产广告可能是有用的。我们（在 1972 年 4 月澳大利亚悉尼的报纸上）发现，他们在植被、迷人的风景、广阔的草坪、安静的街道、优质的购物、运动和娱乐设施等要素中强调了清静和区位。他们强调某些地区是令人向往的，因为那里有美丽的海滩，壮丽的景色、独特的氛围，并提供娱乐设施和景观步道；他们强调土地价值和住宅品质，居民有较高的社会地位和高收入，或者该地区的小型专卖店，而大型的购物场所只在几英里远不那么排外的地区。

“在维多利亚最富有的……首选的……和最令人向往的居住地……”的标准是，该地区是墨尔本最高档的郊区的一部分（Toorak），住的是百万富豪，房屋是高贵的豪宅，人们拥有珍贵品种的狗和名车；这里地势很高，景色壮丽，临近河流，且土地只出售给个人，从不出售给开发商，所以总体氛围得到保障（Auld 1972）。社会因素和物质因素的结合在之前的讨论中也是很常见的。

树木在创造一个积极的环境品质意象时的作用是显而易见的。令人向往的居住区大多植被良好。关于荷兰榆树病传播前后变化的新闻报道含蓄地说明了这一观点 [Time 1972（b）]（图 2.5）。

同样，对美国一个占地 110 英亩的中产住房项目的积极评价，主要与保护“自然系统”相关（Wolffe 1972）。

由此看来，至少在美国、英国、澳大利亚和加拿大（可能更普遍），树木、户外空间和选择自由（及其伴随的表达和个性）是环境品质非常重要的构成要素。关于后者，威斯康星州格兰岱尔市有一条法律，禁止与邻居家房屋过于相似，并且已经在法律案件中执行过（Milwaukee Journal 1973）。因此，一般情况下，郊区地段的住宅最为理想：它反映了拥有大量户外空间和植被的郊区意象，与邻里区分开来而获得私密性（定义为控制不必要的互动）[Rapoport 1972（b），1975（b），in press（a）]，而价值观、外观和房屋及景观的维护状态也反映了和睦相处的邻里和恰如其分的社区地位。

最近的研究证实了这一观点，与邻里等级（社区满意度最重要的方面）相关的要素依次为地区的社会方面（名声，友好程度和人们的熟识程度）、日常维护状况、吸引力、安全性、私密性、便捷性和开放性（Burby 1974）。这些都是英裔美国中产阶级的评估图式和意象所涉及的，但彼此间有所差异。

“好的意象”意味着城市中更高的土地价值，这不仅影响居住区的开发，而且影响中心区的开发，所以曼哈顿的近期发展受到了诸如华尔街、洛克菲勒中心等意象因素，以及公园、河流、精品店、餐馆等生活服务设施（Regional Plan Association 1969）的影响。为了更加详细地描述城市环境评价的主要构成因素，我会有选择地总结一些文献研究成果（主要是居住环境方面，见表 2.1），以便进行快速的比较，追溯差异和相似性，并进行概括总结。

有些事情是清晰明确的，比如环境偏好和感知环境品质。它由一些与住宅、邻里、大环境和社会特征等相关的可识别要素组成。这里有文化和亚文化的差异，也有一些引人注目的规律性。

图 2.5　中西部区两种风格的街景——荷兰榆树病发生前后对比

表 2.1

有关环境品质重要构成要素相关研究总结

（注：每一项研究都提供了非常多的具体细节；未包括规划师和设计师的环境偏好：存在分歧时，一般给出多数人的观点）

<table>
<tr><th rowspan="2">参考文献</th><th rowspan="2">环境位置</th><th rowspan="2">社群共识</th><th rowspan="2">尺度</th><th colspan="2">构成要素</th></tr>
<tr><th>物质层面</th><th>社会层面</th></tr>
<tr><td>美国
Wiggins（1973）</td><td>城市空间</td><td>在评估标准和接受度上，设计专业学生和其他人存在差异</td><td>—</td><td>· 围合度
· 空间尺度
· 空间特征
· 围合元素的性质
· 绿化量</td><td>· 活动
· 功能 / 使用</td></tr>
<tr><td>UCLA（1972）</td><td>在休闲地区的小城镇</td><td>除开前三个构成要素外，不同社群之间都存在分歧（在发现的 11 个问题上）</td><td>—</td><td>· 风景秀美
· 小镇氛围
· 视觉质量——标志、不同地区、朝向
· 空气质量和天气
· 交通</td><td>· 商品和服务的种类和质量</td></tr>
<tr><td rowspan="4">Marans and Rodgers
（1973）</td><td rowspan="4">居民区</td><td rowspan="4">一些社群和个体的差异</td><td rowspan="4">· 对于满意度来说，小型邻里(周围 5 ～ 6 所房屋）相比大型邻里或社区更重要</td><td colspan="2">大型邻里</td></tr>
<tr><td>· 住宅维护</td><td>· 邻居
· 安全
· 舒适</td></tr>
<tr><td colspan="2">小型邻里</td></tr>
<tr><td>· 维护状况
· 密度——噪声足量的室外空间
· 院内私密性
· 较低交通量
· 较多树木
· 清新空气</td><td>· 邻居类型
· 安全性</td></tr>
<tr><td>Cooper（1972）</td><td>多户住宅</td><td>—</td><td>—</td><td>· 与图片意象总体一致的环境
· 非制度化的环境，即个人住宅
· 个性化
· 景观和树木
· 半私密的户外空间
· 前 / 后院的区别
· 维护和保养</td><td>· 社会地位
· 人的本性
· 犯罪与安全
· 社区的存在
· 服务和便利设施</td></tr>
</table>

续表

参考文献	环境位置	社群共识	尺度	构成要素	
				物质层面	社会层面
Wison（1962）	城市和邻里	—	邻里比城市更重要	与图片总体一致	
				整个城市	
				· 气候 · 海洋，美景 · 乡村 · 可达性	· 地位 · 人的本性
				邻里	
				· 开阔 · 美景 · 乡村特征 · 低密度 · 私密性 · 前后院 · 绿化——有大片树荫的树木 · 安静 · 洁净如新	· 对儿童友好 · 独特性 · 亲切的 · 服务和设施
Appley and Lintell（1972）	城市街区和街道	有的适应了，有的搬走了居住地选择	—	· 交通危害 · 噪声、震动、污染、垃圾 · 维护 · 私密性 · 绿化 · 复杂性，多样性	· 亲切的 · 社区活动感受
Brigham（1971）	居民区	—	—	· 开敞 · 洁净空气 · 微气候 · 地形和视野	· 可达性 · 人的本性 · 住宅价值 · 有声誉 · 适合儿童
Lowenthal（1967）	城镇的一部分	一些个体差异	—	· 偏好自然的而非人工化的 · 多样性和对比	

续表

参考文献	环境位置	社群共识	尺度	构成要素	
				物质层面	社会层面
Michelson（1966）	邻里	—	邻里远比城市重要	·独户住宅 ·开阔空间 ·纯居住	·设施可达但有一定距离
Hinshaw and Allott（1972）	居民区	存在族群差异	—	·区位（郊区或小城镇） ·拥有私人户外空间的独户住宅 ·吸引力 ·去公园的可达性	·与亲戚较远 ·同质化 ·安全 ·靠近好学校 ·靠近重要的公共交通设施 ·靠近购物、工作地和娱乐场所并不重要
Lynch and Rivkin（1970）	城市街道，市中心	—	—	·空间质量（兴趣点，与绿化之类的对照——脏乱，不喜欢的压抑感） ·对特征的内在兴趣 ·特定建筑 ·交通和停车的特点	
Zehner（1970）	居民区	—	—	·维护状况 ·对于低密度地区——安静 ·对于高密度地区——可以开展家庭活动的开放空间	·邻居的容忍度
Jonassen（1961）	一个社群的迁移模式	社群差异很大	—	·水景和船只 ·低密度 ·绿化 ·乡村特征 ·与家庭环境相符（挪威西部）	·隐含的同质性
Boyce（1971）	居民区	—	最重要的住宅和邻里	·交通和噪声	·人的本性 ·工作地可达性不太重要 ·与出租屋的距离

续表

<table>
<tr><th rowspan="2">参考文献</th><th rowspan="2">环境位置</th><th rowspan="2">社群共识</th><th rowspan="2">尺度</th><th colspan="2">构成要素</th></tr>
<tr><th>物质层面</th><th>社会层面</th></tr>
<tr><td rowspan="2">Laddy（1972）</td><td rowspan="2">居民区</td><td rowspan="2">青少年</td><td rowspan="2">邻里非常重要（这只总结了邻里要素）</td><td colspan="2">同媒体上的图片意象一致</td></tr>
<tr><td>· 郊区意象——独立式住宅，后院很大，四周自然环绕，绿树成荫</td><td>· 邻近学校
· 私密性</td></tr>
<tr><td rowspan="2">Rossi（1955）</td><td rowspan="2">城市人口迁移</td><td rowspan="2">—</td><td rowspan="2">住宅内部空间更重要，其次是邻里</td><td colspan="2">同价值一致</td></tr>
<tr><td>· 维护状况
· 邻里的物质形态结构</td><td>· 地位
· 地区社会构成
· 可达性——到就业点、服务设施、朋友处</td></tr>
<tr><td>Sanoff and Sawhney（1972）</td><td>居民区</td><td>—</td><td>只总结了邻里和区位层面</td><td>· 传统外观
· 树木</td><td>· 友好的邻里
· 邻里的同质性
· 服务——消防
——警察
——学校
——垃圾处理等</td></tr>
<tr><td>Van Der Ryn and Borie（1973）</td><td>城市的一部分</td><td>—</td><td>—</td><td>· 自然特征
· 毫无阻碍的视野
· 特别厌恶的——电线杆</td><td></td></tr>
<tr><td rowspan="2">Van Der Ryn and Alexander（1964）</td><td rowspan="2">城市的一部分</td><td rowspan="2">—</td><td rowspan="2">—</td><td colspan="2">同图片一致</td></tr>
<tr><td>· 维护状况
· 低污染
· 夜间噪声
· 令人反感的交通量
· 房屋产权和特征
· 独立式住宅
· 开放，宽敞
· 绿化
· 丘陵和视野</td><td>· 地区的自然和地位
· 人的本性
· 同质化
· 靠近某些服务设施
· 地区的稳定性</td></tr>
</table>

续表

参考文献	环境位置	社群共识	尺度	构成要素	
				物质层面	社会层面
Eichler and Kaplan（1967） Werthman（1968）	新规划的居民区	规划师与公众间的巨大鸿沟	—	与图片一致	
				· 维护状况 · 独立式住宅 · 低密度，开放性 · 娱乐设施 · 气候 · 地形 · 风景 · 静谧 · 前后院的区别 · 头顶无电线	· 与城市的相对区位关系 · 阶层和社会地位 · 稳定性 · 安全性
Kaiser and Weiss（1969）	居民区	—	住宅和邻里最重要	· 维护 · 静谧 · 地区的物质形态	· 靠近学校 · 服务和设施 · 人的本性 · 地区的声誉
Lansing and Marans（1969）	居民区	规划者和使用者之间的差异	—	· 开放性 · 兴趣和愉悦 · 地形高差 · 风景与植栽 · 维护状况 · 建筑的变化	· 邻里的性质 · 声誉
Lansing，Marans and Zehner（1970）	规划的居民区	社群在收入和教育水平上存在差异	大尺度和邻里在构成上的差异	对于邻里	
				· 维护状况 · 作为院子的私密性表现出的低密度 · 低噪声水平 · 足够的庭院空间 · 丘陵、湖泊等 · 很多空间 · 树木	· 邻里的包容性和同质性 · 睦邻友好 · 安全，低犯罪率 · 声誉和地位 · 可达性

续表

参考文献	环境位置	社群共识	尺度	构成要素	
				物质层面	社会层面
Kaplan and Wendt（1972）	场景的一般视觉特征	—	—	· 自然大大优于城市 · 在任何类别中的 复杂性 易读性 可识别性 连贯性 趣味性 “神秘性”	· 社会因素未考虑
Neumann and Peterson（1970）	城市海滩	某些社群差异	—	· 更受偏爱的乡村风貌——绿树成荫，人迹罕至 · 对于城市海滩——沙子质地和周边建筑品质	
Wheeler（1972）	大学校园	地区和社群差异（学生 / 教职工）	如果用城市类比校园，其相似之处是惊人的	· 高水平的视觉和空间多样性 · 多样化的建筑风格 · 乡村特征比城市更受偏爱 · 开阔、开放、绿色 · 景观十分重要 · 尽量减少但不排除交通流量	· 靠近相关用途
Winkel，Malek and Thiel（1969）	路边环境	—	—	· 消除电线杆和架空电线比去掉广告牌更重要	不考虑社会因素
Carr（1973）	城市街道	一些年龄差异	—	· 因此识别出的标志很重要——不被视为问题 · 可读性和导向性	不考虑社会因素
欧洲大陆 Acking and Kuller（1973）（瑞士）	一般的景观场景	—	—	· 愉悦 · 复杂、创意、兴趣、惊喜 · 整体性 · 围合感 · 古老而真挚的情感	· 社会地位
de Lauwe[1965（a）]（pp. 116-144）（法国）	城市	—	—	· 充满活力、令人兴奋的城市——商店，街道生活 · 远离乡村生活的要素 · 象征层面——文化符号	

续表

参考文献	环境位置	社群共识	尺度	构成要素	
				物质层面	社会层面
Coing（1966）（法国）	贫民窟与更新地区比较	工人阶层和其他阶层间的差异	住宅非常重要。与邻里（区）尺度有关的总结	· 街道生活——活动，刺激，商店，咖啡馆 · 复杂性与丰富性	· 对地方的依恋 · 地区内大部分设施 · 稳定的人口和社会联系——“社区感” · 地方的意义，部分是作为生活方式的形象 · 靠近本地就业点
Raymond et al.（1966）（法国）	居民区	规划师与公众间的巨大鸿沟	住宅和花园非常重要	· 独立式住宅 · 房子的特性，个性化特征 · 花园和后院 · 有所区别的前后院	· 地位和象征 · 公共 / 私人界限明确
以色列 Elon and Tzamir（1971）	公共住房	建筑师和公众之间的差异	—	· 审美上的满意度、愉悦感、趣味性、吸引力 · 空间围合感 · 建筑高矮混杂 · 重复（单调）不被喜好	（故意忽略非物质因素）
澳大利亚 Browne（1970）	郊区公寓	社群间存在巨大差异	—	· 植物和风景最重要 · 视觉和空间的复杂性 · 不喜欢明亮的颜色 · 个体单位的同一性 · 地形	不考虑社会因素

续表

参考文献	环境位置	社群共识	尺度	构成要素	
				物质层面	社会层面
Barrett（1971）	城市地区	—	—	・地位高地区 好的风景和地形， 山体和视野， 适合园艺的土壤， 无工业， 靠海 ・地位低的地区 相反的特征—— 平坦， 土壤贫瘠， 没有风景， 有工业	・社会地位 （随时间持续存在）
Troy（1970）	居民区	规划师和公众间存在差异	—	・日常维护以及卫生状况 ・没有土地利用的混合 ・美学 ・污染 ・没有交通量及噪声 ・林地和景观 ・私人的户外空间 ・低密度	・社交环境 ・区位——不同的距离水平
King（1971）	大城市中不同的城市地区	—	—	与图片一致	
				・地区总体外观 ・高地或明显的高地 ・望水见树的开阔视野，看不见工业 ・独立式住宅	・地位和声誉 ・体面的 ・私密性 ・友好的

续表

参考文献	环境位置	社群共识	尺度	构成要素	
				物质层面	社会层面
Toon（1966）	大城市中的独立住宅区	—	—	· 开阔 · 私人花园和好的土壤 · 水景 · 地形 · 微气候 · 符合一般美学原则 · 可到达水边和娱乐区	· 私密性 · 地位 · 社会层面
Daly（1968）	小工业城市中的居住区	—	—	· 免于工业滋扰 · 乡村风貌 · 好的视野	· 可达性不重要 · 服务（例如裁缝） · 有利于儿童
Bryson and Thompson（1972）	远郊工人阶层地区	主要的社群和个体差异	住宅最重要	· 花园和后院 · 开阔 · 乡村特征 · 微气候 · 娱乐设施	· 商店，学校，交通的可达性 · 地区的社会形象 · 人的本性
大不列颠 Jones（1960）	工业城市	—	—	· 地形 - 地势越高越令人向往	· 地位
Buttimer（1972）	邻里地区	不同社群对相似变量排名不同	邻里比住宅更重要	· 卫生 · 起居室的视野 · 绿化 · 普遍外观 · 噪声	· 邻里联系 · 商店的可达性 · 安全感 · 私密性

续表

参考文献	环境位置	社群共识	尺度	构成要素	
				物质层面	社会层面
D.O.E.（1972）; Reynolds et al.（1974）; 《建筑师杂志》 *Architects Journal* （1973）	各种大型房地产项目	一些社群差异 ——设计师 / 公众 ——老人 / 非老人 ——有孩子 / 无孩子	相中其房地产价值，而非用于居住	· 建筑的整体外观，开放空间等 · 儿童游戏场所 · 花园、树木、花草、绿化、私人花园及到达住宅的入口设置 · 日常维护和卫生状况 · 喜爱宽敞的，而非紧凑的空间 · 低密度 · 接近乡村 · 从客厅可以看到开阔的空间，树木；不喜欢景色中有其他建筑物或停车场 · 不喜欢单调、沉闷、灰色、盒子状、荒凉的建筑，喜爱通透、明亮的建筑，具有多样性和复杂性	· 私密性 · 年龄区分 · 距离亲友较近 · 可达性和便利性不太重要 · 地区的地位 · 亲切感
Cook（1969）	花园	不同社群差异	—	· 花园不是用于种植而是家庭活动 · 花园大小很重要	· 私密性
Cowburn（1966）	住房	设计师 / 公众之间的差异	—	与图片一致 非聚居的独立房子	
Young and Wilmott （1973）	城市和城市局部地段	一些社群间的差异	—	· 开敞——空间越多越好 · 带花园的独立式住宅 · 视线好——特别是面对大型公共用地 · 乡村特征或理想的老城区（以历史悠久为优越感） · 地形——有高低起伏比平坦好 · 如果沿岸没有工业，就靠近水源	· 声誉和地位 · 社会同质性
Wilmott（1963）	新的居民区	工人阶层和中产阶层间的差异	—	· 住宅的多样性——不喜好单调 · 尽端路 · 街角商店和小酒吧	· 设施和服务 · 社区，身份（“场所”） · 睦邻友好 · 私密性

续表

参考文献	环境位置	社群共识	尺度	构成要素	
				物质层面	社会层面
对比 Johnston（1971） （各种各样的乡村）	城市地区	—	—	・接近休闲场所，水边 ・视野好 ・微气候 ・靠近开阔的乡村 ・低密度和空间 ・绿化	・地区的地位，声誉（好区位） ・靠近地位较高的地区 ・就业地的可达性等并不重要 ・人的本性
Bracey（1964） （美国／英国）	两个小城市中的居住区	美国／英国之间的重要差异	—	一致	
					・社会地位和声誉
				异议	
				・在美国，居住区功能纯粹，英国则有一些用途混合 ・人行道和路灯在英国很受重视，美国则没有 ・美国人期望靠近高速路，英国则没有 ・靠近乡村，在英国比美国重要 ・乡村特征都被期待，但是在英国比美国更重要	・靠近商店对英国很重要，对美国不重要

相似性和差异性似乎是由于近似要素的不同排序造成的。详细的总结分析和引用文献将留待读者评述，它将证明是最有用的。

应对环境偏好的居住地选择和迁移

各种空间偏好及其构成要素不可避免地影响人们的行为，尽管这种匹配从来都不是完美的 [例如：Tuan 1968（a）；Neumann and Peterson 1970]。决策受到偏好体系的影响，而且人们在行为之前，就将环境与意象和其他认知图式之间进行了匹配。环境特征、个人和群体的选择过程和各类限制因素产生了特定的城市组织方式和行为方式。在理想情况下，每组人群都会根据他们的偏好进行迁移，而城市将由一系列表达社会身份、地位和不同群体偏好的区域组成。这一过程有事实作为支撑，至少在美国，人口分布保持了惊人的稳定性。在某些地区，迁入和迁出居民的特征较为相似，人们倾向于迁移到有相似特征的地区（Simmons 1968），这似乎也发生在英国（Young and Wilmott 1973）。

我们已经描述了各种形式的选择过程，包含积极（拉动）和消极（推动）的标准：某些选择（在一个认知空间中）被认为是现成的，是经筛选的直接和间接的信息，是对各种社会和物质特征的相对吸引力的评估。

举个大尺度的例子，穆斯林城市的选址不是在内陆就是在沿海，这取决于不同时间的态度变化（Issawi 1970）；日本城市从不建在山顶（即使是缺少土地资源），而在地中海地区，西班牙和葡萄牙通常存在差异（Meyerson 1963），而且大部分文化存在选址上的差异 [Rapoport 1969（d）]。城市化表达了一种偏好，所以在南非，英国人和其他欧洲人选择在城市定居，而布尔人和班图人则留在了乡村。这其中包含了许多拉动因素（偏好）和推动因素（经济和种族歧视）。我们相信，即使是班图人，也有一个主要的偏好因素，那就是即使生活在城市的人也很少放弃他们的传统习惯 [Holzner 1970（b）]。马来西亚华人和马来人也有类似的城乡偏好差异（Gould and White 1974，pp. 167-170）。

环境决策是在规划和设计中作出的，也是在迁移中作出的，迁移是偏好的公开表达——这是环境对行为最基本影响的一个例子，即栖居地的选择。如果有机会，人们（和动物）会选择与他们的需求、偏好、生活方式和意象最匹配的栖居之所，无论这些地方是郊区、老城还是城中村，是大都市还是小城镇。因此，在英国的巴罗港城，不同的群体定居在城镇的不同地区，有不同的职业，甚至使用不同类型的住房（Pahl 1971，p.21）。显然，尽管有各种限制，但自主选择仍在尽可能地运作。不论物质环境还是社会环境（后面会有所讨论），或者经济和其他原因，它只在人们有选择的时候才发挥作用，因此，事实上，经济、偏见和其他限制因素通常代表着我们讨论的群体所处的环境问题——进一步强调了居住地选择的重要性（例如：Timms 1971，pp. 96-98）。

人们总是关心他们所选择的居所和工作地点的物质和社会属性。过去存在着经济和技术的限制，这种限制可能仍然存在，但其作用已经变弱——至少对于一些群体和产业来说，还有不同的标准在发挥作用 [例如：Gould and White 1974；Rapoport 1972（a）；Stea 1967]，它们适用于城市，正如适用于更大的系统一样。

愿望和行为很少能够与现实完全符合。出于区位机遇、理想环境或资源贫乏等原因，人们的选择可能不会产生结果；信息不对称还可能造成两者间不一致（Timms 1971，pp. 110-111；Tuan 1968），因此，偏好的首选区位与实际增长模式的比较显示出，主要的不同取决于两者的可能性。除了这些长期选择之外，还有更短范围和更频繁的选择，例如，出行路线同样受到偏好和习惯的影响，也会影响其他活动体系。居住地的选择在交通方式的选择（公共交通和私人交通）、路线确定和步行意愿方面发挥作用。尽管这种关联性很清晰，但在交通规划中很少有人研究环境偏好和居住地选择的影响（Hurst 1971）。

因此，城市化本身、城市的组织和城市内的行为部分取决于偏好，情感、象征性和潜在因素的重要性，为偏好的研究提供了一种解决城市问题的重要方式 [Rapoport 1972（a），1973（d）]。城市居住地选择并不是一个新的概念：亚里士多德曾指出人们留在城市是为了过上美好生活。问题是如何理解“美好生活”的含义及其与环境的相关性。场所选择涉及居住特点、地位、名望和社会同质性、绿化、地形和视野、安全性、好学校，以及关于混合功能和邻近度等，这些都体现在环境意象中，并用于匹配。

先前的章节明确了我们的目的是理解最重要的因素、意象及其地位。如果是可达性，那么需要确认的是就业、商店或娱乐（等诸如此类）的可达性，还是到城市中心或乡村的可达性，以及与朋友和亲人的可达性，与同类人的可达性，等等；如何判断“近”还是“远”，寻求怎样的土地混合利用和活动；是价格范围和价值；是住宅面积、风格、类型和区位；是开放空间数量、种类和品质；是物质环境——气候、地形、花园、树木、交通和噪声水平、风景、空间性、多样性和复杂性；是安全性、好的学校和环境的社会意义——它的地位、人口、特征、同质性、维护水平、社会身份的表现和恰当的符号。

人们挑选具有他们重视特征的环境条件（拉动要素），避免（或远离）他们眼中的负面环境（推动因素）。我们已经看到，就移民和景观而言，在许多情况下，人们不仅选择能联想到自己家乡的地方落脚（即便别的地方土壤和气候更好），而且试图消除当地植被，以重建自己心中的理想景观。他们还重建住宅和定居形式，在澳大利亚、拉丁美洲和其他地区都可以发现这种现象 [Stewart 1965；Eidt 1971；Rapoport 1969（a）]。因此，不同群体使用不同的环境符号表达归属感和偏好。前面提及的殖民城市就是典型案例。在非洲，许多城市能显示出其设计者的民族身份，在达累斯萨拉姆，“巴伐利亚风仍是主导建筑风格”（Epstein 1969，p. 249）。

移民向现有城市流动遵循同样地过程。在澳大利亚，南欧裔倾向聚居于内城区，而荷兰移民则更愿意住在“分隔都市和乡村的外围地区”（Zubrzycki 1960）。虽然经济因素发挥了作用，但基于文化的偏好是关键。内城区呈现出街道密集的地中海城市景象，而澳大利亚的气候使得荷兰式的乡村生活成为可能。这是一种可能的解释，因为在许多不同的地方都能发现这一模式 [Johnston 1971（a），pp. 274-282]。因此，澳大利亚的城市就如许多之前提到的城市一样，正在发展出种族飞地。这些都会影响到房屋风格（无论是新建房屋还是改建的旧房）、色彩、商店、餐馆和酒吧等服务行业、街道生活、日常节奏等各方面。通常我们可以通过社会、视觉及行为方面的差异区分澳大利亚城市中的不同族群。不同族群的聚集程度各不相同。英裔的聚集度最低，然后是其他北欧移民，而南欧裔聚集度最高。在墨尔本和悉尼，可以清楚地在地图上标注描绘出这些聚居地的区位差别：南欧裔住在中心城区，北欧裔则住在城市外围（荷兰裔）或特定的郊区（德裔、犹太人等）（Burnley 1972）。

总体而言，在这一研究中，偏好的存在是毫无疑问的。但就希腊移民而言，他们的选择看起来是基于社会因素（同胞、咖啡店、酒吧、杂货店）以及文化渗透变迁的结果（Mavros 1971）。更进一步说，让我们比较一下悉尼的 6 个移民族群：3 个地中海民族（亚美尼亚人、土耳其人和黎巴嫩人）以及 3 个北欧族群（德国人、芬兰人和英国人）。我们可以发现，不同族裔不仅选择不同的定居地，而且对亲属和朋友的态度，对学校、住宅和附近社区，对花园和空间的重视程度不同；对前院和后院的处理也有差异。这些区别可以更进一步追溯到族群的文化、历史和经验，进而反映在对理想住宅的描绘上。

人们决定是否搬迁取决于期望中的意象能否与环境相吻合，而是否真的将搬迁付诸行动则取决于现有机会和预期机会之间的差距（例如：Abler，Adams and Gould 1971，p. 197）和各种限制条件。因此，基于环境偏好的居住地选择涉及人与环境的特性。当无法选择偏好的环境时，人们的生活质量会受到影响，因为他们不得不适应，被迫接受不协调，被迫放弃某些在当下环境中难以实现的活动。

在制约因素最弱的情况下，个人选择体现得最充分，正如之前提到的旅游和娱乐的例子。很明显，旅游行为取决于人们对目的地吸引力的总体评价以及游客的预期意象（Williams and Zelinski 1971）。在亚洲，价值观和文化模式的差异是巨大的，因此不同人群的环境评价之间存在巨大差异，而对类似环境（如海滩）的使用方式也有很大区别（Robinson 1973；参见：Mercer 1972；M. Barker 1968），在规划和设计时不能简单归结为"休闲娱乐"而忽略任何其他因素。在具体的休闲娱乐区，人们常常苦于找不到符合他们期望的地方（Lime 1972），即符合意象。我已经讨论过在新城镇和住宅区规划中休闲娱乐的重要性。由于工业选址更加自由（这可能与少数人对一个地区的意象偏好有关），所以一个地区的气候、风景、文化、教育和娱乐资源越来越多地吸引了作出选址决定的管理者 [Gould 1972（b）]。对危险的评估与居住地选择密切相关，因为"危险地区的居民是一种自我选择的类型"（Burton 1972）。在城市里，一些特定的风险（诸如繁忙的交通）逐渐迫使无法忍受的人离开，而留下的人要么并不在乎，要么已经习惯了这些问题。因此人口流动可以视为对预期压力的一种反应（Wolpert 1966；Appleyard and Lintell 1972，pp. 96-98）。希望离开而无法离开的人受害最深——事实上他们对居住地别无选择。因此，压力可能来自不理想的环境因素，或未能实现另一个更理想的环境，尽管现有环境已经"够好了"——也就是说，压力也是一个取决于与标准的吻合程度的主观可变概念。类似地，对于诸如犯罪和风气恶化等风险因素的评估使得人们作出搬迁的决定（Kasl and Harburg 1972）。可能影响人们居住选择的因素包括（图 2.6）：

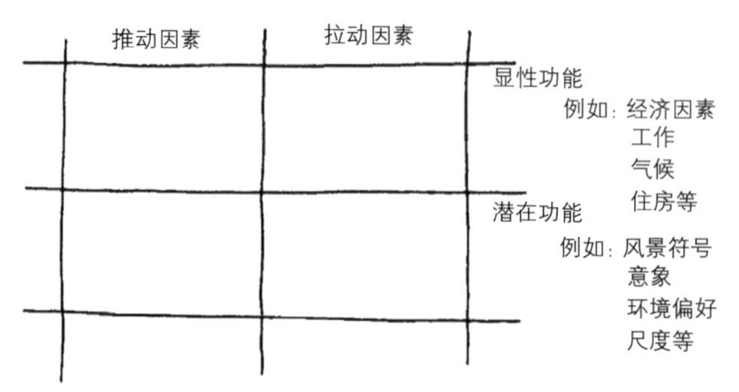

图 2.6

推动和拉动因素都可能影响对于“良好环境”的定义。这一定义会被用以评估现有环境和新环境——一个用来评估备选方案的“个人偏好函数”（Rushton 1969）。

行为是因变量，它基于不同人群对偏好函数的各种组成部分的排序和评估差异，最后导致留下者或离开者具有明晰特征。例如人们选择从中心城市搬到郊区，可能因为犯罪、世风日下、学校差、较低的社会地位等推动因素，也可能因为生活方式的意象或理想的乡村环境等拉动因素。这有助于解释为什么美国的不同族群搬离市中心的程度有所不同，因为他们对乡村生活意象（如标志性的乡间土路以及缺少路灯）（Bracey 1964，p. 89）的评价不同，对房屋类型的偏好也有差异（Sklare 1972）。不同群体因为不同的理由被吸引到已规划的或未规划的社区，也就是所谓的居住地选择。而已规划好的社区一般会吸引更多受过教育的人群。这类人对于规划更有兴趣，更亲近自然，更喜欢休闲（Lansing，Marans and Zehner 1970，pp. 23，38-40）。研究还发现，虽然某些地点会影响社会互动，但这些地点是由寻求适当社交能力的人选择的（Strodbeck and Hook 1961；Whyte 1956；Boudon 1969）。人们因为各种原因离开某一地区，但最终在新建城镇内发现更深的隔阂（Bryson and Thompson 1972，pp. 128-149，162-163，166）。其中一项研究还发现，加利福尼亚州北部和南部等地区的人口不同，反映了两种生活方式和一系列偏好（Wilson 1967）。

由于上层阶级最容易迁移，所以考虑他们是有意义的。这些群体的迁移是由于住宅的风格和质量过时，或者位置上的过时——即一般来说不受欢迎的物理或社会变化 [Johnson 1971（a），pp.96-99，103ff，143]。对这些的解释是可变的，可能涉及基于生活方式和时尚的愿望，以及“客观”衰退或生命周期阶段的变化。在已经提到的哥伦比亚波哥大的例子中，上层阶级居民的搬迁可以从“功能”或时尚的角度来解释，但我认为，从内向型房屋（通过解决区位问题，使中心区域更容易到达）到外向型房屋的变化，是一种时尚，也是身份和现代性的表现（Amato 1969，1970 年不同意）。自愿的搬迁与非自愿的搬迁有不同的影响。因此，大多数搬到郊区的人不会改变生活方式，因为他们是奔着某种生活方式而去的 [Johnston 1971（a），pp. 236-237；Cans 1969，pp. 434-444；Donaldson 1969；Anderson 1971；Wilmott 1963，pp. 123 ff；Michelson 1971（b），pp. 301 ff；Greer 1960]，因此那些迁移者和留住者有不同的态度和偏好（Lundberg 1934，p. 42；Whyte 1956；Berger 1960；Keats 1956）。人们选择符合他们偏好的环境。但另一些人会因为从人口稠密的内城搬到郊区的过程而受到强烈影响，因为新的生活方式和传统的生活方式不一样，而新环境并非出自他们自己的选择。在发展中国家，许多社会和家庭模式可能会被打乱并导致严重后果。类似地，被迫生活在内城的群体与自愿选择“城中村”的人所受的影响也不同。

根据其他类似的决策过程，我们可以说，居住地选择并非旨在得到最优结果，而以满足某一合理期望水平、搬迁或改变的意愿大小、可行性以及经济条件等其他限制条件为目标（例如：Wolpert 1964）。人们也会降低认知上的不一致或不连贯，无论是在不和谐模式（Festinger 1957）还是其他模式（Rosenberg 1970）方面。除自我选择外，人们也可能因为自己住在这一区域而对此区域有更正面的评价。如果无法搬迁，那么留下来的行为就会被合理化，实际上压力也会因此减弱。最终，环境、生活方式或理想意象都会因同样地原因而改变。于是人们会认为他们更喜欢自己正在使用的海滩，而不管整体的环境偏好（Neumann and Peterson 1970）。

居住地选择也反映在复杂、刺激和挑战程度等方面，因此娱乐性选择可能代表了人们所需的复杂性；旅行、飙车和假期都是人们追求适度刺激的例子。不同的城市和居住地区反映了不同的生活方式，可能与逐渐上升的渴望找乐子的水平相关，从而导致了个人的选择过程。

各种选择都是基于所述生活方式的不同标准，这些标准提供了比收入更好的解释。人们希望将自己与他人分开，而收入只是实现这一目标的一种方式（Feldman and Tilly 1960）。在美国种族隔离的三个可能原因中——贫穷、选择和歧视——后者（即大多数人的选择——推力而非拉力）是迄今为止最强大的（Taeuber 1963），这与感知的威胁（Rose 1970）或危险有关。尽管由于选择有限而难以评估，但在黑人中甚至存在着自愿聚集的因素（Adjei-Barwuah and Rose 1972），这是基于黑人和白人在价值观上的一些差异（尽管没有重大的文化差异）（Rokeach and Parker 1970），以及在生活方式和环境利用上的更大差异（Ellis 1972；Hall 1971）。歧视和选择的要素可能很难界定，但许多根据种族、文化、年龄、宗教或移民划分的族群，至少部分是出于偏好和选择的原因，共同支持他们的社会地位、生活方式、特征、社会惯例、环境特征和各种专门化服务。总体来说，这些选择在高尚社区最为明显，因为地位较高的人有更多的选择，所以，正如我们所看到的，有可能将社会地位和各种环境心理特征联系起来。但是其他群体也有环境偏好，所以处于最劣势的群体最关心的还是让自己免受人为或非人为的伤害，传统的工人阶级关心个性化，而富裕的现代劳动阶级对中产阶级的社会地位意象更感兴趣（Rainwater 1966）。这需要在两个方面加以限定：首先，正如我们所见，至少在美国，下层阶级的理想意象正趋于与社会大众的共同愿景相重合（Ladd 1972）；其次，即使对于富裕的劳动阶级和中产阶级而言，恐惧和威胁可能还是生活中的一个主要因素（Eichler and Kaplan 1967；Werthman 1968）。无论如何，正如我们所看到的，在新建城镇里有很明显的偏好差异，带来新一轮隔离过程（Bryson and Thompson 1972）。

因此，城市中的聚居现象，尤其是近期的移民集聚（Ward 1971，p. 295）可以归因于居住地选择——尤其是社会环境方面。例如在开罗，城市中的新移民会根据同乡关系选择住在不同的“城中村”里。这些新移民倾向于定居在离他们原籍最近的城市边缘（Abu-Lughod 1969），其他非洲国家（Epstein 1969，pp. 254-255）、澳大利亚原住民营地[Rapoport 1972（e）] 甚至伦敦（Young and Wilmott 1973，pp. 58-59）也存在这一现象。这些不同的偏好产生了不同的需求。如果这些需求无法被满足，城市设计就可能不是一个成功的设计（Yancey 1971；Rothblatt 1971），因此针对不同群体做出与群体特征相一致的设计至关重要。

在这方面，生活方式的概念显得最为有用，与之对应的是法国文化地理学中“生活方式”（genre de vie）的理念 [Rapoport 1969（a）]。生活方式与价值观密切相关，可以区分不同群体：它被定义为个人从大量相似的“基本”特征的可能性中有选择地强调某些点的角色配置（Michelson and Reed 1970，p. 18）。它可以影响资源分配、时间和空间、社会活动、休闲娱乐、对隐私的定义、期望的互动程度、住宅的重要性以及城市的方方面面。拥有特定生活方式的人比拥有不同生活方式的人更容易生活在一起，因此倾向于聚集在一起，当然也会选择不同的环境，提供适当的环境。

这一概念在市场营销中十分重要，其重要性有时超过性别、年龄、人生阶段或职业等因素。因为人口统计学上的相似群体在生活方式上差异巨大，某一群体可能注重唱片、艺术、音乐会、海外旅行、饮酒等（以体验为导向），而另一群体可能更喜欢摩托车、电视、户外烧烤和地毯装饰（以物质和家庭为导向）[Layton 1972（a），（b）]。生活方式能够更好地解释人们的兴趣、对不同活动的投入程度、资源的分配以及产品的使用。人们使用的物品（消费体系）源于他们的生活方式，其中包括环境手工制品和产品，因此，生活方式中的选择因素具有环境后果。

实际上，影响环境偏好的生活方式可以大致分为四类（E. Moore 1972）：

（1）以消费为导向的（中央公寓的选址）。

（2）以社会声望为导向的——与工作岗位和社区位置相关；位于某些有声望价值的郊区。

（3）以家庭为导向的——适合儿童的环境；住宅、院子和其他家庭导向型设施的规模尽可能大。

（4）以社区为导向的——与具有相同价值观的人互动。可能是嬉皮士公社或退休村（也可能是城中村、种族聚居地或其他同质化地区）。

另一个有用的区分是本地人和城市人（Buttimer 1972，pp. 291-293），这将在下文中说明，并符合文献中空间约束和非空间约束群体之间的区别。例如，假设人们的生活方式会导致不同的偏好，从而导致时间和其他资源的分配，我们在多伦多对具有可比性的生命周期阶段性位置和具有可比性的选择进行研究。似乎那些住在郊区独栋别墅的人更注重自己的家庭角色，而那些住在中心地段的人更强调日常居住以外的活动；拥有住房的人应该更多地参与体育活动，因为对于常见的高层住宅来说，这些活动几乎是不可能的（Michelson and Reed 1970）。这些期望与其说反映了现实，不如说更多地体现出人们的意象，但这只是期望的意象，因为生活方式就表明了一种理想生活的意象。

另一个非常好的例子是悉尼市两个拥有极高社会地位的地区间进行的比较研究（Wahroonga and Vaucluse），这两个地区的居民在选择上几乎没有经济条件的限制（Borroughs and Sim 1971）。两个地区的环境差异很大，居民不仅评估自己，而且也评估其他地区。沃龙加（Wahroonga）的树木和花园、开敞空间、私密性和同质性促使居民选择在此居住。在这里，树木格外受到重视，因为它被视为保护隐私和宁静的半乡村特征的一种体现（潜在功能）。这些居民如果要搬迁的话，也会选择类似的地区。而沃克卢斯（Vaucluse）的评价就非常负面，因为该地区人口密度过大，人们都居住在高层里，缺少树木，而且距市中心太近。实际上，沃克卢斯的居民将他们到市中心的距离（约15英里）视为一种优势，邻近水域的距离也不是问题。他们的偏好明显基于生活方式和意象，因为他们从烧烤的角度说明了这两个地区间的差异。

沃克卢斯居民使用同样地方式评估他们的环境，但得出了不同的感受。如果他们要搬迁，也会选择与现在类似的地区：看重距离水域和市中心近，方便进行各类水上运动，而风景（对沃龙加居民来说并不重要）、活力，以及拥有大量商店和餐馆同样重要。这个地区符合他们希望生活之所的意象。他们也知道其他地区，但并不喜欢。因此，这两组选择都是有意识的选择，并且与生活方式和理想生活意象相关。可以列出其中的一些具体内容：

沃克卢斯	沃龙加
水上运动——帆船和游泳，在水边吃午餐或晚餐	水上运动不重要——更偏好在后院进行烧烤和各种园艺活动
更多的国外和跨州旅行，更多的家庭外活动	家庭娱乐，较少旅行
经常在一个大区域内进行户外活动	更多的以住宅为中心的家庭娱乐，使用较小的户外区域
理想环境意象：一望无际的景色，喜爱快艇和鸡尾酒会等	理想环境意象：宽阔的草坪、荫凉的树木、狗和马，以及户外茶会

（参见图2.7）

这些可以概括为悉尼东部城郊与北岸的对比（图2.7），反映了城市和乡村的意象——它们也经常反映在房地产广告中（例如：Michelson 1970 on Toronto）。芝加哥湖滨区域（Lake Shore Drive）与北部城郊（埃文斯顿等类似地区）的对比与之相似，因此，许多关于高密度和低密度的讨论意义不大，除非是考虑到了环境偏好、理想意象以及居住选择因素。

沃龙加的沃龙加路（悉尼北部海岸）

拉什卡特湾的达令角（悉尼东部郊区）

图 2.7 悉尼两种不同品质的环境意象（作者自摄）

多伦多和悉尼的两个例子完美地说明了居住地的选择，如同对城市、乡村、海滩的不同偏好（Neumann and Peterson 1970），有的地区可能会通过环境标志显露居住者的财力和社会地位（Duncan 1973），但有的地区并非如此（Duncan 1976）。

早期的生活方式和理想的环境意象发挥了作用，在巴黎也发现了居住地选择的文化差异。巴黎中心城区吸引高端人群，而郊区房屋则会吸引工人和下层阶级。这种选择和偏好是基于意象的——不同群体有不同的“核心区愿景”。弱势群体认为市中心属于一个陌生的城市世界，而上层阶级的观点则正好相反（Lamy 1967）。

人们的决策，包括居住选择，是在他们自己的认知空间内，也就是他们通过活动了解的一些场所——直接的接触反映了他们的行为空间和家域，而间接的接触反映了他们的社会网络和依赖的信息资源，所有这些都包括了偏见和“主观筛选过滤器”。在这个认知空间之内有一个更有限的区域，即搜索空间，在这一范围内人们的期望最容易得到满足，因此不假思索地排除了一些替代选项（正如我已经在其他地方说过的），而其余的选择标准也是高度可变的（Brown and Holmes 1971）。

迁移行为是否真的会发生，取决于限制因素和其他的选择——除选择环境外，人们也选择是否迁移。这一决定部分程度上取决于他们的文化或亚文化（以及他们对一个地方或人群的依恋），部分取决于年龄、性格、生活方式、生命周期等其他因素。因此会迁移的人和不迁移的人是有区别的。事实上，情况就是如此（Carrington 1970）。

从关于城市内部迁移的文献中可以看出，大多数迁移都是短暂的，它们与环境质量有关（Clark 1971），涉及的选择过程是提升偏好与感知环境之间一致性的主要机制（E. Moore 1972）。虽然这些文献是关于迁移的，但这个过程适用于所有的环境决策，除了迁移之外，人们可能会改变他们的价值观、期望和偏好，改变他们对现有环境的评价，或者改变环境，但在所有情形中，这些尝试都是为了更好地符合某种意象。

房地产从业者巧妙地利用了意象，以更好地契合某一特定群体对生活方式的期望。人们同样可以认为，利用意象可能是处理老龄人口城市设计问题的最佳方式，既能满足老龄人口的期望，又能表明提升了更大范围社区的地位，从而帮助解决美国人口老龄化所带来的主要社会问题 [Rapoport 1973（d）]。类似地，在新城镇设计中，环境偏好是需要考虑的一个重要因素，如何同时吸引中产阶级和上层阶级迁移到新建城镇（这一直是个问题），一个重要方式是通过利用合适的意象，并在邻里尺度上符合恰当的偏好 [Rapoport 1972（a）]。需要再次指出，娱乐提供了一个有启发性的类似物。针对一些度假地的投资研究——相对于人们不得不住的地方，人们想住的地方——清楚地表明了在任何特定时期的价值和形象。这些吸引力随着文化和时间的变化而变化——但在任何时候，研究成功的度假区的气候、位置、气氛和设计元素都是有启发的。

同样，有人认为应对发展中国家过快城市化的唯一方法，是考虑意象在偏好中的功能，强调传统环境条件的积极性质 [Rapoport 1973（c）]。我们需要考虑人们离开的衰落之地以及他们喜欢之地的特征（推和拉），因此，不平衡的增长和扭转这种不平衡似乎取决于对环境偏好的理解。总的来说，人们对一个地方是否满意取决于三个特征——识别家域的能力，对理想场所、人和服务的可达性，以及与理想环境意象相对应的客观环境（例如，Buttimer 1972，pp. 289-290），事实上，所有这些都体现在一种理想的生活方式意象中。

再来说一下"可移动住宅"。社会和物质环境的偏好可以清楚地表达出来，移动房屋的居民是一个自我选择的群体，他们倾向于邻里关系和社交，所以房车营地类似于小型城市村落。安全性和作为私人飞地的选址是很重要的，尽管有"流动性"，但这种地方与其他类似社会经济群体聚居区相似。高度的社会一致性也很重要，因此，适当的行为、道德和社会标准、清洁和象征，（如草坪和合适的庭院家具）能够用于维持其社会地位的形象。这些社区都是通过选择自然产生的，它们会吸引一些群体，但并没有吸引其他年龄和收入相似的群体（S. Johnson 1971）。

我们反复强调并将在后面讨论的地区同质性，其重点是感知的同质性，即社会偏好，这样一来，人口和社会经济的同质性可能就不重要了（Zehner 1970）。我们反复看到的满意度的主要变量是环境与设施的维护状况，这与是否存在志趣相投的邻居有关，他们拥有相同的标准和期望，对环境要素意义的认知一致。

居住地选择的概念对于规划和设计的意义似乎很明显。在城市更新中，美国中心城市中的豪宅吸引高收入人群回到城市的假设可能是错误的，因为大部分富人选择郊区生活是因为低密度的模式、独栋的住宅和额外的土地（Alonso 1971）。可达性可能不重要，甚至是一个不利因素。关键在于找出这个群体中多大比例的人群会选择中心城市的环境。

我们在巴黎、博洛尼亚和其他一些城市并未见到为了舒适原因而放弃市中心生活的倾向。印度也没有这种倾向，但原因各有不同，这一点会影响规划。在印度，人口集聚的原因主要是基于种姓、职业、信仰以及门第而非收入。每个地区都有与生活方式相对应的特定文化价值观 [参见：Duncan 1976；Mukerjee 1961；Fonseca 1969（a），（b）]，并且空间布局反映了场所意义和交往模式，婆罗门（Brahmans）靠近主要寺庙和水源，与外围的贱民隔绝开来。这种层级很难随社会发展而改变，因为只要文化不变，这些聚居地就会稳定存在（Anderson and Ishwaran 1965，pp. 64-65）。

这种集聚更容易保持恰当的符号特征和地区特征。城市成为基于物质和社会环境偏好的集群系统，表达了环境品质各类构成要素的相对重要性——密度、住房类型、维护水平、景观和开放空间、社会包容性、学校、非居住用途、街道使用的不成文规定等 [Buttimer 1969，1971；Feldman and Tilly 1960；Wheeler 1971；Rent 1968；Duncan and Duncan 1955；Johnston 1971（a）；Timms 1971]。

有人提出，各种城市生态模型（多中心结构、同心圆结构和扇形结构）实际上适用于不同的社会特征——分别对应种族状况、家庭状况和经济状况（Murdie 1971），并且它们之间的互动创造了城市社会空间。利用生活方式和环境偏好并将其与地区的物质和社会特征联系起来，有助于理解城市。尽管具体的选择有所差异，但其背后隐含着基于偏好的共同选择过程，反映了不同的优先权、标准、理想和意象。

标准的多变性

单一规划设计标准的有用程度在我们的讨论中似乎是受到质疑的——更准确地说，应是可变的标准。舒适性的定义及其价值是不同的，这会影响照明、隔声、取暖、储存空间等建筑标准（Rapoport and Watson 1972）。在法国和美国，隐私、视野和采光的重要性随着住宅空间与设备的相对重要性（deLauwe 1967，pp. 77，80-81；Mitchell 1971，p. 19），以及住宅内空间分隔的变化而变化。就城市而言，严格适用标准和定义不达标住房的有效性受到质疑（Abrams 1969），绝对标准的概念也受到质疑。有人建议，必须根据背景看待这些标准，这就引出了“相对宜居性”（relative habitability）这一概念（Fraser 1969）。一般化的绝对标准可能用处不大，这一结论与许多规划理论和实践不一致。这是一个难解且复杂的主题，而且当我们从设计师标准向跨文化和使用者标准转变时，情况会变得更加复杂。但是，在一个广义理论框架内，通过人与环境关系的分析，还是能够处理可变标准的问题。

有人提出，与其处理高度概括的“基本需求”，不如考虑特殊情形的具体内容、背景条件、设计的意象以及潜在的象征符号功能。这些具体特性甚至与气候和场地相关，因此在以色列的贝尔谢巴（Beersheba）等新建城镇和印度等地使用英国标准导致了严重的问题，而使用基于该地区的传统住区和居民生活方式的标准可以帮助缓解这些问题。

我们已经看到“规划”的含义可以有很大的变化（Eichler and Kaplan 1967；Werthman 1968），而且分区往往出于美学理念和偏见的武断（Crane 1960），因此，这些偏见受到勒·柯布西耶光明城市（Ville Radieuse）这类意象的影响所带来的对独立式建筑的偏好，忽略了正向和背向空间、公共与私人空间的重要区别。类似地，关于街道，认为它们的主要作用就是交通的主流观点摒弃了街道的所有其他用途。但关于城市空间有两个观点（图 2.8）。

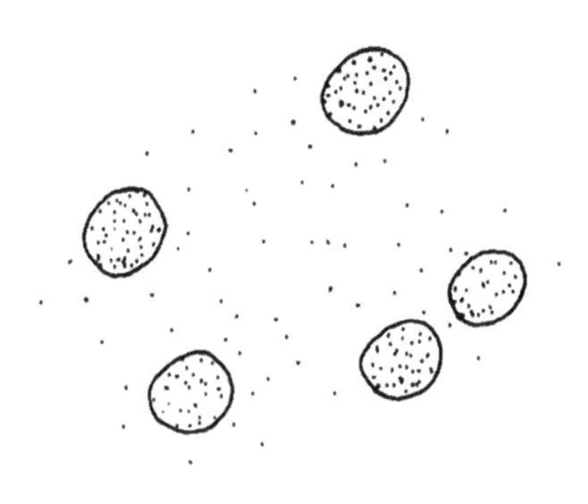

建筑为生活提供了几乎所有的环境；街道及聚落的其他部分，则形成了关联或“消极的”空间。这在有高度设计传统的盎格鲁美国人聚落中非常典型

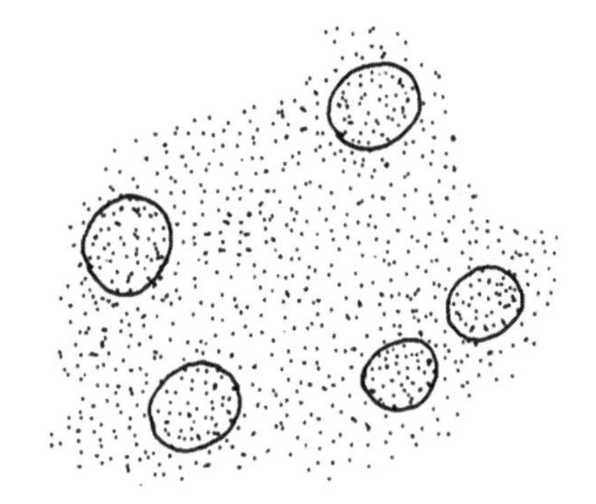

建筑是聚落更封闭私密的部分；整个聚落，尤其是街道，则为生活提供了重要的环境。这在拉美、地中海和乡土聚落中很典型

图 2.8

一种观点认为，街道是生活和活动的场所；另一种观点则否认这一点——这不仅在街道和城市设计中有重要应用，而且通过消除街头市场影响人们的购物行为。同样，公园、游乐场和绿地被认为是仅有的开放空间，而街道和广场则没有作为开放空间来考虑。尽管在各种文化中有细微差别（Coates and Sanoff 1972），但孩子们往往更愿意在街上玩[Rapoport 1966，1969（b）；Brolin and Zeisel 1968；D.O.E. 1973]。当城市空间被设计成这样的活动场所时，经常会出现反对意见，因为这两种观点让空间分配变得困难，其原因就是二者的标准和偏好大不相同。在萨克拉门托购物中心（Becker 1973）和俄勒冈州的波特兰都发生过类似的情况，一些户外空间和喷泉吸引了不同的人群（Love 1973），但也引起了居民的抗议。在英国的一个发现佐证了这一点，人们认为孩子们玩耍的声音比交通噪声更烦人（D.O.E. 1972）。

在许多情况下这种观点可能正确地反映了群体的价值观，体现在不成文的规则中（Goffman 1963），有些规则还会在法规中体现。如澳大利亚塔斯马尼亚（Tasmania）的一名新警长规定，即使两个人一起在橱窗前购物，也会被认定为闲逛，以防止使用街道（*The Australian* 1972）。但在不同观点占上风的情况中，使用不恰当的标准会导致不良后果。例如，法国在住宅区和城区中引入非实用性空间时，引起了极大不满[Kaës 1963；Rapoport 1966，1969（b）]，如果对法国人的生活习惯以及他们偏好热闹街道的情况有所了解的话，这一结果本来是可以预料的。在希腊,街道被视为一个主要的社交和沟通场所（Thakudersai 1972）。而在意大利，拱廊（或称之为 passagiata）承担着城市的核心社会功能（Allen 1969）。在这类情况下，提供错误的城市空间会对这种文化造成毁灭性的破坏（图 2.9）。

让我们进一步检验用地混合和服务与住宅邻近的问题。一方面，将各区域指定用于特定和无特定用途的概念都是很常见的，但另一方面，设计师们认为混合功能可以避免产生纯粹的居住区（例如：Jacobs 1961；Nairn 1955，1956；de Wofle 1971；Rudofsky 1969）。这两种标准都反映了特定群体的环境偏好，在特定背景下都是对的，尽管在美国中产阶级社区所体现的设计师标准与居民偏好并不一致。例如，如果让一组学生设计一个理想城镇，他们根据自身假想角色的不同，将不同要素视为最重要的并将其置于中心位置。反映理想远近布局的设施分组方式，表现出一定的规律性。当扮演有家室的人时，他们将心目中的核心要素——家和学校——放在城镇的一端，被带有商店、剧院和博物馆的小型区域所包围，发挥了市政府、消防队和警察局等其他公共服务的缓冲作用；工厂、办公室和交通运输则处在离住宅最远的地方（Baird et al. 1972）。

在另一项研究中，大多数人会偏好离服务设施有一定距离的纯居住区；相当一部分人希望教堂和小学近一些，药店、食品店、服装店、邮局和医院处于不太远的位置（一小部分人实际上希望这些设施就在社区内）。餐馆、电影院和高中则应该离得更远些，而办公室和工厂在最远端。也有些人选择混合功能地区（Michelson 1966），说明即使在参与研究的小部分群体中也出现了偏好差异。解决这个问题的最好途径就是提供多样化的环境，让人们在聚居的同时仍能进行居住选择。

街道作为场景空间（法国南部尼斯城）
（作者自摄）

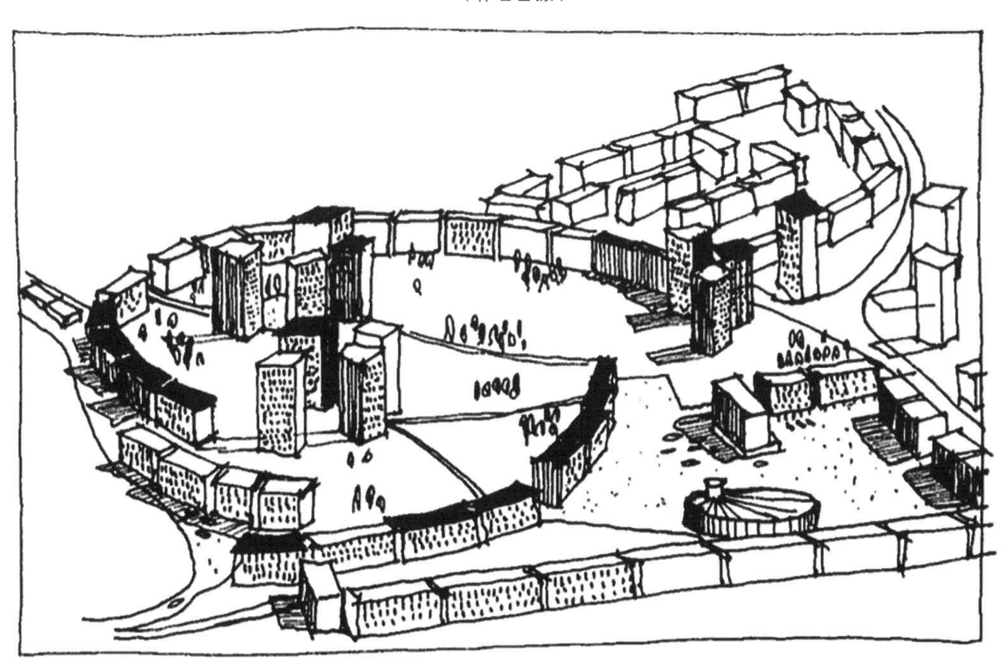

福尔巴克市韦斯伯格新城集合住宅（法国洛林大区摩泽尔省）

图 2.9　这些空间令街道作为场景使用的可能性极低

但美国的另一项研究（Peterson and Worall 1969）发现邻里和社区服务的可达性并未受到高度重视。这似乎是两个互相矛盾的目标——使用服务的需求和由此产生的可达性需求，以及避免骚扰的愿望和由此产生的远离需求。相关的服务包括当地社区服务（如宗教设施、商店、公园），信息活动中心（离朋友家近），连接枢纽（高速路或公共交通）和各类服务的本地分配中心（消防队、医院）。这就引出了不同的可达性偏好问题。急救医院、教堂、商店、公共交通、消防队和儿童公园是最近的；朋友家的距离其次；而高速公路入口则是最远的，因此，可达性在时间上产生了很不一样的基于交通模式的空间配置；因此，对机动出行和步行的人来说，邻里偏好会有所差异，而相对于所有服务的位置则差异不大。

相对于细节来说，人们对城市不同要素的可达性有着明显不同的偏好，这一事实更为重要（E. Moore 1972，pp. 6-8）。总体而言，在美国，人们想要不附带商店甚至是教堂的纯粹居住区，但又需要便捷的服务，而这些服务又位于区域边缘而非中心，并最大限度地与工业和办公分开，甚至"校园"类型也是如此（Eichler and Kaplan 1967；Werthman 1968）。

在英国则有完全不同的结果。多数家庭主妇步行去地区商业中心购买食品，主要原因是"离得近"。大多数研究对象的住宅周围 0.8 公里内至少有一个地区商业中心，大多数人步行 10 分钟可达。绝大多数人希望地区商业中心包含以下商店（降序排列）——药店、小邮局、杂货店、面包店、肉铺、蔬果店和书报亭兼香烟店。接下来是一系列需求程度为中等和较低的店铺类型，包括鱼薯店、酒店和咖啡馆（也许是因为社会原因）。许多人认为在当地买到各种东西非常关键，即使生活方式一直在变迁（Daws and Bruce 1971）。虽然和美国的研究没有可比性，但这一结果还是表现出人们对本地设施的强大需求，而土地混合利用在英国比在美国更易被接受（甚至更受偏爱），这也从另一个角度支持了这一观点。商店被认为是环境品质的一个更重要的方面，不仅仅作为一种社交场合而存在。在英国，到商店的首选距离是步行 5 分钟内。相比之下，在美国是 20 分钟车程（Bracey 1964）——1/3 英里和 10 ~ 15 英里的空间差异。这个差异不能简单归因于汽车的普及，因为即使在有车一族中，工薪阶层也比中产阶级更偏好离得近的商店。距离远近对行为的影响将变得非常重要（例如：Willis 1969）。便利程度很显然是一种主观感受，而正是这种主观定义影响着特定元素的意义，以及它们对行为的影响。对环境品质的定义决定了近在咫尺的商店、纯居住区或开放空间的相对重要性，而正如我们所看到的，距离本身（即邻近度）就是一种主观评价。

在法国，我们发现在旧商业区购物远比在新商业区购物带给人更大的满足。前者是典型的混合功能区，许多商店、公共设施与住宅相互交错在一起，这在有关偏好的讨论中给予我们很多启发，而且可以很明显地看出人们需要商店和类似设施建在近处 [Coing 1966；de Lauwe 1965（a），pp.116-144；Metton 1969]。其他设施按照距离从近到远可以大致分类为：

（1）儿童游乐场、公园。

（2）图书馆、游泳池、运动场和"青年之家"（youth house）。

（3）各类俱乐部、会议厅、电影院、剧院。

（4）体育馆。

（5）博物馆、咖啡店、舞厅。

尽管看起来人们似乎更偏好咖啡馆和舞厅离得更近一些，但偏好却受到已有规划的影响 [de Lauwe 1965（a），p.136；1965（b），p.20]。我们之前的讨论也支持了这一观点（参见：Gardiner 1973）。

这些讨论，以及许多关于偏好和可变标准的讨论，也适用于密度（适用于许多重要的规划概念）。我们之后将讨论“密度”这一概念，很明显它并不仅仅是单位面积上有多少人，还涉及对各种特征的感知，并由此产生了感知密度，而这种感知密度的评价与现有刺激和控制水平的偏好可能背道而驰。当我们主观地判断一个地方的密度时，需要考虑到大量的物质特征，例如，被包围的程度、空间、活动和使用的本质、某种时间节奏、人类的存在和他们的轨迹、光、噪声、植被，等等，以及不同群体在这些水平上的不同偏好 [Rapoport 1975（b）]。

我们已经看到环境和空间使用对感知密度及其评估的影响，因此，在有不同因素相互作用的区域里，即使单位面积有再多的人，也不会导致过高的密度。物质和社会边界的性质以及适当的社会和物质防御的存在，导致单位面积上类似的人数得到很不一致的评估结果 [Rapoport 1975（b）]。这是因为人们会从私人的角度来评估具体布局，因此这与上面的事实以及人的特点有关（D.O.E. 1972）。在英国，除了通常对低密度的偏好外，花园和空地也因隐私效果受到重视，因此，史蒂文尼奇的一个区域被判断为比另一个物理密度相似的区域更密集，因为它看起来更有建筑感（Wilmott 1962；MacCormack and Wilmott 1964），而且居民对此的评价也不一样。所以，像其他标准一样，密度与潜在功能、意象、传统文化图式和对新形式的期望息息相关，例如邻近性的标准，作为感知环境的一部分，它是可变的，并且取决于偏好和评估。

其他空间布局的评估结果可能截然不同——基于对友好性的态度。假设某些街道形式会影响友好性和保守性，那么偏爱友好性和偏爱保守性的人对这些街道的评估可能有不同的结果（Wilmott 1963，pp. 65，74），即不同标准适用于不同偏好。典型的美国中产阶级房屋都是大落地窗，没有围墙，整个户外空间都是孩子的，与被视为躲避敌对世界的下层住宅是不一致的。最后，即使在最恶劣的条件下，某些社群也可能对规划的“改进”感到不满（Porteous 1971）。

“贫民窟”问题

到目前为止，讨论的结果之一是低于标准的住房和“贫民窟”的定义比传统的定义更为复杂。实际上，贫民窟似乎并不总是它们看起来的样子。就像环境品质一样，它是一个具体的表达，“贫民窟”的定义反映出人们的价值取向和意象。在很多情况下，定义是取决于审美偏好的，以至于房屋使用特定表层材料的地区可能被认定为贫民窟（Sauer 1972），不够整洁的地区和那些街上或前院有旧冰箱、旧汽车或垃圾桶的地区可能也会被认为是贫民窟（Royse 1969）。鉴于维护水平在定义环境品质上的重要性，这种结果在意料之中。另一个关于差异的例子是，使用地位象征的标准去评估没有交往功能的建筑物和庭院。类似的问题也出现在不同的象征符号使用上，例如，草坪与“乡村花园”相比，少了泥土和花朵这些象征符号（Sherif and Sherif 1963）。

随着经验的积累和对该地区更深入的了解，评估结果可能会发生较大的变化（Cans 1971）。同时，需要更客观的标准。例如，在大多数地区，老鼠、蟑螂和潮湿是存在问题的初步证据，然而，这些问题可以得到纠正，而不一定要消除该地区或改变它的其他方面。

拉丁美洲的“希望贫民窟”与美国的“绝望贫民窟”是一个有趣的对比（Peattie 1969）。虽然前者的物质环境要比后者的差很多，但是它们有相当不同的社会影响，所以必须在社会背景下来看“贫民窟”，而且住宅和邻里不仅是居住的地方，还是维持某种价值观或进入一种新生活的基础。在这些条件下，物质水平比不上区位、社会支持、技能获得和节省花费的重要性。强加不切实际的高标准——通常是为了消除眼中钉——可能会产生一些问题。因此，拉各斯的清除贫民窟行动所带来的困难超出了它可能带来的收益，而且血缘关系结构的保护（例如，为了老人的安全）、传统形式的价值、私下交易和手工业的重要性远比整顿区域面貌重要（Marris 1967）。

同样，大家庭联系在波多黎各“贫民窟”中可以存在，但在新住房中无法存在，因此被破坏，造成了不良的社会后果，也无法饲养宠物、养猪和养鸡，或从事贸易和手工艺活动（Laporte 1969）。这可以推广到其他地方 [Rapoport 1972（d）]，而这种改变会带来不同的影响，取决于是否为自发的变化。从伦敦工人阶层社区的例子可以得出类似的结论，那里更重视保留社交网络，而不是提高物质水平。而且在任何情况下，对新物质环境的评价不一定更好（Young and Wilmott 1962；Wilmott 1963）。

对波士顿西区（the West End of Boston）居民的详细研究表明，尽管该地区被界定为“贫民窟”，但却有着高品质的生活质量，而且人们喜欢在此生活。许多人有经济实力和更多的选择，但却出于偏爱而选择在这里生活（Hartman 1963；Fried 1973），而从这里迁出的人 [还有从东哈林区迁出的人（参见：Lurie 1963）] 在很长时间里都处在悲伤的情绪中（Fried 1963）。他们喜欢住在那里，不仅是因为公寓比新住房大且便宜，还因为与当地的社会联系和强烈的认同感——当地的城市空间及其使用比其他地区重要得多，而新地区的设计不尽人意，没有商店、服务设施或街道供人使用（Fried and Gleicher 1961；Brolin and Zeisel 1968）。我们已经讨论过这种差别，它意味着整个地区被看作一个使用领域，周围邻里是生活空间的重要组成部分，不仅影响着满意度，还影响了居住密度。因为整个区域都会为人所用——门廊、街角、窗户、商店、其他公寓或者走廊等，可用的空间比规划者想象的要多（Hartman 1963）。

这表明，考虑区域的背景、偏好标准、相互作用的强度和模式以及它们对标准和环境偏好的影响非常重要。因此,住在维也纳贫民窟的家庭不希望搬到市郊更好的房子中去——区域本身、它的街道和设施,形成了一个被人们认可的邻里范围(Anderson and Ishwaran 1965,p. 63)。在许多情况下,人们的搬迁实际是搬回到他们原来住的地方(Brolin and Zeisel 1968)。在其他案例中,搬迁导致像纽约斯图文森这样的地区犯罪率大幅上升(最早可追溯到 1940 年的相关报道)(Agron 1972),美国印第安人和澳大利亚原住民迁居也出现了类似的情况。

这表明,有必要根据城市居民的愿望制定标准(Stagner 1970)*——即我之前所说的影响"贫民窟"定义的感知环境品质。这些定义中所使用的标准就是文化决定标准的一些实例。例如,1953 年密尔沃基(Milwaukee)的筛选调查(引自:E. Pryor 1971,p. 70)中有许多武断的因素,反映了各种先入为主的观念——例如,房龄、低租金、每净英亩约 30 人的密度和出租率等。在路易斯维尔(Louisville)的筛选调查(引自:E. Pryor 1971,p. 71)中,这类标准占五分之三——建造寿命,密度和土地混合利用。就中国香港而言,某一地区土地利用的复杂程度是一个重要标准,尽管它一直是亚洲城市的典型,而且事实上可能有优势。

我在这里关心的不是评估量表的实际发展,而是那些非常武断的标准。例如,每英亩 30 人的密度非常低;旧建筑物可能比新的更适合居住并可能更受欢迎,可能有些人认为租房是最理想的,低租金是必要的,土地的混合利用在某种情况下可能不是不可取的,反而很受青睐。显然,"贫民窟"是一个评价性术语而非经验性术语(Gans 1968),这种评价基于一个地区的社会环境和物质条件——尽管正如我们所见的那样,物质条件往往是根据外观来评估的——实际上这就是社会特征的一种指征。外观、修缮程度、房前屋后的空间关系等被用于评估该地区是否适合居民使用(就评估者的相容性而言),因此,实际上,该地区是通过与可取的地方意象进行比较而被定义为贫民窟的。

显然,对这类地区的关注来自区外生活的人。所以,在非洲(甚至更多的是在西方)(例如:Suttles 1968),贫民窟并不一定是充满社会问题和混乱的地方,这些地方是真正的城市乡村,为当地居民提供一种特别的、完整的和令人满意的生活(Mabogunje 1968,p. 235)。

因此,不同群体对任何一个地区的评价可能都有所差异:外人认为的消极在居民看来却是积极的,外人的看法也可能因在该地的体验而改变(Gans 1971;Fellman and Brandt 1970)。同时居民本身也可能分为两类:一类是与该地区有社会和情感上的联系;另一类是社会流动人口,与该地区没有固定的纽带。这两组人群根据不同的意象和标准,对该区的评价也会有所不同(Fellman and Brandt 1970)。

这与居住地的选择有一定的关系,因为人们倾向于和自己性情相投,经历相似的人形成群体,而且如何感知和评价一个情境可能比"现实"更重要(Wilson 1963,pp.5-8)。例如,带花园的新房满意度可能不如一个所谓的贫民窟(Wilson 1963,p.12),因为某些

* 我不赞同斯塔格纳(Stagner)对于马斯洛需求层次理论的依赖。"较高层次"和"较低层次"需求在部分程度上都取决于偏好[例如:Rapoport 1969(a)]。

群体对物质环境持有不同的态度，而且只要对自己不构成伤害，这种态度即使没有吸引力，也是可以接受的（Wilson 1963，pp.14-18）。只有那些对居民或更大的社会环境构成威胁的地区，才会被定义为贫民窟（Gans 1968），这可能又是另一个议题了。在“居住地选择”这一概念中，灵活的偏好和标准有助于了解贫民窟及其本质（例如：Schorr 1966），且有助于明确定义。通过了解生活方式与场所之间的关系，还应该有助于预测哪些群体将受益于哪种特定的移居类型，或中产阶层最适合哪种住房形式（Ashton 1972），了解原因及其变化速度。

必须注意适当选择。要警惕人们对贫民窟的意象过于浪漫化（Pred 1964）。在采用一个更客观和平衡的视角时，不要强调贫民窟好于上层阶级地区，也不必强调中产阶级的糟糕生活。相反，我们的目标应该是允许多样化的环境存在，有些可能不被人喜欢，但它们提供了适合不同群体的居住地的选择机会。

我们会列举几个案例进一步详细阐明这些观点。这些案例来自英国（基于新闻报道）、印度、法国和美国。

英国。关于陶尔哈姆莱茨（Tower Hamlets）的争议，斯特普尼（Stepney）清晰地显示了不同的偏好和评估。第一篇文章批评了该地区的更新并以感伤的语气缅怀老斯蒂芬——迷人的街道、吸引力、生机、土地混合利用和活力。来自那些听说这个地方的人（缺乏居住地选择）的评论文章里，这里有明确的街区划分、相同的前门、光秃秃或废弃的草坪等 [Downing 1968（a）]。一种反馈指出（Longstaff 1968），伦敦东区的活力和魅力只存在于浪漫小说家的想象力和上层阶级社会改革家的眼中：这里原本是充满污秽、害虫滋生、贫困和不宜居住的地区，而更新使该地区变得干净、整洁和健康。另一种反馈则认为 [Downing 1968（b）]，“消除不足之处”并非“地区更新”的同义词，斯蒂芬地区有许多特质，如果进行更详细、更具体的分析，就会发现，这将导致迥然不同的解决方案。现在的地区更新是基于一种郊区意象（Longstaff 的论点之一）。类似的冲突发生在英格兰西北部的居民与该地区的规划者之间，居民认为规划师和设计师可以从所谓的贫民窟了解更多——如酒吧、商店、街道生活、社交网络等（Chartres 1968）。

印度。前面已经提到过殖民城市和本土城市之间的区别。这个例子 [Fonseca 1969（a），（b）] 体现了外人和居民对于旧德里（Old Delhi）的观点冲突，而且规划师和建筑师对其进行重新评估所采用的标准也是不同的。建筑师批评它缺乏结构，但这却是一种不同类型的结构——也就是我所说的由内而外的城市庭院——非常适合当地居民的特殊生活方式。规划师不喜欢的狭窄、蜿蜒的街道有许多优点，而且分析有力地证明了许多城市的特点，并提出了具体的改进建议。

法国。针对巴黎第 13 区（Arrondissement）城市更新（Coing 1966）的分析清楚地表明：旧城存在一种非常特殊的生活方式，他们的节奏、仪式和场所都在街区（quartier）内，所以街道、设施和邻里被赋予了重要的意义。居民喜欢这样的居住地，但却被城市更新破坏了。地区不但没有变得更好，反而邻里关系受到了破坏，生活发生了改变，人被孤立起来。

人们对过去有一种失落感——包括环境氛围、邻里和社会关系，以及对商店、社会，甚至政府服务的个人情感。这种改变得到了一些人的认可，却被另一些人批判——这两种反应我们已经提过，是因为他们持有不同的标准、感知和偏好。

这两类群体的差异在于他们对城市空间的态度（正如我上文所描述的）。一类群体长时间在街区内活动，他们把整个地区的空间用于生活；另一类则使用整个城市，因此邻里空间的使用率要低得多，当然，广义的活动还是在巴黎的街道进行的，这一点不同于英语国家。与第二类群体相比，第一类群体的生活方式与被破坏的环境、住宅类型、他们与街道及其活动的关系、互动的密度、城市空间的质量和规模有着更密切的关系。

美国。针对芝加哥贫民窟的深入研究（Suttles 1968）清楚地表明，该地区存在一种复杂的社会结构，并在空间上有所体现，无论是在组成邻里空间的城市规模上，还是在地区内的微观空间布局上。这一布局非常复杂，涉及四个族群，他们的生活方式各不相同，在场所空间使用上有着明确的约定俗成的规则，因此，再次强调，城市更新需要的是更具体的方式，而不是常规方法。

棚户区

棚户区也被称为 favelas、barriadas、colonia 或 bidonvilles，是“现代贫民窟”，在许多地方——包括一些西方国家——代表着非常重要的城市区域。对棚户区的态度已经从全盘谴责转变为更复杂的观点，与对贫民窟的态度非常相似。在这种情况下，这里要强调的是，对于棚户区的态度不能把其过度浪漫化（例如：Juppenlatz 1970），而应接受积极的方面。例如，在许多情况下，这些地区的居民来自城市而不是丛林，而且他们慎重地选择了较低的物质标准，以便重新分配资源（Peattie 1969，1972），通过自己的努力，通过共同承担任务及开支、饲养动物、经营商店和作坊来建立公平。现在的主流观点似乎是：棚户区是有价值的，可以提供比其他地区更好的社会环境，甚至它的物质标准会逐步提高，所以施加不切实际的绝对标准并不可取（Mangin 1967，1970；Turner 1967；Turner and Fichter 1972；Oram 1966，1970；Peattie 1969，1972）。

棚户区也有优势，因为它们表达了文化和活动的潜在性和象征性，在文化上认可了同质群体及其在物质和社会空间上的地位，提供了恰当的社会身份符号和适当的社会结构 [Petonnet 1972（a），（b）]，并在资源分配中拥有适当的优先权；还可以相互帮助，并获得来自熟悉的社交网络、宗教或家乡的支持（例如：Abu-Lughod 1969），这不仅有助于减轻压力，还有助于向城市生活的过渡，同时还能延续文化——实际上，对于人们来说，这是一种修复环境，有助于为能力欠缺者顺应环境提供空间 [White 1959；Lawton 1970（a）；Rapoport 1972（d）]。这些居民点为人们所钟爱不仅出于上述原因，还出于为它们提供了居住地选择的可能性。随着生活方式和优先事项的变化，还可以进行升级和改造，因其灵活和开放的性质，比规划设计过的地区提供了更多的种类和表达偏好的可能。

例如，在希腊，尽管设计的住房存在困难，但由于控制不力，还是实现了变化和增加，反映了亲属关系、社会关系、大家庭和其他群体的聚集、为女儿筹备嫁妆和未婚儿子留在父母家的需求以及其他文化习惯（Hirschon and Thakudersai 1970）。而在棚户区，这种变化相对更容易，房子可以生长和改变，提供店铺和作坊也很方便（Romanos 1969，1970）。

哥伦比亚巴兰基亚（Barranquilla）的例子体现了棚户区的一些优势，一项有关社会文化因素是否 [Rapoport 1969（a），1969（d），1972（c）] 占首要地位的调查在棚户区展开。房屋形态的主要决定因素是新材料的名声，正式和非正式区域、公共和私人区域的分隔，由此建立一种“亲密梯度”（intimacy gradient），而房屋逐步渗透了从街道到最私密的空间之间的壁垒。安全性是空间组织的另一个决定因素，围墙的使用提供了安全且私密的空间。开放式庭院天井为许多活动、动物和救济提供了场所（Foster 1972）。与规划住房沿街过度退线导致的庭院空间不足相比，棚户区住房的空间组织更为实用。缺乏公共住房的一些西方国家也存在类似的梯度，防御和障碍非常相似（Harrington 1965）。尽管没有对巴兰基亚的居民点进行分析，但围墙边界、天井、前门台阶和街道的交际都对住区形态有重要影响。

在潜在和象征性功能优先权方面的一个有趣例子是，精心设计的前门的地位要高于屋顶（Mangin 1970，pp. 51-52），因为它们不仅是房屋的象征，也是地位（和安全）的象征。类似的还有新材料和新形态的声望价值，在建造一个永久性住房之前，在房屋周围砌一圈昂贵的石墙，甚至先完成沿街立面的建造。虽然建造房屋更便宜且看起来更为重要，但其中有一定的逻辑，因为它能保护选址，并提供私密性和安全性，有助于尽早营造一种城市的街道，该街道对住在这里、使用这里的人是一个极大的激励（Turner and Fichter 1972，p.146），而且也是“家园”的象征。

在任何情况下，规划师和建筑师优先考虑的因素都有很大差异，因为他们根据不同的标准和偏好强调自己的意象（Turner and Fichter 1972，pp.134-135，148-169）。与住宅相比，对区域布局的关注则要少得多，虽然房屋布局影响着住宅区，但同时受到大量商店、作坊、市场以及社会活动对街道使用的影响，这些都与规划环境条件有很大的出入，尽管少数设计师已经在尝试寻找其中的原因（例如：Alexander et al，1969）。在中国香港的鸭脷洲（Aplichau）地区，街道的复合用途非常重要，因为小摊的优势在于低成本，所以具有流动性的小商贩可以选择在需求量最高的地点设摊，小型企业更容易落地生根（Wong 1971）。

棚户区像其他城市地区一样 [Rapoport 1969（e）]，空间可能比建筑更重要。例如，在印度，棚户区居民已经最有效地利用了这些空间，并且将这些空间与他们的文化和社会关系联系起来，使其能凝聚和保留传统的联合家庭（图 2.10）。这里有一个很大的活动空间，沿途房屋都有私人庭院，以保证供水空间和夏天休息的空间。拐角处的房屋共享着公共开放空间，在个人隐私和社区之间提供了一种平衡，而这种平衡在直线式布局的住房设计中是缺乏的。就像在传统的村庄，狭窄的小巷产生了有树木的开放空间，成为邻近房屋（20 ~ 30 户）的一个社交据点 [Payne 1971；Rapoport 1969（a）；*Architectural*

Review 1971，pp. 339-343；Vickery 1972]。其结果比大多数新设计的区域要令人满意得多（例如：Grenell 1972）。

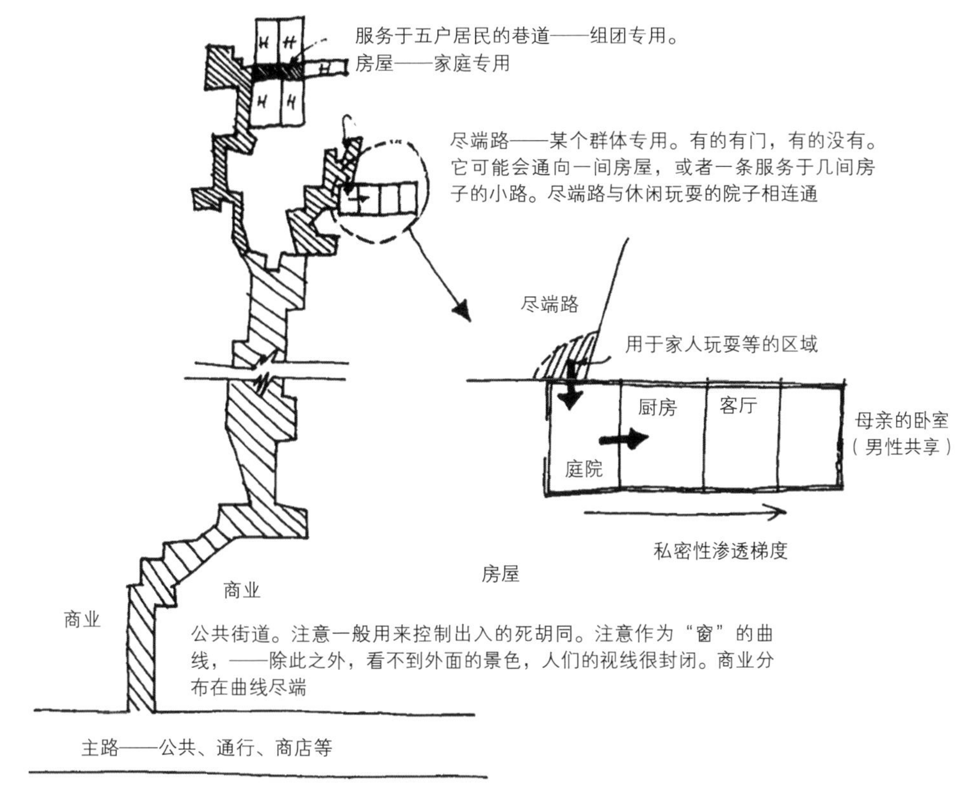

图 2.10　印度棚户区的空间组织图示（基于：Payne 1971，1973）。这与传统印度村庄非常相似（Vickery 1972）

类似的案例还有法国楠泰尔（Nanterre）的一个北非棚户区（图 2.11），它反映了受经济制约的文化偏好，其结果就是形成了一种出入口有限的传统道路布局，一种公共街道、半公共街道、私人街道的空间层次结构，并且住宅（Herpin and Santelli 1970—1971）用围墙分隔领地。

在许多情况下，有关居住地选择的一个不争事实是，很多人从新房屋搬回了原棚户区（Brolin and Zeisel 1968）。这种选择通常是有意识的，与诸如社会区隔、接触外界、隐私和社会关系等因素有关。与邻近城镇的政府住房相比，原住民的棚户区就是这种情况（Savarton and George 1971）。对于原住民，亲属关系和社会的相互依存关系比财产和房屋更重要，住房只是庇护所，大部分的生活空间是在户外。因此，政府住房无法提供这种内外部空间之间的便捷联系。原住民聚居区有自己的空间组织，反映了社会、亲属关系和部落模式，这一点完全不同于西方的模式。房屋周围的区域（对传统形式的适应）是用来睡觉、闲坐和工作的，房屋按血缘关系聚集。连接彼此的小路反映了社会关系，并且围绕着“领导者”的住房。住房的间距很大，反映了非常微妙的私密性和其他机制，这可能因过于接近甚至是户外照明而遭到破坏（例如：Hamilton 1972）。在印度和穆斯林案例中，空间分隔代替了墙壁，而且它的布局体现了传统聚落布局的复杂性 [Hamilton 1972；Rapoport 1972（e），1974]。使用空间和会面空间层次结构的存在，以及低密度、分散的布局与隐私、社交、人群集聚和移动有重要关系，但政府住房呈线性紧密排列，破坏了这种关系——这就是原住民抵制政府住宅的原因（Savarton and George 1971），对比见图 2.12。

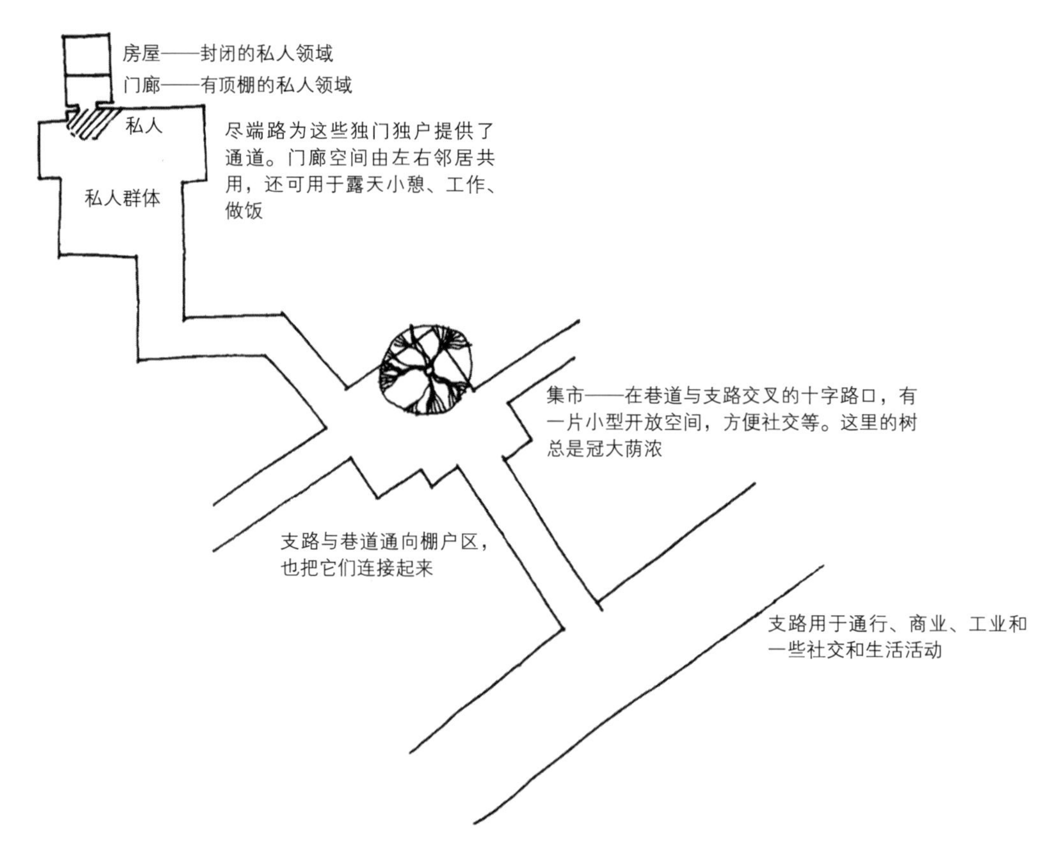

图 2.11 法国的北非棚户区聚落（基于：Herpin and Santelli，1970—1971）和印度棚户区聚落（图 2.10）的结构相似，但基于北非建筑传统，前者具有更加清晰的等级区分（注：街道是男性的领域，而家是女人的）

在魁北克的印度棚户区与政府住房之间也能发现非常类似的差异（图 2.13）。这是一种基于血缘关系并且将一系列乡村商店作为会面场所的自由空间布局，与沿街线性空间布局之间的对比。*

* 根据米勒·列斐伏尔 1971 年 2 月在蒙特利尔大学建筑学院向我展示的材料翻译的。

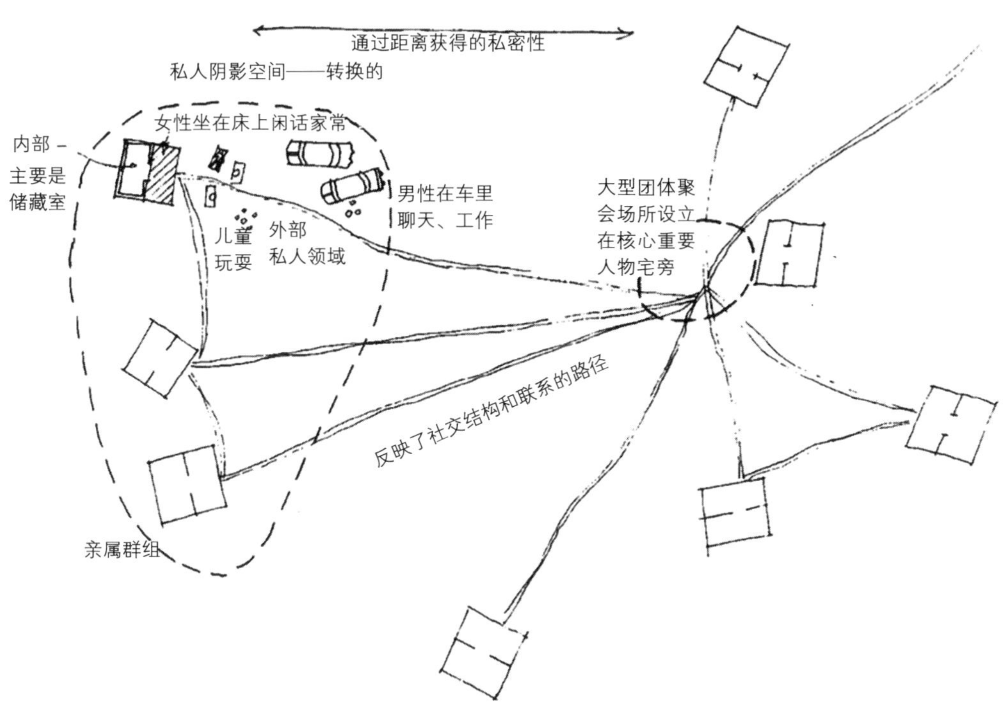

部分原住民棚户区的图示（基于：Savarton & George 1971）。
此居民点和住宅的结构实际上与传统聚落类似
[Rapoport 1972（e），1974；Hamilton 1972]

政府住房与上述模式则不同

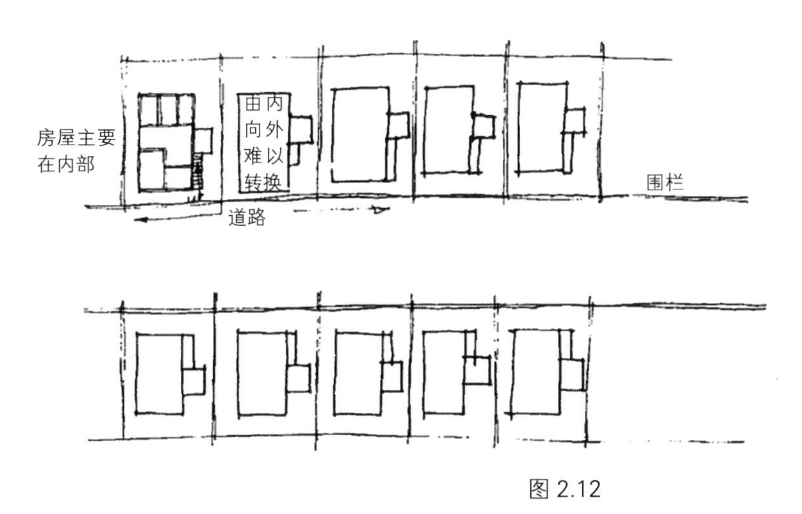

图 2.12

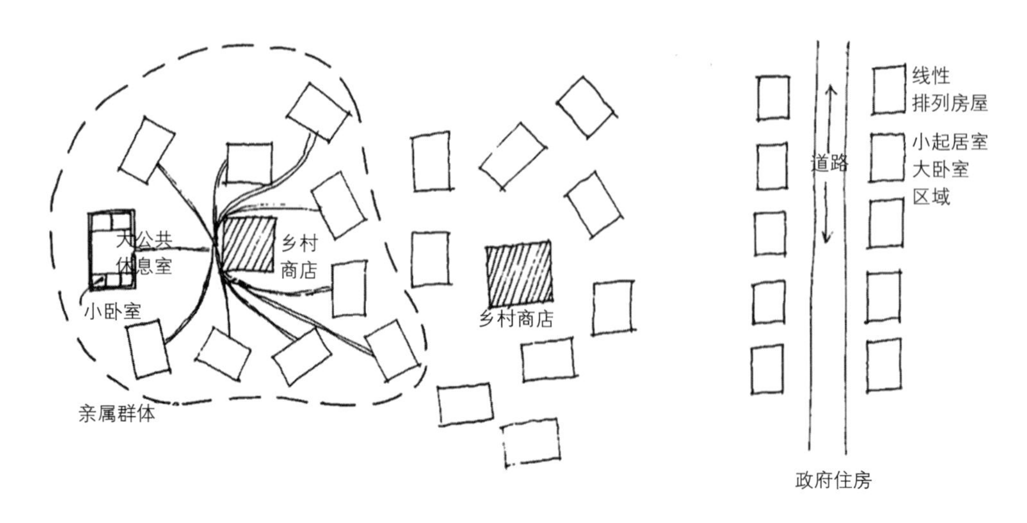

图 2.13 魁北克印度棚户区的布置图示

例如，针对利马居民居住问题的研究显示，人们主要对医疗服务、产权和排水、供水、供电、道路铺装、邮局和警察保护等服务不满意，还有一些关于食品和服饰店的抱怨。除了幼儿园，教育被置于较低的优先权地位，对房屋的抱怨很少，也没有对信贷的渴望——人们更希望逐步建立资产（Andrews and Phillips 1970）。居民认为棚户区是一个正逐步更新的区域，而且人们是对具体事物不满（并且与其他的相比，是更“正常”的地方），而不是对整个区域——很难说这是一个糟糕的、应该拆除的地方。

在不同的国家或国家内部，棚户区之间存在很大的差异。它们的规模大小和组织方式不同，有些与村庄相联系，有些则没有；有些有很多小商店和商业，有些却没有（Ray 1969，pp.23-39）。但在所有这些情况下，它们都反映了具体问题，并表达了在布局、公共空间、社会和家庭关系、隐私等方面的选择和偏好。这才是重点所在。虽然空间布局促进社会关系的发展，但后者才是最重要的。基于共同的起源或任何其他选择标准的关联，有助于人们组织有意义的生活（Abu-Lughod 1969；Doughty 1970）。人们选择离原籍较近的城市，并且通过构建与他们熟知的环境基本相似的地方，帮助他们适应城市生活，因为这些地区就像“中途之家”，允许对城市生活的适应有一个节奏（Rapoport and Kantor 1967；Meier 1966）。

移民到开罗的人看重的物质特征包括：带有庭院的房屋，内部的街道和小巷，没有机动交通，复制了街道作为游乐场、聚会场所和动物活动场所的乡村功能。棚户区使洗衣成为一种公共活动，并且强化了社会网络，通过集聚将咖啡馆等场所作为特定群体的会面场所和信息中心形成本地化的网络（Abu-Lughod 1969）。但在大部分的设计地段中都缺少这些内容。

在贫民窟的案例中，除了对外人而言，环境品质往往比规划过的地区更好，因为后者与人的偏好和需求的关系不大。正如我们所见，这些可能通过居住地选择在现有区域得到满足，但在这种情况下，物质环境本身是固定的。在大城市，即使是改变颜色或种植树木都困难重重，街道、门廊的使用、商店的类型及其销售的商品、社会网络、作为社交场所的俱乐部和酒吧，能够提升的程度非常有限。无法改变空间组织和活动位置，尤其是因为有法规条例的限制，而在棚户区通常能直接表达生活方式和偏好。例如，在巴西利亚附近的班代兰特（Nucleo Bandeirante）定居点，巴西传统的城市广场形式和密集购物点被重新创建，其满意度甚至高于新的规划区。出于密度和群体原因，自发形成的地区本身有利于妇女的就业；即使是质量很差的住房，也与满意度有紧密联系，因为相对而言，它是可以进行改善或提升的地方。另一方面，在巴西利亚，出于社会隔离、社会关系的打破和远距离交通等原因，同样存在"好的"住房的满意度较低的现象。事实上，总的来说，社会交往、学校和服务的可达性对巴西利亚的居民最为重要，因此，不同于规划师的看法，房屋质量标准并不是最重要的。班代兰特地区（像其他类似地区一样）提供了许多休闲活动场所，并且比规划的部门更受青睐（Smith et al. 1971）。

阿根廷棚户区同样有这种偏好和居住地选择。这个棚户区与有秩序的城市截然不同，房屋随机地散布在河边，有大量丰富的自然植被，许多儿童和动物在此活动。这个地区具有乡村景观特色且被城市居民视为一个与众不同的地方（容纳着外来群体）。在这个相当小的棚户区里，人们按同化程度聚集在一起，形成一个梯度，从靠近城镇的同化程度较高的人到郊区的同化程度较低的人。因此，有一系列区别清晰的特征区域，通过与城镇的距离来区分（MacEwen 1972）——这是居住地选择、不同的价值观、生活方式和标准以及使用适当的社会身份符号的结果（图2.14）。

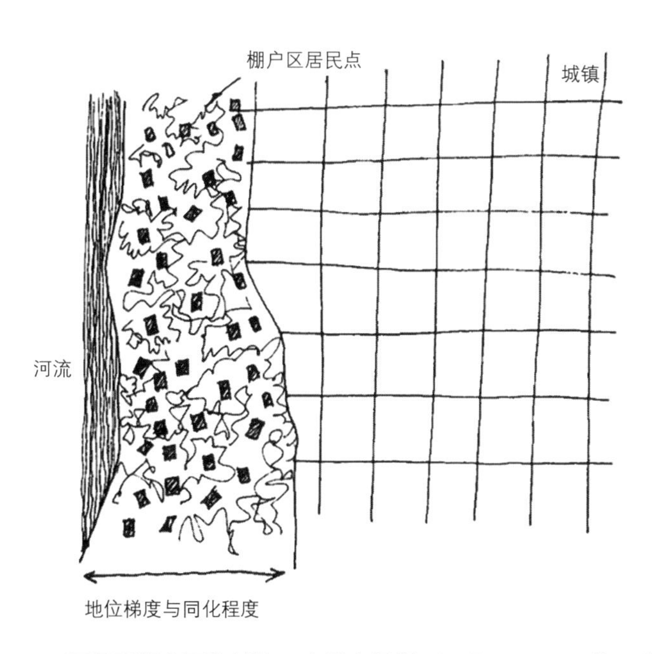

图2.14 阿根廷棚户区和城镇示意图（根据MacEwen 1972的口头描述）

第 3 章
环境的认知

“环境认知”这个术语有两种含义，它们虽然相关，但却是不同概念。广义上这两种含义分别称为心理学和人类学。前者在最近关于环境认知的工作中颇具影响力，可以追溯到 Bartlett（1967）、Lewin（1936，1951）和 Tolman（1948）的思想，以及皮亚杰和其他发展心理学家最近的工作（Piaget 1954，1963；Piaget and Inhelder 1962）；后者主要来源于认知人类学的人类学方法（Tyler 1969；Spradley 1972），虽然极少用于环境认知，但它在环境认知研究中很重要。这两种研究主题的方法在概念上有各种差异，但总的来说，心理学方法可以视为一种更普遍、更广泛的环境认知概念的特例，这一概念可以从认知人类学中衍生出来。

在认知作为个人和环境之间中介机制的重要性上，虽然这两种方法达成了一致，但心理学观点更强调环境认知，而人类学观点则认为，认知过程就是使世界有意义的过程，赋予世界意义的方式有很多种，所以后一种环境认知的观点主要是赋予世界意义，而不是了解世界。结果就是，人们需要采取一种比较的观点——跨文化的和跨时空的，因为人们给世界赋予的意义比认识甚至使用世界的方式（具体的、使用的、价值的和象征的对象之间的区别）更加灵活多变。

“人类学”的观点表明了用来构建世界和行为的图式、分类、分类法和认知分离的重要性，因此，有必要考虑文化认知习惯（如果有人可以这样称呼它们的话），以便理解个人构想和组织环境的方式。人作为主动的、适应性的、追求目标的有机体，通过三个主要因素，即有机体、环境和文化构建世界，它们相互作用形成认知表征。在这一章中，我将讨论和联系这两种方法，但由于大多数工作是心理学类型的，我将首先简要讨论人类学方法的主要方面（参见：Rapoport 1976）。

认知人类学有几个特点——至少和环境有关。认知是一个分类过程，通过一些概念系统地命名、分类和排序，让世界变得更有意义。尽管已有特定种类的分类规则，但根据意义和相对重要性，不同的文化分类方式各不相同。认知有两个主要的考虑因素：在一种文化中哪些现象对人很重要、怎么组织这些现象（Tyler 1969）——人们觉得什么最有价值、怎样选择、选择什么和怎样将其组织起来。

我已经提到了，在区别认知和感知时理论上有一定的困难，因为二者都包括了对信息的加工（Ittelson 1973），而感知是一个活跃的过程（Antrobus 1970），基于与体验的直接性相关的各种理由，这样做是有用的。因此，城市区位只有在直接体验之后才会为人们所真正熟悉，就连地名也只有在被了解和体验之后才能产生更多的意义。

认知，从拉丁语中的“认识”一词来看，既指认识和理解的过程，又指代其产品——已知的事物。我们感兴趣的是人们赋予物质世界意义的方式，他们是如何认识它的，他们用来在头脑中构建环境的图式，以及这些图式如何影响行为和设计。就我们的讨论而言，很明显，在评估之前，我们必须知道，评估的要素是我们意识的一部分，并且符合某种图式。于是，认知就是识别秩序和引入秩序的过程——秩序的类型随着特定群体的“认知风格”而变化。秩序化包括抽象和创建概念与图式的过程，甚至动物似乎也有这种图式（Von Uexküll 1957；Peters 1973）。例如，果子狸似乎能够区分“弯”和“直”，这意味着与某些图式相匹配（Hass 1970，pp.56-57）。因此，有机体强化了空间、社会和时间秩序，它们彼此不同却互相关联，因为所有生物都设法在同一世界的时空框架中共存，而且所有秩序都依赖于相同的学习、记忆、身份、位置和定向过程。

基本的认知行为是将个人置于他的物质和社会环境中。这就涉及对不同地方和社会群体的定义，意味着在这里而不是在那里，社会方面是我们而不是他们，以及他们之间的区别和对他们的态度。追求时空和社会框架的协调一致是基本的，这种结构化很重要，不仅因为它使人们能够理解环境并使其有意义，而且因为设计本身是认知图式的物理表达和可视化。一个类似的重复出现的模式是安全/不安全或可用/不可用的（例如：Gould and White 1974，pp. 30-34）。更一般地，在建成环境的情况下，可以建议发生以下过程（图3.1）：

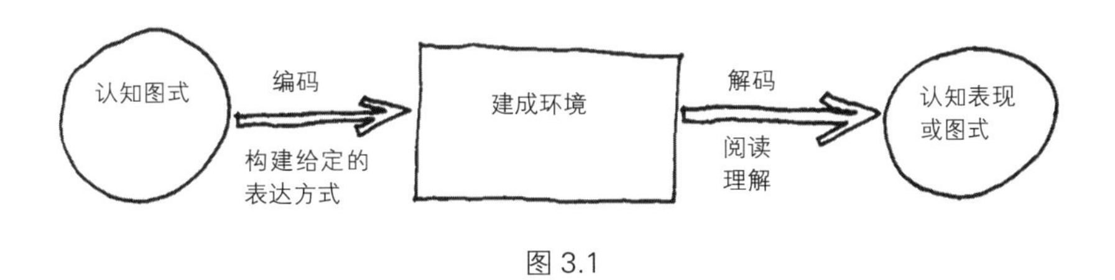

图3.1

物质环境则是文化认知范畴的表达，如荒野、花园、城市（Tuan 1971），公共的、私人的，等等 [Rapoport 1972（b）]，如果环境是有意义的，就会产生适当的、有意的认知图式。澳大利亚土著人的案例说明了概念组织的优先性，在这种情况下，存在着复杂的认知空间、社会和时间组织，而没有相应地使用墙、栅栏等物理装置 [Rapoport 1972（e）]。更一般地说，建成环境可以看作一个“种族领域”的显影（Langer 1953，pp. 92-100），是一个与文化、价值观、符号、地位、生活方式等相关联的非空间概念。因此，在许多情况下，认知范畴和领域可以被赋予直接的环境等价物。基于殖民城市和土著城市之间差异的前一个例子，最近的情况表明，印度的这种差异与所使用的分类系统有很大的关系，空间环境符合种族语义术语 [King 1974（a）、（b）；Rapoport 1972（e）]。在许多分类的例子中，命名很重要。经常通过对特定群体、用途或活动的命名和领域划分确立有意义的环境类别。

在宇宙学中，混沌经常通过命名（单词）的方式界定秩序，这相当于创造认知范畴。因此，对创世纪的分析指出，直到人类命名了其组成，并通过这种命名将它们融入生活，世界才真正被创造（Cox 1966，pp. 86，89-90，252）。命名在定义地点方面同样很重要，事物如何分类和命名也会影响评价和偏好——命名的事物类别含有积极和消极的意义。

名称体现出特定群体的记忆和含义。语言是否影响感知仍然是一个悬而未决的问题（Whorf 1956；Rapoport and Horowitz 1960；Berlin and Kay 1969；Stea and Carson，日期不详；Lenneberg 1972；Lloyd 1972）。然而，命名和语言与认知范畴及分类的关系更为清晰。分类似乎是人类生存的一个基本过程，尽管也有一些相反的论点。相对于建筑环境，这一点似乎更加清晰，因为它赋予了认知领域以物理表达，而认知领域总是被命名的，这就影响了城市的定义（Wheatley 1971；Krapf-Askari 1969）以及作为宇宙符号的城市和其他环境的结构 [Wheatley 1971；Muller 1961；Eliade 1961；Rapoport 1969（a）；Fraser 1968；Rykwert，日期不详]。更具体地说，在意大利南部，环境分为乡村和城镇。尽管大多数城镇居民是农民，但乡村仍被视为"外面"；城镇是积极的，乡村是消极的。这种概念上的差异是影响其他制度、行为和定居模式的社会管理制度之一。住宅集中，社会管理和家庭在城镇，而工作在外面。土地是可以细分的，而城镇房屋则不是：因为它们是给女儿的，所以社区和城镇变成了以女人为中心（Davis 1969）。与让世界变得有意义相比，命名在另一种意义上让人们有归家感同样很重要。就移民而言，我们发现他们不仅尽可能地选择熟悉的风景，并进一步改变它们，而且还倾向于根据来自哪里命名事物，变陌生为熟悉。因此，在新大陆，我们发现街道、河流、山脉、平原和城市，以及植物和动物以移民的迁出地命名。在各类移民国家，命名反映了定居者的族群起源（形式和城市模式也是如此），事实上，这些名称和形式是确定起源的依据。以这种方式命名地方可能是"语言景观化"的一种形式（Lowenthal 1971，p. 242）。我们已经看到名称在暗示某些品质和房屋形象方面的重要性。

纽约第六大道在更名 30 年后又继续使用只是一个小案例，更显眼的案例是对城市地区更名的抵制。1972 年年中，澳大利亚悉尼的地名委员会试图改变城市地区的名称，但他们遭受了巨大的阻力：众多的政治活动、信件和请愿书，普遍的想法是，改名会导致"身份的丧失"，所以变成了一件非常严重的事情。高声誉地区的市议员认为，他们不同于其他地位较低的地区，而这种独特的个性和身份将随着更名而消失。人们害怕更名产生负面的含义，害怕失去地位和价值，所以希望保留原有的名字（《悉尼先驱晨报》，1972 年）。边界的调整也遭受了阻力，但名字的变化似乎激发出更多的感情——它们似乎与认同感有关。我猜测上述两起案例中，地位高的地区更不愿意被合并，反之亦然。

因此，名称代表着认知图式，其重要性可能在最初的实体对应物消失后一直存在（Cox 1968）。当然，也不排除这么一种情况，当名称、认知图式与实体对应物重合时，环境显得特别清晰有力。

自我或他人的认同是对命名依赖的核心，这个过程也是认知场所或社会群体分类的本质。无论何种情况下，分类就是创造出来用于区分的（Barth 1969），人们分类是为了将秩序和组织强行赋予物质与社会世界。这是根据能产生独特认知类别和风格的文化规则进行的，群体据此理解和塑造环境。

无论是空间、时间还是社会认知图式的构建，人们在这一过程中似乎总会涉及做出事物是否相似的决定。当辨别不同的要素，并且判断它们是否相似时，可通过特性分类（将刺激视为同一物体的不同形式）或等价分类（将一组不同刺激看作同类）来完成。等价分析可通过三大类等价类别来完成——情感类、功能类和形式类（Bruner et al. 1956），又或者在另一种表述中，会用到五种主要模式（Olver and Hornsby 1972）：

可识别性：基于元素组成的颜色、形状、尺寸或位置，故可称为显而易见的差异。

功能性：基于功能的使用——这些要素可以做什么或者可以被用来做什么。

情感性：从评价的角度来看，会激起情绪或偏好。

名义性：通过赋予语言中已有的名字。

等价性：对等价物的专有定义。

模式的强调重点和每种模式的特征可能因文化而异，语言和符号 / 图像图式在这一过程中都很重要。但无论如何，在建立相似性和分组时都会强调环境的不同特征，这些特征也会通过不同的方式组织起来（Rapoport 1976）。例如，在感官形式上强调文化差异，所以西方文化禁忌嗅觉和味觉，因为它们与身体的快感有关，因此没有吸收或回忆嗅觉信息的图式（Neisser 1968；Hall 1966；Wober 1966），并且在动觉、纹理、风的运动和声音等其他方面的敏感性也有差异。相似的分类还有使用和功能，比如工作和玩耍，或是提供休息或穿行的街道，这些都是多变的且会直接影响到环境的评价与设计。因此，空间和空间中人的组织方式反映了体现等值和身份群体的空间、时间和社会的认知分类。例如，在一个玛雅村庄中，村民对自然与房屋、房屋与房屋、人与人等分类缺乏认知，反映在自然风景与村庄、内部与外部等之间缺乏清晰的界限（Gutmann 1969），这种情况与印度村庄、穆斯林或约鲁巴城市清晰而强烈的界限截然不同。这些不同的认知领域会映射到环境中，"文化的认知领域可能对应于日常生活中具体的空间划分"（D. Rose 1968）。例如，空间和领域的分类（图 3.2）。

考虑到街道与住宅的差异。但"街道"的定义也是一个分类问题。是将街道定义为形态学上"建筑之间的空间"有用，还是将其定义为特定活动的发生场所更有用？这种情况就好比说法庭和大院可能是等价的。其他类似的功能还可能出现在餐厅、酒吧、咖啡店、茶馆或住宅里（第 5 章），并且任何讨论都必须涵盖公共行为的文化规则系统和对应于认知领域的空间划分。正是这种所谓的功能不等效问题，以及未能将环境形式与文化规范联系起来，削弱了不同设计师对街道的深刻研究（例如：Rudofsky 1969）。与此相关的是，人们怎样理解街道系统，怎样自我定位并使用它们。

时间，像空间、意义（符号）和交流一样，也是在概念上组织起来的——有时间范畴。大规模的时间定向，依据过去和未来、线性和周期性的分类存在文化差异（Doob 1971；

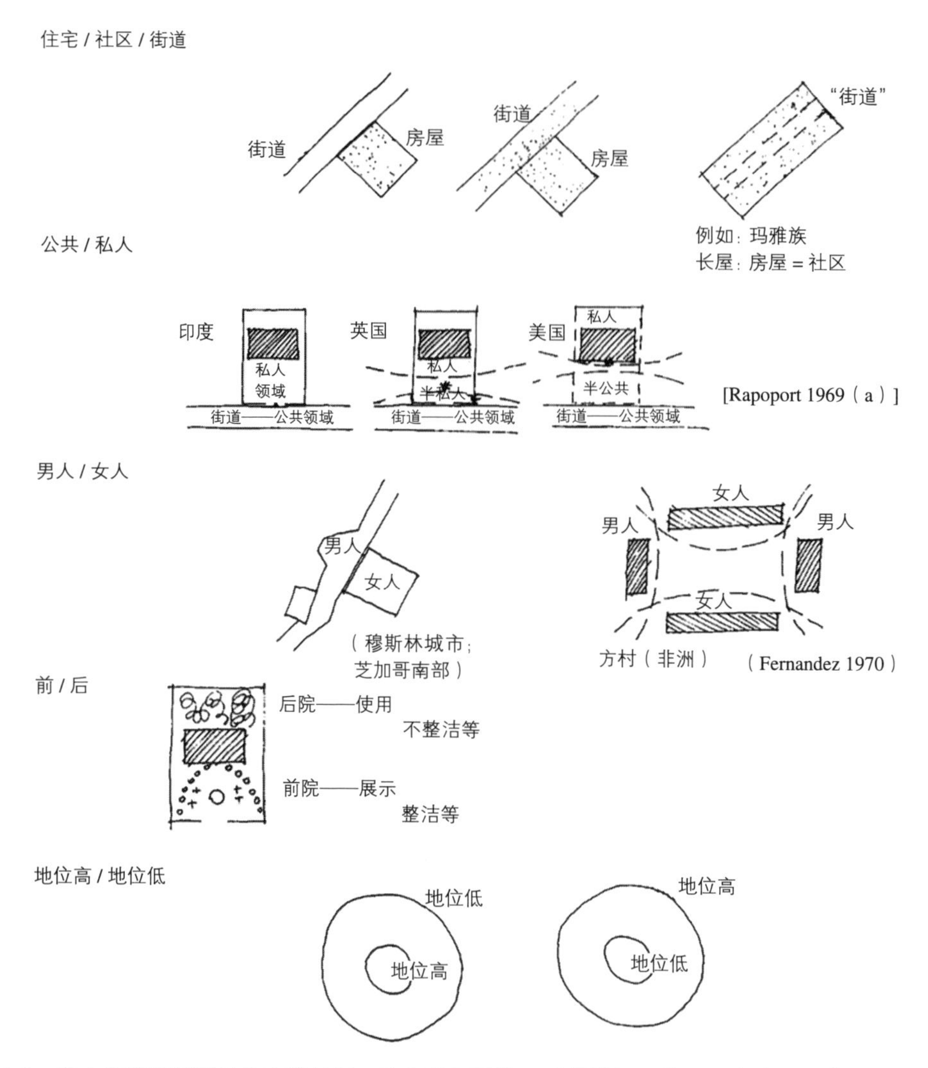

图 3.2　当人们发现领域的定义逆转时，边界的不同位置或领域标记的不同方式可能出现分析和理解的问题

Yaker et al. 1971；Green 1972；Panoff 1969；Ortiz 1972，pp. 136-137），所有语言都允许时间上的差别。因此，时间意象影响着环境，宜居性与文化体验的时间相关，时间定向是一个很好的价值指标，于是西方就有了时间的线性概念，而印度则与多数传统文化一样，觉得时间是有周期性的。就印度而言，它通过保护那些不进行干预就会消失的要素来影响景观（Pande 1970），同时也塑造了城市的特点（Sopher 1964）。美国和英国的时间定向甚至都不一样，它们过去和未来的定向分别导致了迥异的文化景观（Lowenthal 1968；Lowenthal and Prince 1964，1965）。这样的差异也造成了小尺度时间模式上的不同表现（H. B. Lee 1968）。

事实上，时间也是由更直接和更小规模的方式构建的。基于价值和重要性不同，时间的使用方式和准确度也不一样。由于可用时间的分配、活动的节奏和速度及其同步会影响看到城市不同部分的频率，无论白天还是晚上，工作时间还是周末（这本身就是认知分类学的例子），空闲还是匆忙，这种时间认知的分离会影响城市认知图式的发展。需要考虑并同步城市中不同群体的节奏和速度——时间和活动系统是紧密相关的，人们可以在时间和空间上分开或联系起来（例如：MacMurray 1971，pp. 202-203），换句话说，既有社会时间又有社会空间（Yaker et al. 1971，p. 75）。错误的节奏和速度及其不当的同步都会影响环境的使用，造成群体间联系的缺乏或群体间的不当接触，从而产生压力。

因此在人类学层面上，认知与创造场所有关——物质的或社会的——是通过定义在何时何地、何人在这里或那里、何时在这里或那里做了何事。这个可以非常精细（例如：Rapoport 1976），但主要观点已经确定，我现在将把话题转为对环境认知心理学的简单介绍性讨论（例如：Neisser 1967；Moore and Hart 1971；Ittelson 1973；Moore and Golledge 1976）。

这项研究的主要部分是解释人们怎样理解他们的日常世界。假设给定一个不是自己设计的环境，人们会怎样理解和使用它。这一过程还可能涉及将其与上文讨论的更广泛的观点相关联的分类（Craik 1968）。因此，环境认知与环境分类的要素有关，这些要素间的关系（距离和定位体系）构成了世界某一部分的整体认知表征，即人们用来自我定向和使用环境的图式、意象和认知地图。

事实证明，人脑中有一个重要的定位处理系统影响心理地图的产生。这个系统是原始的（同样存在于简单的动物中），因此可能是无意识和灵活的；它也依赖于场所经验、运动和地点（定向）（Kaplan 1970）。重点是似乎有一个地图形成的过程，人们会识别空间领域，定义他们在其中的场所，定向并在空间中移动。

显然，对所有生物而言，在知道事情是好是坏并采取相应行动之前，知道自己的位置以及接下来可能发生的事情是很重要的（Kaplan 1971）。后两者是评价和行动（在第 2 章讨论过），前两者是环境认知的两个方面。换个角度说，由于人们在时空参照系中必须为接下来的行动作准备，时空定向是很有必要的。而动物必须在空间中找到方向，确定位置并记住路线（例如：Von Euxküll 1957；Tolman 1948；Peters 1973），但它们没有使用精心设计的具有文化参照点的图式。人们对自己在时空中的位置有很强的意识。迷失或找不到空间定位对任何生物而言都是痛苦的。自由和智能移动的能力，可视化一个人的空间位置和拥有到达或返回目的地的概念地图是司空见惯的，但也是一项成就。命名是创造焦点的重要方式，空间和时间的定向系统也是如此。对地方的认同与用途、感知差异、情感、社会身份和地位有关（例如：Hallowell 1955）。所有这一切中，主观、被认知的环境在某种程度上清楚地与现实相对应，因为没有这种对应，人们就无法生存（Sprout and Sprout 1956）。

所有这些认知过程的重要功能之一就是减少信息，使原本混乱的环境变得可预测、秩序化和可管理。认知分类类似于文化规则，通过使行为习惯化（文化即习惯）来简化生活。就像人们知道如何吃饭、穿衣、使用他们的声音和身体，以及使用何种方式一样，他们也知道如何有效地利用环境。这些认知过程显然是强行使环境结构化减少信息的方式。已知环境及其认知表征是一个简化的环境。通过惯例设置，只使用可用环境的一部分，甚至避免部分环境的知识，这就减少了环境信息，并降低了有意识决策和无意识监控的必要性。

城市意象

意象有特定的形态，经常超出意识范围；它们包括具体和抽象的刺激信息，前者涉及平行处理，后者是顺序处理的。然而，所有意象都是图式化的，因此通过整合许多独立的元素形成（Segal 1971）。它们控制对感知事件的同化，换句话说，只有符合的意象才会接受（例如：Boulding 1956），但由于意象在真实世界是被考量的（例如：Miller，Gallanter and Pribram 1960），如果有矛盾的信息，它们最终会改变。

意象和图式显然在环境认知中起着主要作用，偶尔可以互换使用。然后，意象被视为通过直接或间接经验获知的那部分现实的心理表征，它将各种环境属性分组，并根据某些规则将其组合起来（Harrison and Sarre 1971）。然而，将意象视为影响认知图式（如心理地图）似乎更有帮助，这与它们影响环境评价的方式相同。应用于图式的一种重要意象类型就是城市意象（Lynch 1960；de Jonge 1962；Gulick 1963），对城市意象的兴趣在环境认知研究的发展中起了重要作用。

林奇（Lynch 1960）关注人们怎样理解和使用城市结构。这里有两个基础问题——一是物质环境是否被人们认知并在心理上结构化；二是人们注意到了哪些环境特征，这种特征在多大程度上是由人造成的，在多大程度上取决于环境，即是否有任何规律？这种关注几乎仅与可成像性相关，即人们形成城市意象的清晰度、易用性，以及它们是否难忘。

林奇的结论是，一旦人们注意到了物质环境，就能够谈论、描述它，并绘制出地图，尽管对事物规律的认知有主观差异，但仍可将人们重点关注的对象提炼为五种有规律可循的要素：即区域、边界、路径、节点和地标。同样明显的是，人们对不同的城市有不同的意象，产生这些意象的难易程度和使用的要素也不一样。

在荷兰，上述发现得到了证实与丰富。在仅有一条主路、明显节点和独特地标的街道模式下，心理地图似乎最易形成。在整体结构和模式难以把握、不清晰的地方，孤立地标、单一建筑、单独路径和视觉细节就变得更加重要。比较新旧街坊时我们发现，在结构非常清晰但元素过于均匀而无法区分的地方，也可能出现定向困难和低成像性（de Jonge 1962），即没有明显的不同。

在不同的文化（黎巴嫩）中，人们再次达到普遍共识，但亦有更大的分歧，特别是社会文化关联相对于视觉线索的重要性，换句话说，视觉形态和社会意义在构建城市意象时都很重要（Gulick 1963）。

就五种对应模式而言，人们可能会认为，虽然美国和荷兰受试者依赖于可感知模式，但黎巴嫩受试者增加了功能和情感标准的组合。这一发现比感知模式的使用似乎更普遍。

对柏林的儿童而言，城市景观中可见的人类活动迹象和活动参与似乎对城市形象的清晰化和记忆至关重要，因此具有这些特征的小细节往往比历史纪念碑或主要建筑更重要和难忘（Sieverts 1967，1969）。在伯明翰，人性化尺度的要素似乎比主要特征更重要，这些特征只有在小而有意义的尺度上与城市结构明显不同时，才被注意到（Goodey et al. 1971）。在波士顿，值得记忆的地方都是那些形态与活动一致的地方（出行模式似乎也有一定影响，所以驾车者和行人有不同的意象）（Steinitz 1968）。

在最近的一项关于休斯敦的研究中，人们发现城市的不同方面是否被使用，取决于是要观看它（视觉形象）、记住它，还是要强调它（意义、价值或偏好）。对于视觉图像来说，结构（人造）特征似乎最重要；对于评价和偏好（重要性）来说，社会特征非常重要，而对于记忆来说，一些结构特征和社会特征的组合则是至关重要的。自然特征被提及最少（Rozelle and Baxter 1972），尽管在不同的城市可能有所不同（图 3.3）。

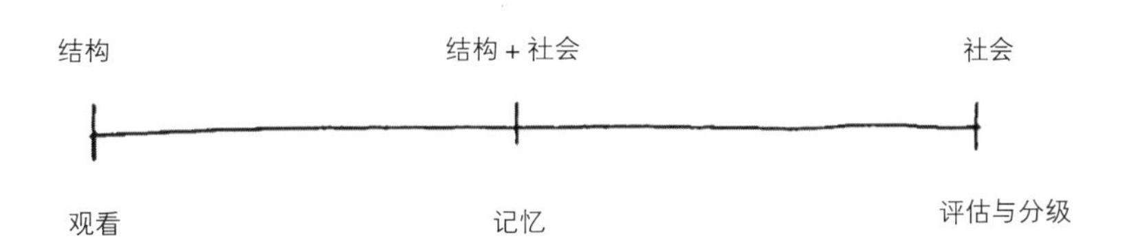

（基于：Rozelle and Baxter 1972）

图 3.3

这有助于证实林奇（1960）的观点，即城市意象有三个组成部分——特征、结构和意义，但他忽略了后者（Crane 1971）。近期对科罗拉多州恩格尔伍德（Englewood）的研究发现，设计的独特性（即明显的差异）有助于意象化。意义有助于将事物变得引人注目，可以被群体共享或者成为非常个人的东西（在它们建立起关联后）[Rapoport 1970（c）和第 6 章]。在这个特殊案例中，相互关联一般不重要，意义被用于节点、地标，主要是区域上。物质要素的位置比外观重要，道路是最重要的因素（不像在休斯敦的研究中，道路排在建筑、结构与天际线之后）。意义与经济有关，对城市的依恋或参与很少。对多数人来说，意义是功能之一——在于怎样服务于人们的目的（Harrison and Howard 1972）。在不同的城市和文化中，细节可能会发生变化，但它强化了许多研究的总体基调，这些研究涉及城市意象及其要素的更为复杂的概念，以及因年龄、性别、教育和种族产生的变化，由于使用和运动模式的差异以及文化差异 [如拉丁美洲中央广场的重要性（Wood 1969）] 产生的特殊变化，所有这些都加强了将城市意象与环境认知的更广泛方面联系起来的重要性。

对多数城市设计者而言，“城市意象”仅对应林奇对该词的使用，而人与环境研究在环境认知方面的大部分新进展尚未成为概念工具的一部分。这种用法除了忽略意义外，还有几个问题。一个是以牺牲复杂性为代价强调易读性（第 4 章）；另一个是对节点、地标、边界、道路和区域的基本分类有一些固有缺陷和困难——可能通过应用前面介绍的更广泛的认知概念加以区分。

主要问题是这些类别已由研究者定义，但却忽略了定义和分类的内在多样性——使用者的认知图式被忽略了。但是，当考虑到跨文化时，就发现了这种分类的主要差异。例如，西部山谷通常被认为是以山丘为界的，但尤洛克印第安人却颠倒了这一点，他们认为山丘是以山谷为界的（Waterman 1920）——这种逆转很难想象。因此，地标部分程度上依赖于社会 - 文化的多样性——使用、意义、命名、联系和偏好排名及感知和区位的重要性。它们的定义可能大有不同——正如已暗示的那样（例如：Gulick 1963；Sieverts 1967，1969；Goodey et al. 1971）。

主观上，同样地物质要素可能归为边界或者道路，部分程度上取决于人的角色——对于驾车者而言可能是道路，对居民而言就是边界（图 3.4）。年龄、健康或收入都会影响人的流动性和交通方式，所以一条被上班族当作路径的道路可能被老、幼、残及受区域束缚的人当作边界，对出行方式（无论是步行还是驾车）和目的地也会产生影响。

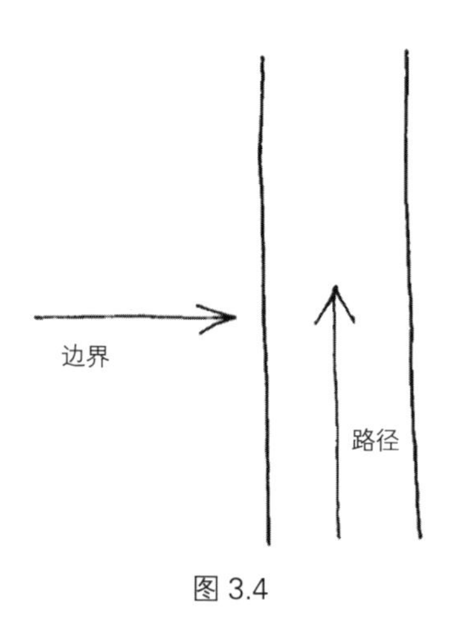

图 3.4

实际上，道路常被视为边界，并且是主要的边界要素。波士顿西区外围的高速公路和铁路被游客视为道路，但被周边居民视为边界。1920 年拓宽的剑桥路对驾车者而言更方便，但却成为居民间的障碍，导致本区域象征及物质的分隔（Gans 1971，pp. 300，302）。在悉尼，类似的划分也出现在一些未发表的学生作业中，非居民将主路当成路径，而居民却认为它是一个明确的边界。在洛杉矶，道路也常被居民视为阻碍（Everitt and Cadwallader 1972）。这意味着不同群体使用着不同的分类，我们要发现区别而不是强加单一分类。因此，区域被定义为人可进入的大片地区，同时区别于周边环境——但这个定义可以是主观且多样的。节点大致等同于小区域，通过重要性来区分，所以它们的定义包含许多变化要素。不同的要素在不同尺度上被使用，不同的类别形成总体认知，所以一个集市广场不仅是一个区域，也是一个节点，是一个被边界和地标定义（Porteous 1971）的交汇点，同时本身也可能成为一个有特定用途的地标或区域（比如，巴黎的雷阿尔旧城、伦敦的考文特花园）。

因为这些要素可能因群体而异，所以在科罗拉多州恩格尔伍德（Harrison and Sarre 1972）不重要的联系在别的地方可能很重要（Porteous 1971）。同时有迹象表明，不同的人会选择不同的地标。老年人常用已经不存在的地标，而年轻人则将被老年人忽略的新建的城市要素作为地标 [Porteous 1971；Rapoport 1973（d）]。活动模式也会影响到何时何种要素被人们遇见，因此，有着不同活动系统的人会采用不同的城市要素（见第 5 章）。

实际上，由于人们多样的认知系统，在所有要素中都存在着一种内在模糊性（例如：Barthes 1970—1971）。举例来说，伯明翰的斗牛场可以是一个地标、节点或区域，一个高层建筑也可能是节点、道路交汇点或地标。更概括地说，节点可以是地标，边界可以是道路，节点可以是区域（Goodey et al. 1971，pp. 41-42），区域的定义亦有多种。

城市意象不仅是可见的——所有感觉都可用于意象形成，还受到非经验因素的影响，其重要性会随着尺度的扩大而增加，同时受年龄、教育、技能、社会文化差异、个体和群体的象征和联系价值，以及人们的活动模式和行为空间范围差异的影响，因此，如果根据认知规则，一条街道被划分为一个可以坐、吃和交谈的地方，那么城市的心理地图和行为将与它划分为不同的类别——仅仅是一个可以穿越的空间——有很大的差异。因此，即使林奇提出的要素是一个重要的起点，但它们不能仅被设计者或分析者定义——来自不同个体和群体主观定义的探索都应予以关注。

这些定义将取决于认知分类以及相似性和相异性标准，取决于熟悉程度、出行模式和交通性质、时间节奏、速度和运动顺序。人的行为空间范围会影响他们的经历，因为熟悉的地点比不熟悉的地点更好使用，认识也受偏好和评价的影响——通过附加的方式。当人在环境中穿越时，他们将环境分为“区域”“路径”和“边界”（例如：Lewin 1936，1951），因为“空间”在哲学意义上是空的，需要人的界定和分类：这就是我们一直在讨论的人赋予意义的认知过程。很明显，我们需要处理的是基本的认知过程和结构，而不只是城市意象。

认知图式和心理地图

认知图式的一个主要特征是，它们包括从未经历过但能间接了解的地区和场所。认识的准确性取决于受教育程度、数据的准确性、分析数据的技能等。直接的经历，特别是长时间的体验，会产生更清晰、更准确的图式。当然，这与人们知道的特定地方符合整个世界的意象的观点相对应（Boulding 1956）。

图式受角色影响，因此城市地区可能被赋予行政、旅游、居民或规划的定义以及相应的图式。如第 2 章所述，管理者和其他人图式之间的区别可能对决策产生重大影响（例如：Linge 1971；Heathcote 1965；Gould and White 1974）。认知图式和地图是最基本的，因为儿童似乎在很小的时候就形成了这种认识（Blaut et al. 1970；Blaut and Stea 1971），“原始”人不仅有复杂的地图，而且似乎能够看懂航空影像（Hallowell 1955，p. 194）。动物也有与等级和地位相关的生活空间、领地、边界和路径的图式（例如：Wynne-Edwards 1962；Peters 1973）。

有机体的环境图式的想法与德语“Umwelt”（Uexküll 1957）这个概念相对应，Umwelt包括“感知环境”以及“知识和行为空间对主观空间领域构建的影响”等概念。它考虑不同感官空间的影响——视觉、触觉、嗅觉和坐标系处理。最后，也是最重要的一点，它区分了 Merkwelt——感知意象与 Umwelt——一种基于感知世界并与 Wirkwelt（或行动空间）相关的理论框架之间的差别。动物的客观环境（Umwelten）则不同，取决于动物如何使用、构建环境以及生成空间地图，使用的信息主要受搜索意象的影响，而这可能阻碍感知意象（我称之为过滤器）。

特别值得注意的是，1910 年，我们在这里几乎完整地描述了环境认知领域运作并形成认知图式的要素和过程，巴特利特（Bartlett）在 1932 年的研究也提出了一些同样有用的观点（Bartlett 1967）。

如果我们接受图式是代表个体的主观知识结构——依据一定的规则组织起来并同时影响行为的有关知识、价值观和意义的总和，那么心理地图则是人们对物质环境持有的特定空间意象，主要影响空间行为。

“心理地图”这一术语有多种不同的使用方式，需要加以澄清。一个重要的用法是地理学家的绘图术，看吧，反映人们环境偏好的本身并非空间的或像地图那样的 [Gould 1972（b）；Gould and White 1974]。我会反驳说，这（绘图术）不是心理地图，因为它不是由相关人员绘制的。它更像是由地理学家以空间形式给出的偏好列表，有很多种这样的地理学绘制图，反映了期望、效用、价值、机会等诸如此类——它们更像非空间偏好的空间推论。这种偏好可能针对人们从未见过或间接经历过的国家和地区（Gould and White 1968，1974）。

这些不是真正的心理地图，因为这是由地理学家绘制的。当我们意识到地理学家和非地理学家倾向于对同一地区绘制不同的心理地图时，这就变得更加重要了，例如在新英格兰的案例（New England States，Stea 1969）。我会把“心理地图”这个术语保留给个人持有的空间图式或表征，并反映情感、象征、意义、偏好和其他因素——尽管文献中经常强调，然而没有证据表明心理地图在任何方面类似于地图。

心理地图是一系列心理转换，人们通过这些转换获取、编码、存储、回忆和解码关于他们所在的空间环境的信息——它的组成要素、相对位置、距离、方位和总体结构（例如：Downs and Stea 1973）；心理地图也可以称为认知地图（Tolman 1948；参见：Trowbridge 1913）。

心理地图，就像地理学家画的地图那样，可以帮助那些只知道附近而不了解远处的个体。在这两种地图中，当各种空间属性如距离、方向或地区都转换为简化的符号形式后，就容易找到它们的关系了。它有助于个体了解和使用环境。地理学的地图、“原始”人的地图和认知地图的结构是相似的，差异存在于程度上，而不是分类上（例如：Hallowell 1955）。

例如，地图可以看作心理地图的物质表达，就像建成环境可以视作概念空间的具身性实体。❶ 这种地图常被扭曲为价值观和神话因素的结果，所以我们可以找到著名的《纽约客》对美国的观点，以耶路撒冷为中心的中世纪地图，以及很多其他涉及一些中心位置、锥形神石、❷ 世界轴心或可反映重要性、神圣性、中心性、关联性等价值判断的事物（例如：Adler 1911）。

其他早期地图是路线指南，线是直的，两边能显示出这一地区的发展阶段和特征（Crone 1962）。它们忽略方向并依赖道路、路口和转弯处（与人的心理地图经常依赖路径十分相似）。大区域的地图常因一些特定的假设而被曲解。一个例子就是古希腊关于直线和对称的假设（Craik 1970，p. 80），反映了很强的价值判断。今天的广告地图还显示了地点的相对重要性、位于中心的位置及其关系和路径（图 3.5）。

当然，所有的地图，无论是心理的或是其他的，都是关于身份、位置和方向的，在命名和强调重点，以及如何关联和使用何种坐标系上存在文化差异——这源于我们对一般认知的讨论（例如：Sapir 1958）。总体而言，“原始”人的地图明显包含了不实用的部分，通常是神圣的和仪式性的，所以有地区定位于死亡之地、天堂或地狱（Hallowell 1955；Ohnuki-Tierney 1972）。这种地图和现代地图的区别，不仅在于后者有先进的知识，还有不同的认知风格（增加的知识本身就是其中一部分）和不同的动机、态度、期望和活动，所以需要不同类型的地图。原始地图一般用已知路径连接重点并显示边界。这些点可能是水坑、圣地、河流、港口——时间显示可能代替距离。

因此，虽然一些原始地图服务于寻找狩猎点或水源，但大多数趋于仅表现仪式性的重要特征。原始地图和心理地图的一个相似性是，二者都是思想与环境的重要特征相一致要素的集聚——原始的自然特点，城市的要素 [Rapoport 1972（e）]。

心理地图的重要性，其扭曲和缺口在于，人类行为依赖于它们（例如：Jackson and Johnston 1974）。比如，在利马，某些下层人群最重要的社会活动是在空地上踢足球，这些场地的命名反映了球员的出身。中上阶层的利马人对此一无所知，但对使用它们的人来说却至关重要，“如果一个人没有扬起过这些地方的尘土，他就不了解今天的利马”（Doughty 1970，pp. 37-38）。这两个群体的心理地图有很大的差异，他们的行为空间影响所使用的城市部分，进而影响心理地图的进一步增长和发展。此外，对空间系统有意或无意的忽视及使用，会使娱乐、出行、模式、邻里、社会网络等规划无效。不同群体城市心理地图的差异性缺漏对总体规划有重要的影响，因此，圭亚那的规划师强调了人们的心理地图中没有

---

❶ Embodiments，体化，一般也译作具身性。具身认知理论认为生理体验与心理状态之间有着强烈的联系。它假定认知是具体的、需要身体直接涉入世界的、以区别于传统认知科学中的认知。后者被认为是符号操作的抽象过程，认知与身体（输出）和世界（输入）相互分离（例如：Stich 1983；Egan 1991）。——译者注

❷ *omphalos*，置于希腊特耳非阿波罗神殿中，相传为地球的中心。——译者注

的地形，城市中心的重要性存在很大差异（Lynch 1972，pp. 20-21）。人们拥有的对整个国家和地区的心理地图也影响着他们的出行行为（Peattie 1972）。

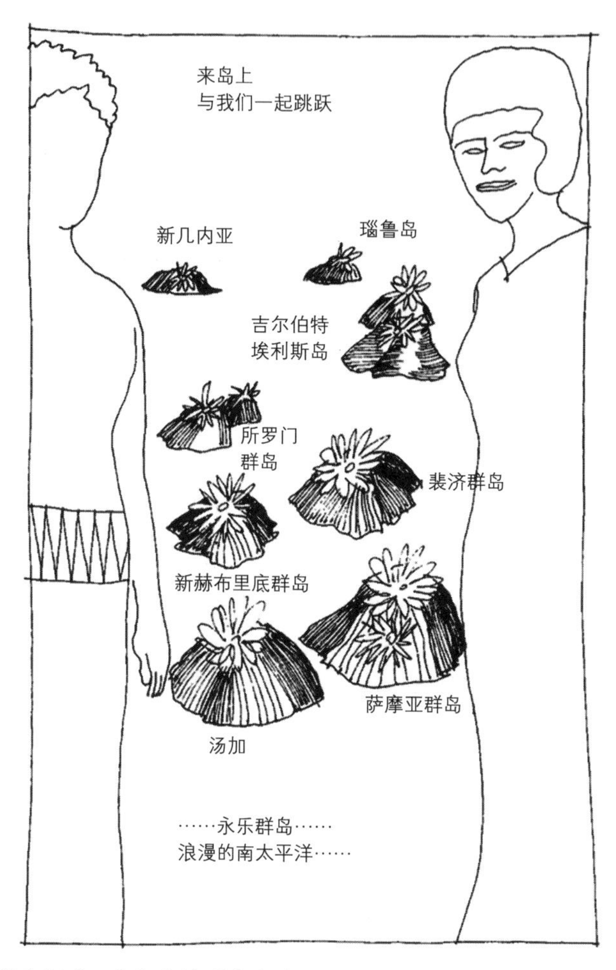

图 3.5　基于游客标准、名气和浪漫意向的，而非地理的尺度与关系的“心理地图”案例

（基于：太平洋航空广告，《澳大利亚人》，1972 年 1 月 13 日）

无论在任何给定情况下，人们都无法明确地表现心理地图，但很明显的是，人的行为符合某种认知图式的形式。例如，对人们在城市不同行业中的表现有不同的解释——相似社会经济阶层的人按部门聚集，或者说他们的城市心理地图是分部门的。这表明社会地位和心理地图两个因素可能一起作用，因此不同群体系用特定的地位符号——房子的风格和地址与同龄人生活在一起，并尽可能靠近他们所在阶层的上层。由于对城市的了解是局部的（Adams 1969），他们也以这种方式定居。这个解释似乎是有效的，克赖斯特彻奇（新西兰）的居民似乎有局部性的心理地图，赞成区域的社会愿望，他们的知识被所在城市的空间所限制 [Johnston 1971（a），（b）；Lee 1971（b）]。最有意思的是，偏好和定居选择受到人们对城市的认知图式和心理地图的限制和影响，从而联系了这两个

广泛的话题。

实际上行为与认知的联系远多于与物理地图的联系（MacKay，Olshavsky and Sentell 1975），这是人在感知环境中的一个行为特例，意味着必须知道不同群体心理地图的差距、误差和细节。这些地图的变化涉及城市的物质结构、居住场所、社会文化和其他的群体特点、出行方式等。这种差距经常表现在不受欢迎或不可接受的地区，比如利马。同样，在旧金山的海滩区，人们似乎只知道象征该地区的宜人之处。在悉尼，很多人对西部郊区的心理地图是空缺的，它们仅被当作令人不快的地区，其规模和特点都未知。但是有一半的悉尼人口住在那里，那里也有许多宜人的地方。在密尔沃基，人们对东侧和南侧的知识几乎是相互排斥的。

这在一定程度上是必要的。人们可能永远不会有任何一座城市的完整心理地图。当今大多数人住在城市区域，即使使用地图，城市也无法被整体看待，只能分区式地体验。因为心理地图的功能之一是精确地简化环境，空白和省略就很有必要了。有一个事实支撑：就儿童而言，社区规模与其认知地图的范围和细节之间存在着负相关关系（Gump 1972；Wright 1969，1970）。

人们只使用城市的一部分——通过忽略其中的大部并将它们变成一系列小场所。人一般通过小的象征性部分记住整个城市。“纽约”指的是曼哈顿中下部的天际线，即自由女神像——然而这只是城市的一小部分。游客和居民之间一定有所不同；对后者而言，曼哈顿市中心有最著名的要素，因此半数以上的居民提到了时代广场、洛克菲勒中心和第五大道的商店。我怀疑天际线是已知的，但无论如何，皇后区、布鲁克林区和布朗克斯区的广大地区仍是未知的（Milgram 1970，p. 1468；Milgram et al. 1972）。

同样，里约热内卢意味着科帕卡巴纳海滩和糖面包山，巴黎则意味着埃菲尔铁塔、塞纳河、巴黎圣母院、林荫大道和蒙马特，即城市是通过象征和象征性的景观被识别和记忆的。即使在伊普斯维奇、一个不算大的城市，它也是中世纪的核心，甚至是其特定部分，象征着这个城镇和对它的偏好（如有“乡村城镇”的氛围）与这个核心有关（Wilmott 1967，p.393）。在使用旅游海报和机场的世界地图时，分辨这种要素是非常有用的（例如，最近在这种地图上添加了悉尼歌剧院，用来象征悉尼）。这种要素有助于记忆地点，并且在环境偏好方面也很重要——它们组成了象征性景观的重要部分。当这些特征缺失时，城市就变得模糊不清——有很低的成像性（Lynch 1960）或可识别性（Barthes 1970—1971）。

因此，心理地图由两部分要素组成：外人和大多数居民（可能除了最贫困和流动性差的人）所知道的要素，以及特定地区居民所使用的当地要素；这些要素根据所涉及的具体变量，对较小的群体或个体具有特定的关联和价值。因此，对于各种群体，值得记忆的要素根据意义和吸引力是分等级的。这些要素可能是地区（左岸、办公区、灯塔山、格林威治村）、地形特征（悉尼港、伯克利山、糖面包山）、建筑或构筑物（金门大桥、国会山、大本钟、埃菲尔铁塔、悉尼海港大桥、悉尼歌剧院）、建筑群（圣吉米尼亚诺、曼哈顿城市天际线）或者道路（洛杉矶的高速公路、林荫大道），但这些共享要素是有限的（例如：

Taylor 1973，p. 301），在当地范围内，随着越来越小的群体共享要素，变化甚至更大，尽管它们可能由于社区是人们获取满足感最重要的地方而变得越来越重要（Wilson 1962；Lansing et al.，1970；Marans and Rodgers 1973）。因此，这些更小地区的认知地图提供了居住与城市的联系，在设计中，应该识别和考虑要素的总层次。

人们发现了城市在整体层面上的简化和地方层面上不同形式的阐述。城市中心和主要素虽然众所周知，但也可能被赋予不同的象征性（Prokop 1967），从而产生不同的用途，所以在巴黎，特定工人阶层认为中心地区在他们的生活轨迹之外，而乡村则为中上阶层所忽略（Lamy 1967）。差别在于，当地要素只被居民了解和看重。行为，如娱乐，是互动和特定偏好以及对机会了解的结果 [Mercer 1971（a）]，体现在人们的心理地图中。这种自由支配的行为受到居住地、旅行路线等的影响 [Mercer 1971（b）]，而对特定活动和地点的偏好与生活方式有关。

绘制心理地图所涉及的不仅仅是物质元素。显然，象征意义、含义、无形要素、社会文化方面、活动和形式的一致性、背景和活动模式（潜在的和显性的）、清洁度、安全性、人的类型都在其中发挥作用。因此，纽约可能被不友好的人视为疯狂、肮脏、危险，这种刻板印象甚至存在于整个国家，包括人格类型和生活方式——正如对澳大利亚所显示的那样（Berry 1969）。例如，我预测巴黎大堂（在拆除之前）是根据活动和独特的时间周期（例如在剧院晚餐之后）、气味、食物、鲜花、为他们服务的酒店以及建筑和城市要素构建的。伦敦的哈雷街是根据知识和命名而不是物质要素融入地图的。其他地方如办公区或者时装区，活动和人有时会强调形式和其他感知线索，也发挥了作用（如东方大巴扎）。

认知地图的构建则包含了大量的线索。根据（第 1 章）的司机如何构建认知地图（Wallace 1965）的例子，我会自省地描述为，构建认知地图所使用的线索来自悉尼戈登站和雷德费恩站之间北岸线的火车。作为新学生，我在这里的三年时间，每周三天使用这一行程，并且倾向于阅读，试图记录这次旅行，以便知道什么时候到达目的地。

· 最初依赖于视觉——主要书面记录的是——标注名字的车站标志、商店标志、教堂、礼堂和银行，还有其他的物质要素，例如建筑、电视塔、海港水岸和海港本身、市中心的天际线、桥梁、公园、特定的居民区。

· 空间线索逐渐为人所知：在查茨伍德和北悉尼，相比于典型的两个站台的窄空间，有一个多站台的大区域。站台的空间位置各不相同——北悉尼站是深挖的，而米尔逊角和中央车站则高于周边环境。

· 还有时间线索，如不同时长的停站：在北悉尼、查茨伍德、温亚德和中央车站停站的时间更长，标志着它们是重要的场所（在每种情况下，均通过所述的其他线索加强）。

· 尽管站点的数目没有精确计算，但人们知道它们的节奏，特别是因为在市中心以北，站点间隔为 1 英里，查茨伍德与圣伦纳德的距离大得惊人。

· 光线质量的改变也有一些影响。主要的改变发生在几个隧道中——多数在北悉尼北侧和市中心地下的延伸段。后者的隧道两端很不一样——一个出现在海港大桥，可以看见来自各个方向的水、船等及特殊的光线质量，而另一端则出现在一个光亮逐渐增加的大停车场下面，周围有工厂。更微妙的光线改变逐渐显现。在水边、桥上和远离水的地方，光线会发生变化；它会根据建筑和植被、天空的暴露程度、墙体的靠近而变化，无论是在路堑内、山顶上，还是在其他地方。

· 同样存在着动觉提示。包括几个主要的爬升和下降，涉及曲线和螺旋、加速或减速。

· 后者导致了噪声水平的改变。弯道上有车轮轰鸣，斜坡上则有更大的引擎声。在隧道、地下、桥上、窄道、山顶上都有不同的声音。在北岸车站，人们会被相对安静的鸟叫声和树叶的沙沙声所震撼，尽管在某些时候，人们往北走时，这种声音会被震耳欲聋的蝉鸣所掩盖。这个地区有很多学校，许多学生会在回家的路上进入某些特定车站。他们形成的噪声也成为非常重要的线索。

· 火车上人的密度会改变，高峰期和波谷期给主要站点带来压力。由于上下车的人多，站点使用的时间更长（查茨伍德、北悉尼、以及温亚德、市中心）。车厢内的噪声程度也有变化——人们在拿包裹时产生的喧闹、起身离开和他人进入时的噪声。在不同地区进入的不同类型的人也会引起噪声的变化——女顾客、工人、商人、学生、在校儿童——使得这些地方变得可识别。

· 气味提供了明确的线索。圣伦纳德大街有一股强烈的油炸味（那里有一家薯片厂），中央车站北侧有啤酒的味道，地下则能闻到焦油的味道，海港附近和桥上有海的味道，到北岸后有强烈的植物和花的味道，那里的空气质量也因海拔、绿化和远离工厂而得到改善。罗斯维尔距工厂较远，所以烟尘变少甚至消失了；燃烧桉树叶的味道全年都有，但秋天的味道最浓。而中心南侧工业气体的味道更浓。

· 温度也会发生变化——当爬升到北岸更开阔、植被更丰富的地区时，温度会明显降低。

这些线索包括视觉、听觉、嗅觉、动觉等各方面，此外还涵盖了建筑、自然环境和社会等线索。它们在很多情况下是可叠加的，因此上下车的人数、停车时长、气味、噪声、光线、进入或离开地下、靠近水和在某个地方上桥等方面的共现变得尤为重要。

人们当然也会使用其他的线索，但可能忽略了那些描述的内容，因为线索必须在理解和使用前先被注意到。然而，这张列表确实提供了所有最可能选择的特定线索，尽管没有信息表明它们的相对重要性。这个内省练习暗示了许多可能性，并且超越了设计中通常考虑的变量种类。它还与定位和学习相关，因为最开始我会紧张地观察每个站点，不知道接下来会发生什么，但最后能够放心地阅读并在正确的时间点下车。

一个人在悉尼某地的细节图式与他对悉尼的整体图式形成了巨大的差距，强化了不同尺度上图式层次的概念。对西部郊区的孩子来说，最重要的要素是（按重要性排列）悉尼海港大桥、悉尼歌剧院、环形码头、植物园和月神公园（一个游乐园）。具体来说，人们趋于强调海港和特定海滩，而对于住在其他地方的人，西部郊区则有差距。关于居住地和活动系统还有一些具体差距（Riley 1971）。局部地区可能通过不同的方式为人们所熟知，但都与我的例子类似。多数人对自己的小区域形成了心理地图，但没有能等同于“悉尼”

的地图或图式 [King 1971（b）]。

7 名印度尼西亚游客到悉尼中部的研究非常具有启发性（Bunker 1970）。即使在这个小群体中，人们的认知风格也有差异，建筑师普遍对景观、天际线和区域的联系有印象，而工程师则更易回忆起特定的建筑和项目。游客们对该地区及主要元素有相当清晰的认识。主导性的整体印象是关于活动强度、运动、忙碌和活力、高楼、开放空间和开敞度的缺失、狭窄封闭等的感知等。地形、步行的便利和舒适度都很重要，海港和海港景观是最令人兴奋的。重要地点被定位——海港大桥、悉尼歌剧院、植物园、海德公园、市政厅、悉尼广场和其他知名建筑。这些固定点之间的关系相当精确，一个理想且简化的街道模式被用来合并其他点，准确度则随时间而提高。街道格局和宽度被用来对比悉尼和墨尔本。

街道格局的重要性在荷兰地区的案例比较中得到证实（de Jonge 1962）。在布置有统一建筑样式的方格网布局中，人们容易迷路，这时就需要依赖于细节——甚至窗户上的窗帘：在这种地区，居民的联想价值就变得尤为重要。在另一个格局更清晰的区域，每个部分的特性、建筑和空间的多样性，都有助于定位和心理地图的清晰。第三个区域有弯曲的街道，使定位几乎不可能。因此，一个规整的街道格局、单个主要路径、许多明显的地区和建筑差异，这时的心理地图是最清晰的。当模式不清晰时，人们就更多地注意到不同类型的细枝末节。近乎规则的图案在这方面表现得很充分——圆形、半圆形和直角表现都很明显，而小弯曲和四分之一圆则比较困难。主要难题要么出现在很不规则（特别是弯曲）的街道，要么出现在结构清晰但要素不清晰的街道。

这在其他文化中可能有所不同，因为认知地图是物质环境、认知风格和社会文化交融的产物。在黎巴嫩，城市是有特色的地区，而不是单个的要素或路径被突出（Gulick 1963）。这反映了传统穆斯林城市的本质，它是一组特殊地区——种族、宗教、贸易或使用，甚至那些在其他文化中是建筑的要素，也变成了小地区（如露天剧场和清真寺）（Brown 1973；Weulersse 1934）。就使用、活动和社会价值而言，地区在感知和形态上的独特性（即它们之间明显的差异）变得很重要。

与西方根据路径和点构建城市图式不同，它更多地是根据区域来构建的（日本的情况更是如此）——这是不同认知风格的一个例子，尽管这种差异可能由不同的城市环境造成（Rapoport，1976）。同样在墨西哥，邻里关系在城市的生活和形态中极其重要。当人们将阿兹特克城市及其石灰土与当代墨西哥城市比较时，会惊人地发现这种模式的持续性。像特拉亚卡潘这样的小镇，其中心广场设有城镇教堂，城市分为四个区和 26 个街区，每个街区都有自己的教堂，每个街区代表同族（父系氏族）群体，反映了复杂的社会以及认知空间和时间类别，其结构与特诺奇蒂特兰的结构非常相似（例如：Ingham 1971）。

这个城市结构不仅反映了认知分类，而且在圣克里斯托瓦尔的心理地图中占据主导地位（Wood 1969）。在那里，中心广场是最重要的，是城镇中心的象征，并且路线结构、各种用途和阶层与它相关。与房子（天井周围的房间）、邻里社区（当地广场周围的房子）和城市（主广场周围的邻里）相关的复杂规则体系有着极端的认知一致性，强调与上述中美洲传统的联系，并通过宗教得到加强——家庭祭坛、社区教堂、城市大教堂。每个社区都是独特的，有不同的特点和个性、街道名字、特定的功能或工艺，它们在色彩、声音、气味和形态上也各不相同。

当我们将它与阿拉伯案例联系起来考虑，就更有启发性了。在这里，城市图式作为一系列的小型场所，受到文化（以及城市中的亚文化，我没有讨论过，但它们显示了认知地图的多样性和不重叠性）的影响；在使用不同感官模式时，多种不同线索保持一致的重要性；还有一个相符的系统。

形态和比例的影响可以通过对比圣克里斯托瓦尔和其他墨西哥城市的心理地图得出（Stea and Wood 1971）。这种差异也出现在城市不同的规模中，所以在英格兰，心理地图在大、中、小规模上均不一致（Porteous 1971）。城市认知图式包括很重要的文字和其他影响到地铁、天桥是否为心理上而非物质上抑制空间运动的材料，就像伯明翰的例子（Goodey and Lee，日期不详；Goodey et al. 1971）。中心区的认知地图也根据它们是来自"内部"（视觉层面很重要）还是来自"外部"而有所不同，这种情况下天际线变得很重要（Goodey et al. 1971，pp. 44，50）。

因此，人对城市的认知部分来自经历，而社会地位、角色、活动、友谊模式、位置和出行都会影响认知图式的程度和性质。因此，不同的人群有不同的心理地图，从很大到很小不等。以洛杉矶为例，社会联系最广泛的人能画出整个地区的大致地图，而其他人只有几个街区，即便是涉及的地区，其中还有很大的差距和空白（Orleans 1971）。

男性和女性对同一环境（一个社区）* 可能有不同的认知，因为他们在当地的活动模式、参与程度以及花费的时间不同——女性对当地区域的认知更宽泛。男性倾向于使用抽象的坐标系，而女性倾向于使用住宅作为基本参照点：男性比女性有一个更全面的模式，更依赖于点的细节（Orleans and Schmidt 1972）。这些差异可能部分源于认知风格，部分源于活动模式，因此我认为男性对整个城市地区有更广泛的了解。

如果以委内瑞拉圭亚那城的新城镇为例，心理地图中建筑（地标）的重要性似乎与其相对突出性、形态、可视性和意义有关。对建筑形态至关重要的是动势，即建筑物的体量、大小、形状、表皮、质量和环境。可视性的重点在于位置、视点强度（即有多少人看到它）。考虑视点的重要性——位置，主要在决策点的位置，即时性（与视线和视域的关系）；意义的重要性在于使用强度、使用的独特性和象征性（在大多数情况下，这些都是明显不同的方面）。物质使用和意义模式的一致性在认知图式中很重要，命名也是。图式由"拥有的"、使用的、可见的和传言的地带组成，不同的认知风格强调不同的元素和感觉形式，并以不同的方式组织它们，这在不同的群体之间有很大的差异。共同图式的缺乏状况是惊人的——这源于人口的非同质化，以及他们的认知规则随着快速的现代化进程变得混乱。有趣的是，在圭亚那城，与别处不同的是，社会底层有更广阔的图式，因为他们横贯城市寻找工作。

---

* 请注意，林奇（1960 年）处理的是物质环境的不同影响。

上层人的轨迹反而更受限，因为他们倾向于将自己限制在熟悉的领域中 [Appleyard 1969，1970（a），日期不详]。

因此，这种差异与基于使用、活动和社会联系的通用模型不同，它支持迄今为止的大部分论点。认知图式是存在的，并因人而异。这些图式往往基于人们的经验知识，还能反映认知风格的命名和分类。物质和非物质因素都囊括其中——环境特性、来自各种感官模式的线索、意义、价值观、文化、象征、偏好、活动、出行方式和社会联系，以便人们可以发现出行、娱乐、使用及其他图式（Wood 1969；Stea and Wood 1971）。就城市而言，以心理地图形式存在的图式具有清晰的空间表达。它们有动态的特定内容和组织，会随着时间和熟悉程度而变化。一种解释是，它们由许多在空间中分层排列的点组成，被距离分割，由方位关联。地图从某种方式来说是有界的，同时分割为其他有界区域。点与域是相连的，所以可以随意抵达，连接程度和分离强度是可变的 [Stea 1969（a），（b）]。

空间图式不仅在空间中定位人并控制人的行为，还对接收的信息进行组织和排序（Cox and Zannaras 1970；Von Uexkull 1957），充当过滤器并抵制变化。矛盾信息常被忽略，但当不协调的信息太多时，地图也会出现扭曲。* 图式依赖于分类的过程与名称，并且与特定地点、群体和符号的评价及偏好有关，所以行为与偏好结构和空间图式两者都有关。因此，心理地图既包含了位置和非位置属性，具有层次结构，又存在于从最大到最小范围内，从仅有耳闻到拥有“产权”的空间里。当人们身处大尺度环境或是陌生之地，一般会使用物质地图，此时认知地图尚未形成。当人们慢慢熟悉这个地方，相关信息会逐渐纳入认知地图。心理地图的不同比例不会自动合并，而是保持分离，并根据需要使用。

对一个地方的认识、评价与它如何放置在心理地图之间是相关的。认知地图与价值观、偏好和其他知识结合，构成主要意象，匹配想法和现实，并影响行为。例如在一个购物中心，发现意象由 2 个大类 8 个小类组成，一类与商店相关——涉及服务、质量、价格、购物时间和选择；另一类则关乎空间设计，涉及结构、行人活动、视觉外观和交通状况（Downs 1970）。还可能涉及其他方面，所以城市认知是复杂且多维的，有些元素更容易在脑海中形成印象，知识和评价也与交流的间接形式相关，因此信息往往指向家之所在（Goodey 1969）。间接和直接的信息都被使用，后者会涉及所有感官。

多种要素基于不同理由被筛选，形成心理地图，依据文化、环境、与受教育程度相关的个人属性，以及居住地、熟悉度、活动系统和出行方式等，分为不同的类别和图式。因此，心理地图需要时间来构建。从已知的地方到周围地区有一种溢出效应，因此随着地方变得更为人所知，其周围环境的知名度提高了。最重要的地方充当主要节点，将认知表征锚定在这些特定的点上 [Rapoport 1972（e）]。有人提出，路径连接着一级、二级、三级和次级节点（Briggs 1972）。随着大量新的信息涌入，地方和路径的核心框架得以修改，并且与特定活动系统相关。每个城市都有面向大多数人的主要公共场所，人们会在此添加独特的要

---

* 图式改变与科学中“范式转变”的类比是惊人的（例如：Kuhn 1965），与博丁（1965）关于意象的一般论点相似。

素，但是在每种文化或每个场所里，一致性共识都比争议多。因此，心理地图包括面、线、点的位置以及一致、重叠和变化的要素。

心理地图可以分为序列式的或空间的，每类都有不同程度的阐述 [Appleyard 1970（a）]。一般来说，地图分为三大类——第一类是关联性的，基于功能、社会或物质特征的分化、联系和模式；第二类是拓扑性的，基于运动和特征的连续性及结合点；第三类是位置性的，强调空间布局、方向和距离 [Appleyard 1970（a），pp. 114-116]。从未分化的具体自我中心到分化和部分协调，再到抽象协调和层次整合，都存在发展差异（G. Moore 1972，1973）。这些差异也可能存在于空间关系（拓扑的、投射的和欧氏几何的）、表征模式、参照系统（以自我为中心、固定的和协调的）和地形表现方面（路线和测量）（Hart and Moore 1971）。还有一些基于社会角色、正规教育和环境经验的不同，形成了同位地图（点的相对位置可能不准确）或命题式地图（有正确的地理定位）（Stea and Taphanel，日期不详）。

心理地图的特征与意象和图式的紧密对应，强化了“前者是后者的特例”这一说法。就第 1 章（Boulding 1956）讨论的意象类型而言，我们可以说，心理地图虽然主要关乎空间，但它涉及时间的、关联的、自我投射的、价值、情绪的 / 情感的、有意识的、无意识的和潜意识的、真实和想象的、公共 / 私人的维度，以上这些共同作用形成了特定的地图。正如意象和图式，心理地图通常是被简化的，因为它的功能之一就是帮助信息处理（见第 4 章）。它们帮助人们应对物质环境，充当记忆装置，促成常规化行为。

将城市理解成一系列确定的场所，组织和联系起来，形成某种结构。因此在空间图式的研究中，人们对要素的本质及其关系、是否形成域、怎样划定边界、关联或分隔都感兴趣。人们也关心这种图式的稳定性和持久性、所涉及的等级性质及其与社会、文化、心理和其他类似因素的关系，以及构建地图的总体方式。

心理地图的构建

前面的大部分讨论表明，学习在心理地图的构建中起着一定的作用。需要理解这个过程，考虑它和设计之间的相互关系。

经验和学习会影响信息的结构和简化。通过探索或试错来学习，会逐渐导致刻板行为或习惯的发展，从而减缓进一步的学习。像人一样，动物似乎既有长期记忆，又有短期记忆，通过经验、试错甚至模仿来学习，了解它们的领地和轨迹。在这种学习中，动物需要识别大量不同的地标，因此黄蜂会以盘旋飞行记忆周围环境，当地标清晰、易识别时，大黄蜂只绕一圈；而当地标模糊时，大黄蜂则要绕几圈（Eibl-Eibesfeld，1970，pp. 220，363-380）。

这种学习似乎是基于与一些显著特征的联系，以及对关键刺激的先天辨别能力，并且这种辨别力通过学习变得更加有效。另外，动物知道它们的 Umwelt（德语：客观世界）能够处理诸如“直”和“曲”等抽象概念，人和动物在已知区域、路径和活动空间的相似性是惊人的（Leyhausen 1970，pp.185-186）。皮亚杰和他的同事已经确定了有关儿童空间概念发展的四个主要阶段——感觉运动，基于建立初始关系的行为；具有基本转换和逐渐内化行为的前运算时期；一个可以逆转的具体操作阶段；抽象系统发展的正式操作阶段。这些首先导致拓扑性质的发展，随后是投射性质，最后是带有度量的欧氏几何性质，并且与坐标系有关（Piaget 1954；Piaget and Inhelder 1962；G. Moore 1972，1973；Hart and Moore 1971）。

也有说法称，人们通常表现得像"科学家"一样，检验对环境的假说（Kelly 1955）。心理地图可视为假设，其检测过程显然涉及学习，所以不一致的数据可能被最早拒绝，但它们最终会纳入经过详细阐述和修改的图式中。哪些属性是相互关联的，如何关联是重要的，学习改变的不是人们看到什么，而是人们往哪里看，并如何记忆他们所见到的东西（Hochberg 1968）——换句话说，图式在一定程度上是帮助记忆的手段，所以群体间的差异可能与学习有关 [Seagrim 1967—1968；Rapoport 1972（e）]。人们构建认知图式的方式可能有隐性规则，有特定文化的差异。这些规则可能存在于逻辑和推理的心理过程、相似性、使用或闭合和"好的完形"简化过程的关系结构中（例如：de Jonge 1962，p. 276）。

图式随时间构建，与个体在城市中的经历有关，自然也与阶层、文化、地点、活动模式和出行行为等变量有关。这似乎同时是一个简化和细化的过程（例如：Wallace 1965）。

我们已经讨论了与环境学习相关的不同学习模式——概念识别模式（在其中，线索被用于空间定位并作为心理地图的焦点）、与偏好和城市等级相关的刺激排序模式（例如：Golledge 1969）和个体建构理论（图式作为假设）（Kelly 1955）。它们可以图像化地概括为：包括真实的环境，以及创造、测试和修正感知环境的过程（图 3.6）。

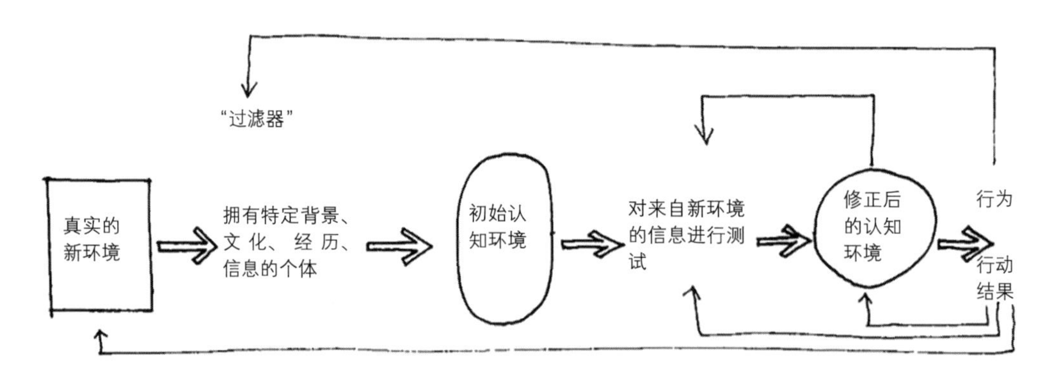

图 3.6　关于环境学习的一个模型

从认知上来说，构建空间图式和心理地图的过程是减少选择和缩小选择范围的一种方式（Craik 1970）。新的信息与现有图式相匹配——尽管这些图式在逐步修正（Neisser 1967），学习发生在认知结构和过程的发展中（Neisser 1968）。频繁使用、高价值和情感的地区是鲜活的，其意象和心理地图也在频繁更新。其他地区则被分为更宽泛和更模糊的类型。因此，城市心理地图既有非常清晰、详细且精确的地区，又有模糊、笼统、不精确的地区。由于大城市提供了大量信息，而人们处理信息的能力只增加了有限的一部分，所以这样的地图有助于信息处理。婴幼儿可以和成人一样注意到大多数信息，但无法处理它们（Bower 1966），处理能力是后天学习的——包括构建图式。

部分学习是可替代的，通过间接信息（例如，媒体、正规教育或文化适应），这不仅有助于构建心理地图，还有助于构建评估图式和行为准则。这些过程通过向直接经历可能迥然不同的个人呈现类似的图像和信息来施加统一的影响，允许他们调整自己的行为、部分偏好，并帮助他们处理没有直接经历的情况（Abrahamson 1966，pp. 19-20）。

因此，人们可以根据逐渐积累的信息对没有亲身经历过的场所产生明显的偏好。例如，在瑞典学生中，当地场所的信息比偏远地区更加详尽，但是基于新闻突出的重点，信息达到峰值 [Gould 1972（a）]。这些信息空间随着儿童的成长发展和完善，影响他们的心理地图，也被心理地图所影响。这个过程部分受到发展、文化和环境因素的影响。大范围认知地图的学习提供了一个图式，新的经验和行动可以在其中适应与整合。城市也会发生类似过程，因此孩子们能画出他们上学的路线图，并且逐渐处理更大的地区（Stea and Blaut 1971）。

认知地图作为一种结构，可以与认知地图的过程区分开来。这个过程是一个涉及各种感官形式的逐步建构过程，在环境中的主动运动增加了出自间接经验创造的图式的维度（Stea and Blaut 1970）。主动运动的重要性有助于解释，为什么已知和经历过的区域的图像和心理地图要比那些从替代性数据中获得的图像和心理地图更加鲜活和准确。

心理地图的构建与其他学习——态度、价值观和目标——一同进行，所有这些都会影响空间行为。就购物而言，最近移居到城市地区的人似乎经历了一个“漏斗式”的过程——随着学习，空间的可变性降低了。新来者尝试了许多商店，但选择的数量逐渐减少（Rogers 1970）。这个过程很可能概括为城市行为，具体细节因个人和群体而异。最初的图式会影响行为，并且本身被地点、生活方式、活动模式和其他变量不断改变（Horton and Reynolds 1971）。由于通勤者比临时旅行者拥有更详细的知识，似乎在每次旅行中都收集一些信息，尽管学习速度减慢，但这些信息会逐步积累起来。个人可能基于客观地图和其他信息建立起临时的心理地图，然后从使用和居住的地区对地图进行详细描绘（因此位置很重要），并且逐渐向外扩展。

关于旅行路线的影响，有三种假设是可能的。第一种假设是，新来者正在积极探索，试图了解他最初关注的主要节点之间的最佳路线应用。随着最佳路线的发现，它们的数量会逐渐减少。这将对应于上面讨论的购物中的漏斗式行为。第二种假设是，最初会使用基于道路地图的最简单和最明显的路线——依靠干线。渐渐地，学习各种捷径，比如各种日期和时间的最佳路线（根据交通或天气条件），以及前往各种特定地点的路线，随着时间的推移，会使用更多的路线，探索行为会在后期发生，而不是在初始阶段。在第三个假设中，这两个过程被结合起来——它可以通过两种方式发生：第一种方式，首先增加路线，然后消除不好的路线；第二种方式，探索之后先减少，然后再增加新的路线。图解如图 3.7：

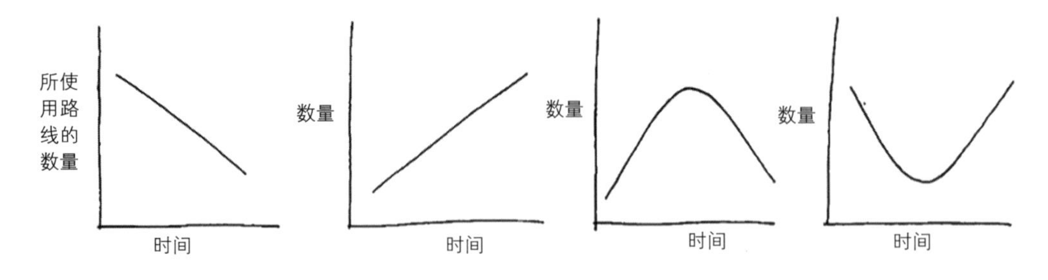

对出行行为的四种可能假设

图 3.7

探索行为也可能是一个永久的因素——人们偶尔会为了改变而改变路线，但这取决于时间因素（即紧急临界状态）以及价值观和态度。

我不知道有哪些研究对上述假说进行了调查取证。然而有证据表明，路线的选择，尤其是与工作旅行有关的选择，很快就被学习和惯例化，这符合第一个假说（Golledge，Brown and Williamson，日期不详）。就娱乐和其他自由旅行而言，以目的地为导向的旅行路线和分散的旅行路线都可能出现 [Mercer 1971（a），pp. 267-269；1971（b），pp. 140-141]。这表明了路线的选择可能根据不同的标准，取决于环境和一般的态度，所以时间、便捷度、距离、视野、复杂性、噪声水平、速度和小气候都可能发挥作用。工作和娱乐休闲行为间的区别，以及紧急状况下影响学习的一般可能性 [Rapoport 1969（a），pp. 58-60]，通过比较购物和娱乐得到证实（Murphy 1969）。

态度通常比购物更影响自由选择的活动，距离对必要的活动比自由选择的活动影响更大。信息的确定性也很重要，因此，人们准备旅行的距离和时间将取决于心理地图的确定性。当把一个刺激物视为有吸引力时，距离就不再是问题，态度影响空间行为和空间学习，而空间学习通过常规和习惯减少了选择，同时，态度和偏好结构本身可能被修改。购物的潜在功能可能起作用，以至于漏斗式学习（Rogers 1970）会受到这些象征性因素的影响。那些把吃饭和做饭当作娱乐的人可能前往更多、更分散的商店，而态度也将发挥更大的作用。这样的人在他们的信息空间中会保有更多的商店、不同的搜索模式，以及评价距离和吸引力的不同标准。了解哪些商店可用仍将发挥作用，对特殊食物来源的搜索会影响他们对城市的心理地图——地区和路线的认识。

学习常常倾向于通过建立习惯稳定空间行为。习惯影响行为和心理地图，因为空间知识作为行为的结果被编入心理地图。基于先验知识的期待会影响最初行为，所以使用某物的愿望最先出现，随后是对空间位置的认知，以及找到它的能力，最后是行为。这种行为或多或少成为习惯，进而影响心理地图，而心理地图又通过编码在心理地图中的信息、附加在心理地图上的价值（吸引或排斥的强度）、对障碍或路径的评估等影响进一步的行为。习惯形成本身与规则、生活方式、认知风格——即文化相关。文化在诸如人们生活的方式和地点、做什么等方面以及网络、家庭和活动系统范围内均起着重要作用（第 5 章）。而这些因素与特定环境和人们使用或拒用地区的相互作用（例如：Lamy 1967；Doughty 1970；Prokop 1967）都影响了心理地图的构建（图 3.8）。

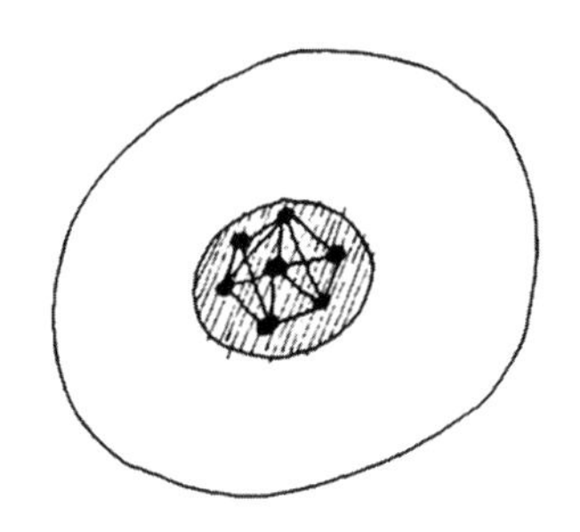
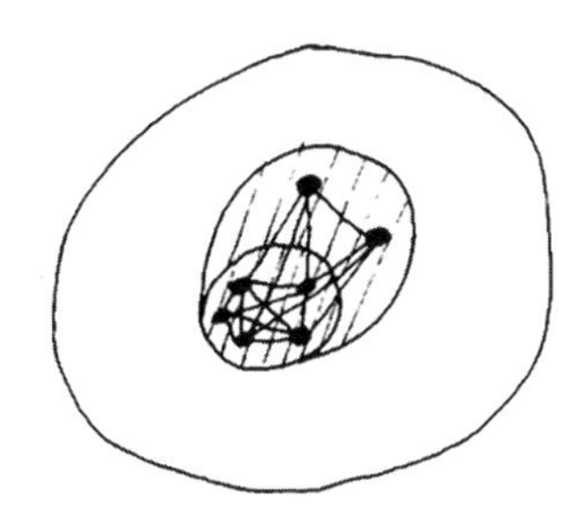
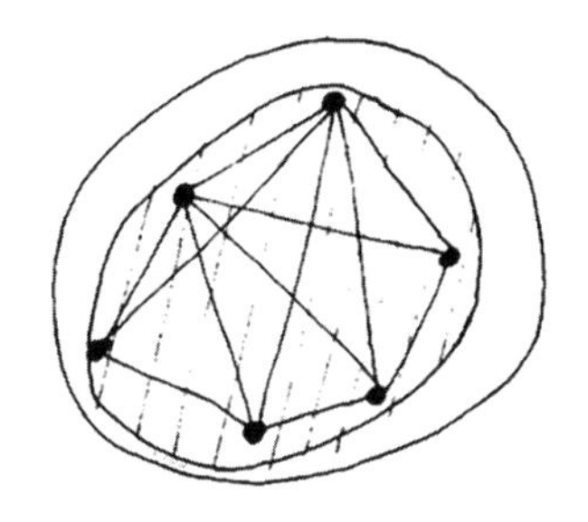

图 3.8　学习是与活动地点、使用路线、出行模式、行为空间范围等相关的图式的逐步构建。这些差异是由位置、习惯、活动模式等方面的区别造成的

环境学习包括学习场所的位置和连接它们的路径（Tolman 1948），与环境的积极互动是至关重要的（Held and Heim 1968；Piaget 1954；Stea and Blaut 1970）。认知表征随时间建立，它们变得更加复杂和准确，由场所、距离和关系组成。一旦知道了许多场所和去往那里的方式，就会根据重要性和互动的频率对它们进行分级排序。这些场所和路径可以分为主要的、次要的、三级的和最次级的（Briggs 1972）。高价值的场所是众所周知的，并位于著名的地区——更高等级的场所对次于它的场所有一种外溢效应。地点通过多种方式互相关联和协调，包括接近、分离、分散或聚集和定向。最初，一个场所和道路的骨骼网络是基于重要的居住、工作、娱乐场所和活动建立起来的，并通过不断地添加信息、调整位置和关系来修正，直到实现一个相对真实的，或至少满足于操作的图式，然后保持相对稳定，图式就构建好了。在快速变化的城市中，这种模式可能再次变得不充分，这对发展中国家的人（Rapoport 1974）或老年人 [Rapoport 1973（d）] 来说是一个特别的问题，对他们而言，重建图式可能太难。

定位要素的过程是一个识别要素的过程，这些要素最初松散地联系在一起，然后逐渐变得更加紧密。最熟悉和最重要的地方被当作参考点，这些参考点与有边界的已知区域相关。已知区域的范围和参考点的选择部分取决于文化、年龄、性别、生活方式、阶层、活动模式，部分取决于物质环境，并且在这些区域中，其他参考点和场所通过距离、方位、路径和障碍（物质、社会或抽象的）进行定位和联系。各种参考点和区域彼此相关——通过一个抽象的坐标系统或道路模式来确定。新的场所以类似的方式与最近的参考点相关联。有些部分是精确详细的，有些则相差很多：经常使用的地区相较于远距离和相对统一的模糊的远方而言，能更清楚、更强烈地识别出来（Eyles 1969；Abler，Adams and Gould 1971，p. 218）。在已知区域的坐标系统（无论抽象与否）比在其他区域的坐标系统更准确，进一步扭曲了参考点的关系和位置（尽管必须实现封闭性和连续性，以保证人们有更充分的行为）。

这意味着认知地图的某些部分比其他部分更加真实，在城市的陌生地区，人们使用非常少的信息进行推断 [Appleyard 1970（b），p.99]（图 3.9）。

正如我们将看到的，在坐标系中存在文化和环境的差异。另外，网格的不连续性或变化（正如在旧金山的市场街，人们假定美国西部有一个统一的网格）会影响心理地图，可能是不准确的，并会误导人们。波士顿大众公园亦是如此，虽然在一个不规则的网格内，但常被认为是矩形而不是五边形，从而造成方向混乱。

鉴于坐标系统和道路模式之间可能存在的联系，至少在西方文化中，已知的区域和参考点很可能经常通过路径相互关联，因此，坐标系统基于路径系统的简化和认知的规律，逐渐建立起一个网络（图 3.10）。

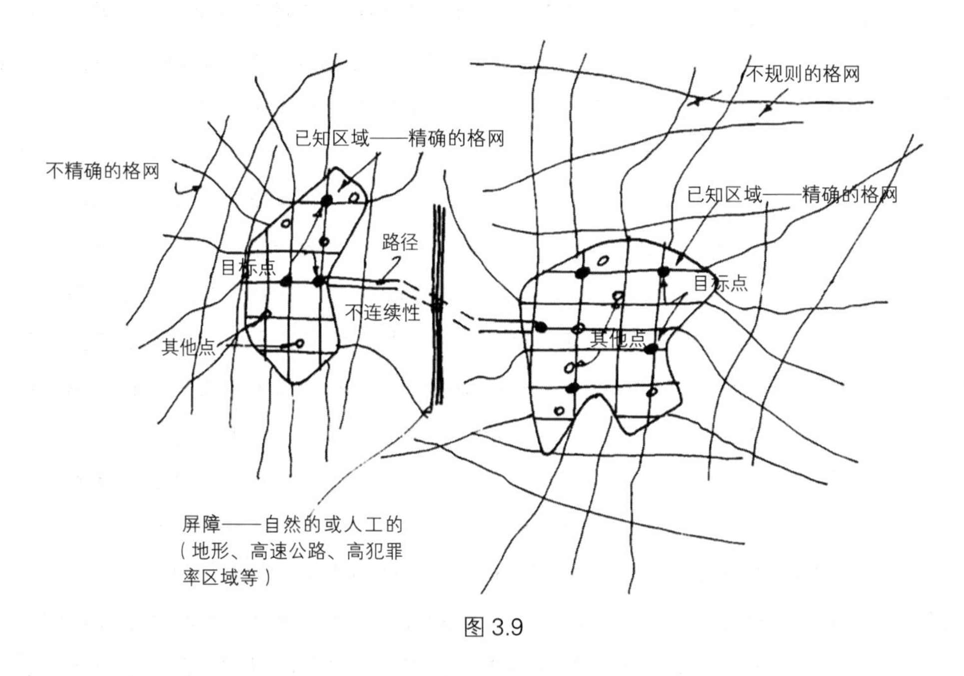

图 3.9

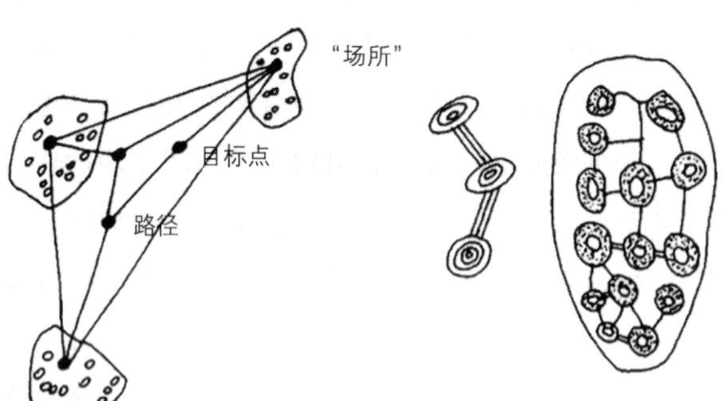

城市心理地图的图示，展示出了连接起已知区域与目标点的路径

原住民（Yiwara）的设计表达了他们的“心理地图”——用于标记已知神圣场所（目标点）与轨迹（路径）的传统记忆术
[Rapoport 1972（e）；基于：Gould 1969]

图 3.10

虽然提出了坐标系统和道路系统（至少是含蓄地提出），但作为替代方案，二者很相似并且都在使用。道路的作用和沿路区域的早期学习似乎很明显，就像是在道路系统上强加了一个概念性的坐标系，尽管后者取决于文化因素，如美国西部使用网格和街区编号，但在美国东部却没有，而且还有环境变量。

对比巴黎经验丰富的出租车司机和新手司机，发现所有人都使用主要的道路网络，并且这些网络是完全正确的。这种网络地图可以通过两种方式构建：使用方向、角度和三角测量，或者通过与整体坐标框架的联系。二者似乎都使用了可能占主导地位的坐标系。二级网络的使用很少，效率很低，而且心理地图也不真实和连续，主要区别在于有经验的司机能够更快地回到干道网络。学习效应也存在于心理地图中，因此有经验司机的干道网络比新手更广泛、更密集。干道网络中的十字路口很重要，行程中，每个十字路口（决策点）的方向都与心理地图中的目的地达到最大程度的叠合。次级网络的使用是策略而不是计划，以实现回到干道网络的目标。人们不会记住次级网络，但能识别它。有角度的都被拉直，而曲线在巴黎很少见，因而得以保留，这可以证明干道网络的构建运用了格式塔原则。一般来说，在这种简化过程中，平缓的曲线和方向的变化似乎不如清晰的、突然的变化那么明显和有用，后者帮助人们处理复杂的闭合（Lynch and Rivkin 1970）和连续性过程。

关于连续性有两种可能。一个是小的间断导致不连续，例如，居民区的小公园最有可能被遗忘，因为它们被更大的、连续的使用“吸收”了（Golledge 1970）。另一个我将在第 4 章中阐述，间断点作为某种特征的变化，成为一个明显的差异，因此是认知地图的重要元素。可以对这两种选择进行检验，但已经有一些证据支持后一种观点。在柏林，网格道路中的“异常现象”、空地和小“荒野”的重要性远远超出它们在整体环境中的面积占比，与其他重要的元素——纪念碑、以及行为和人类活动遗迹（Sieverts 1967，1969）一样，都是整体格局中的不连续因素，成为认知地图中明显的差异。同样，在波士顿，人们发现，虽然创造秩序感或连续性是一个主要目标，但在图式中，各种方式的间断被用作重要元素（Lynch and Rivkin 1970）。在更普遍的意义上，任何统一或均质属性的变化，如速率、方向、坡度、曲率、用途、网格或其他任何东西，都成为一种事件，因此可以记忆并用于认知图式中（Gibson 1968；Thiel 1970，p. 596）。

位置、与工作的关系、环境特征、象征性中心的方向，与社会经济和社会文化特征（如年龄、性别、教育、生活方式、生命周期阶段、职业、社交网络）一样发挥作用，这些特征通过认知方式、流动性、行为空间和活动系统起作用。人的活动空间（Hurst 1971）是地图构建的起点，这取决于地方对人的意义以及它们在人们的生活中扮演的角色（Jackson and Johnston 1974；Harrison and Sarre 1971；Lamy 1967），所以意义是认知的中心。

活动空间中有一个大家最熟悉的核心区域、一个偶尔经过的中间区域，以及一个只能间接推断出的活动外延区。它们的范围和性质明显地影响着已知城市的性质、心理地图，从而影响到进一步的行动和使用。小城镇儿童的认知地图比大城市儿童的范围更大、细节更多（Gump 1972；Wright 1968，1970），这与他们在小城镇更大的流动性有关 [Parr 1969（a）][部分原因是人员不足（R. Barker 1968；Bechtel 1970）]。

由于上班的路程首先是常规化的，所以人们很可能首先了解住所和工作地之间的联系，然后是购物、娱乐、交友和社会联系。具有紧密（空间受限）和广泛（无空间限制）网络的人会构建不同的心理地图，因此在爱荷华州的锡达拉皮兹，图式受到社会经济属性、位置、出行偏好、居住时间、城市环境的客观性质、所从事的实际活动以及所使用的坐标系统的影响（Horton and Reynolds 1971）。在客观结构和形式的基础上，基于亚群体的差异很重要。在学习过程中，居住和工作的地点、主要道路和购物中心都是非常重要的。

个体在城市中移动时，会学习并发展出一种或多或少独特但可推广的空间模式，并结合个人偏好和等级排序建立起认知地图。它包括了象征和意义维度，所以有些区域不仅是未知的，而且是应当主动回避的，因为不同的人群使用和回避不同的区域，他们的认知地图大小不同（E. Moore 1972，pp. 15 ff.），也有不同的空白点和不同的心理地图（Lamy 1967；Strauss 1961）。这些不仅影响个人的行为，而且通过文化涵化等方式传达给他人。因此，在搜索住房时，信息主要来自报纸、房地产中介和广告，而私人交流是第二种最常用但却最有效的方式（Brown and Holmes 1971）。

活动的空间范围似乎是一个关键因素，因此一般贫困群体易于产生有限的心理地图，正如我们在圭亚那城所看到的那样，然而这也并非绝对。因此，原住民儿童有限的机动性意味着他们很了解自己的核心区域，却很难产生“悉尼”这样的城市概念。只有逐步学习，使得幼童的心理地图包含一些对孩子们来说很重要的元素——家、学校、街角商店和公园——这些元素以感觉运动的方式联系在一起，一旦离开了习惯的路径，这些孩子就很容易迷路。

几乎整个小学时光，孩子们认知区域的内在要素构成和外在范围逐渐扩大。在这个特殊的案例中，它被大型铁路调车场和工业区所包围——也就是说，机动性障碍。由于原住民在这一区域内维持着一个紧密的社会网络，孩子们对这一区域的认知不断得到强化，对区域之外的知识则乏善可陈（Riley 1971）。由于更强的家庭机动性、更广泛的社会网络和更分散的娱乐模式，白人儿童的心理地图范围更广。与之相反，原住民儿童对家域地区的了解更为详尽。

这一观点被一个事实支持：孩子们所知的邻近地区以外的唯一地方是他们曾经访问过的原住民事务基金会。这就形成了另一种节点，由于这个节点位于市中心的边缘，可以让我们对这个区域的不同活动、电影、噪声、灯光和大型建筑有一些了解，虽然这种了解是模糊的，与家园地区清晰和详细的了解形成对比。研究发现，性别差异影响到学习效果、活动空间和要素意义。当男孩开始玩橄榄球时，他们会去那些可能不在熟悉区域的公园，有时以观众的身份前往家乡以东一英里左右的各种运动场，并了解更多球队的名字（这些球队是以悉尼的地理区域命名的，尽管他们不清楚这些地方的具体位置）。基于橄榄球，他们发展出一个象征性的概念，他们的家乡是南悉尼（当地球队的名字），而不是具体的地区名称，如红坊区、滑铁卢或亚历山大，家园的范围置于一个更大的环境中（Riley 1971）（图 3.11）。*

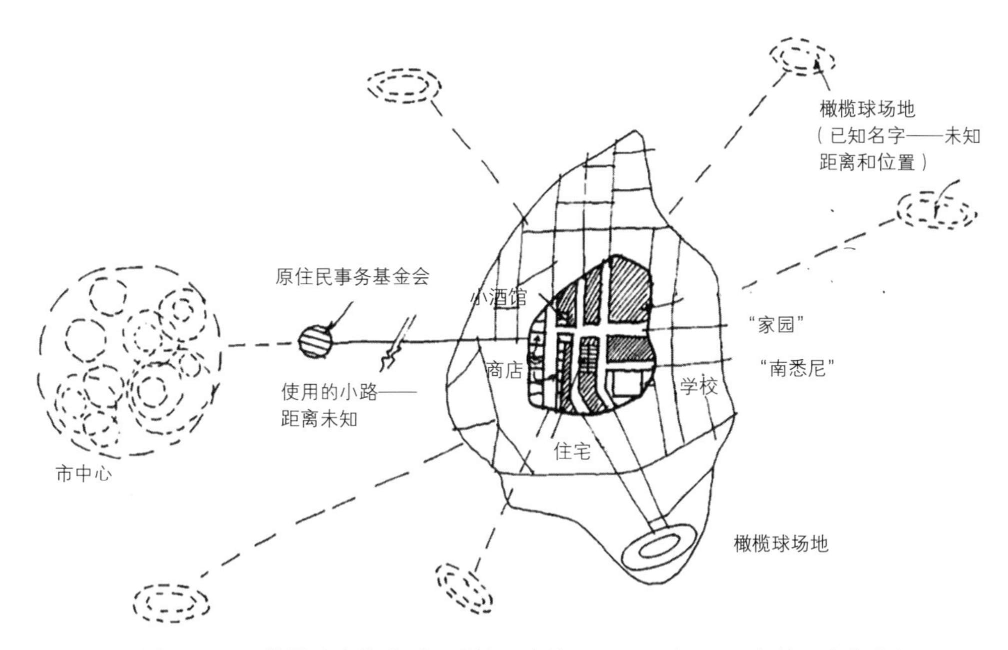

图 3.11 原住民孩童的典型心理地图（基于：Riley 在 1971 年的口头表述）

它证实了这样一种观点，即城市要素因实操、响应和推理而为人所知（并纳入地图中）。实操就像刚才描述的那样——与学校、家庭、社交网络、娱乐等活动相关——或者工作和其他活动系统。响应则更感性，与意义有关，而推理则涉及建立一个广义的系统，连接各种元素并使它们具有可预测性。

我曾多次提及，尽管间接数据比较重要，但穿越环境的行为在环境认知中却是最重要的（图 3.12）。因此，人们可能知道地方的名字而不知位置，或者未曾亲历其地而知相对位置。节点和路线可能清晰可辨，但边界和性质却可能模糊扭曲。例如，洛杉矶的高速路司机可能知道隧道、路线和名字，而未必清楚这些名字代表什么。在地面道路行驶的人们可能有迥异的心理地图，内含不同的细节和信息（图 3.13）。

积极活动对动物和孩子都是最重要的，所以他们不能被动地认识环境。对孩子来说，家校分离是很严重的，被动坐车而不是主动走路，前者造成的情感和图式的断裂尤甚 [Lee 1971（b）]。对前一个例子来说，认知出现断裂，部分是由于缺乏对出行活动的掌控，但也与出行方式有关。

这表明，出行的方式方法可能极大地影响认知地图的形成。交通导致各部分的可达性存在差异，在使用过程中，它不但改变我们的熟悉程度，还改变我们的使用偏好和相对层

* 橄榄球场地的重要性令人想起之前讨论过的利马巴里亚达斯（Doughty 1970）足球场地的重要性。

级。障碍类型、路线种类、到达方式、穿越距离、目之所及、活动参与程度，都与环境性质、认知类型和图式的形塑能力相互作用。

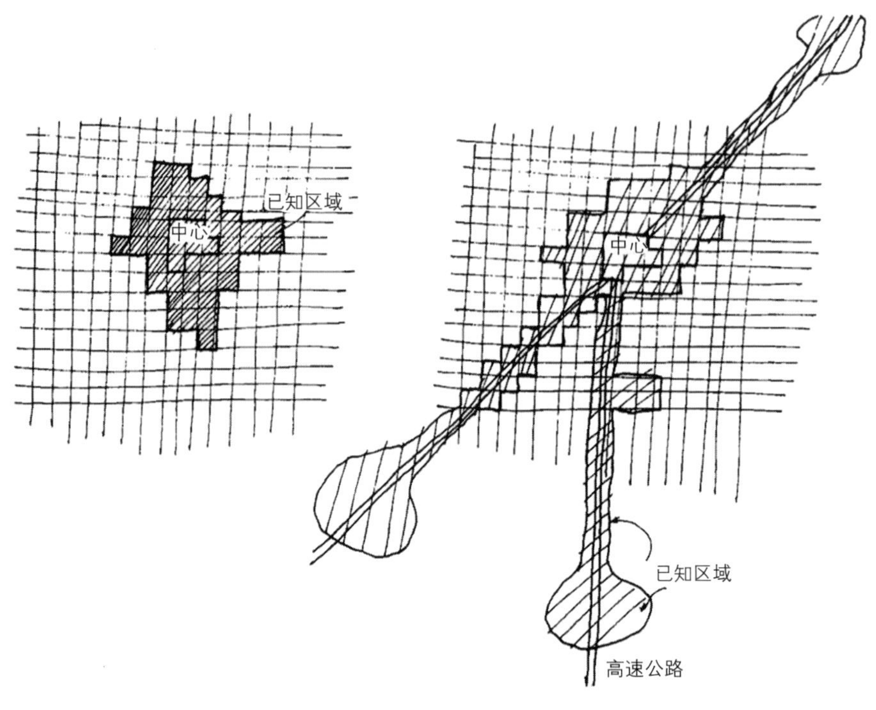

图 3.12

无论是靠左还是靠右行驶，改变视点和转弯点都会影响其所见，产生不同的体验，形成不同的认知地图。所以，出行方式一旦改变，那些为一种出行方式设计的城市可能变得难以理解。交通规则和特征——例如车辆的减速或加速，或者引入单行线——也可能产生类似的效果。在后一种情况下，实际可用的移动或行为空间大为减少（Haynes 1969）。因此，人们可能假设，把统一的街道网格替换为干线和高速公路，将产生通道效应，减少对城市的细节了解，同时扩大认知范围。

我们也可以假设，如果有更多的潜在路线，那么与路线有限时相比，通道效应会减弱（图 3.13）。

它得到了我们发现的空间扇形偏向理论的支持。这种偏向在实际案例中确实存在，并且似乎与交通干线有关。因此，一个住在 X 点的人知道图示的阴影区域，但对 Y 点却一无所知（Adams 1969）（图 3.14）。

所以城市人的心理地图受限于他们的地理位置和交通路线，直接形成空间扇形偏向理论，进一步影响空间行为。值得一提的是，我们的讨论来自娱乐购物等因素的理论归纳，类似的空间偏向也出现在社会地位等心理地图上 [Johnston 1971（b）]。

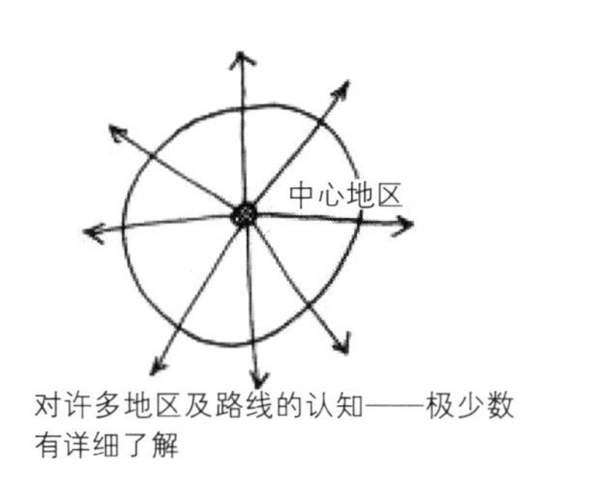

图 3.13

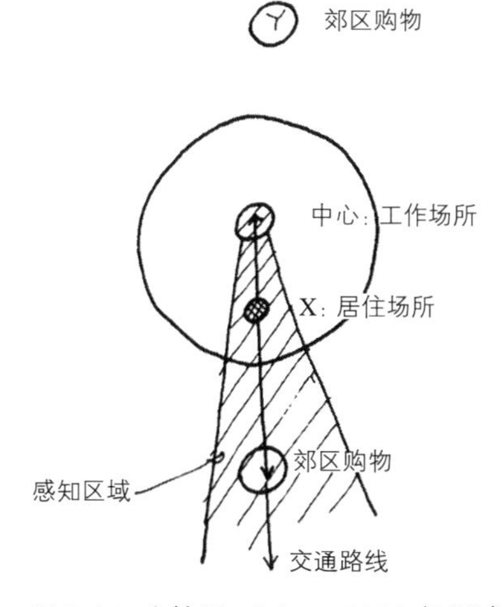

图 3.14　（基于：Adams1969 年所述）

影响心理地图的活动变量中不仅有位置和路线，还有交通与出行方式是间歇性的、频繁的或不频繁的区别。定期出行和间歇性出行的区别可以从迄今为止关于学习的作用和图式的逐步发展等讨论中预测。因此，频繁重复路线会影响到学习所需变量间的关联，而采用的路线多样性则影响对整体结构的了解程度和连通性。居民和出行者（Carr and Schissler 1969；Craik 1970）对地点的认知和评价变化证实了这一点（例如：Jackson 1957）。这是因为出行的频率和惯例、环境（工作或旅行）甚至行人在早晚高峰会有不同的表现，换句话说，上下班出行不同（Stilitz 1969），它往往由对城市心理地图的影响所证实，与我们不同的是，城市倾向于限制流动性——典型的穆斯林城市就是这样（例如：Brown 1973）。进入某一区域的方向也会影响认知地图，例如，乘坐汽车或火车进入芝加哥环线，就会产生不同的地图（Saarinen 1969）。

出行的方式——火车、公交车、地铁、汽车、自行车或步行——不仅影响路线，而且影响所观。因此在伯明翰，行人和司机，还有出行者和公交车司机，都有不同的城市图式（Goodey et al. 1971）。在悉尼，公交车乘客的环境认知力很弱。可感知的差异是重要因素，它们基本局限于旅途中的停靠点（站点或红绿灯——可能使人们探头看），并且易受交通状况的影响。关联要素也很重要，正确的区位要素随着出行的频率增长（Bartlett 1971）。在圭亚那，坐私家车出行的人与乘坐公交的人相比，有更完整的城市心理地图，大概是由于他们能够改变路线 [Appleyard 1970（a）]，另外还与直接体验、参与和控制有关，休斯敦的孩子也是这样（Maurer and Baxter 1972）。另一方面，开车强迫司机集中精神，所以乘客和司机会关注不同的东西，因此产生不同的图式（Carr and Schissler 1969），相比于乘客，司机使用更多的关于驾驶和交通安全的信息。

因此，司机的心理地图路线更清晰，但是环境内容和细节更少，而行人比司机拥有更丰富、完整的地方图式（Steinitz 1968）（尽管他们只知道有限的区域）。交通状况和出行速度都会造成影响，与处在忙碌街道的人相比，在安静街道居住的人，其认知地图更加丰富，因为交通阻碍环境认知（Appleyard and Lintell 1972，pp. 95-96）。较之普通道路，高速路要求精力更加集中，因为它包含更多复杂的提示。

可以说，走路、骑车、高速驾驶、公共交通（公交车、火车和地铁等），每一类都会产生迥异的心理地图，提供不同数量的信息，信息量多少取决于如下能力：改变出行顺序、停顿或观看、出行任务之外吸收信息的能力、观看取舍的能力，以及环境实际显示的多少。自行车可能提供了广度和深度的最佳结合。不同的文化群体可能强调不同的重点——有些关注街区内的步行网络，有些关注通往市中心的大范围活动系统（Coing 1966，pp. 178-181）。

有些特殊群体在阅读地图和时刻表方面存在困难，这给他们的城市生活增加了难度（Davis 1972）。因此，需要制定路线图，融合信息系统、交通路线和城市形态，还需要符合人们心理地图的建立方式（认知方式）。比如，既定路线上的站点位置应始终如一，但形式可以个性化；路线应当与城市环境、地标和方向等关联（Appleyard and Okamoto 1968）。交通干道则应与城市形态关联（Appleyard，Lynch and Meyer 1964），一般来说，交通的设计应帮助人们了解城市，并以认知的方式构建城市——让人们更容易地接触不同的地方，强调明显的差异和具有广泛意义的城市要素（例如：Carr 1970）。因此，不仅入口的方位很重要，而且看到的景观也很重要，所以，不同的入口（尤其是被不同的群体使用）应该展现不同的信息和线索（例如：Porteous 1970，pp. 138-139）。

城市形态、交通路线和移动速度彼此关联，所以在设计方面我们应该考虑，怎样的设计才更容易了解城市，更容易建立认知图式，与此同时，保留多样性——换言之，设计应该是认知清晰和感知丰富的。

定向

由于心理地图包括地方、地方之间的时空距离，以及整个关联系统，因此需要讨论三个主题——地方的定义（地方隐含着一个人在这里而不是在那里的知识）、主观距离和方向——下面先讨论定向。

对所有移动生物体（包括动物和人）的行为而言，定向极为重要和根本。它连接着生存和智慧（Lynch 1960; Hall 1966）。它很基础，且具文化多样性。它包括对“什么”与“哪里”（Lee 1969）的编码和分类，提供地方和距离构成系统中的方位关系，使环境的空间导航成为可能。

定向包括三个问题——在哪里、如何前往想去的地方、怎样知道已经到了。我们需要知道自己在大环境中的相对位置、这个环境的本质状况（要素、距离、方向、道路、阻碍和边界等之间的关系）。参与这一过程的有：认知和差异识别、信息系统（Carr 1973）、感知可及性、空间构型与认知风格、对可取与不可取的偏好和分类、重要性和显著性、距离或障碍以及它们的象征意义和路径探寻——选择的路径（Porter 1964; Garbrecht 1971）。

身体和心理地图涉及定向系统，并且有助于定向。它们的制造和使用是为了在空间中定位和利用环境——提高了环境的可预测性。在最简单的层面上，方向的给予很清楚——城市街区和地标可以用作距离和时间的估算依据。如果认知风格不一致，则可能导致误解。从设计师的角度来看，需要考虑类似问题——环境提供了何种导向，信息与特定的认知方式是否协调一致？

由于认知方式和分类有文化差异，定向系统也不同（Lynch 1960，Appendix A; Hallowell 1955; Lowenthal 1961; Rapoport 1976），需要考虑多种认知方式，这个坐标体系有很多种——例如，爱斯基摩人使用转弯的数字和形状，但对线性距离不感兴趣，主要关注时间距离，即旅行时间的长短（很像洛杉矶人）。提科皮恩人（Tikopians）甚至在日常生活中使用陆向和海向作为坐标体系。在图阿穆特斯（Tuamoutus），指南针的方向意味着风向，但地方的位置是根据它们与主要定居点的关系确定的。西方人在空间上比中国人或巴厘岛人更以自我为中心。我们倾向于根据自我来定位，而中国人无论室内和室外都使用基本方位，通常具有神奇色彩（例如，城市的南北方位观）。

在巴厘岛，指南针被大规模使用，迷失方向是很严重的事情。北部朝向神圣火山——阿贡火山的方向，所以随着人在岛上走，北会发生变化。在冰岛使用两种导向系统——一个当地的、一个全岛的（Haugen 1969）。空间体系和时间体系差别很大——例如，我们发现安达密斯的日历是嗅觉的（Lowenthal 1961，p. 220），拉斯卡萨斯（Wood 1969）有时间的声音和嗅觉导向，马恩哥（Panoff 1969）或印度普韦布洛（Ortiz 1972）的时间划分有别。很多复杂的导向系统因文化不同而不同。然而，它们的共同点是对特定元素的认知，以及与大环境图式概念的关系。人们之所以在沙漠或北极丢失，是因为无法识别环境特点。在同一片沙漠，原住民行走自如，因为他们注意到与环境关联的一些线索 [Rapoport 1972（e）]，爱斯基摩人能利用风、雪和味道的暗示（Carpenter et al. 1959; Carpenter 1973），而这些旁人都不会注意到。当然，这些差异和线索是认知的一方面，它们组成系统，可能是地理信息、宇宙系统（例如：Ohnuki-Tierney 1972; Wheatley 1969，1971）、社会系统（Ingham 1971）、朝圣的场所与制度（Sopher 1969; Vogt 1968）等。

认知系统有可能改变。这是由于文化的改变，就像非洲的方族，传统上是以河流为基础的心理地图框架（和方向）。然而，对年轻人来说，它变成了基于道路的系统；结果是，村庄 / 田地 / 灌木 / 河流的认知图式变成了道路 / 城镇，其重要性、优先权和组织度都大不相同。而且，很可能存在不同的心理地图和导向系统（Fernandez 1970）。环境改变也可能导致这种变化。自从拉贝特的街道改成了阿拉伯语，欧洲人就不再使用这些名称——空间已经变成了“蛮荒之地”，本地人使用一种改良的摩洛哥系统，依赖于地标和周围的道路系统 [Petonnet 1972（b）]。

摩洛哥人通常不使用抽象的空间图式，而是依赖已知的区域。一旦离开已知区域，人们就成了无头苍蝇，只能求助别人。神圣的东方感一直保留着，去往任何地方都是多路径，所以，连接某地点的多个方向中只会表现主要方向；间接路线中优先表现笔直的路，这似乎与不同的时间观念相关——简言之，时空相连 [Petonnet 1972（b）]。

一个类似的例子是西方和日本城市不同的组织。西方的系统是线和点的体系，在某种程度上，它被认为是一个普遍系统（Cherry 1957）。为了找到一所房子，人们沿线排列并定位依序组织的点。然而，日本的城市则是一系列规模相似的地块，在每个地块的路口都会看到信息。地块内按建造的时间顺序编号，所以很多房子可能有一样的号码，由一个小的指示箱提供信息（图 3.15）。

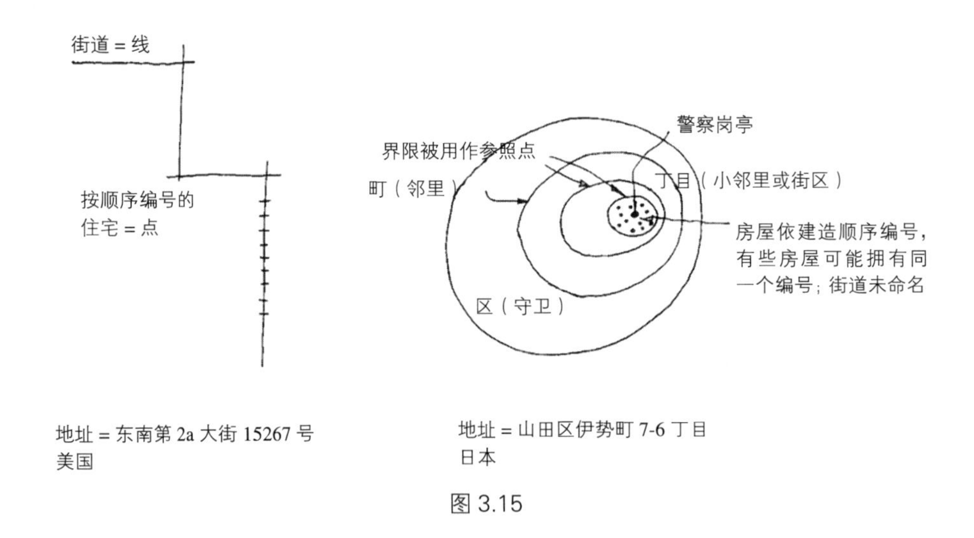

图 3.15

公元 800 年（京都）从中国引进了点线系统，1960 年东京奥运会之前曾试图重新引入它，然而，日本本土地域系统一直存在，并且似乎与日本设计中间隔的重要性所表达的认知风格有关。

在我们自己的文化中，年轻人和老年人在定向系统上也有类似的区别，这种情况下存在感官差异（DeLong 1967）。错误的系统和无法使用所提供的线索会导致那些习惯了别人的人迷失方向。这些系统对某些规划决策有着不同的敏感性。摩洛哥或日本的系统（以及老年人的系统）对变化、重要点和区域的消失或剧烈变化更为敏感，而在更普遍化的点线系统中，具体元素的重要性则不那么明显。区别可能是基于认识的静态传统系统与基于变化和过程的系统 [例如：Kouwenhoeven 1961；Jackson 1966（a），1972]——和本质上是陌生人的人。

所有这些系统都可以说是极端的、以种族为中心的。美国人认为他们的体系比日本人更清晰、更有逻辑性，甚至比英国人更有逻辑性，因为英国人的房屋通常是命名而不是编号的。然而，在法国，人们认为美国的体系令人困惑，主要是因为它缺乏明确的等级制度——结果是缺乏可感知的秩序（Michel 1965）。

这种差异可能源自环境特征（和个人的活动和经验）或空间习惯（后天习得或与生俱来的）。例如，美国威斯康星州密尔沃基市和北卡罗来纳州夏洛特（典型的中西部和东海岸城市）使用不同的定向系统。密尔沃基使用网格、编号街区和基本方向而后者更加普遍，甚至在建筑物内部使用。指示如下：向西走 X 个街区或几英里，向左拐；向南走 Y 个街区，向右拐；向西走 2 个街区。地址是街西 1234 号。在夏洛特，由于地形和弯曲的街道模式，定向是先到命名区域，再到这些区域内的地标（如购物中心或教堂），然后是十字路口和很少的街区（Rapoport，1976）（图 3.16）。

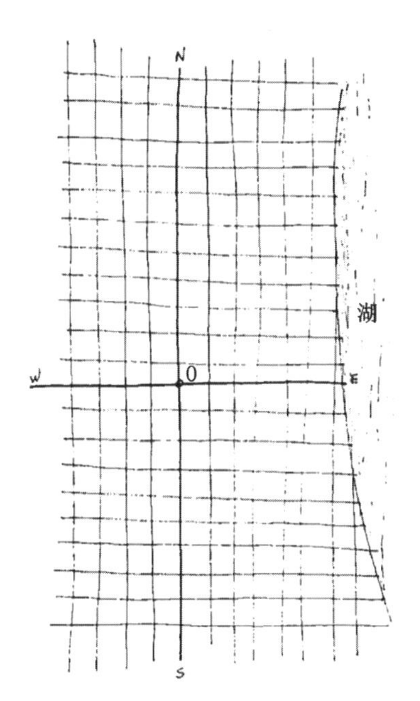

威斯康星州的密尔沃基市——典型的格网式路网，由原点开始编号，拥有极少命名的街区

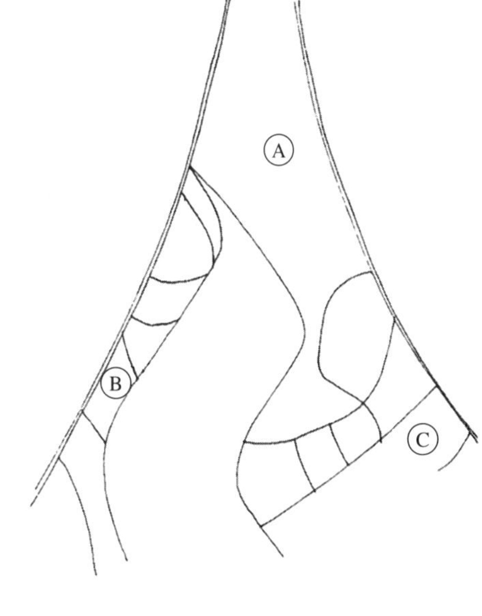

北卡罗来纳州的夏洛特市——典型的自由路网，拥有许多命名的区域（例如 A、B、C）

图 3.16

同样地，内布拉斯加州林肯并未把国会大厦作为地标使用，只有 3 ~ 4 个通过空间特征命名的区域。主要分为 0 街以北和 0 街以南，以南令人向往，以北则不受欢迎。0 街是

城市定位的主要因素，99% 的人认同将（东西方向上的）0 街和（南北方向上的）第 10 街与第 11 街之间围合的空间作为城市的中心。*

在一个迥然不同的背景下，有人提出，以自我为中心的空间关系与导向有关，而更抽象的空间关系与可视化形象有关。因此，定位和视觉是有区别的，空间能力有三个因素——空间关系和定向、视觉和动觉表象（Guildford et al. 1957；Stringer 1971）。在某些情况下，受动觉表象影响的以自我为中心的位置和定位系统更重要，而在其他情况下，空间可视化形象更重要。在纽约，虽然很容易知道罗盘的方向，但使用的是住宅区、商业区和跨城区的系统。即使在直接经历的环境中，定向也是可变的，但在不能立即看到或理解的更大的环境中，定向更依赖于认知图式（Trowbridge 1913），因此就需要使用更抽象的系统（例如：Ryan and Ryan 1940）。更普遍地说，这两种系统——以自我为中心的和抽象的——被描述为所有生命体的特征（Trowbridge 1913），比如，区分洛杉矶的（Orleans and Schmidt 1972），还有购物中心（Baers 1966）的男性和女性。定向之所以成为可能，是因为环境以及人们与环境的互动是可预测的，而这种可预测性和秩序是在认知上强制的。在文化差异的基础上，推理和认知过程似乎存在着恒常性和规律性（就像在大量语言的基础上存在着特定的语言规则一样）。人类大脑可能有一种特殊的定位机制，它使用的是依赖于轨迹、运动、大小、质地和数量的模拟系统，并且超越了意识的运作，该观点强化了这种可能性（Kaplan 1970）。

可预测性与冗余相关，即意义、位置、突出性、象征价值、显著性、使用、活动等的一致性，有效的城市导向线索可以减少信息过载（Deutch 1971，pp. 225-226）。

问题通常是使用哪种特征和什么坐标系。一般来说，这方面的研究很少，特别是在地理和城市尺度上（例如：Howard and Templeton 1966）。然而，似乎已经很清楚的是，线索是多感官的，坐标系统是多元文化的，而心理地图随着时间推移而建立，这已经讨论过了。

很明显人们使用环境特征来定位——即使是在小范围内。在穿过圣马可广场的时候，威尼斯人并不会如人们期望的那样选择最短的路径（对角线），而是在路灯柱之间移动——也就是使用导航地标（Hass 1970，p. 81）。类似地，人们在建筑中导航时，会使用一系列决策点，在这些决策点上，他们会期待相关信息（Best 1970，pp. 72-75），这些信息可能是标志物，也可能是环境和社会文化线索。在统一的环境中，行人会使用一系列决策点，但更倾向于沿着边界行走，而不是进入边界内的区域。这影响了方向，并与区域的定义有关，因为我们正在处理感知到的边界。一旦进入区域，目的地和格网即被使用（Garbrecht 1971），以接近感知到的最短距离（Porter 1964）。由于运动、心理地图和方向是相关的，寻路原则如感知最短距离、最少的努力、目的地的可见性、各种元素的意义和吸引力、路径的趣味性、感知的障碍或难度都会影响方向，环境不应该是高度统一的。

在讨论曼哈顿时，有人提出，在可达性最高的地方如果聚集的高层建筑和夹杂其间的

* 来自内布拉斯加大学地理系迈克尔·希尔（Michael Hill）先生和内布拉斯加大学市场学系 R. 米特尔施泰特（R. Mittelstaedt）教授的私人沟通。

低矮建筑缺乏对比，会降低特征，增加导向的难度。同样地，减少小型建筑、特色商店和餐馆，会降低地域的多样性，即使在较小规模上也会混淆方向（Regional Plan Ass'n 1969）。这既可以从正在讨论的原则中推导出来，又可以从行为路径应该连续而不是脱节的要求中推导出来。建筑和空间、节点和线路的独特模式有助于预测方向定位，尽管这一说法仍需要验证，因为位置和方向的强化能通过街道名称和个人图式得以实现，但设计可以帮助它得到进一步发展（例如：Burnette 1972）。此外，还需要考虑的是时间取向——对一天中的时间、季节变化和活动周期的清楚认识。

另外，不同的交通方式需要不同的定向系统和线索。高速公路可能产生问题，因为出口的方向往往与预期的目的地无关，所以人们会向左拐，然后向右拐。符号和感知之间会产生冲突，必须忽略后者。然而，为了创造一个连贯的城市交通路线和通道的方案，需要规划出清晰的城市结构，图像和其他信息应该与路线布局和城市形态相关。所有这些都需要与人们的定向系统和认知过程相一致——在一个多元化的城市可能变得困难（Appleyard 1968；Appleyard and Okamoto 1968；Davis 1972）。

定向会受到某些规划决策的干扰，例如改变单向交通系统（New Yorker 1969，p. 18），这就需要重组图式。当驾驶方式由左向右改变时，也会产生类似的效果。广泛使用的地标消失导致迷路，对地铁的依赖也会导致同样的结果，因为地铁无法给出车站之间位置的线索，无法告诉人们车站的出口在哪里，会突然把人扔到一个区域的中间。使用高速公路的人也许能在大都市地区找到方向，但在不了解的小地方却会迷失方向。在洛杉矶这样的城市，高速公路结构和路牌成为重要的线索。在寻找进入高速公路的道路时，使用的线索是（按降序排列的）路牌、坡度变化、高速公路结构、典型的高速路设施、坡道、交通拥挤度、交通方向、交通信号、街道变窄和街道设计，而建筑物和开放空间则不重要（Jones 1972）。一旦采用了一个参照框架和规则系统，环境信息就会融入其中，如果缺乏一致性，那么问题就会出现，并因误读元素的层次、意义以及感官和社会线索而加剧。

活动也很重要。人们将自己定位在活动中心——拉丁美洲城市的广场、阿拉伯城市的特定区域、日本的购物和娱乐街道、印度南部的寺庙——并使用通往它们的道路。这些活动被指示周期性和节律的时间定向线索所强化。元素的重要性和可见性不仅通过位置、重要性和象征主义的一致性得到加强，还通过与文化规则有关的使用和认知图式（Rapoport，1976）、适当的感官线索和冗余得到加强。

因此，定向问题不仅是物理元素，而且是社会文化规则。迷路可能是因为信息不充分或错误，或者给定的元素是新的，未曾适应一个模式，或者是因为它与现有的模式不一致。举个例子，海沃德画廊刚建好的时候，人们很难在伦敦找到它，这是由画廊在南岸的位置不显眼（那里以前没有重要的建筑存在）、标识系统的缺陷、道路的复杂性和建筑不恰当的象征意义造成的（Sharply 1969）。

定向可以通过三种方式实现：

（1）通过识别连续性的拓扑结构。

（2）通过模式识别元素并将它们放置在参考框架中。

（3）通过定位——使用方向的清晰度和间距。

一般情况下，这三种方法要结合使用，具体的组合取决于所处的环境以及个人和群体的特点；所有这些都涉及模式的构建。在西雅图世博会的方案形成过程中，确定出入口和路线系统似乎是主要的定位活动之一。在更大的环境中进行定向，要考虑入口点的视野，为各子区域构建二级方案，同样遵循相同的过程。强烈的视觉元素用作地标，并且只有在路线上且包含在方案中的区域被人们参观过（Weiss and Boutourline 1962）。在城市和建筑中，定位都是基于之前的经验和习惯，如果现实与之不一致，就会导致迷失方向（例如：Bonnett 1965）。因此，购物中心的定向是与物质环境相关的，如入口，特别是如果揭示了整体布局和商店的个性特征，还有其他元素、标志、它们的位置和特点。购物者、目标和态度也影响着不同目的地的导向、闲逛者的比较，部分取决于时间导向。

综合考虑以上变化，导向使用四种主要方式（Baers 1966）：

（1）标识和语言帮助（询问）是最重要的，尽管标识系统经常被设计者忽略（例如：Best 1970；Appleyard 1968；Carr 1973）；它们在决策地点的位置、相对于视线水平的位置、清晰度和所提供的信息都很重要。

（2）在购物中心，人们很少使用识别地理位置的方法——可能因为人们故意使其混淆，以鼓励冲动购物。

（3）惯常行为模式通常在购物顺序、购物类型和对中心有限区域的使用方面都有体现，就像在城市里一样。

（4）地标也很重要，尽管它们的定义部分是主观的，其意义面向个人（即联想）。它们存在的有效性不仅仅取决于联想：

（a）在功能上与周边环境的对比，使它们得以脱颖而出（即功能重要性），或者在颜色、形式、大小、特色等方面有明显的感知差异。

（b）突出的位置与活动节点的关系。

（c）与一体化的道路系统关系。

其中也存在着性别差异——男性更依赖于实体地标，而女性则更多地依赖于商品及联想。在美国，大多数购物者都是女性，这在一定程度上是因为人们对女性比较熟悉，但另一个原因是男性更倾向于使用概念性、抽象的系统。因此，物理元素、标志、活动和商品被不同的群体差异化使用。

总的来说，这些与元素的显著差异、位置、活动的一致性、相对显著性和路径系统的关系有关，与城市描述的特征非常相似（例如：Appleyard 1969，1970，日期不详）。

最简单的购物中心定向最困难，而不是最复杂的购物中心，因为它们在各个方向上都是相同的，所以要用那些容易掌握的、表现明显差异和清晰的组织原则帮助定向。

可以将定向重申为一个过程，个人在空间和时间中定位，并且能够预测和利用环境。基于明显差异的（某种程度上是主观的），与突出、象征、意义、使用等相关的元素填充到某种参照系中。后者基于身体、语言、文化和认知标准，基于与路径系统相关的行动计划和活动模式，路径系统具有连接性，与边界和其他障碍相关。

地区的主观定义

在心理地图的重要组成部分中，地区在城市语境中是最重要的。如果“地方”意味着知道一个人是在“这里”而不是“那里”，那么“地方”的定义和“区域”的定义就涉及身份。国家显然不是铁板一块，由可识别的区域和城市组成。类似地，城市由区组成——社区、市中心区、剧院餐厅区、商业或工业区，区的命名各种各样，如左岸、SOHO、诺布山、西区、东区或北岸。

这些地区的定义对于理解城市形态、选择分析或设计的单元以及形成认知图式都很重要。然而，这些单元的意义并不明显——它们的定义是之前讨论过的认知分类过程的一部分，主观定义的地区是心理地图的重要组成部分。需要发现城市中心或社区的意义（正如我们所看到的，“城市”的定义是可变的）（例如：Davis 1969；Lapidus 1969；Wheatley 1971；Lewis 1965）。在过去，大多数这样的定义要么是任意的（例如，邻域单位），要么是基于“客观的”标准。人与环境研究的创新在于强调主观定义。主要关注的问题有三个：如何主观地定义地区，这些定义如何与“客观”或任意定义相关联，这些定义如何与城市和市民的物理、社会和文化特征相关联。

我不会回顾关于客观定义的大量文献。简单地说，这种定义取决于选择某些可衡量的特征，并利用这些特征确定哪些地区改变了性质。例如，在欧洲，中心区以零售贸易、土地价值、日间人口、企业种类、办公室数量、电话线路数量等（Urban Core and Inner City 1967）来定义。类似地，有大量的文献是关于我所谓的任意定义的，主要是关于社区的，关于人口规模和各种其他标准的长期争论基于一些理论（例如：Timms 1971；Johnston 1971）。

另一种方法是发现人们如何认知地定义地区和地点，以及所使用的标准。问题是人们如何以及何时认定，他们已经从一个地方到达了另一个地方——从城市到非城市，从市中心到非市中心，从“他们的”地区到“不是他们的”地区。例如，个人在判断从城市到非城市的过渡方面存在差异，但大家通常都是相当一致的（Clayton 1968）。从我们之前的讨论可以得出结论，社群间的差异性可能比社群内部的差异性更大，因此，在不同背景下，特别是当一个人将主观定义和其他定义联系起来时，就有可能对设计进行概括。

为了有效地比较这些不同的定义，人们需要采用不同的方法对同一个地方进行研究。从整体比较中仍然可以得出一些普遍结论。然而，我的压力在于主观定义，因为它鲜为人知，也因为行为主要与认知图式有关。

认知风格影响人们注意到的线索，影响人们如何对线索进行分类，并且主观地用它们定义地区。如果一组归类为相似的元素开始改变，那么问题是，在什么时候它变得明显不同，也就是说，这些元素在什么时候归类到另一类，边界在哪里（图 3.17）。

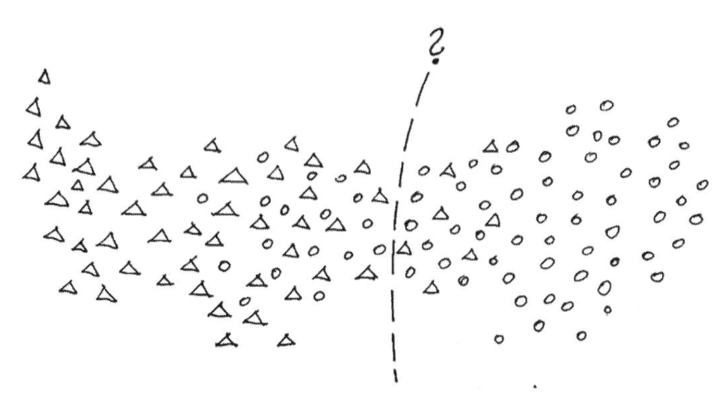

当人们注意到从一个地区转变为另一个地区时，
那个位置就是界线

图 3.17

我们讨论了边界区分的五种主要模式：感知的、功能的、情感的、名义的和法定的（Olver and Hornsby 1972）。在定义地区时，知觉品质（明显的外在差异）首先是感知质量（明显的外在差异），其次是情感（偏好、评价和对社会身份的判断）品质（社会认同的偏好、评价和判断）（Sanoff 1973；Duncan 1973），再次是使用各种规则和类型划定边界，即在两个或多个主观上不同的地区汇聚的地方确立其不连续性。线索的意义也发挥着作用。不仅要注意线索，还要理解它，而且在某些情况下还要遵守它。因此，网格城市中带有弯曲街道的居住区不仅可以通过明显的差异（如果被注意到的话）构成一个可定义的区域，而且可以彰显出某种特征。它还将提供安全，不仅从有形设施上阻止汽车，而且还表达出“禁止进入”的含义，使定向问题和心理地图的构建变得更加困难，导致人们迷路。与此同时，一些人可能故意无视所有这些暗示，以激怒居民。

我们将在第 4 章详细讨论可见不同的概念，这里列出来一些可能重要的地区定义：

复杂程度

城市纹理

规模和大小，建筑高度和密度 [例如：Rapoport 1975（b）]

颜色、材质、细节

人——语言、衣着、举止行为、社会地位

社会标识

活动水平

设施——商店、建筑；前 / 后院规则和街道

噪声

照明

人造的或自然的；植物、公园、栅栏

气味

日常维护和清洁

一般来说，这些区别构成了文化景观的概念（见第 6 章），主观的定义得到了明确的过渡及社会线索与感知线索一致性的帮助——除了划定物质边界外，还定义了社会边界（例如：Barth 1969）。

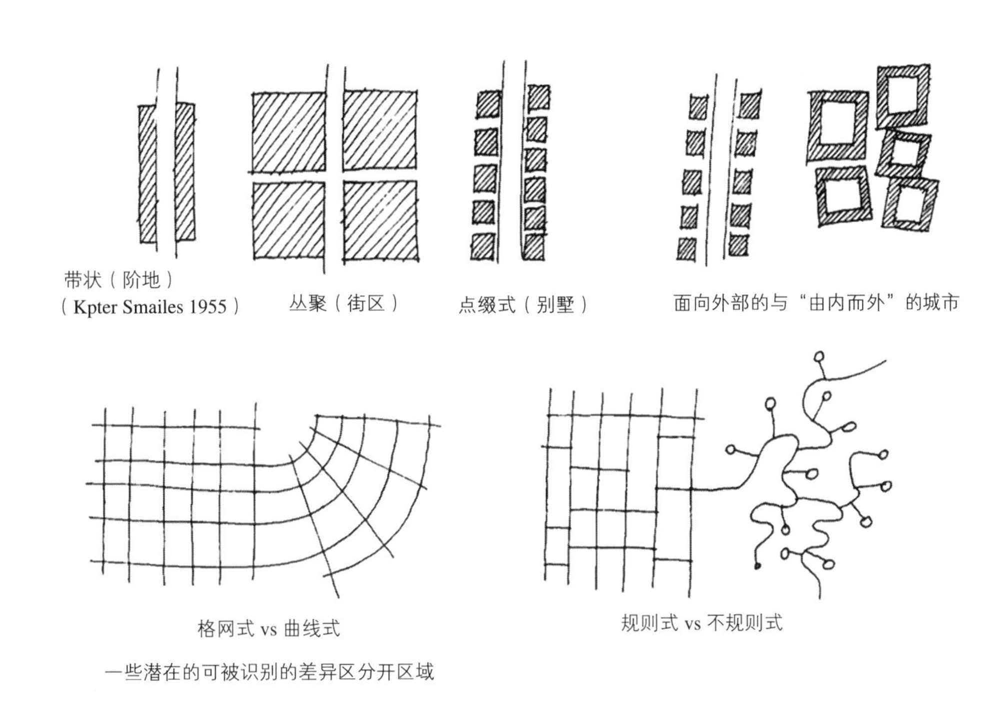

图 3.18

考虑一些例子。关于城市肌理，它显然就是实与虚的问题、建筑和空间的关系、街道的模式。有人认为，区别在于其形态是带状、点缀或丛聚（Smailes 1955）。这明显是主观判断，对于一个特定的人群来说，它们是否显而易见，是否用来区分不同的地区，是一个可以研究的问题（图 3.18）。

也有人提出，人们关注几个城市元素——全景、天际线或轮廓、城市空间或地点，以及运动的体验（Smailes 1955，pp. 108-109）。人们是否真正意识到这些是可以研究的，很可能不同的元素会用于内部认知，即在城市及其区域内，以及外部认知——在景观中的城市（Papageorgiou 1971；Goodey et al. 1971）。

考虑一些可能被普遍接受的城市地区非正式定义的例子（图 3.19）。在墨西哥城，从 1963 年开始，逐渐发展出一个叫作索娜罗莎的购物娱乐区。据我所知，这是从该地区的商人中非正式发展起来的，现在被用作广告，并绘制在导游和旅游文献中。它被描述为城市的主要购物和艺术展览区，约有 600 家机构（不包括酒店）。它占地 20 个街区，以南起义者大道、查普尔塔佩克大道和改革大道为界，第四个街区被称为瓦索维亚（Varsovia）、佛罗伦萨（Florencia）或其他名称，具体名称取决于旅游出版物。* 这很有趣，因为前三条都是大道，明显有别于该区域的其他路径，而且这三条大道以外的地区特征在社会性和物质性方面与大道之内有很大的区别。但第四条边在尺度和特征上都是整体中的一部分，所以边界更模糊。这个地区的定义得益于它的命名——索娜罗莎地区的所有街道都以欧洲城市的名字命名，而在其他地方则有所不同——除了第四条边。因此我们发现，一些主观的界限比其他的界限更清晰可辨——界限可能是清晰的、模糊的，或者可能形成梯度。

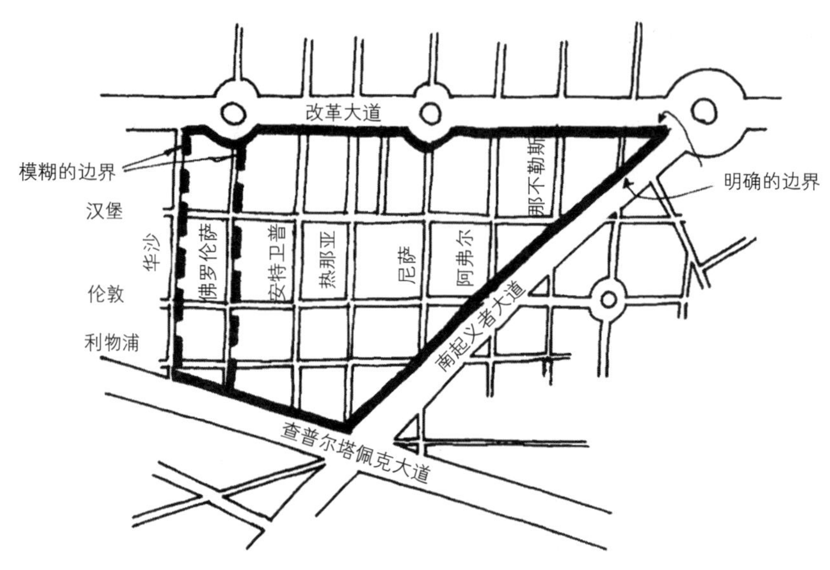

图 3.19 墨西哥城的索娜罗莎

定义的可变性一部分基于尺度。在校园的例子里，尽管存在着一些个体差异，总体上都很一致，但在芝加哥环线的案例中变化更大，部分原因与熟悉程度和使用强度以及如何进入有关。工作在环线内的人给出了更严格的附带细节的定义，而环线外的人给出了更宽泛的定义，更强调外在的地标（Saarinen 1969，pp. 15-18）（一个内部与外部认知对比的例子）。因此，可变性一部分基于那些影响认知图式的社会、文化和个人特征，与社会网络、家庭范围和活动系统、活动类型（例如：Lucas 1972）和熟悉度有关。

在迈阿密，古巴人居住区（哈巴纳奇卡）也出现在旅行指南中。虽然位置没有描述很准确，但重要的是它那独特的识别性特征（Levine 1974），包括音乐、男人们在咖啡摊周围的交谈和提供的咖啡、使用的语言、香料的香味、总体氛围、商店和餐馆里的食物、商店及其标志。

在纽约，一个新的“波希米亚”区（SOHO）可以与左岸、切尔西、北海滩或兰布拉斯区（每一个都存在定义上的问题）相媲美，同样被旅行指南所收录（图 3.20）。在这

---

* 使用瓦索维亚——《何处》（*Donde*）（墨西哥的去哪里 / 做什么杂志），1973 年 6 月，第 25 页；使用佛罗伦萨——《凝视者》（*The Gazer*）（墨西哥旅游周刊），第 1206 期，1973 年 6 月 29 日 ~ 7 月 3 日，地图第 47 页。

个案例中，使用的标准并不明确，但已经绘制了边界，而且这个名字据说是对其位置的描述——南休斯敦街（Marks 1973），尽管我怀疑这里暗示了其他的小型 SOHO 办公区。

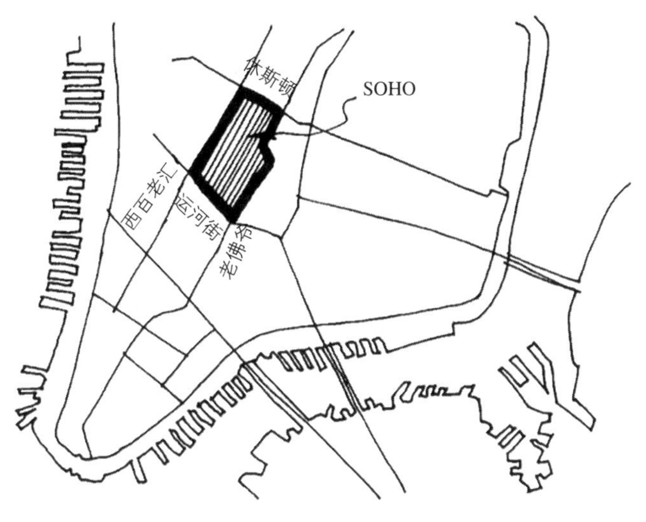

图 3.20 曼哈顿下城的“SOHO”区域

规划者的定义和其他人的定义之间存在着潜在冲突。考虑一个小的、街道大小的城区——曼哈顿第 42 街——它被描述为一个单一的单元，4 个街区宽，14 个街区长，从一条河到另一条河（《1969 年的区域规划》，pp.86-89）。它的定义是根据运动和活动的连续性及其作为一个整体的普遍印象。值得推敲的是，它是否在实际中被视为一个单元，因为基于活动和特征等，人们将它公平有效地划分为三个或四个单位——比如说从东河到麦迪逊，从麦迪逊到第五大道，从第五大道到时代广场（或第六大道），从时代广场到第八大道，然后到哈得孙河。我们需要发现它是如何被人们理解的，是一个线性地带还是一系列的地区？

犯罪的界限并没有被明确地划定，但居民们很清楚，从而影响他们的行为（Goodey 1969，p.41）。这种感知犯罪的认知地图应该比任何客观数据更能影响行为，因为它们代表了行为空间及其障碍。因此，在费城，人们的行为很大程度上受到他们对高犯罪率和低犯罪率地区认识的影响，在南北移动时将采取非常迂回的路线，以避免“高峰”和使用“谷地”[Gould 1972（a）]。更引人注目的是 L'Aurore 为有意来纽约的游客发布的一张安全地图，它显示了在任何时候都不安全的地区、夜间不安全的地区和相对安全的地区（图 3.21）（《纽约时报》，1971 年）。

虽然《纽约时报》提供了一份可比较的巴黎地图，但更有趣的对比是阿拉斯加的爱斯基摩人以及他们因为恶灵而避开的地区（Burch 1971）。虽然使用了不同的类别和线索，但两者都代表了亵渎、危险、不受欢迎和不安全的定义——一个词“不适合居住”——与神圣、安全、可取的安全和可用的地区相反（Rapoport，1976）。在小规模范围内，这有助于解释

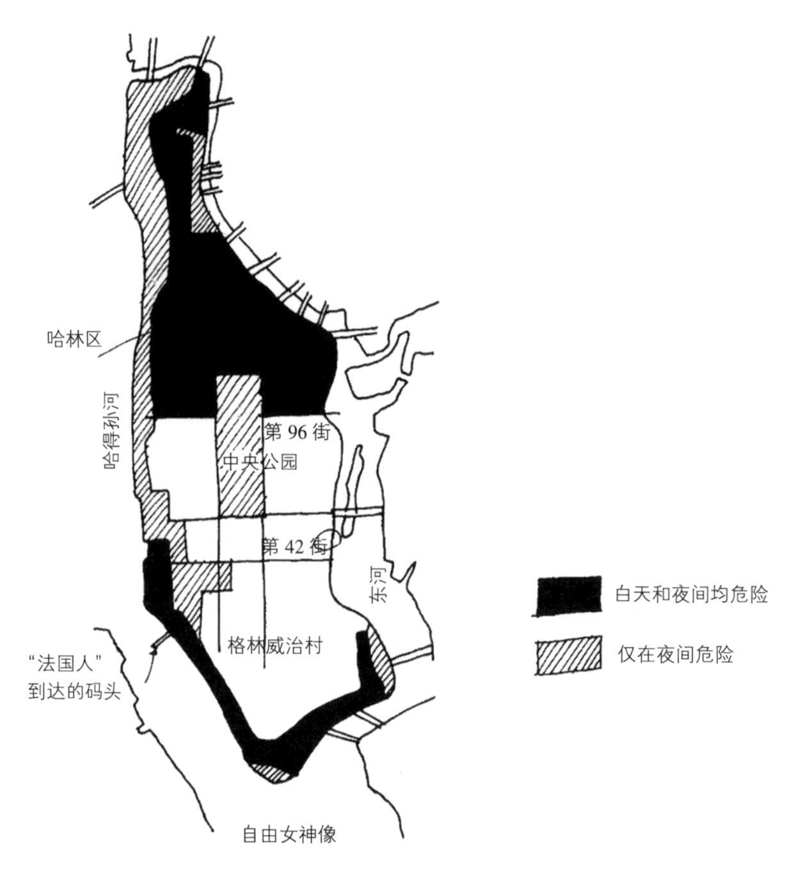

图 3.21　来自 L’Aurore 的曼哈顿“安全”地图（《纽约时报》，1971 年）（图上同样标注了被使用的地标）

前 / 后行为的差异（Brower and Williamson，1974），但更广泛地说，这些地图，无论发表还是未发表，都会影响行为。就像爱斯基摩人避开阿拉斯加地区一样，1971 年曼哈顿地图对法国游客的分布肯定产生了影响。像索娜罗莎这样的地区会吸引游客，也可能让贫穷的墨西哥人反感，尽管在这种情况下，这些障碍往往很弱，而且容易渗透。此外，由于这些定义，一旦领域变得未知，它们就很少使用，因此在一个正反馈的循环中更少为人们所了解。

我现在转向关于两种重要地区类型的主观定义的文献：城市中心和社区。

城市中心。在定义城市中心时使用的“客观”标准是多样和复杂的（Vance 1971），包括空间氛围、沿街零售店比例（de Blij 1968）、底层空间开发强度、特定就业的聚集度、银行和政府机构、通信数据、通勤者和出行者流量、每个房间的居住密度，等等。甚至这里还可以找到文化上的差异：在欧洲，城市中心的定义通常比 CBD（中央商务区）更宽泛；在法国，核心的定义几乎没有什么发展（Urban Core and Inner City 1967）。很多这样的标准对于居民来说，显然不会构成明显的差异（完全不同于专家的认知状况）。

在主观标准中，除了已经列出的明显差异类型外，还包括元素的意义、象征价值、使用强度，以及某些文化中核心在社交和互动中的作用（Urban Core and Inner City 1967）。

城市越大，人们的居住地距离中心越远，主观定义的中心范围就越大（Heinemeyer 1967；Saarinen 1969），更普遍地说，一个人的居住地越接近该地区核心，对该地区主观定义的范围就越小 [King 1971（b）]，地区趋于向一个人居住的方向延伸（Eyles 1969；Klein 1967）。

一般来说，主观定义似乎是一种反映偏好和等级的意义功能和象征价值，因此对特定群体重要的元素往往包含其中。这与某些和活动相一致的明显的物质特征相一致。定义更加清晰，主要受益于多种感觉线索的存在、清楚的变化，以及作为边界的强烈物质和社会障碍的存在。它们能够被居住的地点、居住时长和认知方式所修正。有些元素是大家都认同的，老年人可以使用历史上重要的元素，即使这些元素已经不存在了，年轻人可以使用最新的元素，别的群体则根据文化、生活方式及活动等选择其他元素。物质环境也起着重要的作用，而在东京这个没有单一中心的城市里，地理上的中心两侧很少能达成共识，三英里间隔即被命名（Canter and Canter 1971，p. 61），在卡尔斯鲁厄，有些地方能达成 95% 的共识（Klein 1967）；在内布拉斯加州林肯市，99% 的人对中心所在达成一致。* 主观的定义往往与“客观的”不同，通常对于规划和设计很重要，尤其是与新城相关的工作，或者是在其他文化下从事工作。

在阿姆斯特丹（Heinemeyer 1967），城市中心被定义为物理和社会术语，因此它对具有不同“核心意识”的不同群体的吸引是有差别的 [正如巴黎的案例（参见：Lamy 1967）]，重点是在象征性方面（参见：Schnapper 1971）。核心，是一个社会事实和象征事实，同时也是一个物质事实。纪念碑和置身于中心的感觉都起到了一定作用。总的来说，阿姆斯特丹的中心是相当有限的，其定义受到诸如女人购物和男人更多样的活动所影响。对中心区域的核心达成了一致（就像很多其他研究），然而范围各不相同，有些界限清晰，有些则模糊不清。偏好是最重要的，多样性和复杂性是首选的特征（Heinemeyer 1967）。

在博洛尼亚和其他意大利北部城市，中心的社会地位是最重要的因素。中心具有最高的价值，在某种程度上，其他上等阶层地区（如山上）与中心（社会空间而非地理空间）进行社会整合。文化中心是一处特别的限定，定义明确。所有的一流影院、美术馆和博物馆、重要的剧院和俱乐部都在那里，地位越高，离中心越近。博洛尼亚、都灵和米兰所有重要的商业活动都发生在不到 50 公顷的区域内（125 英亩）。由于不接受本中心以外的活动，因此“博物馆”指中心内的博物馆，另一个不被认同为博物馆。基本的分类是两极中心 / 非中心（就像神圣 / 世俗），反映了社交环境的两极——空间和社会的一致性，中心性反映在艺术、宗教和所有的文化中；中心是好的，外围则是差的（Schnapper 1971，pp. 44，95-100，122-124）。

在伦敦，公众对皮卡迪利（皮卡迪广场以广告牌历史悠久而著称）所指代的位置和范围的感知与规划者截然不同。只有 27% 的人直接认为皮卡迪利是个转盘广场，29% 的人认为它指代的是更广阔的伦敦西区，44% 的人认为它是整个“明亮的灯光区”，其范围从考

---

* 内布拉斯加大学营销部教授罗伯特・米特尔施泰特。

文垂街、沙夫茨伯里大道一直延伸到查令十字路之间的莱斯特广场。尽管有些人把塞尔弗里奇和卡尔纳比大街[1]也包括了进去，这并非无知，而是因为皮卡迪利被正面地看作伦敦的中心，一个聚集着人群、游客、电影院、年轻人和霓虹灯的地方（少数人消极地认为它是充满着瘾君子、罪犯和肮脏的地方）（Harrison 1972），符合这些标准的地区都包括在内。

在伯明翰，似乎有些地区是根据历史、美学或经济方面的定义纳入城市中心的，而该定义的相符之处是最一致的，也是最重要的。中心的范围变化很大，至少包括新街和考普里森大街；下一层次是位于内环的区域，有的地方还包括五大道的新开发项目。新街始终是核心，不同侧面的坡度不一，最清晰的是边界，由不可逾越的障碍如铁路站场、工业区或极其不受欢迎的区域所界定（Goodey et al.1971）（参见：Philadelphia and Manhattan）。居住地点（参见：Prokop 1967）和开发时间 [就新开发而言（参见：Porteous 1971）] 也发挥了作用。

在柏林（Sieverts 1967，1969），儿童依赖于活动与物理元素的一致性，以及“异常”来定义中心；同样，尽管大家对有明确边界的核心看法一致，但大小和范围仍然不同。

对城市中心定义的主观性研究最彻底的是德国的卡尔斯鲁厄（Klein 1967）。对于达成一致的因素，95% 以上的人认同其中的两个，80% 以上的人认同三个，66% 以上的人则是九个。差异主要由性别造成，女性比男性更了解中心，更注重文化和购物区域，而男性更注重干道和行政区域。年龄、居住年限、阶层和教育程度都有影响，但流动只有很小的影响。住宅的位置很重要，因此引导途径很关键（参见：Saarinen 1969）。

因此，可以预测，地区边界将取决于一个人居住的地方。学习因素显然是其中之一，所有已经讨论过的因素都很重要——比如出行方式、相对吸引力、熟悉程度、行为活动以及图式的作用，都在影响新信息的接收。意义、显著差异和城市结构是重要的，多组因素的一致性匹配会形成强有力的图式；人们对一些较强的界限容易产生共识，而对另一些比较多变和模糊的界限则难以达成共识（Klein 1967）。

社区。从文献的广度来看，最重要的是居住区——邻里、街区或其他什么，反映了它作为与社会群体和住宅紧密相连的生活空间的重要性。即使是澳大利亚原住民也会将他们的环境划分为具有或多或少“所有权”和重要性（在这种情况下是神圣的）的区域，赋予边界相应的力量，将陌生人与有血缘关系的人分开（Meggitt 1965）。人和地方是通过环境符号来识别的，而人与周边环境之间的关系因文化而异，该例表明了这种定义生活空间的基本性质 [Rapoport 1972（e）]。这些定义反映了这样一个事实：环境并不是人类活动的一个始终如一的领域，而是由对人们更重要或次重要的地区组成的。在城市中，这些地区的规模相对有限，并且与活动模式和人口特征有一定的一致性。

历史上，城市倾向于按照清晰明了的界线划分为街区，即城市由具有一定物理和社会特征的离散元素组成。例如，东京最小的单位是丁目。一个大泽町有 10 个丁目；而东京

[1] 在皮卡迪利地区之外。——译者注

下辖 23 个区，其中之一的世田谷区就下辖 30 个规模与大泽相当的町（Canter and Canter 1971），因此东京至少有近 7000 个这样的丁目，它们在城市肌理——街道模式、房屋大小、墙壁高度、细节甚至颜色方面有着微妙而明显的环境差异（Lenclos 1972；Canter and Canter 1971；Smith 1971）。它们的社会构成不同，各自形成统一的社区，共享服务、圣地等。

研究者对邻里的定义是宽泛的 [例如：Johnston 1971（a）；Sawicky 1971；Goheen 1971；E. Pryor 1971；Nelson 1971；Meenegan 1972]。在规划理论中，它是根据服务功能（购物或学校）或人口规模（通常在 5000 ~ 10000 人之间）先验地定义的。主观定义包括社区对居民的意义、流动性的影响、其他地方的相对吸引力、社会联系的影响以及人们基于某种特征聚集的倾向。而这种工作可以追溯到 50 多年前（McKenzie 1921—1922），人 - 环境研究的大部分都是最近才开始的。一般来说，人们在居住地附近划定小范围，其范围取决于身体和社会特征、活动范围和定期的日常接触。可以将这些邻里社区绘制成地图，它们因年龄、性别、职业、流动性、社会网络和城市的形态特征而不同，同时随时间、生命周期阶段等特征而变化。因此，邻里是重要的地方，但对于不同的人来说是有差别的，也是重叠的（Wilmott 1962），并且正如我们在原住民儿童的案例中所看到的，社会网络和访问模式会影响邻里的定义。

人们不太可能对一个超大城市甚至整个市域产生相应图式。最有可能的是，人们的认知定义只延伸到过渡区域；而重要的是，人们一致认为，邻里关系是满意度最重要的方面（第 2 章）。

主观上，社区可能意味着（图 3.22）：

（1）仅用于居住，对它周围的区域的关注仅止于便利问题，这可能是没有孩子的人或是以利益共同体为基础、具有广泛社交网络的人。

（2）象征地位的住宅周边地区。

（3）一群人，或者喜欢或者不喜欢，但形成了直接的社会环境。

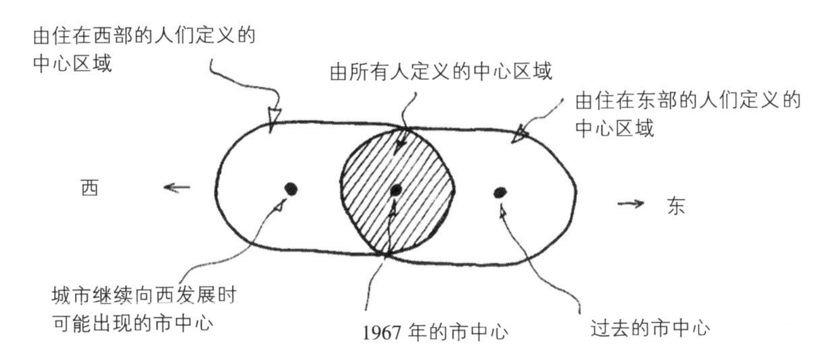

图 3.22 有关卡尔斯鲁厄（德国西部）中心区的主观定义（基于：Klein 1967）

（4）一些理想的如村庄般的社区，人们有面对面的交流，关系亲近，或者因某个共同理念而聚集，如布卢姆斯伯里、切尔西或格林威治村。

（5）一个围绕着服务和提供服务的人形成的地区（例如：Wilson 1963，pp. 19-20）。

（6）以明确具象的或抽象的边界与其他地区隔开，具有独特性的物质区域。

（7）主观上按照种族、族裔、宗教、生活方式、意识形态等划分为同一类人的地区，并以行为模式和社会网络予以加强。

空间分为物质的和社会的两大类，当社会空间和物质空间重合时，即当物质边界、社会网络、当地设施以及特殊的象征和情感内涵在人们的头脑中一致时，社区的定义最为清晰。这一主观定义因人而异，但对于每一特定群体（内部）可以推而广之。物质和社会标准都被用来定义邻里和偏好，栖息地选择也在起作用，相似的人选择相似的地区，以强化社会和物质特征，因此用环境质量特征定义地区之间的不连续，以示区别。我们已经看到，绿色植物、良好的维护和其他特征被用来定义上等阶层地区（第 2 章），如果这些特征消失，该地区就会发生变化——即，邻里社区以社会地位来定义（Mills 1972）。地位同等是一个重要的标准（Bryson and Thompson 1972，p. 23），所以在 1971—1972 年间，人们试图通过住宅与土地价格区分堪培拉的奥马利新区与周围地区，赋予其身份地位（需要以房屋和花园明显的品质差异来表现）。

虽然邻里单位的规模相当小，但同时适合更大的地区，外来者对这些地区排名，很概括地把城市划分为不同性质和地位的地区。因此，在澳大利亚布里斯班，这些地区是通过社会和物质特征区分的，并且有众所周知的相关意象和偏好（Timms 1971，pp. 111-117）。这种地位差异往往体现在名字上，人们不遗余力地改变地区边界的概念，以便“生活”在更高地位的地区。因此悉尼的出租车司机经常抱怨被乘客误导，他们说出的是高级区的地址，实际上却住在与之毗邻的地位较低地区（排名见：Congalton 1969，第 1 部分），之前曾经讨论过有关地区重新命名和郊区重新划定边界的争论（例如：Miller 1971）。这个过程得到了北肯辛顿和南肯辛顿（伦敦）文献的支持，两个地区都发生了变化。不过，尽管“南肯辛顿今不如昔，但很难说已经没落下去了；它只是发生了变化。北肯辛顿则是另一个故事、一个下流的故事、一个肮脏的故事……作为伦敦的一部分……不完全适合挑剔的……当然，这个街区还有它的周边环境。诺丁山声称自己要比这片区域的其他地方高出一筹，沿着诺丁山也有一些很体面的地区，但它们通常都声称自己要么属于东部的贝斯沃特，要么就是西部的荷兰公园”（Culpan 1968，pp. 121-123）。

这种对地位的考虑可能扭曲原先更为普遍的原则，即在中心地区，人们居住的地区越近，他们对它的定义就越小。更一般地说，外来者和居民对地区的定义是不同的（MacEwen 1972；Golledge and Zannaras，日期不详，p.33）。可能部分原因在于，对外人来说，这是一个普遍性图式问题，而对居民来说，这是一个非常值得关注的问题，如此后者有更多的数据和资料，以便划分出更多类别，感知它们之间明显的差异，进行区分和划定界限。因此，在悉尼，居民对地区和次地区的划分不被委员会所承认（Pallier 1971），居住时间（可能是熟悉度的另一个层面）也有助于划定地区规模大小。定义地区的大小还受到友情模式（Sanoff 1970）、种族（Suttles 1968）、地点、生活方式和活动模式的影响，并随气候的变化而变化，（随着活动范围的改变）在冬季变小，在夏季变大 [Michelson 1971（a）]。不过，一般来说，人们倾向于在离住所越近的地方划定界限（Barwick 1971）。虽然边界通常是模糊的（Wilson 1962），但人们确实认同比官方认定地区小得多的紧凑住宅区域。

在北卡罗来纳州的罗利，这些地区非常小，那些在外地人看来是一个单元的地区，居民将其划分为更小的区(Sanoff 1970);芝加哥的情况也是如此(Suttles 1968)。同样,在伦敦，许多地区在概念上被细分，刘易舍姆至少有 6 个地区，贝斯纳尔格林由 6 个明显的、主观定义的地区组成（对外人来说无法区分）（Taylor 1973）。然而，在许多情况下，这种划分是基于普遍明显的差异，比如主要障碍物或一般特征。因此，葆尔的明显特征是位于摄政王运河的东边，有保养良好的房屋、闪闪发光的窗户、闪亮的门把手和白色的台阶，而在西边有一个“污点”，里面是破旧的房屋和临时工作点等；这一区域的北部是一个受人尊敬的中产阶级地区（Taylor 1973）。

事实上，整个英格兰的人们都认同并能够以社会联结、当地事务、当地就业或聚会（酒吧、俱乐部等）为基础，通过物理特征和边界（公园、街道、公交路线等）定义小住宅区域。官方的政治划分很少与这样的邻里社区划分相吻合，城市亦从未如此定义。这些地区必须区分于其他地区，边界必须有意义，必须有共同生活的特征，城市越大，界定的地区就越小。最典型的地区往往只包括住宅周围的几条街道，典型描述包括街道、教堂、酒吧、博彩店、地形和命名区（Royal Commission on Local Govt. 1969；Hampton 1970）。

因此，官方正式的政治单元（Royal Commission on Local Govt. 1969）和标准规划社区单元（Feldt et al.，日期不详）太大，为了便于定义，除了社会特点、交友和活动系统区域，还需要明确的界线（主要街道、大型开放空间、工厂等）和可察觉的特点，换句话说，在各种线索一致、认知图式与物质环境一致时，此时的定义是最清晰的，就像澳大利亚的原住民的例子 [Rapoport 1972（e）]。

区域的定义意味着界限的定义，界限的定义依赖于在物理和社会线索中感知到的不连续性。定义的可变性取决于一个地方结束和另一个地方开始的判断，“所有权”和归属在那里变化。因此，地形，即明显的自然物理不连续性，可能加强种族聚集（如辛辛那提），其他不连续性和障碍，如工业、高速公路或铁路，也会产生更清晰的边界，而不是有更多模糊过渡的地方。当所有的物质线索和社会线索一致时，边界就会最清晰、最强烈，各地区之间的区别也会最清晰。

主观边界很重要，因为它们限制行动，引导行为，理想情况下，规划的和主观的边界是一致的。当边界与文化模式紧密交织在一起时，就像在传统社会中一样，不当的行政边界强加其上，可能是最令人不满的（Adams 1973，p. 266），尽管在大多数现代城市中这种影响没有那么大。

所有的城市都有自己的东区、下东区和北岸。它们存在于人们的脑海中，影响着他们生活的地方、回避的地方，以及在城市中的移动。理解城市的这种主观形态及其与自然环境的关系对设计至关重要。比如悉尼的北岸，它是“一个没有定义，只有标志的地区，与海岸没有任何关系，根据人们居住的地方粗略估计，开始于离港口海岸 5 ~ 6 英里的地方”（Cleary 1970，p. 85）。从小说中可以清楚地看出，住在那里的人让它“听起来像另一个国家”。

我请了十几个人确定北岸的范围（图 3.23）。以下是其中六个回答：

（1）男，学者、心理学家、悉尼本地人，住在北岸。在太平洋公路和阿奇博尔德街之间的罗斯维尔到平布尔，延伸到瓦隆加。

（2）男，建筑师、悉尼本地人，居住在西部的内城地区。港口以北的所有地方。这是一个符合常规的例子，即一个人住的地方离一个地区越远，这个地区就被界定得越大。

（3）女，秘书、悉尼人，住在铁路沿线的北岸。只有罗斯维尔和沃龙加之间的郊区，如果在太平洋高速公路的西部，只有组成这些郊区的部分地区。因为时间太近，圣艾夫斯没有包括在内，也就是说，她只包括老郊区和作品的名字。她当时正在为儿子在该地区找房子，并受到了“房地产”专栏的影响。顺带说一句，专栏刚刚改变了悉尼地区的地图和分区，从三个（西、东、北）变成了六个，如图 3.24 所示。

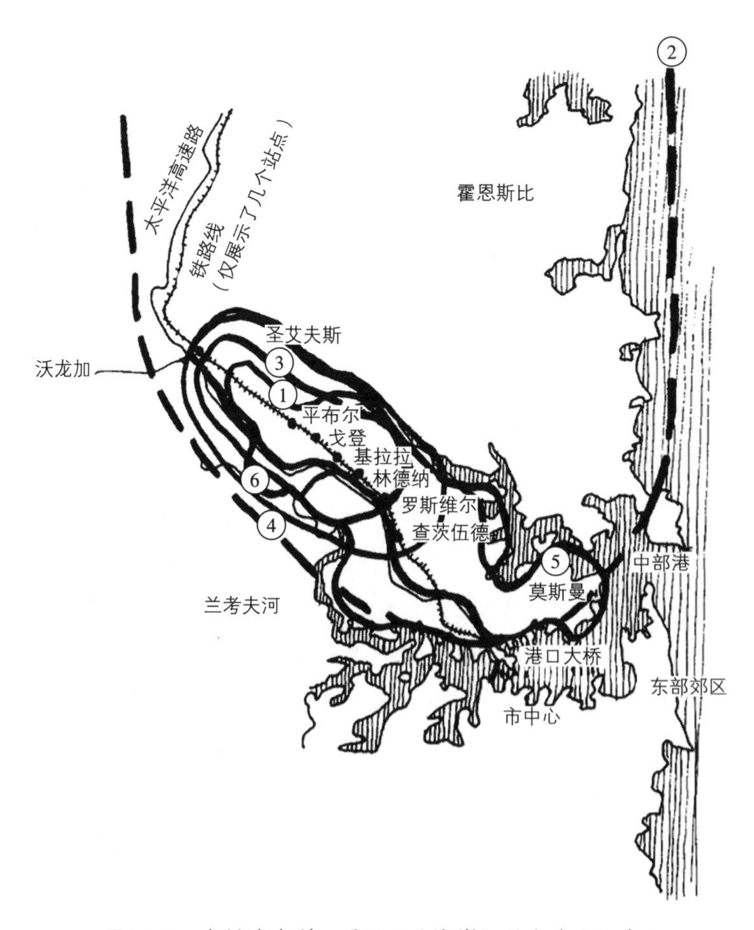

图 3.23　有关澳大利亚悉尼“北海岸”的六个主观定义

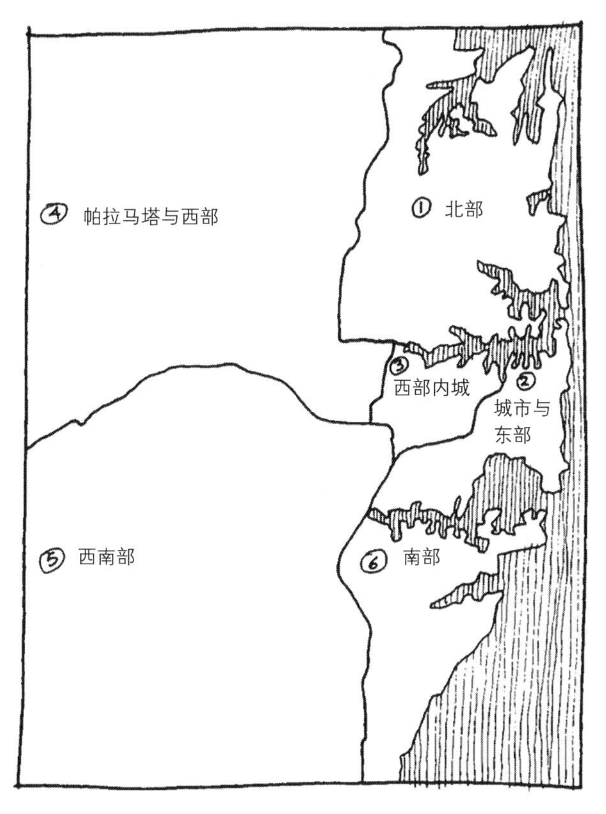

图 3.24 不动产广告中的悉尼大都市区（曾经被划分成三部分：北部、西部和东南部，每一部分都更大一些）

（4）男，城市规划师、在悉尼居住多年的移民、北岸居民。非常专业地使用位于兰考夫河与中部港之间的狭长地带区域来描述，始于港口，排除北部海滩。不过，非正式地说，他认为只包括库灵盖市，并与北岸铁路有关。

（5）男，建筑师、悉尼本地人、北岸居民。从他遗漏的内容而不是包含的内容来定义它。遗漏了查茨伍德的一切，但包括莫斯曼（地位很高）到霍恩斯比（当时含糊其辞，但倾向于排除它，地位低）。东至中部港，西至兰考夫河。包括富勒斯大桥和戈登・韦斯特，不包括北部海滩。与铁路有关，但由其品质决定包括或排除地区。

（6）建筑学大三学生、悉尼本地人。包括查茨伍德和沃龙加之间的地区，但不包括霍恩斯比和太平洋高速公路以西地区。戈登和平布尔一直到兰科夫河都在其中。包括莫斯曼、北桥、城堡湾，不包括北部海滩。

虽然我认为这个极其非正式的调查没有普遍的有效性，但它似乎证实了规模和距离的关系、纳入或排除地区时地位的作用，以及各种人口特征的影响。虽然有些地方被普遍排除在外，但这个地区的定义有很大差异，一些变化的地方实际上表现出不同的物理特征。无论如何，人们知道何时北悉尼当让位于查茨伍德，而查茨伍德当让位于罗斯维尔，问题是，他们是如何知道的，设计师又是如何影响这个显而易见的普遍过程的。

对这个问题已经给出了一些试探性的答案。对差异的感知可能取决于意义（Duncan 1973，1976；Werthman 1968），以及激励属性和情境的定义。激励属性和情境往往是可变的，物质文化和非物质文化都被用于社会等级的划分，以便区别邻里（Sherif and Sherif 1963；Royse 1969）。在圣安东尼奥的例子中，低层次和中高层次地区之间最明显的差异是，维护良好的草坪的重要性降低，前院出现了“老乡村”花园式鲜花和裸土（Sherif and Sherif 1963）。这种差异在形成个人关于标准的概念和未来的评价方面也非常重要。事实上，花园和植物可以用来区分不同的文化区域（Kimber 1966，1971，1973；Duncan 1973）和文化景观。

动机和偏好由此影响地区的定义（就像距离一样），因此，那些既众所周知又有很高价值的地区会以某种方式被强调（扩大或缩小——以增加价值和稀缺性），而其他地区则被扭曲成更小、更大、空白区域或危险区域。在更大区域的概念地图中，熟悉的、重要的和有价值的区域被夸大了 [Stea 1969（b）]，甚至当人们分享活动时，他们的心理地图也会因为对活动附加的重要性不同而有所差异（例如：Tuan 1974，p. 62）。

一般来说，邻里定义是“主观空间”范畴的一部分，以分类为基础，包括一个群体定义自身，并划分边界，界外为“他者”的行为。“同质性感知”这一概念正属此列（第 5 章），边界用于保存某种形式的凝聚力和认同感 [Barth 1969；Siegel 1970；Rapoport（b）]。类似地，需要聚集相似的人支持专门机构，然后通过规则、条例或身体攻击定义边界，物质要素主要用来表示一个明确的分界点 [Rapoport 1972（e）]，以强化社会边界。

在比利时，“邻里单位”和“街区”两个概念的差异在于，“邻里单位”就是一群人在一起生活，有个性化的社会关系（例如：友谊）；“街区”是一个基于社会差别——职业或社会经济地位的邻里（Roggemans 1971，pp. 47 ff.）。如果加上这种社会同质性、生活方式等，这样看来，提出的区别似乎取决于对相似标准和不同含义的主观定义，以及邻里和友谊之间的区别（Keller 1968）。社区的划分影响着居住其间的人们，城市中存在着空间和文化的融合——空间定义为客观的，文化定义为主观的结构——尽管主观的城市形态必须基于某些客观的结构（Roggemans 1971，pp. 47 ff.），例如，明显的差异和清晰的界限。因此，拉拉雅是瓜亚那城定义最清晰的社区，因为这里有工业、河流和河漫滩（Peattie 1972，pp. 8-9，54）。

这种界限的维持取决于外界是否注意和理解这些线索，以及他们是否准备好遵守这些关于控制和归属的界限所传达的信息规则。如果这种情况发生了，那么边界内的互动就比在外面的互动更加激烈和有意义。空间限制群体可以分为三个区域——核心区，他们构成了有同质性的多数，共享和理解规则、密切交流、专业学校、教堂、商店、酒吧等；领域区，群体占主导地位但不完全控制；外围带，上述群体成为小众（或外区）（Meining 1965）。我们已经看到，环境一般可以概念化为人与人、人与物、物与物的分离。城市环境也可以这样理解——这种分离可能是空间的、时间的、社会的或象征的。

栖居地选择的结果是，地区被视为不同群体的家园，并且具有一定的意义和身份

（群体的核心），从而使邻里社区成为城市中最有意义的概念（例如：Michelson 1966）。社区反映了人们的生活空间（Lewin 1936，1951），与之类似，也有区域、路径和障碍：不同的个人和群体有不同的生活空间，因而有不同的社区范围。当私人生活空间占主导地位时，邻里关系不重要，而当群体生活空间重要时，就会出现“都市村庄”，也就是生活空间、活动空间或势力范围与主观定义为邻里的物质空间之间建立联系（Paulsson 1952）。客观的和主观的定义似乎相互作用，并不总是完全分开。如果社区被社会文化的、经济的或组织的特征，通信网络和物质特征等有效地定义，那么一方面规划师和学者可以“客观地”使用它们；另一方面也可以被相关人员主观地使用。因此，虽然主要的区别在于谁作出判断，但使用的标准类型也因认知风格和明显的差异而不同。感知的物质特征及其含义、有关血缘关系及其他社会网络和社会壁垒的知识、当地设施的使用、活动系统和时间节律、象征和情感方面、同一性感知、地区历史和非正式名称，对不同的个体而言尽皆不同（尽管对社群而言，特征仍可概括），从而以不同的方式使用它们。

主观地定义一个社区的过程是普遍的，因为人们必须通过与一个比城市小的地区相关联来理解一个世界，但使用的变量和分类不同。因此，即使城市，如印度北部，由地区（Mohallas）组成，主观定义也要小得多。它被限制在一条小巷或小巷的一部分，并部分根据社会网络（认识“每个人”）来定义，因此，由于社会和心理边界，同处一个社区的人比那些物质空间更近，但处于不同社区的人的关系“更近”。因此，每个人都有一个主观的、以自我为中心的社区，其边界虽然不清楚，与物质特征有关，但主要由社会决定，印度语境中意味着基于种姓（和阶层）的共同规则和规范（Vatuk 1972，pp. 149 ff.）。斯瓦希里的城镇也由社区（Mitaa）组织，尽管很难在地图上圈出来，但居民们通过引用确定他们在城镇中的地位，并将城市视为 Mitaa 的集合。每一个地方的居民都有亲属关系，因此宗教关系强化了他们同样地地位和责任（Ghaidan 1972，p. 88）。

在澳大利亚也是如此，人们定义和命名有界之地，城市于是变成了一系列的命名地，这些命名带有多样且易懂的与工作和社会位置相关的地位信息（Congalton 1969）以及前文已经讨论过的明显的社会和物质特征（第 2 章）。因此场所的定义是通过产生显著变化的特征，形成边缘或边界来确定的。所有这些线索都有指示变化的时间要素，或好或坏，因此可以区分为稳定区、升级区和退化区。

在美国和其他国家都是这样，地位的差别似乎模糊了，区位和住宅成为主要指示（Johnston 1971；Timms 1971；Cans 1968；Lofland 1973），因此规划被认为主要是为了将地位较低的人拒之门外（Eichler and Kaplan 1967；Werthman 1968）。在这种情况下，地区之间的社会距离及其精确定义相比那些地位以其他方式更加明确和严格固定的地区，更大更甚。

一般来说，邻里的定义有三个主要因素：社会文化特征和标准，各种服务、设施和活动的地点和使用情况，物质环境及其象征意义。社会文化特征影响着地区和服务的重要性（例如：Stone 1954），进而影响到邻里社区，因此社会区域的意义取决于它们，正如过滤器的渗透性定义一样。在一个地区花费的时间也影响它的重要性以及相较于其他地区的定义。因此，女性对社区的定义往往与男性不同，而上班路程的长短会影响在一个地区所花的时间，因此影响社区的定义 [de Lauwe 1965（b），第 2 卷，p.57，1960]。不同社群的节奏和韵律影响着他们生活区域的定义，因此存在社会时间和社会空间（Yaker et al. 1971，p. 75）。

对“邻里”定义主观性的正式研究始于李（1968），并被证明具有极大的影响力。始于空间和行为方面的概念相对缺乏一致性的情况，他采用了现象学的方法。从认知的和社会的术语对社区进行了定义，介于个人和城市之间，并由此产生了社会空间图式的概念，对于大多数意识到社区边界的人来说，这是有意义的。这种边界通常以道路为基础，可能是清晰的、模糊的、含混的，或者形成梯度。建筑、空间和人的图式在相当无序的城市背景中表现得非常清晰。

虽然图式的大小和形态各不相同，但基于独特的经验，可以将它们概括为不同社群。主观的邻里规模和构成是物质环境、名字、象征要素和群体行为特征的函数 [Lee 1971（a）]。一个重要的作用是邻里系数，描述了当地设施的使用状况（当地邻里的重要性）和参与程度。它们因阶层、年龄、居住时间和住宅类型而不同。在重要的社会变量中，包括地区内的社交网络和当地的俱乐部会员；当地商店的使用与社区定义的关系是正向的，但不显著，因为这些商店在英语语境中广泛使用。重要的物理变量包括该区域内的房屋、商店和设施建筑数量 [Lee 1968，1971（a）]。社区不是根据人口，而是根据大约 75 英亩（Lee 1968）的面积定义的，在后来的工作中，将其修正为 75 ~ 100 英亩 [Lee 1971（a）] 之间。在这两种情况下，该地区的人口密度越高，人口越多，附近的设施和使用者就越多，对社区的压力也就越大。社会网络的影响可以通过与明显元素的一致性、群体同质性和我们已经讨论过的其他变量来加强。

大小和重要性因邻里系数而异，与特定群体和个人有关。低收入群体的社区面积往往较小，因此在英国，中产阶级的社区面积超过 100 英亩*，这可能与流动性、生活方式和广泛的社交网络有关。在美国，工人阶层社区似乎比中产阶级地区更重要，也更小（Hartman 1963；Fried and Gleicher 1961；Fried 1973；Fellman and Brandt 1970；Yancey1971；Hall 1971），尽管一些研究者质疑工人聚居区高度局部性的本质（例如：Bleiker 1972）。然而，大多数证据表明，社区规模上存在着与阶层和生活方式相关的差异，所以在洛杉矶，四个社群的心理地图反映了社区从几个街区到大得多的地区差异（Orleans 1971），即便任何一个社群在道路作为边界方面达成了一致性协议（Everitt and Cadwallader 1972）。由于人们生活在“非场所的领域”，出现了邻里关系不重要的论点，但这似乎与证据并不相符，尽管邻里关系作为生活唯一场所的重要性对大多数人来说似乎正在减少（Timms 1971，pp.250-251）。因此，在英格兰的伊普斯维奇，所有人都能够指出他们各自的邻里社区，并感到属

* 个人交流，1969 年，来自大卫・哈维博士，然后是布里斯托尔大学。

于这个邻里单位（Wilmott 1962）。一种可能的模式是一系列不同文化在社区叠合，一些人只拥有本地社区，而另一些人则拥有别的社区和更广泛的社交网络。这些差异反映了本地化与国际化的生活方式和网络，以及家域的范围（第 5 章）。

除了国家内部的社会文化差异之外，国家之间也存在差异，因此，与欧洲相比，在美国，邻里关系通常不那么突出，人们的空间性更强——对特定区域的认同更少（Sawicky 1971，pp. 64-66）。对比英国的布里斯托尔和美国俄亥俄州哥伦布的居民发现，美国人流动性更强，也不太关心他们所在的地区，这导致了社区更快地衰落，对中产阶层来说，美国的邻里范围比英国更大，空间约束更少。英国商店应该在 5 分钟步行距离范围内，但在美国，20 分钟的车程是可以接受的（Bracey 1964，pp. 22-23）——这就成了 1/3 英里与 20 英里之间的差异，类似差异也适用于其他设施。

另一方面，有证据表明美国社区延展的重要性（例如：Suttles 1968），邻里社区有其定义，规模比英国大。因此，在俄亥俄州的哥伦布市，80% 的样本人口被指定为 0.45 平方英里 / 人。也就是说，他们的实际社区（Golledge and Zannaras 日期不详，p.41）是 Lee 修正后的 100 英亩这一数值 [Lee 1971（a）] 的 2 倍。男女在这方面有所不同。洛杉矶中产阶层人口的尺度明显大于英国（女性为 1.3 平方英里，男性为 0.7 平方英里）（Everitt and Cadwallader 1972）。这种性别差异可能与男性和女性使用不同的定向系统有关（Orleans and Schmidt 1972），家域行为的变化通常也会影响心理地图（Anderson and Tindall 1972）。

以美国东部的黑人青少年为例，该地区的面积从不到一个街区（0.0008 平方英里）（就像悉尼的原住民儿童一样）到非同寻常的 0.75 平方英里。从一条街的局部到包含 25 条街（Ladd 1970）。与其他案例一样，名称似乎也有一定的影响。

在法国布洛涅比扬古，社区也是个人和城市之间的过渡地带——这是一个众所周知和广泛使用的地区——所有人都把它理解为城市“属于”他们的那一部分。主观定义的社区有三种类型：线性（沿着一条街道）、面状区域——由街道围合的多边形区域、复合区域——沿着商业街或学校延伸的区域。虽然个体存在差异，但生活在同一地区的人之间却存在群体一致性。在邻里社区的定义中，有两组变量很重要。物质要素——商店和市场、活动区、死亡区、电影院、咖啡馆和学校；主要交通干道作为边界，居住的距离有明显的影响，所以，即使是每周使用的区域，如果离家太远，也被排除在外。然后还有人口属性——社会 - 职业地位（工人拥有比上等阶层更大的社区）*、年龄（年轻人拥有更大的社区）、居住时长（随规模而增长）和街区融入程度（应大于其非隶属度）。只有不到 10% 的人提到城市占地面积很大；超过 56% 的人确认为 30 公顷的面积（75 英亩）；其中的 75% 认为最多可达 60 公顷（150 英亩）（Metton 1969）。这似乎与其他数据一致。

在英国斯蒂夫内奇地区，只有三分之一的居民说出的居住地名称是他们所居住的社区，其余人说出的是他们居住的小区的名字，每个社区有 5 ~ 6 个小区。对大多数人来说，他

---

* 虽然所有的研究都认同社区更适合工人阶层，但是在规模上有争议 [例如：de Lauwe 1960，1965（a）；Coing 1966；Lamy 1967]。

们提到的社区比规划的社区要小得多，因此超过 75% 的人提出 1/4 英里的半径，即 184 英亩——在刚刚讨论的范围内，是规划社区规模的五分之一，但这已经不重要了（Wilmott 1962）。

在澳大利亚的纽卡斯尔，社区核心面积更小，仅有 4 ~ 5 英亩，虽然人们熟悉的区域范围（即人们的日常活动空间）大概能到 60 ~ 70 英亩。地位相对较高的社区规模相对更大，其物质特征发挥了重大作用，因此诸如用地功能、主要道路、铁路线、滨水区、出入口的限制、格网状或弯曲的街道等因素不但影响着社区规模，也影响着居住时间长短（参见：Spencer 1971；Metton 1969）、社会网络、家庭规模等。*

所有这些都证实了已经提出的建议，即规划中使用的社区单元不仅与主观定义的社区无关，而且从本质上来说太大了。在英国坎伯诺尔德，那些被公认并确定的地方，是人们使用和命名的地区，无论规划者是否这样做（Wilmott 1967）。因此通常情况是，规划者期望人们居住的社区往往并没有被居民识别出来（Henry and Cox 1970），也就是说，主观和"客观"的定义通常不一致。

从设计师的角度来看，所有的研究似乎都同意这样一个观点：物质环境中清晰可辨的差异在一个地区的主观定义中是最重要的，特别是如果它们与社会网络、活动和服务连接、家庭范围的延伸、显著性、意义和象征，以及其他社会文化变量相一致时。由此可见，不同的文化群体，年幼或年迈、残疾人，等等，对社区的定义也会有所不同。设计者的任务是加强和帮助这种主观定义，甚至改善它，如果规划师和使用者定义之间不一致，将极大地影响规划设计成功与否（Timms 1971，pp. 8，31-34；Keller 1968）。我们仍然非常需要关于不同群体如何定义社区以及特定物质属性、设计特征、服务和密度的影响效果等信息，这些信息将有助于前述定义以我们能预知的方式实现。

显然，对地区认知的定义，特别是邻里，并不是个单一的、统一的概念。它涉及许多已经描述的元素（认知模式，提供支持社会机构所需的最低人口的社会边界，通过作为社会认同的象征符号的意义维持群体凝聚力；界定领土和家域范围的要素，社会和服务网络，物质环境的性质）。关键因素是它们之间的一致性——物质空间和社会空间之间、认知模式和环境的特定物理特征之间，以及所有主观标准之间、主观与客观之间的一致性（例如：Tilly 1971；Buttimer 1972）（图 3.25）。

知识、行为和明显的差异在个人的头脑中联系在一起，产生了邻里的社会空间图式，即与社会、观念、行为和地域空间相对应的物质环境，这种叠置和一致性有助于解释为什么即使是小区域也会进一步分解成子区域。在邻里关系存在的地方，物质空间和社会空间是一致的。

变化不仅是因为社会空间有差异，而且还因为存在着物质线索的选择性差异和认知范畴的区别，所以邻里社区依赖于给定的物质和社会元素的意义，以及它们的相对重要性和

* 私人交流，1971 年 11 月，与 P.C. 沙马先生，纽卡斯尔大学地理学院。那时还没有完全分析各因素。

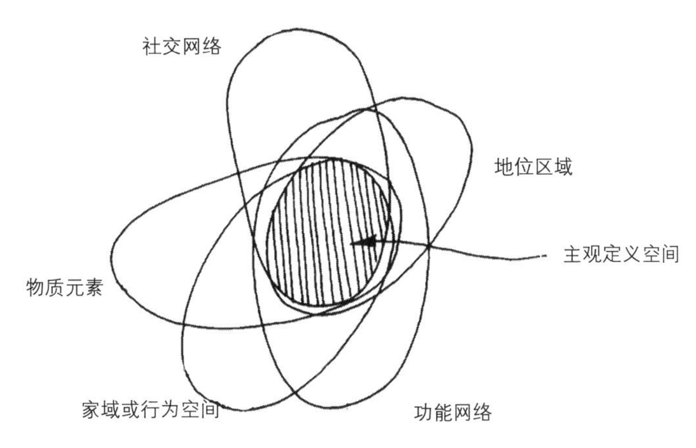

图 3.25 在各类标准下达成一致的主观定义

评价，反过来，部分也取决于意象（Barthes 1970—1971），即，物质环境与期望值、价值观之间的一致性。例如，巴黎工薪阶层和上等阶层之间的明显差异，部分就是基于这些因素。首先，地位较高的工作在中心，地位较低的工作在外围，这导致了不同的活动模式；其次，个体的社会网络不同，工薪阶层所有的社会关系都在自己的地带内，或在有限的距离内，而上等阶层的活动范围则覆盖巴黎的大部分地区。这些社群所持意象也大不相同——上等阶层认为中心地带充满魅力，而下等阶层则刻意回避中心（Lamy 1967）。

因此，邻里和其他地区的定义部分基于意象，由于物质的和社会的意象多变，地区和规模、社会空间和物质空间的重叠程度都不同。我们可以假设人们对邻里的认知和使用是连续的，从社会空间和物质空间之间绝对一致的极端情况（具有绝对明确的邻里界限）到同样不可能的另一个极端（完全没有任何一致性，也就根本不存在邻里了）（Buttimer 1971，1972）。

上述巴黎的例子暗示了主观距离的概念，对此我们已经讨论过了（参见第 2 章和其他部分），邻里定义的变异性（心理地图对行为的影响）可能与主观距离估计有关——这是我们现在要讨论的话题。

主观距离——空间和时间

认知地图由地点、关系和距离组成。在考虑了区域的主观定义及其定位协调系统之后，我们需要转向距离分割要素。主观空间再次暗示了主观距离，它不同于客观距离或欧几里得距离（例如：Haynes 1969）。如果城市地区是主观定义的，那么它们之间的距离也应该是主观定义的，而且由于距离经常是根据时间体验和估计的，因此很可能涉及时间的主观体验。虽然在地理学、心理学和人地关系研究中讨论了这些问题，但在规划设计图中，测量距离或欧氏距离继续使用。尽管有证据表明主观距离的作用，即使只是坊间轶事和经验知识，在愉快的和有趣的地方旅行，比起枯燥无聊的地方，时间似乎过得更快（第 4 章），作为一个复杂的功能，人们在单调的路上走得更快（Tunnard and Pushkarev 1963）。

地点之间的距离会极大地影响使用，但影响决策和选择的是主观距离（通常是心理地图）。显然，由于年龄、健康、缺乏交通工具或感知控制导致移动困难，距离实际上更大[Wright 1969，1970；Gump 1972；Parr 1969（a）；Lee 1971（b）]，类似的因素还有气候，比如寒冷和雪 [Michelson 1971（a）] 或炎热、交通密度、信号灯——或单行道（Haynes 1969）。可能还有认知类别的影响，所以，如果将地点分成不同的类别，会比它们是相同类别显得更远（图 3.26）。

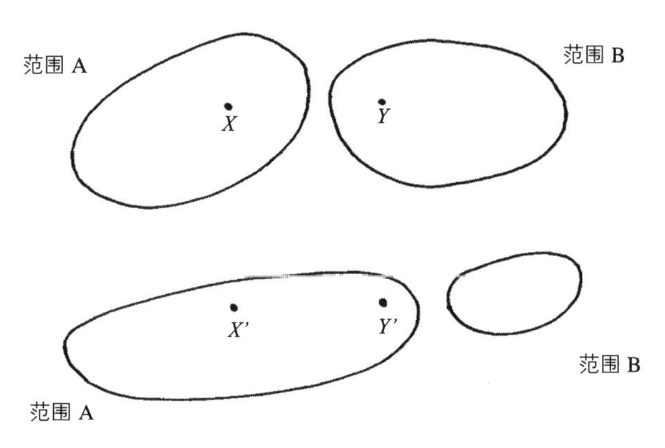

图 3.26　假设：主观距离 *XY* 大于 *X'Y'*

主观距离的概念可以追溯到 20 世纪 50 年代。因此，在讨论场地规划和邻近性对社会互动的影响时，区分物理距离和功用距离[1]是有用的（Festinger et al. 1950；Whyte 1956），很明显，功用距离至少在一定程度上兼具主观经验和环境性质功能的叠加。社会互动受到社会变量（如社会距离）的极大影响，进一步强化了这一点。比如说，过街交通造就了物理距离和功用距离之间的差异，相比于交通稀疏的街道，繁忙的街道造成的距离比实际更宽，人们之间的心理距离更远（Appleyard and Lintell 1972）。

因此，人们不能通过测量地理距离，或者采用更糟糕的直线距离判断主观距离的影响。一个人不能假定两个测量距离上相等的地方，在观念和主观上——因此在行为上——被视为同等距离。对于认知距离和地理距离孰大孰小的问题尚有争议。其中一种观点认为，虽然它一般与实际距离和时间有关，但通常被高估（Mittelstaedt et al. 1974）。其他研究表明，短距离会被高估，而长距离则被低判，存在方向差异（南北与东西）和其他基于位置、知识等的特定扭曲（Rivizzigno and Golledge 1974）。主观距离还会从信息的确定性程度（Mittlestaedt et al. 1974）和地点的相对吸引力两个方面影响行为，因此，对一个地点的认知距离结合了该地点的实际距离和对该地点的态度两个方面。

后一点非常关键。例如，旧金山的商店在道路距离和驾驶时间上是相等的，那些不受

[1] 功用距离依据空间的使用功能，而非绝对测量值衡量出的空间距离。——译者注

欢迎的商店（折扣店）在距离和驾驶时间上都要比百货商店（被认为更有吸引力）更远（D. Thompson 1969）。因此环境品质的意象影响主观距离，如果距离反映的是人人分离、人物分离、物物分离，那么不良因素的存在会导致主观距离被拉长，也就被规避了。考虑到之前讨论过的犯罪地图，我们可以假设，高度感知为犯罪区域的地方可能永远不会被访问，这相当于无限的距离；而相反，高度理想的地方和人将被视为近距离和可前往参观的。如第 2 章所述，城市的主观距离和人们所期望与认知的要素间的邻近性构成一个系统。

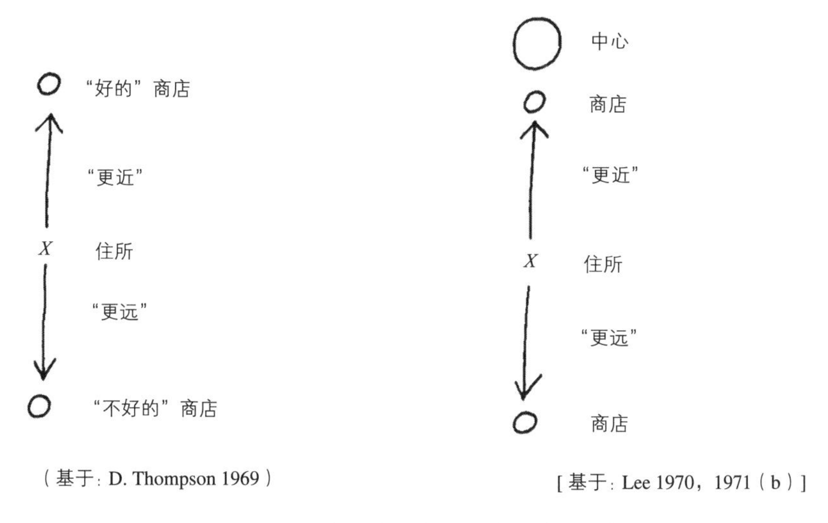

图 3.27 主观距离与商店的吸引力、位置之间的关系

在购物方面，也有人认为，朝向城市中心的主观距离比背离中心的距离更短，因此，前一个方向的商店被视为比后者更近（Lee 1962）。更普遍的说法是，非欧几里得空间可能对商店和住房都有市中心轴线偏向(Haynes 1969)。这种对市中心的关注基于中心的满意度，导致主观距离在理想方向上的缩短。因此，在敦提[1]实验中，两个方向的距离都被高估了，但高估的程度不一，在市中心附近要比远离市中心小得多。女性似乎比男性更受影响，考虑到她们对购物更感兴趣，就意味着更大的吸引力和更积极的心态。这似乎是有可能的，因为在受测试的价值体系中，排名靠前的用途比排名靠后的用途距离上更近——被评价为有利的刺激比不利的刺激距离更接近 [Lee 1970，1971（b）]（图 3.27）。

效价（Valence）似乎是影响主观距离的主要因素，因此比起额外增加 30 公里，较小的通勤距离可能被视为更大的障碍。在度假期间（Abler，Adams and Gould 1971，pp. 218，230-231）和吸引力类似的情况下，正效价可能形成移民。

从文献中可以清楚地看出，心理距离是实际距离、时间和偏好的一个因素；也有一些证据表明主观时间可能更容易受评价和态度因素的影响 [例如：Mittelstaedt et al. 1974]。效

[1] 英国苏格兰东部港口城市。——译者注

价效应不只体现在心理学和社会心理学的大量研究中 [例如：review in Lee 1971（b）]。在地理学层面上，远距离城市的主观距离和情感投入之间存在平方反比关系，这是城市重要性、对城市的兴趣和对城市的了解程度等主观因素综合影响的结果（Ekman and Bratfisch 1965；Dornic 1967；Bratfisch 1969）。在这个迥然不同的情境下，重要的事情似乎是情感投入和主观距离之间的关系。

某些研究已经体现了这一关系，人们发现，朝向城市中心的主观距离是增加的，所以在俄亥俄州哥伦布市，朝向中心的距离总是被高估（Golledge，Briggs and Demko 1969；Golledge and Zannaras，日期不详）。这一关系也被一些研究所暗示，这些研究发现，人们对城市中心的主观距离增加了，因此在俄亥俄州哥伦布市，人们一直高估了城市中心的距离（Golledge，Briggs and Demko 1969；Golledge and Zannaras 日期不详）。这可能是由于实验因素，也可能是由于驾驶条件，即交通拥堵、停车标志和红绿灯的数量，以及停车困难等因素，使前往市中心的旅行变得不愉快和困难重重（价值的另一个方面），或者是由于城市中心价的文化差异——在一些地方（如欧洲大陆和英国）是积极的，而在另一些地方（如美国）是消极的（如第 2 章所讨论的）。所有这些研究的共同点是，吸引力、偏好和正效性导致主观距离更短，反之亦然。如果引力朝向中心，那么它被看作是更近的；如果远离——那么反过来也是正确的。这是我基于迄今为止的讨论数据得出的结论，并得到了澳大利亚对休闲行为研究的证实，在这些研究中，从中央商务区方向出发的距离通常也被视为较短 [Mercer 1971（b），p.268]。因此，海滩的使用关乎生活方式、地位和邻近性，但在相同的目标距离下，背离中心方向的海滩比那些位于城市中心的更具吸引力，且使用更多（Mercer 1972）。实际上，主观上认为这些海滩比其他海滩更近，人们都愿意远离中心，而不是朝向中心。

考虑到澳大利亚的户外形象、“海滩”的含义、逃离城市的周末、对花园式独立住宅的偏好，以及环境品质的澳式想象这些前提条件，这一点可以从效价假说中预测出来。因此，它一方面暗示了澳大利亚与美国的文化差异，另一方面暗示了与英国（可能还有欧洲大陆）的文化差异。因此，偏好和认知之间似乎存在一种联系，导致郊区或中心的细节、商店和商品的质量、驾驶和停车的便利都适合于一个单一的模型。巴黎的使用受到与偏好相关的主观距离的影响，因此具有选择性（Lamy 1967）。

专门设计的检验这一假设的研究结果否定了该假设（Cadwallader 1973；Canter and Tagg 1975），但所有其他证据似乎都指向这个方向。对购物和娱乐来说，良好的态度意味着更多的旅行次数（Murphy 1969）（即更长的旅行距离），暗示着短距离对于被吸引的人来说不是障碍。这一结论得到了安大略省某地区一项关于旧秩序门诺派教徒和其他加拿大人购物行为的跨文化研究的支持。门诺派教徒使用更多的当地设施，促使“传统”比“现代”商品产生更好的效果（Murdie 1965）。这些行为上的文化差异可以解释为，不同的吸引力导致不同的主观距离和对移动障碍的评价。

在城市的例子中，这种障碍可能出于缺少桥梁或地形困难，所以不像众所周知的地方，未知的地方更难到达（Canter and Tagg 1975）。然而，即使是对地形的评估，也可能受到偏好和正效性的影响，因此在博洛尼亚，山上的房屋比其他等距离地方的房屋在认知上更接近中心——距山丘 2000 米比距平原 2000 米要短得多。同样地，某些活动在中心之外时，变得“太远”，就如同在一条街上移动 250 米（34 ～ 59 号），却相当于社交空间上的 250 公里，极大地减少了使用。中心的正效性如此之大，以至于住在巴黎的女儿尝试着向母亲表明自己居住地奥特伊的环境品质，不得不说她住在巴黎的中心——尽管这个地方实际上距中心很远（Schnapper 1971，pp.44，97-99，122-124）。

到目前为止，我一直在论证正效性和负效性在影响主观距离上的重要性。对这一过程中涉及的因素也提出了其他建议，如路线的趣味性和弯道数 [Lee 1970，1971（b）]、交通状况（Gollege，Briggs and Demko 1969），或者单行道的引入（Haynes 1969）——其中的一些反过来可能影响效价。另一个可能的因素是熟悉度，与观察结果有关，即随着学习和经验的增加，旅行会变得更短。它可能是由于路线模式化，行为例行化，从而减少了处理信息的需要。连续性也可能是一个因素，有人认为，行程若由不同段落连接而成，可能比全部段落相同看起来更长，尽管有人提出相反的观点（第 4 章）。

除了已经讨论过的因素之外，可能还有许多因素在起作用——能量的消耗、时间和速度的预测、距离的直接感知、一些规则模式或重复元素的使用、地图和路标（Briggs 1973），或者，地点和路径的相对吸引力、障碍的熟悉度和实际距离的估计 [Stea 1969（b）]。对旅途的可控度可能也起到一定的作用，因此，儿童乘车上学加上母子分离，对幼儿的影响要大于他们步行上学。这是因为主观上的可达性与控制感有关，同时与一个完整且可逆图式的构建能力有关（Lee 1970）。实际上，乘车上学比走路上学的情况“更近”才对。

关于复杂性和连续性，需要考虑转弯和方向变化的影响问题。在建筑方面，对迷路而言，仅仅改变方向，转向再多也比决策点数量的影响小（Best 1970），因为决策点越多，意味着主观感知的路线越长。但相反的预测也作出来了——转弯越多，路线看起来越短 [Stea 1969（b）]。有证据表明，转弯会延长主观距离，而主观距离随着转角点和曲线的数量稳步增加，同时曲线数量对主观距离的影响又随着曲线的锐度和形状（无论是 S 曲线还是 U 曲线）而变化 [Lee 1971（b）]。

这一证据来自实验室研究，因此涉及长度的估计。在现实生活中，人们倾向于根据语境、可达性或需要考虑的时间估计距离。语境包括已经讨论过的刺激的吸引力，以及从那里来还是到那里去——这影响了旅行的速度（Mercer 1972），因此也可能包括主观距离。对寻路行为的研究表明，从主观上看，通往理想目的地的弯道似乎比明显偏离目标的直线要短，而前者使用得更多（Porter 1964）。*

时间似乎也在主观距离中起作用（然而，主观距离总是与地理距离有关）（例如：

* 我也通过大量的学生寻路练习确定了这个。

Lowry 1970）。距离通常用时间来表达——车程 5 分钟，步行 10 分钟——因此，我们至少需要简要地考虑时间的组成部分。有研究表明，虽然心理物理因素（物质环境）倾向于支配认知距离，但评价和态度成分在时间估计中更占优势（Mittelstaedt et al. 1974）。时间的价值和时间单位的精细程度因文化而异，所以时间的分配与生活方式和行为有关。这通常会影响闲暇时间和时间 / 距离的估计，因为在一种文化中一个小时（甚至一天）的旅行主观上可能比在另一种文化中要少。

时间经验在可达性和距离的主观评价上是变化的，在环境认知中起着重要作用。这又一次受到了文化、年龄和性别（Holubar 1969）以及语境的影响。因此，一位开过出租车的蒙特利尔建筑系学生告诉我，因为出租车收费的计算方式，他从费用的角度考虑距离，既包括空间，又包括时间。主观的时间感知受到旅行方式、实际花费的时间、舒适度等因素的左右，会影响距离感知，从而影响位置——人们是住在 A 附近，还是远离 B（Peterson and Worrall 1969）。

很明显，人和动物都住在空间 - 时间（Von Uexküll 1957；Orme 1969；Doob 1971；Yaker et al. 1971；Fraser et al. 1972；Holubar 1969；Ornstein 1969；Cohen 1964，1967）。因此，人的定位应在时空中，而非单一的空间，可以通过时间的使用、节奏和韵律来区分人与人（Yaker et al. 1971；Parkes 1972，1973）。时间和距离的判断是相互依存、相互影响的（Orme 1969）。穿越一段给定距离所花的时间越长，就被认定为越长；一个人在给定的时间内速度越快，距离被低估的程度就越大，而较慢的速度会导致高估（Tau 和 Kappa 效应），并且这种判断部分地受到视觉和其他感官线索的影响（Cohen 1967）。它意味着，接收到的刺激量影响主观的时间和距离估计——这一假设得到以下事实的支持：熟悉的路程主观距离上会更短：一旦知道了路线，就不需要那么关注了（Fraser et al. 1972，p. 295）。

类似地，空间环境也会影响时间感，没有什么趣味的路线看起来更长（Yaker et al. 1971），人们经常在这时加速（Tunnard and Pushkarev 1963）。我们将在第 4 章讨论它，但是主观空间和时间会受到内部状态（快乐、健康、无聊）的影响，有基本的、特定的和独有的影响。因此，心理地图的度量包含时间因素，还影响城市的形态（Choay 1970—1971，p.10），然而，已经忽略了对城市主观时间（以及一般时间）的研究；虽然最近人们已经意识到生活在时空中，但相关知识却很少——而且大部分都受限于时间预算（例如：Anderson 1971；Chapin 1968，1971；Chapin and Hightower 1966）。我们所能说的是，如果心理地图是由联系、方向和距离相关的地点组成的，那么时间在距离和联系方面起着主要作用。

主观距离的空间和时间方面似乎主要与正效性或负效性相关，因此社会距离总是起作用。主观上社会特征有差异的区域之间的时空距离会大于相似区域。有一部关于悉尼的小说是这样说的："滑铁卢……距离双湾只有几英里，但在社会阶层上都相差了一个地质时代"（Cleary 1970，p. 120）——高低阶层地区之间的相对主观距离，或者反之，相似社会地区之间的距离，似乎是非常值得研究的问题。

主观的城市形态

人们学习并建立有关环境的意象、图式和心理地图。它们包括内部要素、人、社会文化和个人特征以及外部因素——来自环境的信息和线索。地方和地区、关系和定向系统、距离和障碍，在某种程度上都是主观的，受到的评价不同，给予的相对重要性也有差异。因此，主观的城市形态，即被经历和理解的城市，对于不同的群体可能是完全不同的——人们称之为城市的现象学（例如：Carr 1970）。这种主观的城市形态还可能与平面形式迥异——正如我们已经看到的，网格在地点或象征意义方面的社会重要性（第 1 章）。

虽然有证据表明城市形态的主观性，但很少有证据表明它的特殊性，或者城市的物理设计如何影响它。对于设计来说，我们需要知道，认知结构如何在基于社会文化特征的认知风格、出行方式、行为空间范围等讨论过的因素上与城市形态相一致。人们似乎不太可能产生明确的大都市空间图式，尽管从广阔的世界到非常局部的空间图式有一个层次结构。虽然层次结构本身也许是可变的，但却鲜有人知道城市的相对层次。

采取一种信息处理方法，并且考虑人类在信息处理方面的局限性（第 4 章），暗示了不同图式的清晰程度不但与频率使用和熟悉度有关，而且与区域大小有关，因此信息的总量是恒定的常数：

规模 × 细节 = 常数

所以大区域的图式虽然是共享的，但却是不清晰和普遍的，而局部地区的图式对社群来说是特定的，并且非常详细。主观形态也会因所选择的要素及其组织的不同而有所不同。我们已经看到，似乎存在着对所有人而言众所周知的城市符号元素，以及对当地人而言多样的地方符号——已经探讨过共享符号和特定符号之间差异存在的实例 [Rapoport 1970（c）]。因此，有面向大众的象征着特定城市的广泛共享的元素，而更小的社群则更强烈地共享更多的地方联合元素。可能是：

分享的程度 × 强度 = 常数

因此，大多数巴黎人（甚至外国人）都知道埃菲尔铁塔，但很少有人知道当地的咖啡馆、法式滚球场和阿尔及利亚居民区。以纽约为例，相较城市的其他地方，人们普遍知道的是曼哈顿（Milgram 1970，1972）。就曼哈顿本身而言，天际线及相关元素广为人知，但当地的居民区却少人问津，即便曼哈顿本就由许多地方居民区构成，如小意大利、下东区、上东区、哈莱姆、西班牙哈莱姆——或约克维尔（例如：Franks 1974）。

在雅典，可以预测大多数人都知道卫城、宪法广场、奥莫尼亚广场或番茄广场，但大多数人住在当地不同的地方，他们的城市形态可能在主要地标上是一致的，而不是在地方层面上。也可能有些人的大脑地图是如此有限，他们只知道局部的形态，以至于根本不知道主要的地标。雅典人一直住在当地的城镇里，甚至在特修斯集中统治之后这些习惯依然盛行；人们仍然认为雅典是一个小城镇和村庄的集合。这些地方

“它们各自为政形成独立的世界，有自己的商店和酒馆，居民的生活以自己的高原为中心，不受隔壁社区的影响，仅受雅典市中心的轻微影响。不同的地区保持着自己独特的个性，因为他们维护着古代城邦的传统这类有价值的事情，如此你会发现，这个社区的每一幢房子都显示着绝不妥协的‘保皇主义’的口号和符号，这种情况太寻常了”（兰开斯特，援引自：Kriesis 1963，p.59.fn.1）。

这些地区居民的主观城市形态不仅在地方层级上大不相同，而且出于位置、旅行方向、家域等因素，在整体层级上也会产生扭曲和隔阂。

我们已经在伦敦、巴黎和其他城市讨论过类似的因素，甚至在悉尼和洛杉矶还能看到有些人的心理地图局限在仅有几个城市街区的秩序上，也就是具有高度独特的形态。城市环境中众多的多元线索以许多不同的方式组织起来，尽管这些线索设定了一定的限制，并且给出了某些协商的惯例。例如，在我们的文化中，一个低密度的开放区域很少被视为城市中心或 CBD，它的名字本身就具有象征意义——中央商务区。然而在日本多中心城市东京，其中一个主要中心就是“空空如也”的皇宫宫殿。其他传统城市的中心也是这样的“空的”宫殿（Wheatley 1971；Krapf-Askari 1969），迥然不同的元素则用来定义古代中国、印度北部和南部、穆斯林教和其他地方的中心。因此，文化定义的元素的意义和内涵在主观城市形态中是重要的。

因此，白人、墨西哥人和黑人儿童对社区的定义涉及相同数量的类别，但对自然或人造元素、动物、植物或人的偏好不同。社区的规模、以家庭为中心的程度、注意到的元素、感知形式以及更大的城市规模图式存在的程度，这些方面都存在着主要的种族差异（Maurer and Baxter 1972）。

主观城市形态显然是认知的结果，通过从环境中选择直接和间接信息了解和赋予环境意义，对不同的感知模式和使用上的明显差异进行差异化强调，并借助特定于认知风格的编码和分类惯例。在主观形态与“客观”的对比中，没有“相对有效性”一说，而是如何使设计元素与特定的认知结构相一致，从而使客观形态与主观形态相一致的问题。要做到这一点，最好的办法是创造一些重要的地方场所，在这些地方场所，认知景观和物理景观可以协调、重叠和一致，这一点在澳大利亚土著居民身上得到了最清晰的体现 [Rapoport 1972（e）]。就像认知地图是围绕一阶、二阶、三阶、低阶地点和路径的框架构建一样，城市的设计也应该着眼于能够锚定低阶信息的元素。

举个简单的例子，高层建筑在城市中的位置不仅要考虑经济、美学、感知、象征和其他方面 [Rapoport 1971（e），1975（b）；Heath 1971]，还要从信息交流的角度来考虑——表明等级制度，正如在一些传统城市（如曼谷、中世纪城市）中所做的那样，而且仍然可以在当地或整个城市中继续这样做。从城市认知的角度来看，它们可以作为导向元素，如果与道路和其他运动系统的方向有明确的联系，就可以帮助构建图式，引导到高等级的地方（在坎伯诺尔德没有这样做）。这将有助于颜色（如在古代北京，颜色保留为等级重要的元素）和其他线索始终如一的使用，以及与行为保持一致性（例如：Steinitz 1968）。

从认知的角度来看，城市设计涉及帮助最大数量的人实现某种类型的认知组织方式，影响使用和行为。由于不同的群体存在差异，如何避免矛盾的组织是一个难题。主观的城市形态似乎与场所的概念有关——城市作为一种认知结构，是一系列不同规模程度的场所，通过各种线索定义重要性和意义，具有清晰或模糊的边界或过渡梯度。这些地方由路径连接，由障碍物分隔，并与包含了方向和空间/时间距离的定向框架有关。每个地方都有与之相关的价值和情感，每条路线和每处障碍都被评估为缓解或困难、正效性或负效性。这些构造方式为大大小小的群体所共享，基于对线索的注意、理解和服从的行为，依赖这些图式，而不是客观的形态。所以说，影响行为的是主观环境。

第 4 章

环境感知的重要性及性质

要素必须要先被人们感知到，才能组织成图式并被评估。因此，感知是联系人与环境的最根本机制——在所有人与环境的互动过程中，感知无处不在。人们通过感官体验环境，所有的信息都是通过我们自己或他人的感知获取的。人们要先注意到线索，才能理解并遵守它们；同样地，人们也必须先感知到要素，才能评价它们的社会意义；人们还必须先将信息从“噪声”中分辨出来，才能评估标志、建筑、地区和地点等信息。

“感知”一词来源于拉丁语的“Percipere”，意为“掌握、感受、理解”。在许多字典的释义里，最有用的就是涉及感官知觉的解释，因为它提出并强调了评估、认知和感知之间的区别。在这里，我们不去讨论感觉和感知在早期心理学研究中的区别，而是强调亲身体验过的场景与描述中的场景、记忆中的场景或图式化的场景之间的区别：什么是体验，什么是记忆，这两者之间有着根本性的差异。

或许还可以区分感官认知（或环境的知识）与象征符号认知（或关于环境的知识）之间的区别（Gibson 1968，p. 91）。前者是感知，是对于事物和场所的直接感官反应，而后者是认知，这样所接收到的信息是经过处理的，而且可能是间接的。虽然人们看到的世界大致相同（Gibson 1968，p. 321），但他们构建世界和评价世界的方式却截然不同。

感知是感知者与环境相互作用的过程，并且总是带来复杂的哲学问题，比如身心问题、客观现实的本质以及内省的价值等。目前的研究强调感觉、记忆和感知之间的连续统一，并对其进行信息处理，把感知与认知联系起来（Haber 1968）。由此可见，刺激的性质、感知的生理机能以及有机体的状态，即期望、注意力、动机、选择性和适应性，都对感知产生影响。目前大多数的感知理论都在强调这种相互作用，并且认为一定是它把感官、认知和意动联系了起来，因此某一对象的感知特性是刺激出现方式的一种功能，并且该对象将影响有机体的存在状态（Werner and Wapner 1952）。这涉及“稳态”“有意义的信息”“图式的变化”和“明显的差异”等概念。如果环境和观察者都很重要，那就必须考虑感知者多样的个人和文化特征——例如，他过去的历史和经历、适应水平和文化图式（例如：Gregory 1969；Arnheim 1960）。当你寄一封信时，邮箱会变得很显眼；当你饥饿时，餐馆会变得很显眼；当你开车时，停车场会变得很显眼。也就是说，随着认知和情感状态的变化，感知也会变化。还有一些证据表明，文化会影响感知（Segall et al. 1966；Stacey 1969；Wober 1966），尽管这些影响远不如对认知和评价的影响大。

包括集合效应、知识效应和学习效应在内的理论认为，感知是人与环境之间的一种机制。例如，感知学习是由人们对所见之物的观察和记忆的变化组成的，而不是任何短暂一瞥中所见事物的变化（Hochberg 1968）。它还与视域和视觉世界之间的区别相契合。视域随着眼球运动而变化，是一个有着清晰中心的椭圆形范围。而视觉世界则是在视野距离、视野深度上延伸形成的，方向笔直，稳定而连续，既没有边界，又没有中心，但是有颜色、明暗、光影、质感，视觉世界由表面、边缘、形状和空隙组成，其中都是一些有意义的事物，即我们所知道的世界（Gibson 1952，1968），也可以概括为感知世界。

环境感知是对实际所处环境的最直接、最迅速的感官体验，尽管有时受到背景环境、记忆、认知图式和文化的影响，但可以独立于这些影响之外。

感知总是与行为有关，因此，这是一种介入性和参与性活动，与意义和动机有关。它是多模态的，涉及周围的所有环境，而不仅仅是中心的一小部分。环境感知不同于对象感知，前者在尺度上更大，因而受运动、材质变化和连续累加的视线等因素的影响更大，另外还受环境氛围或气氛的影响，由社会和物质要素、人与事物共同构成，是一种难以定义但却非常重要的影响因素（Ittelson 1970，1973）。环境中总是存在着处理不完的信息。

潜意识感知在对环境的整体反应方面可能很重要。大多数数据不是被有意识地接收，其中可能有两种神经系统在起作用——一种是潜意识的、更为原始的系统，接收所有输入的数据；另一种是有意识的系统，有选择地处理数据，过滤器在这里起了作用（参见：Broadbent 1958）。那些没有选择的信息仍然会被接收和分类，并潜移默化地影响着人们。这意味着，即使有意识地处理数据变得可控，但更大的环境仍会对态度和策略产生影响，也就是说，潜意识感知设定了场景，但重点在于具体内容细节。潜意识知觉是对抗突出的或重要的因素、危险和矛盾的基础——这些因素、危险和矛盾在任何情形下（Gibson 1968）都有可能变成明显的差异和变化 [Rapoport and Hawkes 1970；Rapoport 1971（a）]。因为潜意识知觉与稳态有关，平衡和适应在其中起着作用（Walker 1972；Wohlwill 1971；Wohlwill and Kohn 1973）。一般来说，图式是用来稳定感知的，这样随着时间的推移，就会产生一种趋向于完全稳态的潜意识感知。环境可能需要通过强烈而独特的刺激，即明显的差异来扰乱稳态，比如新的信息使人兴奋和警觉。环境感知应该是稳态与紧张的结合，同时还有一定程度的新鲜感。

能够导致兴奋的刺激的一些特征已经在第 3 章中讨论过了——刺激的强度、大小、位置、显著性、与背景的对比、作用、符号意义，等等 [Rapoport and Kantor 1967；Rapoport and Hawkes 1970；Rapoport 1971（a）；Gibson 1968；Appleyard 1969]。无意识感知或潜意识感知也有助于解释直接经验的丰富性。通过这种感知，我们主要找出那些不符合任何模式或图式的事物（Ehrenzweig 1970，pp. 44-45），这就是为什么体验环境的丰富性要高于任何其他环境所表现出来的程度。

环境感知的选择性不仅是由背景环境、动机、经验和适应水平决定的，还与认知需求，如联系性、同一性、尺度和方向等有关。例如，同一性要求我们从不同的立场和用不同的方法识别要素。对联系性和关系的需求意味着，与图式不符的感知信息可能被拒绝——即使人们仍然对它作出下意识反应。因此，尽管道路一侧的商业街可能太过混乱而无法组织，两侧也没有联系，但我们仍然对混乱、刺激、光线、颜色、材质、交通、噪声、气味等要素作出反应。

另外方面，感知者也起着作用。感知涉及判断，在作判断时，有两种要素在发挥作用——刺激和观察者敏感度的性质，以及人的辨别意愿（标准状态），这两者是不同的。信号检测理论 [例如：Murch 1973；Daniel et al.（日期不详）] 认为，真实环境总是存在一些不确定性，因此标准状态就变得很重要，标准状态就是，在给定最少线索的情况下，决定某个状态是否存在的意愿，这也决定了接下来行动的意愿。经典心理物理学中有绝对阈值（感官所能感知的）以及差异阈值或相对阈值（显著的差异，取决于环境、背景和感知者的性格）。信号检测理论中没有阈值这一说法，但可以区分观察者的敏感度和偏见。人们可能会问，两个及以上的刺激对感知者的影响是否真的不同，两个及以上的感知者对刺激的敏感度是否也不同，以及感知者在偏见（或标准状态）上的差异最终是否会使他们对于相同的刺激作出不同的反应。

任何刺激都是由信号和噪声组成的。人们检测到信号的概率和准备采取行动的概率是不同的 [Daniel et al.（日期不详）]。这显然赋予了感知者一个更为积极的角色，但也暗示了一个假设产生的过程（例如：Kelly 1955）——即人们支持一个假设所需的证据量是不同的。感知，也就是当下对此时此地的意识，与辨别力有关，这一过程包括三个阶段：第一阶段，即在期望和环境背景中，人们不仅仅看到和听到，而是观察和聆听。感知发生在一个“调谐”的有机体中，任何既定的假设都会导致认知和动机过程的兴奋。第二阶段，人们接收来自环境的信息。第三阶段，人们对其进行检验（Sandstrom 1972）。另外，根据之前的讨论，我们知道，人们是基于认知图式和评价标准检验感知信息的。

笼统地回顾大量关于感知的文献（心理学中数量最多的文献之一）并不能帮助我们理解这一问题。一方面，许多实验室研究可能无法证明感知对设计师的工作有即时和直接的益处，并且在近期任何关于感知研究的标准文本中都能找到相关内容。另一方面，各类文献中的观点也有许多分歧，仅在《国际社会科学百科全书》中“感知”这一词条下的解释就有 50 多页。因此应该从心理学研究中精选出一些概念和数据讨论环境感知，从而为理解和评价大量有关城市设计的研究文献提供一种方法，这样做可能更有意义。

关于环境感知，没有一个统一的单一理论能够将城市感知和认知联系起来，但我们可以区分三种主要的城市感知类型——操作型感知、反应型感知和推理型感知 [Appleyard 1970（b）]——以及对城市元素的认知需求的感知。操作型感知取决于用途，与有目的性行动有关。由于人的行动和行为系统的差异，操作型感知是多变的，并且在一定程度上是联想的，而不是感知的 [Rapoport 1970（c）]。反应型感知比较被动，与物质环境有关，即与所有可察觉的要素有关。推理型感知本质上是一种概率，人们将新的刺激与图式进行匹配。在城市感知中，各种模式之间的一致性非常重要，这样它们才能彼此强化并产生必要的冗余。因此，活动、形式、强度、位置、层次、符号意义等之间的一致性往往强化感知和认知，但由于个体和群体感知者特征的不同，很难对此进行完全的预测和设计。

从卡米洛·西特（Camillo Sitté）到英国景观群，感知的重要性一直都蕴含在城市设计的概念中。规划与设计、彩色平面与城市环境体验之间的差别就在于此。事实上一个平面是粉色的地区和一个平面是绿色的地区并不一定被人们感知成不同的地区，所以在昌迪加尔，人们通常认为集市街道和绿化带是一样的——至少对于游客来说是如此。环境感知涉及感知者与环境之间的相互作用，城市设计师提出，对于空间感知而言，环境包括了空间围合的大小、围合的程度以及围合的形状［例如：Goldfinger 1941（a），（b）；1942］。还有一种观点认为，空间的开放与围合的感知是由边界高宽比决定的，与实际大小无关（Spreiregen 1965）。后一种观点得到了部分支持（Hayward and Franklin 1974），但这种观点没有考虑动觉和其他感官数据。通常可以将这些观点和许多城市设计研究文献视为一系列需要基于人与环境的研究数据进行评估的假设。

另一个例子是关于天际线的争论，一些设计师认为天际线是非常重要的（例如：Worskett 1969），而另一些设计师则认为，除了远景，大多数人的眼睛并不会看视平线以上的位置，他们只注意眼前10英尺的地方（例如：Sinclair 日期不详）。在第3章中我们对内部感知和外部感知进行了区分，这将有助于解决分歧——在不同环境下感知到不同的元素。

人类的视域通常在水平方向上有180°的周视角，在垂直方向上有150°的周视角，在27°高和45°宽的范围内具有清晰的视野，当速度增加时，角度会减小（Lynch 1962；Tunnard and Pushkarev 1963；Pollock 1972）。我们据此推断出人们在不同距离上能够看到和识别出的人影，尽管人影会随着速度的变化而变化。对于视力为20/20的行人来说，在正常的光线条件下，至少能看清1′范围内的事物。因此，一个人在1000英尺外可以看到3.5"范围内的事物，而在465英尺外则能看到1/2"范围内的事物，即面部特征。因此人们在大约4000英尺范围处可以看出一个人的轮廓，在400～500英尺处可以区分男女并且辨认出手势，在75～80英尺处就能辨别出这个人是谁，在45英尺处可以较为清晰地看到这个人的脸，在大约3～10英尺的范围内人们之间就能产生直接的社会接触。所以，在室外空间中，3～10英尺属于难以忍受的近距离，40英尺是会使人产生亲密感的距离，80英尺仍然算是一种“人性尺度”距离。过去大多数成功的城市广场尺度基本都在450英尺之内（Lynch 1962；Hosken 1968）。这些代表距离的数字说明了设计是如何影响高层建筑的，将决定它们是被视为地标还是被看作很多小部分和细节。这些都取决于距离与高度之间的关系，以及空间围合的程度。因此，当一个物体的主要尺寸与它到眼睛的距离相同时，它是无法被看作一个整体的，此时人们看到的主要是细节；当人眼到物体的距离是物体本身尺寸的2倍时，它就能被视为一个整体；当距离达到物体尺寸的3倍时，它依然是一个整体，但这时人们还能够看到它与其他物体之间的关系；而当超过这一距离时，这一物体就会变成整个场景的一部分（Lynch 1962）。这一规律表明，高宽比在1/2～1/3之间的围合空间是最为舒适的，高宽比低于1/4就会难以产生围合感，超过1/2就会使在这个围合空间中的人产生一种在沟壑和坑底的感觉（例如：Sitte 1965）。然而，所有这些规律都忽略了要素的性质、动觉及其他感官模式的作用、感知的动态性和观察者的特征。还有一个复杂的因素往往会被忽略，要知道，高度和距离是人们主观估计的（Kittler 1968），并且这在一定程度上取决于空间本身的大小、光线条件，还与估计的空间深度和广度有关——相对大小、事物的重叠、立体视觉的视差、运动视差、视平线以上的高度、质地渐变、阴影、线性透视（涉及绝对大小的估计）和大气干扰（Gibson 1952）。

这一观点（即感知在研究人与环境的相互作用和城市设计中很重要）并没有被普遍接受。人们可能认可它的核心作用，但同时质疑它是否能被精准测量，是否涉及了太多的变量 [例如：Murphy and Golledge（日期不详），p. 3；but cf. Golledge，Brown and Williamson（日期不详），p. 36]。另一种更极端的观点认为，"感知作为环境设计和作用于人所产生后果之间的中间变量，提供的帮助是非常有限的"。

潜意识的影响确实给测量带来了困难。环境感知因其封闭性而难以应用于设计，因此很难通过其他非直接的方式重现感官体验。外围视觉和球形视觉的体验是任何模拟都难以企及的，感知与模拟、记忆、认知之间在生动程度上往往天差地别。而且感知并不单纯只是视觉上的，它是一个多感官的复杂过程，所以人们能够下意识地发现不同环境中的大量而丰富的刺激，而且感知是主动动态的而非消极被动的。所以，考虑感知问题能够为我们了解城市形态提供非常有益的启示。

我之所以要将感知与认知区分开来，原因之一就是，感知是主动的而非被动的。感知者从环境中提取信息，而提取的信息种类、所产生的结果分析和搜索的重新定向逐渐积累成经验，即重复的相互作用，因此，文化差异的产生一方面是由于认知风格的区别；另一方面是因为共享经验的不同。有很多证据表明，人们会主动寻找环境中的重要信息，而不仅仅是被动地接受信息的轰炸（例如：Gibson 1968；Arnheim 1969；Murch 1973）。因此，感知是一个动态过程，在这个过程中，感知者将潜在刺激转化为有效刺激（Gibson 1952，1968），感官信息与感知者特征、动机、知识和假设相互作用。直接感官信息在感知中的作用比在认知中更大，尽管两者都有假设检测，但它们是不同类型的假设。

在任何情况下，人们都与环境有关联——他们不但是观察者，更是参与者。人们融入环境，在环境中行动并作用于环境，他们从来不把环境看作一张远景图、照片或者幻灯片。环境并不是某个"在那里"等待被感知或了解的东西，而是人们必不可少的一部分，人们身处其中，人们自身也是它的组成部分。环境与人处于一种积极的、动态的和系统的相互关系中。虽然为了讨论的目的，我们可能需要将环境视为"在那里"存在的，这是环境的设计方法，但实际上，人们不仅与环境相互作用，在环境中付诸行动，还在其中寻找目标，寻找或回避刺激，因此人们就需要选择自己所使用的线索，其方式我们之前已经讨论过了。在任何时候，都是人在环境中，而不是人与环境各成一体，人们很难想象一个脱离了他人、意向、价值和符号的环境。

最后一点非常重要，因为人们喜欢把所有事物符号化，并将符号视为一种环境刺激

(Dubos 1966; Lee 1966; Rapoport and Watson 1972)。虽然这一过程在评价和认知层面上更占据主导地位，但如果仅从线索选择和构建过程中存在的文化差异来看，它在感知层面上也发挥着作用。毕竟，人们在一个环境中的行为是要基于对环境的评估，进而不断塑造自己的偏好和认知结构。

感知的动态性和积极性是通过错觉和形变来表现的。例如，像建筑和山体这样的垂直要素在拍摄时往往会被夸张，它们在照片上看起来要比实际小很多 (Lynch 1962; Kittler 1968)。类似的形变是由吸引力和高价值引出的，是社会影响感知的一个特例。这意味着背景在环境感知中起着重要作用，尽管它对评价和认知的影响更大，也就是说，非感官因素对感知的影响小于它对认知和评价的影响。

注意力是一种选择性系统，旨在应对人们有限的信息处理能力的问题。这说明，我们会排除许多事物而把注意力集中到剩下的事物上 (Triesman 1966)，这与我们之前讨论过的过滤器有关。由于人们的兴趣不同，他们的注意力也不同，除了文化和其他相对不变的过滤器以外，环境中被排除和强调的东西也会迅速变化。那些能够提供新信息的新信号往往会被注意到，因此有了一种全新的要素，它包含了环境中的变化以及与文化和感官寻求有关的特征 (Markman 1970; Mahrabian and Russell 1973，1974)。语言学研究为这一观点提供了证据支持：在大多数语言中，“左”都隐含着负面意义。而且，人们很难想象一个在原点左侧但却有着正值的图形，这似乎是一种文化惯例，正如艺术领域中偏好方向的兴起一样 (Giedion 1962，1964)。类似地，一条从左向右上升的线，在有着从左到右阅读习惯的文化中会将之视为一条上坡线，而在有着从右到左阅读习惯的文化中却将之视为一条下坡线。这一争论尚未得到解决，但重要的是人眼扫描的存在——感知中主动和动态的部分强化了人类对于感官刺激的需求。

眼动在视觉感知中至关重要。人眼总是在积极地扫描，即使很小尺度的物体也可以逐步建立起感知。如果图像在视网膜上稳定下来，那么物体就会消失 (Noton and Stark 1971)。在城市尺度上，感知也是通过一系列图像持续在 1/50 ~ 1/25 秒之间的短暂扫描建立起来的。还有观点认为，它否定了感知的整体性和格式塔的概念，但似乎这样建立起来的感知往往更符合格式塔心理学家口中众所周知的简化，例如调平 (通过抑制某些特征来强化)、锐化 (突出某些特征) 和标准化 (使其更接近某种众所周知的形式或结构) (例如：Wulf 1938)。

主动扫描和建立感知的事实提出了一个问题，即我们应该选择哪些要素和线索，以及如何组织它们。人们往往选择那些认为重要的因素，这受到文化、个人经验、注意力和动机的影响。此外，人们往往更愿意选择信息含量高的因素。一般来说 (大部分的研究是在比城市小的尺度上进行的)，人们倾向于关注不寻常的、不可预测的轮廓 (尖锐的曲线和棱角、不同寻常或新颖的因素、状态的变化等任何明显的差异)。注视的顺序反映了特征与整体直觉表征之间的相互关系。小背景下 (如绘画) 的眼动是循环且复杂的 (Noton and Stark 1971)。

在城市环境中，视线在空间中移动，寻找线索，在不同社群中眼动是不同的，在街道和广场之间也不一样。在街道中，由于空间的性质，视线定向集中在中间距离上左右扫描。

因此，认知模式是平衡的，随着信息量的均匀减少，注意力平稳下降。而广场空间界限就相对较为模糊，导致人们的注意力集中在一个围绕中心摆动的窄带上，注意的是前景和中间地带。认知模式是模糊不清的，注意力也是上下波动的，不同于有着平滑轮廓的街道，广场空间的轮廓往往由一系列 S 形曲线组成，这也说明，空间的模糊性越大，其对于补充信息的需求也就越高。因此，是感知的序列性和动态性导致了人眼扫描的差异。

影响感知的另一个环境因素是出行的速度和模式，它不仅影响感知，还影响认知。这在一定程度上与时间感知有关，因此，空间和时间可以相互替代。对于时间的感知是一连串的事件，对于空间的感知也是一连串的事件，两者之间是相互关联的，因此，时间和非时间的信息其实是等价的，可以通过特定时间或空间区域内事件的数量和性质对时间进行评估（例如：Fraser et al. 1972；Ornstein 1969；Cohen 1967）。时间标准也有助于区分感知和认知。认知实际上是静态的（变化非常缓慢），而感知则是不断变化的，感知是一个主动的过程，机体在试图保持认知图式不变的同时，也会在刺激中寻找变化。因此，这种图式需要稳定性和明确性，而感知体验则需要活跃性、动态性和复杂性。所有的感知都是主动的和动态的，环境感知，或者说对大尺度环境的感知尤其如此，因为它涉及在环境中的探索和移动。由于刺激的多样性和模糊性，环境感知还涉及推理、经验和记忆。因为潜在感知对象及其组织方式的多样性和模糊性，人们需要对物质环境进行探索。

感知的多感官本质

我们不能把环境当作一种远景图、幻灯片甚至影片看待的另一个原因是——过分强调视觉效果的同时，相应地忽视感知的多感官本质。设计师尤其容易强调某种视觉效果而忽略其他感官，这一方面是因为他们自身的偏见和价值观；另一方面是因为视觉标准更容易控制，在图纸和模型中处理起来也更容易。尽管心理学家在听觉方面做了大量工作，但他们往往更关注视觉，以至于常常将“感知”默认为视觉方面的感知。原因之一就在于其他感官类型的研究要困难得多。

不同的感官是世界和感知者之间不同的交流方式。一个人可以区分两种基本的感知模式——主体中心的（自我中心的）和客体中心的（非自我中心的）（Schachtel 1959，主要在：pp.81，115）。* 前者关注人的感受，是感官质量和愉悦感的结合，而后者关注客观和理解，涉及注意力和方向性。两者在不同的感官之间也是有区别的，味觉、嗅觉、触觉、热觉和本体感觉主要是自我中心的，而视觉和听觉在较小程度上是非自我中心的。这种区别一般是相对的，而不是绝对的：听觉具有二者的双重特征——它在语言方面是非自我中心的，而在语调、音乐和声音方面则是自我中心的。在视觉方面，我们还发现，相较于形式而言，颜色和光线呈现出更多的自我中心的特征。

---

* 非常感谢 Joachim Wohlwill 向我提供了这些关于非视觉感官的资料。

较原始的自我中心的感官中往往不会有客体化过程，它只会发生在高等动物和人类中，随着人的成熟而不断增加，直到在人成年时得到充分表现。自我中心的感官更多是生理性的，与愉悦感和舒适感之间有着密切联系，通过它们，行为往往更受环境本身的控制，而不是被知识所控制。非自我中心的感官更具有理性和“精神性”，在西方文化中，它们占据了主导地位，而自我中心的感官则日渐衰退。

非自我中心感知更容易通过图式进行自我回忆，图式强调了主要特征，但缺乏丰富性。自我中心感知则是超越图式的。自我中心感知更难相互交流，所以嗅觉、味觉、热觉、动觉甚至听觉经验都比那些语言或形式经验更难分享。审美鉴赏力的发展会带来非自我中心感知的二次自我中心化过程（Schachtel 1959），不同的文化往往看重的模式不同（例如：Wober 1966），在中国和日本，触觉以及其他感知和敏感度受到高度重视，而大洋洲的一些国家更看重嗅觉，非洲国家重视听觉和动觉，等等。对于儿童来说，在他们受到文化同化并能够描述视觉、触觉、嗅觉和听觉空间之前，其他感官也非常重要。

自我中心型感觉的描述解释了为什么缺乏对它们的研究——在实验（或设计）模型中显然很难对它们进行处理分析。因此，大多数心理学研究都是关于视觉和听觉的，嗅觉和味觉是最原始的感觉，也是最难以解释的。例如，它们没有一个单一的特征，也没有明确的环境属性，与嗅觉、味觉、触觉或本体感觉经验都有一定的联系，尽管公认有四种基本味觉——甜、咸、苦、酸，以及七种基本气味——樟脑味、麝香味、花香味、薄荷味、乙醚味、辛辣味和腐腥味（Held and Richards 1972，pp. 40-43）。

除了味觉，其他感官在设计中的使用在情感上是极其重要且令人满意的，因为准确的气味、声音、材质和身体运动都是通过原发体验的，而不是通过记忆或图式化的，因为它们超越了意识范畴，并一直在感知中发挥重要作用。与此同时，视觉在我们的自身文化中显然占据了主导地位——可能对整个人类来说亦是如此，它提供了最多的信息，并对我们在世界中的行动帮助最大。然而，主要感官并不意味着是唯一的感官，在设计中，视觉已经进行了图像化处理，环境因此被认为是一幅画。

任何环境体验都有全部感官模式的参与（如第 3 章），它可以理解为个体对外部物质和社会环境的全部感知和反应，以及对其内部环境（动机、注意力、健康、警觉和饥饿）的同期监测会影响对外部环境的感知。身体沉浸在环境中，并对环境中的声音、气味、材质、温度和视觉等作出反应。

视觉。这是人类最主要的感官，也是心理学和设计学研究最多的领域，尽管其在不同文化和不同个体中的相对优势会有所差异。与其他感官相比，视觉提供了更多信息，并能更有效地识别和利用地点场所。实验表明，当与其他感官发生冲突时，视觉是占优势的，尽管其优势程度和具体条件仍有待探讨（Rock and Harris 1967；Fisher 1968）。视觉不是图像化的，而是主动进行搜索的，涉及周边视觉并能察觉到后方和上方的事物。定向主要是视觉的作用，尽管在某些情况下（如爱斯基摩人）还可能涉及嗅觉、触觉和听觉信息（例如：Carpenter 1959，1973）。视觉环境感知依赖于空间、距离、材质、光线、颜色、形状等方面的对比（Gibson 1952），随着文化和个人经验乃至视觉敏锐程度的不同而变化，相应的变化会有明显的差异 [Rapoport and Hawkes 1970；Rapoport 1972（e）]。

嗅觉。嗅觉是一种原始的、直接涉及情感的感官，常常给人模棱两可，并不十分准确的感觉。但它能够唤起人们对某个场所的强大记忆，并且极大地丰富人们对那个地方的感觉。嗅觉也被赋予了一定的社会意义，并用来赋予人们道德和社会嗅觉认同（例如：Largey and Watson 1972）。即使与法国和意大利相比也是如此，嗅觉在大多数英语国家受到了极大的抑制，尤其在美国，而且还存在着性别、年龄及个体上的差异。相比于这些比较注重嗅觉的文化，盎格鲁 - 撒克逊国家在感官上是贫乏的。其他城市和地方可以通过气味变得令人难忘，如港口城市、特定食物制作或销售的地方，于是整个城市地区变成了一种独特的嗅觉体验，像日本的绿茶之城宇治（Uji）、城市里的巧克力厂或酿酒厂、传统城市里的肉铺或面包店、中东的集市（相对于超市）等。设计有助于强化环境的嗅觉感知（在文化规范之内），而不是通过无处不在的气体烟雾来削弱它，包装或空调更减少了人们与丰富的嗅觉环境的接触。文学中的描写，从普鲁斯特到侦探小说，往往比其他专业写作更能强调出环境中气味的重要性："……从街对面的一家路边小酒吧里飘来一股浓郁的咖啡味儿，还夹杂着一些辛辣刺鼻的味道。希腊人似乎读懂了布拉德心中的疑问。'芝麻'，他说：'你闻到的是刚烤好的芝麻卷，史密斯先生'"（Nielsen 1971，p.26）。这是雅典的气息，在地球上任何地方把我的眼睛蒙上，这味道都会带我回到雅典。

听觉。这是除视觉外，唯一被深入研究的一种感觉，文学作品中也有广泛的描述。声学空间是一种没有具体位置的球形空间，它四周环绕且没有边界：它强调空间而非对象（视觉则强调对象）（Carpenter 1973；Carpenter and McLuhan 1960）。因此听觉是短暂的和散射的，往往没有什么环境背景，相对于视觉的持久，听觉更具有流动性，它缺乏视觉在定位和定向上的精确性（Fisher 1968）。听觉更被动——视觉比听觉更容易被阻挡，而声音是无处不在的。它也是语言信息和人际交往的来源。听觉在一些文化中是非常重要的：在非洲，有一种描述是说，人们有兴趣并且很高兴听到两冲程电机的声音（Wober 1966）。对于爱斯基摩人来说，听觉比视觉更重要（Carpenter 1973，pp. 32-37）。至少每个人都可以分辨出嘈杂的环境和安静的环境、有回声的环境和死寂的环境。环境中充满了不同的声音，在现代城市中这些声音淹没在了无处不在的交通噪声中，降低了人们的听觉敏锐度（将工业社会与部落社会中人的听力进行比较），使得人们越来越难以体验听觉环境。这种敏锐度的发展在狩猎和采集时代的先民和盲人身上有所体现。然而，即使设计师的敏感度较低，也可以操纵声环境——形成嘈杂与寂静的对比，这样一来，人从嘈杂的空间进入一个安静的空间，就可以快速感知到树木、鸟儿、微风和流水。伊朗的清真寺、英国的大教堂、一个普通的穆斯林或拉美的庭院都有这样的设计，最重要的是意识到这种对比——一种过渡。

触觉。除了在深度和空间感知中具有重要作用的视觉外，人们也可以通过触觉体验环境的质感。由于通过手指感受的触觉需要经过努力才能实现，人们对于质感的触觉主要来自脚下。人们可以区分软与硬、光滑与粗糙，区分草地、苔藓、石头、混凝土、鹅卵石、小软石、砂石、泥土与木板。在现代城市中，沥青的使用无处不在（以及在表面光滑、易于维护的建筑中），几乎消除了人们的触觉体验。古老的城市通常提供了全方位描绘城市的可能，而这在那些有意识地使用材质的文化里更为重要。以日本为例，因为人们在室内不穿鞋，所以建筑内部非常善于运用软垫、抛光的木地板、粗糙的木板等，类似的手法也会用在花园里。触觉质感可以通过视觉、听觉和动觉得到加强，比如在柔软的表面没有脚步声，而在坚硬的表面则会发出鞋子咔哒的脚步声；在光滑的表面上人能够滑动，而在柔软的表面上则会凹陷进去。最近有地方尝试在交通管制中采用触觉信号——在高速公路上设置警示细槽或在低速街道铺设鹅卵石，但是触觉的潜力仍未得以完全发掘。

动觉。动觉是通过本体感觉实现的，这是一种对身体在空间中的位移和运动的感受，与角度和曲线的锐度（参见第3章）（Gibson 1968，p. 67）、运动的速度及其变化速率、方向的变化率、人行道的光滑程度、上下斜坡或者是楼梯、身体方向的变化以及这些运动是主动还是被动的都有关系。它主要在小尺度上发挥作用，也就是说，动觉是一种经验性的感觉（Howard and Templeton 1966，pp. 256-261）。再次强调，有些文化比我们更清楚地意识到了这一点，与欧洲汽车相比，美国汽车较少涉及动觉（在声音、通风和气味方面也是如此）（Hall 1966）。在小尺度上有许多有意识地利用动觉经验的例子。因此，在日本花园里的水面上有垫脚石、草和苔藓，人们沿着一条非直线的线路移动时观察和感受它们，并强烈地意识到自己的身体和动觉。每一次方向变化时所看到的景色都强化了这种感觉。桂离宫（Katsura）的入口及过渡区也有对动觉的利用，以强调明显的差异，这一点在伊朗更加明显（图4.1）。例如，伊斯法罕清真寺的入口设计利用了突然变化的方向和突然增高的基石，增强了垂直上下和方向变化上的动觉体验，同时强化了其他感官的过渡体验——声音、光线、气味和温度（Rapoport 1964—1965），后文会对此进一步解释。

空气流动和温度。人们能对空气流动变得非常敏感——盲人能够区分12个等级的风速（Berenson 1967—1968），爱基斯摩人至少可以区分出同样多类型的风，丝毫没有夸大他们对风的敏感度（Carpenter 1973，pp. 22-23）。一些普遍的敏感性包括：突然袭来的一股温暖潮湿的微风或者从水上吹来的风（带着特殊的味道）、从阳光明媚到阴暗处所产生的温差（光线也随之变化）、来自太阳和地表的热辐射、经历一天暴晒在夜晚依然温热的石头、潮湿凉爽的草地、庭院中的清凉和微风（飒飒作响的树枝强化了这一感觉）与狭窄街道的炎热与静止，一个阴凉的集市和烈日当头的大广场在空气流动、温度和光线方面都有差异。在某些城市，临街高层建筑的街角经常有风（比如纽约和旧金山的市中心）。可以通过设计有意地使微风按一定路径吹过或者提供一些无风的区域。例如，在一条很长的建筑“街墙”立面断开形成通风，将寒风从背阴区域导出，都会相互加强这种体验。这在城市区域内也能发挥作用，随着人们逐渐接近大海，或从建成区向城市绿地或大型公园移动，会感受到温度和风速的突变（气味、视觉、声音和动觉也会随着道路曲折变化而变化）。这就是第4章中所描述的、在悉尼沿着阿奇博尔德街进入军人纪念公园或者不同列车之旅的感觉产生

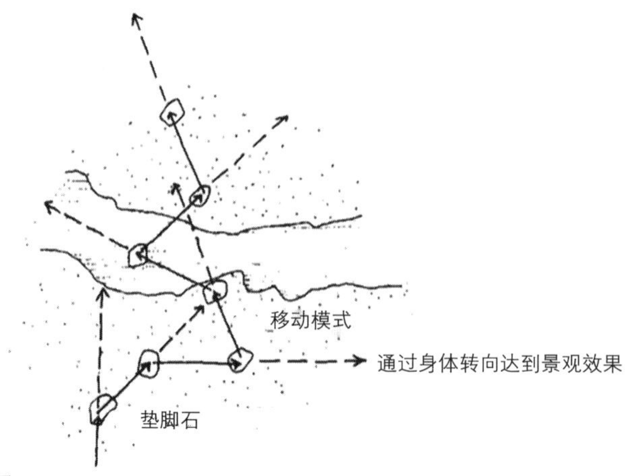

日本园林中动觉的图示

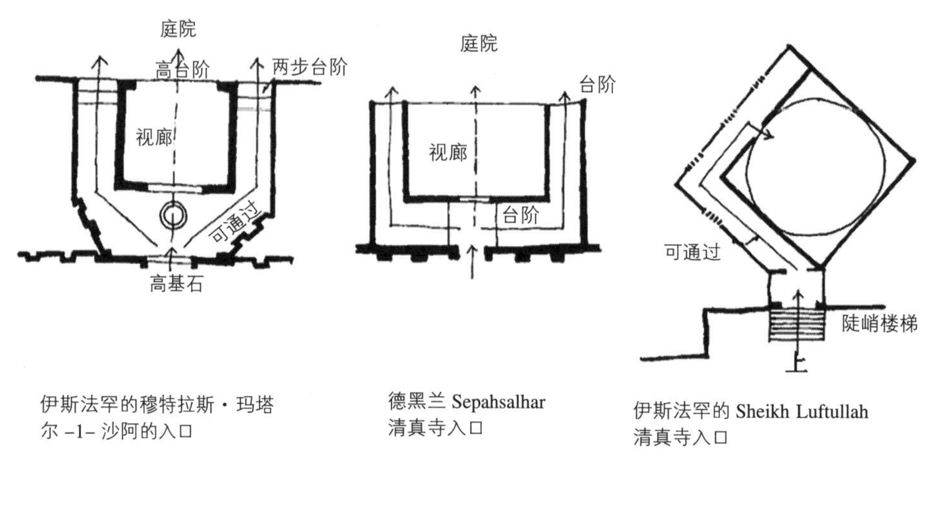

（来自：Rapoport，1964—1965）

伊朗清真寺入口的动觉

图 4.1

差异的原因（图 4.2）。

一般来说，在小说、诗歌，甚至是旅游书籍等文学作品中，往往会描写一个人通过声音、气味、材质、温度的变化找到某个地点、市场、城市、街道，许多都是从多种感官角度描写一个地方，甚至从非视觉的角度。某种程度上是因为它能够激发情感反应，而视觉比其他感官更抽象。我不会在这里分析这种文学的来源，但会举另一个内省的例子——我最近一次去墨西哥城短途出差，它可能是墨西哥最不敏感的城市，但在那里我意识到了声音和其他感官要素的作用。比如说声音：工匠、管弦乐队和流浪乐队、街头音乐家、手摇风琴家、街头歌手、玩具长笛商贩、吉他演奏者、交通、喷泉、风中摇曳的树木、安静的庭院、教堂的钟声、鸟鸣、叽叽喳喳的学生；气味：食品店、餐馆、街头食品商贩、鲜花商贩、公园和庭院里的树木和鲜花、面包房、肉铺、教堂的熏香、与美国不同的汽油味；材质：墙体、地面铺装；动觉：急转弯、高差变化、坡道、楼梯；用途：集贸地、商店、人群、不同服饰、生活方式、食品、富人区和穷人区、旅游区和居住区；视觉：狭窄街巷与大型广场的空间对比、材质、颜色、门窗细节，不同的人群、不同时代的历史古迹、市场、公园、寮屋。这种局部的描述表明，传统城市有一系列的感知线索，这在现代城市中是不存在的 [Rapoport 1973（c）]。

这些往往被设计师忽视：要么是没有有意识地运用这些要素，要么是抑制了它们的作用，如果没有受到抑制，它们往往是会发挥作用的。同样重要的是，大多数改建和新建的项目往往会消除多感官体验和对比——随着场地被整顿、清理干净和消毒，多样性也相应减少了。例如，科芬花园市场（Covent Garden Market）和巴黎阿勒区（Les Halles）的改造项目中，拆除了街市、本地面包店、肉铺、鱼摊、水果店以及其他能够通过气味辨别使用功能的地方，而这些地方原来是可以让人们通过嗅觉丰富城市中多感官体验的。同样地，有些听觉被嘈杂的交通所掩盖，不同的铺地材质被统一的道路所替代。人们常常抱怨所有的城市变得越来越雷同，这是因为包括视觉在内的各种感官作用都在渐渐地淡出人们的生活。

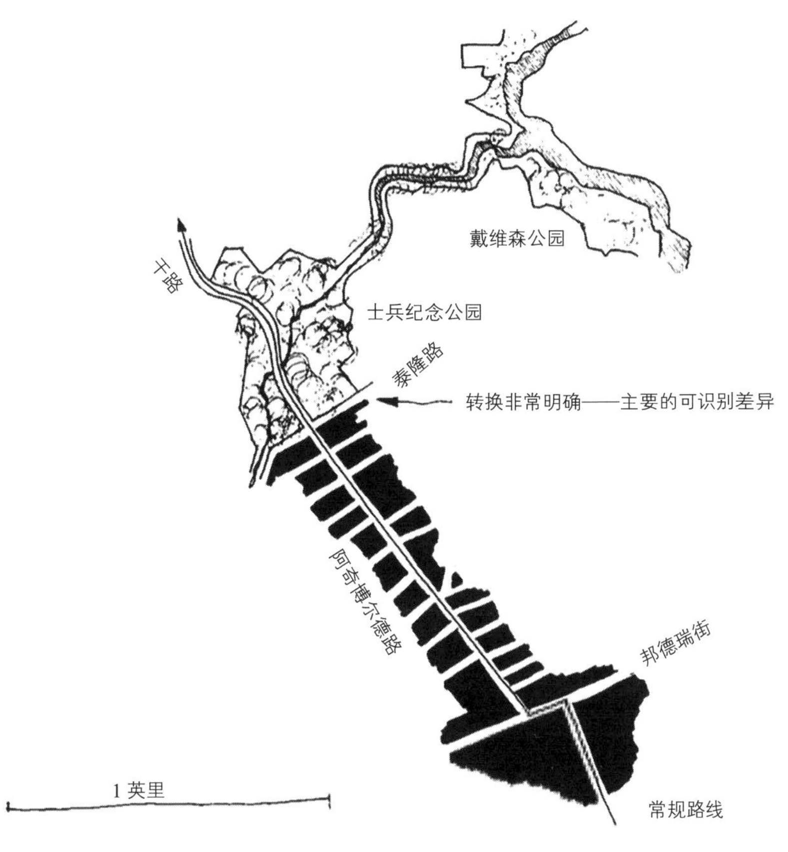

图 4.2　澳大利亚悉尼出行路线上的可见差异

显然，这些都和文化有关——在英语国家，感官的丰富性可能并不是人们所渴望的。东方的集市就像一个理想的调色盘，把人群、视线、声音、气味、颜色、对比、材质、可触摸的商品等要素都混合在了一起；它们与品质截然不同的居住区和庭院形成了对比，同时增加了感知体验的范围。在这个范畴内，不同的文化可以选择和利用不同的语汇。这种选择可能随着时间的推移而改变。例如，目前人们渴望多感官体验——触觉、味觉、体感和听觉——这种渴望在许多领域都有体现，只要设计师会利用这些信息，就可以设计出能够提供更多感官信息的城市。在对这一问题的理解上，大众媒体似乎走在了设计师前面：早在 1968 年，伦敦的一则新闻报道指出了气味对于考文特花园的重要性和其唤起记忆的能力（呼应了普鲁斯特的描写），谴责重建的花园丧失了这一要素，缺乏了对于食物的多感官体验和整体环境的感知。而这似乎与英国人希望充分利用全部感官进行感知的意愿相悖（Raison 1968）。

虽然在我们的文化中，随着儿童的逐渐成熟，那些更原始、更多参与到生活中的感官往往会被更抽象、更智慧的感官所替代，但在其他文化中，这些感官可以持续更长时间（例如：Suchman 1966）；在西方工业社会，尤其是美国，感官往往受到压制（Neisser 1968）。但人们的多感官需求很可能会持续存在——毕竟人类是利用所有感官进化而来的，包括空间感知在内的所有感知都是多感官的（Jeanpierre 1968）。显然，对自然环境的感知是多感官的，虽然视觉是最重要的，但其他感官也发挥了作用。松针、臭鼬、沼泽的气味；食物的味道，尤其是烹饪一条自己亲手捕获的鱼；冷风、雨水的刺痛；篝火的温暖；飞鸟、青蛙、海浪、清风的声音等，都是感知的关键组成部分 [Shafer 1969（b）]。脚下的质感和运动的动觉也非常重要。这个例子与城市和建筑例子的相似性说明了所有感官在感知中的基本作用：人们主要依赖的视觉信息与声音、嗅觉、触觉、动觉、空气流动和其他因素相关，它们既可能强化视觉的作用，又可能削弱视觉线索，从而帮助或者阻碍信息处理。无论如何，与认知表征和记忆相比，它们更有助于扩大环境体验的丰富性。此外，鉴于其他感官的性质，它们在情感反应（暂不讨论时间、符号意义和联想方面）中也起着重要作用。

然而，一般来说，城市感知和设计仍然倾向于从纯粹的视觉角度来讨论。因此，我们在批评城市步行环境单调和匮乏的时候，会提到颜色、质地和图案，偶尔也提到铺地，尽管这一要素往往被视为视觉范畴（Chermayeff and Tzonis 1971，p. 95；cf. Sitte 1965；de Wofle 1971；Spreiregen 1965，etc.）。同样地，大多数感知符号语言以及起到强调作用的线索和要素，都是纯视觉的（例如：Thiel 1961，1970；Cullen 1968）。有时候人们会忽视非视觉的感官，因为它们不易被设计，除非到了令人厌恶的程度（Scott-Brown 1965）。很难控制这些要素并不意味着不应该尝试控制它们——尤其是考虑到也有成功利用这些要素的例子。只有通过有意识的设计行为，才能重新引入这些要素。

社会和活动方面也在确定要素的重要性中发挥了作用，进而决定了要素是否能作为线索和感知要素。其中不仅仅有社会方面对阈值（以及要素的符号和联想价值）的影响。如果我们认同需要选择大信息量、线索和要素这一观点，那么涉及人及其活动的事物就应该是非常重要的，并构成环境感知的重要部分，而环境感知必然是具有选择性的。这些要素对于儿童来说非常重要（Sieverts 1967，1969；Maurer and Baxter 1972）。在某些情况下，活动对于成年人来说没有那么重要（Lynch and Rivkin 1970），但在另一些情况下，在同一个城市里，它们也可能很重要，而且与形式相一致（Steinitz 1968）。我在本节中使用的许多例子都与活动相关，而且许多环境的复杂性与活动变量相关。

活动在区分感知和联想要素以及可操作要素和其他类型的感知方面发挥着最重要的作用。因此，意义可能比客观物质要素本身更重要，但这些仍然必须通过感官来感知。

了解不同感官在环境感知中真正的作用十分重要。尽管证据尚不明确，但大多数观点认为感官证明了文化差异和年龄差异的存在。因此，在美国，嗅觉、听觉、视觉（如颜色和活动等）方面通常很少引起讨论（例如：Lynch and Rivkin 1970）（尽管回想起来，它们的运作超出了意识范畴）。然而，对于美国的儿童来说，嗅觉特征，如污染、工厂、草地、马匹、事物和鲜花等，以及听觉特征，如雷声、孩子、狗、虫子、马、松鼠、蟋蟀、青蛙和交通等，通常都很重要，具有种族（即文化）差异（Maurer and Baxter 1972）。在墨西哥的圣克里斯托巴尔，非视觉感官也是非常重要的，人们能够注意到嗅觉和视觉线索，并用它们区分城市的各个区域，虽然不如视觉线索那么清晰。正如前文所述，气味线索的研究具有一定难度（Wood 1969；Stea and Wood 1971）。而且对此的研究主要集中在记忆和认知而非感知上，因此，有意识地引入非视觉记忆，并用语言进行交流的困难程度起到了一定的作用。研究非视觉经验和感知，而非记忆和认知，虽然困难重重，但却十分有益。

如果所有感官都在环境感知和有效反应甚至记忆中发挥作用，那么从设计师的角度来看，显而易见的关键问题就是，不同的感官是如何协同工作的——它们之间什么时候相互加强，什么时候相互削弱，这种相互作用是线性的还是非线性的，是相加的还是相乘的，哪些感官协同工作效果最好，等等。然而，传统心理学中对这一重要问题的研究非常少，对环境感知方面的研究更是少之又少，所以尽管有关感知整合和模式间转换的评论一致认为这一问题非常重要，但却鲜为人知（例如：Pick et al. 1967；Loveless et al. 1970；Freides 1974）。这不仅因为其中的困难性，而且还因为手段和方法，所以许多感知方面的研究都是实验性研究，是在实验环境而非现实世界中，且是单一变量，充其量就是双变量，从来没有多感官的。显然，视觉、触觉、嗅觉、听觉和动觉感官模式结合在一起，形成了环境的综合表征，即我们生活着的稳定不变的世界，但其中的原理并不清楚。由于缺少相关知识，我们在具体细节上存在分歧，但在一般原则上仍能达成某些共识——但有些原则过于笼统，设计师很难直接使用。

（1）不同感官间相互作用和影响是切实存在的，但尚不清楚它们之间是如何、在何时以及在多大程度上相互作用和影响的，尽管不同感官空间的组织方式是类似的（Fisher 1968）。有明确的证据表明，在具体特定的条件下，一种模式会影响另一种模式，而且不同感官具有区分和整合信息的能力。不同模式与所有模式共用的信息处理和编码方式之间似乎有着某些特定的感官联系。也可能是感官在同时并行处理信息，而不是分先后顺序地处理，所以一次只能在一个通道上进行“调谐”，但我们可以切换通道，使多个并行的处理系统能够分析输入的信息，以检测是否存在触发感官的特征（Held and Richards 1972，p. 61）。

因此，特定模式下的图像会干扰该模式中信号的检测：人们在特定的感官模式中进行定位，然后调节通道处理内部和外部信息。然而，其他模式下的图像也会阻碍视觉图像，因此普遍对中心注意力及熟悉程度产生一些影响（Segal and Fusella 1971）。此外，还引起了模式间转换的阈值变化（Hardy and Legge 1968），实验表明，在其他感官模式的刺激下，视觉敏锐度既会上升，也会下降。

（2）视觉是最主要的，因为视觉图像是最容易进行检索和交流的。

（3）随着人的成熟，感官的分化越来越大，所以在存在其他模式的情况下，人们更容易集中于单一模式。不同的感官以不同的速度成熟，不同的模式处理不同的信息，有着不同的任务。同时，各模式之间也在不断协调，这种整合是认知层面的，涉及信息的处理。

（4）一般来说，视觉信息是最准确的，其次是听觉、本体感觉和嗅觉——这是大尺度空间中定位的顺序。而在小尺度的实验室中，顺序则可能是视觉、触觉，然后是动觉和听觉（Fisher 1968）。

（5）存在着明显的多种模式和跨模式间的影响，而且这种影响并不均衡：它们可能在某一方向上比其他方向更强，这取决于其涉及的感官和背景。因此，如果一种感官丧失，其他感官可以起到替代作用，使得机体能够在环境中运作，即不同感官根据机体的状态可以产生同等的效果。线索的分离程度也起到了一定的作用（Fisher 1968）。

有两种可能的观点。要么每种模式都有一个独一无二的处理信息方式，并且它们分开运作；要么存在着一种单一的非模式化的信息处理机制，能够通过编码实现跨模式整合。这两种观点都有相应的证据支持，最近有两篇文章在简单刺激和复杂刺激两种不同情况下是哪种方式在运作作用这一问题上产生了分歧（Pick et al. 1967；Freides 1974）。来自感官的结构化信息的叠加形成了一种单一的整体体验，而非不同的感官世界，所以很可能有一些一致的中心编码，从而使所有感官发出相同的信息，有观点认为，我们要学会“破译编码”（Leach 1970）。

（6）理论上，不同模式协同工作会通过增加冗余获取信息增益。这种增益取决于可用的信息和整合时使用的策略，也取决于信息的类型，如果用不同的信道传递相关信息会更有利。因此，有意义的刺激比抽象的刺激能得到更真实的结果，实验中通常采用的就是抽象的刺激（Fisher 1968）。同样地，如果信息是一致的，就会产生信息增益；如果不一致，则会产生减损。不同模式可能增加单位时间内处理的信息量，也可能在难以检测刺激时提高对刺激的检测能力。尽管人们认为可检测性是具有叠加性的，但这一现象似乎并不普遍，甚至没有达成广泛共识。

感官间的叠加可能有两种方式。如果将发生的概率相加，则每种模式都会作出独立的判断，并且将一些判断转移到一个中心决策点上。由于文化、经验和天赋遗传的差异，不同的人在不同的时间会采用不同的策略，并产生不同的结果。如果是生理上的相加，反应则来自刺激共同发生，单一的刺激可能并不引起反应，但叠加起来就会增加检测到刺激的概率。一个类比是，信息的不同形式所造成的冗余使非语言信息得到了强化（Mehrabian 1972）。

关键问题仍未得到解答。为了解决这一问题，我们需要更多的信息，以了解各种感官是如何在环境背景中有意识或潜意识地协同工作的（Kaplan 1970；Hass 1970，pp. 70-71）。所有感官在环境感知中的重要性似乎显而易见。环境为各种感官提供了一系列可利用的刺激，这些刺激的可靠性、可用性和感官可以处理的信息类型和数量各不相同（Stea and Blaut 1972）。我们尚不清楚感官在环境背景中相互作用的具体方式，以及它们在什么情况下相互加强相互抵消，或是像在压力环境中一样产生协同增效作用 [例如：Wilkinson 1969；Rapoport，印刷中（c）]。显然，本书迄今讨论过的许多因素都发挥了作用，因此，在空间感知方面，不同环境背景下的不同感知模式之间对于冲突的解决方式也不尽相同，尽管视觉往往是最主要的，但动觉和触觉也发挥了一定的作用，所有感官都会参与其中（Jeanpiefrre 1968），在与意义相关的社会文化方面亦是如此。整合各种感官模式的方式之一是运动，运动增加了感官提供的信息的维度。运动能够随着时间的推移将各种感官整合在一起。例如，当一个人处于静止状态时，信息的数量差不多是恒定的，而随着人开始运动，更多的感官参与了进来，信息的数量开始增加。运动帮助人们从环境呈现的阵列中获取信息并将其组织起来，因此，人们对于世界的感知就不是不同类型感知（视觉、触觉、嗅觉、听觉和动觉空间）叠加的问题，而是一个产生单一结果的组织过程。

对城市语境下多感官模式的研究少之又少，仅有的研究又是双感官方面的，例如，关于声音和视觉在城市感知中相互作用的研究（Southworth 1969）。伴随着相关视觉线索的出现，听觉感知得到改善，反之亦然。声音提供了一种与现实之间的重要联系，起到了丰富感知和保护的作用，例如，我们往往在看见汽车之前就听见汽车的声音。没有了声音，视觉感知会变得缺少对比，其信息量也会减少。只有听觉的人能听到更多的声音，只有视觉的人能看到更多的东西，这就是感官补偿。城市中的声音具有感知特征和多样性，可以通过它们在特定环境中相对于其他环境的独特性或特异性将其区分开来，例如：信息性——活动和空间形式被声音所传达出来的程度、情感质量（无论喜欢还是不喜欢）——取决于声音的频率、新奇性和文化定义的价值。最普遍的声音、交通的声音和人的声音吸引了最多的注意力，但传达的信息量却最少，因此对比是非常重要的，新奇和出人意料的声音（即那些能够提供新信息的声音）往往被注意到，因为它们有别于背景声音或运动时前后方的声音，即与这些声音有明显的区别 [Rapoport 1964—1965；1969（e）]。当听觉数据与视觉数据相一致时，声音环境的同一性和人们对其的偏好就会增强，这样的地区所传递的信息更丰富、更密集，信息量更大，对注意力的需求更低（这将从它们增加的冗余性中得到）。

在蒙特利尔，一项针对建筑专业学生（他们可能会对环境特别敏感）的实验性研究发现，城市环境中，感官重要性的排名从高到低依次是视觉、听觉、触觉和嗅觉。在空间兴趣点上表现也不一样：空间兴趣曲线的总体走势与听觉、嗅觉曲线相吻合；但空间兴趣的热点曲线与视觉曲线却明显不同。感官之间是相互作用的，因此当没有什么能够引起视觉的兴趣时，其他感官就会发挥作用；反之，当视觉环境能够引起兴趣时，其他感官（至少是有意识地）发挥的作用似乎就会变小。既没有视觉又没有听觉的人也能利用其他感官的作用，清晰而准确地说出他们所经过地区的特征，这一点令人吃惊（Passini 1971）。这项研究强调的是认知，但同时证明了一个结论，即环境感知会利用非视觉感官，并且存在着一种等级顺序。

因此，这似乎为研究各类感官通常如何运作，以及它们在特定城市环境下如何发挥作用这一问题提供了依据。如果我们认同这一观点，即视觉不仅在我们的文化中是最主要的感官，而且从进化的角度来看亦是如此（Kaplan 1971），那么其他感官必须强化视觉，并且这也应该是设计的功能。事实上，从进化的角度来看，通过所有感官获取的全面、完整和即时的意识似乎在人类作为猎人的生存中起到了至关重要的作用。建成环境、旅游业、机动出行模式以及现代人类的各种习惯的发展，都极大地影响了人类在野外环境中处之泰然的能力（Coulter 1972）。然而，这种进化的观点为我们提供了一个参考，并指明了设计目标——发掘多感官感知的最大可能性。

信息处理——感知匮乏与过载

信息论是通信工程师为研究通信设备的性能发展出来的，后来成为现代物理科学的一个重要理论框架。它广泛应用于心理学研究，并延伸到环境心理学研究领域。尽管直观上是合理的，但也带来了一定的问题。一种观点认为，在经典信息理论中，接收者基本是被动的，而人是极其主动的感知者，他们根据一定的规则选取信息，并用各种方式对其进行合成。从理论上讲，包含大量内容的信息很难与噪声区分开，也就是说，只有当人们知道如何将其按等级组织成更大尺度的要素时，它才会变得有意义（例如：Moles 1966）。主动感知还意味着接收者会定义信息，即信息不是刺激本身的结果，而是由现象学定义的（Rapoport and Hawkes 1970；Heckhausen 1964）。* 标志和信号的世界必须转化为具有符号意义的信息（Frank 1966），即提供涉及学习、文化和心理的信息，使得信息单元变得难以定义和测度。尽管有这些困难，但它仍然是一个有用的概念，只要不扯得太远或者生搬硬套，这一概念还是有解释力和实际用处的。

在城市环境中的信息概念是城市感知、认知和评价的核心。信号经过组织后，就变成了信息，从而区别于噪声，成为能够被接收的有意义的信息——事实上，如果没有意义，就不能称之为信息。将信号转化为信息的组织结构与认知范畴、图像、图式、心理地图和

* 我在完成本书第二稿之后才发现了 Heckhausen（1964）在 1974 年 4 月的研究成果。

偏好结构有关。图像和意义将物理刺激转化为现象刺激，并且通道容量只与重要的信息和有意义的信息相关。信息是一组有序要素的集合，由接收者按照我们之前讲到的方式对其进行定义和编码——这就是信息论、符号论和认知研究的交叉范围。

信息一旦被接收，就编码成图式，且认知过程比感知过程更加静态。评价是将输入的信息与图式，特别是与理想图式相匹配，所以城市移居是城市居民基于接收和评估信息而产生的行为（Brown and Moore 1971，p. 207）。因此，信息论的概念经过适当的调整和修改，能够适用于对感知、认知结构和环境评价的理解。

信息论中适用于人类感知研究的最重要的概念就是信息量、信道容量和冗余度。信息被定义为对不确定性的消除，由“比特”组成。一比特的信息是指在两个相同可能性的方案之间作出选择所需的量，备选方案每增加 1 倍，就会增加 1 比特信息量。选择的数量，即信息量的多少，导致不同的反应时间，因此司机和行人在单位时间内处理的信息量不同，所需的反应时间也不一样。由于信息环境的截然不同，人们对运动速率和环境设计的偏好也很不一样，我们会在后文进一步讨论。其核心思想在于，人们处理信息的能力是有限的，所以必须有应对方式，将信息量降低到可处理的程度（避免过载），同时还要避免另一种极端的匮乏和单调，这两个方面带来了有关信息和复杂程度偏好水平的概念。

它引出了信道容量的概念——任何系统（包括人）的信息处理速率都有一个理论上限。部分程度上是因为获取信息需要时间，因此不可能无限量地获取信息。当接近这个极限时，有机体就会采取行动，通过维持平衡来自保。这一概念显然是有用的，虽然受到了质疑（例如：Kaplan 1970），但也广泛地得到应用。例如，有人认为，在大城市中，人们获取和处理信息所需时间的绝对阈值渐渐趋于一致，忙于通过减少接触次数、社会角色数量、朋友数量和其他策略（Milgram 1967），养成习惯和形成惯例，以及依靠环境冗余，消除和回避信息。

冗余使信息更有可能传递和解读。因此，大多数的人类系统都有内置的冗余，例如，语言的冗余度为 50%，也就是说，去掉一半字母后，信息仍然能够被解读。冗余的目的是增加信息的传输量，使其尽可能接近信道容量的极限值（Miller 1956）。

例如，人们能够处理大约 2 ~ 3 比特的信息，即在单一维度下可以处理 3 ~ 15 个类别，如果在更多的维度下，则可以处理更多的信息，因此，刺激的独立变量属性越多，能够处理的信息就越多（尽管判断的准确性会下降）。在环境中显然需要多感官信息的运用和适当的冗余度。

在感知层面上，信息不足等同于感官匮乏，而信息过多则等同于感官过载。关于前者的研究文献要比关于后者的研究文献多得多（参见：Wohlwill 1970；Milgram 1970；Glass and Singer 1972）。尽管我们仍然不清楚究竟多少信息量算是能够达到一个明确的匮乏水平之上。我将重点讨论过载及其应对策略，把匮乏问题留到复杂性之后再讨论。

过载的概念和应对方式对于理解和设计城市环境有着重要且有趣的影响，甚至对复杂性也有影响，复杂性可以看作混沌的对立面，即过载。过载既存在于感知层面，又存在于认知层面，对于物质环境和社会环境同样适用，因此我们可以说过载是由物理信息和社会信息过量造成的 [Rapoport 1975（b），in press（b）]，因为物质环境表达和构建了人类活动，并且产生了社会意义。

从大尺度上来说，整个城市可以视为一个具有潜在过载问题的通信系统（例如：Meier 1962；Deutsch 1971）。这些问题可能是出于尺度的原因，当人数众多时，相互作用会成指数倍增长（Hardin 1969，p. 86）。事实上，大城市的一些问题可能是由于试图减少过载引起的——社会异常、毫无特色和角色分隔——而当无法减少过载时，就会产生暴力和攻击行为。信息的本质也非常重要。在我们的文化中，大量有吸引力的信息带来了一种特殊的问题——情感泛滥（例如：Lipowski 1971），而城市中最主要的构建信息的系统就是广告（例如：Carr 1973）。人的本性使过载问题雪上加霜——彼此陌生的人之间要处理比彼此相识的人之间更多的信息 [Rapoport 1975（b），（c）；Lofland 1973]。*

考虑到信息处理和过载的概念，我们可以从潜在压力源的角度审视物质环境的影响。人们对一定程度的刺激能很好地作出反应，但过高或者过低的刺激水平都不可取（Rapoport and Kantor 1967）。在匮乏与（物质的和社会的）过载之间，有一个最佳范围，在这个范围内，有五个变量发挥着重要的作用——水平（即显著差异）、多样性（变化即是刺激）、模式化、不稳定性（随之而来的是运动的重要性，因为很难忽视动态要素，人们需要迅速对此做出反应）和有意义（Wohlwill 1971）。

必须强调的是，适应性在所有这些情况中都起到了作用，因此，相同的环境是被评估为过度复杂还是不复杂，要取决于过往经验（例如：Wohlwill and Kohn 1973）。适应不同于调整，调整是改变行为，修改刺激条件，而不是改变偏好的中和过程。

人们会使用过滤器减少过载，将大量物质环境和社会环境筛出来，尽管这样做与适应一样是有代价的。因此，人们在适应过载的同时也会付出一些代价，这些代价可能以挫败感或其他无法衡量的形式出现，也可能很久以后才出现。信息过载的影响不仅取决于适应性，还取决于环境，如信息过载干扰任务或阻碍行动的程度。相同的环境可以引起游客的兴致，但对那里的工作人员来说却是一种过载。因此，信息过载还受到认知因素、期望和控制感的影响（Glass and Singer 1972，1973），因此，人们能够区分被动适应和主动适应的影响（Rapoport 1968）（另见第 6 章）。

城市生活可以被视为一个不断遇到潜在过载的过程，人们必须主动应对这些情况。因此，人们会设置优先级，针对各种输入作出选择，强调或忽略某些要素（Milgram 1970），即使用过滤器。显然，人们必须使用相应的策略，以应对诸如纽约这样的大城市中信息的急剧增加，尤其是与孔布什曼人或新几内亚土著所处的环境相比。

其中一些应对策略依赖于过滤信息，以便减少分配给每个输入的时间，忽略低优先级的输入——当然，低优先级是主观定义的。物理设备以及同质人群集聚区域和心理地图

---

* 在 1975 年独立研究这些问题之后，我发现了 Lofland 在 1973 年的研究。非常感谢 Harold Proshansky 推荐给我这本书，并引起了我对这一问题的关注。

也发挥着类似的作用。其他策略依赖于将信息排列成更大尺度的结构，即数据块（Miller 1956）、符号和超级符号（Moles 1966），这样人们就可以通过单元内部的层次结构组织感知（Gibson 1968）。这种层级组织减少了需要处理的信息量，因为只需要处理一个数据块或符号，而不是许多比特数据。因此，过载就成了一种理论概念，统一了城市的心理、社会和物质方面，由于匮乏也是一个有用的概念，所以统一的概念实际上说的就是信息处理。回顾所使用的一些策略也是有用的。

（1）作出相对而非绝对的判断。刺激可以带来不同维度的数量增加。后者意味着使用更多的通道处理信息，进而增加可处理的信息量。* 任务的安排就是为了允许作出一系列的判断（Miller 1956）。这也使行为更容易成为习惯。

（2）人们会把简单的过程慢慢变成无意识的，并由此养成习惯，形成惯例。这些习惯和惯例可能是个人化的和文化上的，事实上，人们也可以说文化是一种习惯。人们可以无意识地完成简单的运动或非随机的任务，显然不需要过多的关注或意识，这也是礼貌和礼仪的功能。通勤出行、简单购物行为和家域内的行为能够快速形成习惯就是这方面的例子。已知环境需要的关注更少。

（3）人们将信息重新编码成更大的单元——比特变成数据块（Miller 1956），然后形成符号（Moles 1966）; 这样有助于记忆，因为它作用于项目总体的信息量，而不是每个项目的信息量，而且数据块越大，效率就越高。显然，其中涉及学习的问题。

（4）这里面有着各种各样的认知策略——心理地图、图式和记忆方式，通过选择性注意和有限的家域行为，帮助过滤信息，同时强化重要的因素。认知模式在文化层面就是起到这一作用。感知的“防御性”和恒定性也起到一定作用，就像格式塔完形心理学所发挥的作用一样。

（5）人们对每个自己所感知到的要素都不太重视（Milgram 1970）。

（6）人们通过选择压力和信息量较小的聚居地和活动减少过载。

（7）还通过各种社会防御措施减少社会过载，例如，忽略特定角色的人，避免参与，去个性化，匿名化（Milgram 1970），与有着共同习俗、生活方式和符号的同类人聚集在一起; 这里需要的关注比较少，因为增加了冗余 [Rapoport 1975（b），（c）]。可以增强隐私性，减少人员和活动的信息流动。

（8）使用各种物理设计要素和防御措施——屏障、围墙、栅栏、院落、庭院和其他住宅形式、物理距离和植物种植。

这些策略可以概括为三大类:（a）认知上的——利用简化图式等方式进行的学习、编码和组织信息;（b）行为上的——改变聚居地和活动、习惯等，既与认知和学习有关，又与（c）各种感知的、物质的和社会的防御措施有关。

前两个主要是个人及其所处群体的功能，尽管受到作用于活动和体验的环境的影响，

---

* 悉尼大学的 J. Metcalfe 博士认为，一个信道能够处理 2.1 字节的数据，两个信道能够处理 3.4 字节的数据，而三个信道可以处理 4.6 字节的数据，接近了处理能力的极限。

如果人们能够理解，那么它们将会影响设计。第三类在某种程度上与个体及其文化有关，但主要还是物质环境和社会环境以及设计的功能，也就是说，涉及设计作为交流组织（利用空间、时间和意义的组织）的功能。所有这些组织形式和方式——建筑、庭院、墙体等，以生活方式、象征符号和共同规则（集聚）进行区分，空间与空间性的区分、通过时间和时间分配的区分都有一个相似的目标：控制吸纳和处理信息的需求。

例如，考虑到单调和过载都是不受欢迎和人们不希望遇到的情况，一种观点认为，人们在混乱的环境中要么“拒绝”信息，要么将其重新编码成所希望的信息。后一过程可以解释为什么一个人随着时间的推移更需要复杂的环境，因为存在着学习和重新编码的过程，环境必须保留信息。从这个角度来看，设计是一个为习惯化提供足够的冗余度、为兴趣提供足够的新信息的过程，而且时间的变化起着重要的作用。据我所知，还有一个没有被研究过的有趣问题，那就是在非常简单的环境中，人们是否将大的数据块分解回更小的单元。这可能是一个发现细节复杂性的过程，需要专业的知识，即使是对像沙漠、草原和监狱这样简单环境的描述，也说明了对于明显无关紧要的细节的关注。

如果真是这样的话，那么我们就可以说，重新编码的过程总是可以将显著的差异与物理的、认知的和社会的秩序联系起来，编码的结果就是从单调或混乱的环境中产生复杂性——尽管一些环境显然要比其他环境更容易达到理想的信息水平。在过载的情况下，通过重新编码实现缩减信息量，产生复杂性，而不减少复杂性。当然，在非常混乱的环境中，可能需要大量的数据块，这本身就很难，还可能导致信息的过度丢失。这一点以及另一个防止过载的主要措施，即忽视环境和人，一起导致城市环境作为一种感官媒介的钝化，以至于消失在了背景中，亦是潜意识感知的结果。使用随着时间产生的变化，辅之以设计手段，有助于克服这些过程，回到最初设计的适当的信息水平。

举一个起到防止过载的例子，看看它们在日本城市中是如何发挥作用的。这些防御系统规模庞大，信息量足，并且在高密度地区运作。之所以能发挥作用，是因为它们被分成了许多小地区，每个小地区都是一个小场所，是人们选择出来的同质地区（Maki 1973；Smith 1971），里面很少有“陌生人”。每一个这样的地区都是不同的，它们的数量非常可观，从而避免了单调无味（Canter and Canter 1971）。还有许多吃喝玩乐的地方，人们能够在更中立的场所会面，这也是一种减压机制 [Rapoport 1969（a），p. 81]。房屋的设计初衷是形成隔离于外部空间的绝对私密空间，对于声音和味道等问题也有着约定俗成的规则，它们是唯一能够透过传统房屋得知的信息，私密性是针对群体而非个人的。非常相似的手段和策略在传统的穆斯林城市和其他城市中也有应用。

我的讨论都建立在匮乏和过载不可取的理念上。尽管匮乏不可取这一观点很普遍，但过载不可取这一观点却并没有被广泛接受。因此，有人认为过载和过多的感官刺激和社会信息所带来的紧张和不安是可取的，“无政府的”城市环境是有益的（Sennett 1970）。这看似浪漫的观点，但却忽略了过载和人的信道容量所带来的负面影响，也忽略了人有明显的偏好这一特点，因此，可以从伦理和事实两方面提出质疑。例如，过载还可能导致因领域化和阶级僵化的增强带来的退缩、侵略和逃避 [例如：Esser 1971（a）; Leyhausen 1970; Altman 1970; Altman and Haythorne 1970]。* 我的观点是，设计和规划应该将信息负载降低到特定人群偏好的水平，从而减少冲突并保持稳定，使人们能够有多余的能力做自己想做的事。人们能够选择他们所希望的信息量水平、物质环境的形式和邻里。事实上，人们无论何时都会选择保护自己。人们搬到郊区，电话不被黄页收录，他们用尽一切办法将自己隔离起来。事实上，空间、时间、意义和交流的组织可以视为用来达到适当信息水平的方法 [例如：Rapoport 1972(b)]。人们在不同聚居地中作出的选择可以从这些角度来理解——例如，相对于公寓里的房间，人们更喜欢独户住宅（例如：Harrington 1965），甚至公寓也可以从作为防御措施的角度来理解（图 4.3）。

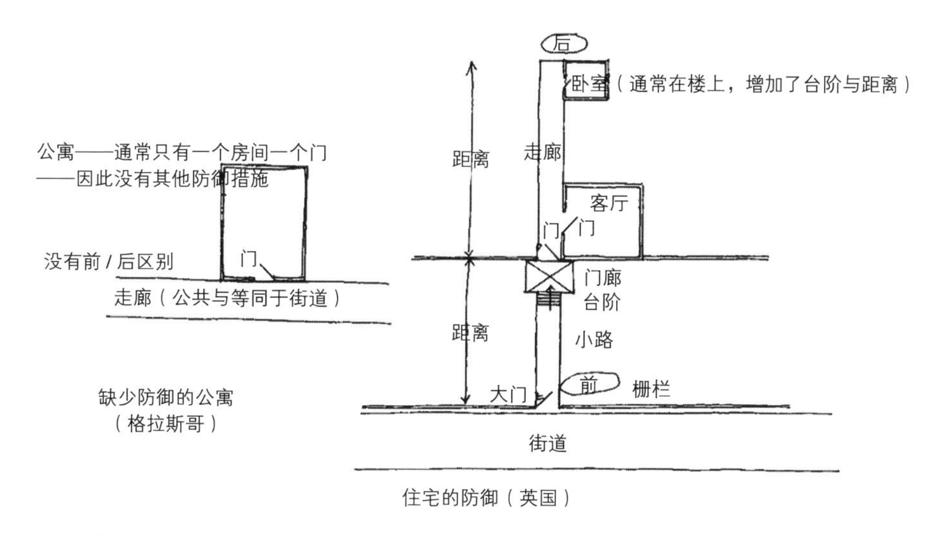

图 4.3 [来自 Rapoport（1973），基于在哈灵顿的口述分析（1965）]

事实上，社会过载的概念及其与密度和拥挤程度的明显关系，使人们能够从感官和信息的角度讨论密度和隐私，即感知视角，我们将在第 5 章更多地讨论这一问题 [参见：Rapoport 1975（b）]。

感官角度的密度与私密性

显然，密度和拥挤（对密度的负面感知）与其他人（及其环境产物）的体验有关，而隐私可以理解为在各种感官模式中能够随意排除这种体验的能力 [Rapoport 1972（b），

* 关于这些问题，有大量的动物行为学和人类环境学方面的研究文献，这里就不作叙述了。

1975（b）]。因此，我们可以将拥挤看作导致信息过载的不需要的相互作用，将私密性视为控制相互影响（即避免不需要的相互影响）的能力。因此，感知密度可以视为环境质量的一方面，即通过所有感官模式带来的相互影响和感官信息，这样一来，关系就变得比要素更为重要 [Rapoport 1969（e）]。

密度和拥挤与信息有关，因此，土耳其人和亚瓜印第安人会通过朝向外部空间、避免信息和互动交流来解决隐私问题 [McBride 1970，p. 141；Rapoport 1967（b）]。一般来说，无论是动物还是人类，从单位面积上个体数量的角度理解密度是不够的，感知密度还是关系的一种功能。我们可以列出能够产生高密度感知和低密度感知的一些环境特征 [Rapoport 1975（b）]。这些特征可能是感知方面的：紧凑而复杂的空间、大型建筑的高度与空间、许多标识、许多灯光和高水平人工照明、许多人（及标识）清晰可见、高度的人工化、高噪声水平、许多车辆、拥挤的交通、数量众多的停车场，它们带来了高密度感知，反之则产生低密度感知；它们均匀表示人的存在的感官刺激，可能是联想性和符号性的——即便存在着其他表明低密度的空间和感知线索，高层建筑依然预示着高密度，就像住宅区缺少私人花园和入口意味着高密度一样。在时间方面，快节奏和韵律、延续 24 小时不间断的活动等意味着高密度，反之则是低密度。这里可能存在着物质特征或者社会文化特征，例如，缺少防御措施、高水平的“有吸引力的刺激”、其他场所的缺失、居住片区缺少非居住功能及混合用地功能，通常都表明着高密度，反之则是低密度。此外，还可能与社会文化特征有关，比如社会交往水平、是否存在控制感和选择权、社会异质性或同质性等，因此，共同的文化规则、防御措施等分别产生高密度感知和低密度感知 [Rapoport 1975（b）]。

显然，其中绝大部分都与信息率有关，因此物质特征可以导致感知密度，并且经过匹配和评估之后产生相应的情感密度（可能包含拥挤感和孤立感）[Rapoport 1975（b）]。这就是从信息率的角度理解房屋满意度差异的原因，即对于有子女的年轻人已经足够的信息率，对于老年人来说则是缺少刺激（D.O.E. 1972），许多关于压力的研究也印证了这一观点 [Rapoport（b）]。人们会根据某个标准、期望和适应水平测试和评估感知密度，要么过高（拥挤），要么过低（鼓励）或者恰到好处。因此，拥挤就相当于无法处理某种程度的信息 [Esser 1973；Rapoport 1975（b），（c）]。

同样重要的是，空间密度和社会密度之间存在着差异：在既定的人均空间下，群体规模的增长和空间的减少会产生不同的影响（Loo 1973），群体的性质和意义也是如此。随着大规模群体和陌生人的出现，会有更多信息过载的情况，因为一个主要的防御机制就是保持群体的同质性。因此，在中国同样的人均空间中，相关联的群体比没有关联的群体压力要小（Mitchell 1971；Anderson 1972）。一般来说，当一个空间中的人数增加时，认知的复杂性和不确定性也会随之增加，因此行为更加难以组织；当人均空间减少时，其他人作为一种刺激变得更突出，同样行为更加难以组织。它们共同作用，进而导致最大限度的信息过载（Saegert 1973）。无论场地的拥挤程度是否比房间的拥挤程度更糟糕（Schmidt 1966），这始终是一个是否有其他人存在的问题（Plant 1930；Schorr 1966），而且不想要的集聚可能比异质性更糟糕。

在城市环境中，高感知密度导致更多的胁迫感和压力，其中主要的环境要素是不同人的存在，由于不确定性，人均会产生更多的信息。其他因素是各种各样人的替代品，包括物质环境的变化，例如大型绿地的减少、交通拥挤程度的加剧、居住片区内工业和商业功能的开发（Carson 1972，pp. 165-166）。所有这些都会导致信息量的增加，影响人们在任何感官模式下感知到的城市环境品质。任何能够增加信息的社会环境或物质环境要素的改变，都可能导致信息过载和压力。为了减少这种情况，我们可以改变情况本身——或改变与其等价的符号象征：上文提到的例子是绿色空间，在其他例子中可能是另外一些开放空间（Harris and Paluck 1971），尽管这种空间作为减少信息的一种符号，在城市中比在郊区或小城镇更为明显，而且适应效果可能也发挥着一定的作用（例如：Pyron 1970）。

这些符号及所需的应对机制和水平将在人类能力所及范围之内发生文化方面的变化。我们可以从人与人之间的实际互动，以及感官感知到的人为事物带来的潜在互动的角度理解密度、拥挤程度和隐私。通过提供物理屏障和空间考虑规则和礼仪、时间的控制、心理上的退缩、角色分离等方式（所有这些都是控制和减少信息流），设计可以帮助我们控制单位面积里任何既定数量的人的实际互动交往水平和信息水平（例如：Wilmott 1962）。此外，还可以通过操控指示潜在互动水平的感官线索实现这一目标 [Rapoport 1975（b）]。在所有这些情况下，更多的空间、更大的花园、更多的树木、更少的噪声、更少的气味等都会减少信息（从而增加了私密性），并导致更低的感知密度（减少拥挤）。

任何交流行为都涉及参与者——发送者和接收者、发送和接收的信道、各种共享的编码——语言、副语言，或动觉，信息的形式、主题和意义，还有背景（信息在哪里是允许、禁止或鼓励的，可能包括时间、地点和情境）。这种语言模型（Hymes 1964）对环境状况有明显的适用性。人们不仅拥有不同的控制系统，例如已经提到的防御系统，还包括其中的环境编码（环境作为一种非语言交流方式）。因此，同质性非常重要，它能够使编码更容易读取，从而处理更少的信息。

人与人之间的信息流动是双向的：既知道他人的存在，又了解他人对自己的认识。后者会限制人们的行为，可能导致住房和城市环境中的主要问题（Bitter et al. 1967）。这些信息流经所有感官通道：一个人可以看见和被看见，听见和被听见，闻到和被闻到，触摸和被触摸，能感觉到他人的热度，也知道他人能感觉到你的热度，陌生人或许踏入与你共享的场所，为了避免与其接触，你可能改变自己的路径。所有这些都在社会情境中直接地或通过环境代用者间接地影响我们对他人的感知，并进一步在信息处理过程中发挥作用。如果说隐私是随时控制不想要的互动的能力 [Rapoport 1972（b），（a）]，那么它也涉及环境信息流，即控制所有关于人的信息，并且需要一套防御机制——物理、空间、时间和心理的。人们理想和偏好的环境似乎提供了在所有感官模式上控制这些信息流的可能，而当我们需要时，又能及时获得社交能力和感官信息。

这种通过感官感知他人的意识作为一种不想要的互动形式，是上述高感知密度的主要因素。其由人工物组成——光、声和运动所产生的感官输入，气味、少量的开放空间和来自环境本身的各种感官线索——完全不同于人的存在或人的实际面对面交流。此外，如果这些人和他们的环境符号是陌生的，那么信息过载就会增加，因为人们需要不断读取它们，以减少不确定性。因此，有些人希望在生活方式、行为习惯、环境符号等方面取得同质性，而有些人则偏好异质性。无论什么情况，期望水平都受到所选择的人和关系的控制（Cox 1966，p. 54）。

这一切的关键因素是选择——不想要的互动才是问题所在，当有选择余地时，即当一个人可以随意退出社交活动时，他就拥有着完全的私人空间，实际上在这种情况下他反而会有更多的社交（Ittelson 1960；Ittelson and Proshansky 日期不详；Michelson 1969）。因此，按意愿随时退出的能力可能强化集体生活，因为如果个人越能够按意愿保护自己的生活、减少信息流动，那么他就越会与他人建立社会关系，这种相互之间的联结也会越紧密。如果在信息处理和社会交往方面存在限制，那么群居应该选择能够随时脱离的环境，即信息内容较少的环境，这些都有行为学数据的支持（Eckman et al. 1969）。因此，从群居和环境利用方面来看，应该设计安全和熟悉的环境，环境中要有清晰明确的屏障、同质的人口和必要的冗余水平，刺激的水平不高不低，并且人们能够选择和改变这些水平。如果我们认为互动交往和脱离退出能够形成一个系统，而且不能将两者分开理解，那么上面所说的就可以实现。例如，在法国的大型住房项目中，主要问题不在于室内外都能遇见他人，而是无法不注意到住宅本身（能够脱离交往的绝佳场所）中人的存在，即对他人不必要的感知，这有碍个人和家庭独立性（Ledrut 1968，pp. 100-101，352）。

公寓不被接受的关键在于对私密性的一种多感官定义，其中一种“模式”只不过是对一个共享的地区或设施的认识，并且知道可能有人在那里（Melser 1969）。同样，场地布局的过度开放和植被的缺失也会抑制人们的使用——人们感觉这些只是用来展示的（Daish and Melser 1969）。一旦植被生长起来并分隔出不同的区域，场地的使用频率就会增加，因此，私密性似乎成为空间使用中的一个要素，并且可以从人的感官意识的角度来理解（因为即使有植被，人们也能意识到他们处于被包围的状态）。在这里，空间组织和障碍的作用是普遍存在的（Baum et al. 1974；Desor 1972）。在所有这些情况下，我们都是通过空间、时间和意义的组织处理交往的组织以及行为本身的问题。

在规划和设计中，区分感知密度和客观密度是非常重要的。因此，纽约 - 华盛顿大都市区在 67690 平方英里的土地上拥有 4300 万人口，如果发展到荷兰的密度水平，则可容纳现阶段 3 倍的人口。而与此同时，荷兰的感知密度更低（Whyte 1968，pp. 9，12），因为它是一个开放的国家，城镇之间以及行为、社会和文化规则之间存在着明显的差异。例如，兰斯塔德地区（荷兰西部地区）包括全国所有的主要城市，其人口密度是全国的 6 倍。而城镇间的分隔和开放空间的可达性有助于降低感知密度。彼此的文化防御措施包括对于小尺度的喜好，通过步行和自行车骑行降低速度（从而降低信息速率），通过“减少”私密性减轻信息处理负担：大而无窗帘的窗户将不同的生活展现在人们眼前，所以人们不必担心会发生什么事情，不确定性得到了控制，信息负载得以降低。这显然是一个文化高度特异的系统，然而信息过载仍然存在，由于需要对生活进行控制并且持续暴露在他人的噪声中，因此产生了压力症状。心理防御措施包括内部的脱离、将国家分成同质的宗教社区（减少接触、信息过载和摩擦）和高度一致性的社区（Bailey 1970）。

城市肌理（即单位长度上的要素数量）或城市结构可能在感知密度中起到了一定作用。因此，当 25 个或 50 个小单元被 1 个大单元取代（因为只使用了容积率而忽略了地块面积）时，就会出现集聚现象（Smailes 1955），从而改变了城市的特征和尺度（Architectural Review 1972）（图 4.4）。

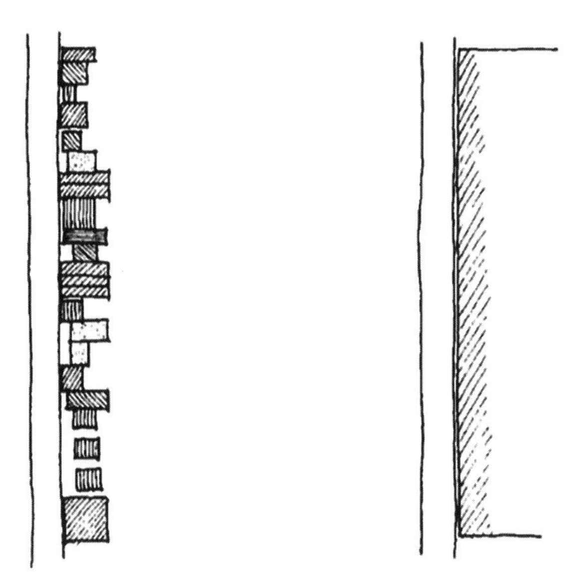

图 4.4 城市肌理的改变

然而，仅通过视觉设计并不能产生理想的感知密度水平，因为其他感官的参与会“抵消”这些策略；社会环境也不能被忽视。同样重要的是，还要考虑系统的组织——开放空间的存在、街道的利用，以及将环境组织成行为环境，以达到必要的高于或低于人口容量水平（Barker 1968；Wicker 1973）。甚至可以说，小城镇的小规模人口（Bechtel 1970；Bechtel et al. 1970）能够提高信息水平，而大城市环境的人口过量则可能降低信息水平，即不同的人口数量和密度产生不同的行为背景和相应的信息水平（另见第 5 章）。

评价感知密度是否拥挤，即主观刺激是否过载 [Esser 1970（b），1971（b），1972，1973；Stokols 1972] 取决于所需的信息水平，也取决于“不需要”的互动的定义及其所涉及的模式。我们应该牢记，感官信息意味着刺激，而刺激本身是被人所定义的——人们用符号象征刺激，然后对符号作出反应，好像符号就是刺激（Rapoport and Watson 1972）。偏好水平在某种程度上有着感官寻求和适应水平的功能，并在一定范围内变化。不仅个人和群体期望的信息水平不同，其处理信息的方式方法也有所不同，即隐私机制，然而这些都是控制不需要的互动和信息的方式。还可能出现这样的情况：不是个体筛选出群体，而是群体内部的互动增加，外部互动减少。因此，城市中存在着密度不同、筛选方法不同、时间节奏和利用不同、环境符号和感官输入水平均不同的文化飞地。据我所知，有人提出过一种假设（尚未经过核实），即社会交往水平与文化之间存在联系——开放外向的文化通常有着外向的面部表情、开放的住房，而封闭内向的文化的特征则正相反（Hass 1970，pp. 117 ff.）。

如果拥挤是社会过载，那么它应该受到防御措施和环境背景的影响（影响期望水平）。我们已经看到，防御措施确实起到了一定作用。此外，它们必须是社会可以接受的。考虑到这种可接受性，最小要素可能帮助人们过滤信息（尽管适应那些过滤出来的刺激是有代价的）（例如：Dubos 1966，1972）。社会可接受性和障碍的强度也会随着环境背景而变化。在居住区和居住功能区内，筛选比在购物和娱乐功能区更重要，在后者的环境中，筛选可能实际上并不受欢迎。因此，一般来说，不同功能地区需要不同程度的信息和感知线索，居住区的这一需求低于其他地区，尽管仍然会有个体和群体差异。

一个常见的防御信息过载的方式就是忽视物质和社会环境。随着单位面积内人数的增加，能叫出名字的人越来越少，社交互动也越来越少，即匿名性作为一种防御措施得到了强化（Lansing，Marans and Zehner 1970，pp. 109-110）。在超高密度下，人们往往抱怨被孤立，这似乎是由过载带来的逃避所导致的。单位面积内人数越少（主要是“中等密度”），对缺乏私密性的抱怨就越多，而密度最低时，满意度最高——老年人和非老年人居民对此的反应是不同的（Reynolds et al. 1974）。

这里有三个主题：

（1）与“单位面积内的人数”这种简单概念相比，“密度”“拥挤程度”和“私密性”等概念非常复杂；

（2）感知在传递感官数据和信息，以及信息处理水平方面的核心作用；

（3）由于文化、环境背景、个性等因素的不同，人们对各种信息水平及其所带来的拥挤程度的期望水平和容忍度也不同。考虑到城市及居住密度带来的影响，后一种观点更为重要。例如，在中国香港，这种物质密度可能超过每英亩 4000 人。这意味着人均居住面积的中位数是 43 平方英尺。在欧洲，数据表明，170 平方英尺是能够保证精神健康的居住面积的下限，而在美国，下限为 340 平方英尺（Mitchell 1971）。为了有效地比较密度，我们需要比较的是感知密度或在什么密度中会发生问题，而不是单纯比较单位面积内的人数。值得注意的是，在中国，家庭数量比房间内的人数更为重要（Mitchell 1971；Anderson 1972）（同质性的一个例子），在荷兰，家庭开始变得越来越重要（Bailey 1970）。

在中国使用的其他防御措施包括：明确划分公共和私人领域，弹性灵活地使用时间，偏好高噪声水平和人群聚集，并且在这里存在着明确的地位等级和规则，因此，互动频率较低（Anderson 1972），但这些措施并不都适用于中国香港这种极端例子。所有机制共同作用，有助于解释为什么香港并没有出现行为减少的情况。同时，与密度相同但布局不同的地区相比，高层公寓会产生更多的问题。这可能是由于在高层公寓中难以避开他人而生活，因此往往有更多的互动。另外，由于在中国，街道是最重要的生活空间，所以有效地移除这种生活空间就相当于额外增加了有效密度 [例如：Hartman 1963；Harrington 1965；Suttles 1968；Rapoport 1975（b）]（另见第 5 章）。亲子关系在高层公寓中最容易受到影响，社会交往和友谊也会受到阻碍 [正如驻德国的英国军队的情况一样（Rosenberg 1968）]。这些影响是由邻里间的社会控制和对街道的控制产生的。对儿童的影响（主要是未成年犯罪）部分是因为，在中国文化中，整个社会群体有对儿童进行管控和社会教化的责任，对于美国白人中产阶级和英国社会则不然——而类似的情况在美国某些黑人社区非常普遍（Hall 1971）。

隔离感主要是由于高密度环境和居住在较高楼层造成的，但缺少刺激的情况也可能发生在郊区。两者都可以从信息承载的角度来理解——一种是过载；另一种是社会匮乏，但二者在主观上是相似的，环境复杂性也是如此，这说明感知和信息处理的过程是相似的。短时间的拥挤和长时间的拥挤之间的区别也支持了这一观点，因为时间在其中发挥了作用。虽然它在某些情况下可能是有效的（拥挤的住宅可能比拥挤的地铁更糟糕），但城市中存在一个复杂的因素。这就是为什么尽管每种情形和经历本身都是短暂的，但个人还是要从短期过载的情形中转移到另一个过载的情形中——拥挤的电梯，拥挤、嘈杂、眩目的地铁，拥挤的餐馆，嘈杂、臭气熏天、刺激过度的街道，因此，过载持续的时间可能是累加的。如果住宅和邻里不能提供人们所需的退缩空间，也就是可以供人们休息恢复的空间，情况就会恶化。虽然各种环境资源和设置可能有助于缓解问题，但这也是通过控制信息输入的能力实现的。

与其使用单位面积内的人数作为统一的和广义的密度定义，不如先确定所需的互动和信息水平、涉及的感官模式以及如何达到和控制这些程度。文化在许多方面都发挥了作用 [Rapoport（b）]，临界点也起到了作用 [Rapoport 1969（a）]，因此，个人和群体经历了快速的变化、处理了大量的信息，可能已经难以应付高信息量的环境，否则会造成过载。重构认知图式也会带来类似的影响 [Rapoport 1972（d），1973（d），1974]。

这个问题的核心论点在于，人们是通过感知意识到他人存在的，并且存在着退缩与互动、隐私区与社区、各种防御措施和互动形式的相互作用，以及人们对这些方面不同的偏好程度。一种单一的信息处理模式奠定了环境感知、密度、私密性和拥挤程度的基础。

环境的复杂性

我刚刚指出，感知社会环境和物质环境的基础是信息流，人们所期望的信息水平是处在信息匮乏和过载之间。这些构成了复杂性。

对于复杂性、丰富性和感知丰富度的关注来自感知和认知间的区别。认知的目的是将环境简化为图式，聚焦于环境中的有限部分。另外，来自感官的感知经验是丰富而复杂的。无论一个人对环境的了解有多少，直接经验往往比任何记忆或模式更为丰富。除极端情况之外，环境大都是极其丰富的。而且感知经验是人们所期望的，极大地影响着人们对环境的评价。人们在对城市进行认知定位和理解的同时，也希望体验城市的丰富性。事实上，正是一个判断顺序与顺序之外要素之间的相互作用构成了环境的复杂性。那么从这个角度来说，强调城市的清晰性和可读性（例如：Lynch 1960）与对复杂性的期望（例如：Rapoport and Kantor 1967）之间并不存在冲突。它们不仅不会相互排斥，反而还是一种互补：一个是认知问题，一个是感知问题；在大尺度上需要清晰性，在小尺度上需要复杂性。

事实上，感知可能取决于定位方向。如果没有方位，没有在时间和空间上的定位，有机体就无法感知，也就无法作出假设，无法进一步从环境中收集信息验证假设（Bruner 1951；Sandstrom 1972），更无法享受环境。人们既不想迷失方向，又想获得复杂性和丰富性。因此，定位是很重要的，但如果不能同时提供新的信息（并防止人们完全适应环境、出现内稳态和完全潜意识的情况发生）制造一些迷路或搞错方向的机会，城市环境背景就会变得毫无吸引力。在小尺度空间上，人们其实想要体验一定程度的迷失，但在大尺度空间上，人们就不想要这种体验了。因此，复杂性不仅将认知地图和感知联系起来，同时说明需要有恰当的程度，即步调，既有挑战，又不超过能力范畴（Rapoport and Kantor 1967）。这种程度的复杂性既提供了适度的动力，又消除了不必要的挫败感（Tolman 1948；Nahemow and Lawton 1973）。

在这一点上，我有意忽略了产生场所复杂性的联想和符号之间的差异，而是聚焦于感知方面。人们偏好具有丰富性和多样性的环境，部分程度上是因为它们可以产生更广泛和更大量的感知，还因为这样的环境具有更多的独特性。显然，复杂性于人类幸福是必要的，人们需要变化和复杂的环境。动物同样需要这种环境（例如：Willems and Rausch 1969），甚至像涡虫这样原始的生物更喜欢复杂的环境（Best 1963）。

感知本身是一个动态过程，是通过整个中枢神经系统形成的自发活动（Cooper 1968），因此，持续变化的刺激是感知发生的关键。当人们长时间处在一个相同的环境中时，会产生“刺激饱和”，从而导致刺激厌恶；人们对该环境产生厌恶心理，试图远离并寻找其他环境。这就是居住地选择，事实上，复杂性是环境偏好的一种特殊情况。人们在客观物质环境和社会环境中会寻求一些不确定性和新鲜感，即信息。寻求多样性有两种方式：一种是寻求信息种类上的多样性，即寻求变化替代已经熟悉的刺激；另一种是寻求认知上的多样性，即寻求新的信息以增加对世界的认识（Jones 1966），因此，在认知和感知上需要一些变化和新鲜感，但数量可能有所不同。复杂性是介于混沌和单调之间的一个步调层次，主观上是相似的，例如，人们既可以通过单调，又可以通过过载达到催眠的作用（Miller, Gallanter and Pribram 1960，p. 106）。在不同地区、时代和文化中，受到人们欢迎和偏好的环境都有一个共同点：人们对它们的感知都是有趣的、复杂的和丰富的。我对复杂性的最初兴趣就来自这种认识。

从 1967 年开始，我和几位同事就开始了对环境复杂性问题的研究。从那时起，也有其他学者从不同角度对这一问题进行了探讨，尽管有人提出了一些新的问题，但大多数人都支持上述观点和假设。关于这一点，我将尝试简单阐述主要的论点 [Rapoport and Kantor 1967; Rapoport and Hawkes 1970; Rapoport 1971（a），1969（e），1967（a），1970（b），1971（a），1968，1969（b）]。

我们最初是从四个主要论点讨论复杂性的（Rapoport and Kantor 1967）。

（1）最新的心理学和动物行为学研究表明，动物和人类（包括婴儿）更偏好复杂的视觉神经模式。

（2）感知输入存在着一个最佳范围，过于简单或混乱的复杂视觉都不受欢迎。

（3）实现复杂性的方法有两种：一是通过模糊性（指意义的多重性，而非不确定性），进而运用具有暗示性的开放式设计；二是利用各种丰富的环境和非单一的视觉环境，即展露和揭示自己的环境，从而产生神秘的要素。

（4）许多现代设计的目的都是简化和完全控制环境，但这样并不能让使用者满意。

发展出来的这些理念最初用于设计师和评论家对城市设计的评论文章中，他们的立场似乎可以从这些角度来解释。这种方式的问题很快就显现出来了，即太过强调视觉，而忽视了其他感官。忽略了学习、经验和适应的影响，同时忽视了社会的各个方面及其意义。它们都是上述概念在设计应用中存在的一些问题。

后一种关联的困难主要在于模糊性。尽管这是实现“头脑中的复杂性”的一种方法，但由于人们赋予环境的意义与象征符号和联想有关，所以很难处理。

复杂性	模糊性
多感官	可能是非感官的
感知的	联想的
要素的数量和组织	要素及其关系的符号性和意义

事实上，模糊性本身就有两层含义。第一层含义是不确定性，它是一种感知特征，是人们可以应对的。一个空间或形式无法被人们一次性看清，因此不确定的空间或形式比简单的空间或形式更为复杂（例如：Venturi 1966），这可以理解为复杂性、连续视觉、展现性和神秘；第二层含义是多义性，它是一种文学性特质，也是一种联想性特质。相同的环境要素可以有不同的意义，而且，尽管联想和符号在过去（尤其是在传统社会中）都是共享和可预测的，但它们在今天却是高度特异和不可预测的，因此设计师难以运用它们。事实上，过去的环境是可以进行交流的，但今天却不行 [Rapoport 1970（b），（c），1972（e），（a）]，至少目前来看，设计师只能控制感知要素（复杂性），而无法控制联想要素（模糊性）。由此我们可以区分感知和联想领域。在任何特定的情况下，我们都有可能发现最广泛共享的联想 [甚至可能存在原型联想，即对某些刺激的某种共同反应（例如：McCully 1971; Jung 1964）。此外，通过持续使用空间形式 / 活动、空间形式 / 位置、空间层次 / 位

置或形式等联想，学习这些联系方式，从而可以长期应用。

将自然环境与人工环境比较时，联想与感知之间的差异对于解释复杂性偏好上的某些反常现象非常有用（例如：Kaplan and Wendt 1972）。对自然要素的偏好在一定程度上是联想性的，偏好是多维度的，而复杂性只是其中的一个维度。然而，对于设计目的而言，模糊性和关联性领域的用处并不大。因此，更多地强调，城市环境中的感知要素是设计师能够操控的。在感知领域，一个主要的变化是在有意义信息的比率上，用一个最大速率代替最佳感知比率（Repoport and Hawkes 1970）（图 4.5）。

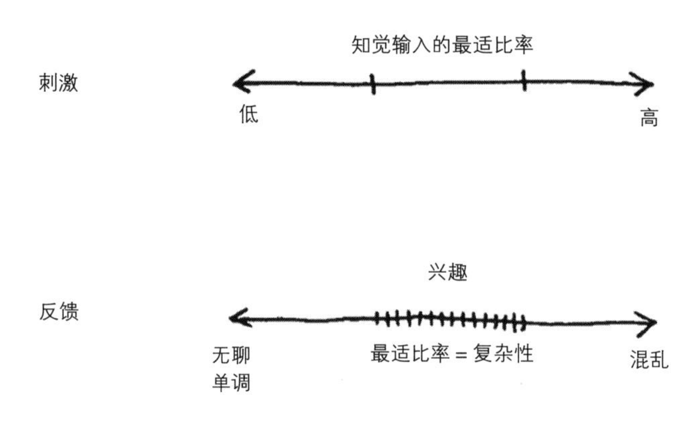

复杂性依据知觉输入的一个适合的比率而定义，既包括刺激也包括反馈（1967）

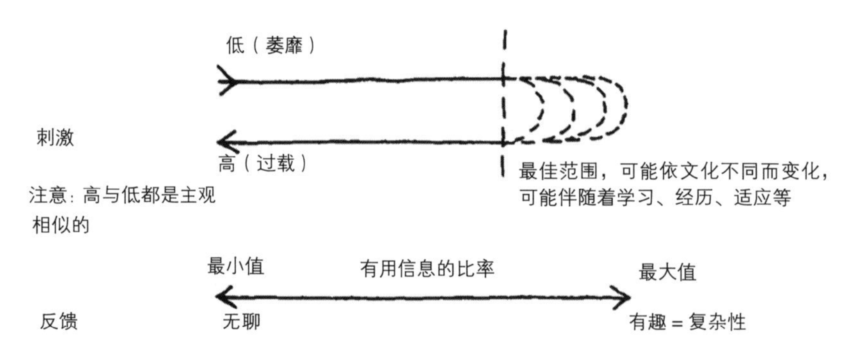

复杂性依据最佳范围而定义，包括刺激以及最大化 / 最小化的反馈两方面（1970）

图 4.5　复杂性定义的变化［来自：Rapoport 1971（a）］

它涉及主动接收而非被动接收的问题，要将信号转换为信息（可以是空间信息或时间信息，因为城市在时间和空间上都有复杂性），即接收者定义要素的排列顺序。因此，联想和认知就将这一问题复杂化了，但也使得个性、学习和文化要素参与了进来。将复杂性定义为有意义的信息（也就是现象学上的问题）这一变化，使其成为一个可操作性的定义，最初运用起来非常困难。但由于更符合现实，随着研究和运用的深入，它将成为一个更加有用和有影响力的概念。

一个可能的结果是，感官过载和匮乏使主观上变得相似。就像动物对重复的刺激不再做出反应一样（反应饱和），人在混乱刺激下不再作出反应（这也是一种对过载的防御机制）。还有一个可能的结果是隧道视觉，它破坏了周边视觉的匹配（Mackworth 1968），使环境变差，其结果相当于环境单调。将刺激组织到之前讨论的各种等级结构中，相当于进行编码，以将信息增加或减少到最大的可用率。例如，对于复杂性来说，减少信息并不意味着复杂性的降低。与处理感知输入的比率相比，我们更应该讨论处理可用信息的速率，即接收和处理的信息的数量和模式。

可用信息与刺激有关，这些刺激是在既定的期望系统（相当于风格）内可检测到的变化。期望就此建立起来，偏离期望的就构成了多样性。因此复杂性与秩序变化有关，这些变化相当于显著差异，在感知中是非常重要的，因此，重要的是刺激的变化，而非刺激本身 [例如：Gibson 1968；Rapoport 1971（d）]，在所有的感官模式中都会发生这种变化。虽然显著差异的概念将会在下一节中进行讨论，但很明显，一个环境具有低可用信息可能有四个原因：

（1）要素是模棱两可的。

（2）要素之间几乎没有变化。

（3）要素虽然多样，但在预测范围中毫无惊喜和新意，因此没有什么信息量。

（4）要素数量众多，各种各样，但毫无关联且无序，导致感知系统过载，因而没有可用的信息。这一角度避免了复杂性被用作描述词所带来的问题，也避免了所谓的与复杂性需求或偏好相矛盾问题的产生，这些显然都是复杂性的一个方面。一项关于住房偏好的研究表明，人们并不喜欢复杂性，但喜欢有着高围墙、高低错落排布的建筑，而非重复单调的建筑（Elon and Tzamir 1971），所有这些特征都是这里所定义的复杂性中的一个方面。

同样，在一个自然地区，与能感知到不同树种的小范围地区之间的过渡变化相比，无论是单一树种林，还是随机混交林，复杂性都要小。与其相似的城市地区类比则更为明显——正如爱丁堡一例所展示的（图 4.6）。

复杂性来自环境与人之间的互动，正是这种互动导致了多样性和变化。除了感知者的状态之外，环境更多地依赖于要素之间的关系，而非要素本身，因为秩序之间是相互关联的，必须把握秩序中的变化才行（Valentine 1962）。学习和经验可以提高把握秩序的能力，因此，训练更强调关系，而不是要素。例如，在城市和建筑环境中，公众强调要素，设计师则强调秩序。* 然而，秩序感在所有感知中都是必不可少的，设计应该帮助建立清晰的秩序感。兴趣（探索的时间）和喜欢（愉悦感）之间也有区别，因此，前者单纯地随着复杂性的增加而增加，而后者往往是呈现一个倒 U 形的函数（Wohlwill 1971；Smets 1971）（图 4.7）。因此，无论是非常复杂还是非常简单的环境，都不受欢迎（例如：Acking 1973），尽管刺激本身可能也会起作用（Walker 1970，p. 638）。

---

* 这可能就是我在 1969 年提出的关系至上的一个问题。

A Z X B C V M J H O P D G

缘路地带：随意的排列、有限的信息、难以辨别的差异

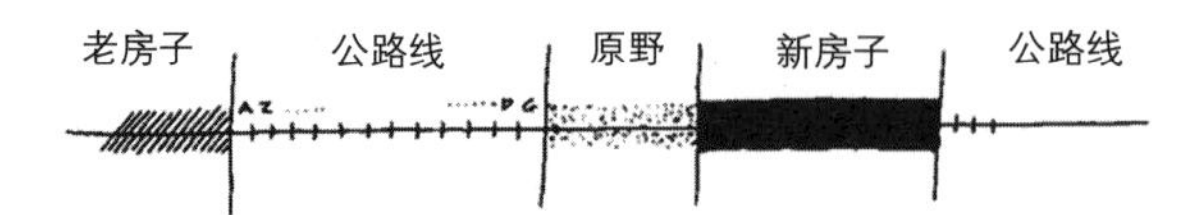

地区之间不同特征的明显过渡，包括缘路地带。

［来自：Rapoport 1971（a）］

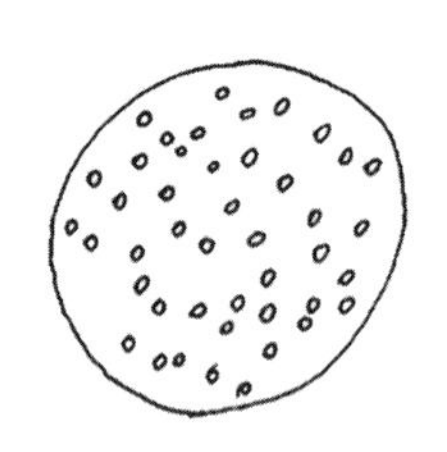

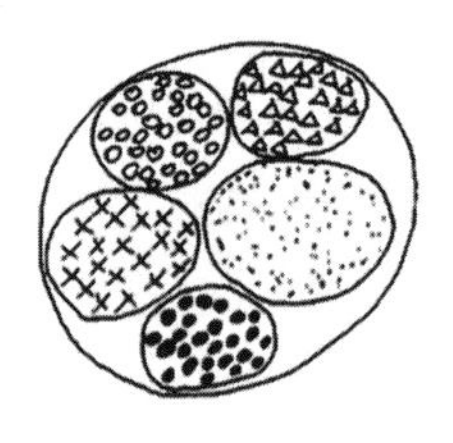

树木——全部相同

树木——五个品种随机混合；变化仅能部分被感知

树木——五个区域，各不相同；变化与复杂

（基于 Pyron 1972）

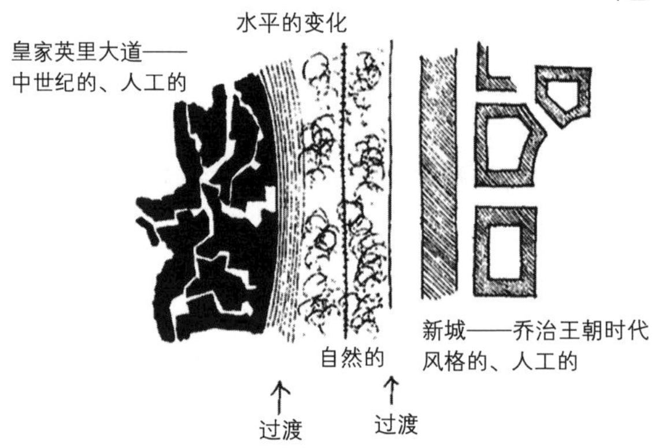

[Rapoport 1971（a）]

爱丁堡展现出清晰的过渡

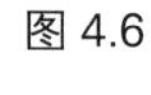

图 4.6

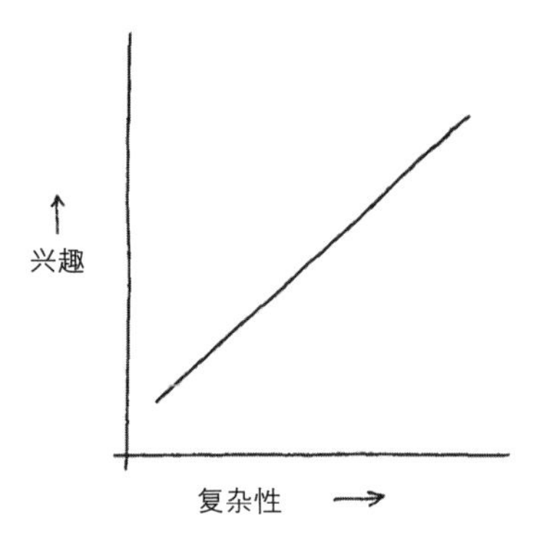

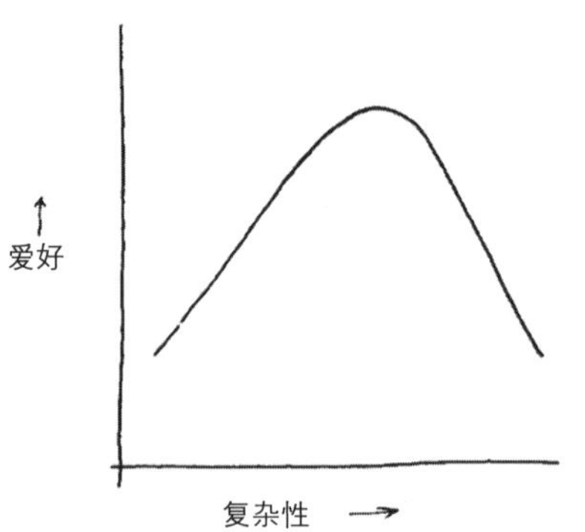

图 4.7

正如偏好相互作用的速率存在差异一样，个体和群体之间的复杂性偏好也存在着差异 [（因为至少存在与个性和文化相关的可能（例如：LeVine 1973）]。除了学习和经验的影响之外，可能还有感觉寻求，因为需要感觉寻求的人与不需要感觉寻求的人对复杂性有着不同的需求（Markman 1970；Hall 1966；Mehrabian and Russell 1973，1974）。与对环境进行经验性描述的人相比，那些对环境进行结构性描述的人更容易对环境感到厌倦（Nahemow 1971），这支持了我关于认知秩序与感官体验的基本论点，也可能与城市的科学和审美体验之间的区别有关（Gittins 1969）。人们觉得审美体验能保持更长久的兴趣，能感知更高的复杂性，尽管在所有这些情况下，客观上更复杂的环境仍然被人们感知得更为复杂。例如，个体之间的差异远远小于环境之间的差异，丰富、生动和复杂的环境往往会受到欢迎，而统一、单调和混乱的环境则不受欢迎（Lowenthal 1967）。

活动和环境背景也会影响对于复杂性的期望。例如，对于短期探索性活动（度假和娱乐），人们可能更喜欢全新刺激，而不是已经适应了的刺激，但对于永久性活动（如居住环境选择），则可能更依赖于适应刺激的水平（例如：Wohlwill 1971）。在某些领域，感觉寻求不是目标，对于有目的性和常规化的行为，可能需要更高的冗余度。城市中也可能有一些群体，如老年人、正经历快速文化变化的人等，都需要低信息量环境 [Rapoport 1973（d），1974]。它遵循上述将住宅和邻里作为避免过载场所的讨论，也可以解释居民和游客在环境评价方面的差异。

它对于不同地区通过设计达到不同的复杂程度具有重要的意义。因此，娱乐区、商业区、购物区和儿童游乐区可能具有极高的复杂性，随着时间的变化而变化，以保持新鲜感（同时保持方向的一致性），而居住区则应处于中等复杂程度（尽管两者都有变化）。这也将导致更高的整体复杂性，但自相矛盾的是，如果所有的场所都是复杂的，那么整体体验就会更加单调 [Rapoport and Hawkes 1970；Rapoport 1971（a）]。

游戏是一种带有指示性的活动，它往往在步调一致的水平上既不会因为缺少能力和期望需求而感到无聊，也不会因为有太多的要求而感到焦虑（Csikszentmihalyi and Bennett 1971）。为儿童创造复杂环境的一个重要方法就是在城市中提供自然区域，使儿童可以进行探索、“迷路”，甚至是找到野生动物等，与周围城市环境相比，其复杂性有了很大的提升（例如：The Sim 1971）。事实上，儿童常常不喜欢在专门的游乐场地玩耍，这在某种程度上是因为复杂性的缺乏 [Rapoport 1969（b）；D.O.E. 1973；Whyte 1968；Friedberg 1970；Cooper 1970（a）]。在城市地区，孩子们往往喜欢选择复杂性高的地方玩耍（例如：Brolin and Zeisel 1968）。

那些设计复杂并且足够开放、能满足不同时间的复杂性需求的游戏空间，利用率往往更高（Moore 1966；M. Ellis 1972）。显然，复杂性与多种用途，时间点和时间段上活动的多样性，空间的多样性，许多物质要素，不同的表面、形状、材质、高度、颜色、光影、气味、声音和材料有关。这样的环境为城市设计提供了有趣的比较，它对儿童行为的影响可以很好地复制到对城市中成年人的行为上，成年人的行为多受到文化制约，通常不太注重游戏活动。然而，儿童的玩耍行为也是文化和空间双重作用的结果：必须将利用起来的街道，视为一种合理的环境（例如：Schak 1972）。

在视觉艺术和音乐领域也有复杂性的研究，而且似乎都与城市设计有关。例如，在音乐中，演奏者会有意识地将音阶、节奏、和声等要素衔接在一起，而一般不关注和标注这些要素之外的东西，只留给表演者自己。但是，这些变化极大地提升了音乐的情感共鸣，并以此区分好的音乐与不好的音乐（绘画也是如此）（Ehrenzweig 1970）。这与城市的认知结构、对城市的感知以及开放空间的要素形成了一些有趣的类比（第 6 章）。

音乐的最大结构似乎连著名指挥家都无法掌握，而与此同时，上述微观要素也无法被有意识地表达出来（Ehrenzweig 1970）。与无法形成整个城市的心理地图一样，人们震惊地发现，他们很难描述自己所体验到的城市的丰富性和韵味。这样看来，我们似乎可以得出一个合理的结论：城市在各种微观结构和宏观区域层面都有着极大的感知丰富性，甚至超出了人们的意识范畴，与更大尺度的感知结构的清晰性和功能组织有所不同，这些认知结构还无法涵盖整个城市。

事实上，这种丰富性的可能部分来自接受所有输入的潜意识感知，而有意识地感知甚至更多的认知，只能处理选定的刺激。潜意识感知的影响在非视觉感觉、自我中心感觉中可能是最强的。正常状态是认知图式和感知之间的平衡状态，当状态改变，即产生新的或独特的刺激时，它们就能被人们有意识地注意到。随着习惯的形成和年龄的增长，图式变得越来越重要，反应所需的刺激强度有变化，速率水平也有差异。

因此，复杂性已经超越了意识的组成部分，除此之外，还涉及要素的数量及其在环境背景中的强度、新颖程度、超单一性、不协调性、神秘性、时间变化、意义和符号性。实际上，多样性取决于要素的数量和性质（某种程度上是主观的）和可能的解释数量（也就是模糊性）。这些问题通常涉及已经讨论过的性质——很难应对的观察者特征、适应性（新鲜的刺激要比熟悉的刺激更复杂）、联想价值和环境背景的影响，因此，当两个层面的复杂性共存时，整体的复杂性是不同的，而当存在三个层面的复杂性时，整体复杂性又会有所不同（Phelan 1970）。这一点之前有所提及，并且在出行穿过的区域数量、相对复杂性、出行方式和速度等方面对城市设计产生了明确而有趣的影响。

如果环境复杂程度随着不同的视觉维度（例如空间和形式）变化，那么产生感知复杂性就是一个相加的过程（例如：Pyron 1971，1972），并且当所有感官模式都参与其中时，这个过程会得到强化。此外，如果说一种感觉的多样性与不同要素的数量、归纳的类型及其组织有关，那么它也与认知风格和文化多样性相关。因此，多样性被定义为可区分的要素的数量。就信息位而言，对于要素 x 而言，信息就是 $\log_2 x$。更准确地说，信息是 $\log_2 w$，其中 w 是状态数量与所有可能状态数量的比值，而且信息与时间相关（Moles 1966）。

$$\frac{\text{状态数量}}{\text{可能状态数量}}$$

感知复杂性随着人的经验和适应不断变化是一个重要问题。人们长期处于一个环境中会产生满足感，尽管有一些恢复适应过程，但经过一个连续而长期的过程，人们会喜欢更复杂的刺激。造成的结果就是，当首次处在一种环境中，可能首选相对简单的刺激，但在此之后想要更为复杂的刺激，并且随着时间的推移，最初看起来混乱的刺激也变得可以接受，这正是设计师面临的一个严肃问题。* 另一方面，学习带来对于更高水平的复杂性和层次性的发现，并影响显著的差异，随着经验的积累，人们更需要在环境中发现差异、线索和细节。因此，对于局外人来说，单调乏味的东西对本地人来说可能是丰富的，例如，沙漠之于土著，北极之于爱斯基摩人，草原之于草原居民。一片森林在植物学家眼里要比在外行人眼里复杂得多，城市之于设计师亦是如此。然而，客观上复杂的环境更容易提供多的潜在信息。

复杂性也是在城市中运动的结果。人们不会把时间花在寻找“最佳复杂性”的环境上（参见：Walker 1972）（尽管人们可能在居住片区寻找这些地方）；人们在各种各样的环境中运动——从最简单到最混乱的环境——对过渡和整体复杂性进行最大化。在这种情况下，设计可以防止满足感和适应性的产生。新鲜感与复杂性之间是有区别的，新鲜感是一种短期现象，而复杂性则是持续的，并且与环境的用途、活动等相关，还与“操作复杂性”有关（Appleyard 1970）——这是由环境的不同用途引起的。复杂性并非物理特性的差异、变化和多样性的结果，而是随着时间推移产生的。因此，就穿越的地区和所走的路线而言，一系列的事件从来都不是完全相同的：路线会改变，环境本身会随着季节、天气、重建等因素而变化（这些可以通过开放式设计加以促进），观察者的状态和背景亦是如此。因此，在现实环境中，习惯化和适应性的心理预期结果似乎没有在实验中那么严重。城市环境是很大的，因此人们并不会一下子就能看到全部，而是以不同的顺序看到它（图 4.8）。通常环境中的大部分都无法被看到，所以人们会随着时间忘掉它的丰富性，重新对环境敏感起来。

与此同时，对于一个环境的记忆总是比实际情况差很多，特别是在非视觉感官上，会随着时间推移从一种感官通道转移到另一个感官通道上。即便通过反复接触，我们记住的东西也相对较少，因此，每体验一种环境，都会在比较中产生复杂性体验，并且总能提供新的信息。人们记住的是一般化的图式，是事物的顺序和形式，而不是细节（Bartlett 1967，p. 195）。记忆被大大简化了，并受到过滤、期望和心理定势的影响。记忆总是有一定程度的丢失，因此时常带来一些惊喜（和由惊喜产生的复杂性——偏离了预期的顺序）。新的信息总是出现在体验的环境中。此外，潜意识和非视觉感官都增加了体验场景的丰富性。

城市环境中的信息数量总是超过信道容量，因此，人们会在不同的时间选择不同的线索组合，从而在不同的时间使用不同的潜在信息。虽然熟悉的场景往往比不熟悉的场景更

---

* 与密歇根大学心理学实验室 E. L. 沃克博士的私人通信。

简单，其复杂程度也随着时间的推移而下降（Bartlett 1967；Walker 1972），但仍会有足够的信息促使人们进一步关注。即使我们仅仅出行一次，也能知道以后会有什么，更不用说多次出行之后了，虽然有所减少，但感知体验及其影响依然存在。

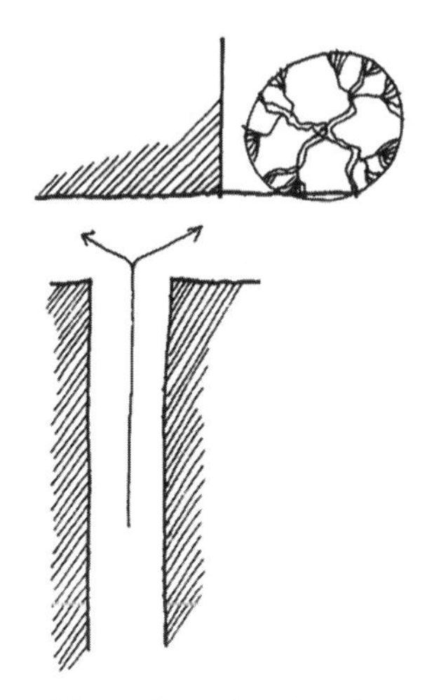

图 4.8　不到路尽头就看不到空间和树。尽管走过一次就该知道，但（直觉）感知影响依然存在（来自：Rapoport and Hawkes 1970）

举悉尼市的三个例子——所有其他城市都有类似的例子（图 4.9）。

城市记忆本身也受到复杂性的影响。因此，对德国儿童来说，与简单要素相比，他们对变化和个性化（与复杂性密切相关）的感知产生了更为清晰的记忆（Sieverts 1967，1969）。美国儿童也记住了许多明显次级要素的地区（Maurer and Baxter 1972），而这些区域可以用多感官复杂性来解释。与那些单调乏味地区相比，澳大利亚儿童似乎对社会和物质复杂性城市地区的记忆更为清晰和生动（King 1973，p.74）。

设计师能够操控运动路径的选择、各个地区之间的关系、位置的组合和活动的变化，可以选择开放式设计，从而对物质环境性质产生影响。这些似乎足以克服习惯化和适应性影响。因此，自然的乡土环境往往比设计出来的环境更复杂，因为它们保留了更多的丰富性，空间的活动更复合，街道空间的活动也更多，因而有更多的感官体验，随着时间的推移，这些活动也会发生变化，对空间和建筑（即开放性）改变和增补，所以，无论是在时间还是空间上，都产生了更多的丰富性。这也得益于极强的秩序，因为它们很容易被人们“阅读”和理解，使得极其微小的变化变得更明显，并有助于提供信息。同样，在更大的尺度上，“自然”生长的城市内部会表现出区域性和个人性的差异，以及城市内部的地区差异，并且往往比那些使用同一标准、布局和建筑类型的城市更为丰富、复杂和多样，因为这些标准、布局和建筑类型往往是相同的，几乎没有对比，既统一又呆板。

除了空间本身的性质外，城市地区鼓励人们根据可能的路径数量进行探索。这些不仅导致人们对目的地的判断以及如何到达目的地产生不确定性，是在（有着明确方向的环境）

小尺度上迷失方向的一个例子，而且还随着时间的推移发生变化，大大增加了复杂性，对事物的记忆在再次看到它之前就消失了，允许多种可能的组合和排列（图 4.10）。

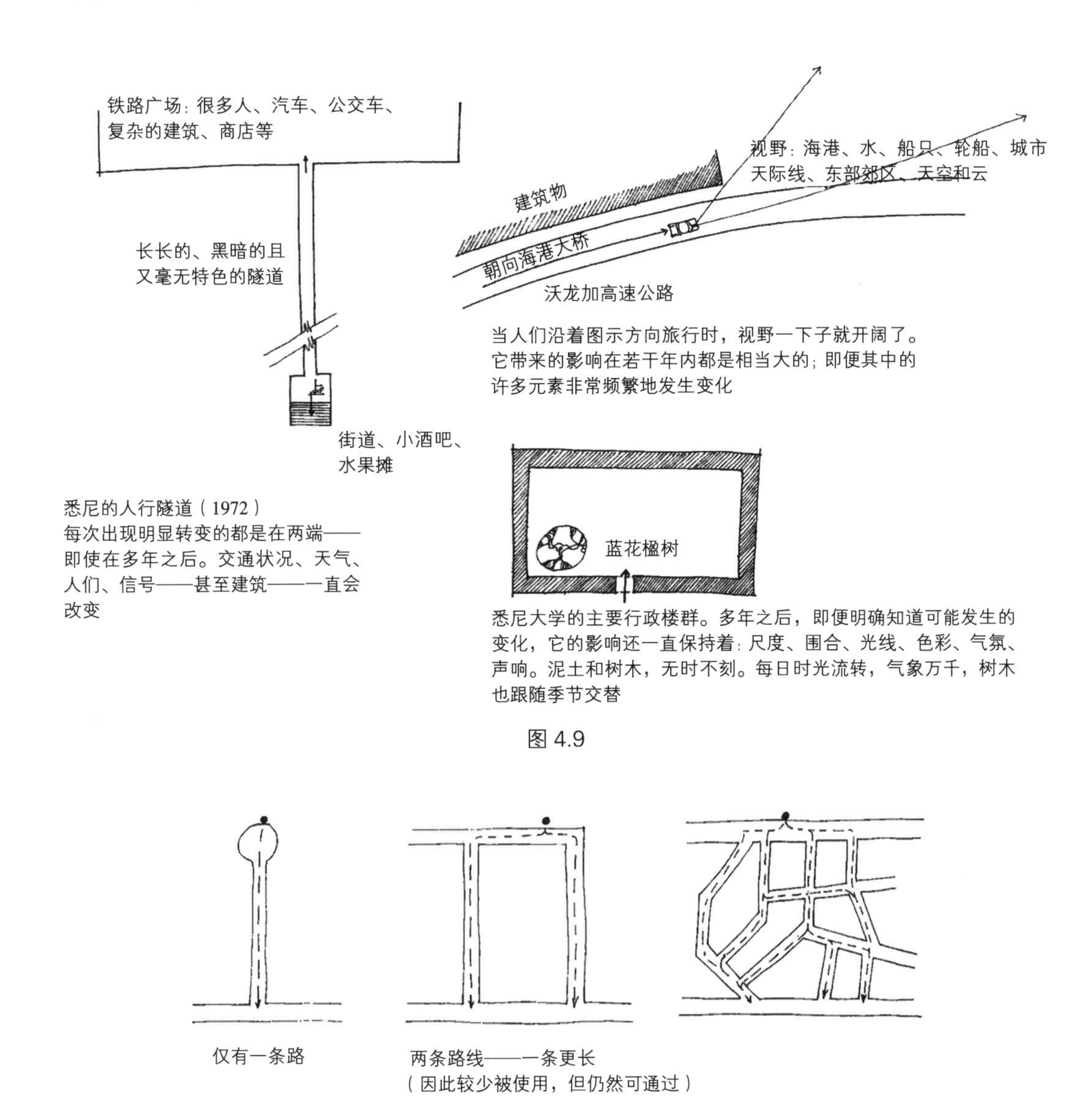

图 4.9

图 4.10

将方格网式路网与明显更具复杂性的路径系统进行比较，会有非常有趣的发现。方格网式路网实际上蕴含了大量的可选路径，但冗余度更高，因此信息量较少，而且比较简单。坡地（例如，旧金山与中西部城市相比较）和各种实现水平上的要素和植被都能够增加方格路网的复杂性。重要的是，当强大的中央权威和权利被削弱时，方格路网往往会消失（Stanislawski 1961），并且变成一种更复杂的模式，例如，在大马士革，随着罗马统治的衰落所带来的变化（Elisseeff 1970）（图 4.11）。

同样有趣的是，这种情况并没有发生在美国，可能是由于步行这种出行方式较少，因为行人总是更喜欢复杂性高的环境（Rapoport 1957；Wheeler 1972）。

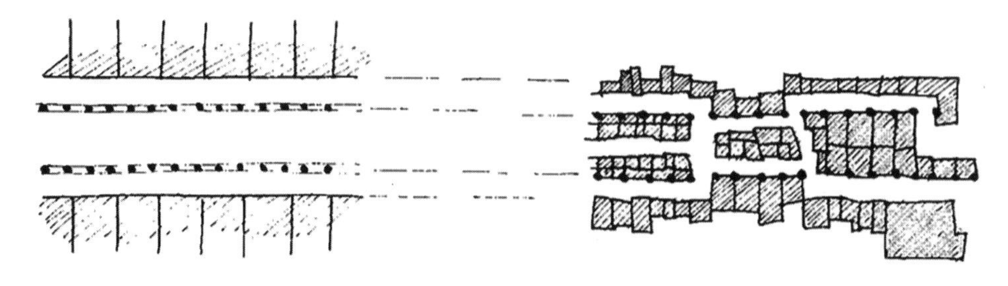

罗马街道，拱廊式　　穆斯林集市，露天剧场

图 4.11　在大马士革，罗马式街道向穆斯林集市的转化（基于：Elisseeff 1970）

路径中的转弯和方向改变会增加感知的复杂性，部分原因是，这种变化会增加不确定性，从而增加信息量，尤其是在涉及选择拐弯路口的情况下。这样的路径也会改变主观距离。我们在第 3 章看到了转弯、弯道和路线分割对主观距离的影响是不明确的——对于主观距离会增加还是减少，两者都有证据支持。就复杂性而言，两种观点都可以推导出来。一种是单位长度路线上的信息越多，路线看起来就越长，因为我们是通过单位时间内信息的数量来估计路线长度的。另一种观点则认为，信息越多，兴趣越强，感受的距离和时间就越短。从经验上来看，通过高信息量环境比通过低信息量环境所需的时间要短，但在记忆中却是相反的：复杂路线实际体验的时间要短，而记忆中的时间要长，反之亦然（Cohen 1967）。因此，在复杂而丰富的城市环境中，人们可以走很长一段时间而不会感到疲倦，但是以同样地距离穿过一个开放的停车场，由于信息不足，人们就会感觉路程仿佛无穷无尽 [Parr 1969（b）]。不同的环境能够提供更多的信息，总有些信息会保留下来，而且出于兴趣的原因，经过的时间就显得比较短，但在记忆中却更长（参见：Steinberg 1969）。

我们可以通过地区使用的差异、不同复杂程度的活动、区域的同质性和异质性，以及所有随时间推移可能发生的所有变化来强化城市复杂性。所有这些都应该被保留、鼓励和强调，而不应该被平均化。目标应该是特色区域，无论是区域性的还是城市内部的。事实上，多样性不能听之任之，而是必须经过规划和设计——机会就在设计中产生。所以必须培养环境中的对比性、多样性和差异性。在城市中，这意味着保留地区的本地特色，并且构建具有多样特征的新区，无论是在空间用途、人群结构方面，还是在各种感官模式下的物理特征方面。事实上，与城市环境体验相关的城市设计成果都涉及复杂性（但仅限于视觉方面）（例如：Sitte 1965；Cullen 1961；Worskett 1969；Nairn 1955，1956，1965；Spreiregen 1965）。我们来看一下最近的特刊《平民之城》（*Civilia*）中的提议（de Wofle 1971）。[1] 它显然是一

[1] 《平民之城》是《建筑评论》杂志于 1971 年 6 月为沃里克县拟建新城所做的特刊。——译者注

种对复杂性的诉求，因此，设计需要在所有布局组合中营造一种错综复杂、令人迷惑的感觉，复杂到难以为意识所接受。虽然相当宽泛，而且整本书比较极端，忽略了许多重要的因素，比如意义和符号、环境偏好、群体、文化和个人的多变性、对于认知清晰和简单性的需求以及高冗余度地区与复杂地区的对比，但它确实指出了在某种微观尺度上可能需要的一些要素。当然，我们需要的是有一定复杂性的设计，以使人们能够在最大尺度上找到认知的清晰性，随着空间尺度的变小而增加复杂程度，并且在某些类型的地区（根据空间用途进行区分）和在最小尺度上达到复杂性的极限值（图 4.12）。像《平民之城》这样以统一的高度复杂性进行设计，实际上会使环境变得更简单。更为重要的是，考虑到复杂性和信息率，我们的方法不仅可以让对物质环境和社会环境的感知成为模型的一部分，而且还可以让特殊的例子普遍化。

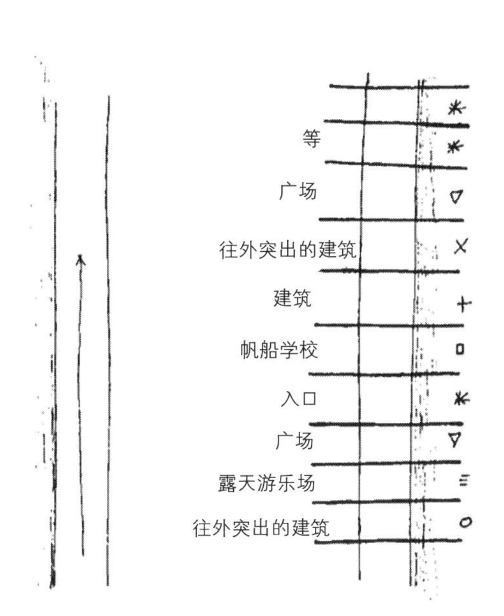

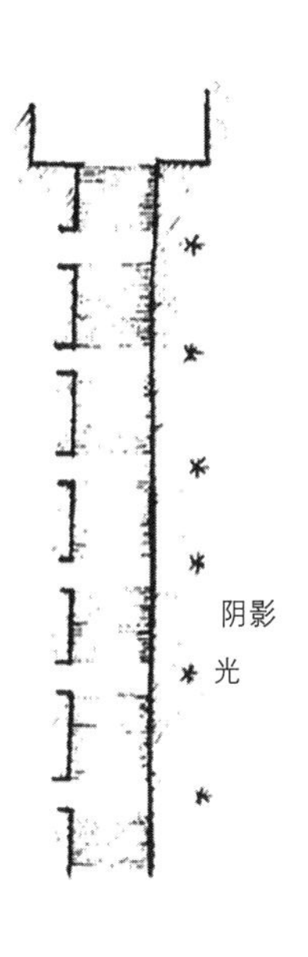

基灵沃思的码头 [基于：德・沃尔夫（de Wofle）设计图，《建筑评论》特刊《平民之城》，1971 年，第 67 页，图 65]

“民众”码头（基于：德・沃尔夫设计图，《建筑评论》特刊《平民之城》，1971 年，第 61 ~ 68 页，图 57 ~图 64，图 66）

通向库马西比尔石窟的隧道（基于：Schoder 1963，p.108）

图 4.12

这种普遍化可以用在城市街道上。例如，加利福尼亚州伯克利大学对大学大道进行整修翻新，移除了电线和电线杆，种了小树，铺了砖石人行道，并且在道路两侧安装了坚固且间隔紧密的路灯。这充分统一了街道，淡化了餐馆、商店和标识，使其变得不那么显眼，街道不再混乱，而是有趣起来（尤其是在晚上）。大学大道采用的是冷光，而电报大道采用了暖光。无论出于何种原因，都在晚上产生了明显的区别。此外，就大学大道而言，车行速度下的简化节奏与步行行人尺度下的复杂模式形成了鲜明对比，这种情况在弧形的街道上更为明显（图 4.13）。

这些复杂性的例子将引出下面两章的主题——显著差异和速度的影响。

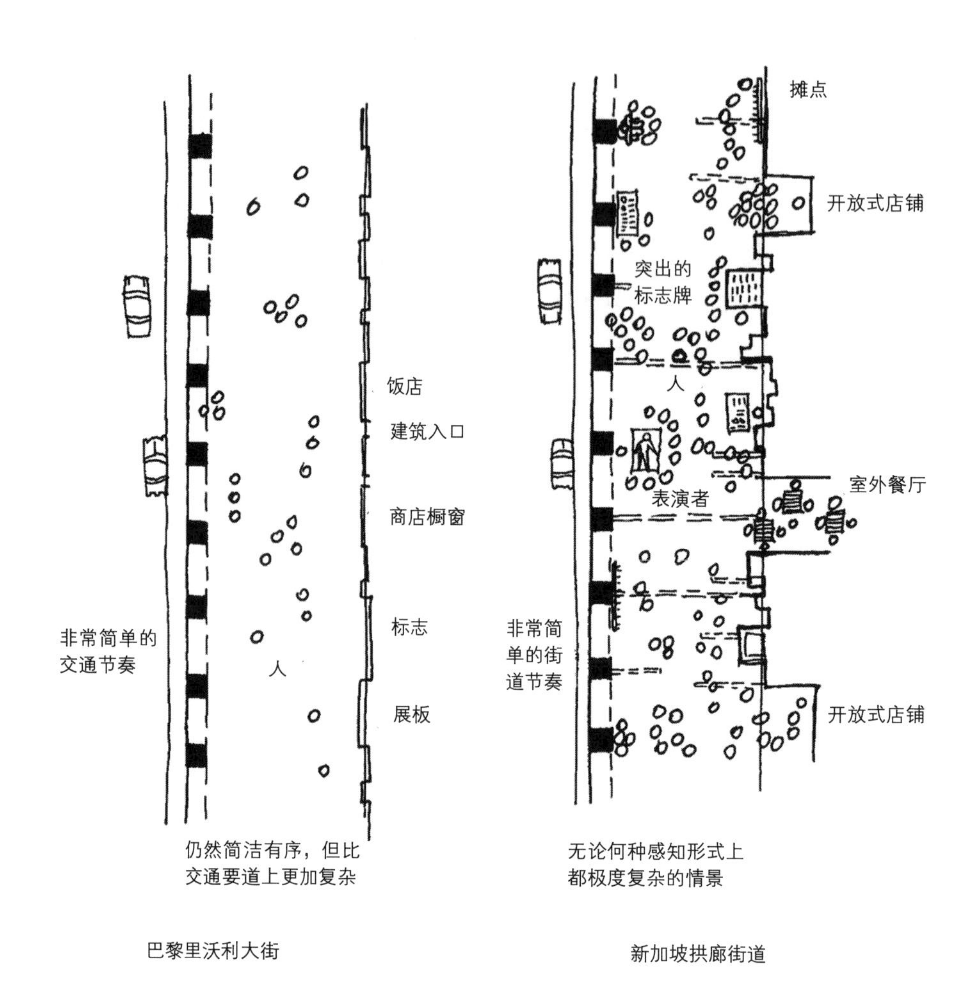

图 4.13　骑楼式街道的两种形式（还有许多其他类型存在于世界各处）

显著差异的概念

本章的大部分讨论可以借由显著差异的概念进行整合。过载或匮乏取决于感知到的要素数量，而复杂性也与能够感知到差异的要素数量有关，正是这些要素构成了感知到的秩序变化。这有助于解释乡土设计独特的丰富性：因为秩序和规则是如此强烈和一致，所有微小的变化都会被注意到，而且非常重要。除了以这种方法限制使用的设计语汇，乡土设计还因地区而异，但在这些地区内部又保持一致。在风格化设计中，规则的特异性更强，因此变化更加困难，因为它不像乡土设计那样开放，道路两侧需要非常大的变化，而任何变化都需要引起人的注意（图 4.14）。

索尔日（法国南部）

塞纳河右岸（巴黎）

图 4.14　本土的：多样性中的有序（作者自摄）

同样，高楼大厦之间的小教堂或者是新建筑之间的旧建筑也构成了显著差异——例如，玻璃幕墙建筑之间的一个古老而华丽的俱乐部（图 4.15）。

时尚风格：秩序感，没有变化

巴黎里沃利大街

公路旅行：变化无序

加利福尼亚湾区，国王大道

（作者自摄）

澳大利亚悉尼奇夫利广场（1972）（作者自摄）

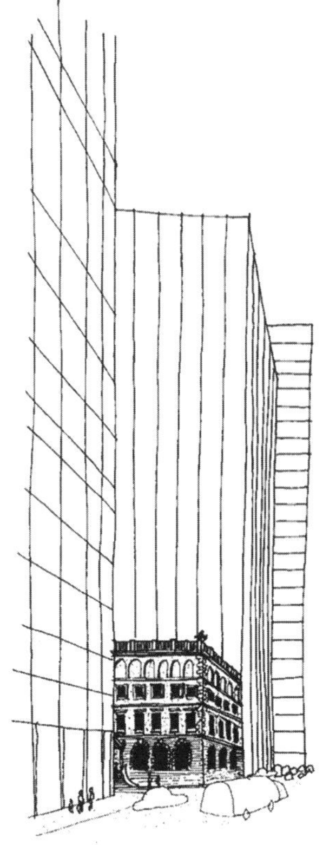

华丽的建筑与玻璃幕墙构成的摩天大楼对比形成的复合画面
（试比较：纽约的马球俱乐部和利华大厦、加拿大亚特兰大的桃树街角和哈里斯街）

图 4.15　由细微因素所产生的明显差异

从定义的角度来看，这种差异必须被感知者注意到。如果一个人接受信号检测论 [例如：Murch 1973；Daniel et al.（日期不详）]，阈值概念就会存疑，因为有一点非常重要，即感知者是时刻准备根据最小的线索或不确定的线索作出判断的。然而，这是一种个人变量，完全超出了设计师的控制范围。而引入群体变量、适应性和学习的时候，设计师所能做的就是尝试并控制阈值和信号强度，继而在不同感官模式下，从不同维度为不同群体提供显著差异。因此，尽管标准状态主要在选择意愿、行动和判断上发挥作用，我们仍然可以给出城市尺度下的视觉阈值（例如：Lynch 1962）。

我们可以从环境背景中发现显著差异，实际上就是图底关系*，或者是刺激的状态或边界的变化。这强化了一种概念，即要素之间的关系比要素本身更重要 [Rapoport 1969（e）]，因为正是要素的并置导致了显著差异。因此，在时代广场上，最引人瞩目的要素可能是一家昏暗的商店，一家倒闭的小电影院也可能突然成为一个显著差异；在乡村，显著差异可能是明亮的灯光，而实际所需的亮度要根据环境背景而定。

雅典普拉卡，单棵树

伊利诺伊州伊万斯镇，许多树

图 4.16 （作者自摄）

* 威斯康星密尔沃基大学建筑与城市规划学院的约翰· 韦德（John Wade）教授进一步发展了图底关系这一理论及其在复杂性中的应用。

再来说说一些城市中的例子。森林中的一棵树通常不被视为一种显著差异，除非是一棵非常特殊的树，即与众不同的（而且这片森林里的树要少得惊人才行）（Moles 1966，p. 73）。而在城市环境中，一棵孤植的树可能是最引人注目的，对感知来说也是最重要的，比树群重要（图 4.16）。

同样地，在很少运用形状和色彩要素的地区，两者就变得非常重要——例如，米克诺斯岛（Mykonos）上教堂的红色和蓝色穹顶，以及老北京紫禁城的颜色和建筑形制，因为老北京城其他地区的颜色更为单调，建筑形制的等级更低。一条长廊式街道上有一个广场是非常重要的——广场本身就是一种新的空间形式，使得这条长廊街道本身变得引人注目（图 4.17）。

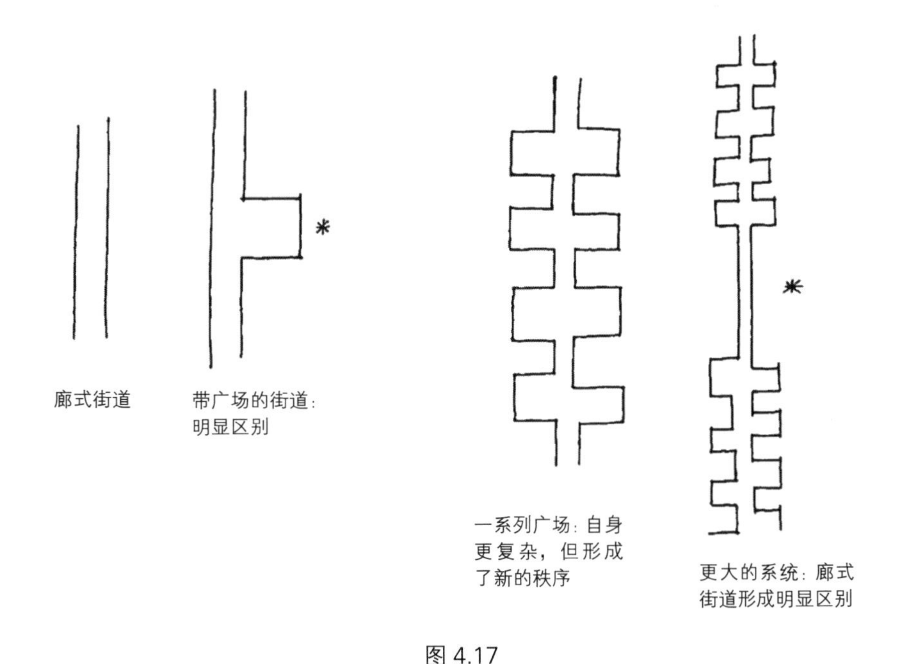

图 4.17

沿着悉尼的新南头路（New South Head Road），有一系列面朝海湾的小公园，在这里能够很好地眺望海洋和海面船只。这些都是显著差异，而且气味、温度变化和海鸥叫声等都强化了这种差异，在这条街上，人们在某些区域还能听到外语（图 4.18）。

更广泛来说，城市中不同的民族地区有着不同的明显差异，在建筑高度和密度、视觉景观、交通、噪声、植被等各个方面都存在着差别，所有这些都是潜在的显著差异，据此我们可以从不同的尺度和细节上对城市进行分析。

显著的差异对设计来讲至关重要。许多城市无论从平面上看还是从空中俯瞰，都有着清晰的结构、形态和特征。这些在地面上是感知不到的，问题在于，除了强调清晰和对比，如何使这种结构更加清晰并且可感知——绿色地区的绿色与繁忙地区的繁忙形成了对比，而繁忙地区的繁忙又与安静地区的安静形成了对比——通过使用适当的感官、情感和符号线索感知目标的差异。线索的感知和使用与出行的方式和速度、活动模式的范围和许多其他变量相关。

当线索对于感知者来说更具有意义和重要性时，这些线索就会更为明显，即它们成为信息而不是噪声。例如，在意大利北部地区，身份地位与他们住在城中的位置和住宅的历史有关（Schnapper 1971，p. 91），因此地址和住宅的性质就变得非常引人注目。如果景观特征被用以建立社会身份（Duncan 1973；Royse 1969），置身其中的人就会对这种要素高度敏感。如果颜色、声音和气味对一种文化来说非常重要，那么相比其他文化，人们就会更多地运用这些要素区分城市地区。因此，在墨西哥的圣克里斯托瓦尔，不同区域会用市民们所熟知的颜色区分开来。声音甚至气味都会被注意到并得以应用——尽管人们通常从时间而不是空间差异的角度进行研究（Wood 1969；Stea and Wood 1971）。

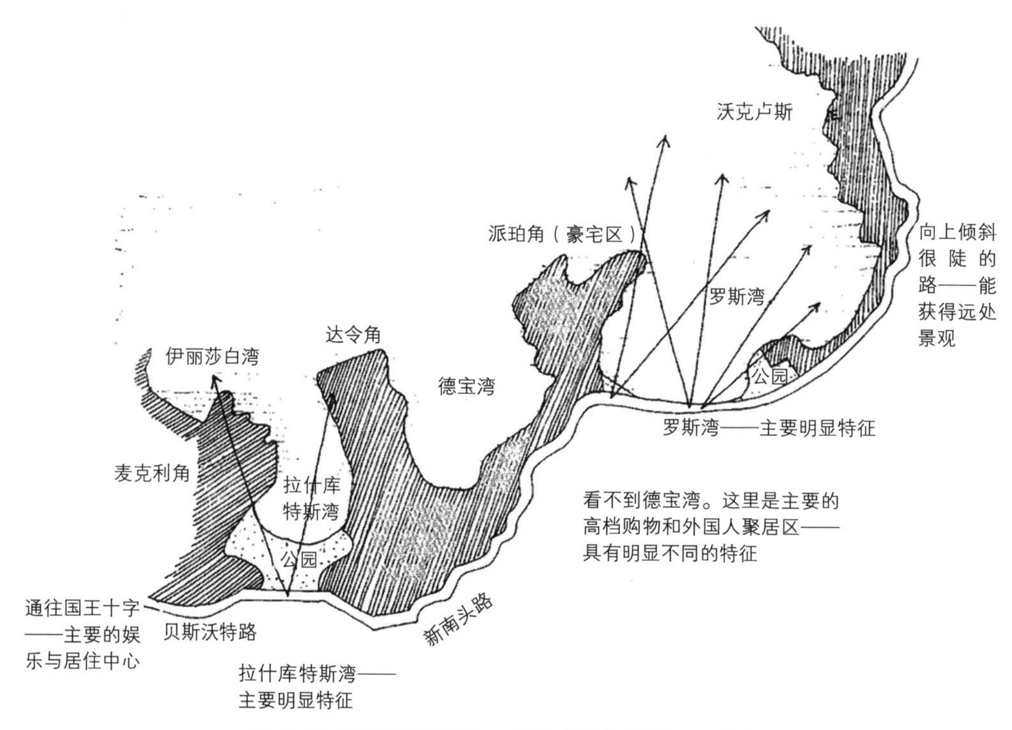

图 4.18　澳大利亚悉尼，新南头路沿线的明显特征

另一个例子是第 3 章中讨论过的观点，即居住区里的小公园会被人们注意到，不会淹没在更大尺度的、有重要作用的模式中，因为它们打破了城市的结构、边缘，并且在温度、嗅觉和视觉线索方面带来了变化。随时间的变化，一些非正式观察表明，小公园、水景和开放空间等这类要素在建成区内成为显著差异和地标。这一点通过显著性和意义得到强化。植物种植和绿化尤为重要，因为这是判断空间品质和建立对于这种空间的社会认同的要素。

如果这种变化未被感知，就不会产生复杂性。对于一条穿过不同地区的道路（如悉尼的太平洋公路）来说，如果经过的这些区域彼此间有显著的差异，人们就会感知到复杂性，而如果这些地区的差别难以被注意到，人们就会感到枯燥单调。对比越清晰、越强烈、越突出，它们被注意到的可能性就越大（即便人们无法理解这些线索，如果是有意设计的，结果也会如此）（图 4.19）。

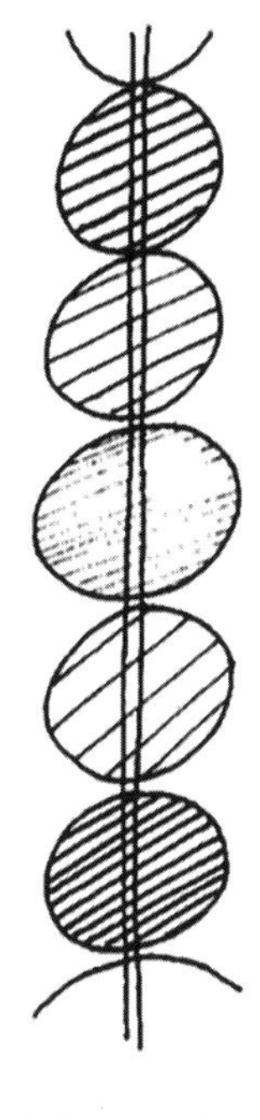

细微差异可能被忽略　　强烈差异更易被识别

图 4.19

城市与城市里的地区是不同的，敏感的观察者能够意识到这些差异。然而，这就带来了两个主要问题：非设计师是否能注意到这些差异，以及这些差异是由什么引起的。先来讨论后一个问题。像圣莫尼卡这样的地区被称为洛杉矶最具特色的地区，“尽管我很难给它下个定义”（Banham 1971，p. 46）。实际上，这些地区是如何脱颖而出的？我们如何知道一个地区是在伦敦而不是在雅典？我们如何知道一个同名的（例如：Thiel 1961，1970）特定街道或广场是在伦敦、巴黎、萨法德、罗得岛、东京还是在加德满都？这些都是重要的问题，不仅仅是感知层面的。显然，场所和要素必须有显著的差异，才能用于定位，用于对区域的主观定义和判断主观距离（就对转角和曲线的感知而言），以及纳入心理地图。这些问题也很难回答。然而，我们仍然可以通过人们的选择总结一张关于线索的列表（就像第 3 章中举出的例子一样）。*

---

* 1974 年春天，威斯康星州密尔沃基大学建筑与城市规划学院的学生们在一次基于本书的研究生讨论会上探讨了其中一些问题。B. J. Wentworth 的“环境中的显著差异”和 D. Moses 的“关于环境中变化的探索性研究”两篇文章均未发表，并存于学校图书馆中。

物质差异

视觉

物体——形状、大小、高度、颜色、材料、质地、细节。

空间质量——大小、形状、界线和连接——合并、过渡等。

明暗、亮度和光感，光随时间的变化。

绿化、人工与自然、种植类型。

视觉方面的感知密度。

新与旧。

秩序与变化。

维护良好与维护不善或是忽视维护。

城市规模和城市格局。

路网格局。

地形——自然的或人工的。*

区位——突出的、在决策点上、在山上等。

动觉

水平变化、曲线、移动速度等。

声音

喧闹与宁静。

人造的声音（工业、交通、音乐、谈话和笑声）与自然的声音——风声、树叶声、水声等，单调与回响、声音的时间变化。

气味

人工的与自然的，植物、花卉、海等，食品等。

空气运动

温度。

触觉。

脚下地面的材质。

---

* 注意，人工湖和山体可以追溯到古代。

社会差异

人——语言、行为、衣着、体型。

活动——类型和强度，俱乐部、餐馆、教堂、集市、市场等。

用途——购物、居住、工业生产等，单一用途与混合用途，车行与步行、其他出行方式，动静分区。

物体——标识、广告、食物、使用的物品、栅栏、植物和花园、装饰等。

城市空间利用方式——街道利用与不利用、前后区分、私人与公共区分、内向与外向等。这些都与文化障碍和行为准则有关（必须理解、遵从和注意的线索）。

等级和象征、意义、社会身份和地位标志。

时间差异

长期的：随时间从 A 状态向 B 状态的改变：在人员、维护、使用等方面上的变化。这是一整套线索，提示了变化与持续性和稳定性，并且这种变化可能是积极的，也可能是消极的。列出的许多潜在的显著差异都可以解读为一种社会指标，标志着是好地区或是坏地区，是正在恶化的地区或是正在更新的地区。这些都是文化特征。

短期的：日间和夜间、工作日与周末的利用方式，一段时间内的利用强度、活动的节奏。

显著差异被用以区分城市与乡村这种不同的环境（例如：Swedner 1960），以及不同的社会环境背景等。在应用的线索中就有建筑的独特性——例如，公共住房经常因为千篇一律，以及与周围环境格格不入而备受批评，而这恰恰成了公共住房的特色，并形成了一种社会污名。显著差异的数量，即复杂性也会影响对特定街道（例如：Appleyard and Lintell 1972）或自然环境 [例如：Shafer 1969（a）] 的偏好。图 4.20 为这一过程的概念图。

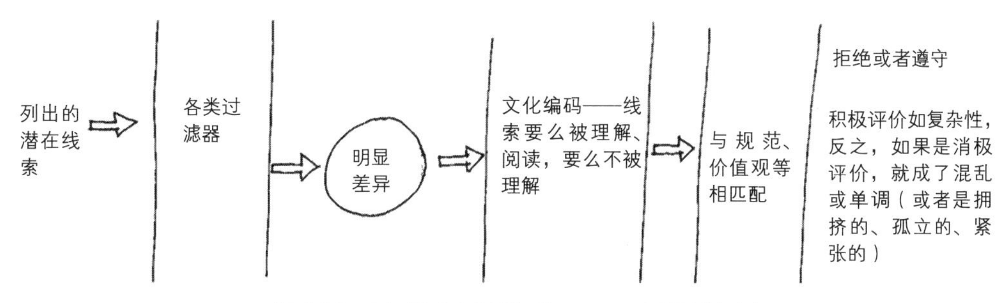

图 4.20 [与图 2.1 对照；Rapoport 1975（b）]

当更多不同维度的线索一致时，显著差异可能变得更加清晰和突出（例如：Pyron 1971，1972；Southworth 1969；Steinitz 1968）。除了图底关系的强度、相应的文化或个人的意义和显著性、线索和感官模式的一致性以外，运动和生活的交织往往更有趣和令人瞩目（Bartlett 1967；Sieverts 1967，1969；Maurer and Baxter 1972；Steinitz 1968；Gulick 1963；Weiss and Boutourline 1962）。所有这些显著差异存在于不同的尺度上——大到景观、区域和整个城市，小到城市内部和建筑细部。

因此，整个国家和地区在许多方面都存在着差异——也就是地理学家所说的文化景观的概念，这些都是影响个人决定的价值和观念作用的结果。

在大型城市地区，存在着建成环境与开放空间的对比，例如荷兰的兰斯塔德地区和规划的阿尔坎镇（Cullen 1964）。只有人们体会到建成空间与开放空间的对比，各种各样的指状规划和卫星城镇群的规划才会真正起到作用。其他例子包括沙漠中的绿洲、大草原上的中西部城镇，以及我们之前已经描述过的诸如印度、北非、印度尼西亚等许多地区的殖民地城市和原住民城市之间的差异。巴克兰山及其周围的乡村似乎是珀斯和弗雷曼特尔（西澳大利亚）之间斯特林高速沿线唯一的一段开阔景观，"它成了两个卫星城之间视觉和心理上的标识点"（Seddon 1970，p. 43）（图 4.21）。因此，这在大都市尺度上是区分两个地区的一个显著差异。

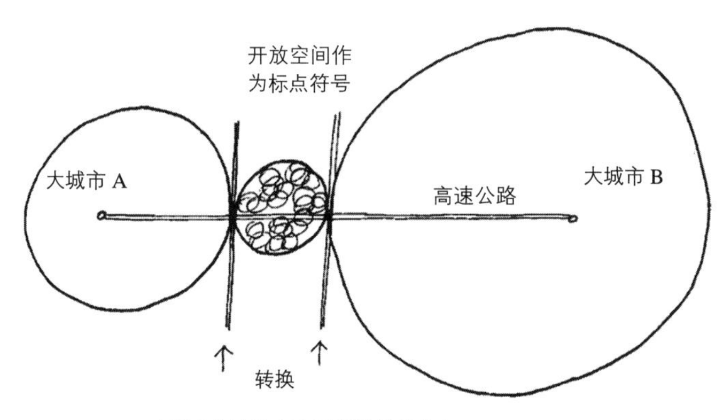

图 4.21 大都市尺度上的明显差异（基于：Seddon1970 年的口头描述，p.43）

尽管这种特殊的标示性已经式微，场所之间的显著差异在今天也普遍被忽略，但早在公元 2 世纪，哈德良皇帝就在古雅典以东修建了雅典卫城，并树立起一座拱门，以清晰地表明两个区域之间的边界（Papageorgiou 1971，p. 38），即强调差异，并使之更加明显。

对于城市地区来说，爱丁堡是一个很好的例子（图 4.6），伦敦也能提供几个很好的例子。其中几个利用颜色区分不同地区，例如，帕尔购物中心、白金汉宫、伊顿广场等地区是白色的。在国王路（包括斯隆街和广场、卡多安花园、克利福德花园等），周边的颜色是暖红色（不同于其他地区的蓝色和红色）。在这一点上，这种颜色的变化与威斯敏斯特市向肯辛顿和切尔西区的过渡相吻合。西肯辛顿是灰色和棕色的，肯特郡是黑色的。类似的还有圣克里斯托巴和东京（Lenclos 1972），一个值得研究的问题是，伦敦人与墨西哥人利用这些差异的方式是否一致。

活动清楚地区分了不同的场所：星期六下午，西区是一片活动的热闹景象，人流、颜色、噪声、食物气味和快节奏的地方，而城市则是死寂般安静的。最后，住宅广场可以理解为街道格局中的显著差异，突出的例子是罗素广场，特别是高尔街的贝德福德广场。在美国，类似的例子就是威斯康星州两条河流之间的华盛顿大街区域（图 4.22）。

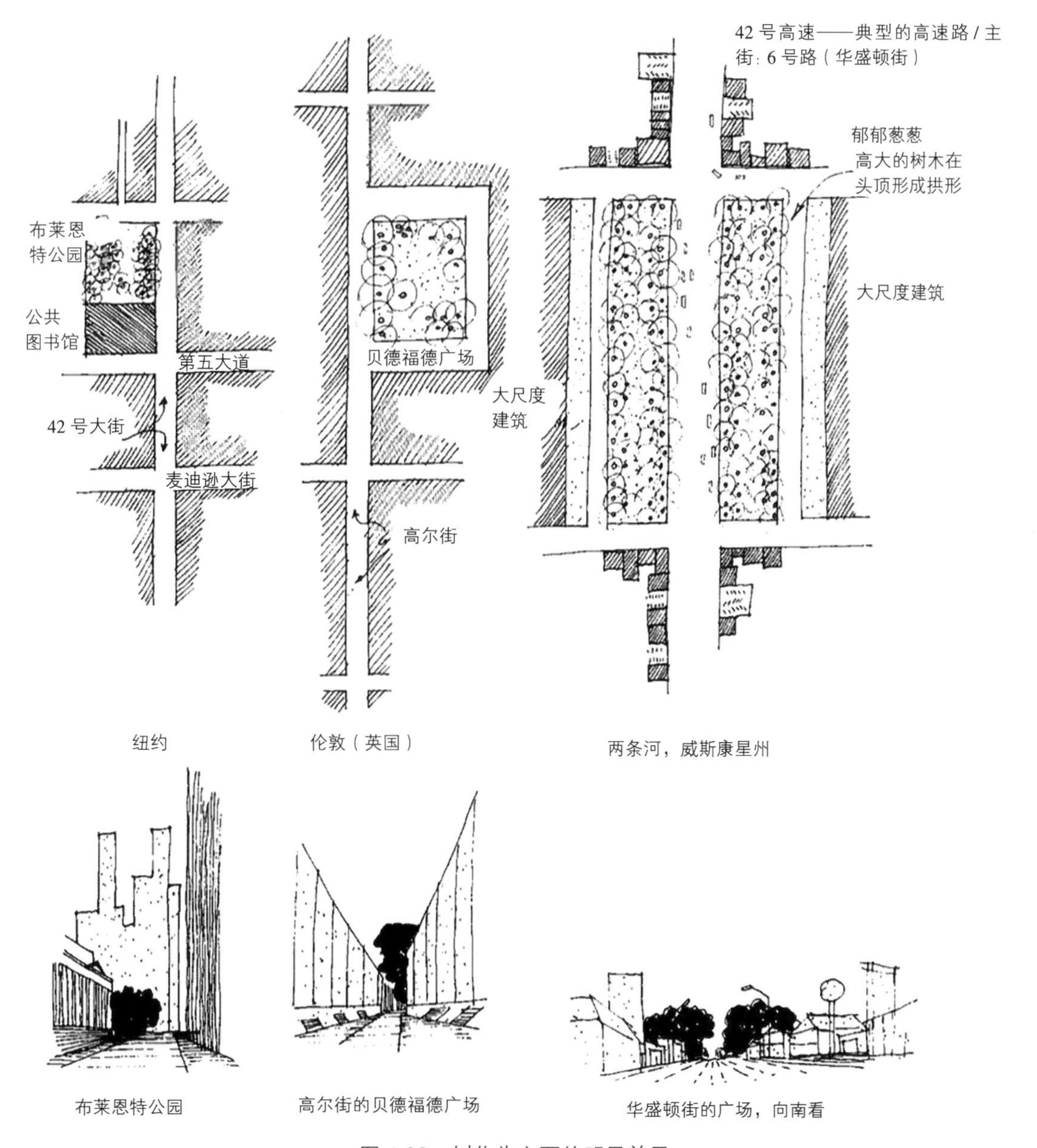

图 4.22　树作为主要的明显差异

19 世纪的纽约尽管街道整齐划一，山丘平坦，有着统一的房屋正立面，但依然是一个丰富多样的城市，因为城市里有许多特色地区，有些只有一个街区大小，有些则有一个小镇那么大，每个地方都有不同的宗教生活、语言、报纸、餐馆、节假日和街道生活，走过这些地方就仿佛是到欧洲旅行了一趟（Jackson 1972，pp. 205-206）。

另一个例子是桑给巴尔（Zanzibar）上的石头城（Stone Town）与甘博（Ngambo）（图4.23）。石头城里都是较高的石头房子和狭窄的街道与小巷，与甘博间隔着一条古老的小溪，还有在椰子树的掩映下肆意排布的独立珊瑚屋。两者的肌理不同，一个是内向的，另一个是外向的。两个地区的人口构成也不同，并且有着迥然不同的街道生活和活动，声音、气味、明暗、温度、空气流动等因素强化了这种差异 [Nilsson（日期不详）；Nimtz 1971；Ommaney 1955]。

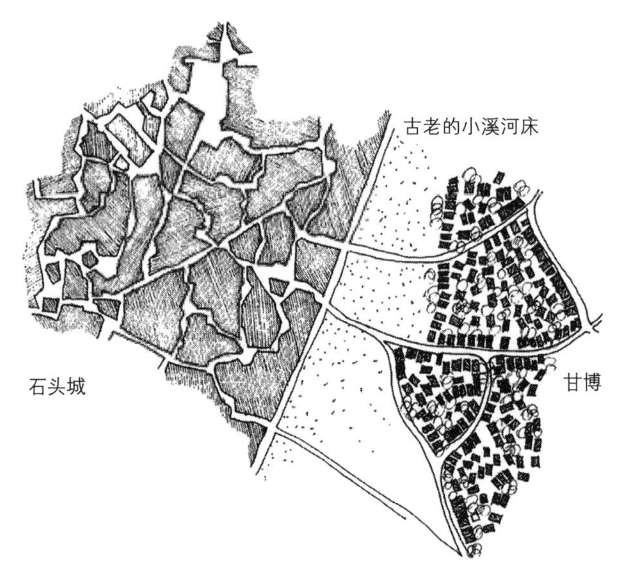

图 4.23　桑给巴尔两个部分的特征图示基于 Nilsson（日期不详）以及其他信息

事实上，像桑给巴尔这样的城市是由种族和宗教同质的地区组成的。这些地区在贸易、气味、音乐、人口等所有方面都存在着视觉和空间的差异，并且彼此间的过渡非常明显。

在这个例子中，许多线索共同作用强化了显著差异——多样的房屋、街道格局和城市肌理、种族、生活方式、活动和与之相伴的多感官线索。由此带来了极大的丰富性，这也是鼓励城市中发展不同邻里的原因之一。

在城市片区级尺度上可以找到许多这样的例子，与社会和文化要素具有的一致性往往使它们可能提供了最好的设计机会（见前述讨论及第 5 章）。一个相当突出的例子是英国大教堂附近，那里有一个结合了所有联系且非常明显的过渡，从市场、商店、交通的高密度城市建成区向开放的、绿色的、宁静的、有鸟类驻足的大教堂区域的过渡。哥本哈根则为我们提供了一个更为普遍的例子，它有一个尺度特殊且复杂的老城区，奥斯特加德步行区为其提供了一个明显的过渡，这个 33 英尺宽的步行街上有不同的使用功能和商店、街道的使用方式、街头乐队、鲜花、漫步的游人，并由此形成了街区的生活节奏；另一个明显的转变就是市政厅到其及周边地区的过渡，像所有其他现代城市一样，那里有宽阔的街道、林立的高楼、繁忙的交通、噪声、霓虹灯以及各种喧嚣繁华的景象（图 4.24）。

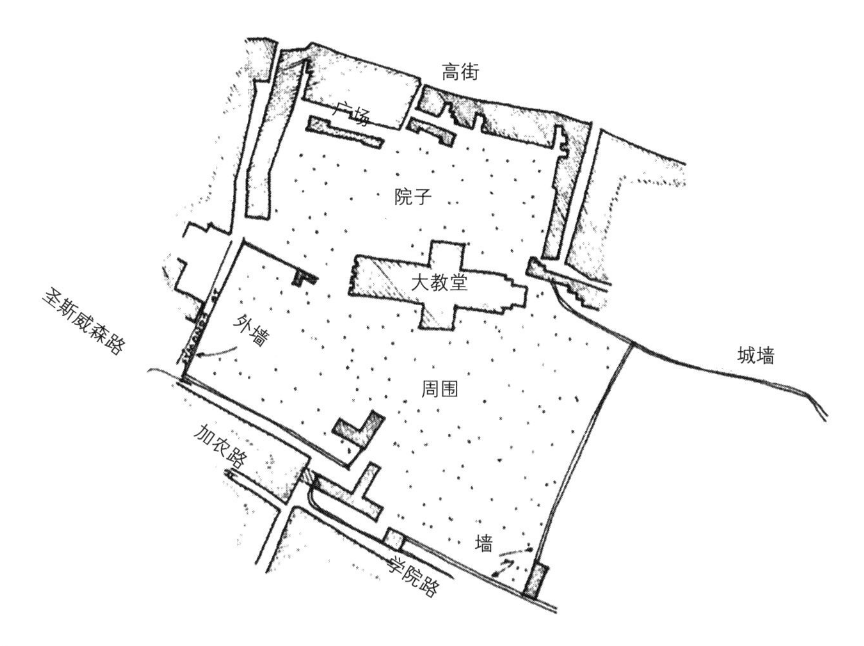

温彻斯特大教堂周围（附近围绕着许多建筑）的规划图示
（参见索尔兹伯里、埃克塞特等；同样参见庭院、小旅馆等）

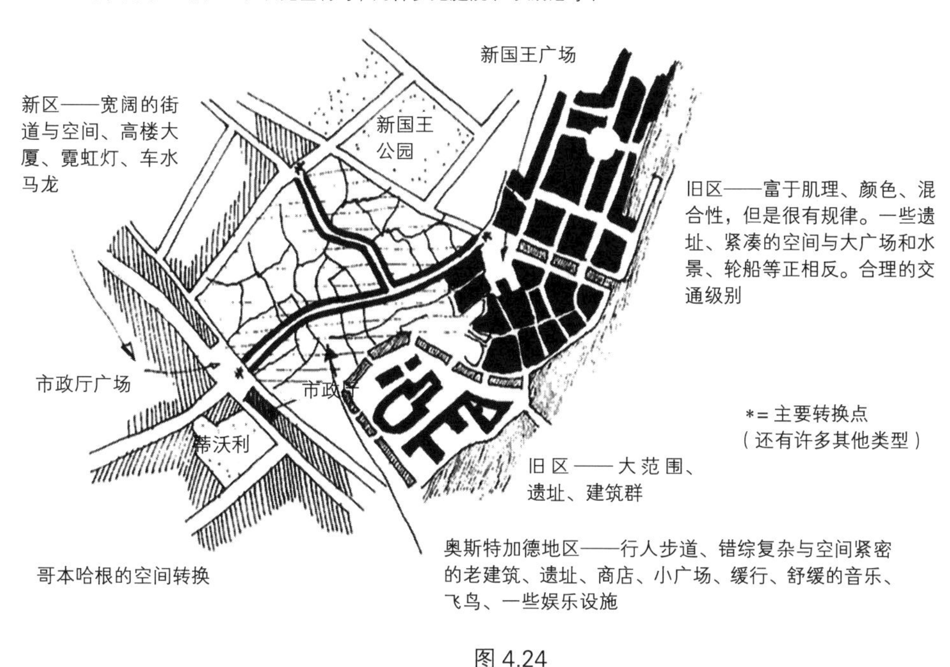

哥本哈根的空间转换

图 4.24

这些城市飞地——无论是海牙的宾尼霍夫、中东城市中的集市、新城中的旧区，还是老城中的新区——所有这些都是在一种单一形态里产生的多元城镇景观。对于复杂性来说，形态上必须统一，没有这种统一，就会出现混乱和迷失。我们仍然在一种秩序中处理多样性。这种秩序可能是整齐的路网格局、视觉密度、意义系统、主要的城市空间等（Papageorgiou 1971；Bacon 1967；Carr 1973）。

然而，显著差异本身可能有助于建立一种秩序和定位。悉尼的太平洋高速公路北段（图 4.19 和图 4.25）在查茨伍德以北形成了绿树成荫的住宅区。从那里起，到火车站沿路的每一英里都有购物点。这非常有用，因为它们十分明显且有规律性，当人们沿着高速公路行驶时，能够通过这些购物点感受到里程的节奏（就像坐着火车一样——见第 3 章）。这些可以通过设计强化和强调。

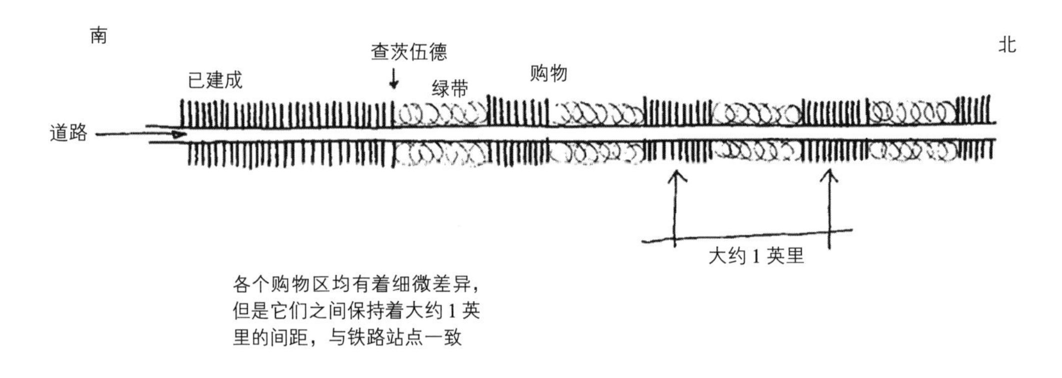

图 4.25　澳大利亚悉尼的部分太平洋高速路的图示

一般来说，在运动过程中，尤其是在行驶过程中，道路布局、路面和其他环境特征上的显著差异可以帮驾驶员指示方向，提示交通路况和变化。道路宽度的变化意味着速度的增加，比如从建成区行驶到开阔地带，从急转弯地带行驶到缓和的弯道。

在街道尺度上，显著差异和线索又有所不同。通过灯光和标识的组织区分私人和公共信息系统；可以分为特殊和一般信息区域，不同地区有不同的照明水平、标识和图底关系的灯光，不同形式的信息能够控制和引导出行，识别场所，提供广告信息，并在较短的时间尺度上有着季节性变化。标识本身往往会被设计师忽略，但它往往是城市中最引人注意和使用最多的要素（Carr 1973）。这可以用显著差异来解释，正如许多关于人们注意和记忆的研究一样（例如：Lynch and Rivkin 1970）。

人们可以利用建筑要素，如形式和形状、年代、颜色、材料、质地的变化，也可以运用墙体、大门和庭院来标示城市中内部与外部的显著差异。其中一个例子就是伊斯法罕，另一个例子是牛津的高街（图 4.26）。

之前所谈到的其他感官线索都会强化这些要素。也可以通过使用途与“一般特征”保持一致的方式来强调显著差异。例如，墨西哥城中夸特莫克（Cuahtemoc）大街在 Obrero Mundial 区突然发生变化。在这个十字路口的南面有一个种植园，从二手车店和汽

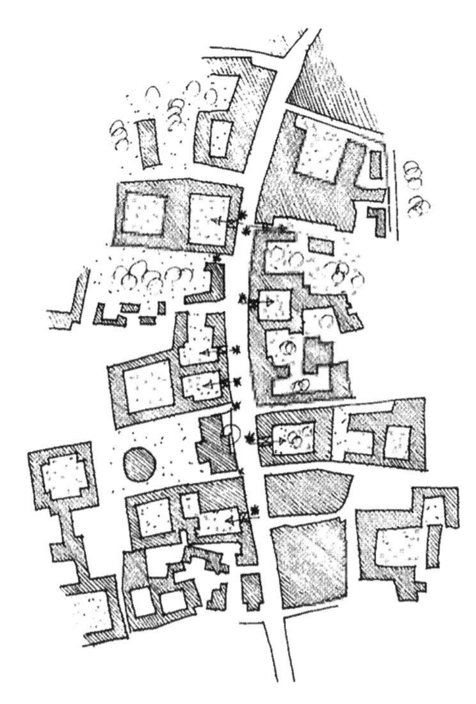

* 从喧闹、忙碌的街道过渡到安静的庭院。
在入口处使用台阶、高门槛等提示过渡。

图 4.26 牛津高街规划的简化图示

车零件店到“好一点儿”的商店、餐馆和酒店，这里的树木、建筑及其使用方式都发生了变化，在这一区域的尽头，有一个公园，公园里有一座大喷泉。步行道和建筑物的维护水平也有相应的变化，所有这些变化都强化了这种过渡。

一般来说，在所有尺度和所有使用的感官模式类型上都存在一个可能的显著差异的等级层次。如果利用它们强调场所间的差异，增加复杂性，将有助于定义地区，构建心理地图和定位。事实上，随着城市的扩大，城市成为由网络（一个共同的投射）连接起来的场所集群，这些要素之间的差异和过渡必然变得愈发清晰和明确，比由特色村庄围绕的小城镇发挥的作用更大（图 4.27）。

这也适用于所有其他线索，因此，用于定义区域的相同的显著差异也会产生复杂性，并且有助于控制活动。诸如房前与屋后、私人与公共的差异，变化或用途的标志只有在被注意到并读懂之后，才能恰当地使用。例如，与传统的印度城市相比，昌迪加尔的绿带与集市地带并没有形成显著差异，再例如，德里的昌德尼乔克（Chadni Chowk）与卧莫尔花园相比，在使用上也没有显著差别，城市缺少一个传统城市应有的清晰的过渡和丰富性。

如果差异是内在的，并且没有被注意到，那么它们就不会有任何作用，实际上和不存在一样，要想变成显著差异，就必须成为心理事件，即有意义的信息——尽管最终都会与环境中的要素相关。例如，在设菲尔德的公园山，只有 4% 的居民能够感知到“空中的街道”，所以人们并不会在这些地方停留或交谈（Pawley 1971，p. 94）。因此，它们

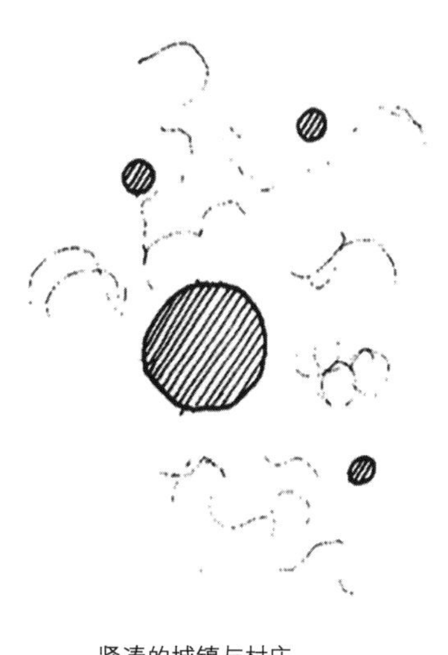

紧凑的城镇与村庄

场所的集聚

图 4.27

既没有被注意到，也没有被解读，更没有被遵守，问题就在于认知范畴（街道）和形式（廊道）之间的不一致。这在一定程度上取决于用来定义“相似”和“不相似”的认知范畴，因为毕竟只有那些被定义为差异的认知范畴才会变得明显不同。对相同和不同的感知是一种基础感知要素，与所使用的维度和范畴数量和种类有关（Kelly 1955；Olver and Hornsby 1972）（另见第 3 章）。

形式多样性并不会影响局部定位的准确性。考虑到个性化逐渐突显出的重要性，以及一些特殊的目的（例如：Wilmott 1963，p. 4），这一令人费解的发现或许可以从显著差异的角度来理解。其中利用了平面和立面形式的差异，并假定人们能够平等地区分形式和空间的变化。事实上，形式比空间更为重要，因为空间变化往往不那么明显。尤其是微妙的空间变化，它们很少会被注意到，因此简单或复杂的庭院、单体或群组建筑的使用等这些设计师经常使用的变化，其实都没有被人们注意到。在房屋的细节设计中，屋顶形式、材质、颜色、开窗和集合排列形式等都是保持不变的。然而，这些可能恰恰就是构成显著差异的要素，同时，树木、草地和地形并没有给使用对象以提示，我们已经看到了这些要素在偏好和社会认同方面都极其重要，因此可能会被注意到。我认为，设计师们可能用错了变量，根据目前的认知，我们不能先验地假定这些变量，而应该使之被发现。

一个住宅项目采用了 13 种方式增加视觉多样性（Cooper 1965，pp. 100-106）：

（1）每一排的单元数量不同。

（2）错开的建筑立面。

（3）使用不同的材料及多种材料组合。

（4）相邻的建筑和屋顶采用不同的颜色。

（5）单元的大小各不相同，以及采用不同规模的组合单元。

（6）房屋高度的变化。

（7）前门的位置有所变化。

（8）窗口间距有所变化。

（9）不同的前廊设计。

（10）在一些楼梯的设计上有所变化。

（11）不同的屋顶通风口，有些是封闭式的，有些是开放式的。

（12）改变屋顶坡度，从平缓到陡峭。

（13）改变单元与人行道之间的距离，以及改变单元相对于街道的朝向。

尽管居民也认为多样性是一个非常重要的目标，但他们却很少注意到其中的大部分因素。超过半数的居民认为房子看起来都是一模一样的。在能够注意到差异的居民当中，有40% 的居民认为主要的差异是在颜色方面，其次是建筑高度和单元大小（这些反过来又会影响其他变量）。大部分变量很少被人提及（这是异乎寻常的）——例如，屋顶的变化根本不会被注意到。有趣的是，主要用于实验的那些特征，即色彩和大小（Bower 1971），正是在现实中主要运用的特征，因为高度就是尺度的一个要素。在这种情况下，显著差异对于实现设计师的设计目标显然是至关重要的。

目前，几乎没有任何关于非视觉性显著差异的研究。在我们的文化中，非视觉性显著差异的作用似乎是潜意识层面的，是对于视觉的补充、丰富和强化，尽管重要，但也增加了冗余；而这些在其他文化中更为重要，并且可以通过经验和特定的感官模式积极参与的方式产生作用。

之前讨论过的动觉在日本和伊朗应用的例子，也可以从显著差异的角度来理解，在伊朗，这是一种强调过渡的方式，并且确保显著差异是清晰而明确的。另外，不同感官模式下的刺激也强化了显著差异，因为它们彼此间可以相互强化。在伊斯法罕清真寺的入口（图 4.1），方向和高差的变化会随着人们的经过得到强化，因为声音会发生变化，从嘈杂的街道变成安静的庭院，从商贩叫买和车水马龙的声音变成树叶的沙沙声、流水的潺潺声、鸟儿的歌声和学习与祈祷的低语声；颜色会发生变化，从色彩暗淡的街道到蓝绿色的瓷砖和翠绿的树木，从炎热到凉爽，从尘土飘扬到空气新鲜，从市场的讨价还价声到信徒的祈祷声——所有这些的目的是要呈现出天堂般的美好（Rapoport 1964—1965）。类似的强化刺激的方式在之前列举的其他例子中也有应用，尽管作用微小，例如英国大教堂及周边、牛津街和牛津大学庭院，以及各种城市飞地。

在以色列的萨法德（Safed），我曾经穿过一座四周都是废墟的庭院，风从树梢吹过，树叶发出沙沙声，这是我以前没有注意过的景象。我还注意到在晴朗的阳光下有几处阴凉，闻到了松柏的味道，听见了鸟儿的歌声和山羊脖子上铃铛的叮当声、孩子们的嬉笑声——我之前从没有注意过这些事情，而它们又是在这个喧闹的城市中无时无刻不存在着的事情——这对我来说是一个意义重大的转变。同样，从这个庭院看到远处山谷和山脉的景色，常常使人忘却自己处在城市环境中。在以色列安息日，这种情况也会发生。同一个小镇变成了一个完全不同的地方，城市中处处都关闭了，看不见往日的车水马龙，在周六天黑以后，再以一种更为引人注目的方式恢复生机。久而久之，这在萨法德成为一种最显著的差异。安息日的寂静和神圣突然被取代，随着街道的解封，交通恢复运行，车辆接踵而来，喧嚣声不断，灯光亮起，孩子们开始追逐玩耍，人们更换了衣服，烹饪食物的香气飘来。所有这些多感官活动取代了沉默、黑暗和会堂里的祈祷声和歌唱声——这是一个最为突出的在时间方面有着显著差异的例子，并且作用非常明显，有助于时空定向。这是一种符号性和宗教性的方式，用以强调显著差异和时间感觉上神圣与世俗之间的转换，伊斯法罕清真寺（和英国大教堂）客观上也运用了同样地方式。

重要的是，土著居民主要用符号意义定义场所，在景观（水、岩石或主要树木）上有显著差异的地方和与周围环境有显著差异的仪式性场所（通常也是最重要的场所），他们可以将该地更加清晰和明确地表达出来 [Rapoport 1972（e）]。在其他地方也是如此，神圣的场所往往都与周边地区有显著差异，尽管这种差异通常是通过设计和构建进行强化的（例如：Scully 1962）。设计师可以通过强调这种文化模式，并在所有感官模式中使用多种线索，以及集聚在城市中的不同群体的生活方式、符号和活动模式上的差异，从而强化显著差异、复杂性和场所定义。

回想一下我们对于地区的主观定义，它与显著差异有关。这一定义取决于场所和状态之间的显著转变（图 3.17）。通过设计可以提供刺激，而这些刺激就有可能成为显著差异，并用于构建图式。由于没有一组要素能适用于所有情况，所以，提供的要素越多，要素被使用的可能性就越大。另一方面，那些被广泛应用的要素往往具有一些共同的特征（例如：Grey et al. 1970），就是它们都有显著差异。因此，潜在的显著差异要素和环境越多，就越有可能让更多的人感知到，并从中体验到复杂性，从而进行定位。对显著差异的利用似乎为对于城市设计的理解提供了许多方法，也是实现第 2 章、第 3 章、第 4 章所述目标的关键，下文会对此进行讨论。这似乎是一个非常有用、普遍和统一的概念。

尺度和速度的影响

对于信息处理、信道容量和信息过载、复杂性及显著差异的讨论都表明，信息的速率，即单位时间内显著差异的数量，以及速度在感知显著差异和复杂性方面起着重要作用。例如，行人和驾车者对城市的感知方式有很大差异（Rapoport 1957）。对城市的感知是有序的，人们在一条时间线上体验城市，感知还是动态且连续的，是由人眼的快速扫描组成的，需要进一步对连续局部视图进行整合。当连续视图有显著差异，且下一幅视图不确定时，感知才有意义 [Rapoport and Kantor 1967；Rapoport and Hawkes 1970；Rapoport 1971（a）；Pyron 1971；Thiel 1970；Johnson 1965]。局部视图整合会受到速度的影响，更笼统地说，是受到显著差异出现速率的影响。

速度影响时间和距离的预测（第 3 章），速度本身也是以信息流的速度来判断的：低信息流感知的速度要比高信息流感知的速度慢。速度影响显著差异出现的频率、被看到的时间以及被注意到的可能性。微小的线索需要放慢速度才能注意到，开车则需要速度快且高度集中注意力，所以没有时间或信道容量欣赏环境。因此，比起开车或乘坐公共交通，行人更能意识到自己所处的城市位置，对重要性、意义和城市活动有更清晰的认识。由于步行的速度较低，运动的临界状态较低，因此，行人可以感知到更多形式和活动的差异。行人对多感官信息更加敏感，步行的主动性特征也增加了信息的维度。因此，不同交通方式对城市认知的影响（第 3 章）在某种程度上可以说是由对显著差异感知程度的不同造成的。

这表明，对于不同速度下的感知，应该设计不同的线索和不同的复杂程度。我们已经讨论过街道会给驾驶者和行人提供两种不同节奏的复杂性。就步行速度下的感知而言，采用白色瓷砖贴面的地下通道对于行人来说太长、太没有特色了，信息处理进程的速度因为缺少显著差异和足够的信息水平而有所降低。就车行速度下的感知而言，道路两侧又太过复杂和混乱了，而居住区街道在较低的车行速度或者步行速度下又显得过于单调；这说明对复杂性的需求与对应的速度呈负相关。充满了停车位和大尺度要素的路边地带在空间上过于开放，无法给行人提供充分的信息 [Rapoport and Hawkes 1970；Rapoport 1971，1971(a)]。由于缺少视觉线索的变化，再加上慢速行驶，导致感知到有意义信息的比率很低，几乎没有显著的差异，因此感觉环境非常无聊（图 4.28）。

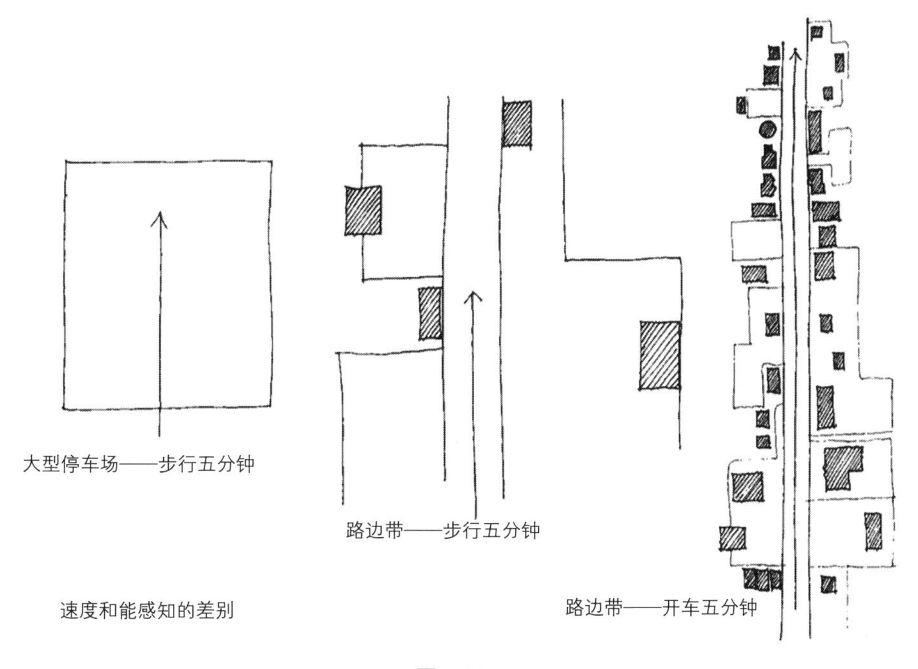

图 4.28

因此，对复杂性的感知与单位时间内的显著差异的数量有关，因此也与速度有关。速度会影响人们组织分散的刺激要素的方式。人们在高速条件下将要素组成简单的信息块，而在低速条件下则能够更直接地感知到分散的要素。高速会使一个本就复杂的环境过于混乱，但可以让一个简单环境变得有趣，而低速则会使一个简单环境更加单调。交通隧道里的复杂性和监狱里的简单性都是不可取的（Chang 1956，p. 20）。所有这些影响都取决于信息量，即单位时间内显著差异的数量。

高速行驶也会影响周边视觉。中央视觉能够发现对比度和颜色上的细枝末节和细微差别，而周边视觉则能够检测到动态变化。因此，当要素以快速运动的状态接近观察者时，特别是如果这些要素又很复杂的话，往往会夸张表观速度，从而令观察者感到痛苦。

运动影响感知并创造序列，因此我们可以从显著差异的角度理解运动本身。人们可以从过渡、"从背后出现"、序列和转变的角度描述人们从一个环境中通过时的感受（Gibson 1968，pp. 206-208）。只有在充满显著差异的环境里，上述说法才成立。在毫无特色的平坦地段或隧道里，驾驶员没有动觉线索提示速度和运动，因此呈现出来的运动速度比不上在一个充满变化和显著差异的环境中感知到的运动速度。换句话说，复杂性取决于单位时间内变化或者显著差异的数量——统一的变化或者不同的差异，以及性质的变化，比如速度、方向、坡度、曲率、颜色、围合、气味、声音、光线，等等。从过渡和序列的角度进行城市环境的研究（例如：Kepes 1961），虽然可以很容易从显著差异的角度进行解读，但必须考虑速度的影响。由于单位长度上存在一定数量的显著差异，显然在较低的速度下，环境往往被简化而趋于单调，导致感官匮乏，而在较高的速度下，则往往导致混乱和过载（图 4.29）。

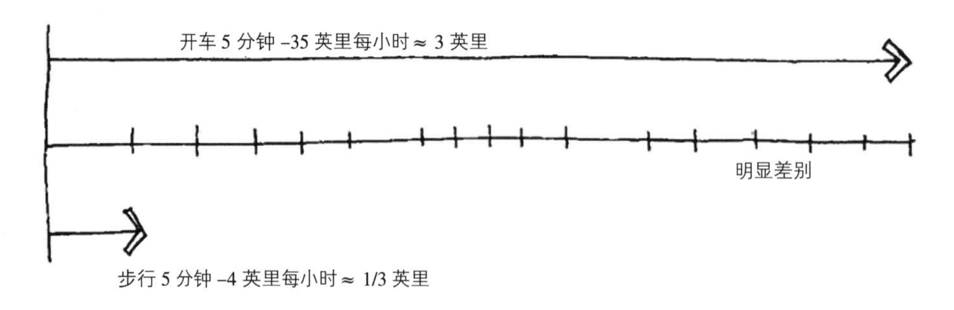

图 4.29

还有一个因素是，在步行速度下，感知者可以自由探索环境并利用所有感官模式，如果环境提供了这种可能，将在很大程度上增加复杂性。但无论如何，高速与低速的环境对驾车者和行人来说，在感知上应该是完全不同的。在高速行驶时，我们不可能欣赏到桂离宫（Katsura Imperial Villa）、法塔赫布尔西格里古城（Fahterpur Sikri）等任何传统古典主义风格、当地建筑或者城市设计序列的微妙之处，同样地，以步行速度前进时也不可能有在高速公路上的感知。

对于车行速度的关注，使得我们不仅出现了许多以汽车为导向的设计，而且导致了许多大尺度的设计要素，但可用于读取信息的时间大为减少。这些信息可能是口头的、纹章的、空间上的、人性化的，或是它们的组合。将这些信息整合到模式中，并使它们能够在高速下被感知，需要大量的、不频繁的、宽泛的和平稳的节奏，以便有足够的时间进行感知，避免产生厌烦感。行人所接收的输入大不相同——他们接收的是有细粒度的信息，因为行人可以随时改变速度，环顾四周，停下来观察细节，所有感官模式都能用于感知周围环境。城市灯光和标识系统受速度影响极大，任何在高速上开夜车的人都知道这一点。我们已经讨论过在高速公路设计中序列的概念（Appleyard，Lynch and Meyer 1964；Carr and Schissler 1969），但是速度和显著差异感知对所有（无论是行人还是机动出行尺度下）空间设计的影响却没有引起太多的关注（例如：Ritter 1964；Venturi et al. 1972）。重要的结论是，撇开安全和污染以及由此产生的物理区隔不谈，步行环境和高速环境在感知上是不相容的，也就是说，冲突不在机动车与行人之间，而是在快速与慢速之间，在各种运动之间——平稳还是急促，笔直还是不规则。

需要再次强调的是，一个对机动车来说非常舒适的环境在步行速度下会变得单调乏味，而一个步行速度下充满乐趣的环境对机动车来说又太过混乱了。约克县的香布尔斯是一个很好的步行环境，而金字塔区则是理想的车速环境 [Parr 1969（c）]。一般来说，中世纪的城市是步行尺度的，光辉城市（Ville Radieuse）及其后的设计则是机动车尺度的。这两种环境在显著差异和感知组织方面区别很大：在高速条件下，需要远景的、简单的和大尺度的要素，而在低速条件下，则需要小尺度的、巧妙的、复杂的要素。

随着速度的提升，任务越来越艰巨，注意力越来越集中。还有一些其他方面需要注意（Tunnard and Pushkarev 1963，pp. 172-174）：

（1）注意力集中的焦点距离从时速 25 英里的 600 英尺后退到时速 65 英里的 2000 英尺。因此，要素的尺度必须变大。同时，当道路正前方的物体变得突出时，两旁的物体就变得不那么突出了。

（2）周边视野会减弱，导致水平视角从时速 25 英里的 100° 减少到时速 60 英里的 40° 。一种结果就是产生可能诱发催眠效应和困倦感的“隧道视觉”。道路两侧的要素必须是静止的，使得司机在周边视野模糊的情况下仍然能够感知到周边环境，而主要特征在视觉轴线上，使得注意力集中的焦点能够周期性地横向移动，以保持注意力集中。

（3）由于近距离物体的快速移动，前景细节开始淡化。最早的清晰视点距离从时速 40 英里的 30 英里外后退到了时速 60 英里的 110 英里外。同时，1400 英里以外的细节太小了，以至于很难看到，因此，110 ~ 1400 英里是相对合适的距离范围，也就是 15 秒时间内能够看到的细节。因此，在此之外精心设计的细节既无用又不可取。

（4）会削弱空间感知能力，因此能够看到近处的要素，并且越来越近，然后很快消失。

这些要素往往变得“朦胧”，给司机带来了极大的压力（Coss 1973），要素离得太近，使人分不清边缘和顶部，而且产生突变，这些都是应该避免出现的。

每个要素在视野中出现时间的长短及任务的重要性都会影响驾驶者的感知。只要行人愿意，他可以看到每一个要素，并且得到极大的满足，因为对于行人来说，这个任务的临界性很低。当行人受到交通干扰时，他们的任务变得至关重要，此时就无法以适合自己速度的方式感知环境了——这是一种常见的设计问题。

环境的性质决定了驾驶者在任务、速度和汽车特性限制下的感知，通常体现在定向、目的地和好奇心方面，某些环境有助于或者阻碍这些任务。前面我们提到了视野会随速度的变化而变化，那么对于驾驶者而言，建筑后退的速度应该大于步行速度下建筑后退的速度，而且这种速度的变化应该是不均匀的。被统一的和一致的环境所包围，会导致方向上的混乱，混淆目的地的位置，降低人们的好奇心，因为环境没有提供显著差异。道路两侧的视野形状是相似的，即左右对称，但一侧的视野始终占据主导地位，并且两侧视野的扩展也是不均匀的。视野外围与中心之间的距离应该减少要素的数量，两侧建筑高度有一定的规律性，并且建筑韵律简单大气（Pollock 1972）。

这些显然都是复杂性与速度的因素。道路沿线的要素应该以一种逐渐过渡的中间速度提供信息，以避免高信息量环境与低信息量环境之间的突然变化，尽管不同地区之间的复杂程度不同，但它们之间的过渡应该是循序渐进的。这些地区之间的信息量变化应该平稳连续，强度随速度的增加而降低。一般来说，随着车速的提升，环境中显著差异的数量减少，环境后退的速度增加，而随着交通强度的增加，环境的感知复杂性会降低 [Pollock 1972；cf. Rapoport 1957；Rapoport and Kantor 1967；Rapoport and Hawkes 1971（a）]。

行人能够利用并渴望在空间、动觉、亮度、声音及所有其他感官模式上有更多强烈和突然的转变。只有行人才能注意到丰富多样的环境中各种各样的刺激，并对此作出反应。人行空间的特征也遵循上述讨论的一般规律，而那些高速下的空间可以通过下面的例子说明（图 4.30）。

因此，在不忽视为保证安全性和舒适性进行物理分隔的需要的前提下，城市设计的主要任务之一就是要考虑单位空间和时间的感知差异。步行或较慢行驶车辆这类低速出行地区的设计应该与高速出行地区的设计完全不同。一个居住区应该是丰富的、充满细节的、复杂的、有明显过渡的、小尺度的、有着不规则要素的环境，而一条公路应该是有着大尺度要素、要素间距较大的简单环境（图 4.31）。然而，实际情况恰恰相反——居住区是简单的、沉闷的、单调的，而道路两侧则是复杂的、混乱的，而且尺度也不适宜步行。景观道路和高速公路之间有显著差异，一般来说，车速越高，所需要的环境信息越少。

由于忽略了速度和尺度的影响，许多规划和设计决策在复杂性层面犯了错误，对应于不同的规划设计目的，复杂性水平不是过高就是不足。最终的结果是，人们被迫越来越忽视环境，从而导致对环境设计的关注越来越少，并最终陷入一种恶性循环（Langer 1966）。

同样地，对城市中的各种显著差异和各种感官的忽视，导致城市环境的极度贫乏，使人们的环境敏感度进一步丧失。人们的活动将会改变这些关系，因为在既定的速度下，玩耍和探索活动（相对于冷静的、有目的性的行为）需要完全不同的复杂程度。休闲漫步或者步行上班与开车截然不同。因此，人们可能根据周边情况选择不同的环境，以匹配相应的活动，不过低速和高速环境之间的差别仍然存在。

在城市尺度层面，不同的复杂性水平非常重要但与城市环境相适应同样重要。例如，在特定尺度上，设计师可以调节复杂性水平，以反映地区性质及其活动特征、在城市等级中的重要性，以及能够感知的速度。

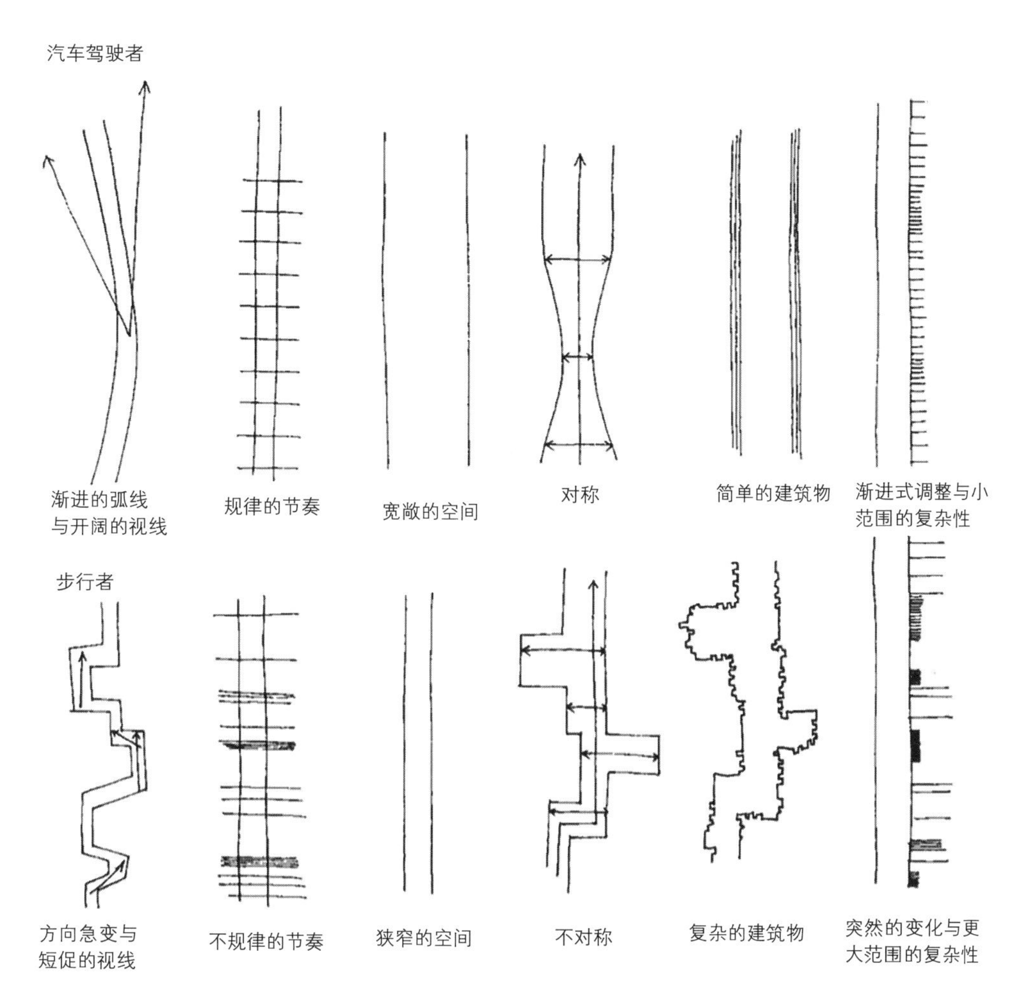

图 4.30

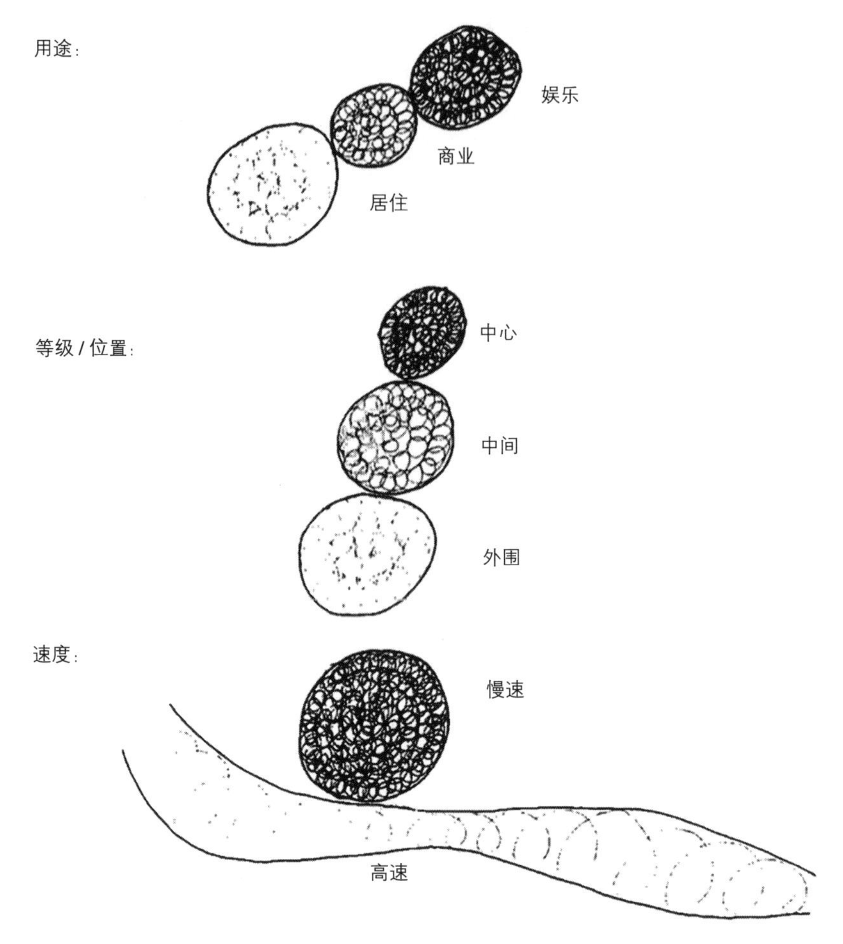

图 4.31 不同情境下的复杂性

我们已经注意到，在人们能够感知到细节的围合城市空间里，行人很少会看视平线以上的地方。考虑到驾驶人的需求，他们的运动通道应该是简单的，而且是由独立要素构成的，因此，天际线和高层建筑群对他们来说就变得非常重要（Heath 1971；Worskett 1969，p. 98）（图 4.32）。

步行空间本身可以分为活动空间和休息空间。活动空间是动态的，用于行走和移动，尽管速度很慢；而休息空间则是静态的，用于坐着、吃饭、说话和发呆等。这就是为什么我们要进行细节层面的讨论，因为仅仅讨论“步行空间”是不够的。这两种形式的步行空间可能需要不同的感知特征：活动空间是线性的、狭窄的和曲折的，以吸引隐藏的视野，鼓励人们闲逛；而休息空间更为静态而且宽敞，无论是广场还是大街，这种空间都鼓励人们从一个场所进行视觉探索，提供舞台，以获得他人的关注，并为该空间增加复杂性。因此，像巴黎香榭丽舍大街和特拉维夫迪岑哥夫大街这样宽阔的街道，为人们提供了喜闻乐见的户外咖啡空间体验。通过缩小人行道的范围，创造了更大的活动空间，既能看到人来人往，又能看到周围坐下休憩的人。在许多城市中，人们会发现这样的对比，例如在雅典的普拉卡区，狭窄的商业街和步行街与较宽阔的休息空间形成了对比，咖啡馆、酒馆、户外桌椅和市场均在其中，尽管这些空间仍然不算大。

巴黎圣马丁，升起的人行道、林荫大道：其中之一

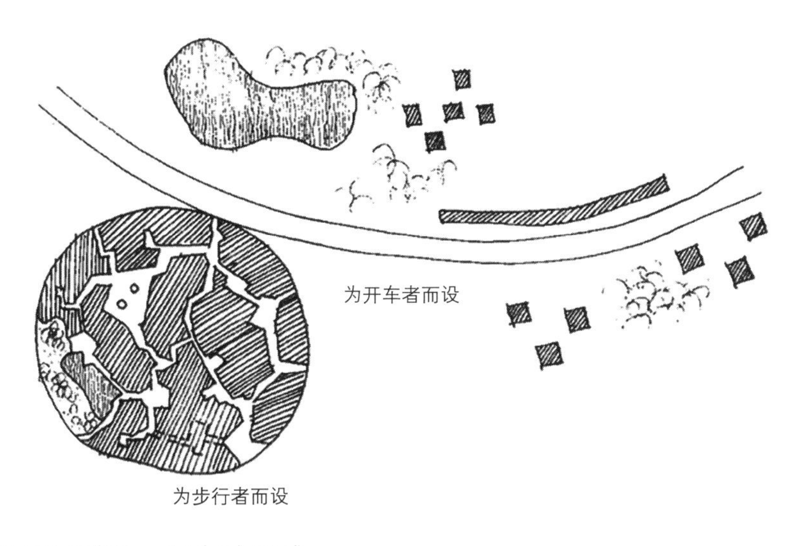

步行者与开车者——区别于感知需求

图 4.32

实际上，一个连续的、有层次结构的活动空间和休息空间与显著差异有关。在城市设计中，需要从感知和认知的角度重新审视我们讨论的高速系统（高速公路等）。为了恢复这种平衡关系，我们需要更多地从这些角度关注步行空间和居住区，反过来，我们也需要根据活动和位置（包括活动空间和休息空间），从显著差异和复杂性的角度区分这些区域，因为城市是由各种各样的地区组成的，这些区域反映了许多社会文化特征，我们将在下一章对此进行讨论。而城市整体将是一个在各种尺度上都具有丰富性、复杂性和显著差异的新秩序，这种秩序将为所有的感官模式提供选择，以满足城市感知的需要（图 4.33）。

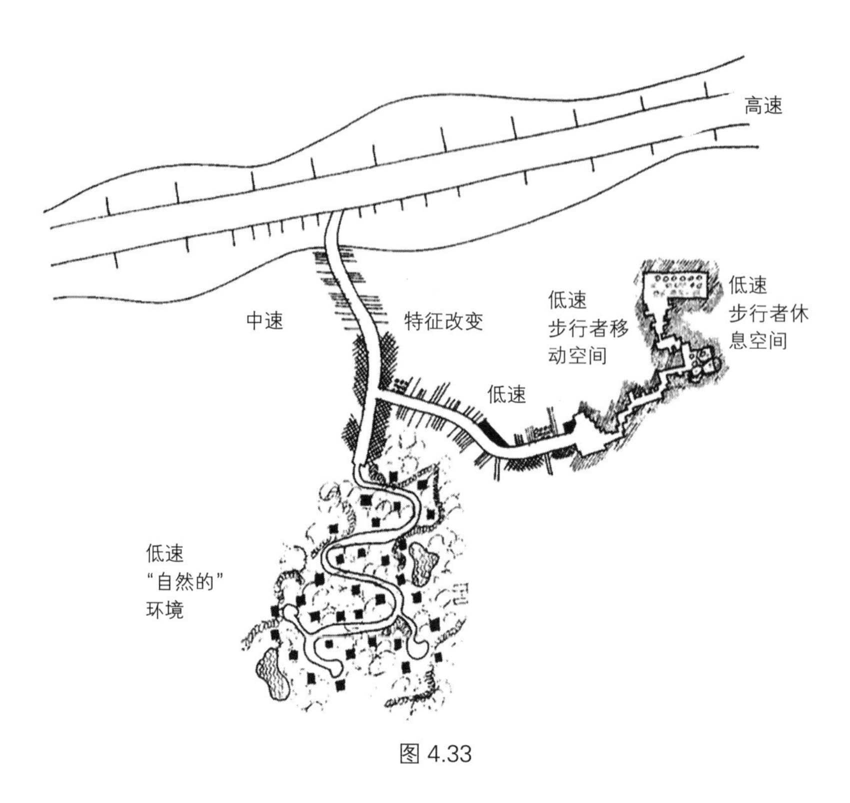

图 4.33

第 5 章

从社会、文化和领域角度理解城市

作为一种感知信息、认知图式及情感反应的客观载体，城市的空间、社会、时间体系是广泛的社会和文化因素作用的结果。这些因素包括意义及交流的组织、社会关系和联系的性质、各类社群的特点及空间并置、活动发生的场所机制等。这些因素是对心理因素的补充，我们将在接下来的两章中对其进行讨论。

这些因素之间的关系非常复杂，而且很难单独分析。本章将从社会、文化和领域等因素的角度对城市进行分析，下面将着重从符号和交流方面讨论，即将环境视为一种意义的组织。

接下来的主要观点包括：

（a）人们在城市中集聚的过程是对居住地选择及特定环境品质选择的结果，因此，城市成为不同社群聚集的地区，这些社群都在试图界定“我们”和“他们”。这是一个融入和排斥的过程，代表一些线索和符号，如沟通和交流组织、建立边界和强调社会身份。

（b）在一定程度上是建立社群行为环境的过程，并通过各种线索影响行为表现。这些线索必须是清晰和易于遵守的（也是被人关注的），并且有着不同的用途和关联。因此必须有一些文化同质性和共享的不成文的规范、符号和行为，否则就会产生冲突。这可能是意义和交流方式的组织、空间和时间的差异，即节奏与韵律不合拍及步调不一致所造成的。就特定服务和活动的相互支持与维护而言，同质性和聚集也很重要。并且它们可以提高预测的准确度，促进环境交流的有效性，因此能缓解人口密度与拥挤、交往过密和信息过载等问题。

（c）社群同质性是主观上的定义，不同时间、不同地点使用的标准不同：都要区分我们和他们，并尽量使物质环境与概念环境一致。

（d）行为环境及活动体系与某些空间实体的家域、核域、领域等相关，这些概念来自动物行为学。反过来，行为环境及活动体系又会影响认知图式中的行为空间和各种异常行为。

实际上，有四个主要因素相互作用：人们基于偏好和其他因素的集聚，导致产生特定社会关系网和行动体系。进而产生了特定文化下的行为环境体系，并通过意义、符号及不同领域方面进行表达。这些影响到家域和行为空间，即我们使用和了解的城市部分，进而影响到认知图式。因此，本章所讨论的问题与前几章的内容密切相关。

聚集（群聚）与城市飞地

我们已经清楚地看到，在没有干扰的情况下，城市中往往出现一种集聚的过程，这种集聚是基于感知到的同质性，以及对环境品质、生活方式、符号体系、应对信息过载以及压力的防御机制的差异化解释。尽管人们与同类聚集的趋势常常被无视或抑制，但有观点认为这一现象仍然存在，只是更多出于人为原因而非自然原因 [例如：Petonnet 1972（a）]，即是基于强加的和任意的标准，而不是主观定义的标准等。

邻里单位是同质地区的一种特殊类型。它们通常规模较小，并且是一块飞地，在个人及其家庭与更大的异质社群之间提供了一种社会要素和物理要素的过渡。环境可能影响人们集聚的愿望。当整体同质性较高时，地方同质性可能并不重要或者很低，反之亦然 [例如：Johnston 1971（a）]。这种集聚，即便看起来像是被迫的（例如：Adjei-Barwuah and Rose 1972），但它仍然在某种程度上是自发的，并与邻里之间共同的意向和保持某种生活方式、信仰或文化的愿景有关。

对社群身份的欣赏（一种认知标准）和公开行为之间也可能存在或大或小的区别。然而，后者更容易受到其他因素的限制或干扰，并且一旦人们集聚，这种情况便时常发生。因此可以预测，在居住地选择的限制下，人们可能在认知和行为两个方面达成良好共识，这一点已经得到了证实（例如：Cohen 1974，pp.1-36）。关键在于对同质性的理解，这显然是一个对相似和不相似进行主观定义的问题，因此也是认知分类学的一个例子。

通过建立一个区别于其他类别的社群（Barth 1969）进行自我界定或被他人界定。文化的目的之一正是清晰界定社群，强调与其他社群的差别，这样既便于整合，又便于分离。这两种功能从本质上可以说是相同的，即通过将该社群从其他社群中区分出来完成社群整合，可以说是一种对抗社群强化的方式 [Siegel 1970；Rapoport（b）]。在这一过程中运用物质环境符号建立和确定社会身份认同是非常重要的，因此，社群不仅要选择不同的居住地，还要创造居住地。这种集聚的一个重要部分就是选址和形成环境符号，是一种在流动情况下确定人在社会空间中的位置的方法。随着阶层界限的模糊化，汽车、服装、房屋和其他人工制品的差异越来越小。一般来说，人和动物的状态与其居住地之间有着密切的关联，这为通过物质空间的区位确定个人的社会地位提供了一种方法。尽管人们对这一观点仍有一些分歧（例如：Rent 1968），但似乎都认为在所有城市中存在着人口集聚现象和某种形式上的社会及空间等级。*

居住地选择中还有一类情况：一旦某个地区有很不一样的其他社群迁入，那么原社群则会迁出。比如美国黑人族群，还有澳大利亚的南欧人及其他社群，这种差异似乎与生活方式和价值观的不相容有关。如果我们认同生活方式可分为消费型、社会声望型、

* 在完成本章并阐述了我对同质性、符号意义和编码的观点后，我的注意力被 Lofland（1973）所吸引，他更详细地论述了其中的一些主题，并且其中一些与我的观点不尽相同。

家庭型或社区型（E. Moore 1972），那么很有可能在家庭型取向中，子女教育是最重要的因素，在社区型取向中，相容的邻里是最重要的因素，而在声望取向中最重要的是适宜的环境符号。

每个社群在无意识状况下都可能共享一种公共意象（Boulding 1956，p. 133）。每个社群都有一个内部结构、一套特定的行为和价值准则，他们往往是一个有组织的整体，并与外部环境有一个界限。这个界限可能有多种表现形式。一种是行为性边界，利用空间的扩张影响密度和拥挤程度 [Rapoport 1975（b）]；还有一些物质性边界（防御线），利用不同方向的渗透性差异，对人际交往和信息流进行控制、过滤；最后一种是社会性边界（Barth 1969），将成员与非成员、我们与他们区分开来。由于边界是用于区分社群成员与非社群成员的，因此必须足够明显才能有效。

在这一过程中，各类社群的性质与规模一样起着作用；同质区域的尺度是一个重要的问题，然而这方面的研究还很少。看来，一个街区应该是同质的（Wilmott 1963，pp. 112 f.；Gans 1972，pp. 250-255），但如果一个地区有 2 万同质人口，那就太大了（图 5.1）。

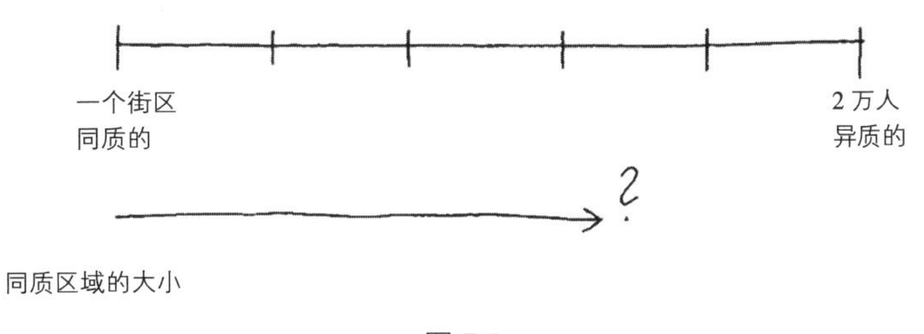

图 5.1

我们主观上可能将面积在 75 ~ 150 英亩之间的地区视为邻里单位，但是由于其人口可能不同，对社会同质性来说这个面积也许太大，所以，应该更多地按照社会标准来划分。一些证据表明这种划分是非常精细的，因此，即便是相对较小的区域，例如芝加哥南部，在外人看来也是同质区域。这些区域实际上是由许多小的、高度差异化的单元组成的（Suttles 1968）。在印度北部也是一样，主观定义的邻里单位是由一些小区域组成的，有可能是一条小巷或者小巷的一部分，这在一定程度上是由物质特性确定的，但主要是由社会交往和同类人来定义的，这些人在风俗习惯和价值观念上拥有共同的看法，并且拥有共同的处事方式，因此可以通过宗教、出身、阶层或者以“好”或“不好”划分地区（Vatuk 1972，pp. 149-153）。

在美国，像得克萨斯州哈里斯堡这样的小村庄，街道清晰明确地将不同种族区分开来（Maurer and Baxter 1972）。在斯堪的纳维亚半岛这样一个相对同质的区域，只要有选择的自由，就会出现越来越多的隔离现象。即使是在以色列这样一个出于宗教、历史和国家意识等原因、有着压倒一切的同质性地区，在新的城镇和住房项目中，依然会出现许多根据出生地、按街区划分的自发性集聚现象。事实上，这种同质性有助于相互接纳和促进邻里关系，对提升生活满意度有着重要作用。尽管规划者认为正是异质性导致了相互接受，而官方政策则是防止这样的集聚发生。虽然存在着隔离现象，但许多“社会地位低下”的社群依然希望能够靠近社会地位较高的社群（Soen 1970）。不同的社群有不同的环境偏好、不同的家庭规模和生活方式，因此，这恰好证明一个社群根据族群社区、家庭规模和年龄分出不同的子单元，并就哪些社群应该集聚在一起，接纳融合或者分离提出建议。

如果我们考虑到文化影响个人空间、领域行为以及对威胁性线索的解读，考虑到不同社群对前后区域空间利用的评估完全不同，并且在“公共”领域有着不同的行为规范，考虑到不同社群在两性的社会角色、育儿等方面有着不同的规范，那么社群就会变得更容易理解。当我们再考虑到景观设计规范、房屋和种植的维护、使用的颜色、颜色和形式的统一与多样、噪声和光照程度、时间节奏等，那么同质化的优势就相当明显了。

在西方国家，人们集聚的愿望与反对这种飞地的政客和规划师的价值观之间似乎存在着一种紧张的关系。后者的目标是异质化：忽略亚群及其生活的地区，并将他们同化为“城市人”。尽管这一说法更为盛行，但有一个与众不同的社群——黎凡特（levantine），他们认为城市是由不同社区组成的，并且自公元前3000年就已经存在（Gordon 1962）。在对比君士坦丁堡、贝鲁特或亚历山大这样的城市与波士顿或纽约这样的美国城市时，人们通常认为后者中的隔离程度要小得多。事实上，人们忽略了集聚现象，美国城市中的民族多样性极为丰富，人们可以说自己是哈林区人、哈林区的西班牙人、约克维尔的德国人、下东区的犹太人、中国城里的中国人，等等，这些名称本身就表明了现实情况和人们的印象。然而，传统城市和中东城市与这些城市有着本质上的不同。在这些城市中，各个社群在几百年甚至上千年的时间里都维持着自己的身份、宗教、语言和民族意识，而在美国，这些传统民族聚居区往往会出现人口流失的现象，当人们都迁出后，这些地区甚至会彻底消失，然后出现更多的同化现象和通婚现象。

在美国、澳大利亚、加拿大等国家，情况更为复杂，因为存在着同化和社群生存的相互影响。如果要维持多元文化，则必须有一些亚社会社群，他们用自己的小团体、机构、组织和非正式关系网络构建社区生存的框架，因此集聚仍然是十分重要的。在美国，社群成员似乎是根据民族、种族和宗教以及较小程度上依据国籍和社会阶层划分的，还有一些按非空间要素进行划分的社群，如知识分子等。尽管人们都觉得自己属于某一社群，并且他们的主要人际关系发生在社群内部及其聚集地，次级关系则只发生在社群内部，而非社群的特定聚集地（Gordon 1964，pp. 158-161），但其实社群中的每一份子都只是一个抽象的概念。这种民族和阶层结合的现象（Marston 1969）在加拿大也有。在传统城市中，个人通过社群与更大的社会单元进行联系，而这些社群在空间上是彼此分离的，这样他们可以更容易地维持自己的身份、宗教信仰、习俗、语言、饮食习惯和生活方式。

在大多数穆斯林城市中，这种地区的隔离表现得更为明显，各个社群拥有各自的生活范围，人们通过语言、宗教信仰、职业、家庭紧密联系在一起，相同出身的人居住在一起（Von Gruenebaum 1958；Lapidus 1969；Houraniand Stern 1970），因此，我们可以看到很多典型的穆斯林城市都有图 5.2 的特征：

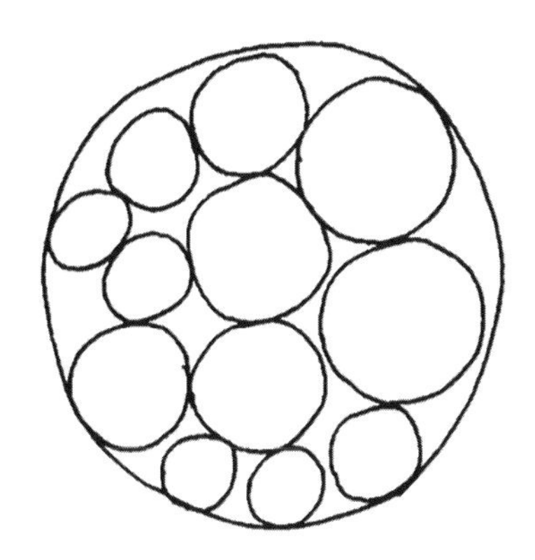

图 5.2 穆斯林城市是一系列同质区域的集合

传统的穆斯林城市中，例如在历史上的安条克公园（Antioch），早在 1934 年便有许多专门用途的地区。城市中共有 25 个露天市场（巴扎），可以从三个角度进行细分：技术（手工业）、地形（一个公司的所有工匠一个挨着一个）、族群（将来自同一个企业和巴扎的工匠分组）。因此，露天市场被细分为非常小而又复杂的片区。还有许多根据宗教和信仰划分的居住区——3 万人分成 45 个片区，虽然平均每个居住区有 600 ~ 700 人，但有些只有 20 ~ 25 人。所有这些居住区都极为重要，它们彼此独立、自给自足，并且相互间允许异族通婚。在一个居住区里，人们相互间都认识，并且很有安全感。45 个居住区中，有 27 个片区是土耳其人聚集区，并且集中在一个有着 1.8 万人口的区域（即存在着一个社群层级），基督教和阿拉伯聚集区则更加分化、精细化和多样化，阿拉伯聚集区甚至更加内向。这三个大的社群的结构正体现了一个以土耳其社群为主导的地位等级（Weulersse 1934）。

大马士革也是按照种族、宗教以及其他标准划分为露天市场区域和其他聚集区，并进一步细分为更小的区域，每一个小的聚集区都是一个功能健全的微型城市——清真寺、浴场、烤炉、市场等一应俱全，与一个完整城市的构成要素和组织无异（Elisseeff 1970，pp. 172-173），这与圣克里斯托瓦尔的情况非常相似，整个城市也采用这种模式（Wood 1969）。这些区域仅供社群成员使用，陌生人的活动受到限制，仅有少数的特定区域和线路对他们开放。事实上，这些独立而特点鲜明的区域组成了这样一个限制人们活动和交流的城市，只有自己人才能进。这种形式取代了我们对警察以及其他机构的依赖（例如：Brown 1973；Delaval 1974），也反映出一种不同的价值体系——流动性并不一定是最好的。

在奥斯曼帝国时期，这种制式被称为“米勒特制”（Millet system），大规模彼此独立又独特的社区的存在得到了官方认可。即便是在今天，许多穆斯林城市仍然保留着这一特征，尽管这种模式在空间上的划分并不那么清晰，但它是透过其他行业及线索表现出来的（Awad 1970，p. 115），因此在北非，有特色手工艺的地区是由一两个村庄的人所主导的（English and Mayfield 1972，p. 203）。在阿富汗北部，像是阿卡普鲁克这样的城镇里，不同民族和穆斯林教派在今天仍有各自的聚集区，但需要强调的是，这种模式并非普遍存在于所有的穆斯林城镇（例如：English1973）。

传统的非洲城市也有类似的模式。在尼日利亚，有很多区域性划分的宗教部落，整个城市则被不同的社群划分成了不同的社区，人口根据民族、宗教、职业和社会地位等特征集聚在一起（例如：Mabogunje 1968，p. 64）。约鲁巴（Yoruba）城市被划分为由数百个核心家族组成的大家族区域。一个社区内的所有居民都关系融洽，相邻地区也有联系，尽管联系没有那么密切。因此，城市是一个由房屋、院落、邻里和相关居民的邻里群落组成的等级系统，这些聚居区相邻而建，较大的空间范围将与其关系并不太密切的社群分隔开来（Ojo 1969）。这一点非常重要，因为它为老人和穷人提供帮助，从而取代了社会服务，并产生了特定的地方象征意义（复杂的要素逐渐统一）和对于地方的普遍认同（Onibokun 1970）。

在非洲，城市一般“属于”不同族群，而且一直以来都有以族群确定领地的传统。因此，传统城市中通常有外来者的居住区，无论是游客还是来此定居的居民。每块飞地都有一个酋长或领头人，对上级主管部门负责。在异质性较强的城市，如尼日利亚的乔斯，往往更容易发生骚乱（Plotnicov 1972）。传统制度在殖民时期保留下来，即使是在今天，有一些非洲城市已经被其他交流形式所贯穿，但种族、部落和血缘关系依然极其重要（例如：Epstein 1969）。

印度的城市也保留着传统的格局，部分原因是人们固守旧有的居住区，这些居住区并不是根据收入水平划分的，而是根据种姓、职业、宗教、血缘关系和种族起源划分。每个居住区往往有明确的文化要素和管理该区域生活的特定制度（Anderson and Ishwaran 1965，p. 65）。这种现象有时出现在传统村落，这些村落由各个区组成，按种姓、职业以及其他一些因素划分，由街道划分边界，并且每个区有自己的首领和神社。这些小区组成村落，村庄又组成大区，城市形态和建筑形式的宗教象征意义正是种姓宗教象征的体现（Mukerjee 1961）。印度社会中有着明显的等级制度——婆罗门处在社会金字塔的顶端，他们住在主要寺庙和水源周边，而那些金字塔底层的人则居住在郊外，这在空间上表明了他们之间的社会距离。每个区内部，外人不得居住，帕西人、基督徒以及穆斯林都住在不同的区。这种模式在像德里这样的大城市中仍然存在，例如，由于穆斯林烹食牛肉，他们很难在印度教区租到房子（Sud 1973）。虽然这种严格的等级结构如今正在慢慢改变，但如果在规划中忽视它就大错特错了[例如：Mukerjee 1961；Fonseca 1969（a），（b）]，即便加尔各答，也是由依据文化、传统、历史、语言、种姓、职业和出身地明确划分的区域组成（Bose 1965）。

大部分美国城市在集聚的程度和意义上差别明显，但它们都有一些特征鲜明的地区。相比于收入，许多美国城市的聚居更看重生活方式（当然还有种族），然而收入是实现将自己与他人区分开并获得理想居住地和理想环境品质的主要手段（而非原因）（Feldman and Tilly 1960；Eichler and Kaplan 1967；Werthman 1968）。人们在主观上希望住在客观环境和社会条件都非常优越的地区，财富使这一愿望成为可能。对 19 世纪美国城市的移民来说，社会条件比客观环境条件更为重要，举例来说，即使是在有其他选择或是居住条件较差的情况下，人们也更愿意选择生活在同质地区（Ward 1971）。

与此同时，与美国其他城市相比，有一些城市中的社群认同感较低，且特色街区相对较少。这类城市更强调个体身份，并且具有极强的人口流动性，洛杉矶就是一个例子。在这里，私人住宅与公共城市之间有明显的区别，并且人们主要致力于私人住宅的发展。在 20 世纪 30 年代，美国东海岸城市给人的感觉是美国领土的象征，而洛杉矶则到处是私人财产。低密度的住宅、公共交通的匮乏、私家汽车的普及以及少得可怜的种族邻里阻止了街头帮派的产生，城市里没有所谓的“地盘”。当青少年想要上街闲逛时，都是出入于汽车旅馆、海滩以及其他分散广泛的地区。这种模式在洛杉矶比在美国西海岸其他城市表现得更加明显，在居住地选择中也是如此，尤其是在洛杉矶和旧金山之间进行选择，所以这种模式逐渐得到加强（Wilson 1967，pp. 39-41）。

在澳大利亚，主流文化和官方政策都强烈反对城市飞地。但在第二次世界大战后，大规模移民快速涌入澳大利亚，他们集聚在一起，相互帮助，使用相同的语言交流，共享食物，进行社会交往，这使得澳大利亚的城市中出现了独特的民族聚居区，正如小说家们笔下所写的：“到悉尼的大部分讲德语的移民往往聚集在港口南岸一带，欧洲的版图正在万里之外重新绘制”（Clearey 1970，p. 79），并且在所有的城市中，都出现了这种不同社群聚集在不同地区的现象。以悉尼为例，南欧人集中在内城地区和东部郊区内部，荷兰人和德国人则集中在郊区外围，东欧人与马耳他人、意大利人，集中在西部工业区，而犹太人则集中在社会地位较高的东部郊区。希腊人的社会隔离程度最高，而英国人的社会隔离程度最低 [社会工作部（日期不详）；Burnley 1972]，这可能是因为英国人与主流文化之间的“概念距离”（Rapoport 1974）最小。社群间的共性越多，彼此间的互动就越多，即同质社群之间的功能、主观距离比异质社群之间的小。与社群之间社会文化距离不同的是，人类的空间组织是分层有序的，而且在不同文化中，社群结构的等级和方式以及社群边界的渗透性差别很大 [Soja 1971，pp. 3-10；Rapoport 1972（e）]。除了通过链式移民和互助的方式聚居（人们因此可以在社群中找到来自相同城市、村庄或岛屿的小社群），还涉及人们的偏好和对居住地选择的因素，在墨尔本等澳大利亚其他城市也可以找到这种模式。

此外，这种聚居模式不只适用于移民社群。在墨尔本，人们在种族、职业、技能、家庭周期的不同阶段、社会阶层和生活方式等不同的社会维度上有着鲜明的社群划分。人们的居住地不仅反映了收入水平，还反映了价值观和偏好。城市中的居住距离一方面限制了社会交往；另一方面又为社会交往提供了机会，因此，拥有相似价值观、期望值和社会地位的人往往喜欢聚集在一起，以便最大限度地进行交往，并通过吸纳同类人、远离不同类人保持社群的共性（Jones 1968）。社群的分离程度取决于人们的需求和生活方式的不相容程度，例如人们对于儿童的社会化的态度和环境符号的不同。因此，对于某些社群中的个体来说，社会交往比地位更重要，而对另一些个体来说社会地位更为重要；当后者更注重视觉象征时，社群的异质性可能导致冲突。一些证据表明，聚居有助于加强与他人的互动（例如：Johnston 1971），具有重要的政策意义。

尽管城市民族村落具有一定的扩散性，但往往一直坚守在自己的领地，直到被城市更新所破坏，甚至在许多情况下，即使民族社群在经济上有资格加入主流社会体系，他们也不会选择加入（例如：Johnston 1971）。这个过程在许多国家都出现过，比如英国，尽管有些分散，但随着移民聚居区的不断扩大，隔离现象也在不断强化，这种情况很可能一直持续下去（Jones 1970）。在伦敦，有些被印度人独占的区域，这里的酒吧看不到妇女，点唱机里播放着印度音乐，在餐馆和食品店才能体现不同的文化。这种根据主观的“相似”或“不相似”定义，并与环境品质、符号意义、价值观和生活方式等因素息息相关的聚居，在改变环境、使其更加符合特定社群的要求方面，以及在使城市变得更加丰富多样的过程中都起到了重要作用。鼓励这一过程将有助于抵消由于强调差异带来的所谓的社会和环境的无序增长。

这并不是为民族聚居区的歧视问题开脱，而是为自愿集聚的社群争取选择可能性的呼吁。尽管还没有对这一课题的相关研究，但致力于民族完全融合的美国社会学家经常强调“赋权”和“污名”隔离之间的区别。主观上人们对共性的定义和所需的服务各不相同，例如在悉尼，基督复临安息日会教徒早期在沃龙加修建了一个疗养院和医院，教派成员如今都聚居在附近。随着毛利会堂（集会场所）对毛利文化的重要性日益增加，以及随之而来的对毛利会堂的需求，新西兰城市可能有越来越多的毛利人聚居区，并由此带来迥异的住房需求（Austin 1973；Austin and Rosenberg 1971）。另一个例子是东正教犹太人社群，他们在周六不得开车，还需要特殊的食物和服务（如去犹太教会堂做礼拜和沐浴洗礼等），这些服务通常聚集在彼此邻近的地区，正如布鲁克林的威廉斯堡和其他地方发生的那样。聚居的原因之一是为了达到“临界规模”，因为只有达到规模才会提供社群所需的服务，进而吸引更多人聚居于此。因此，密歇根州卡拉马祖的荷兰人在人数较少的时候是分散的，但人数一旦增加，就会聚居在一起，甚至还进行了更细的划分，如北边是弗里西人，南边是泽兰德人，他们分别拥有各自的服务设施（Jakle and Wheeler 1969），这就是聚居在更加微观层面上的例子。

因此，虽然聚居的过程似乎是一成不变的，但聚居的标准却会发生变化。由于这种聚居取决于文化，聚居的原因也会随着文化的变化而改变，例如，在新加坡，聚居的主要因素由种族同质性逐渐向经济要素转变，而在南北战争后的美国南部地区，阶层是主要的社会隔离因素，后来则变成了种族因素，这一转变是黑人教堂的兴建所带来的（Jackson 1972，pp. 146-147）。从更广泛的层面上来说，由于社群凝聚力对行为和家庭生活有着重要影响，因此，对其优劣的主观判定在很大程度上取决于社群形象、价值观和信仰。随着社群的发展变化，社群忠诚度并没有消失，而是转换成其他标准，在任何情况下，社群都取决于对社群内外特征的主观定义（Guttentag 1970）。*

---

* 来源于新加坡国立大学里亚兹哈桑博士的个人讨论。

一些社群对同质性表现出明显的渴望，而另一些社群则似乎希望在种族、社会经济特征等传统维度上看到异质性的存在。这可能是由于他们在其他方面有相同的价值观，而这样的环境满足了他们的理想需求，也是他们最终选择的居住地，旧金山圣弗朗西斯广场的居民就是如此（Cooper 1970，1972）。事实上，这样的社群也是同质的。例如，圣路易斯的莱克雷得地区那样的被特定环境所吸引的社群认为他们想要的是社群的异质性。然而，我们又可以很明显地看出，这种社区吸引的是某一类特殊社群（例如：Reed 1973），这类社群在自由主义、创造力和理想主义等维度上是极其同质的。一般来说，同那些渴望郊区的社群一样，这类社群仍然适用于上述模式（Gans 1969；Eichler and Kaplan 1967；Werthman 1968），人们可以选择离开这种环境（例如：Berger 1960，1966；Lansing et al.，1970）或选择继续留在"贫民窟"（例如：Fried and Gleicher 1961；Hartman 1963）。

人们喜欢与拥有共同文化背景、价值观、思想理念和道德观的人生活在一起，他们能够理解相同的符号并作出回应，对子女的抚养教育、相互交流、居住密度、生活方式等抱有共同的想法，并且通过休闲游憩、饮食习惯、服装风格、利益规范等进一步强化这种共性。正如孔子在《论语》中所说的："道，不同，不相为谋"（引自 Duncan 1972，pp. 56-57）。

聚居因此成为一种普遍现象，而其主观定义的标准也随着时间的推移和地点的变迁而不断变化。他们可能拥有共同的宗教、种族、种姓、亲缘关系、职业、阶层、生活方式、社会利益、教育背景、年龄阶段、出生地等。在所有这些情况中，最关键的过程是基于价值观和环境偏好的聚居地选择，从而通过聚居强化社群认同，通过环境符号表现出来，并用边界加以控制。

在更大尺度上提出一种模式似乎适用于对城市进行分析，因此，我们可以把城市分成核心区、领域和社群影响范围（Meining 1965）。其中，核心区是职业最集中、密度最大、组织和力量最密集、文化特征最单一的区域，同时也是与社群的特定环境形象及需求最接近的区域，包括一些特殊服务设施，如祠堂、机构、学校、酒吧、餐馆、聚会场所、特殊商店、俱乐部等。领域是那些社群文化可能仍然占主导地位，但密度明显低于核心区，且情感纽带和专业化服务较少、环境一致性较低的区域。最后，影响范围区则是社群规模较小、仅呈现出某些社群因素且环境形象可能并不一致的地区。这种模式似乎适用于依据宗教、种族、年龄等聚居的各种社群，如城市地区的老年人 [Rapoport 1973（d）]。因此，传统的城市实际上是一系列清晰的核心区，而今天的城市则由一系列模糊的核心区与几个主要领域叠加而成，并且大部分城市由城市内所有社群的影响范围构成。

聚居的过程有助于文化的生存，为社群的行为提供了适当的环境和易理解的线索，为个人提供了恰当的社群价值意义和沟通组织，有着社群内共享的符号和不成文的规定，拥有一致的活动体系和时间组织安排。因此，同质性从某个重要维度来讲，就是人们拥有相似的价值观、行为模式、非语言沟通体系（在固定、半固定和非固定的特征空间里）、相同的领域定义以及性别和年龄角色，并更容易使人认为某些事情是理所当然，而需要处理的问题和信息也更少。通过区域、边界、规则、人际关系、社会层级、有形媒介、空间组织、恰当的线索、符号象征和标记的明确化、固定化和共同认定，减少社群内的问题，同时减少压力，因为人们可以利用正式和非正式的控制方式 [Rapoport 1974（b）]，如此一来，社群的可预见性有所提高（即不可预见性减少），这明显影响人们对密度、拥挤程度、环境过度承载和环境压力的感知 [Rapoport 1975（b）]，并使社群环境与社会文化和认知环境更一致，环境对空间和时间以及意义和沟通的组织是清晰且易于理解的，人们能够通过社群环境表达社会认同。

由此可见，相比于收入水平，象征性符号、生活方式及其他类似的因素更为重要。事实也似乎如此。例如，在美国和英国的新城，以及澳大利亚的工人阶层聚居区等地，都在邻里一级出现了越来越多的隔离现象，人们根据自己在教育、子女抚养、标准等事项上的理念差异，在邻里中形成了更小的同质区域。即使是像莱维顿（Levittown）这样根据人们的职业、教育背景、宗教、种族等逐渐集聚形成的地区，仍然存在着居住地选择的过程（Bryson and Thompson 1972；Cans 1969）。

值得注意的是，苏联的城市也是如此，人们更喜欢与自己社会地位及其他社会特征相同的人交流，而不愿与其他人打交道。但由于居民住房是分配好的，上述现象并未在聚居过程中得到体现，但可以从人们的社会关系网、行为模式以及行为空间上看出来。人们的社会等级越高，社会关系网就越排外。即使没有选择自由，但这种人以群分的趋势十分明显。苏联规划的重点就在于防止聚居，以加强人口控制，然而依旧可以很明显地看到各种类型的同质社群在不断发展壮大。还有一些非常引人注目的例子，如新西伯利亚科学城——阿卡杰姆哥罗多克（其内部是同质性社群），这一地区的同质性看重的是学术地位，并体现在住房分配上，因此这一地区有着严格的空间分区（Frolic 1971）。

相似和不相似的主观定义对判定同质性是非常重要的，因为同质性似乎与邻里数量增加有关，尽管尚无明确证据证明两者之间的关系。有证据表明交流互动的情况可能并不受到同质性的支配（例如：Knapp 1969），但更多的证据显示相反的情况 [例如：Cans 1961（a），（b）；Gutman 1966；Barnlund and Harland 1963；Keller 1968]。还有证据表明，如果人们所处的环境能令他们感到宾至如归并且充满自信，那么他们之间的交流互动就会比在其他时间和地点多一些（例如：Ittelson 1960；Michelson 1969）。总的来说，人们能够接受同质性和邻里环境具有一定影响力的观点 [Feldt et al.（日期不详）]，问题的关键在于同质性的主观定义和“客观”定义之间的区别，且主观定义更为重要。这可能有助于解释一些异常现象，比如当种族异质性使得犯罪率上升时，社会经济异质性却没有增加（Sawicky 1971，p. 194）。

同质地区除了有更高的满意度和更少的矛盾，还能使人们更好地规范自己的行为，因为在同质社群中，当人们对什么样的环境和行为是合适的有一个明确概念（例如：Eichler and Kaplan 1967；Werthman 1968）时，更容易在决策上达成一致并拥有一个“普遍共识”（Cans 1972，pp. 120 ff.，176）；而当一个人与整体的行为有很大的差异时，他就很容易破坏这个系统（例如：Vernon 1962）。社群的同质性正是起到了前者的作用。通过聚居可以达成一种共识，允许各地区有一些自己的发展方向并进行自治，这在异质地区是很难实现的（Bryson and Thompson 1972）。因此，在邻里关系好的地方（同质性越高，邻里关系越好），可能产生不同于正式组织成员身份的合作形式。由于这两种形式往往是不相容的，因此合作变得困难重重。同时，两种形式各自独立运行时，其效果要好于人口同质时的运行效果。

例如，流动住房区是城市中村落式飞地，是人们居住地选择的结果，但是单从收入水平并不能充分解释这一现象，因为黑人社群不会因为退休而购买拖车。这些是自发形成的飞地，是私人领地，有着紧密的社会关系和良好的邻里关系，并用象征着管控和安全的栅栏及大门作为空间分界。由于这种紧密的社会关系，人们被要求严格遵守道德和社会规范以及有关卫生、宠物、拖车及草坪维护等方面的规定；花园及庭院小品则反映了人们的身份地位。不成文的规定和管理确保了社群礼仪，而这些规范的制定恰恰依赖于社群的同质性，并反映在生活方式、休闲活动等方面；通过确定权属关系使公私分明，社群及社群中的社会交往也因此得以不断发展（S. Johnson 1971）。明确在什么地方该做什么事，这一点在社群中十分重要，例如关于街道使用的规范等。以居住在澳大利亚的日本人为例，他们认为在街上边走路边吃东西是一种令人“恶心”的行为，哪怕只是吃一个冰激凌甜筒 [The Australian 1972（b）]。另一个原因可能是人们期望的互动程度不同 [例如：Feldt et al.（日期不详）]，比如老年人其实常常并不希望年轻人在身边（例如：Hochschild 1973）。

一旦城市中有了这种同质区域，它们就将影响行为，人们的生活空间及活动空间也会受到限制，并导致一些区域能够吸引人们前来参观，而另一些区域则让人们无论如何也要避开。这些区域的存在、分布和相对吸引力将会影响人们对城市的认知和心理地图以及它们将来的应用。公共设施的使用与否，不仅反映了人们的偏好，还会影响空间利用以及社会网络。不同的社群有着不同的社会网络，因而社群的需求、属性特征、行为规范和象征符号等也各不相同。必须再次强调的是，同质性未必是先验的预期。例如，一些研究否认工人阶层聚居区具有同质性（Bleiker 1972）。然而，在这些研究范围内的工人阶层聚居区中，人员流动并不多见，也就是说，他们在时间以及噪声、整洁等方面的行为标准上是同质的。比如，能够达到这些标准要求的新业主就会被社群接受。因此，尽管还无法使用社会学术语定义，但这里确实存在着同质性。此外，该地区似乎还存在着三类更加同质的子社群（这是一个更微观的聚居区例子），分别以窗帘、服装、汽车作为不同的象征符号（Bleiker 1972）。

群体线索的“可见性”对于感知群体以及其他群体的行为非常重要，对其他社群的行为也有重要意义。因此，在内布拉斯加州的奥马哈，即使是在移民中，也存在着大量的居住分散现象，从未有一个民族社群建立起超过半平方英里的大型聚集区。但邻里之间确实获得了一种族群认同，这更多是因为与特定族群相关的企业、机构集中在了一起，而非聚居（Chudacoff 1971）。从中，我们可以总结出三个关键点。首先，主观定义的同质性很重要，它会影响社群的行为；其次，必须有某种最低程度的聚居保证这些企业和机构的生存；最后，企业和机构可能用于对社群的判断，因为这些企业和机构比住宅更容易辨认，尽管后者通过景观风格也能进行识别，尤其是洛杉矶的日本和墨西哥住宅（详见第 6 章）[Rapoport 1969（a），p.131，fn. 15]。这类企业和机构往往沿主要道路建设，这些道路比住区街道更宽阔，因此它们的可视性也更高，在人们对城市心理地图的构建中发挥着更大的作用。它告诉我们应该如何在不过度隔离的情况下创造区域表象差异，如何从感知上强调它们的存在。

贫民区里还会出现聚居现象（Butterworth 1970；Mangin 1970）。在那里，判定标准也是主观的，尺度颗粒非常精细。因此在阿根廷，城镇居民把所有贫民区居民归为一个外部社群，而贫民区居民自己在内部则使用一套不同的标准，导致内部差异化明显（MacEwen 1972），也就是说，一个社群在其内外可以归为同类和不同类，区分的精细程度也不一样。贫民聚居区内的这些区域可以通过居民的社会特征进行辨别，如果存在着物理空间上的划分，它们就会成为居民社会经济地位的象征。因此，聚居区在社会地位方面有许多等级层次，从高到低，从城市到乡村，且越靠近城市，地位越高；而对地位差异变化的主观感知远强于客观显示。在拉巴特一个相对较小的贫民区里，也会根据地点或出身、年龄、职业、房屋所有权、在此居住的时间长短及所属部落等划分截然不同的分区（Pettonnet 1972）。

这种情境下的聚居原因与其他情况并无不同，但受互助、同化和城市化以及某些制度的维护等方面的影响更突出一些。聚居有助于维持和重建社会网络，使用熟悉的管理手段和文化模式。一般来说，居住在同质地区和异质地区似乎给人带来完全不同的影响。以加拿大为例，同质性会增强人们的信心，并且更容易在保留民族特性的同时，被主流文化所同化；由于偏见较少，人们可以更自由地接受外来文化，而自身的文化崩溃现象则受到抑制。同质地区将渐渐经历人员流失，并且持续很长一段时间。文化崩溃的主要原因是教育（Borhek 1970），但这并非无法避免，二元文化是可以发展的，纽约的波多黎各人之间尤其如此，因为在同质地区能够很容易地发展专业学校及其他机构。

为了生存，这些社群必须强调他们的某些文化特征，以便与其他社群进行交流，并对社交行为和婚姻制度实施控制管理，以及利用恰当的象征符号。往往压力越大，这种“防御性结构”（Siegel 1970）越重要。但在所有情况下，聚居行为对文化保护都是有帮助的。在美国，大多数夫妻在婚前的居住地相距就很近（75% 的夫妻相距在 20 个街区之内，35% 的夫妻相距在 5 个街区之内）（世界心理卫生协会，1957）。在威尔士，本土语言及文化的消失有部分原因在一定程度上可以归结为无法形成聚居区，因为无法达到允许建教堂和学校的最低人数标准，甚至凑不够会说威尔士语的儿童数量（Rosser and Harris 1965，p.133）。在加勒比海地区，同一族群（东印度人）的文化在他们的聚居区里得以生存，而在分散居住的地方则未能幸存（Ehrlich 1971）。

其中最重要的因素很明显是临界点。对本来就承受着巨大压力的人来说，他们需要一种熟悉的甚至是“人工修补的”环境作为支持，因此，那些能力下降的或者是置身于温和文化环境里的社群更易受到伤害 [Rapoport 1972（d），1974]。老年学的经验证据表明，当文化环境的温和性降低时，同质性的影响效力（与其他环境影响效力相比）会加剧（例如：Gubrium 1970；Howell 1972）。当然，这也解释了移民、贫民区、城市化人口为什么更大规模地聚居。因此，像莱城（新几内亚）这样的城镇依据人们的民族和语言背景划分成不同的聚居区（wantoks）。社会关系网维系着城市内外同类人之间的交流，而所有相关联想，包括自愿的、职业的和宗教的，在民族上都具有排他性，人们主要通过这些角度看待自己和组织社群（Lucas 1972）。然而，种族并不一定就是判断标准，比如在菲律宾的城市中就不是，尽管在地区和村庄一级似乎还存在着民族和宗教隔离（例如：Doeppers 1974）。苏门答腊的巴塔克族人就是以民族组织社群的，这些社群在他们迁移到城市之前是没有的，这种方式保持了血统、领地和联盟的结构性原则；传统的模式应用于城市中的民族聚居，即便那些遥远的聚居区和“家乡”也能够维系彼此的社交网络（Bruner 1972）。同质性的规划重要性在于，在移民背景下，我们可以清晰地看到在阿根廷建立聚居区的成功与社群同质性密切相关（因为混居的殖民地并没有在其中发挥作用），这主要得益于选择环境的能力，以及在空间组织、住宅形式、服务和家庭结构方面再现了某些环境特征（Eidt 1971）。一般来说，农村居民移民到城市的成功取决于他们维持城市村庄的能力，墨西哥城就是一个成功的案例（Lewis 1965），我们已经注意到 19 世纪的美国城市经历了一段快速的移民时期，并产生了大量的聚居区（Jackson 1972，pp. 205-206；Ward 1971），在今天的澳大利亚也正经历着同样地过程。墨西哥城的案例中移民吸收了主流社群特征的假设似乎是错误的，他们倾向于与同类人居住在一起，保持自己的生活方式和文化，维系现居地和家乡的社会关系网，并尽可能地保留带天井的住宅，让亲戚和朋友住在天井周围，吃饭时男女分桌等习俗完整地保留下来。

同样是在开罗，移民在城市中形成了村庄，这与他们来自何方息息相关，被称为“入境口岸”（参见澳大利亚原住民聚居地）[Rapoport 1972（e）] 或者爱尔兰人在伦敦（Young and Wilmott 1973）。除了聚居行为本身，客观物质环境也是重要的构成要素，它使得一些模式得以生存，减缓转型速度，有助于同化和减少压力（Abu-Lughod 1969）。这种情况也发生在比雷埃夫斯（Hirschon and Thakudersai 1970）等其他地区，并且似乎是一个普遍现象。如果减少外部压力，这一现象将更加普遍。它似乎是发展中城市和发达城市最可取的发展策略。

对传统模式的保护不仅对文化生存十分重要，而且对村庄成功融入发展中城市也很重要。相比于未分化的城市，一个由若干同质地区构成的城市，在不破坏的前提下，可以更成功地将村庄纳入其中。因此，一个由村庄组成的城市，如印度尼西亚传统城市中的小村庄、穆斯林城市中的聚居地等，可以轻易地吞并一个村庄而不破坏它，并以不同于统一城市的方式发展，在一个统一城市里，村庄几乎没有生存的机会（图 5.3）。

同质性的盛行和对同质性的渴望与规划观念是冲突的，这些规划观念往往建立在强迫异质性的基础上，可能与强制隔离一样具有负面影响。自愿融合可能是最好的选择。发达国家和发展中国家的规划者都在追求异质性（例如：Chermayeff and Tzonis 1971），但很难看出为什么，除非都是为了从根本上“改变”社会而故意采取的手段（例如：Sennett 1970）。一种观点认为异质性可以减少偏见。然而，强迫融合是否真的会减少偏见是非常值得怀疑的，事实上，它可能增加偏见。人们在自主选择居住地时对他人的评价要好于被迫与他人生活在一起时对他人的评价，因为后者可能增加人的负面情绪（Festinger and Kelly 1951）。如果一个地区是同质的，有了家庭为基础的安全感，那么与异质地区相比，人们更加愿意与陌生人以及那些和自己不同的人接近。我们看到，同质性可能加强邻里关系，在动物世界里，安全和熟悉的领地也会增加群居性（Eckman et at. 1969）。

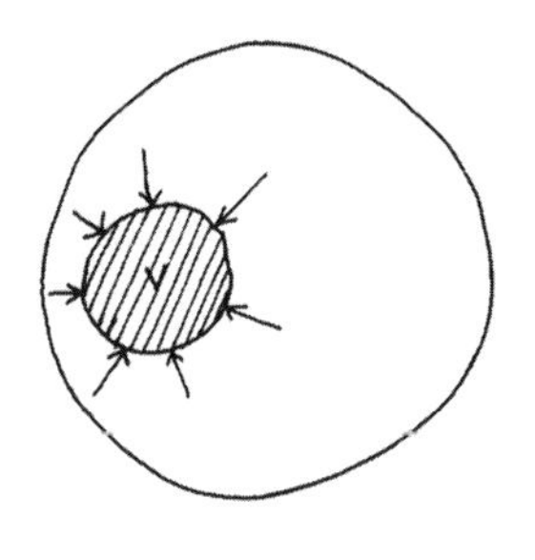

村庄与无差异的城市

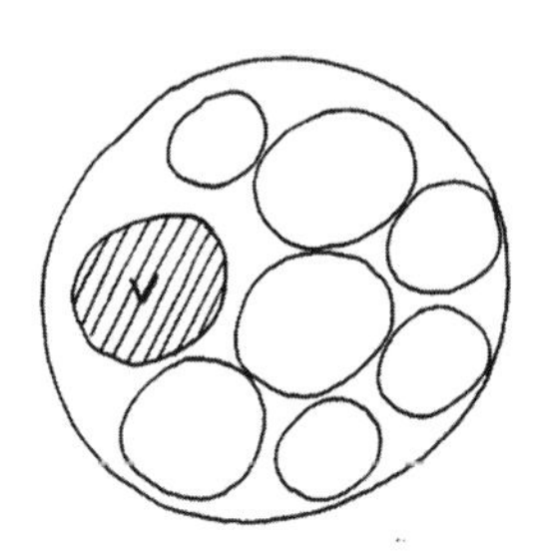

“村庄”都市中的村庄

图 5.3

一般来说，主要影响邻里质量评估的因素是能否做到禁止陌生人进入，而开放空间的主要用途则是阻碍这一目标的实现（其他因素是娱乐和美学等）（James and Brogan 1974）。邻里满意度取决于对好邻居的看法，而这种看法又部分取决于各种特征的同质性，如年龄、社会经济水平、价值观（主要是子女抚养方面的价值观）和休闲兴趣等（Sanoff and Sawhney 1972）。环境品质同样与社群的维护和美观息息相关，即共同的环境特征。被迫异质往往导致邻里关系恶化，主要原因就在于资源分配的不同带来了住宅管理和维护方式的不同。

因此，城镇里的聚居现象一定程度上是环境的象征意义所传达的态度及价值观导致的（Eichler and Kaplan 1967；Werthman 1968）。以哥伦比亚为例，两个经济水平相同的亚文化社群对他们迁入环境的反应是大不相同的。梅斯蒂索人强调提高收入，改善居住环境，把住宅作为社会生活的中心和社会地位的象征，并善于利用城市机构；而黑人则对住宅及其改善情况并不感兴趣，他们更关注扩大亲属关系，以提高经济水平。前者希望成为城市工人阶层，后者则希望成为富裕的农村无产阶层。最后的结果就是梅斯蒂索人改善了房屋前面的区域、人行道以及院子，封闭了前面的墙和窗户并进行了精心的装饰，改善了房屋内部结构，而黑人则没有对自己的居住环境进行任何改善；梅斯蒂索人圈养动物，而黑人则散养动物（Ashton 1972）。如果这两个社群混居在一起，是很容易起冲突的。同质地区的设计似乎有明显的指向性，有距离足够近的地区供一个社群向另一个社群学习。

事实上，边界清晰的同质小地区可能有助于社群融合。英国有关亚裔移民的研究显示，社群间的距离、联系以及态度的关系是复杂的，因此很难预测哪些地区是“宽容”的，哪些地区是“不宽容”的，但是在客观融合度最高的地区，偏见是最严重的，反之亦然。相比于居住隔离，相邻及共享的酒吧能引起更多的偏见；另外，工作上的融合能催生更多自由的观点，在特定的亚裔社群中，这些观点与主流社群的价值观和规范等不同，即社群间的概念距离及对同类和非同类的定义（Rapoport 1974）。在某些情况下，身份认同是以家庭为基础的，而其他社群则强调社群认同，任何侵蚀这种认同的行为都被视为威胁，因此在一些地区，邻里间距离的接近可以缓解焦虑，而在另一些地区则会产生焦虑。当一个地区的客观形态及其结构清晰明了时，人们就会有确定性和自信，与那些边界含糊不清、担心受到进一步侵蚀的地区相比，这里的人们很少有威胁感。因此，稳定的、界定清晰的地区比界线模糊的地区对外来者的容忍度更高（Marsh 1973）。它遵循了这样一个事实，如果一个人利用数量有限的成功版本的较小参照社群避免冲突，那么每个同质社群就可以发展自己的骄傲和尊严；人们越是异质，规范的冲突就越多，社群的压力就越大（例如：Pahl 1971，pp. 27-28，91）。明晰社群边界和保证社群安全的重要性表明，区域的同质性对减少偏见十分重要，尤其是如果各社群能够在中性地区（如工作场所）集聚。

因此，一个具有防御性的邻里需要三个构成要素：

（1）清晰的边界、统一形式的房屋所有权和设计、在街道及其他公共设施的使用上达成一致，以及易于理解的线索和符号；

（2）一些人们可以接受的、便于识别的名称、意向或身份；

（3）某些同质性形式的主观定义（例如：Suttles 1972）。* 这种清晰标定聚居区范围的重要性在纽约有所体现，消除这些清晰的界限将导致冲突。我们可以明显看出，有着清晰明确的边界，且在居住层面有同质性的地区，相邻而居更容易被接受，效果也更好，任何尝试打破这种地区同质性的做法都将导致与偏见无关的大规模冲突。** 鉴于在“中性”土地上的互动，百老汇（Starr 1972）的异质性可能部分归因于私立学校的使用及附近住宅区的集聚，人们在中性的街道上相聚，然后又回到各自的同质地区生活（图 5.4）。

为交往提供特定场所并不总是行得通的，部分原因是人们主观上对场所的充分性和可取性的评价不同，即场所和服务的“中立性”是一个主观界定的问题，对于不同的社群，其定义也是不同的，更多的是一个研究对象，而非先验假设。因此，虽然提供服务确实会导致人们对当地社区的认同 [例如：Feldt et al.（日期不详）]，但影响个人对社区感知的并不是设施的实际使用，而是对设施供给的感知（Sawicki 1971，p. 24），这种感知也可能是多变的，而公共设施的作用及效果相当复杂。

在极端情况下，如北爱尔兰，即使是像购物这样相对中性的设施使用，也会成为“防御性结构”隔离的例证 [Siegel 1970；Rapoport，（c）]，而建立异质的新城镇的尝试未能

---

* 在完成本书的第三稿之后我遇到了萨特尔（1972），他的许多观点都与我在本书中研究所得的独立观点不谋而合。

** 阿尔伯特博士在 1973 年 8 月的演讲。

取得成功。实际上，由于宗教信仰及现有同类居住区的邻近，隔离的情况越来越多。一旦一个区域有了某种特定的形象，这一形象就会通过新城镇设计过程永久地延续下去，这些新城镇多由 50 ~ 400 个具有独特设计特色和色彩的房屋构成，并被空间分隔开来（Reid 1973）。我们已经看到，这一过程在新城镇中似乎是普遍存在的，因此，为了吸引中产阶层和上层阶层，建设分散的独立住宅是行不通的。这种住宅必须以组团的形式分布，并且规定在一个中性地区进行交流。因此，聚居实际上是一种由符号和意向操纵的形式，如果想要新城镇发挥作用，就不能忽略这种形式，聚居必须有一定的客观表达形式，并使之清晰显著，引人注目 [Rapoport 1972（a）]。

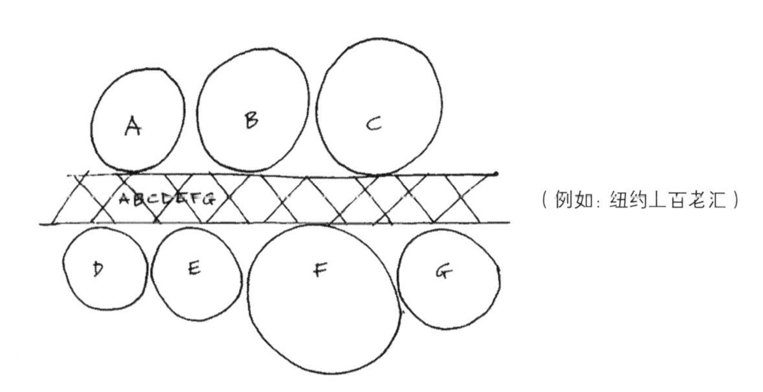

图 5.4　毗邻中立地带的同质社群间的相互作用

同质性、异质性和偏见之间的关系并不是那么清晰或简单，也没有任何证据表明同质地区可能减少偏见。很明显，不论贫困与否，同质地区的犯罪率都要比异质地区低。如果能够保证一定的同质性及凝聚力，那么即使处在工业化和区域快速发展的动荡时期，该地区也能实现低犯罪率（例如：Guttentag，p. 114）。此外，对同质地区的保护和创造提供了更广泛的物质和社会环境及服务，以及更多的居住地选择机会，但同时使城市的复杂性大为提高。

对移民及其他处于压力之下的人们来说，聚居的重要性与“定速”的概念有关。从中人们可以得到关于“中途之家”的概念，在这里，环境是逐步形成的，以便使人们慢慢地适应特定环境。这种概念已在建筑尺度上用于残疾人，在城市尺度上，也在亚洲城市的建议中得到发展，因为在这些亚洲城市，个体往往能够从一个类似的农村地区逐渐迁移到一个完全城市化、关系高度复杂的地区（Meier 1966）。

即使是分散的郊区，也在一定程度上延续着社群的聚居。郊区并没有统一的形态，这里有丰富的文化多样性，混合了各种社会阶层、民族、宗教和生活方式。这些地区往往以封闭性社区为主要特征，并为居民提供了适当的环境和机构，将为不同的社群提供不同的环境视为一个多元的选择是非常重要的（Berger 1966），尤其是在多元化不断增强的美国（Isaacs 1972），人们从原先的民族地区迁出后，又会形成新的民族聚居区（de Vise 1973）。

因此，在特定环境下的聚居无论是何种具体形式，都会有一定的价值，即使是在社会、政治和规划信条约束下，聚居过程中的优势也远大于劣势。这种聚居过程与强制隔离有着明显的区别，并反映出各社群的社会文化和人们想要让环境特征主导居住环境的愿望（Rose 1969）。

美国黑人聚居区的情况更为复杂，这一点可以从他们的社群以及地区的认同框架看出来。任何试图改变社群分配的做法都有可能导致隐性和显性的冲突（Rose 1970）。在美国黑人的案例中，我们可以明显看到一个选择因素和一个主要的强制因素，而且与其他社群不同的是，在这里强制因素似乎占有主导地位（Taeuber 1965）。一个有趣的关键问题是，在能够自由选择的情况下，如果按照种族或其他标准（如生活方式）划分，能够导致何种程度的种族自我隔离。

聚居有几个好处，比如可以提高环境和生活方式的一致性，减少压力和冲突，减少偏见和犯罪，减缓住房和城市地区的退化，提高城市环境的复杂性和丰富性。这些一般原则适用于所有发展中城市和发达城市，它们都应该拥有共同会合点的同质区域（尽管其定义的判断标准有所不同）。相邻的社群在规范、价值观、生活方式、符号、不成文的规定、隐私、非语言沟通等方面不应相差太多，即环境间能够彼此沟通。这类区域的规模应该是相当小的。尽管还没有关于规模大小的调查，但我们显然知道，区域的大小需要根据社群的性质、其对环境的利用、维持这些条件所需的“临界数量”以及其他因素的变化而灵活调整。对一些寻求异质性的社群来说，既定环境并不重要，而对另一些社群来说，环境却是一个需要修复的问题 [Lawton 1970（a）; Rapoport 1972（d）]。

这一概念能够应用于城市环境的两个方面：一是根据现有环境的需求制定补充方案；二是从各种心理、社会和文化因素出发寻找互补方法，而我们需要根据情况选择适用的方向。例如，如果人们多在嘈杂的环境中工作，那么在客观上可能就需要安静和封闭的环境。环境可能需要一定程度上的刺激，以产生相反的效果，不同社群（年龄、生活方式、职业、文化等）的环境需求及刺激水平不同，其环境设计取决于地区同质性。

城市环境应由多种环境构成，其特异性又反映了组成这些环境的各类社群的特异性（尽管城市体系的动态属性需要一定程度的开放性，可参阅第 6 章）。这些环境中的一部分是可达的，如果愿意，人们可以在一定时间内通过不同的路线到达这些地方。这使情况变得更为复杂，不仅使独特性和特异性的区别更加明显，而且导致各个社群聚居区的复杂程度各不相同。

这种环境是不可能产生隔离的，因为人们的互动交流在这种条件下往往增多，并且各类潜在的交流和会面场所也有助于人们进行社交，这些都与相关的活动体系息息相关，较为相似的社群在时间节律和住房体系上也是相关联的，所以，这些是真正的中性地区。

城市需要具有共同意义的地区，这种拥有最多共同意义的地区，无论意义是符号性、使用性还是认知性的，都应该是大部分人最容易到达的地方。随着地区变得越来越具体，可达性越来越低。我们不仅强调要素的普遍性和一致性，还要强调特别环境的特异性和唯一性。因此，分区（假设分区在第一种情形下是有效的）必须符合各类社群的特点，这在不同地区可能有所不同。例如，在一些地区，严格的单户分区是可取的、合适的，也是必要的；而在另一些地区，人们更想让亲人住在自己的周围，于是他们之间相互交换住宅（Hirschon and Thakudersai 1970）或通过改造社群中的制度实现亲属间的聚居（Young and Wilmott 1962）。单户分区在这种情况下就是不可取的，因为这种分区方式有碍于人们所希望的亲属聚居区的形成（例如：Wilmott 1963）。此外，随着地区和要素变得越来越具体和地方化，相应地，其开放性也应有所提高，以加深规模日渐扩大的同质性社群的影响与作用，从而使各个社群间能够更好地合作；如果希望尽可能地实现地区自治，就必须达到最低程度上的同质性。住宅类型是对个人和家庭需求的反映，而街区、邻里和地区则是对社群需求的反映。

城市的社会文化方面

现在我们应该清楚地了解到，社会文化因素在城市环境中发挥了重要的作用。然而城市设计相关文献一直在强调城市环境的统一性，城市社会学和生态学文献则忽略了城市差异化在城市设计中的意义。为了在设计中融入这些因素，我们需要对相关文献进行更详细的研究。我将在第 6 章从沟通交流的角度进一步讨论这个话题。在这一点上，我们首先要对这类问题以及从社会学、人类学和行为学中引申出的概念进行讨论，因为这关系着城市形态问题以及如何更好地构建城市形态。

我们不是单纯地研究大量的城市社会学、生态学、地理学等方面的文献，而是透过这些资料看到不同的社群在以不同的方式划分他们的概念、社会和行为空间，维持着不同的社会关系网，使用着不同的环境线索和符号。在某些情况下，比如当存在着严格的等级结构时，社群的产生就需要依靠共同知识、明确界定的公共和私人领域，使得该领域中的客观物质空间与社会和概念结构高度一致。而在另一些情况下，社群以利益共同体为基础，维护持续扩展的社会关系网，既不依赖空间的毗连，又不依赖控制管理行为、社群的满意度和友好关系。

这些因素导致了住宅区的不同形式。人与人之间的感知距离和可达距离的不同选择，将会体现在建筑形态、地块大小、密度、景观、设施远近、街道使用和住房体系等各类环境特征方面。因此，同质性区域反映的是一些主观上感知到相似特征的人的互补看法。其中一个主要的说明性因素是生活方式（Michelson 1966；Michelson and Reed 1970），这也与前面提出的选择模式有关：在各种备选方案中作出的分配和选择反映了某种价值等级。这种社群环境是由他们在空间、事件、景观、符号、时间分配、行为、人际关系、活动等方面最重视的东西组成的，而非价值体系本身。

事实上，生活方式和活动的性质、地点、时间可能是理解城市社会文化方面最有效的途径，也是整合社会关系、活动体系、时间分配和行为环境等方面的方式。

正如我所言，当建筑环境的塑造与社群形象、价值观和符号有关，当环境通过交流沟通的方式作用于人（即当认知图式作用于这一过程的起始）时，传统环境和乡土环境将会提供更契合的空间和时间组织、社群意义、沟通交流与文化等，即让客观物质空间与主观概念空间之间更加一致。共享的认知图式使得人们之间能够沟通交流，并提供恰当的行为环境。如今最接近的、能与之比较的例子可能就是一群生活方式相似者的同质区域，人们在这样一个具有固定特征、半固定特征的或无固定特征的空间沟通交流，共同的不成文规定和非语言的交流方式、环境和行为使他们更容易保持特定的生活方式，同时减轻了压力。在大城市，人们置身于人海和假象之中，这种与他人有着相似的行为、空间和环境准则的地区，为人们提供了一个避风港，减少了压力和冲突。而在与自己的行为准则不一致的地区，人们容易误解彼此的行为、领域和对象线索，并可能导致环境过载的后果。

我们已经看到，各类环境品质的可变要素之一是距离各类公共服务及设施的远近不同。再加上一些频繁而复杂的休闲活动，那么，无论场地是街角酒馆（如密尔沃基南部地区），工人阶层地区的街道和门廊，还是台球室或其他什么地方，集群化仍然有用。因此，我们往往可以从这些设施中“读出”一个区域的构成，例如，在伦敦的戈尔德斯格林，没有博彩店或酒吧，但有许多食品店和蛋糕店；而在肯特镇，虽然没有美食店和蛋糕店，却有数量惊人的博彩店和酒吧。

其他可能引起聚居的特征也许是家庭类型、交友模式、社会地位的重要性、家庭范围、住宅前后公共或私人领域的区别、聚居环境体系的性质等，这些方面都可以说是与“文化”有关。这绝不是一个容易定义的概念（例如：Kroeber and Kluckhohn 1952），但所有相关概念都在某种程度上涉及一群通过学习和传播得到一系列价值观和信仰的人，从而创建了一个关于规范和习惯的体系，并最终形成一种生活方式。这在一定程度上是一种资源和时间分配、住宅、休闲偏好等方面的选择，并反映了一种理想的表象化的意向和模式。这些选择适用于礼仪、行为、饮食、规范、手势、亲缘关系、建筑形态等，并且相互关联，呈现出规律性，形成一个完整的体系。如果我们能够理解这种体系，那么它就会具有极大的启发性。这些将人们组织在一起的习惯性选择和规范规定即是所谓的风格方式，无论是建筑环境风格还是生活方式，都与社群意向相关。

然而，我们在第 1 章中可以看出，文化在设计中是一个太宽泛的概念，难以运用，但在与活动结合的尝试中是有用的 [图 1.9，Rapoport，（a）]。生活方式往往持续存在，一般来说不会消失。事实上，对生活方式进行设计将有助于它们的生存 [Burns 1968；Rapoport 1972（d）]，对聚居也有帮助。

在任何社群中，成员之间的互动都要比与外人的互动更多，他们这样做也是为了达到一定的目的，通过共同的规范、角色和成员地位（参见后面关于动物的讨论），以及对角色、地位、等级和不成文规定的商讨实现这一目的。这些结构化行为需要适当的环境。有些社群对环境的依赖性极强，脱离了特定地点就无法正常运作，而有些社群对环境的依赖性就没有那么强。然而，没有社群能够完全独立于环境，行为空间会构成社群产生的一系列场所、障碍和路径。其中的差异可能出于文化和对生活空间等效对象的定义的不同（例如：Paulsson 1952；Lewin 1951）。

社会社群，包括家庭、特殊利益集团、贵族等，是对城市社群讨论的补充。这些社群之间都有所不同：例如，在上等阶层中，邻里关系没有那么重要，私人生活空间主导着邻里关系，而在工人阶层地区却完全不是这样。对一些社群来说，他们的聚居区与社会地位相关，而社会地位是用不同的标准主观定义的，对这些社群来说，客观物质环境反映了该社群的符号，并用来确定与其他社群的关系。这种差异甚至可能存在于住房项目的规模上，社会地位不同的社群，其住宅范围也有很大的差异，社会地位较低社群的住宅范围较为有限，只能在建筑上使用不同的符号，因此，可以从颜色、材料、风格和栅栏上区分这些社群。不同社群的时间安排也可能产生冲突。时间安排不相近的社群不能混居在一起，如果要混居在一起，只能在中性地区（Boeschenstein 1971）。对于社会下层的人来说，住宅是一个避风港，而对于中层或上层社群来说，他们的住宅范围往往更大，对社会公共设施的利用也更充分，这是一种表明社会地位的方式（Rainwater 1966），同时，对公共和私人领域的定义也有所差异。因此，在这一尺度上，大规模应用的范例就是社群间在中性地区的隔离、退避和相互交流的距离。

存在于家域范围的扩展、将住宅和居住区作为一种避风港、对设施的广泛使用等方面的不同，与对社会关系网的理解息息相关。城市中的每个个体都与不同的人和地方有着不同的关系网，但任何社群中成员之间的关系网都要比社群与社群之间的关系网更为相似。因此，空间组织和地点间如何联系就变得非常重要，因为它反映和强化了社交轨迹和网络。这种社会空间是由地点和路径组成的，而不是地点本身。

乡村和城市的社会关系网往往不同。社会关系网联系起各种角色，并分出了一些主要类型：亲属关系、种族、经济、政治、宗教、信仰和休闲娱乐。在城市地区，这类角色有时比乡村地区更分离，尽管在城市中各类社群在角色的重叠或分离程度上有很大差异（Frankenberg 1967，pp. 248-251），而且在某些情况下，城乡差异并无大用（例如：Lapidus 1969）。也有证据表明，曾经提出的用地区区分乡村友好关系和城市隔离的方法是行不通的（例如：Sutcliffe and Crabbe 1963）。因此，社会关系网的形式和种类才是重要的。然而，物质和社会环境将会对关系网产生影响，因为它的形成依赖于文化、价值观、对邻里的态度、地位渴望、生活方式、年龄、所处生命阶段、活动体系和许多其他特征，同时取决于环境属性：活动空间、住房体系、由物质和功能隔离所带来的距离、气候、时间节律、密度等。

例如，在贝思纳尔格林，交友模式是在小范围内进行的，且发生在沿街的亲戚之间；而在达根汉姆，交友范围更广泛，且更为正式（Young and Wilmott 1962；Wilmott 1963）。在前者的社群中，对于小范围地区的忠诚度主要通过一些特定符号得到强化，如房屋前窗前的特定植物、特定品种的狗、特定颜色的窗帘（Townsend 1957，pp.12-13）。亲近的网络结构往往发生在同质社群中，因为亲密关系常会演变成婚姻关系，而在社群中婚姻关系是最重要的，一个人的居住地会影响他们对于结婚对象的选择（Timms 1971，pp.12-13）。

同时，也会影响儿童抚养，因为居住区位影响到孩子们跟谁玩，以及他们从同龄人身上学到什么。

与同类人生活在一个特定地点会影响人的社会关系网。个人与家庭、同龄人、志愿团体以及其他许多社群之间的联系往往是不断促进的（尽管这种关系是非确定性的），即使是在空间联系最小的人之间也是如此，通过相互接近和面对面的接触达到目的，因为非语言沟通交流也是一种方式，而且这种非语言方面的沟通显然是一种主要的交流方式（例如：Mehrabian 1972；Buehler et al.1966）；要理解这些，同质性是至关重要的。

城市人类学家最近对社会关系网进行了大量研究，但是他们忽略了空间要素（Mitchell 1971；Wolfe 1970；Epstein 1969）。除了对一级区域结构、次级星状结构、次级区域结构等抽象层面涉及空间外（Barnes 1971）*，人们主要研究的是个人与其各种联系之间关联的数量、强度和性质，而未涉及这种关联的范围和形态。尽管空间要素在其中发挥了最重要的作用，但即使在具体的城市研究中，空间要素也往往会被忽视（例如：Heiskannen 1969）。例如，美国的萨摩亚人借助社会单元和情感联系的保留，协助人们在实现融合和城市化的过程中不至于丧失自身文化，这其中近距离起了很大作用，但这种空间层面的因素往往被忽略（例如：Ablon 1971）。然而，除了家域实际的形态与范围，人们也能识别出那些发生最多的社交活动（最为人所知和常用的地区）的地区范围，以及不同社群间社会关系网的差异，还有出于如社会、购物、医疗等特定目的的社交。因此，社会关系网可能是非常有用的。

社会关系网也有助于区分不同的社群。我们已经看到，美国妇女的家域范围不同，因而社会关系网也不同（Everitt and Cadwallader 1972；Orleans and Schmidt 1972；Orleans 1971）。在非洲，邻里关系对妇女来讲更重要，因为她们几乎足不出户（这在她们的社会关系网中有所体现）。因此，社会关系网与其所在居住区、家域以及一些重要的规划概念相关，如空间和时间中的活动体系等（例如：MacMurray 1971；Chapin 1968，1971；Chapin and Hightower 1966；Brail and Chapin 1973）。这有助于我们识别和定义一个社群及其区域（通过定位不连续的网络节点）、中性地区的区位、对重要关系网络和活动干扰最小的路线位置。我们可以看到，社会、概念和物理空间之间的一致性可能是 0 ~ 100% 的任何值（至少在理论上是这样），利用社会关系网可以帮助我们精确地确定现有的重叠类型，并提供最好的支持条件。通过社会关系网还可以研究活动的时间分布，越了解社会关系网空间和时间层面的特征，就越有助于我们设计出适合不同的社群（例如：Anderson 1971）和特定活动的空间结构。

例如，时间节律不同的社群之间在同步性上具有潜在冲突。通过各类社群相互交流的时间分配、公共设施的并置或布置，可以促进或组织人们集聚（Parkes 1972，1973；Lynch 1972）。以老年人为例，日夜活动时间安排的改变将影响他们在城市中遇到或错过

* 我的学生，威斯康星州密尔沃基大学建筑与城市规划学院的帕特里克·J. 米汉，最近在一篇建筑学硕士论文中进行了一些开创性的研究（将一种利用社会关系网的分析方法作为城市设计和规划的工具）。

哪些社群的机会 [Rapoport 1973（d）]。这种影响对老人、青年人和妇女的影响远大于活跃的男性（例如：Gubrium 1970；Athanasiou and Yoshioka 1973）；对于具有某些特定特征的社群来说，这种影响更为关键。不同的时间安排可能影响对设施的使用，并由此产生冲突，例如，工作开始较晚且时间灵活的上等阶层对设施的使用，可能对那些住在设施附近的、工作时间较早、作息时间严格的工人阶层产生噪声干扰（例如：Boeschenstein 1971）。这种活动和社会网络的地点同样重要，因为在一些情况下可能产生冲突，比如某些社群的主要社交场所可能是街道，但会遭到其他社群的反对，因为对他们来说，街道并不应该作为会面场所。

在规划设计中利用网络分析面临数据的缺乏和获取数据的不易，需要进行大量的信息资料处理，在数据采样和向设计师传达数据方面困难重重。另一个则是细节的重要性问题，对特定人群来说，邻里关系网在某些情况下可能与亲缘关系网同样重要。以法国工人阶层为例，对他们来说，邻里关系网的力量不容小觑，邻居在自己抚养孩子的过程中起着至关重要的作用；而在中产阶层中，只有自己的家庭在其中发挥作用。因此，在这种情况下，邻里关系比亲缘关系更为重要，于是在设计休闲和社会生活环境时，能否从空间维度理解社会关系网，就变成了一个关键因素；这也关系到对违法和犯罪行为的控制，同时反映了理解人们共享的习俗和价值观的重要性（Vielle 1970）。

这种设计决策在子女抚养方面意义重大，尤其是在言语模式、学校和同龄人影响等方面，应当成为聚居的重要考虑因素（Pahl 1971，p.111）。不恰当的设计对不同的社群产生不同的影响。在美国，这些问题往往发生在黑人家庭中，联系密切的社群（街区）有责任看管儿童，而如果设计无法实现这一点，就可能产生严重的后果（Hall 1971）。同样，在中国的传统观念中，抚养孩子一直被视为社群的责任，尤其是亲缘关系网，因此，在既定密度下，错误的设计形式（如高层、有血缘关系和没有血缘关系的人混居等）会导致不良的社会后果（Mitchell 1971；Anderson 1972）。

因此，设计需考虑社会关系网的形态、属性和范围，避免破坏社群或改变他们的社会关系。这显然与将邻里关系定义为一种社会空间模式有关。城市的邻里关系与生活方式相关，因此在明尼阿波利斯的圣保罗市，年轻的自由公民、蓝领工人阶层、新组建的年轻家庭、建成的成熟家庭和老年家庭五类社群在城市中的位置分布是有差异的（Abler，Adams and Gould 1971，pp. 176-178）：他们的社会关系网和邻里关系也不一样——这种不同的区位偏好和选择关系到环境品质、人际距离和社交网络层面的差异，街道使用、公共 / 私人和房前 / 屋后的领地范围、非言语沟通交流及理解、城市价值等一系列截然不同的环境，而非一个单一环境。

在上述所有因素中，偏好和评价起了非常重要的作用。我们可以将英美文化的反城市化属性与欧洲大陆和地中海国家支持城市化的观点进行对比，但同样需要更具体的说明。在美国本土就有很多不同的情况，例如，犹太人被视为对城市环境抱有最乐观态度的、最热情的城市居民，而其他社群则不然，无论是“少数民族”，还是“盎格鲁—撒克逊新教徒”，都反感城市和理想化的村庄。这在今天的环境品质偏好中仍然有所反映，对城市结构也有重要影响。一般来说，作为对景观、住房、生活方式等方面的不同理想环境形象的回应，盎格鲁—撒克逊新教徒往往逃离城市，形成宗教性的城市村庄，而犹太人则成为城市居民的典范（Sklare 1972）。

社会和空间结构之间的关系是行为规范、共享的规范与人们的期望相协调的结果，这种期望不仅关乎要做什么，更是关乎不要做什么 [Rapoport 1969（a）]。空间结构不仅反映了社会结构，更影响了社会结构（例如：Pahl 1968，p. 9）。虽然结构的变化是有限的，但各地区与社群间的差异性不容忽视，必须避免“城市环境”的过度泛化。

可以说，人类学和社会学的不同方法恰恰是因为前者注重差异化，而后者更强调同一性。正因如此，人类学的研究方法对于城市来说是重要的（例如：Tilly 1971）。传统的人类学方法可能由于亚文化的多样性而存在方法上的问题，因此必须依靠更多的社会学技术来解决（例如：Axelrad 1969）。

不同社群社会关系网的流动性是不同的，因而对设计产生影响。时间和空间的组织、沟通和交流意义、障碍、环境品质和活动都会影响人的行为空间和心理地图。所有这些反映了不同的标准用以区分不同的人。以传统的印度城市为例，那里的社会关系网是非常复杂的。一个人既属于核心家庭，又属于大家庭及其种姓社群，而不是村庄或城市。因此，在其他社区中的这些社群之间有着永久性和周期性的联系（例如：pilgrimages）。但是利用社会关系网和信息流可以使那些不受空间限制的社群也纳入考虑范围（例如：Sopher 1969；Anderson and Ishwaran 1965，p. 29-30；Doshi 1969）。

从先前讨论过的案例中我们清楚地看到社会关系网、邻里关系和城市利用之间的关系。因此，在巴黎，城市的利用、社会关系网的范围以及邻里关系的重要性不仅与阶层和收入相关，而且与生活方式和偏好有关。工人阶层的社会关系网较为有限，因此对他们来说邻里关系就显得尤为重要。与中产阶层不同的是，邻里关系是工人阶层大部分社会关系所在，并极大地影响他们对于中心城市的利用和感知（Lamy 1967）。同样地，不同社群对利马城市地区的不同利用（Doughty 1970）与这些社群及其环境、不同的价值观、生活方式、环境偏好、休闲活动等所有社会文化因素相关。因此，混合或分开布置的城市中某类设施或使用的不同偏好亦是如此（第 2 章），最后形成特定的城市组织和活动体系。

生活方式反映出来的价值观也会影响人的活动，从而影响特定社会关系网的类型。因此，从苏门答腊岛的巴塔克人身上我们可以看到，他们在一个全新的气候、社会和自然环境中保存了亲缘关系，在日益变化的、种族多元的、高异质性和高密度的城市里，他们通过血缘和婚姻关系维系着与其他巴塔克族人的各种联系。这些联系在村庄里是天然的，但在城市中却需要通过后天学习建立和发展。他们建立的社会关系网是新的，但却可以在新的环境中给社群以保护。在这种情况下，加入城市宗族协会的是核心家庭而不是个人，由于居住模式的不同，家庭可能更为重要。在村庄里，每个家庭都有各自的住房，但都处于父系继承制的背景下，一个男人最直接的邻居就是他的亲人，一群家庭聚居在一起形成一个小村庄，一系列由稻田分隔的小村庄又构成了一个村庄社区。在城市中，住宅是一种新居制，家庭在客观环境上是与有家族的伴侣和亲人相隔离的，这种关系的维持和强化并未在空间上表现出来（Bruner 1972）。很有趣的是，究竟什么样的客观环境可能促进和帮助这一进程？

在城市中，从父居制转变到其他居住形式的情况是相当普遍的（例如：Vatuk 1971，1972），当然转变的速度各不相同，可能受到城市形态和聚居设计的影响。鉴于传统关系纽带并不是不可避免地转变成西方模式，而是在许多城市中得以保留（Bruner 1972），不仅由于缺乏对这方面设计和规划的关注，而且由于面临着破坏性的规划。很明显，有了这样的关注，将会有越来越多的富有生命力和创造性的规划，而不是那些破坏性的、削足适履的规划。

正如我们所看到的，萨摩亚人根据城市的特点，调整传统的单位和情感纽带，既保留了传统的社会体系，又适应了城市生活。对他们来说，主要的社会单位是大家庭和教会。亲属关系、教会和与宗教有关的职位所产生的重叠纽带非常普遍，以至于可以在城市中建立一个有密切社会联系的小社区，并在语言、习惯、衣着、食物等方面有特定的生活方式。萨摩亚人都尽可能紧密地生活在一起（彼此间只有几分钟的车程），在他们居住的几个工人阶层社区中，与非萨摩亚人的交流非常少，大多数接触都是与家人、教会成员和工作伙伴；他们为彼此提供工作机会，并进行广泛互助（Ablon 1971）。最有趣的一点在于萨摩亚人的环境偏好、居住模式和集聚程度，尽管其他波利尼西亚人社群（如在新西兰的波利尼西亚人）的经验表明，聚居和具体的设计特征都是可取的，通过设计适当的环境探讨这种聚居和特定文化环境的影响（尽管已经从一般角度预测了这一点，如应对信息交叠和压力等）。

在这种语境下，我们可以解释人们为什么逃往郊区了。人们要逃离那些与自己有不同生活方式和文化的陌生人，于是他们不再能够引起预期的反应，也因此使自己压力增加，并且丧失了社群认同感和保护性环境。人们不再使用适当的交流线索，不再对线索作出反应，也不能再认定邻居就该履行那些传统的权利和义务，或者必须避开那些被禁止的活动。人们逃往郊区是为了寻找一个所有这些事情仍然存在的地方，从而减少自己的压力，同时也是在寻找一个更理想的环境。因此，在以上传统城市和移民地区的案例中，在有可能的情况下，人们会选择类似的社群，并与他们共同生活在符合自己品位的理想环境里，即人以群分。这与经常倡导的浪漫化的异质环境（例如：Sennett 1970；Chermayeff and Tzonnis 1971）截然不同，甚至是相悖的。加入社群可以减少个人的压力，尤其是处在一个清晰可预测的社会和物质环境中，这会大大减轻压力，并能够获得更大的开放性。少数族裔的民族聚居区通常有较高的疾病发病率和各类社会问题（Holmes 1956；Dunham 1961；Miscler and Scotch 1963），因此，随着密度和其他过载因素的增加，同类社群的聚居变得更为重要 [Rapoport 1975（b）]。由于居住环境中的主要压力来源是畏惧变化，因此，当人们突然面对“非我族类”时，其声音、气味、手势、服饰和环境符号等都可能使人们感受到压力和威胁。

虽然如此，但人们可能并非为了减轻压力选择居住在郊区，而是选择截然不同的地方。例如，蓝领社区和城中村（与某个地方存在空间的约束和关联），或其他依赖设计、门卫和避暑别墅保护（即没有空间关联）的地方。其他个人和社群可能寻求信息交流水平更高的地区，从而找到异质地区。

城市分离成一系列不同的社会，依据的是社群之间的各种环境偏好、社会距离，以及对分离程度的评价。实际的物理距离并不总是一个判定社会距离的有效指标，因为后者是对社会空间距离或分隔的一个主观判定，它们的边界要比国境边界更有力。因此，在人际交往障碍方面，得克萨斯州埃尔帕索的社会和民族壁垒比美国和墨西哥之间的国境边界更有效、更重要（Abler，Adams and Gould 1971，pp. 232-233）。当然，这条边界本身在短短的一个世纪中形成了完全不同的文化景观 [Jackson 1951，1966（c）]，反映出相异的环境偏好、符号性联想、街道和商店使用、内外的定义、私人与公共领域的概念等（第 6 章）。

邻里关系涉及几个概念，包括朋友关系、居住在附近的期望的合理行为角色以及区域本身（Keller 1968）。在建立有意义的关系之前，人们彼此之间必须对他人的期望达成一致。各种邻里关系形式的差异与不同的期望、具体形态和空间区位重要性差异相关。但所有问题的核心是在许多细微处所能够达成一致，这些细微之处往往是人们意识不到的，而同一性使之成为可能。

对于处在社会关系中的个人或社群来说，他们必须认识到彼此的存在，必须遵守行为规范，这种关系的总体模式可以称为社会结构（Beshers 1962，pp. 19-20）。社会组织与客观环境和文化系统有关，后者主要包括那些人们具备的价值观、信仰、规范和不成文规定等，也就是物质符号的内容。这一点非常重要，因为在城市里，一个人无法与大多数人建立亲密关系，人们需要大量的信息作为交友的决策和选择依据，这类信息主要基于标志和符号，且其中的使用准则存在着文化差异。在任何情况下，城市的各个地区都在扮演着这种符号的作用，通过聚居形式形成社群共识。这种不显眼的线索经常以各种方式出现，对此不了解的人可能会忽略、误解或错误地使用它们。

在许多情况下，特殊城市形态的生成需要各种社会和亲缘关系形式的持续存在，而这又是在规划设计中要极力避免的。设计的作用就是使不同社群能够发现并创造各自适当的环境，使其更加复杂并且有更多的选择。在这种情况下，有着相似生活方式和价值观的其他社群可能决定加入另一初始社群，由此改变传统的聚居形式，发展出新的社群和形式。

例如，我们没有理由认为扩大的亲属关系与非洲（或任何其他）城市社会是不相容的。问题是传统社会组织在哪些方面既是有用的，又能适应新条件（例如：Gutkind 1969）。对于设计师来说，问题是什么样的城市形态适用于这些目标。在阿德莱德和其他澳大利亚城市，尽管存在阶层差异，但亲缘关系纽带仍然很重要。我们可以清楚地看到，与中产阶层聚居区相比，地理距离在工人阶层中对亲缘关系的影响更大，客观环境的设计也会影响这种关系。以阿德莱德的内城区为例，那里有亲缘关系网络，人们可以顺路探访、聚餐喝酒、相互帮助等，而在新建地区则没有这种联系，那里的联系是通过汽车、电话完成的，这种差异对不同社群有不同的影响。人们会怀念那种亲切熟悉的环境、繁忙的氛围、本地商店和亲戚等，那样的生活更有条理，生活方式上人们之间的关系更加正式，更需要提前安排好时间（Martin 1967）。所有这些都与伦敦非常相似（Young and Wilmott 1962；Wilmott 1963）。与远房亲戚的联系通常不如与近邻亲戚的联系频繁，但仍然有很重的分量，所以人们在关键时间和较长时间里还是会互相见面。如果有社群希望保留传统的亲缘关系纽带，他们是能够付诸实践的，无论他们期望的关联基础是什么，设计都应该允许人们继续聚居在一起。这也意味着向客观环境的转移可能对不同的社群造成不同的结果，这既是不同的生活方式和价值观导致的结果，也是迁移意愿的选择，同时与迁移是否符合自身的价值观有关。

因此，人们在城市中的区位及其社会关系网和活动方式的性质（与区位有关）会影响他们对城市的认知和如何使用这些认知。例如，生活在社会下层或寮屋区的孩子们的生活就受到这些因素的影响，与城市中心区同等贫困的儿童相比，生活在边缘地区的儿童对城市的接触和了解以及到城市其他地区的机会都有很大差异。由于美国的贫困人口居住在城市中心，拉丁美洲的贫困人口居住在城市边缘，印度的贫困人口则居住在散布全城的小范围聚居区里，同时考虑到社会关系网的性质，就可以想到会有不同的结果。出于某些目的，人们以此决定特定社群的理想居所，以及该地区应有的环境特征。

如果可以从人际交流和信息流的角度进行分析（例如：Meier 1962；Deutsch 1971），那么可以认为，不同的社群会有不同的信息水平和不同的沟通方式，以及不同的交流对象、交流场所和手段。环境可以被概念化地理解为对不同交流形式和层次的设定。考虑不同的交流形式、渠道和层次，可能是了解不同社群的环境需求的另一种方式。同时，客观环境本身是一个有着适当复杂程度的信息符号和交流体系，可以针对不同的社群进行设计和反设计。

设计师一直非常热衷于生成“联系”和互动，但各类社群则希望拥有特定水平的互动，也就是说，能够被感知到连通性和连续性是很重要的。在这方面，关于非场所城市领域的论点（Webber 1963）虽然言过其实，但部分是正确的。没有客观物质联系也可以有互动，但取决于社群及其所处环境。不同的社群有不同的互动交往水平、不同的网络形式、不同的交往场所、不同的领域需求——电话和汽车可能适合一些人，但不适合另一些人。社会联系可能表现在有形物质上（如穆斯林城市）或无形事物上（如在波尔诺印第安人中）[Rapoport 1969（a）]。连通性在公众和设计者之间存在差异（Lansing and Marans 1969），在如纳瓦霍人和普韦布洛人这样的两种文化间也有所不同 [Rapoport 1969（d）]。通过固定网络物理上的聚居（如新几内亚的东部高地）或分散人口的周期性仪式和庆典活动（如新几内亚的西部高地）实现联系，因此我们可以研究连通性的程度及性质，从沟通交流和渴望程度，以及谁能参与交流而谁不能（参见关于密度和拥挤程度的讨论）等方面进行空间上的和时间上的讨论。从社会互动的角度来看，美好生活的理念体现在空间、时间、意义和交流上。

在传统的亲缘关系中，社会关系往往简化为几种类别。如果这一过程被规划和设计政策打乱，使家人不得不分开，就像在非洲一样，人们的隔壁可能住着陌生人，他们甚至说的不是同一种语言。工业城镇或其他新区破坏了亲缘关系，继而被部落制度取代（Mitchell 1970）。这里面存在两个问题：首先，是否应该通过设计保留传统形式；其次，如何通过设计发展新的部落形式。

在许多国家，类似的进程似乎正在发生，人们似乎对大家庭、三代同堂这样的家庭很感兴趣。公共和私人住宅通常不允许这样的形式存在。扩展的亲缘关系形式的发展也影响了城市设计。

一种交流沟通方式能把社群和个人从各类设备和其他交流方式中解放出来。家庭和亲人随之成为定义一些特别重要社群的方法。不同类型的家庭会对城市的住房产生重大影响。例如，随着核心家庭数量的增加，城市需要更多的空间和设施，这样城市规模就会扩大，空间密度则会降低。小户型家庭需要更多的土地，因为他们所需的住宅数量更多，而且每幢住宅都需要一定的服务设施（厨房、卫生间等）；交通和道路面积也会因此增加（HUD 1969，p. 16-17）。另外，随着老年人的迁出，城市需要新的住宅类型和社会服务，类似的变化也发生在年轻人身上。它对土地利用政策、住房和社会政策、住房安置体系的影响很大 [Rapoport 1972（d）]。

虽然它与家庭住宅直接相关，但对城市造成了一定的影响。聚居过程及居住地选择在一定程度上基于家庭结构的类型、性别角色和子女抚养。城市活动体系与家庭有关（Brown 1970），因此，不同形式的家庭有不同的活动体系，需要不同的城市环境。例如，在约鲁巴城市中，一个大院的大家庭与城市里其他地方的关系不同于核心家庭，比如，社会关系网的本地化范围和程度将影响城市形态。一个不那么极端的例子是，相对于整个城市来说，对小的邻里间关系的使用程度 [例如：Lamy 1967：de Lauwe 1965（a），p. 124] 与城市其他地区的联系程度的差异十分明显，这与亲属居住模式（及其重要性）有关，并明显影响了地区内的服务供给和与城市其他地区间的交通需求，同时受到不同地区不同街道使用方式的影响（图 5.5）。

与亲人间的联系在人生的各个阶段各有差异，而且社群的阶层不同，“亲缘关系生命周期模式”也可能不同（Martin 1967，p.54 ff），在阿德莱德，不同社群之间的差异比不同社会阶层之间的差异更大。生命周期与环境关系的一个方面，即住宅范围随年龄的变化，将在稍后加以讨论。对小户型住宅的偏爱，在许多国家都是一种根深蒂固的文化价值观，不仅涉及儿童空间和对自然与隐私的基本态度，而且与家庭的意义相关。住宅偏好往往随着家庭周期的变化而变化，并对城市形态产生重要影响（Alonso 1971，pp.440-441）。在选址、环境性质、设施类型及距离和其他城市设计要素等方面的偏好可能有相应的变化。因此，人们在城市内的迁移一定程度上也与人生阶段有关（例如：Rossi 1952），就像邻里模式、地区的影响一样重要。

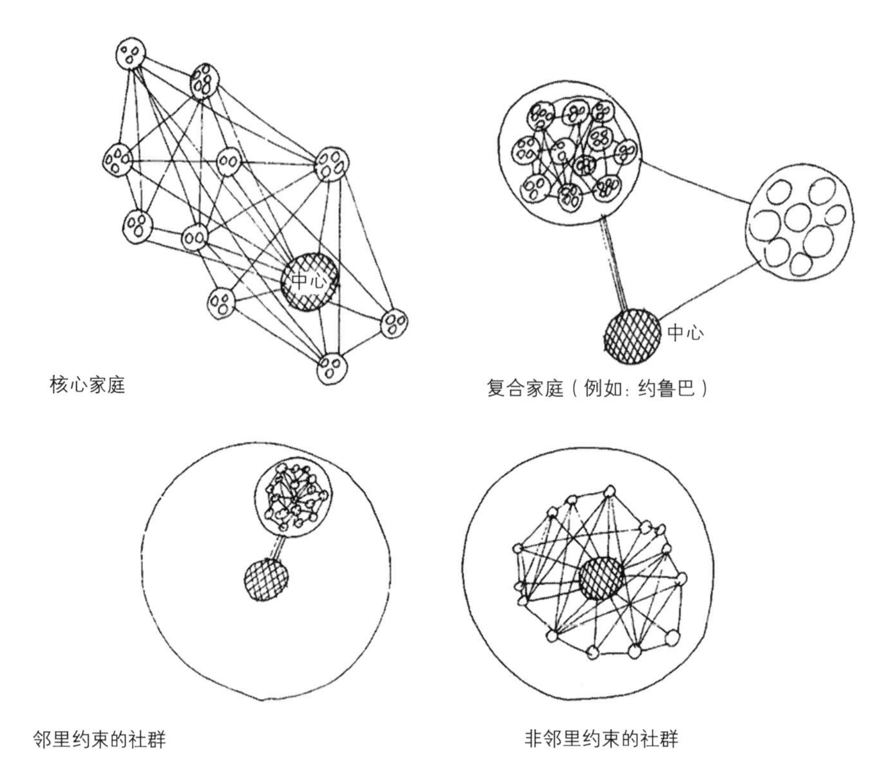

图 5.5 不同社会网络的代表性图示

总体来说，由于社会关系网、社会互动频率和类型、环境需求等方面的不同，同质性和空间界限就有存在的必要性，社群的差别也导致邻里关系在调节个人与大都市区之间的功能上有所差异。不同的社会地位在社交能力、友好关系、联想及活动等方面存在较大差异，而这往往取决于家庭和人口结构。他们的活动在显性的和隐性的方面存在差异，社会的环境亦是如此。这种环境及其之间的相互关系构成了聚居环境体系的一部分，我们将在后面详细讨论。但显然，活动显性和隐性的不同及环境差异起到了一定的作用。例如，纽约的波多黎各人与盎格鲁 - 撒克逊人在行为模式上截然不同，诸如有紧密联系的家庭、有组织的民族活动、邻里关系的多方面利用和迥异的生活方式等。实际上，其中有两种生活方式（生活是一种二元文化，不能说是正在发生文化适应）：一种是普通的日常活动（即波多黎各式的生活方式），如吃饭、购物、礼拜、跳舞等；另一种是使用各种媒介进行的与工作相关的活动（即美国式的生活方式）。购物是波多黎各生活方式的重心，人们前往商店（杂货店）不仅是购买传统食品，更是为了维系他们的社会生活。杂货店有一种超市没有的氛围，里面都是说着西班牙语悠闲逛店的波多黎各人。冬天，他们可以在商店里和朋友聊聊天或打打牌，夏天则转移到店外（从一个侧面说明了街道的重要性）。在环绕着朋友和亲人的环境中，波多黎各人可以参与适合他们社会结构的活动（Hoffman and Fishman 1971）。尽管没有深入研究，但人们的生活方式对客观环境的影响是显而易见的，并且需要达到一定的人口规模和密度商店才能开设下去，并为人们使用。这些商店的设计需要考虑购物的显性和隐性功能，以及与街道的关系及使用等。

环境中的社会交往和活动也取决于恰当的线索和那些不成文的规定。建成环境在固定特征空间里提供这些线索，如招牌、园林、商铺、食品和其他对象，而“城市家具”是半固定特征空间，人、人的行为、准则和规范则代表了非固定特征空间。这些特征空间对不同社群来说各不相同，彼此之间的交流方式也不同，准则和规范也不一致（如街道的两种使用方式）。

我们已经看到，错误的空间组织会对子女抚养产生负面影响。此外，相同的空间安排可能对不同的社群产生不同的影响。例如，非正式的邻里关系，即非正式社会关系网的强度和密度在某些地区会更为重要。在这种情况下，邻里关系可能比住宅本身和与亲朋好友的距离更重要。非正式社会关系网因此成为处理冲突、互助和应对生活的最重要的途径。这些非正式社会关系网至少在一定程度上依赖许多此类社区已有的半公共空间和设施。如果没有这样的空间，那么这一体系可能会崩溃（Yancey 1971；Hall 1971）。没有这种半公共空间或可控性空间，环境对人产生的影响可能大相径庭：对某些社群起作用的方法可能对其他社群无效，因此必须了解具体的文化模式。例如，不同社群迁往郊区所带来的生活方式转变是不同的，产生的影响也不一样。

当然，其中不仅涉及空间要素，还涉及某种形式共享的规范、抚养和教育孩子的观念、恰当和不恰当的行为及对非语言线索的阅读能力，如对走廊、院落这类模糊地段责任区域的界定（Yancey 1971；Raymond et al. 1966）。还必须有恰当的防御措施，如果没有这些要素或者没有空间使用的传统，那么不成文的规定可能变得更重要。无论在哪种情况下，都需要人们对适当的行为和需要遵循的线索保持统一的看法。社会关系、亲缘结构和生活方式的变化并非由“城市化”本身引起，而是出于规范和价值的变化以及由此产生的遵从压力（Heiskannen 1969），特定的变化并非不可避免，都是由价值观的变化决定的。在许多情况下，人们其实并不希望发生这种变化，这时聚居就变得很重要。适宜的多样化的环境将影响到环境偏好、社会交往、集聚、生活方式、活动和适宜的符号。

因此，在文化变化迅速的背景下，地区的重要性逐步提升，随着城市的扩大，就更需要在个人与城市之间建立中间组织，这种组织可以是各种规模的地块，如街区、防御性的邻里、有限责任社区等（Suttles 1972）。各类固定特征（fixed feature）、半固定特征（semi-fixed feature）和非固定特征（non-fixed feature）要素表明了可以与之安全交往的对象，而且城市越大，这些要素就越重要。也有许多社群在困难条件下长期生存，他们借助恰当的环境解决这一问题。这类社群如果丧失了凝聚力，就会带来严重的后果。我们已经看到，在压力环境下，防御结构会导致同质性的加强和符号使用的增多（例如：Siegel 1970）。随着社会戏剧性和仪式性的削弱或消失，环境成为一个更重要的共同符号，并体现出文化特定性（例如：Duncan 1972，p. 60；Lofland 1973）。

城市中与行为习性相关的概念

行为习性从多个方面影响了人与环境关系的研究，比如在方法论方面，在密度、拥挤、行为扎堆等概念术语方面，在社会组织、社会等级和仪式化行为的作用方面，在社会信息过载的影响方面，以及在一系列空间概念方面，这些概念通过间距将拥挤和密度的概念联系起来。对于理解一般的人与环境的互动，特别是将城市作为一种行为体系来理解是非常有用的。无论人们在人与行为学数据关系的问题上存在多少分歧，行为学思想都使我们开始重新审视人类行为。例如，它重新开启了关于人类和动物行为的连续性、人类行为方式的局限性以及人类行为的恒定性（相对于人类行为的变化、无限的灵活性和可变性而言）的争论；关于系统的作用和重要性以及系统适应不良的争论（例如：Eisenberg，and Dillon 1971；Esser 1971；Tiger 1969；Tiger and Fox l966，1971；Fox 1970；Boyden 1970，1974 以及其他）。动物行为在空间、时间和仪式特征上存在着相当明显的复杂性，它与人类的象征性行为非常相似，这一点颇为惊人。

在把行为习性应用于人与环境的互动上时出现了大量的过度简化，这一情况的发生与密度、拥挤程度和空间概念是有关联的。本节将主要讨论空间，因为空间是调节社会交流互动的主要机制（Wynne-Edwards 1962；McBride 1964；Kummer 1971），但要知道这三者实际上是不可分离的。谨慎地使用这些概念，可以给人很大的启发。对于动物和人来说，社会和空间组织与结构是密切相关的，我们通常可以通过解读其中一个类推另一个。个体与社群之间的距离是吸引与排斥之间妥协的结果，尽管生态因素起到了一定的作用，但很显然，就人而言，文化和客观环境的防御机制以及改造的各类复杂因素也发挥了作用。在动物之间和人之间，距离和交流是相关的，固定和公认的空间关系使行为可以被预测，并减少不断交流的需要。在人类中，它还有一个好处，就是许多非正式的、近乎“自动”的管理可以减少正式管理手段（如警察或成文规定）的需求，很好地维持地区稳定，减少破坏、冲突和压力。一旦边界固定下来，就会引起一系列正式的和可预测的行为，因而减少了冲突。无论对于动物还是人类来说，隐藏自己都是距离和规范的一种替代品，一般来说，设施是用来减少互动沟通和非必要交流的，在后一种情况下，是陌生人而非密度本身带来了压力；社群成员越固定，压力就越小 [Kummer 1971；Rapoport 1975（b）]。

对空间概念的过度简化主要包括“领域”或“领地”这类名词的滥用。领域性，作为人们界定或捍卫某地区的习性，不管是不是人类的基本特征，但很明显某些领域性行为类型在人类中确实很普遍。然而，要想使用这些概念解决城市问题，我们需要一个更成熟的模型。

基于行为学概念提出的概念体系不少，但我没有办法一一讨论。下面我们将讨论一个由五要素构成的模型 [Rapoport 1972（b），（d）]（图 5.6）。

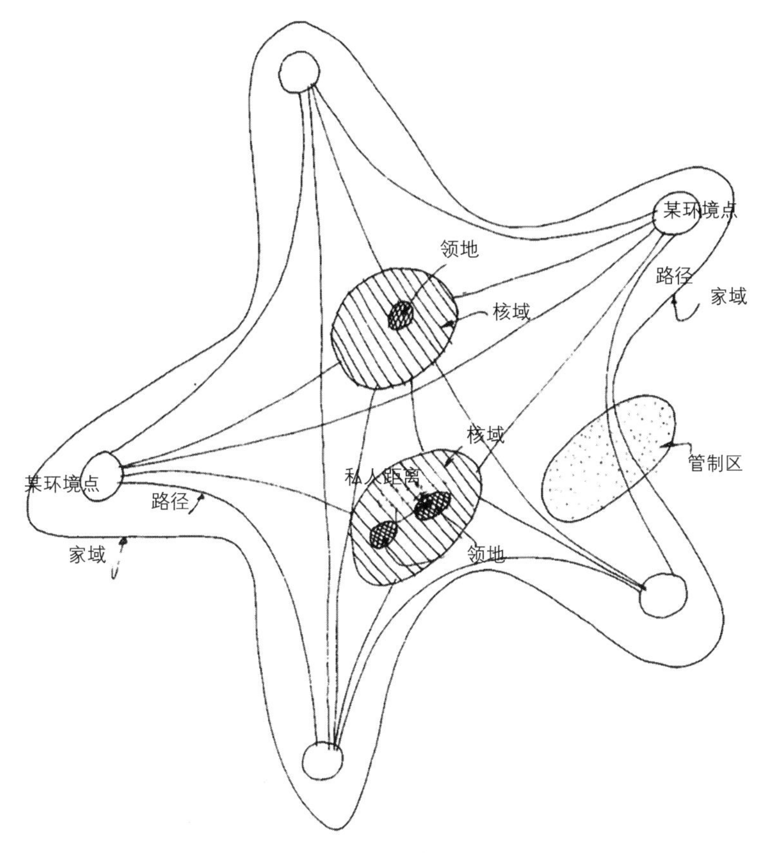

图 5.6　行为空间模型的五要素 [来自 Rapoport，1972（b），（d）]

（1）家域。通常限制在规律性行为活动范围内，可定义为一系列的环境地点及彼此间的连接路径。每个人都有一个特定形状和广度的家域范围（每天的、每周的或每月的范围不一样，空间特征也不同）。特定社群成员间的家域与社群外成员相比，相似度更高，比如，我们概括出来的个人属性差异：文化、年龄、性别及阶层的不同。家域的概念部分层面上与行为空间、生活空间、活动空间等类似概念相对应，还与社会关系网的空间属性相关。

（2）核域。指在家域范围内最常用的居住和活动的范围，可能是日常使用的范围，也是众所周知的范围。它们被视为城市中数量有限的地方，或者围绕住区、本地商店、就业岗位或日常消遣的地方；核域同样因文化、性别和年龄等属性差异而各不相同，而且随时间尺度有所变化。

（3）领地。这是有产权并防护起来的一个或一组特定地区，无论是有形防护还是通过规则、标志，都能够限定某个区域的所有权，并且实现人们地域化的一个重要方式就是个人化。使用的标志符号可能包括墙体、栅栏、柱桩、材质变化、颜色变化或景观处理，即明显的差异，这样一来，它们所传递的信息就能够被人们注意、理解和读取，并且为人们所遵守。一般来说，符号和规则是人们界定领域的最重要的方式，尽管有形防护（如习惯法中某人的房子）确实存在权属问题。对于这一点，在建筑方面的研究要比城市方面多得多（Greenbie 1973）。

（4）管制区。可定义为在有限时间内根据一些商定的规则对某一领域的“所有权”或控制权。最初这一概念用于船上擦洗甲板的水手和行政办公室里打扫卫生的清洁工身上（Roos 1968）。用于城市则指某一特定社群在某些特定情况下允许使用的地区，但在这些情况之外，可能就不再使用该地区。例如，当超市开张或举办体育活动时，他们会经过草地，而在其他时间则不会（Suttles 1968）。

（5）私人距离。这是指个人间面对面互动时的空间距离，是已被研究的个体周围的空间圈层。在城市语境下，这一概念将会影响公共区域的拥挤程度、行人的流动和人行道的使用，还有可能影响公共交通的可接受度，总的来说，这是一个微观尺度而非中观尺度的现象。同样，这也是一个推而广之的概念，而其他要素，特别是要素（2）和（3），主要应用于建筑环境的表达。

所有这些都与动物相类似。众所周知，个人距离和空间最初应用于动物研究。家域、核域和领域则是完全从行为学引申出来的概念，并为城市中的人提供了一个很好的类比。例如，对于动物，可以说家域是由路径连接按第一、第二、第三的顺序组成的区域（Leyhausen 1970，p. 104），这与人的情况大致相同（Briggs 1972）。与人相似，动物之间也存在时间上的分离，空间利用也不同，它们避开某些地区，总是去那些熟悉且对地方和空间关系记忆清晰的地方；还能通过相遇地点识别同类。如同在不同的社群中一样，任何一种动物都有领域和家域范围的上限和下限，而在家域中二者往往会有重叠。动物之间和人一样，无论是在领地还是同质区，如果有过多的互动和陌生人，就会有持续的冲突、撤退和疾病，相对等级将会被绝对等级所取代（Leyhausen 1971）。

管制区的概念最初是针对人类提出的，但动物界也有类似的现象，如猫（Leyhausen 1971）、猴子和猿类，这些动物都会按规则使用路径，以便及时避开对方，这就相当于限制区。同样地，人们往往选择在中性地区见面和交流，这一行为与动物有着相似之处（Eibl-Eibesfeld 1970，p.229），相较于在自己的领地内，人和动物在陌生领地都表现出较低的侵略性和更高的顺从性，探索和交流互动也会减少。尽管人类已经尽力阐释了动物所使用的空间系统，但即使有连续性（Hall 1963），动物空间和时间行为的复杂性也是相当显著的，其拥有的和中性的地方、边界、路径以及时间和规则体系，无一不复杂（Wynne-Edwards 1962；Leyhausen 1970，1971；Van Lawyck Goodall 1971）。

这五个要素会随着地点、环境、文化、阶层、年龄、性别等因素的变化而变化。因此，一个工薪阶层的家域和一个顶级学者或飞行员的家域相差甚远。对 20 世纪 50 年代的底层美国人来说，其终生的活动半径在 145 英里左右，而对阶层更高的人来说，他们的活动半径是 1100 英里（Broom and Selznick 1957，pp. 202-203）。虽然这不是严格意义上的家域的概念，但可以视为人们一生的活动范围。在城市里的不同社群间，我们也能发现类似的差异，正如在悉尼的土著儿童和白人儿童、洛杉矶的男人和女人，以及不同种族和年龄社群中看到的那样。在美国，男孩的家域通常大于女孩，郊区儿童大于内城儿童（Anderson and Tindall 1972)。* 而下层阶层的家域较小，当然也有例外，如圭亚那城。

家域会随着时间的推移而变化，随着儿童的成长而扩大，随着人们变老而萎缩，它从摇篮的范围增大到房间、屋子、地块、邻里、城市、地区、国家的范围，甚至可能是世界的范围，随着年龄增长，家域又会因为种种限制而萎缩。这种限制在不同的文化中是不一样的。例如，与英国儿童相比，美国儿童被允许进入的地方要多得多，因此，美国儿童的家域更广（Barker and Barker 1961；Barker and Schoggen 1973），小城镇儿童的家域可能比大城市儿童的大，而传统城市儿童的家域又会比现代城市儿童的大。家域也会因社会地位（如印度的种姓制度）、性别（如一些国家严格的性别限制）、种族（如南非的黑人种族）以及宗教信仰（如犹太人聚居区）等因素的不同而有所差异。因此，这一概念与行为空间相关，正如我们在第3章所看到的那样，对城市认知和心理地图的进一步使用都有影响。

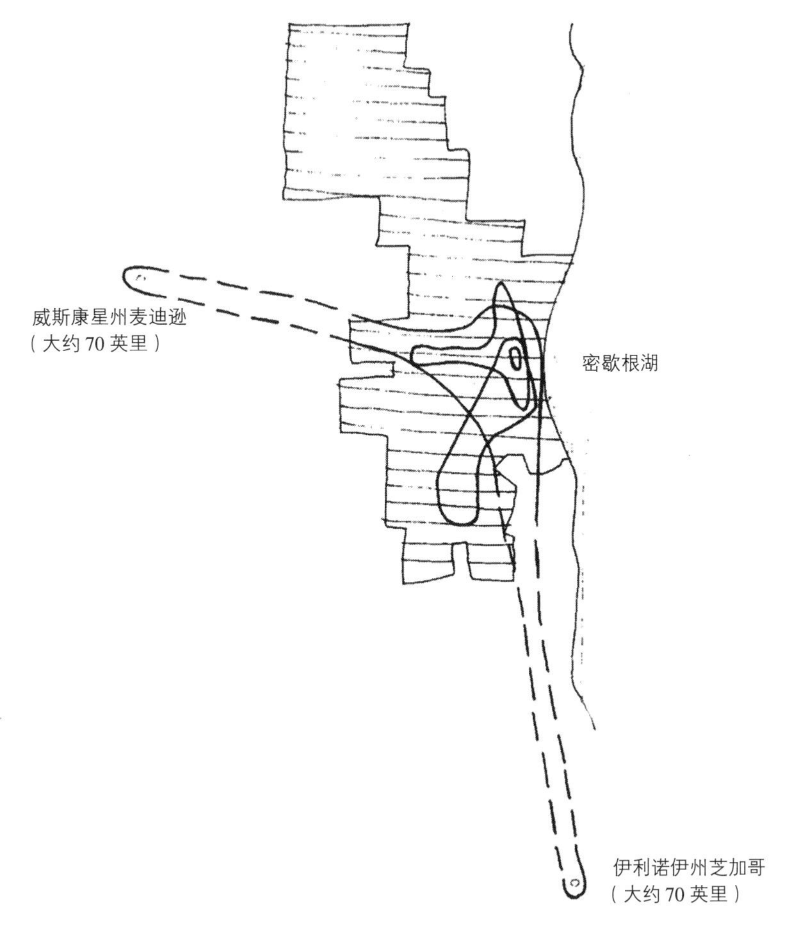

图5.7 威斯康星大学麦迪逊分校建筑专业学生家域范围的差别

* 在安德森和廷戴尔（1972）的研究中，很多地区都可以称为“家域”，而在EDRA 3中其他一些地区则是真正的家庭环境所在或是核域。

人们使用城市的方式与动物使用环境的方式之间有相似之处，人类与动物的家域形态非常相似（Wynne-Edwards 1962）。在两者中行为空间或者说家域只占总空间的一小部分，这甚至适用于大型建筑。因此，医院里病人所占有的领域相当小，这就意味着对于其他人来说，他们所占的领域相对更大，虽然从未有一个社群能够独享整个空间，但医生占有的领域范围是最大的（Willems 1972；Le Compte，p.72）。通常，找出城市中不同社群的家域将会非常有趣和有用。对密尔沃基的学生进行的非正式调查表明，对一个相对"同质"的社群来说，每周的家域从大学周围几个街区到包括威斯康星州的麦迪逊、伊利诺伊州的芝加哥在内的广大区域不等，都会有所差异，而每天和每月的范围也有显著差异（图 5.7）。

主要的一点是，这一模式的所有要素都很重要，且缺一不可*，其中领域模式更为复杂，甚至超出了大众的接受程度，应将其视为"主要在时空参照系内表达的一种行为体系"（Carpenter 1958）。这一模式能有效地用于澳大利亚土著居民 [Rapoport 1972（e）] 和美国学生对社区空间的使用。事实上，后者只能从这些方面来理解，且与房屋安置体系相关，即只有考虑整个体系才能理解环境的使用。如果不同时考虑对咖啡店、校园、朋友家、娱乐场所等的使用情况，就无法理解学生对伯克利分校宿舍的使用情况（Van der Ryn and Silverstein 1967），该模式正好符合这一要求。由于忽略了同样存在的亚文化和性别差异，这一模式过于简单化了（图 5.8）。

该模式的一个优势是将不同尺度的情况联系起来，并通过观察较小尺度的现象深入了解大尺度的问题。例如，在小尺度社群中，领导关系（即地位）、地点和领域范围之间存在一致性 [例如：de Long 1971（a）；Strodbeck and Hook 1961]。这一点在城市中表现为聚居和居住地选择，即地位较高的社群占有更理想的地区，这样一来，地点和物质环境就成为地位的象征，领域的排他性也是如此。同样地，地区和物质对象被用来区分地位和其他差异，如在养老院和住宅小区中的"布衣"和"乡绅"的差异（Wilson 1963；Upman 1968）。在城市中的小尺度社区里，一些人有稳定的等级地位但并无领域，而另一些人则有稳定的领域。

无论在何种尺度上，地位最高的人都不需将领域作为符号，因为他们可以使用全部环境，地位较高的人拥有最好和最理想的领域，而地位最低的人则没有领域，甚至还要努力寻一处落脚之地 [Sundstrom and Altman 1972；Esser 1970（a）]。在不做过多类比的情况下，可以假设城市的社群存在着这样一个范围，从地位极高、流动性强、不受空间限制的个体到拥有理想的和强大的领域的各种社群，最后到没有任何自己领域的低地位社群。如果假设成立，则可能提供了一种从领域、家域等区分城市中各社群的方式。前两节的讨论也可以解释为，社群的领域行为在很大程度上减少冲突，利用明显的核域、按时间区分的管制区、协商好的和能够被理解的个人距离、与中性地点重叠的家域，以及适当的物理与社会防御手段和标记等，也可以减少冲突。

---

* 我的学生伯恩哈特 · R. 基斯林，在其 1974 年 12 月的一篇学期论文中事实上就提出了另一类介于领地和管制区之间的要素——领地管制。

事实上，鉴于仪式化行为的重要性，甚至在动物间也是如此（例如：Wynne-Edwards 1962；Hediger 1955），在城市设计中引入行为学概念不仅基于上述分析价值，而且在于解释了建立社群地区的重要性，尽管大部分的研究都在个人领域层面。建筑中的领域是属于个人的，城市中的领域则是属于社群的，并且感观上的同质性和社群领域的定义之间存在着一定的关联。

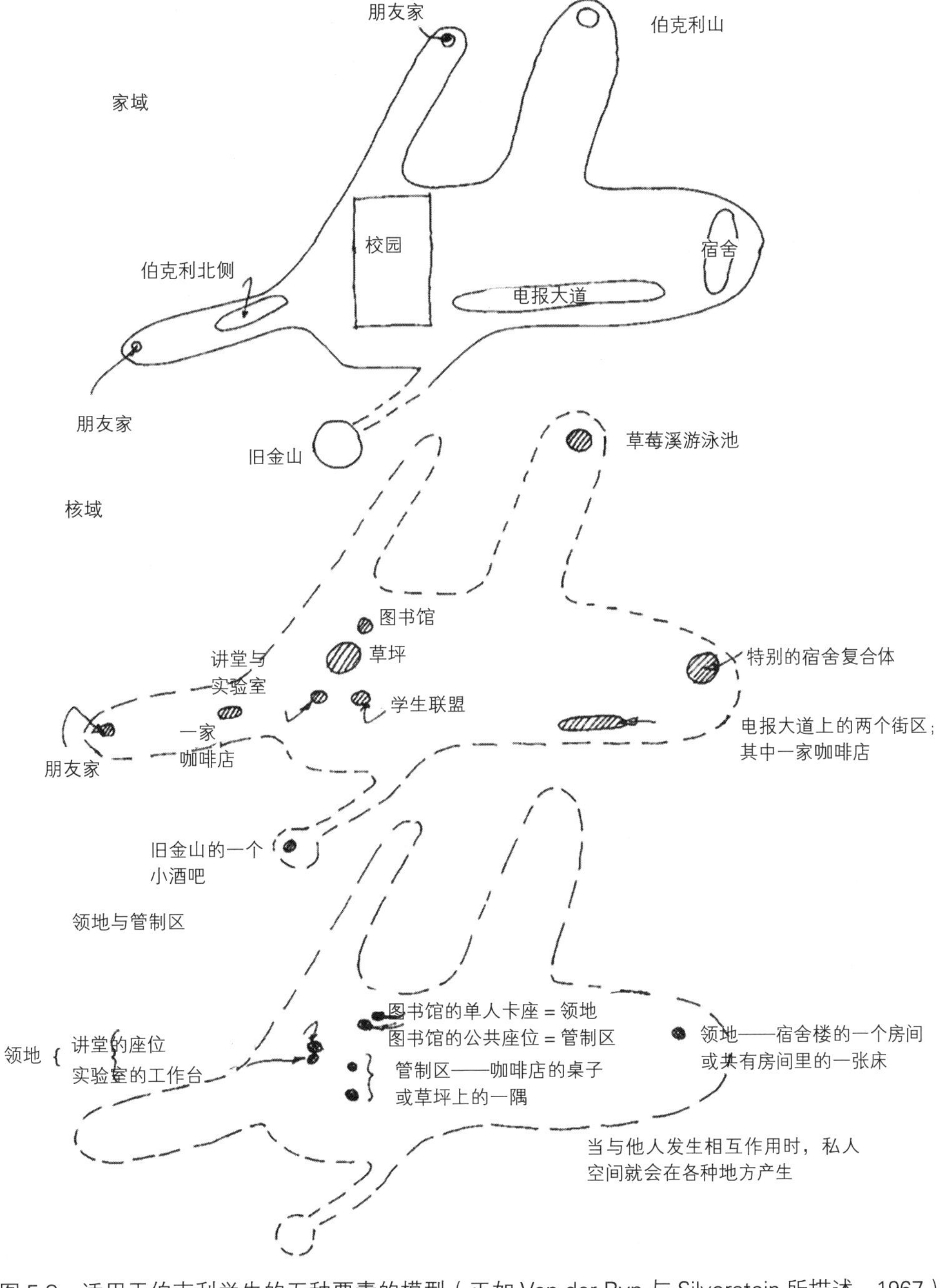

图 5.8　适用于伯克利学生的五种要素的模型（正如 Van der Ryn 与 Silverstein 所描述，1967）。简化的图示忽略了特定的活动、性别和亚文化差异等 [来自：Rapoport，1972（b）]

因此，尽管在个人领域程度较高的地区（如郊区），社群领域可能更难建立，但如果有足够的同质性程度、共享的规范和符号，二者就可以建立并共存。一个关键问题是人类社群如何使用这些符号建立边界，对动物和人类来说，边界都可以减少冲突和压力。各种动物确定边界的方法截然不同，这些方法只能被同类所理解，如声音（鸟叫声、猴子叫声），气味——兔子的特殊腺体气味、猫狗的尿液、河马的粪便，可见的标记——熊的爪痕，以及其他——诸如展示生殖器以表明领地等的各种形式，据说这些手段也作为确定某些人类边界的符号（Morris 1967）。因此，从概念和认知上确定边界和地区后，不同的人类社群开始使用能被社群其他人所理解的与众不同的标记和符号。但在现代城市中却出了问题，因为许多不同的社群之间并没有共享的符号体系，他们可能意识不到或者无法读懂这些线索，或是拒绝遵守规范 [Rapoport 1970（c），1973（a）]。

因此，除了个人领域，还存在着社群领域（例如：Ucko et al. 1972），影响着空间的组织，将其划为界定明确的地区或影响空间，使这些空间是独特的，并且至少在居住者眼中是具有部分排他性的。从本质上来说，用于定义边界和屏障的各种机制体现了人口分布的不连续性——居住空间分布不均，边界导致了环境差异 [例如：Jackson 1951，1966（c）] 并极大地影响了交流（Goodey 1969）。人们住在一系列极复杂的空间单元里——个人空间、个人领域、各类社群领域、复杂的核域、管制区以及重叠的家域，这些在建成环境及其使用中都有所反映，从国家（Soja 1971）到房间（Altman and Haythorn 1970）的所有层面上都存在这三个特征——空间认同感、排他性和时空交流控制。

请注意，这相当于通过各种创造边界的设施、障碍、防御、接受某些权利期望或义务、共同的语言和非语言沟通、习俗、规范和规则、环境符号，将人或动物中社会一体化的社群分开。边界和空间领地因此成为社会壁垒及领域观念的一种表现。上文所讨论的各种形式的社群聚居、城市的不连续性和边界以及第 6 章将要讨论的不同的符号性景观，都是建立社群领域的方式。

最根本和最重要的是它取决于人们的行为空间，并且是家域、核域的一种功能，其时间节律在一定程度上与其管制区相关，同一条街道在一天的不同时间里可能有完全不同的人流量（Duncan 1976）。街道也可能在不同时间有不同的使用目的，比如街道市场、集市、儿童游戏场地，新加坡的街道（如阿尔伯特街）在夜晚就成了餐饮街，利用神圣的管制区保证了上文所讨论的安全性。

城市背景下的“领地”远不止是指私人财产所有权。相反，它涉及通过家域、核域、管制区和社群领地确定个人和社群。后者的边界可能是可见的，也可能是不可见的，但一定是已知的（即规范）。一个城市的可见边界更为有用，因为它更能防止意外的越轨行为，在这里，对空间和时间安排、符号的使用和显著的差异的理解十分重要，将辅助设计者建立适当的边界，以调节社群间冲突。一方面，它与行为学家的任务类似，因为两者都需要了解被某一特定“物种”所使用的设施；另一方面，它也是一项不同的任务，因为人与人之间的潜在机制和现代城市中的社群数量更多，而且都在使用不同的体系（不同于传统城市）。我们过去可能对此有巨大的误解。例如，对澳大利亚土著居民来说，经济重要地区的边界较弱，而仪式性场所的边界则较强——这与西方的做法是相反的。因此白人对此下结论说，土著居民并不“拥有”土地，因为他们没有意识到土地作为经济资源的价值。一个更大的误解是，边界是已知的而非标记的，除了自然特征外，边界都是“模糊”的。然而，欧洲移民并不将这些自然特征视为领域标记，也不承认通过仪式建立的定期领地 [Rapoport 1972（e）]，也就是说，这些线索对他们而言并不明显。几乎任何明显差异都可以用来定义一个地区与另一地区的不同，从而将过渡作为标记的边界，这就与我们在第 4 章中所讨论的内容非常相关了。

我们已经看到，在城市中，社会分层与符号有关。这种强烈的符号化倾向的一个原因可以用行为学来解释 [Rapoport 1970（c）]，行为学研究表明动物有一个社会的基本特征，那就是形成约定俗成的竞争：惯例和约定俗成的行为本质上是人工化的成果，并成为具有任何特定意义的符号（Wynne-Edwards 1962）。威胁往往是通过纯形式化的行为或姿势展示一个本身无害，但通过联想可以使人产生敬畏感的信号，如鹿角（Hediger 1955）或生殖器的展示（Morris 1967）。动物似乎可以接受通过纯粹的符号方法达成的决定（Wynne-Edwards 1962）。因此，仪式化行为在动物和人类社会都非常重要，家畜则是那些失去了自主仪式、空间和时间体系的动物，可以视为一种病态（Hediger 1952）。一般来说，动物在动物园或实验室等非自然条件下会产生异常行为，特别是仪式行为（Huxley 1966），这与处于应激状态下的人有所不同（Siegel 1970）。

在正常情况下，人类和动物有近乎一样的仪式化行为模式。人类文化行为可能就源于动物组织化的行为模式的特征。事实上，大部分的动物行为都是仪式化的，领地所有权也是通过这种方式宣传出去的。人类的仪式化行为是类似的，尽管这种行为的生物和文化传播间存在根本性区别，但在动物身上也有原始传统的一些证据。一个社会可以看作一组概念，而不是人的集合体，抽象的“社会”是通过符号互动 [Blumer 1969（a）] 和仪式（Huxley 1966）被感知到的。仪式的一个重要作用是克服歧义并使行为可预测，这再次与正常情况下的动物有惊人的相似之处。

文化行为因此被视为一种符号化和仪式化的行为。即使是那些我们称为举止的、看似不重要的日常仪式化行为，也有多种功能——沟通交流、控制攻击行为、生成关联（Huxley 1966），以及简化生活和减少信息处理量。诸如学校这样的环境可以从仪式的角度来分析，在英国（Bernstein et al. 1966）和美国都是如此。以美国的一所高中为例，典礼和仪式不仅是最重要的行为，而且对于理解系统如何运行也是至关重要的。如此看来，现代化和城市化与仪式不相容的观点是不正确的（Burnett 1969）。

事实上，在城市中仪式化行为是非常重要的，它在玛雅人聚居点的分布运作中发挥了核心作用，玛雅居民点的统一化就是通过仪式化行为实现的（例如：Vogt 1968）。在多米尼加共和国的多种族城市中，斋月前狂欢节的仪式活动就强化了阶层和种族的界限，同时协助维持和整合了整个体系。在其他社群中，社群认同是通过内婚制（我们已经讨论过聚居与婚姻的关系）、定期举行的宗教仪式和某些符号来维持的，这些仪式和符号使各个社群为人所知并使其社群成员得到承认。一些社群在空间上是孤立的，而另一些社群则靠等级制度联系在了一起（Gonzales 1970）。在新喀里多尼亚岛的某些爪哇人社群中，仪式化行为可视为城市适应的一种机制，是社群在城市化中能够生存下来的原因。仪式化行为相当复杂，但却是有效的（Dewey 1970），如果能够出现聚居现象，仪式可以更好地发挥作用。

关于仪式化行为还有最后一点需要说明，即某种形式的环境符号在仪式化行为中是必不可少的，比如在与防御结构相关的一类仪式化行为中 [Siegel 1970；Rapoport（b）]，这在下一章中将会进一步说明。以在墨西哥索诺拉的玛奥印第安人为例，交错的房屋有助于其维持民族身份认同（Crumrine 1964）。由此看来，仪式化行为显然是非常重要的，并且在人类和动物中都很普遍。对于人类来说，仪式化行为通常与环境符号和聚居有关，同其他机制一样，这种仪式和符号的目的也是为了维护社群认同，减小城市生活压力。

显然，这些关于人类领域性的讨论大部分都与我们所说的密度和拥挤程度相关。我所描述的机制和拥挤作为不必要的互动概念，都与行为学的概念密切相关，实际上受到了行为学的启发。在这两种情况下，陌生人被拒之门外，社群成员之间的关系要比与其他社群的关系更密切（McBride 1964，1970），空间的使用是不连续的，个人在一个高度模式化的空间框架中移动，很明显与防御要素有关，即使这一要素有时被过度强调了（例如：Newman 1971）。

社群和个人对某一地区的情感认同是用符号和规范定义的，即主场（领域或核域），并赋予该地区相应的物理和社会特征，意味着一个人拥有自己主导的区域，而其他地区在适当的时间也有自己的管制区，并且纳入更大范围和领地后会交出管制权。此外，还需要有与所需活动轨迹或体系相对应的在城市中穿梭移动的能力，即形成适当的家域。因此，行为学模式适用于许多上述讨论的观点。

社群的各种要素在任何一个特定的地点和时间都会有所差异，因地点和时间的不同而不同。这些要素经常被制度化，我们已经看到在许多城市存在着这样的制度化地区。例如英国的宫廷、剑桥学院、住宅区广场和大教堂辖区中都为特定社群设置了正式化的区域。在传统的中国城市中，也有为不同社群设置的围墙区，比如市场、靠近市中心的高地位区以及城墙下的低地位区（Tuan 1968，1969）。事实上，城市本身就是一种具有防御性的神圣的社群领域，与周围的世俗的空间截然不同（例如：Wheatley 1971）。因此，每个社群都有一些有助于维护社群认同和规范的领域地点。除了环境符号，还有一套非语言的、制度化的和社交性的设施和手段用以保持和维护社群认同，尽管各个社群在空间识别度上有所不同。然而，在这样的空间内，社群可以强制执行其规范，并使非语言交流和不成文规定能够被读懂，这些空间则需要与体系中的其他要素相关联。因此，从设计角度来看，需要实现该体系与其客观物质和行为表达之间的一致性——在城市总体潜在空间范围内的各类社群的不同家域、社群专属或共享的核域、社群及个人的更高程度的排他性和严格控制的领地之间。危险之处在于过度简单化，例如，将家域与邻里关系联系起来，但即使如此，加拿大不列颠哥伦比亚省维多利亚市的青少年团伙的行为变得越来越清晰，因为居住、上学、工作、闲逛和异常行为都集中在一个直径 1.5 ～ 2.2 英里的相对较小的地区内，这显然就是家域的范围。

通过绘制城市中许多社群的家域、核域和领域，人们可以明晰化这一体系，它与城市的主观形态相关联。这种借助物质要素和环境特征所定义的地盘，领地、家域、核域等界定了“城市拼贴”，是最有用的，也能完善其他社会准则、社会关系网和认知图式的研究。

它与后者的关系是显而易见的。核域、领地、家域和管制时间的变化都会形成特定的行为及城市利用的方式（即活动体系和行为空间）（例如：Craik 1970；Pastalan and Carson 1970）和体验，并能够预测心理地图的本质，使环境本质适应特定社群或一类社群及其交通需求等（例如：Wolforth 1971）。

由于人们生活在不同的地区，有着不同的价值观，因此会沿着不同的路径去往或避开不同的地方，他们的社会关系网、家域和行为空间也各不相同，并与所谓的“运动空间”，即通过人们习惯性移动所形成的城市中有限的一部分地区（Hurst 1971）相吻合。其实在这个空间里，可以找出出入最频繁的以及定期拜访的地区，进而找出人们了解和熟悉的地区，也就是核域。工薪阶层和中上层阶层对巴黎市中心截然不同的使用情况（Larny 1967）我们已经讨论了很多次，可以放在这一模式中进行理解。工薪阶层的社会联系、休闲活动和购物活动都在其邻里范围内，他们大部分时间都在核域和领地内活动，这反过来又证明了他们的家域也是有限的。而职业社群则倾向于使用整个巴黎，也就是说他们的家域更广。还有第三种年轻社群，他们尤其注重休闲（价值观、生活方式及意向），因此家域更广。在所有情况中，人们的流动也与他们的居住地和工作地即核域相关。

城市中的个体就像动物一样，遵循不同的活动模式，这些活动模式成为社群成员的活动规律，由此形成了由各类社群主导的地区，并形成了等级层次、权利平衡、关于入侵的社会文化规范等，这些都反映在复杂但有规律的、可理解的空间、社会、时间、意义和交流组织、规范和非语言交流体系等方面，随着时间、年龄、性别、阶层和文化的不同而有所差异。对城市不同部分的评价，尤其是对特定个人或社群的“开放性”评价，在一定程度上与对客观线索的评价有关，正如我们所看到的，物质线索是可以被制度化的。在现代美国城市中，诸如有围墙的住宅区，以及有护城河、桥梁和警卫的住宅区那类地区，不仅反映了地区的犯罪率和人们的人身安全状况，而且明确地界定社群领域和地位，这一时期的美国城市正经历着社群的两极分化，需要更清晰的边界和更明确的社群身份认同，同时，用于界定地位和明确社群身份的传统符号也在广泛的社群间传播。

当我们回顾那些关于规划的意义和不同社群对环境不同解读的研究时，这一解释正确的可能性就更高了（Eichler and Kaplan 1967；Werthrnan 1968）。在中产阶层地区，地区外观是非常重要的，郊区的环境在维持社群间的传统差别中起到了重要作用。然后，根据居住在那里的社群的地位和特征解释地区的外观——这是一种通过特征设计、利用不同于不受欢迎社群的线索建立社群领域性的尝试。我认为，这在某种程度上是动物和人类所共有的过程，只是“不受欢迎”的定义以及那些用于排除他们的手段和符号在动物和人之间有所不同。这一过程可以看作建立社群领域的过程，最终在一个等级层次上形成个人领域，并在更高层次上确定共享核域和家域的同类社群的领地。

同样地，不同的动物使用不同的手段界定不同领地（或者没有领域），人类也是如此。对一些人来说，这可能意味着在一个地区内有一个保持着某些可见标准的、明确界定的私人领域；而对另一些人来说，这可能意味着界定一个与社群及其生活有关的地区。区别就在于边界的位置和界定私人和公共领域的标准，而不是领域空间的类型。然而，它确实对住宅与街道关系、街道的使用、娱乐和休闲设施供给、各类服务的位置和相对距离、人与人之间的互动量、隐私保护的性质和程度等有重大影响。

城市空间体系是行为体系的一种表达，所有的空间划分、聚居等行为的目的都是加强交流、理解的可预见性和线索的易读性，以及人们对它的服从性。通过这种方式，生活得到了简化，冲突和信息处理过程减少了。人们必须学习这些线索背后的规则和依据它们所划定地区的方式，即文化共享。我们已经确定了不同的规则体系，现在简要回顾一下其中提到的三种类型。

第一种类型使用了四分法：个人占有（如住宅），对行为和出入的限制性最强；社区占有（如私人俱乐部），在规定范围内具有限制性；社会占有（如街道），面向所有社会成员开放（由于我上文一直在论述的过程，这一点常常会被误解）；自由占有（如人迹罕至的海滩）则通常没有任何的限制（Brower 1965）。

第二种类型提出了六分法：

（1）城市公共空间——对所有人开放（如道路）。

（2）城市半公共空间——供公众使用，但有一些使用的限制和特殊的用途等（如邮局）。

（3）社群公共空间——由社区管理的公共和私人领域间的会面地点。

（4）社群私密空间——由某一社群管理的社区花园或仓储区。

（5）家庭私密空间——由家庭管理控制的住宅和花园。

（6）个人私密空间——个人最隐秘的空间（Chermayeff and Alexander 1965）。

重要的一点是，在第一种类型中，具体细节、线索和环境背景会随着文化和时间变化，而第二种类型中，类别本身就存在着文化差异，在不同文化中可能会有所变化或不适用。

最后一种类型使用了四分法：公共领地，即任何公民都可以进入的地区，但在其中人们没有完全的行动自由，必须遵守社会规范；家庭领地，即由社群所占用的地区，如同性恋社群或青少年帮派（我们的住宅以及特定社群的社区显然都属于这一类领域）；交往领地，即产生于小社群中成员之间社交并真正具有管辖权的地区，但可以扩展到涵盖任何进行社会交往的地区，尽管这些地区可能只有部分管制权；身体领地，即与个人空间相对应并与个人及其身体相关的地区（Lyman and Scott 1970）。

某些行为可能违反这些体系中的规则，如在公园里睡觉或在街上吃东西，领地就可能遭入侵，即违反规定地进入；领地也可能被污染，即被某一社群占领而导致其他人无法使用。由此可能引起三种反应：地盘防御，这种反应在青少年中非常典型，像动物的反应，只会影响同类（其他青少年帮派）；语言谋和，即发明一种外人无法理解的符码和语言（可能是身体上的和非语言的）；或隔绝，即设置无法跨越的障碍。这些有关占用的各种规则，结合行为学的空间模式以及讨论过的社会文化因素和聚居，为我们理解城市空间和人们在城市中的分布提供了一个有用的基础，接下来我们将就私人和公共领域、行为环境体系、聚居环境体系进行讨论，并在第 6 章讨论作为表达这些规则的客观物质环境的符号性。

公共和私人领域

我们已经看到城市空间大体上可以分为规则的和符号的各个不同领域。其基本目的是要在我们和他们、公共和私人之间建立边界，从而保证理想的互动、包容或排斥程度，并提供适当的防御。所有这些在不同的社群中是不一样的，因此如果把隐私非常宽泛地定义为控制不必要的互动，那么“不必要的”“互动”和“控制”都是因素和定义，因此，各种互动在包容度乃至偏好上都是不同的。一个人与谁互动，何时互动，在什么情况下互动，什么引起了退避，互动和退避都发生在哪里，这些都是不同的。相应地，障碍的性质、位置和渗透率不一样，形成体系的退缩和互动的循环也不相同，两者本身都是无法理解的（例如：Schwartz 1968）。

隐私的实用性定义，即避免与他人不必要的互动，与人和人之间的信息流动有关。一个人如何避免互动交流，一旦有了定义，也是可变的，其中至少有 5 ~ 6 种可能的机制。可以通过规则（举止、回避、等级制度等）、心理手段（内心退避、梦境、药物、去人格化等）、行为线索、适时的组织活动（使特定的个人和社群不见面）、空间隔离、物理设施（墙体、院子、门、帘、锁——被选择用于控制或过滤信息的建筑基址）控制不必要的互动。当然，在大多数情况下，我们采用多种机制，但需要强调其中一种机制，并以不同的方式将它们结合起来。

每一种互动机制和形式都与不同的感觉方式相关，并在两个方向上发挥作用——一个是视觉，一个是嗅觉。这些还与情境相关，例如，相同数量的听觉信息可能在一种情况下被接受，而在相同文化的另外一种环境中却不能被接受 [Rapoport 1972（b），1975（b）]。

在不进一步展开论证的情况下，该模式可以总结如下（图 5.9）：

该模式图中的每个类别都可以进一步阐述，因此，在任何情况下，都可以绘制出任何特定社群的位置，这与社会结构和建成环境组织及其使用方式等相关。考虑到隐私梯度的概念——不同等级的外来者对居住区的渗透，在拉丁美洲出现了两种类型的梯度：一种用于区分私人和公共领域；另一种用于区分房前和屋后空间（Alexander et al. 1969 and Foster 1972）。

隐私＝避免不情愿的互动（或者控制不情愿的信息流动）

一个人需要详细说明不同的感觉方式，包括背景（谁、什么时候、为什么）
和定义“不情愿的”和“互动”

因此：机械主义的方式

通过这些避免互动：	规则与礼仪	时间上	空间上	物质的	心理的	等等
非亲属						
特殊的人						
特殊社交群体						
依性别而分的群体						
依年龄而分的群体						
等等						

图 5.9 ［来自 Rapoport（b）］

这些渗透或隐私梯度清晰地将个人和社群分开，并确定了一个人在何处与何人交流互动——就像穆斯林城市那样（English 1973；Brown 1973；Delaval 1974）。可以使用不同的机制，因此，在哥伦比亚住房的案例中（图 5.10），一些隔离是通过符号性的方式实现的，如开放的隔网或吊珠式窗帘，因为这些人都共享并接受规则。在亚瓜印第安人的住宅中，这一点更加突出，在那里，背向中心的住房就表示一个人“不再存在”[Rapoport 1967（b）]。澳大利亚丛林的火鸡中也发现了这种通过把窝巢朝向外侧避免不必要互动的方式（McBride 1970），说明了机制的连续性。另外，还可以通过物理设施或空间实现隔离，正如我们之前讨论的印度城市中的传统区和殖民区，当地的庭院和朝向内侧的住宅与一大片用地上由几座平房组成的英国营地所形成的空间隔离进行对比。后者会用一堵墙围起来，但主要的保护要素是空间，并且走廊充当了过渡空间的角色，即相较于略显突兀的庭院住宅，这种形式多了很多防御设施和过渡（图 5.11）。

此外，平房是英国同质社群文化空间的一部分，与传统城市的原生空间形成了鲜明对比 [King 1970，1974（a）（b）]。同样地，在殖民城市内部，也有供仆人等使用的本地区域，且通常位于偏远地区，事实上，关于私人与公共领域的整体概念与前后空间的差别相关，前者用于展示，向世界展现一个正式的面貌，传达一个公共形象；后者则用于私人和服务活动及“混乱”的行为，对其进行相应的渗透控制。

这一概念很早就用于环境分析（例如：Madge 1950），只是近阶段又重拾这一概念。它与形象、展示、自我信息的传达和装饰有关，都是作为一种意向服务社群的。因此，什么能够定义为私人或公共领域，哪些活动和符号能够适用于每一组区域，使用的障碍和规则及区域的符号处理都是文化因素，并与房前空间和屋后空间相关，后者多是行为变得不那么自觉、可以预设角色、摘下面具的地方（Coffman 1957，1963）。

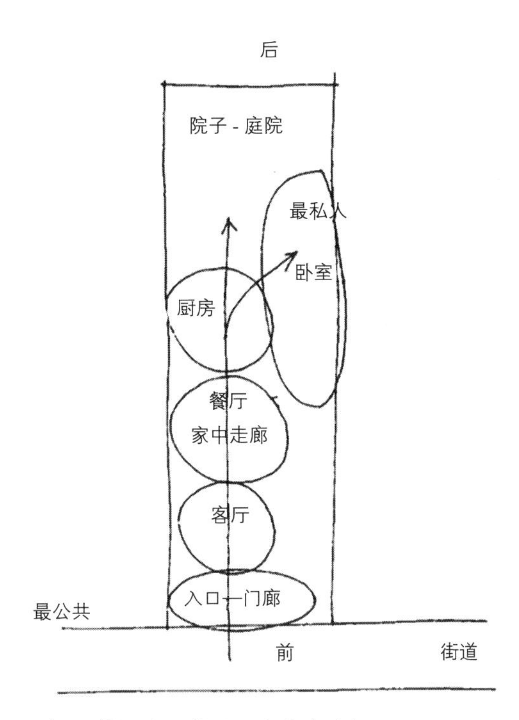

图 5.10　领域的逐渐渗透，拉丁美洲（哥伦比亚和秘鲁）（Foster，1972；Alexander et al.1969）

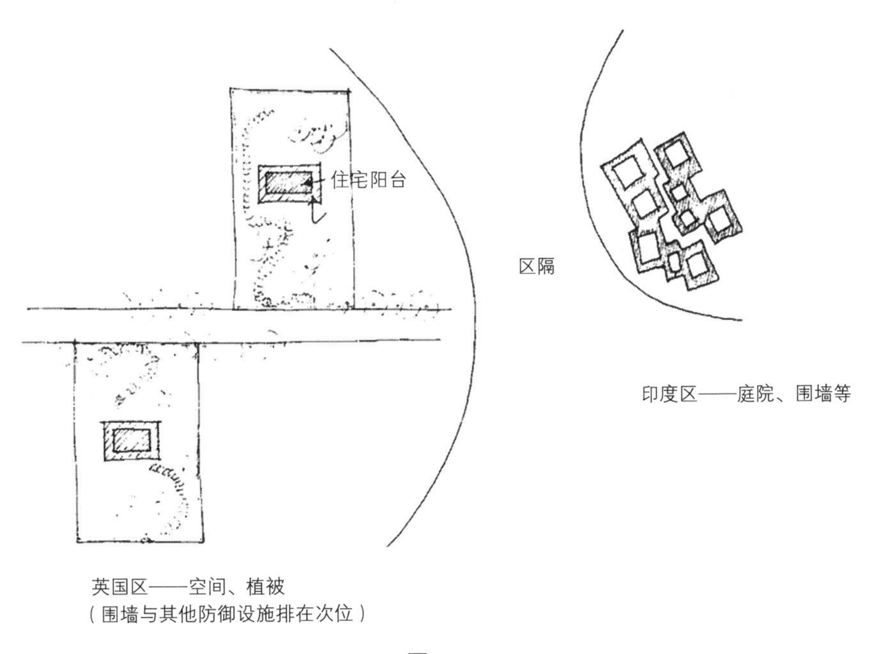

图 5.11

这在一些国家的住宅研究中得到了证实，有展示性空间（草坪、门前花园、花木、鸟池等）与私密性空间（洗衣间、棚屋、烧烤区等）、房前空间与屋后空间之间的显著区别 [Raymond et al. 1966；Shankland，Cox 1967；Rapoport 1971（c）；Petonnet 1972（a）]。

研究还显示，房前屋后空间的定义和在这些空间所进行的适宜的行为活动之间可能产生冲突，就好像工人或下等阶层与中、上等阶层聚居区之间会产生冲突一样。在工人和下等阶层聚居区中，许多社会行为发生在街道或门廊，即房前空间；而相同的行为在中等阶层聚居区则发生在私人领域或屋后空间。这就意味着，中上等阶层重视房前空间的展示，工人和下等阶层则不然，他们的房前空间多是一些维护不力的草坪、旧家具、垃圾和废弃汽车，这在中产阶层地区是完全不可能出现的景象。因此，在这两个社群之间，两个区域的适宜行为及符号性处理形成了鲜明对比，几乎不可避免地存在着冲突。这些差异和冲突已经在美国巴尔的摩的黑人与白人的户外城市空间中呈现出来（Brower and Williamson 1974），在印度传统社群和西化社群之间对房屋修缮问题的处理方式上也有所体现（Duncan 1976）。

这就形成了一个从自我展示空间到极度私密空间之间的尺度，并根据人们与体系各部分的关系与地位进行处理、装饰或设置障碍，以确定他们是否可以进入该空间，即渗透梯度。它与规则相关，如，街道是否被视为一种房前或屋后空间，以及将其用于休息、饮食、修理汽车等是否合适。它还与社会组织结构和社群的定义相关，因此，如果整个地区都由亲缘关系构成，那么就可以视为一个屋后区域，并有一个小的前台用于接待陌生人（如约鲁巴混居区），而在一个有许多核心家庭的地区，则有许多房前和屋后空间（每家都有一个），每一家对房前空间的处理方式定义了社群的房前空间。另外，对于个人住宅的偏好至少部分是由于区分和使用房前屋后空间的能力（Madge 1950；Raymond et al. 1966），因此，这对任何改变住宅偏好，从而改变城市形态的尝试是否成功有着重大影响。

虽然在城市规模上，房前屋后空间的差别更难证明，但我们已经能够看到这种差别的切实存在。人们可以清楚地分辨出街道和服务性街巷，这在许多地区、时代和地方都是很普遍的情况；地中海国家的滨海长廊和滨海大道强调了滨水岸的城市房前空间在规划中所担任的重要形象［例如：Rapoport 1969（c）］。城市中也存在着如垃圾场、工业区和贫困区这些被明确视为屋后空间的地区，它们常常受到忽略，且永远不会被游客看见。例如，美国城市与欧洲城市就游客在到达时所看到的内容进行了对比——到达美国城市时看到的多是屋后空间，而在欧洲城市看到的则多是房前空间（Jackson 1957）。在英国某些运河城市，有两个房前空间，分别供那些从陆路和水路到达的游客使用。由于从陆路来的多是上层阶层，而从水路来的多是工人阶层（驳船），因此，这两种房前空间是截然不同的。通常来说，公共和私人领域、房前空间与屋后空间和渗透梯度之间的关系为城市分析提供了一个有用的类型学区域。*

私人与公共领域，房前与屋后空间，就像隐私本身一样，只能理解为互动和退避体系

---

* 我的学生，威斯康星州密尔沃基大学的唐娜·韦德在研究生学习期间，基于本书的观点，从房前和屋后空间的角度，于 1974 年秋天对密尔沃基市的部分地区进行了分析，结果说明这两个角度是一种十分有用的分析方法。她的论文可于建筑学院图书馆查阅。

的一部分。正如我们所看到的，相同的环境对老人来说可能过于孤立，而对有孩子的年轻家庭来说则可能互动性过强，即有的社群想要寻求刺激和互动，而有的社群则不希望有过度互动。这也可以用来解释工人阶层在房前门廊街道上的行为以及中产阶层在后院里的行为，因为工人阶层在工作中往往找不到刺激和互动，中产阶层却可以，而且有时甚至是过度的互动。在印度和英国等具有着高物质密度的文化中，人们常常会发现私人和公共领域之间有明显的分界，在运用其他机制的同时也会有自我控制和情感的抑制。例如，在印度，有明显的社群区分、公共和私人领域的分界和关于行为的明确规定：印度人的定居点可以从各个尺度上的私人和公共地区的角度进行分析——住宅、村庄、邻里和城市 [Rapoport 1969（a），p.167；Kohn 1971；Fonseca 1969（a），（b）；Vickery 1972]。

在日本这样的长期有着高密度和高拥挤度的国家，人们可以发现一些行为规范，会有一些形式化的、高度仪式化的和等级化的行为，比如谈话时必须看着对方并面带微笑，但都是私人领域中的规范。在公共领域（街道、商店和公共交通工具）则没有这些规范和礼仪。与这种私人和公共领域在行为规范上的隔离相对应的是在领域和环境上的隔离：即存在着“私人的美丽和公共的肮脏”（Meyerson 1963），也存在着住宅和花园与街道的明显分离，但在住宅内部却几乎没有隔离，所以最主要的隔离还是公共与私人空间之间的隔离 [Rapoport 1969（a），p.68；cf. Canter and Canter 1971；Smith 1971]。因此，日本城市有一套明显区分内部（私人）和外部（公共）的秩序（例如：Ashihara 1970）。简单和传统的价值观在住宅和花园里保留了下来，这与复杂的街道和商业街截然不同。进屋脱鞋的行为强调了这两个秩序之间的边界（一种礼仪形式）。通过理解两个领域中规则的本质及障碍和过渡的位置和本质，可以组织这两种秩序，实际上两者都是整个体系的重要组成部分。因此，私人领域通过墙体、规范和行为在客观物质上和社会上与公共领域隔离开。内部的私人领域往往是高度精致的、充满关怀的和个人化的，而外部的公共领域往往是混乱且未有维护的。城市同样可以分成自给自足的、相当同质的地区，这些地区可以小到能够像村庄一样在非正式的管理中运作。最后（与聚居环境体系有关），这里还存在着减压机制，既有客观环境上的大型娱乐场所、艺妓屋、浴场、旅馆等，又有社会性的行为如醉酒等。

这个看似简单的基本概念，为分析不同时期和地方的各类城市形式、聚居环境体系和行为提供了一个最有用的工具，它帮助我们解释不同社群对相同环境的不同反应，以及对这些环境的不同使用方式。考虑到对隐私的不同定义以及实现隐私的不同机制，或许可以将特定的形式、客观密度和体系中的互动交流和逃避行为联系起来，与公共和私人领域、房前和屋后空间及渗透梯度的反馈机制体系相对应。

事实上，在设计“临时”城市环境时，就已经使用了这样的城市领域分类（图 5.12），并使用了范围从开放到闭塞的一系列屏障（Wiebenson 1969）。它仅在私人和公共领域（而非房前和屋后空间）有所应用，但与我以前对印度人、北非人和土著人棚户区的分析相比，却是一个最突出的例子（图 2.11 ~ 图 2.14）。

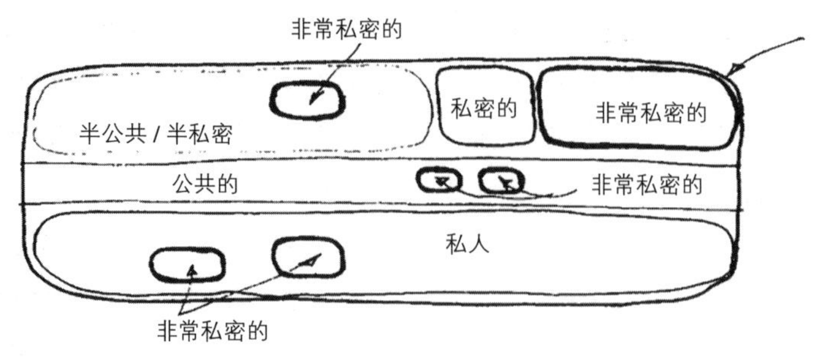

图 5.12 专为私人领域设计的“灵之城”[1]

它与以下观点相对应，即建成环境可视为选择性气候过滤器，允许光、热等通过，同样地，人们可以将各类环境物质要素和社会文化设施视为选择性信息和交流过滤器，允许或多或少的信息传播和传达，这种过滤的范围可以从密不透风到完全开放，在何处设置领域和边界、使用什么边界以及如何安排这些边界，都需要对社会文化体系及其行为、空间和符号的构成有一定的认识和理解。

领域和隐私的多样性、必要的和不必要的互动、使用的障碍和规范，都可以理解为对他人进入某一区域的偏好、希望他人了解到的东西、认知类别的多样性、使用的不同机制、屋后空间定义的控制等。它还与年龄、性别、种族、阶层、种姓等级、生活方式和亲缘关系等方面的组织相关，而城市是一系列隐私和共性组成的地区和领域。与之前的建议相对应的是，城市形态至少在部分程度上可以从联系和障碍的角度上进行理解（例如：Maki 1964），尽管都是一些细节问题，但意义重大，比如哪些要素是联系的、哪些是分离的，什么障碍或规定分离了它们，哪些社群是需要被分离的、被选择性接纳的或是密切联系的等。

与整个城市的公共性相比，住宅及其周边环境（因文化不同而有所差异）就是近乎完美的私人领域（内部的变化在这里不作考虑）。“邻里”的潜在中介功能（主要取决于它的同质性）提供了一个中等程度的半私人、半公共和社群性私人领域。在既定条件下，如果缺少这些空间，整个体系可能是不完整的。那么，任何一个城市（图 5.13）都可以看作一组经过选择的、有着不同程度公共和私人领域、房前和屋后空间的子体系，它们之间通过不同的障碍和机制以不同方式进行联系和分离；它们之间的梯度数量也不一样。这反映了构成城市不同社群的价值体系、生活方式，并最终反映了他们的文化。

即使是城市中那些开放的、属于公众的地方，如中心区，在偏好的作用下也可能选择性地对某些社群关闭（Lamy 1967；Heinemeyer 1967）。因此，不同城市地区的相对公共性和开放性部分取决于人们的认知定义和心理地图，所以那些有着特定特征的属于特定社群的高犯罪率地区可能永远不为我们所用。私人领域属于家庭（无论何种类型的家庭），在

[1] 位于北卡罗来纳州，占地 20 平方公里。1969 年由弗洛伊德·麦基西克（Floyd McKissick）提出的所有种族和平共存的理想社区，是美国住宅及发展部投资的 13 个城市计划模型中的一个，没有成功。——译者注

某些情况下属于家庭内部的个人，但这一领域与工作的关系在不同文化中是有差异的。然而，最大的因素则是共享的、社群的、半私人或半公共的领域，事实上，这些才是给规划师和设计师带来最大麻烦的领域。

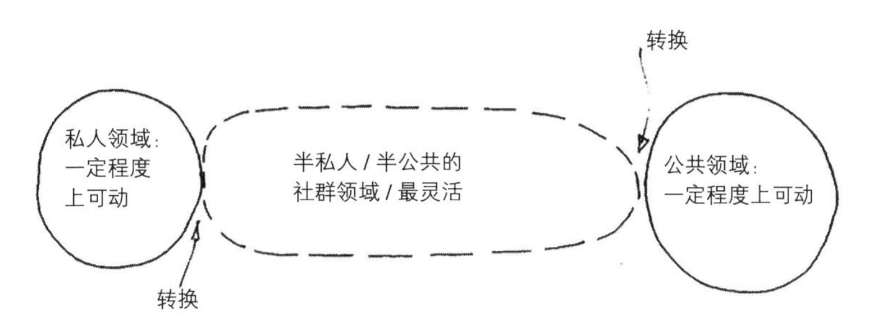

图 5.13　城市领域划分的一般情况

这样，我们就有了一个对分析社会和城市变化（例如：Roggemans 1971）有用的一般概念，也是城市空间组织的意义，同时允许在定义、设施选择和规范等各个层面存在文化差异。因此，举例来说，我们可以比较西班牙的穆斯林和基督教城市（Violich 1962），或一般意义上由内而外的城市（内部空间最为重要，街道则是剩余空间），以及其他类型的城市和城市局部（参见图 1.2、图 2.8 等）。

因此，所有城市及其组成部分可以看作各个尺度上的公共和私人领域、房前和屋后空间、展示和隐藏空间、展示和非展示区域，并使用不同的防御形式、相关规则和渗透梯度，只是具体细节在不同的文化中有所不同（图 5.14）。

工人和下等阶层家庭在各种城市和住宅设计方面的评价、使用不尽相同，对此可以理解为，前者将社群领域视为积极领域，而后者则视为威胁性领域（Rainwater 1966；Yancey 1971；Hall 1971；Rothblatt 1971）。同样地，不同社群对城市儿童活动空间的评价也不一样，由于对领域的定义不同，一些社群认为街道是一种儿童活动空间，而另外一些社群则认为不是（例如：Schak 1972）。那些看起来毫无秩序甚至混乱的城市往往可以从不同的领域定义来理解。在较小的尺度上，视为同质社群聚居的讨论大部分可以从相互的和共同的角度来理解，包括什么是私人和公共领域，什么是房前和屋后空间，以及在每个社群中什么算适当行为，与之相匹配的不成文规定有哪些。

这些观点与防御概念之间的关系以及由此带来的环境问题，即所需房前屋后空间分离水平的防御不足问题显而易见（例如：Harrington 1965）。同样地，与不用于生活的街道和门廊空间相比，用于生活的街道和门廊空间对空间密度和拥挤程度的影响也是显而易见的（例如：Hartman 1963）。这两种情况都可以从防御设施的角度进行概念化解读，在这些防御措施中人们使用不同的设施和线索，在细节的区位和组织上也各不相同。然而，总体来说，它们都可以被看作一系列边界，当人们接近住宅时，这些边界的渗透性就会降低，在这里，领域定义的类型是相同的，但位置和规则不同（图 4.3）。

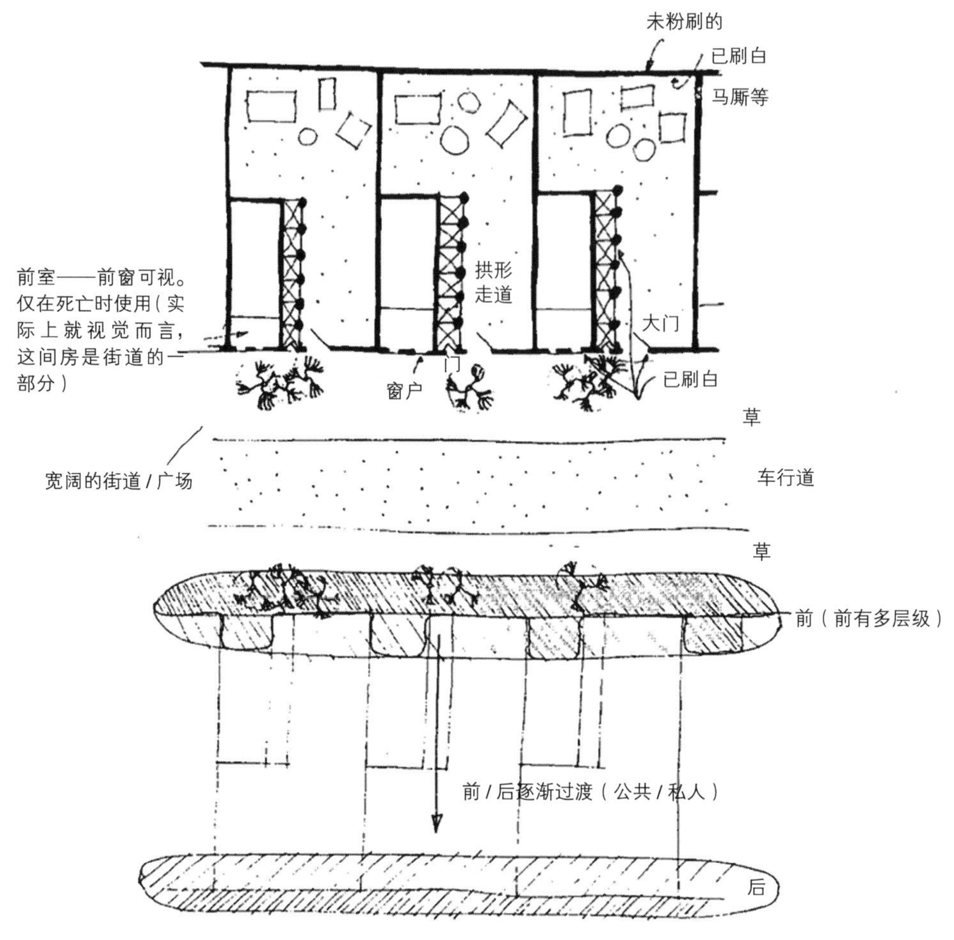

图 5.14　马基坡兰尼（匈牙利西北部）的前 / 后领域划分
[基于蒙特利尔大学建筑学院科贝兹（Corbez）教授提供的信息]

在一些城市中，城市的整体结构明显是按照私人和公共领域划分的，如一些穆斯林城市和其他传统城市。在阿富汗的赫拉特，整个城市体系依赖于公共和私人领域、生活以及私人领域的围合和安全性之间明确有力的隔离和区分。居住区与其他活动区，如规整的城市规划和复杂的本地住区（只有内部人士知道或者是应该知道）(English 1973)，二者之间的隔离更明显一些，但与美国、澳大利亚和英国城市的那种纯粹的居住区并无太大差异，它们使用弯曲的街道和尽端路，防止过度渗透，用围墙保护住宅。

不过，差异还是存在的。在西方，邻里之间拥有少量的重要关系和大面积的公共地区，但在开罗等穆斯林城市，大多数重要关系都发生在邻里之间，隐私性和匿名度都很低。虽然人们必须从一个社区迁移到另一个社区，但这些都是无关紧要的，且不允许是“真的”，因此他们的整体城市体系是大不相同的（Abu-Lughod 1969，1971)。任何特定环境的成败，都可以从公共和私人领域、房前或屋后空间与文化规范之间的一致性的角度来理解。

公共与私人领域、房前与屋后空间的隔离和区别可能在时间上有所体现。尽管人们待在家里的时间似乎差不多（Pappas 1967），但他们待在街道上和诸如酒吧、咖啡馆、电影院等地方的时间却不一样。人们在不同时间，在不同地方、不同城市、城市不同区域的数量和分布是有差异的，两者都是变化的，因此带来了一定的启发：这种统计数据可能成为有用的分析工具。另外，聚会、吃饭和社交的地方是否是可见的和面向公众的空间，如门廊、街道、门前台阶；是否是可见的和私人的空间，如咖啡馆、杂货店和商店；或者是否是不可见且更私人的空间，如酒吧、俱乐部、餐馆、教堂；以及人们是不是主要在他们的家里会面，是在屋子里还是在屋子外（是在房前花园还是屋后花园），这些都提供了关于私人和公共场所相对重要性的信息。

这些领域的定义也可能是象征性的和周期性的。例如，在第二次世界大战前的东欧犹太人定居点，犹太人以一种巧妙的方式化解了禁止在安息日进行宗教活动的宗教禁令。当一道“围墙”围住一组房屋时，被包围地区就视为私人的一部分，在这里可以携带他们的宗教用品。因此，在拉比的监督下，每周五全镇周围用绳索或铁丝拉起一个符号性的栅栏（eyruv），然后由拉比在仪式结束时宣布，该镇不再是一个公共领域，而是一个私人领域（Zborowski and Herzog 1950，p.50）。如果栅栏上出现了缺口，那么这个栅栏就不能继续用了。在我看来，概念和认知的领地要先于客观实质，这是介于永久性障碍和澳大利亚土著居民的纯粹符号性领域定义之间的一个中间阶段，支持了一种观点，即传统城市本身就是从无形的、混乱的和世俗的“公共”领域中定义出的一个神圣的社群领域 [例如：Eliade 1961；Rykwert（日期不详）；Davis 1969；Wheatley 1971]，在城市中经常有类似的、微妙的和不为人知的各种领域的定义。

随之而来的不同的街道使用方式、住宅和其他设施的组合以及各种服务的远近，都与公共和私人领域的定义相关；这影响了会面地点和娱乐购物等行为，更准确地说，影响了城市组织和活动的方方面面。我们可以通过对行为环境体系和住宅定居体系的分析更好地理解这些问题，这也是下一部分的主要内容。

行为环境体系

我们已经看到，家域的范围差别很大，定义了人们的行为空间范围。这些同被分成私人和公共以及其他领域的环境一样，还与核域、领域的数量和位置以及其他场所及其连接路径相关，即家域是由行为环境及其连接路径组成的，从而影响到对城市的认知和它的主观形态。在任何情况下，人们的行为空间大小与场所的规模大小都是不一致的。我们之前说过，小城镇儿童的行为空间比大城市儿童的大（例如：Wright 1970），因文化差异而不同，并且在美国城镇比在英国城镇大（Barker and Barker 1961；Barker and Schoggen 1973），因年龄不同而有所差异，最后，家域和行为空间对个体和社群来说也是不一样的。

行为环境定义为一种被非心理环境所环绕的一个或多个个体行为模式的稳定结合，或是“常态行为模式”及其周围环境，即环境和程序的结合（Barker 1968；Barker and

Schoggen 1973）。虽然这个概念纠正了心理学中对环境的忽视，但仍然存在着忽略实际客观环境的问题。从这一点来看，将该定义与其他定义结合起来，强调角色设置是一个“舞台”，并使用戏剧上的比喻来解释是很有用的 [Coffman 1957，1963；Blumer 1969（a）]。因此，当我在这里使用“行为环境”的概念时，要把它理解为两者的结合，并强调在舞台上的类比。行为环境是发生特定活动的地方，并且通过边界告诉人们，他们进入了一个不同的地方。当人们进入其中，环境能否为行为提供恰当的线索，就取决于这些线索能否被注意、理解和遵守，即取决于关于线索和恰当行为本质的一种文化共识。重要的是，同样地人在不同环境中的行为是不一样的（Barker 1968），即环境线索引导和传递的反应是有区别的，并且环境线索会减少潜在反应的类型，但前提是这些线索与规范体系相一致。

作为一种客观实体，对一种特定活动的环境必须提供必要的道具和设施。虽然不能决定行为，但它具有抑制、促进或中立的作用，同时表明哪些活动是合适的。不同的行为环境所需要的本质、丰富性和设施也不一样，但行为环境体系在城市分析中是更为重要的。在城市环境中，虽然环境的本质存在着物质、社会以及配给和渗透性的差异，但体系上的差异才是根本的，比如它们在数量、排列、关系、联系和障碍等方面的差异。

关于行为环境的重要一点是，行为环境必须是能被发现的，而不是被先验定义的。从我们的角度来看，这种定义取决于认知图式和文化因素；它与那些隐性功能和显性功能相关，因此，如果一个环境明显与特定活动的环境相一致，要么是它没有被使用，要么是使用方式与预期不同。

大部分环境是由许多环境因素组成的。例如，在医院里有 122 个这样的要素（Le Compte 1972；Willems 1972），而在城市区域则有成百上千个（Barker and Barker 1961；Barker and Schoggen 1973；Bechtel 1970；Bechtel et al. 1970）。不同社群以及不同文化背景下的社群在不同的行为环境中所花的时间不同，不同社群因地位、年龄和文化等因素的不同而有不同的可达性、活动范围（输入的环境数量永远少于可用的数量）和渗透性（在特定环境中发挥多少积极或领导作用）。它将行为环境与城市活动体系、家域和其他前面已经讨论的问题联系起来。可以从人们对它的控制量、是否有更多的角色而不是表演者（过量配给还是配给不足）对环境进行描述，事实上，有着相似背景的人往往会在相同或相似的环境中度过大部分时间，因此可以形成社群和聚居。

在不同地点所花的时间不同，但总的可用时间是不变的，因此家域的差异或变化可以用花在少量行为环境或大量行为环境的时间差异来解释，还与人们的时间预算有关。我认为从各种行为环境之间的关系，即行为环境体系的角度理解社会关系网和活动体系的本质是最好的方式。对所有人来说，各种建筑和城市场所都是行为环境，那么正是本质和彼此间的时空关系使它与其他体系区分开来，因此可以将生活方式、活动和行为与行为环境体系联系起来，并通过相应的行为环境体系区分生活方式。这样的体系同样与认知领域有关，因为行为环境就是领域，并且与语言相关，在行为环境给出的行为线索中就有一类被称为或定义为环境名称。尽管这种名称可能会被忽略，但在一个特定的社群中，一个场所的名称可以给人们预期行为线索，就像环境中其他线索的作用一样。

我不想过深地探讨这么多有关行为环境的文献，只是想表明，把行为环境这个概念与其他讨论的概念相结合，可以加深对城市作为一种人类体系的理解。

一个重要的问题是如何、何时和通过谁来使用一种特定的环境，以及它是如何与其他环境相联系的。活动场地的使用会受到周边的环境、活动的性质、活动参与者等因素的影响（例如：Brolin and Zeisel 1968）。公园的使用也会受到其他类型场地如街道的影响；正如我们所看到的，在利马，忽略一些足球场的使用会使人们曲解娱乐体系。住宅的使用取决于街道和其他地方的活动，比如老年人对门厅的使用取决于是否有人行步道，这里面既有设计因素又有气候因素 [Michelson 1971（a）]；环境的使用取决于它为所需活动提供的设施 [Lawton 1970（b），（c）] 和生活方式等，还取决于它们在同构性（即适合特定活动）或互补性（适合其他地方所缺的活动）方面与要求的匹配程度。这类分析使人们能够明确各种目的和社群行为环境体系的特征。有必要探究环境和适当行为的规范是依据何种规则所定义的，探究在各种环境中发生的活动以及它们是如何通过路径连接起来的，探究它们与家域、社会关系网和行为空间的关系，从而进一步探究城市认知和心理地图。

实际上，对不同社群来说，邻里的定义也是不一样的，有的社群认为邻里本身就是一种环境，有的社群认为邻里是一个包含其他环境的地方，还有一些社群则认为根本不存在邻里这样的概念，因为生活是发生在遍布整个城市的环境中的。这就是“场所约束”和“非场所约束”社群之间差异的另一种表现。邻里本身还可以从当地行为环境与同质社群的核域行为（指日常行为）的吻合度来看。人们 70% ~ 75% 的时间都待在家里（Pappas 1967），其余时间则是分配在邻里、相邻地区、城市中心和其他地方，为不同的社群定义了行为环境体系并影响了设计。因此，行为环境的定义也会影响邻里和其他城市地区的定义，并区分了“潜在”和“有效”的环境（Cans 1968，p. 5-6）。潜在环境（即设计的环境）只有在被人们接受并使用时才成为有效环境，这也是人们对其作为一种行为环境体系的主观适宜性评价。恰当定义环境边界、环境中的线索和支持性设施，并与恰当的行为规范保持一致，同时思考活动潜在方面与其他环境的关系，这一系列行为能够促使环境有更大的用途并更为人们所接受，从而提高潜在环境成为现实环境的可能性。

许多设计之所以没有成功，是因为它们忽略了这类因素，与潜在使用者的生活方式不一致。例如，人们可能更想要邻里自治而不是邻里友好，他们可能选择以社区为中心或以家庭为中心的生活方式（例如：Willis 1969），如此一来，“邻里”这种行为环境就不会形成。事实上，如果使用物质因素促进邻里关系，可能招来一部分人的负面评价，因为他们并不希望以地理空间的近距离为基础建立邻里关系，也不以这种方式将城市空间作为一种行为环境来使用。相同的特征既可以视为是积极的，又可以视为是消极的，并且在其他条件都相同时，最终效果在这两种情况下会截然不同。

例如，与长而宽且繁忙的道路相比，尽端路、场院和狭窄的街道似乎更有社区的感觉（Wilmott and Cooney 1963；Appleyard and Lintell 1972）。这是好是坏，不同的人有不同的看法，因此其影响也或弱或强，通过居住地的选择，可能有人口迁移。因此，如果有些人喜欢矜持和匿名的感觉，并据此定义自己的环境，那么鼓励社交的环境将被视为一种抑制，而如果他们喜欢社交，则被视为一种促进。不同的生活方式将导致不同的行为环境体系、不同的使用方式、不同的评价和影响。关于大量文献中所展现的不同类型的街区、网络、对郊区的不同评价等，都可以部分地从它们与人们对适当行为环境的印象及其在系统中位置的一致性来理解。因此，不同的邻里并不是相互排斥的类型，而是一个连续体。

相同的观点也适用于街道的使用。它表明，这种使用一部分是由于一种文化和不成文的规定，一部分是由于客观环境的设计。如果人们并未将街道视为某些活动的行为环境，那么设计"最好的"意大利式或者希腊群岛式的街道将毫无作用。然而，如果想要街道形成活动的环境，如散步、闲坐、社交、饮食等，那么某些适当的物理配置则要比其他方式更能实现这一目标，有些配置可能过于限制，以至于抑制这些行为的发生 [Rapoport 1969（b）]。如图 2.9 所示的两类城市，一类是整个城市空间都用于各种活动的城市，一类是城市空间遍布着交通线路形成的"浪费"空间 [Rapoport 1969（a），p. 72]，这两种不同类型城市的明显区别是两种行为环境体系类型间的差异；尽管这一差异可以用来区分中产阶层邻里和工人及下等阶层邻里，但它还是一种理想中的区分方式而非现实。这一观点最近得到了实证支持：美国中产阶层把步行街商场视作购物过程中的一种穿越空间，而对工人阶层和"嬉皮士"来说则是一种闲坐、社交、饮食和玩音乐的地方（Becker 1973）。这些观点和行为之间的冲突非常明显，强调了同质性和规则、规范认同、适当行为环境的重要性。

在其他方面也有类似的差异。因此，在"中西部"，作为行为环境的街道的使用时间是每年 77544 小时，而在"约德尔"是每年 300000 小时（Barker and Barker 1961；Barker and Schoggen 1973）。如果在英国和法国、美国和意大利、希腊和澳大利亚，甚至法国和巴西之间做类似的分析（Levi-Strauss 1957），或是对比美国和英国的工人阶层与中产阶层地区，可能发现更大的差异；而这种差异对游客来说是很容易观察到的，街道上发生的不同活动类型也是如此。在穆斯林城市、南亚和东南亚城市以及非洲城市中，差异更加显著。它们都是城市街道作为一种行为环境表现出来的差异，这些差异影响着城市行为环境体系中的其他部分。

例如，在希腊，街道和广场会因时间和性别的不同而用作不同的活动场所。在一个典型的希腊群岛村落中，广场是男孩子晚上踢足球的地方，是男人们白天在咖啡馆会面的地方，是村里年轻人夏日聚会和周末散步的地方。而当小贩经过时，广场对于妇女而言就是一个集市；当有农作物出售时，广场又变成一个商品交易中心，也是男人们在周末打牌、喝酒和跳舞的休闲娱乐中心（例如：Thakudersai 1972）。* 事实上，广场与村落生活有着密

---

* 还基于多次在希腊旅行时的个人观察。

切的关系，是最重要的行为环境，或者说是一组在时间上分离的环境。但即使是住宅的使用也是与其周围环境和街道有关，而街道是许多活动的广泛环境形式，在其他地方却常常发生在截然不同的环境中。

街道的不同使用方式对规划有重大影响。因此，在某些情况下开放空间指的是绿色开放空间，而在其他情况下指的是街道和广场以及更多其他空间。这些开放空间在空间供应、标准和评价充分性、密度和拥挤度方面显然存在着很大差异。即使将街道作为一种主要环境，对它们的具体使用方式和允许发生的各类活动也有差异 [例如：Meyerson 1963；The Australian 1972（b）]。所有这些会随着时间的推移而呈现周期性变化，如新加坡"餐饮"街的周边就形成了许多周期性的街边市场，或者地中海地区的一些机构不仅改变了街道在周末的使用方式，还将其细分成了一系列片区（例如：Allen 1969）。

公园的不同部分供不同的社群使用，不同的人口使用的公园类型亦不相同。因此，公园本身就成为行为环境体系（例如：de Jonge 1967—1968），与它们和城市中其他环境的关系完全不同。行为环境体系方面的设计可能解决对这类设施使用缺失、使用不足或过度使用的问题。诸如街道使用一类的行为环境体系对住宅 [例如：Hartman 1963；Harrington 1965；Young and Wilmott 1962；Rapoport 1969（a），1975（b）]、游戏和儿童行为产生显著的影响。例如，儿童往往不是在游乐场玩耍，而是去停车场、街道等其他类似的地方，一方面是因为这类场地提供了更多的活动空间和冒险性；另一方面是因为在这里玩耍可能产生一些潜在影响，如更容易给别人留下印象或是可以与异性互动（Brolin and Zeisel 1968），这些都取决于游戏环境与行为环境体系之间的关系，其结果不仅是为活动本身，而是更大的城市体系。

我们之前讨论过的中国儿童游戏的例子也是一种行为环境体系的问题，与价值观、行为规范、适当的监督和对学习、文化的影响相关（Schak 1972；Mitchell 1971；Anderson 1971）；这同样适用于美国的某些黑人地区（Yancey 1971；Hall 1971）。行为环境体系中的差异可以解释为文化差异。在法国和英国，儿童很少使用专门的游戏场地和设施，而更愿意在街道和停车场玩耍 [Rapoport 1969（b）；DOE 1973]；在美国，孩子们似乎更喜欢使用游戏场地（Coates and Sanoff 1972），而欧洲儿童可能更喜欢使用街道。亚文化差异也可能是其中的因素之一，因为美国儿童有时候喜欢在停车场和街道上玩耍（Saile et al. 1972），这种差异可能是基于游戏场地的设计及其与更大体系之间的关系。

特定环境的适宜性可能还体现在感性特征（如步行或游戏的复杂性）和其中的一些规范（如人们有多大的自由空间和控制能力）上。后者通常是一种管理而非设计功能，并可能对设计的成功与否产生极大影响。在一个房产项目的案例中，控制阻止活动环境的渗透，使其保持在一个低控制水平之下，活动环境间的关系就会变得不恰当（Bechtel 1972），即行为环境体系是不合理的。适宜性也可能是影响环境渗透的社会性因素，是居住区规模和人力过剩或配给不足程度的函数（即每个居民的角色）。我们已经看到，在一些较小范围的环境中，人们的参与程度越高，适宜性发挥的作用就越大（Bechtel 1970；Bechtel et al.

1970；Barker and Gump 1964；Wright 1969，1970），而邻里作为个人与城市之间的一种媒介的成功可能与这种联系有关。

利用行为环境分析比较一个小城镇和一个大城市的部分区域，可以发现人们待在家里的时间长短是基本不变的（Pappas 1967）。然而，一个街区（即忽略城市的其他部分）的行为环境是一个小城镇的 3 倍，但由于城市环境中人口过多，相较于小城镇，居民的控制力和渗透力要差一些，且更为被动（Bechtel 1970；Bechtel et al. 1970）。这意味着城市中可能会有更多的行为类型，如果考虑整个城市，即整个行为环境体系，这种类型甚至更多，因为城市中各个街区的行为是不同的。如果考虑整个行为环境体系，城市与小城镇之间的差异就更大，城市社群与地区社群之间的差异也会更大。回顾一下巴黎的三类社群（Lamy 1967），不仅要从社会关系网和家域上考虑他们的行为，还要从行为环境体系上来思考。显然，这三类人口社群在城市中的行为地点、时间及环境的分布上有着迥然不同的行为模式（图 5.15）。

更广泛来讲，不同环境的分布会产生更大范围的环境体系，从城市村庄到非场所的城市领域。这两个都是理想的类型，可能并不存在；这是一种为不同的角色、不同的时间、不同的人群制定的不同环境，并且可以描绘出行为环境体系、家域聚居环境体系。

行为环境体系不仅在空间上存在差异，在时间上也有差异。不同社群使用体系的频率、周期等是不一样的，在体系中不同部分花费的时间也不尽相同，因此，必须将家里和家外的活动一并考虑（Hitchcock 1972）。行为环境体系的本质、范围和联系不仅对理解城市运作和为各类社群设计适当的环境产生影响，还能用于评价各类规划决策的效果。例如，对于具有广泛的行为环境体系的社群和高度地方化的社群来说，一条穿过特定区域的高速公路所带来的影响是截然不同的（Warrall et al. 1969），但切断后一社群的社会关系网后果可能更严重，因为这将导致该体系的灵活度和适应性降低。

所有这些讨论都强调了具体问题具体分析，因为我们面对的并不是平均的、笼统的或单一的城市环境。显然，不同社群有不同的行为环境体系。对于一些社群而言，住宅比较重要；对于另一些社群而言，则是街道和邻里比较重要，还有许多其他社群使用整个城市及其环境，住宅的相对重要性并不是决定性的，因此，在洛杉矶，住宅是一种主要环境（房屋、游泳池、室外烧烤等），人们依然使用范围更广泛的城市环境，可能并不比在法国使用得少，住宅在传统意义上对法国人来说并不是一个特别核心的环境，不同点在于，所使用的室外环境类型、与之相关的行为及其时空关系的差异。实际上，各种不同的城市地区都是行为环境体系或子体系，这些体系或子体系在恰当的行为和规范、支持这些行为和规范的设施以及使这些行为和规范为人所知的提示等方面有所差异。可以将环境偏好视为特定行为环境体系的一部分，反映在设施与社群之间的邻近度、街道使用、购物、拜访和社交、障碍、联系、边界的差异上，同时体现在活动的隐性和显性的不同中。

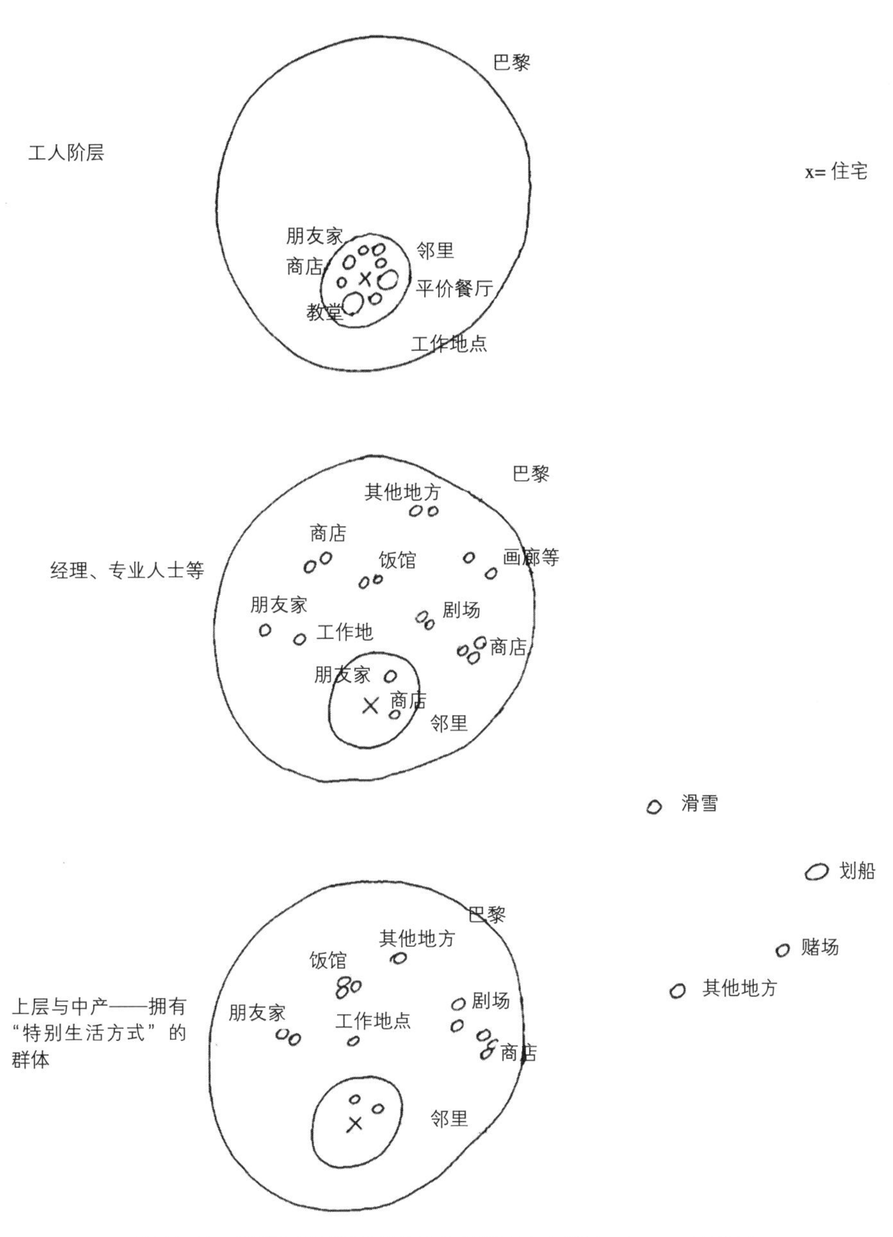

图 5.15　巴黎三种社群的行为环境系统（基于：Lamy 1967）

这为解决场所恒定性、变化性和重要性的争论提供了一种方法。我们可以认为，尽管许多行为环境是恒定不变的，但使用的邻近度、范围和数量会随着城市化进程和科技发展等发生巨大变化。小城镇中的儿童有更广泛的行为和认知空间，这说明行为环境体系范围的扩大是有社群特定性的，因此，实际上对于儿童、没有汽车的人、老年人和残疾人来说，他们的行为环境体系范围可能会缩小，但在传统城市中的范围可能比在现代城市中大[Rapoport 1973（c）]。这同样意味着出行模式可能与行为环境体系即不同环境间的路径连接体系相关，因此，家域、活动空间、行为空间、运动空间和类似的概念都是相互关联的。

显然，如果一个人的行为是环境集聚的，且大部分时间在聚居区中，那么这个人的活动模式和旅行次数与那些行为环境分布广泛以及在每个环境中花费时间都相对较少的人是完全不同的（图 5.16）。

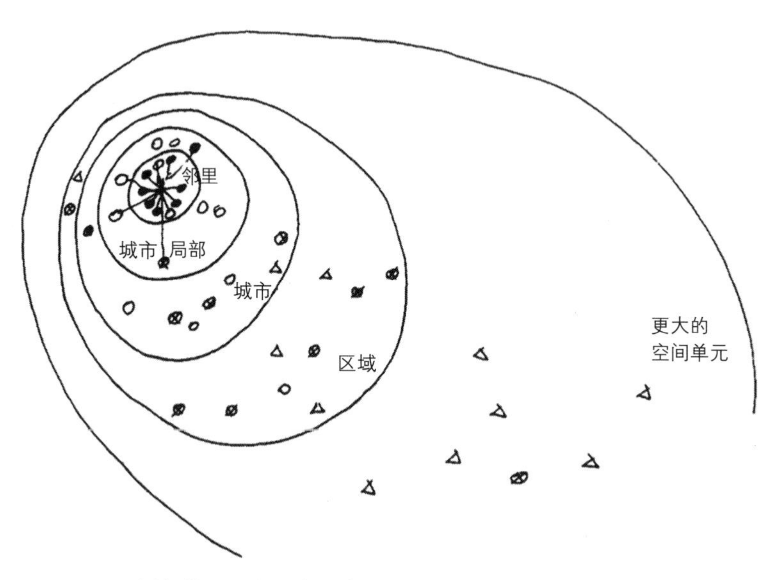

图 5.16　多族群适用的行为环境系统—家域范围—聚居环境体系示意图

建筑中的行为环境分析得到了广泛使用，并且已经运用到一些城市环境中。通过这种分析，人们可以发现环境的性质和数量、系统的范围、联系和障碍的强度，以及环境使用的时间和频率。实际上，建成环境中的任何位置都有行为特征，可对其进行描述和绘制。同时，城市乃至城市组成部分的行为环境体系的数量如此庞大，以至于对它们的研究相当困难。

聚居环境体系

为了研究环境中的行为，了解人们去哪里、和谁一起做什么、什么时间做等显然是非常重要的。考虑到住宅的重要性，行为环境体系的问题就变成了，在任何特定的城市环境中，还有哪些环境主要与住宅相关。例如，如果只观察居住区内的行为，那么发生在其他地方的关键行为就有可能被忽略（例如：Coates and Bussard 1974）。只观察游戏场地（例如：Hayward et al. 1974）是不够的，当我们考察一个地区的时候，必须考虑到活动发生的所有场所。

在所有情况下，人们在空间层面上可以在不同的场所和活动中转换，或者活动可能在时间和人的层面上转换，即一个场所成为许多活动的环境，先后成为一个市场、集市、游戏场地、餐厅等。因此，空间和时间可以相互替换。一系列活动所使用的环境数量越多，行为空间就越大。不能将住宅和体系中的其他要素分离开来，游牧民族的住宅和营地就离不开他们的家域，无论是在活动、隐私机制方面，还是在密度和拥挤程度的计算方面（例如：Rapoport 1974）。尽管住宅在这种情况下显得很特殊，但作为一种模型，它具有普遍适应性 [例如：Rapoport 1975（b）]。

涉及两种类型的城市，还有街道、私人及公共领域、房前和屋后空间、家域的使用，行为环境体系和活动体系，以及与之相关的住宅，是这些共同导致了“聚居环境体系”概念的产生。在某种程度上，这一概念将本章中的一些讨论内容与前面几章的许多观点联系起来。

我首次提出这一概念是在多年前的一次讨论中，我认为在研究住宅时不能将其与居民点分开来看，必须把它看作整体空间和社会体系的一部分。人们生活在居民点和景观环境中，而住宅只是其中一部分，居民点的使用方式会影响住宅的使用，从而影响到住宅的形式 [Rapoport 1969（a），pp. 69-73]（图 5.17）。

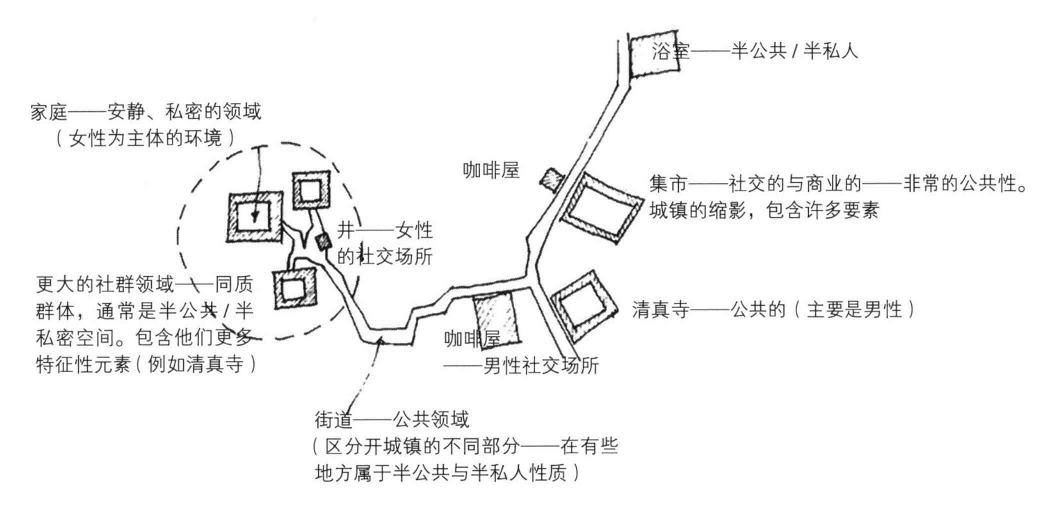

图 5.17　穆斯林城镇中的聚居环境体系 [改自：Rapoport，1969（a）]

这在前面家域的例子中也有所体现（图 5.8），如果不考虑其他活动的发生地点，就无法理解住所的使用方式。在本节中，我将集中讨论城市，而不是对住宅进行讨论。

虽然聚居环境体系是一直存在的，但其具体的要素及彼此间的联系和使用方式却各不相同，即不同的行为环境构成了聚居环境体系。这与公共行为的不同规范体系和不同的领域定义相对应，因此，尽管体系本身是不变的，但必须时刻牢记，各要素的具体性质及其相对重要性是在变化的。不同的要素构成了这个体系，不同的社群参与其中，他们之间的关系也不一样；聚居环境体系受到亲缘关系、社会关系网、性别角色、工作模式等的影响，而聚居环境体系反过来影响它们。在村庄或中世纪城镇中，人们在家中工作；在另一些城市会有专门的行会宿舍，还有一些城市中的工作与居住环境是严格分开的，而且相距很远，这极大地改变了聚居环境体系的各个具体方面。生活方式广泛地影响着体系的应用，比如在希腊，由于午休和夜生活的习惯，人们对环境的使用有四个高峰时段，并由此增多了对室外环境的使用。闲暇时间的增加（如果这种情况存在的话）（Young and Wilmott 1973）也会影响活动体系，并对聚居环境体系产生重大影响，当然这取决于增加的闲暇时间是发生在私人还是公共领域，以及使用了哪些特定的环境。

这些要素有可能非常不明显，尤其那些与潜在功能相关的因素。例如，日本的购物区和游乐场的休闲娱乐作用，它们在结构上相当于我们城市中的公园（例如：Ishikawa 1953；Nagashima 1970；Maki 1973）。事实上，正如我们在第 3 章中所看到的，当简单的形态相似性不再是唯一标准，等效城市单元的定义就变得相当复杂。例如，街道通常被定义为“建筑之间的空间”，但从公共和私人领域，即行为环境方面定义街道可能更有用。在这种情况下，院子或者有围栏的场地可能是相似的环境，或者活动可能发生在餐馆、酒吧、咖啡店、集市，也可能发生在房屋中。这种可变性既影响着“街道”的定义，又影响着对特定聚居环境体系的描述 [Rapoport 1973（b）]。

例如，在中国或印度旁遮普村庄，人们的会面地点主要是宽敞的街道；在北非，女人的会面地点是水井旁，而男人则是咖啡馆；在班图村庄，人们常把牲畜圈和自家院子围墙之间的空间作为会面地点；在尤卡坦半岛的 ChanKom，人们则是集聚在村里小商店门口的台阶上；在波多黎各的纽约街区，人们喜欢在杂货店中聚会；在芝加哥南部，房前门廊是妇女和老人的聚集地点，女孩儿们常常在大街上会面，男人们则喜欢聚在街角和酒馆；在法国是小酒馆和咖啡馆；在意大利是广场、拱廊街和咖啡店；在英国，对工人阶层来说是酒吧和街道，而对于中产阶层来说则是自家房子和俱乐部；在古希腊是广场，在古罗马则是浴场。有些地区有周期性的步道，如 Passagiata，此外，居住区中的社交活动也发生在其他许多地方。

重要的不仅是会面的地点，还有与其他地点之间的关系，因为我们研究的是一个体系。因此，体系中任何部分的改变都会影响到所有其他部分。在老年人的住宅研究中，我们发现老年人对空间和住宅的使用取决于相邻地区的环境元素，如木栈道、健康中心、社会中心、湖泊等 [Lawton 1970（b）]。学生使用宿舍同样也取决于其他所使用的元素。实际上，由于使用的元素不同，不同的社群会有不同的行为空间（图 5.18）。

具体的使用则是与领域之间的区分、相关规范和活动的一些潜在要素之间的差别有关，这往往决定了活动是发生在房前空间还是屋后空间。室外空间与室内空间的关系也是至关重要的：无论是使用后花园—游泳池—烧烤区—沙滩的“南加利福尼亚州综合体”，还是使用英印式平房、俱乐部、运动场或者公寓这些必须使用的城市空间区域，都可能出于希望使用这种空间而作出选择的。在所有情况下，对室外空间的依赖增加了气候对于社群的影响，与此相矛盾的是，对于这些社群来说，那些室外城市空间并不重要，但是，特定类型的室外环境会有不同的影响。在任何情况下，对这种环境的使用都会对具体社群的环境设计产生重大影响。因此，新西兰毛利人传统上使用的室外空间是室内居住空间的 10 倍，并且公共开放空间（毛利会堂）是最重要的，很明显，在城市环境背景下，为毛利人进行的城市设计与为新西兰白人进行的城市设计差别很大（Austin 1973；Austin and Rosenberg 1973；Challis and Rosenberg 1971）。在这种情况下对住宅的要求也不一样，并且通过对密度和高度的限制影响城市体系。

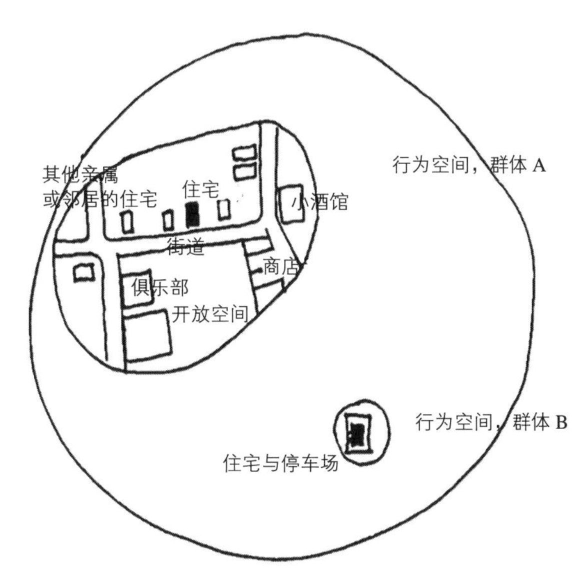

图 5.18　两个社群快速围绕住地形成的行为空间

人们还可以从聚居环境体系的角度讨论特定的年龄和性别社群。以伦敦的工人阶层和芝加哥的下等阶层聚居区为例，男性并没有将住宅作为这一体系的重要组成部分（Young and Wilmott 1962；Suttles 1968），他们对城市的使用与女性完全不同。

我们看到，作为体系的一部分，社群空间的缺失可能由于缺乏社群对儿童的管制而导致青少年犯罪。在某些情况下，儿童把住宅当作使用和居住的地方；对其他人来说则仅仅是吃饭和睡觉，而不是逗留的地方。因此，他们需要城市体系中的其他地方（Sprott 1958，pp. 70-71），如果没有这些地方，社会制度就会受到影响。例如，新城镇青少年室外活动场地的缺乏往往是最严重的问题（Australian Frontier 1971），即使提供了这样的场地，也有可能并不符合青少年的喜好（详见第 2 章），或者可能与体系中的其他要素的关系并不正确（例如：Brolin and Zeisel 1968），正确的关系只能来自对体系的理解。

同样地，也可以从聚居环境体系的角度对各类方案进行评估。例如，在匹兹堡的自由东区，门廊作为房屋与街道、私人与公共领域之间过渡的衔接点，是该体系中一个必不可少的，缺少门廊会极大地影响社交行为。如同在其他情况下一样，不同的年龄社群有不同的体系（Bell and Kennedy et al. 1972），基于这一点，我们可以运用这个概念区分年龄社群，并且提供了一个既普遍又特殊的理论模式，该模式能够普遍适用，但其中要素又各不相同，并且从种族中心主义的角度不太可能得到这样的模式，这种模式需要人们去发掘，而不是先验地定义。

任何城市都有所谓的内部和外部秩序（Ashihara 1970）。聚居环境体系将这些秩序、私人和公共领域联系起来，并在某种程度上对它们有决定性影响。外部秩序的发展方式取决于内部秩序的情况，反之亦然。例如，日本城市中的外部秩序几乎没有发展，对他们来说，私人领域是最重要的，而没有西方意义上的公共场所。古代雅典则是一个与之相反的极端案例，在那里住宅主要是属于女人的，公共秩序才是核心，人们往往从公共部分判断一个城市，毕竟大部分的城市生活都发生在那里。因此，如果没有对整个体系的了解，是无法理解其组成部分本身的。因此，必须了解住宅里发生了什么，存在着怎样的过渡区域，人们在哪里工作、会面、社交，公共生活发生在哪里等情况，因为内部秩序和外部秩序只有在相互之间才有意义。不同的聚居环境体系反映了不同的价值观（雅典高度重视公共场所，日本则不怎么重视）、各类社群的社会关系网、不成文的规定、公共和私人领域、各种活动发生的环境等。

这些不同点及其空间组织会对所有规模的规划和设计产生重大影响。例如，社区在人类学上可以定义为一个“文化组织和传播的最小单位”（Klass 1972）。这些社区在空间上可能是聚居的，比如村庄（或城市背景下的邻里）。它们可能也是非空间上或者超越空间的聚居。因此，在印度，既存在村庄，又存在远离村庄的种姓网络。事实上，从这些角度来讲，尽管一个社区的空间性往往很重要，但它也可能是非空间的，在西孟加拉邦，有五个结构性要素——家庭圈、邻里圈、村庄、同种姓圈以及村庄圈（Klass 1972）。

了解这一点有助于规划和设计，但在没有聚居的情况下依然存在一个问题：如果社会关系网和聚居环境体系缺少明确的空间表达，为其制定的规划概念就不适用了，甚至可能导致失败。因此，在印第安部落，社区发展计划是为村庄设计的，但只服务于那些聚居的村庄（Doshi 1969），不服务分散的村庄；这有助于解释对游牧民族的一些反对观点（Rapoport 1974）。它与本人观点的关系在于，人们可以设想，在城市尺度上有这样一种相反情况——设计师自己的聚居环境体系是分散的、非聚居的，但他们是在为聚居的居民设计环境，并且设计得很糟糕。说得更明白一点就是，设计师是在为他们既不了解，也不理解的体系进行规划和设计。

这种体系在更大的尺度上会变得非常复杂。需要再次强调的是，我们不能只关注村庄，还需要考虑方圆 50 平方公里范围内由 1500 个家庭组成并与一个城镇相关的约 18 个村庄。这种市场社区的运作可以从聚居环境体系的角度进行理解——更确切地说是村庄——城镇体系中的住宅—村庄—社群，即种类上的一个宏观例子。村庄间的流动对社会关系网的发展非常重要，而茶馆在人们聚会方面起着重要作用。去市场时，人们至少要在一两个茶馆里待上一个小时。农民在他的市场社区中逐步建立起联系，但对社群外面的事情知之甚少，购物、服务和婚姻全都是由社区以内、村庄以外的社会关系网联系的，消遣娱乐活动亦是如此，这就提供了一个类似于城市的清晰模式。这种情况下的村庄是以血缘为基础的，即在重要的维度上是同质的；在市场社区内，有着相同血统的几个村庄之间的联系要比普通村庄之间更多。

这种分析是将村庄看作一个与更大体系相关联的单位，而家庭或者个人只是间接的，但值得注意的是，聚居环境体系不仅适用于城市和次级城市尺度，而且适用于区域尺度，如此看来，这个概念似乎具有普遍性，并且具有强大的力量。

在城市范围内，聚居环境体系促使我们批判性地审视这个或那个社群的各种一刀切的、没有依据的概括性描述。举例来说，美国中产阶层将住宅视为社交的主要环境场所，而忽略了体系中的其他场所（如餐馆、咖啡厅），这一事实令人惋惜，人们还将其劣势与巴黎的情况进行比较（Sennett 1970，pp. 76-78）。不仅住宅的显著性在不同的体系中有所差异，而且法国的体系也在迅速变化，因此理解体系的运作后再对其进行设计，似乎作用更大。当然人们还需要对此有更多的了解。首先我们已经看到，法国不同社群有着迥异的聚居环境体系，这与他们的生活方式、价值观、意向以及什么是适宜定居地的一系列复杂的综合感观密切相联。更重要的是，研究郊区居民更为广泛的聚居环境体系及其家域，远比只研究巴黎本身更有用。因此，重要的是理解和考虑这些因素，不能因为无知或偏见而忽略甚至破坏这一体系。例如，由于没有认识到水井在穆斯林城市妇女聚居环境体系中的重要性，自来水的引入造成了始料未及的社会后果 [Rapoport 1969（c）]。

这一概念可以用来分析儿童活动。例如，工人阶层的孩子在街上玩耍，并且有本地的邻里纽带关系网，而中产阶层的孩子则在院子里玩耍，有广泛的社交关系网络。这不仅是住宅空间大小的问题，还与价值观和生活方式有关。中产阶层强调以礼待人，与好人为友，远离坏人，因此，必须对孩子有所控制，比如邀请玩伴在后院玩耍，而这在街上是很难控制的（Schak 1972）。

核心家庭从亲戚和其他亲属中的分离，以及更广泛的社会关系网，将极大地影响空间的使用，同样是影响聚居环境体系的因素之一，与性别角色、社群隔离规范和领地使用规范一样。具体的聚居环境体系还会影响城市认知和心理地图，并受到偏好的影响。这些在等级结构上都有所体现，某种活动不能在某些地方进行，因为房前空间或公共领域并不适合重要的活动。因此，聚居环境体系反映了重要性和适宜性的具体形象。

考虑到一种特定功能——男性的社会交往，并以此推究，看看聚居环境体系在不同文化中的运作有多大差异。当然，第一个不同点就是，在某些情况下，成年男性只在自己人中进行社交活动；而在另一些情况下，他们可能与其他男性或孩子以及青少年交流，甚至与女性进行互动社交，即搞清楚他们的社交中具体包括谁、具体排斥谁，是非常重要的（图 5.9）。

不同社群有不同的抚养孩子的方式，对于将孩子纳入家庭有男性陪伴的环境中或把他们排除在外这一问题，不同社群的程度有所不同。我们已经看到，有时候青少年可能把住宅看作他们自己的。在利物浦，12 岁以上的男孩除非生病，否则不会在家里待很久，男性团结是他们社交生活的显著特征（Sprott 1958）。与美国一样，英国贫民区的男孩经常与街头帮派混在一起，街道对于他们来讲非常重要。当然，在某些情况下，成人与街道之间的关系对于管理控制也很重要，若对此不加管控，违法犯罪和不良行为将会频频发生。在英国和美国的许多下等阶层地区，男性在住宅中并没有家的感觉，这类社群能够很明显地按年龄和性别划分，因为男性的社交活动基本是在街角、酒馆和酒吧进行的（Suttles 1968）（图 5.19）。

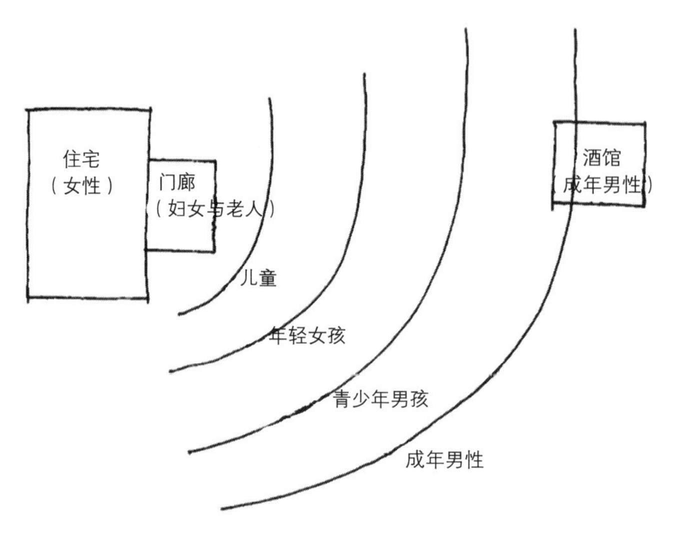

图 5.19　芝加哥南部的社群区分（基于口述资料，Suttles 1968）

在贝斯纳尔格林，酒吧几乎算是男人客厅的一部分，是住宅的延伸，甚至比住宅更重要，酒吧极大地影响了他们对住宅和城市空间的使用。同样地，女性对住宅和街道的使用也会影响她们对城市空间的使用（Young and Wilmott 1962）（图 5.20）。

随着人们搬到达根汉姆，酒吧的位置和特征发生了变化，住宅和城市环境（街道、商店、人和密度）之间的关系发生了变化，规则也发生了变化（房屋委员会条例），所有的价值观念都受到影响：一个迥然不同的模式占了上风，住宅成为中产阶层的主要特征（Wilmott 1963）——即聚居环境体系发生了变化。

在伊斯法罕聚居环境体系的原图中（图 5.17），男人的咖啡厅、集市和清真寺可能相当于伦敦东部男人的酒吧。在土耳其，咖啡厅的功能与根据观察所提出的伊斯法罕咖啡厅的功能是一致的。传统上，男人在由有影响力的男人主持的会客厅中聚会，但这种习俗正在式微。在乡村，咖啡厅渐渐取代会客厅，而在城市中则已经被取代。土耳其的这种社交模式自 16 世纪以来就建立起来，经历了多次压制后依然存在。咖啡厅是一个不可或缺的非正式聚会场所，男人们在这里进行社交活动，参与知识讨论，闲谈八卦，做生意等，政府的官方情报可以迅速地送到他们手中，女人们则从来不去那里（Beeley 1970）。值得注意的是，澳大利亚的土耳其移民区很容易就能辨认出来，因为他们的社交中心区就有许多咖啡厅。

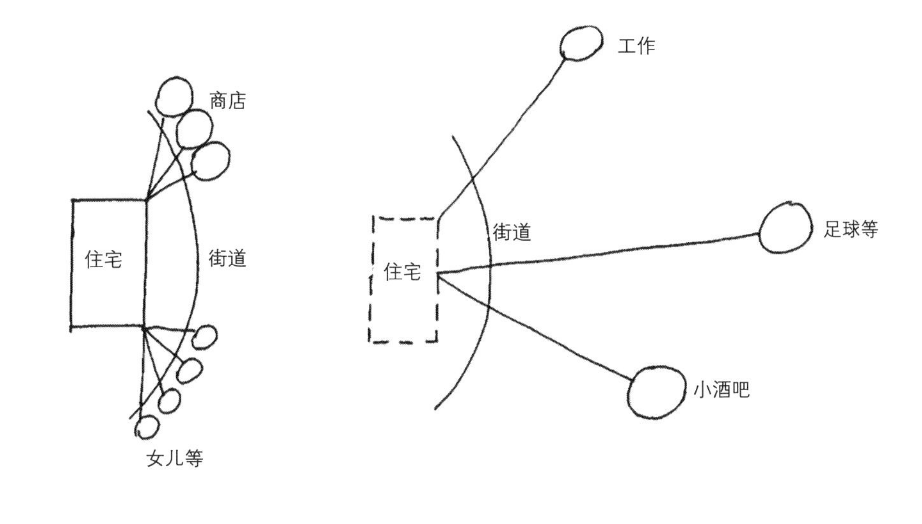

图 5.20 贝斯纳尔格林的聚居环境体系（基于口述资料，Young and Wilmott 1962 ）

澳大利亚男性专属酒吧和法国男女均可使用的咖啡馆代替了咖啡厅这一角色。在法国，非正式的商业活动、知识讨论和娱乐消遣都喜欢在咖啡馆里进行，针对各类社群的咖啡馆，即使是非正式的，也很容易区分开。在法国的聚居环境体系中，咖啡馆的重要性对任何在其中生活过一段时间的人来说都是显而易见的，西默农（Simenon）将这一点在他的小说里用幽默的手法展现出来，在这篇小说中，马格雷[1]想知道纽约的警察是如何工作的，因为在纽约没有咖啡馆可以让他们停下来休息一会儿，用来打发时间。咖啡馆影响着住宅和街道的使用，也影响着许多其他活动，它们是聚居环境体系中一个中心环节。

在一些传统的非洲（及许多其他）定居点，男性的住宅是关键因素，如果不考虑这一因素，就无法理解聚居环境体系的作用（例如：Fernandez 1970）。在现代非洲城市中，酒吧起着同样重要的作用。男女都使用酒吧，它不仅是人们喝酒的地方，还是人们娱乐消遣、游戏、交谈、开玩笑和传递信息的主要场所（Gutkind 1969，p. 394）：酒吧是至关重要的社交节点，在分析住宅和城市空间的使用时必须考虑这一因素。

在奥地利的村庄里，饮酒在社会体系中起着核心作用，并且与文化有着密切而复杂的联系。虽然在任何地方都可以买到酒，但在社交上具有重要性的地点是酒馆或旅店。一个800 名居民的村子里有四家这样的酒馆（但没有咖啡馆），每家酒馆有不同的房间供不同社群使用，不同的酒馆所接待的客人也不尽相同。尽管在酒馆里喝酒比在家里喝酒贵，并且还有一些其他场所供人们在各种社交和正式场合喝酒，但复杂的饮酒网络和在晚上有规律地去酒馆喝酒具有非常重要的社交意义，也是理解聚居环境体系的关键（Honigman 1963）。城市中亦有与之功能相同的地方，比如维也纳的咖啡馆，在城市体系中常为人们所提及，

[1] 西默农所著小说里的主人公。——译者注

目前咖啡馆的式微反映并将彻底改变聚居环境体系，改变人们对住宅、街道、公园等城市要素的使用，以及对城市中时间和空间的利用。

在韩国发挥相似作用的地方是茶室。最近茶室的角色在进行相应的转变，以满足韩国人的需求，并成为韩国城市最重要的部分。在泰国，佛寺的功能转变成了酒店、餐馆、娱乐中心和集市，韩国茶室也以类似的方式进行着转变。1968 年，韩国共有 5000 家茶室，其中 1200 家在首尔，500 家在釜山，平均住宿人数为 35 ~ 50 人。茶室提供了休闲和放松的场所，是人们交谈和交换信息的场地，顾客主要是受过良好教育的中年男性。顾客往往喜欢每次都去同一家茶室，而且经常光顾，有时候甚至是一天两次。茶室在聚居环境体系中之所以很重要，是因为它用作商业办公室的功能，为人们提供了一种社交环境，为本地和世界新闻的获取和交换提供了场所；茶室也为学者和学生所使用。也就是说，茶室在经济、社交、信息和教育各方面都发挥着作用（Lewis 1970），因此，它是聚居环境体系中的一个关键因素，必须在规划中予以考虑。*

传统的匈牙利乡村就是一个明显的例子，说明这种体系中的环境往往有意想不到的本质特征。大部分重要的决策都是在男性的重要聚会上产生的，而这些聚会往往是在各类重要男性的马厩中进行的。不用细说我们也可以知道，村庄的社会体系也与这些马厩及其位置密切相关，这些马厩以一种体系化的方式分布在整个村庄里（Fel and Hofer 1973）。如果不知道这种重要的联系，就很难理解社会组织和聚居环境体系之间的关系，就不可能先验地考虑到马厩的社会关键作用。

起到类似作用的要素还有美国街角的药店和其他商店，以及伊朗的浴室等（English 1966，p. 167 for 3a）。近年来更多的区域性购物中心已经成为重要的因素：在悉尼，许多工人阶层妇女一天的大部分时间都花在了购物中心里，极大地改变了她们对聚居环境体系的使用。

在开罗这样一个被分出城中村的城市，咖啡厅是男性会面的场所，相比于商店，更像是俱乐部一样为特定社群提供服务（就如同许多酒吧和酒馆的作用）。女性的会面和社交活动都在街道上进行，儿童也在街道上玩耍，而家里的院子则充当着洗衣房的作用（Abu-Lughod 1969）。

洗衣房作为社交聚会场所的潜在功能在现代城市中得到了复兴，尤其对于单身的年轻人来说，洗衣房正在成为聚居环境体系中一个新的重要因素。美国不久前也发生过这种转变，20 世纪 70 年代初才传到澳大利亚，因此受到关注 [例如：Sunday Telegraph 1972（a）]。自助洗衣房是聚会和结识他人的场所，是社交舞台，也是“精神”诊所，据报道，许多单身人士每天都会拿一件衣服去自助洗衣店，以便有机会结识他人。

俱乐部也是体系中的一个重要因素。在邻里作为社会空间模式的定义中，俱乐部在定义社会关系网和社会空间程度范围方面非常重要。在新南威尔士州和悉尼，由于一些法律

* 一个有趣的建筑案例就是柱廊在法院建筑中的作用，拉普卜特 [1969（c）] 对此进行了详细的说明。

的修改，许多俱乐部都是在近年发展起来的。这对聚居环境体系和人们的活动产生了重大影响，俱乐部作为饮酒、用餐、娱乐和社交的中心，主要是为工人阶层服务，为他们带来一些之前并不知道的生活方式、标准和活动，也改变了他们对住宅、酒吧、沙滩、足球场和城市体系中其他场地的利用方式。

对一种活动的简单解读说明了，可以对许多其他社群和活动进行有效的细致分析，这会帮助我们更好地理解、规划和设计城市地区。已经举过的一些例子，比如新加坡的餐饮街、纽约波多黎各聚居区的商店、日本的购物巷、印度的可移动商店（例如：Prakash 1972）以及其他在城市分析和设计中被忽视的领域，都通过这一概念的使用而变得清晰起来。

同样地，特定的住宅形式对不同社群的影响部分是由于其聚居环境体系的差异。了解这些将有助于防止随意地在各个国家和文化之间变换形式和解决方案，而是要考虑到高层公寓的使用。可能是由于儿童的问题，高层公寓在欧洲大陆比英国、澳大利亚和美国更为成功 [但似乎不如我们认为的那样受欢迎（例如：Raymond et al. 1966）]。这是因为在欧洲对城市空间的使用率更高，而对住宅的使用没有那么多，其实两种城市之间的区别就在于此。然而，在考察英语国家高层住宅的聚居环境体系时，还要考虑除了儿童以外的另一类社群（因为高层住宅并未满足儿童的需求），即男性社群，因为他们的任务不是坐在咖啡店、酒馆或者广场周围，而是要维持家庭、打理花园，这些都是在高层公寓里无法完成的（多伦多大都市区社会委员会，1966）。也可以部分地从聚居环境体系的某些象征符号和潜在功能来理解。在密度不比其他居住形式的地区高的情况下，高层住宅对青少年犯罪的影响与半公共空间内社群的监督作用有关。

波士顿西区这类"贫民区"的偏好也与聚居环境体系相关：对住宅的使用不够充分，但在规划师看来却是充分的；当考虑整个邻里、街道、门廊、商店和聚居环境体系的其他组成部分时，密度和拥挤程度是相当低的（例如：Hartman 1963），当然，在环境品质、隐私、期望的交流程度、空间使用模式以及一些其他已经讨论过的因素的定义方面也存在着差异。

因此，聚居环境体系的概念将本章与其他章节所讨论的许多观点和概念联系在了一起，例如，作为地点和路径的一种表现形式，心理地图是家域的一种反映，从根本上是对聚居环境体系本质的一种反映。

为了将聚居环境体系应用到分析和设计中，有必要对其进行更具体的描述，主要包括以下几个方面（Rapoport 1974）：

· 哪些场地被使用，以及它们的物理与符号特征；

· 哪些人群使用了这些场地（民族、阶层、年龄、性别、生活方式等）以及社群在哪些地区聚居或分离；

· 人们在什么时间使用这些场地（周末、工作日、一天中的某个时间）；

· 人们在这些场地上停留了多长时间；

· 在各类环境中什么行为是允许的、什么行为是禁止的（即规范）；

· 活动的潜在方面；

· 各类场地之间的时空关系及其与住宅的关系。

在任何地方，对任何社群来说，这种分析都是非常有用的，并提供了一个多方面理解人与城市相互作用的切入点。

第 6 章
联想世界与感知世界的区别

我已经简要论证了区分环境的感知和联想方面的有用性。这种区分的部分依据是，物质环境中的任何物体都存在着与之相关的意义层次，从实在意义、使用意义、价值意义到象征意义，不一而足。显然，这是一种程度而非种类上的区分，并且感知世界和联想世界是相互关联的——后者不能脱离前者独立存在：对于联想世界来说，感知世界是一个必要不充分条件。一种环境只有在被感知为环境后，才能视为适合某种特定活动，并具有某些意义。尽管人类所有的认知过程都是在“努力追寻意义”（Bartlett 1967），但有人提出，象征意义可能比具体实物甚至使用意义更重要，这一点在景观环境偏好的研究中得到了证明（Sonnenfeld 1966）。例如，英国人对景观环境的反馈就是这种符号（历史的和古代的）意义（Lowenthal and Prince 1965，1969）的作用，可以将其等同于本书中的联想世界。

我曾经提出，越高级的意义越是由文化决定，因为适当的联想是需要引导的，从而“解读”对象。我们还讨论了环境的联想方面较感知方面的差异：对于不同的社群，在不同的时期，同样地形式在感知世界中可以引起截然不同的联想意义。因此，在整个中世纪，古代遗迹在罗马都是清晰可见的，它们构成了感知世界的一部分，其使用意义与提供建筑用石有关；与此相关的所有联想都是负面的，因为它们是魔鬼工程的象征。随着文艺复兴的到来，一套新的联想意义取代了原有的负面联想，这些遗迹又成为一个黄金时代的标志。同样地，在阿姆斯特丹的运河沿岸有许多特定类型的房屋，它们都是感知世界的重要组成部分。对这些房屋的一些联想与其形式有关——17 ~ 18 世纪的荷兰阿姆斯特丹。在更高的层次上，这些联想可能更为多样——迷人的、枯燥沉闷的、受欢迎的或者不受欢迎的。安娜·弗兰克的房屋对于一些人来讲具有非常强大的联想意义，而这些联想完全不是依据房屋的形式 [Rapoport 1970（c）]；此时，感知世界和联想世界几乎完全是分开的。

当价值和符号在范围上相接近时，有共同关联意义的人就会越来越少，对联想的设计因此变得更加困难。这在过去要容易得多，尤其是在传统社会，感知环境和物质环境之间更为一致，即对于符号象征存在着广泛的共识。而如今，虽然同质社群的成员对这种联想的认同度比异质社群的成员要高（这也是聚居的一个重要原因），但联想的意义仍然多种多样，即便有着至关重要的作用，依然难以处理。一方面，元素通过这样的联想，变得重要而有意义，从而产生明显的差异和复杂性；另一方面，联想在环境偏好中起着核心作用，通过理解其重要性和促进社群聚居，有望实现对环境联想和符号的使用和控制。

因此，感知世界和联想世界之间的差异可能有助于解释，尽管在美国各个社群内在的复杂性都会影响其偏好，但为什么自然景观还是比城市景观更受青睐（Kaplan and Wendt 1972）。在这种观点下，人们对自然环境的偏好要超过对人工环境的偏好，这是因为在美国文化中，有一套附加在自然上的联想价值，因此人们没有用复杂程度这类感知特征的标准区分这两种环境，而是用了联想的标准。在每个领域内，感知特征都占据了主导地位。另外，鉴于联想要素和感知要素之间的相对强度，人们可能更喜欢简单的自然环境而不是复杂的城市环境。

在其他文化和时代中，自然与城市的相对价值方面极有可能存在不同的联想，因此这种偏好有可能恰恰相反；或者也可以认为，出于进化方面的原因，人们总是更喜欢自然。这是一个恒定不变的联想问题，跨文化和历史分析将有助于在这两种偏好中作出决定。

已知环境和已使用环境之间的差别，以及那些图示中看到的其他差别，可能是前者引起的不可避免的联想带来的，尽管所有的环境偏好在一定程度上都是联想的和符号性的。第2章中的大部分讨论都可以从这些角度进行理解——视角、植被、维护、高度或城市中心的价值，所有这些都是联想的。通过回顾可以发现，在一些国家，中心位置仍然具有正面的联想价值，而边缘位置则具有负面的联想价值。因此，巴黎市中心社会地位较高的人的数量1954—1962年之间不断增长（Lamy 1967，p. 364），这与美国完全不同：较高的社会地位和正面的联想在法国代表着城市中心，而在美国则意味着城市外围地区。在不同文化中，与中心的接近度有着不同的正负面联想，这些联想反映着社群之间的相对位置、社群与中心的相对位置以及与之相关的环境特征，并通过这些环境特征告诉那些能够读懂这一规律的人关于环境品质所表现出来的相对性的许多信息。众所周知，人们喜欢郊区环境的原因之一就是“对孩子好”，再加上人们的地位观念以及对绿色、隐私和开放空间的重视，这些联想意义在环境偏好和居住地选择中发挥了作用。随着联想的变化，定居模式也会发生变化。

这并不是唯一的原因。大型树木的存在对温度、声音、粉尘等环境特征有积极的影响，美国中西部城镇因荷兰榆树病导致的榆树消失就是很好的例子（图2.5）。但人们对于树木的联想偏好是普遍存在的，因为树木是人类联想的一部分，这种联想往往具有文化特征，是人类经验的总结，所以“好”的地区往往绿树成荫，而不好的地区则缺乏树木。因此，人们对环境的反应在一定程度上取决于他们的成长地区，或者说来自哪里（例如：Pyron 1971；Wohlwill and Kohn 1973）：这可能不仅是一种适应水平的问题，还是与这些环境相关的某些正面或负面联想的问题。

事实上，孩子对环境的态度和评价标准在一定程度上是由他们生活的地方发展形成的。这种经验会导致人们学习某些与特定环境要素相关的意义和联想；它们“在塑造个人对生活标准、丰富性和舒适性水平等概念方面具有深远而重要的意义”。这些联想通过媒体、阅读、学校和观察所形成的某种环境反馈得到加强。

这些经验影响密度和互动的标准、地位的象征，也影响联想的形成，从而形成与社会态度相配的环境态度。一个人生活和发展的感知世界会通过直接的和学习获得的联想与一个联想世界联系起来，并形成一张图像，然后通过这张图像评价和判断环境。例如，一个独立式住宅无论与其他住宅距离多近，都会强化自身对于所有权、领域、隐私和自尊的感知（Pyron 1971，pp. 408-410；Cowburn 1966）。因此住宅的间距和类型都可能具有联想价值，因为这关系到孩子能否不被约束地自由玩耍，同时还提供了其他住宅所没有的各种微妙的体验。相较于其他住宅，独立式住宅往往建在自然环境中，这些偏好也会得到强化。

形式与活动之间的一致性取决于环境认知的三个方面——类型、强度和意义（Steinitz 1968）。这些都是感知世界的组成部分，但类型的一致主要是认知性的，强度的评估部分是联想性的，而意义几乎完全是一个联想性问题，且变化极多，如城市中心对不同社群和不同国家的相对意义，或城市元素的相对突出性（例如：Lamy 1967；Heinemeyer 1967；Doughty 1970）。意义取决于联想，就算是从一个给定的集合中选择的要素，也有很大区别，而且影响差异明显。

一般来说，意义在很大程度上是联想性的，并且似乎在城市意象的发展中起着重要的甚至是核心的作用（Harrison and Sarre 1971）。城市意象的感知、记忆和场所意义等不同方面也在使用着城市环境的不同方面。例如，与城市感知相比，场所意义与城市社会方面的相关性似乎更高（Rozelle and Baxter 1972）。同时，城市的社会方面往往是通过物质要素的意义判断的，而物质要素的意义是联想性的和符号性的。

显然，在城市设计中，社群联想比个体联想更重要，形式特征、显著差异和联想之间形成的关系也是如此。行为环境和聚居环境体系、活动体系，以及社会关系网、城市认知和心理地图都会受到多变的意义和联想因素的影响，同时对意义和联想自身产生影响。这也遵循已有不同城市的内部等级结构，不同的要素以不同的顺序排列，正如我们在对日本、希腊的传统城市和其他传统城市进行比较时一样 [de Lauwe 1965（a）；Wheatley 1971；Krapf-Askari 1969；Rapoport 1969（c）]。如果无法理解其他等级结构或者误解这种等级结构，就不仅是环境联想方面的问题了，更是环境提示不清晰的问题；但在这一点上，重要的是城市内部等级结构取决于共同的联想，我们需要了解城市中次级社群的等级结构，目前所缺少的正是这方面的研究。

这种方法进一步阐明了美国城市和阿拉伯城市之间在城市认知上存在的差异：就后者而言，与特定城市要素关联的社会和行为意义对象征性最为重要（Gulick 1963）。它们显然是联想价值，这些联想价值在的黎波里和波士顿两座城市之间是可变的，同时对于每个城市的不同社群来说，也应该是可变的，尽管在的黎波里的可变性可能不如波士顿。游客很难辨认出的黎波里的泰尔城，也很难了解那里发生了什么，这种困难可以从发展对特定要素和活动的联想及其一致性的角度来理解。城市认知是视觉形式（感知世界）和社会意义（联想世界）的产物，这一普遍结论表明，感知世界和联想世界之间的区别在普遍和特殊情况下都是非常有用的，可以用它来确定林奇城市意象五要素（Lynch 1960）对任何社群的实践操作意义，这在一定程度上也取决于联想。

例如，对地标的选择，甚至对作为地标的要素的定义，都可能因为意义的不同而有所差异，即联想价值；对作为路径或边缘的要素的定义也是联想的，一条高速公路对一些人来说可能是一条路，而对另一些人来说可能是一道难以逾越的障碍；对一个区的定义，是把它看作一个可以进入的地方还是要避开的地方，这都是联想的问题。它们影响着认知、心理地图、行为环境和活动体系，是非常重要的。

联想世界和感知世界之间的区别在一定程度上也能解释各类社群在环境偏好上的异同。无论出于什么原因，规划师和设计师都缺乏区域使用者所具有的特定联想。使用者的联想会影响要素和场所的情感意义，以及对环境各部分（如草坪、植物和物体，而非空间组织的客观实物等）的相对重要性。使用者的联想在影响感知环境的“过滤器”中起着重要作用，有助于解释标准的可变性以及环境的刺激特性在本质上是符号这一事实。尽管我们提到的这种区别是抽象的，并且起初只与符号体系有关，没有真正的操作性，目前很难有意识地应用到设计过程中，但它仍然是一种最有效的分析工具，有助于我们理解人与环境相互作用中许多尚不清晰的方面，并提出许多仍需进一步研究的领域。它还可以为设计提供重要的标准：短期内，通过持续使用特定的形式和活动，有可能逐渐形成联想（如交通体系）；此外，即使是在今天，似乎也仍然存在着一些文化上共同的联想。

象征符号与城市环境

迄今为止，我们经常在讨论中引入象征主义这一概念。我们多次尝试对象征符号进行定义，并似乎对它们所具有的某些特征达成了共识。比如符号都体现了抽象性；它们与标记不同，标记是将注意力吸引到它们所表达的对象或环境上，而符号则只有在人们能够解读它们的含义时才有用。因此，符号的功能是交流，并通过环境传达适当的行为与期望。我们可以将行为、人工产物、环境理解为赋予了价值和意义等概念的交流和符号体系[Rapoport 1970（c）]。

这显然与我们关于环境中所体现出的意象的本质和观念、环境品质、符号性景观，以及行为环境与相应的非语言提示及恰当行为之间的关系的讨论相关。一般来说，人们会对刺激作出积极的反应，而且这些反应往往具有创造性，并通过各种方式拒绝和修正一些刺激（DuBos 1965，1966；Lee 1966；Kates 1966）：他们把环境刺激符号化，并对这些符号作出反应。因此，为了理解这些刺激的效果，必须将环境的刺激属性与其符号属性联系起来。人们反应的高效性取决于刺激被赋予的意义，这些联想性的意义反过来又取决于过去的经验，以及文化对标准和环境评价的影响（Rapoport and Watson 1972）。

正因为如此，今天的设计中对符号的使用才变得如此困难。在过去，意义和联想更为固定，因此人们有共同的联想；而今天，我们的联想在不断变化，意义也更多重化和多样化。在同一种文化甚至在全人类中，可能都存在着共同的场所意义，但大多数反应却变得越来越多和越来越不可预知，也就是说反应具有特异性而不是散漫的 [Rapoport 1970（c）]。尤其是在传统文化背景下，基于共同符号所进行的乡土设计主要是符号性的。有趣的是，在过去的纳粹德国，可以把城市当作“不朽的政治宣传”和“重要的政治议题”。* 这是因为一个单一的符号体系可以强制实施，并让人们认为可以通过该体系进行交流。因此，设计的本质是符号化的行为，只是后来才被赋予了物理表达。例如，对于澳大利亚土著居民来说，不通过建筑也可以定义场地 [Rapoport 1972（e）]。事实上，土著居民对符号性边界的定义，除了没有建筑以外，其他方面都与罗马城建成前十分相似 [Rykwert（日期不详）]。

景观和形式的符号体系使许多原来并不清晰的规划和设计方面的问题变得清晰起来：希腊神庙与土地的关系（Scully 1962），中国城市、印度城市和其他城市（Wheatley 1969，1971；Muller 1961）以及建筑（Wittkower 1962）的意义及重要性。不仅整个城市有符号结构，城市内部也有明显的符号结构，如传统曼谷的高度符号和古代北京城的颜色符号，这些城市用不同的客观要素表明身份地位。在所有情况下，符号是共享的，而非特异的，并且由于这些符号很明确，它们可以在认知图式中清晰地表现出来。如今，符号不仅是特异的和可变的，而且大多数是隐性的，因此难以表达和体现在认知图示中。用于符号目的的要素也相应地有所不同，可能是发型和衣着风格、汽车、轮船、饮料、遮阳篷，或者是汽车牌照等 [Sunday Telegraph 1972（b）]。因此，尽管现代城市的许多方面可以用符号来解释，但对于空间使用者来说，这种解释既不清晰也不明显。

历史的证据是非常清楚的。城市可以作为典范和符号被讨论，这说明城市是具有这些特殊性质的（Botero 1606；Lang 1952），原始文化中的整个景观也可以这样理解 [Rapoport 1969（a），1969（f）]。因此，在某些情况下，比如在印度，整个国家及其城市可以看作反映了一种单一的符号体系（Sopher 1964）。美国和英国景观之间的区别也可以从它们所体现的意象和符号方面得到最好的理解（Lowenthal and Prince 1964，1965，1969；Lowenthal 1968）。因为景观并不是被“设计”出来的，而是由许多个人和机构的活动、决策和选择共同决定的，表明了这些符号的普遍性。它也适用于城市景观：城市间在不同场地中的差异是由其所体现的不同符号造成的。**

即使一个人理解过去使用这些符号的意义，而且相关证据也充分证明了这种符号的意义，但在今天符号使用困难的情况下，问题仍然存在，即在当代城市中使用这一概念是否有价值，这种使用是否有助于设计师理解或设计城市环境。我认为这些概念仍然是最有意义的，尤其是从不同地区、不同社群符号多样性的角度理解时。

城市整体形态在过去是宇宙意义上符号体系的载体，但现在不再具有这种作用，因为现代城市已经没有这个意义上的形态。因此，我们必须考虑城市的各个部分、人工制

* 参见：*Khudozhnik i Gorod*（艺术与城市），Moscow，Soviet Artist 1973.

** Tuan（1974）的著作也对这一问题进行了详细的描述。

品和标志等影像系统的符号体系，可能是像草坪那样“微不足道”的事物，也可能是像城市中心的符号体系那样重要的事物，这两者我们之前已经讨论过了。这一点在建筑上更为明显。例如，人们对个人住宅的偏好就有很大的符号性因素 [Rapoport 1969（a）；Cooper 1971]。在许多国家，无论收入和背景如何，大部分人都表示理想的住宅是周边拥有一定空间的独立式住宅（Raymond et al. 1966）。即使是在公寓里长大的孩子，也会有这样的想法（Cowburn 1966；Rand 1972；King 1973），当然这一比例要小于在独栋住宅成长的孩子（Michelson 1968）。究竟是儿童书籍和老师的影响，还是被定义为最可能图式的原型的影响（例如：McCully 1971），这很难说。无论如何，它似乎是一个非常有力的意象，基本上是符号性的，而公寓却没有以这样的方式被视为“家”（Bachelard 1969）。

这同样适用于园林，例如在中国，园林可以分为儒家园林和道家园林（Moss 1965），即根据园林中所体现的哲学体系划分。事实上，园林之所以重要，影响着人们对个人住宅的偏好，原因之一是园林很容易用来符号化各种态度：例如，一般可以通过园林符号的运用区分房前与屋后空间，如果将这些符号与恰当的活动联系起来（这里隐性的符号体系可能是最重要的），我们似乎可以发现对房前和屋后空间以及其他领域的定义就是城市的符号体系之一，这也是意义组织的一个重要方面。同样地，其他认知范畴和符号结构也普遍在环境中有所体现。

即使这些证据更多地是与住宅有关，我们也可以从聚居环境体系中得出城市的意义。例如，住宅与街道之间的关系是积极的还是消极的、哪些活动发生在街道上、住宅的性质以及人与人之间的隔离和联系等，所有这些都会对城市环境及其使用产生重大影响（Zeisel 1969；Brolin and Zeisel 1968）。既然人们的住宅形式偏好对城市形态有最重要的影响，那么导致特定住宅形式的符号价值、其空间布局和位置也会对城市产生重大影响。由此可以看出，如果我们想以任何方式改变住宅形式，就必须要了解住宅的符号体系。例如，如果不理解人们喜欢的和不喜欢的住宅形式的符号意义，那么争论聚居的独立住宅、公寓或者其他住宅形式的重要性并不会有太大帮助，只有改变适当的符号，才能较为容易地改变人们对住宅形式的偏好。

住宅和居住区的符号体系是居住地选择的核心，也是规划的意义所在。因此，我们通过住宅的价格范围和类型（既没有过多差异性，又没有过多的相似之处）判断某一类人，整齐的草坪、良好的维护、房前屋后活动适当的隔离（Eichler and Kaplan 1967；Werthman 1968），这些都是符号。因此，通常可以通过住宅的地址和面积判断一个人的身份和地位。占主导地位的社群试图通过环境和位置表明其不同，正如他们一直做的那样（Schnapper 1971，pp. 90，126）。不同的社群用不同的符号标示自己的地位，也有社群不用住宅和环境表明其地位，所以当这两类社群距离较近时，产生冲突是不可避免的。

任何社群使用的线索都是非常微妙的，除非能够理解它，否则这种线索非常具有误导性。纽约市附近的威彻斯特县有一个高价住宅区，那里有着两种完全独立和不同的景观，分别作为两类社群的符号。地位较高的社群较少维护场地和房屋，与外界接触也较少，缺乏像精美的邮箱、殖民地的鹰旗等这类符号，他们更多依靠街道的本质，街道上也没有人行道和路灯。因此往往是从他们对这些符号(以及他们的行为和衣着)的操纵来评价新移民，而且景观与地位（正如其他因素所显示的那样）之间的关联性确实非常高（Duncan 1973）。这是一个社群在现代城市地区用符号维护身份的一个突出例子，还有许多其他的例子体现了社群使用的一些微妙线索——材料、种植、垃圾桶的位置、某些人的存在、感知的密度等，如果环境符号都够被解读的话，所有这些都可以被人们用来解读城市区域的性质以及生活在其中的人的地位（例如：Royse 1969）。新的城市片区常常缺少这种可辨识的线索，例如，房前屋后空间之间可能没有区别，无法通过环境建立社会身份等。如果无法通过环境线索判断周围的情况，人们为了保险就不会与外界交往。因此，环境的一个重要作用就是表达文化、价值观、活动和相对地位——人们自己图式中的居住空间 [Petonnet 1972（a），p. 115；Lofland 1973]。地区的符号体系也被用于建立社群领域性，因此，符号可以表明哪些社群“拥有”这一地区，预期在这一地区有怎样的行为，以及某人在这一地区是否受到欢迎（Suttles 1968）。这就解释了为什么洛杉矶原本相同的地区会被日本人和墨西哥裔美国人通过种植把它们转变成不同的小片区 [Rapoport 1969（a）]。

值得注意的是，与其他景观条件一样，这也是通过众多的个人决策实现的，即基于共同的符号。设计师与非设计师之间的差异以及在第 2 章讨论的环境偏好上的社群性差异，在很大程度上都可以归结为符号体系不同的原因：环境品质在很大程度上是符号化的，表达了人们所代表的形象，而这些形象往往是无意识的。因此，人们的住宅选择以及修缮、粉刷和改造住宅的方式都反映了符号价值，并成为文化标志。在悉尼，有许多民族社群聚居在一起，人们可以通过房屋类型、颜色、改造方式、房屋和花园的相对重要性、房屋和邻里的相对重要性等符号区分不同的社群（Stanley 1972）。显然，如果存在聚居现象，就会发展出各种特征的地区，表现出各类社群的符号体系。在这些条件下，城市中特定的位置及其自然和社会特征都将承载符号意义，并表明许多个人和社群的特点；它们将成为社会、民族以及其他身份的代表符号，并在这些社群的生存中发挥作用（例如：Siegel 1970）。

接下来讨论一下聚居的问题。城市中的功能、场所意义和价值的分化是分等级的，因为社会结构很少是同质的，这种分化与符号体系有关，并通过符号体系得到了强化。适合于某一社群的空间可能最不适合另外的一个社群，因此产生了聚居的过程。实际上，社群根据表达偏好的生活方式和行为的符号聚居在一起，并进行交流。由于符号是社群信息的最大要素，因此共享的可解读的符号是提供和处理大量信息的有效方式。

行为标准的规范性整合和认可，即成为居住在某一地区的社群成员，得益于该地区的符号体系。我们已经看到，孩子部分程度上是通过环境获取这些信息，某些要素为社群所接受，以表明他们的社会身份，这些要素是强制性的，并规范和约束个人及其行为。当然，这些符号不完全是环境要素，与更纯粹的社会和文化符号相比，环境符号在这一过程中起到的作用总是被忽视。物质要素和地区成为一种符号认同，并代表着场所意义、价值和身份，反过来决定了人们对这些要素的态度（Paulsson 1950，p. 90；Sawicky 1971，pp. 91 ff.）。当概念环境及其体现的所有意义与客观环境相一致时，彼此间的意义就会得到强化，并可能产生共同的符号体系，这部分程度上是通过一致的使用方式和联想内容实现的。可以将城市视为一种有不同程度共性的符号体系，事实上，这与我们前面关于意象的讨论相一致。因此，从大多数人所熟知的中心区和标准区（尽管社群的偏好和使用的情况各不相同）到特定的、地方的和特殊的社群符号，都忽略了个人层面的特异性，人们无法对这些符号、意义和联想进行设计；然而，对于同质社群来说，它们的变化性锐减，人们可以通过开放式设计允许变化的存在。

在个人的日常生活中，符号能够保持其自身价值，因而加强了社群共识。从我们的角度来看，问题在于具有这种符号意义的是地区本身还是其中的人工构筑物。然而，这个问题是没有实际意义的，因为地区的特征取决于其中的人工构筑物，通过明显不同于其他地区的人工构筑物和居民，该地区被主观地定义为具有某种特定特征的地区，这种定义和命名进一步强化了人工构筑物的符号意义。因此，通过对区域（和社会同质性）的主观定义，人们实际上是在赋予地区符号价值。这些符号表征与是否使用空间相关，城市因此可以看成由一系列复杂的符号化地区组成的综合体。任何一个特定的社群只了解其中一部分地区，而对其他大部分地区都不甚了解，所以也会避开那些地区。因此，当边界定义为认知结构时，边界就成为导致退避和空间特殊用途等的障碍，所有这些都通过符号表现出来。

社会关系网、亲缘关系和家域的本质在一定程度上也是符号化的，就像特定环境中的行为规范体系和非语言线索一样。因此，在未遭破坏的地区，符号体系与环境的交流功能有关。与其他符号体系相比，受空间和邻里约束的社群与那些受约束较少的社群之间存在差异，这种差异可能体现在对当地区域符号依赖的强弱上。新的和旧的符号意义可能对再开发、规划和重建产生重大影响，正如在波士顿的某些地区，符号的存在使得这里没有像其他美国典型城市那样忽略了旧区的建设（Firey 1947，1961）；再如，德国城市的重建与其他欧洲国家不同，德国的城市是沿着传统的路线重建的（Holzner 1970）。一般来说，遭到洪水袭击和被战争摧毁的城市往往会在原址一次次地重建，一次次地重塑和加深人们对它的印象，这可以看作一种选址和场所的符号体系。

城市更新的一些问题还可以从城市符号的重要性方面来分析。城市更新对城市地区的破坏不仅扰乱了社会关系网，而且导致了对空间、人工构筑物以及过去符号认同的缺失。例如，第二次世界大战后华沙重建时，旧城区是第一个重建的地区，表明了这个地区的重要性；它是一个超越了“实际”使用的核心地区，具有重要的符号价值，其他地区的重建也随之进行，并使华沙重现往日的井然秩序（Cox 1968）。与之类似的还有利马的棚户区，在那里房屋的前门比屋顶更能成为代表房屋的一个符号，尚未建成时，房屋的外观和客厅就已经完成了（Mangin 1963；Turner 1967）。类似的情况还有，在市郊新区，即便家里还没来得及安置家具，也要先把宅前草坪整饰好。

这说明通过控制恰当的符号，可以改变场所意象并吸引特定人群。至少在丹麦的一个案例中已经证明了这一点，在那里，通过使用适当的符号对场所意象进行调整，从而挽救了 Hostelbro 镇的衰落（Manus 1972）。从更广泛的意义上来说，这表明新城镇能够通过调整城市意象及符号吸引中产阶层的迁入 [Rapoport 1972（a）]。

与社会地位相关的城市空间符号要素包括空间的数量、质量和位置。社群的社会地位越高，拥有的空间就越多，空间质量和区位也就越好。虽然“数量”是相对客观的（尽管实际标准可能不同），但“较好”的空间质量和区位的定义是可变的，需要人们去解读，用来表示它们的符号也是如此。城市可以被视为符号信息体系，尽管人们对信息及其使用的媒介的理解可能存在分歧，因为人们可能无法解读出信息内容。除了用来表明地位、社群成员关系和社会身份，这种体系也可以看作信息、运动和影像的组合（例如：Kepes 1961；Scott-Brown 1965；Carr 1973）。不同时代和地区的城市以及特定场所文脉中的城市不同社群可以从各自符号体系的角度进行比较。

我们看到，与有着共同符号以及单一主导社群符号或个人符号的城市相比，现代城市由于社群的多样性，很难使用符号；而异质人口聚居并使用适当符号的城市，可以更成功地通过符号协调异质性。

但现代城市中是有一些符号的：这些符号可能针对整个城市（例如：Brasilia 或 Chandigarh），也可能针对小规模的项目和城市更新。但它们都是设计师的符号，往往是特异的，缺乏与使用者的共同基础。如果能够建立与使用者的共同基础，这一体系就能发挥更大的作用。该基础既是人们对某些要素意义的共识 [Rapoport1973（a）]，又是对活动体系的共识，或是对过去充当该角色的其他秩序体系的共识（Bacon 1967）。我们已经讨论过一些城市，它们都依赖于一个具有符号意义的正式框架内的单元体系，但每个单元都独立发展了自己的社群认同。虽然这种大的结构很重要，但符号体系主要还是作用于城市社群行为所在的小范围环境中。城市有社会结构，人们能够意识到彼此的存在，并且期望和表现出规律性行为。这种社会结构是通过将结构符号化的事物及其价值、信仰和认知表达出来的。城市中清晰可辨的符号信息能够使人们感知到这种结构，并按照它行事（例如：Beshers 1962，pp. 21，55），这是建成环境的一个重要功能；由于城市中通常没有面对面的联系，这种环境线索通过符号的联系替代了面对面交流。

因此，归根结底，符号的作用是传达社会文化体系，并提示人们恰当的行为。正如我们所看到的，环境符号正变得越来越重要，即使它并没有被始终如一地使用。如果无法交流，人们就无法建立联系，当个体间差异变大，以至于符号不再具有共同意义的时候，人们就会寻找新的符号；通常情况下，符号的缺失和整合可能导致结构崩溃和社会病态（例如：Duncan 1972）。探求理解符号在城市中如何运作、如何传达信息以及传达什么信息，都是至关重要的。

环境作为交流的场所

建成环境在一定程度上是场所意义和交流沟通的一种组织。这关系到人与人之间交流的构建——促进、阻断、分离、连接各类个人和社群，还关系到环境本身的交流组织，即环境对人们的场所意义。显然，由于人们在不同的行为环境中会有不同的表现，这些环境能够引导他们做出恰当的行为，既意味着环境中包含了使用者能够解读和理解并愿意遵守的行为线索，也意味着环境可以概念化为一种交流沟通的形式，如果是这样，交流沟通就可以组织化和结构化。

这种构建，即建立自然环境和人为环境，是形成恰当意象的方式，也是定义情境和行为的方式。由于主观和"客观"的定义往往不一致，因此，人为环境中虽然允许各种反应的存在，但也会对此加以限制。一旦在文化上定义下来，这种线索被人们读懂并准备按照它做时，自然环境就会限制行为。换句话说，自然环境传达了人们最有可能做出的选择，人为环境则是为了引导一致的情绪和行动。人为环境是为了建立适当的情境、互动和交流[例如：Blumer 1969（a）]，并且只有在相互沟通交流的情况下才可能实现；服饰、礼仪以及其他要素同样起着相似的作用[Rapoport（b）]。*

自然环境对行为的间接影响的概念中也隐含了上述观点。如果人们能够读懂自然环境线索，对人为环境中的居民做出判断，然后采取相应的行为方式，那么自然环境就与社会和民族身份和地位等实现了沟通。事实上，大部分关于符号意义、联想世界以及有意识地对其进行调整的难度的讨论，都与自然环境作为一种沟通交流形式的概念相关。

在地理学中，文化景观作为一种活跃的传播媒介，不仅体现了价值观和理想状态，而且影响着人类的行为。于是景观成为一种用来引导恰当行为的行为环境体系，在这种情况下，以及在被称为"新考古学"（例如：Chang 1968；Oark 1968；Ucko et al. 1972）的领域里，客观物质环境由于可以"读取"，而被视为凝固的信息。这是选择模型的结果（图1-7），因为一系列一致的选择被编码在建成环境中，并与其他体系相关联[Wagner 1972（a）；Rapoport（a）]。因此，建成环境包含了符号信息，是文化信息的主要形式，如果这些环境符号能够被读取、理解和遵循（也可能被拒绝），将传递许多非语言信息；如果这些符号信息与共同的规则一致，就可以引导恰当的行为[Wagner 1972（b）]。

从这个角度看，自然环境是一种非语言交流的形式，客观环境条件不仅是对一种文化的表达，而且是不成文规定与其他非语言交流形式的联系纽带。

在许多不同的社群无法解读或不愿遵循自然环境所传达线索的情况下，能够在多大程度上利用城市环境传递信息？一旦这些线索被读取和理解，人们是否愿意遵循线索就代表着信息是否恰当，那么一个重要的问题就是线索的可读性和可理解性。如果说设计是一种

---

* 还有一些从不同角度对这些观点进行的讨论，详见 Perinbanayagam（1974）。

编码形式，假设信息是恰当的，那么问题就在于使用者是否能解读这些线索，即解码（图 3.1）。于是环境中的各类社群，包括设计者和使用者，他们之间的问题可以用无交流的概念进行理解，即一个社群编码的信息另外一个社群无法解码。社会互动也可以视为一种交流形式：同类集聚的偏好就是确保社会交流发生的一种方式，也是确保行为和环境的规则、线索和符码能够共享并被解码和理解的一种方式。因此，社会关系网是社交的一种表现形式，并且受到客观物质环境的影响，而客观物质环境本身也是一种交流方式。

由于非语言交流的大部分内容是有文化差异的，因此人们需要识别出影响特定社群对场地和情境界定的线索，并据此采取相应行动。这也许会以"刻板印象"的文化形式体现在图示和意象中。在任何情况下，人们都能够提供必要的形式，即活动的一致性，并通过自然环境线索给人们以提示，再通过恰当设置的语言和图形信息体系得到强化；所有这些都需要达到高度冗余，涉及所有的线索类型和感官模式。设计师的任务是表明人为环境的恰当性，即通过与行为规范一致的人为环境，为恰当的行为提供线索。

我们对显著差异的讨论与这一观点有关。如果某些特征能够表明人为环境，比如表明一条街道是商业性环境、工业性环境或是旅游性环境，从而影响、指导和引导行为，那么它就算是一种交流形式（例如：Ruesch and Kees 1956，pp. 89 ff）。有趣的是，客观物质环境在动物中似乎有着类似的沟通交流功能——表明动物地位并提醒它们未完成的计划（Miller，Gallanter and Pribram 1960，pp. 78-79），显然，人类也是以这种方式发挥作用的。

城市景观表明社群身份的方式是交流形式的一个典型例子，客观物质环境传递了关于社会体系的某些线索，并由此引发了恰当的行为（Sanoff 1973）。直接地引起恰当的行为就像房前和屋后空间、私人和公共领域的人为环境，也是这一过程的组成部分，特定的区域、建筑甚至某些有特定特征的房间的影响亦是如此。领域的类型、标记这些领域的线索及其预期的行为都会随着文化的不同而有所差异，但这个过程本身是存在共性的。在殖民时期的印度城市中，各地区出现了明显的分化，各自引发恰当的行为，并接纳和排斥不同的社群。在现代印度城市中，住房仍然是根据收入、社会地位和所属社群详细地分为若干等级，因此，如果知道它们的编码和标准，就可以通过房屋类型、大小和花园判断出房屋的主人并预判他们的行为（Grenell 1972）。

我们已经看到，对于美国和澳大利亚的中产阶层城郊来说，维护良好的草坪是社会地位和良好行为的符号，这就是他们使用线索的方式。在新区，哪怕还没给家里配备好家具，人们也要先建好房前的草坪，把前院布置好再去布置后院。另一个重要的线索是各式各样的房屋风格，不过这些风格不能差别太大，也不能背离常规，就是说这些风格应该在同一个语言系统中。这些线索的相对重要性在各种区域可能有所不同，也可能使用不同的线索（如特殊的娱乐设施），但所有线索都是在表达社会地位和理想的生活方式。例如，停船的潟湖、骑马的小路或者高尔夫球场都展示了某种意象，并传达了身份信息，尽管很少有人会在实际生活中使用这些场地（16% 的人使用潟湖，7% 的人使用高尔夫球场）（Eichler and Kaplan 1967，p. 114）。所有这些客观物质要素——商店、住房、景观、大道和娱乐设施等，都传达了一种高社会地位社群的意象，最大限度地提升了该地区的符号地位。服务设施的远近和它们的非住宅用途起着类似作用，虽然其中有经济动因（保护个人投资），但都是通过更为重要的符号和交流要素实现的，而且是少数几种不用面对面交流就显示地位和身份的方式之一。由于单靠这类线索可能无法传递信息，因此，人们与同类人或者与有相似交流方式的人聚集在一起，这一倾向就可以视为在强化信息，如果有足够冗余的信息，就能够使用这一地区（地址）。在异质的城市中，这是最有用的，因为至少其中一些线索很可能被人们理解，并告诉他们该期待什么样的行为，以及如何表现。

因此，在感知和定向中很重要的多渠道冗余的概念似乎适用于非语言交流（Birdwhistell 1968）。虽然这个概念只是从语言行为和伴随语言行为的角度进行研究，比较了口头语言、手势语言、面部表情语言、形体语言等各种交流方式（例如：Birdwhistell 1968；Mehrabian 1972），它似乎同样适用于客观物质环境。人们可以说，城市环境的多渠道冗余不仅通过所有感官、活动和形式的一致性、物质环境与语言、图像和影像符号的吻合来实现，还要通过与社会各方面相关的冗余。这意味着人们与性格相似的人聚集在一起，虽然有着共同的环境偏好和符号，但其内部的一致性、语言行为和伴随语言行为是多样的。在这种情况下，自然环境将强化非语言行为，同时受到非语言行为的强化，这些非语言行为包括手势、面部表情、体距行为、音量、举止、衣着、恰当的空间行为和所有不成文的规范。

物质环境的交流功能及其组织和使用应被视为非语言交流连续体的一部分，包括固定特征、半固定特征和非固定特征（构成非语言交流研究的传统主题，包括空间距离、眼神交流、衣着、手势和肢体语言）。这些不同类别的要素之间可能有系统性差异，至少在微观尺度上已经有一些这方面的证据：在会议上，非固定特征和半固定特征一直是在一起系统性地在变化（Collier 1967，p. 40），显然，考虑到时间尺度，固定特征要素很难变化。

还可以通过一致的住房、花园风格、窗帘，以及家具、街道使用、商店、餐馆等制造冗余。这种冗余将使预期的接收者更有可能接收到信息和意义。通过经验我们知道，由于地区“属于”特定社群，人们很快就能学会预期的线索类型；鉴于陌生人在别人领地上的行为方式，一致的联想让人们更可能恰当地读取线索并愿意“服从”。

由于在各类感官、对不同符码的使用以及个体间渠道灵敏度上存在文化差异，个人和社群间交流的可能性会随着冗余度的增加而提高。行为、环境条件、符号、形式和礼仪、规范等之间的系统性和规律性关系也有助于加强个人与社群之间的交流；物质和社会环境的交流功能随着文化的“标准化”变得更可预测。很显然，一种文化越是复杂和多变，其交流系统就一定越复杂，然而在我们的城市中却恰好相反。随着系统的复杂化，环境的交流功能却在降低，这很可能是因为有意和强行消除了可能存在多渠道冗余的同质地区。*

---

* 值得注意的是，动物界在社会体系复杂性和交流体系之间也有相似的关系（例如：Brereton 1972）。考虑到物种的特殊需求，在人类的不同社群之间会出现非常有意思的等价物，与冗余之间的联系纽带同样非常有趣。

看来跨文化交流的问题是非语言交流要素造成的，这些要素必须能够被人们读取和理解。这些要素都围绕着更正式的交流渠道，既有空间要素，又有环境要素，以及更常见的那些类型。在语言行为和伴随语言行为中，这种“描画”（Hall 1964）占据了信息的很大部分（Mehrabian 1972）。虽然没有明确数据说明环境描画的具体作用，但它可能是相当重要的。

由于语言是人们所使用的主要符号体系，所以我们可以考虑语言的类似物。语言模型虽然很抽象，但却为这种非语言交流过程提供了有用的见解（Gumperz and Hymes 1964）。在这些模型中，包含有交流形式和功能之间的整体关系以及语境作用等概念。有一个概念是参与者，即发送者和接收者，他们都是基于共同代码，使用某种渠道发送信息，因此与社会和文化因素紧密相关。信息的形式对理解的过程很重要，对人为环境以及信息是否受到鼓励、允许或禁止等同样重要。许多人从环境条件、参与者、互动功能、形式和参与者所持价值观之间的关系等方面对这类模型进行研究。人为环境被认为与地域（时间、地点和情境）有关，这与行为环境的定义非常相似。一般来说，很少将这些内容应用于自然环境（尽管似乎是适用的），这种类比和见解清晰而实用。*

人们可以识别区域的性质，判断其品质和地位，识别人为环境并了解如何行为。就像餐馆和酒店被认为是某种有着可预测行为的特定环境类型一样 [Rapoport 1973（a）]，城市地区也可以从社会地位、公共或私人领域、房前或屋后空间等方面进行评估，如果知道规范（或符码），人们就可以根据自然环境本身或身处其间的人采取恰当的行为，也就是说，人为环境、参与者、功能、形式、规范和价值观之间存在着与语言模式相同的关系。

当我们谈及传统城市在重要与不重要、神圣与亵渎、城市与乡村、主要街道与次要街道、聚居区 A 与聚居区 B 之间有明确的等级结构和区分时，实际上是在说，城市提供了一个清晰的沟通交流体系，在这个体系中，所有信息都是明确的，因为这里有共同的、能够引发可预测和恰当行为的符号。而现代城市中的信息体系在各个层面都是无序的。在人口集中的城市地区，体系是服务于整个城市的，很少有特定体系；由于符号和符码具有特异性，因此线索的可读性、明显的差异性和联想，以及领域和类别的定义（随着文化而变化）之间存在差异。

有人提议将现代城市设计成信息体系，这样相较于空间线索，城市会更多地依赖语言和图像上的标记（Scott-Brown 1965；Venturi et al. 1969，1972；Carr 1973）。适当地关注这些显著的差异和其他因素将有助于这一问题的讨论，尤其是如果体系中的一般组成部分都是标准化的，就可以产生一致的联想。但是，人们需要超越这些认知并组织城市环境本身，但由于认知和定义方面的问题，以及显著的差异和环境符号的高度可变特性，这些问题会更突出。

---

* 这一研究的主体是将符号学和符号分析应用于自然环境，例如：Barthes 1970—1971；Choay 1970—1971；Jencks and Baird 1969；Jencks 1972 等。这是一种更为不同的方法，也更为抽象。Rene Parenteau 及其蒙特利尔大学研究团队的工作也是一个很好的应用案例。

我们来看看对主要街道和次要街道之间明确区分的使用建议。这取决于显著的差异和线索的可读性：在昌迪加尔，七种道路类型就因为相互之间没有明显的区别而不够明确，甚至绿化带和集市街道之间也没有明确的主要区别，更别说用线索表明道路之间的其他区别了。而在传统的印度城市中，集市街道与其他道路和领域之间有着明确区分，使人们更有可能采取恰当的行为。接受这样一个事实似乎是有益的，即有一个广泛的词汇表可以对这些差异和线索进行组织。就整个城市来说，公共地区的常见设施和移动通道等最好能够从显著的差异、感知世界和简单的、普遍接受的符号和联想方面加以考虑。复杂的、情感的意义和符号最好能够局限于小尺度的要素，尽管对外人来说，它可能使一些地区看起来莫名其妙。这说明城市是基于一个意义、符号和交流的等级层次结构。

重要的是，大多数关于城市作为一个交流环境的讨论都涉及大型设计体系（例如：Crane 1960）。对于具有可变符号和符码的异质人口来说，一个最低限度的、简单的整体体系似乎更有用，这个体系在一定程度上能够通过一致性或更有用的刻板印象（即与特征统一关联的明显的差异）"强加"给人们并使之掌握。在这个根据显著的差异、可读性和一致的特征设计的、所有人都能理解的整体框架中，对于显著差异的设计来说，会有更多变、更丰富、更重要和更详细的领域和子领域，向更多的同质人群传递更为复杂的场所意义。*

传统聚落拥有更好的、可预测性更高的交流效果，这是由于在城市体系本身更高的一致性的帮助下，符号的统一性与共享度更高，感知环境和客观环境更契合。为了印证这一点，我们可以回想一下古代墨西哥城的城市形态与亲缘关系间的一致性、穆斯林城市的城市形态与社群成员关系间的一致性，以及拉斯卡萨斯各级空间组织的统一性（图 1.4）。

我们已经从不同角度多次讨论过日本城市，它恰好印证了这些观点。例如，日本城市从来没有大型的公共场所：西方国家的购物娱乐和部分宗教活动多在公园、广场等类似场地进行，而日本则有购物区和娱乐区，还有专供举办宗教活动的宗教建筑。这意味着，与这些活动对应的人为环境会引起不同的恰当行为，尽管可能让那些不理解线索的人产生误解和困惑。

空间领域的组织很不一样，导致定位非常混乱，并使小范围的本地（丁目）在应对密度问题上发挥了重要作用。后者得益于私人与公共领域分离的不同处理方式，以及在两种领域中令外人感到困惑的极为多变的行为规范。我们已经看到诸如旅馆、浴场和酒馆一类的特定机构是如何用于弱化功能的，以及这里的聚居环境体系如何不同于其他地方。日本人在屋内习惯坐在地板上，这一行为对他们的住宅、花园设计、行为举止、衣着服饰等方面产生了重大影响（例如：Fitzgerald 1965，pp. 2-4），因为这是整个体系中的一部分。

由于人们大部分时间都待在家里或左邻右舍，这些要素的不同性质将极大地影响交流的信息内容。日本民居的空白墙体，以及公共与私人领域间清晰而"野蛮"的分隔，可能

---

* 实际上这种区别是培根（1967）提出的，尽管他更多地是从空间组织而不是交流方面讨论这一问题，并且更倾向于给整体框架赋予高度的符号意义，而不是简化这一框架。

让误读了日本城市及其意义的西方人极为不安。这些都证明了休闲娱乐要素在传达人与城市的关系方面具有重要意义（Nagashima 1970）。日本和西方城市空间在这两方面的主要区别对于传达人与城市关系的态度将是非常关键的（这也可以用来解释在美国的意大利人缺少适当的公共场所进行某些活动这一问题）（Gruen 1966，pp.173-174）。同样地，日本以外的人很难理解如何处理压力和超负荷，以及环境线索是如何与这些功能联系起来的。如果不扩大讨论范围，那么参观者和外来者在这些层面上都会因为误读或无法读取环境线索以及不了解规范（即无法沟通交流）而感到困惑，也不知道应该有怎样的行为表现。

我们之前已经讨论的房前和屋后空间行为也可以从这些角度来解释。在一个地区，私人社交和互动属于房前空间活动，而建构自然环境是为了使这些活动发生在屋后空间，如果环境符码不恰当，那么自然环境就不会传达预期的信息，行为就可能与自然环境形式相悖，该地区会被人们错误地评价，甚至还可能发生冲突。

同样，我们已经看到用于表示社会地位的要素类型各不相同。虽然一般来说，地位和良好的维护是相辅相成的，但有一些情况并非如此。某些社会地位较高的地区并没有过分修饰，空间比某些社会地位较低的社群空间更小、更普通。因此，同语言一样，尽管有某些普遍性特征，但具体符号的意义有时候是任意的，人们必须学习才能了解。

这说明了两种观点。已经提出的第一种观点是关于恒定与变化、具体物种间相互作用与文化多变性之间的问题。第二种观点是关于着位法与应用于环境中非语言交流的着位法之间的区别。着位法是用来理解一种文化体系内的行为及该体系中所使用的标准和特征的方法。另外，着位法利用外部标准审视这一体系。为了理解这种符码，有必要对着位法进行研究。着位法可以用来比较一个体系与其他体系的不同，并且理解恒定与变化之间的关系。此外还要考虑策略要素，即着位法要素如何与同等级其他要素结合；由人类学和语言学衍生出的这三个概念为环境交流研究提供了一个相对抽象的模式。首先，我们已经知道，人们对环境的反应和评价往往是带有情感的。环境中的非语言信息主要就是情感性的，并为其他方面的交流设定情绪。

在文化的耳濡目染下，通过对非语言环境线索的学习，人们学到了一些应对环境的方式。如果信息是不合时宜的，那么就要尽量避开这些信息，从而避免不恰当的感受：那么适当的自然环境就是使文化上适当的情绪和感受变得明显而具体的自然环境（Langer 1953，pp. 92-100；1966）。

这说明人们对自然环境线索非常敏感并会作出反应，这些线索表明了人为环境的目的、居住其中的是什么样的人以及什么是恰当的行为表现。虽然大部分工作集中在建筑人为环境中（例如：Kasmar 1970），但这一过程似乎也适用于城市人为环境，城市人为环境可以表明某地区社会地位是高还是低，是公共领域还是私人领域，是房前空间还是屋后空间，属于A社群还是B社群。在建筑尺度上，客观物质要素的交流功能能够很容易地展现出来，例如在对法庭的传统研究中，法庭通过五个主要角色之间的关系及其人为环境传达其中蕴含的法律哲学的本质（Hazard 1962）。然而，在城市环境中，包括建筑要素在内的各类线索往往直接或通过仪式建立角色和社群身份。

我们已经笼统地讨论了仪式在城市人为环境中的作用，并且可以看到，随着这一作用正在削弱，自然环境符号可能变得更为重要。因此，某些建筑要素可能成为强化社群凝聚力的符号，并传达期望的行为：这些要素有助于向社群成员和非成员传递社群边界信息。例如，在墨西哥索诺拉的玛奥印第安人中，十字形房屋排列（在更小的尺度上还有一些其他的十字形）是表现和维持民族身份的主要符号要素。同其他地区社群一样，该地区居民住宅的朝向、其与居民点和社群成员的关系都与识别该社群的主要建筑符号有关。事实上，在理解这一体系之前，也就是在人们能够读取这一符码之前，他们都认为住宅是随意排布的（Crumrine 1964）。在各种情况下，仪式和排列整齐是非常重要的，对于一些社群来说，这种使用自然环境某些特征的有规律的纪念活动在社群的融合中起着关键作用：这些基本的环境要素只向理解符码的人传递信息（Vogt 1968）。

可以说，随着电视、报纸、电影和各种其他交流形式的发展，自然环境这种交流形式变得没那么重要了。例如，在波洛洛印第安人中，文化与环境之间紧密联系，聚落形式的破坏导致了社群的瓦解（Levi-Strauss 1955），这在现代情况下是不可能发生的。但是，我们已经反复看到，自然环境中的交流对一些社群来说至关重要。正因如此，不同体系的线索之间应该保持一致，环境交流作用才能不断提高。

特定社群中的人或多或少都会做出一些一致的选择，这就是所谓的风格，无论是建成环境中的选择，还是生活中的选择。理想情况下，体系在固定、半固定和非固定特征要素上是一致的，即自然环境与生活方式之间是一致的，并且自然环境向外传递信息。如果没有一致性，那么自然环境可能就会变得毫无意义。

我们来看看在更大尺度上的一些例子，其中一个例子是一位欧洲人对美国城市的误读。据说美国城市没有等级结构，没有核心或中心，没有分区，没有专门功能等，总之一句话——没有秩序（Michel 1965）。显然，这些美国城市都有，只是与欧洲城市截然不同罢了。然而最重要的是，来自欧洲的观察者感受到的就是这样，他们无法读懂美国城市环境中的线索和规范，感到迷失和迷茫。事实上，这是因为无法通过自然环境进行沟通交流。我们已经看到，不同城市和文化中的等级结构差异很大，如果不了解其中的符码，是很难解读这些信息的。因此才有了前面所讨论的西方观察者对穆斯林城市和其他非西方城市的误读。最后，我们讨论一下法国人对美国城市中的时间和空间的看法（Levi-Strauss 1955，pp. 78-79），他们认为新世界的城市缺少一个能够让人们理解城市的时间维度。欧洲城市因其悠久的历史而变得美丽且富有吸引力，在美国，城市的历史却使城市变得丑陋，他们需要像建造新城一样尽快更新旧城。这可以解释为一种对某类时间符码的误读，并导致了城市的迷失，还可以用来解释英国和美国的自然环境（Lowenthal and Prince 1964，1965，1969；Lowenthal 1968）。

这种问题也发生在较小尺度的城市中，因为那里午休时间长，吃饭时间晚，不同社群的生活节奏和韵律不同步。例如，在瑞士，如今在意大利工人与瑞士人之间产生了冲突，因为意大利工人的居住区在凌晨 2 点依然灯火通明，他们那时还在放着收音机载歌载舞，而此时的瑞士人居住区已经全部熄灯，正是安然睡眠的时候（New York Times 1974）；还有由于超市里的推挤（即个人距离与空间）和成群结队的孩子产生的冲突，所有这些都可以用文化符码来解释。

通过对活动隐性符号的分析，以及对可能表明地位或恰当行为等的特定自然环境要素的分析，可以找出行为与意义之间的关系。然后人们对这些被编码的信息进行解码，自然环境就会变得清晰可读。它远没有语言学和符号学分析那么复杂（从长远来看很可能需要），但更直接有用。这种线索的具体例子已经在之前进行了讨论（尤其在第 2 章、第 4 章和第 5 章）。无论是何种具体的体系，我们都可以说出城市居住区间的等级结构，例如，这些等级结构都是通过许多线索传达的，从而增加了冗余度。在每一种情况下都使用了各种不同的客观物质要素，并且无需使用复杂的符号学或语言学类别和体系就可以理解这些要素。

我们可以相对容易地总结出，在美国，一般来说，可以表明社会地位的客观要素有成荫的树木、广袤的大草坪，有一定年限、规模和风格的住宅、舒适的后院、游泳池、娱乐设施等。不过个体上总会有一些特殊情况。因此，在维护程度上，“精心修剪”的植栽与野生种植之间可能存在差异，而且由于景观、材料、人或商店类型中存在某些看似次要的东西，实际也会产生地位上的微妙变化（例如：Duncan 1973；Royse 1969）；如公共住宅之类的其他环境形式也能立即传达该社群的身份。这些差别对于某些社群来说更大、更明显。然而在所有情况下，环境都可以传达并符号化社群身份。一旦理解了环境的这种交流功能，就不难发现其中所使用的客观物质线索和社会线索。

这种功能部分程度上归功于设计师，他们所做的事情是至关重要的，但同时受到个人和社群中许多微小变化和决定的影响，从而创造了某种特征，或者是某些社群无法形成这样的特征，这种特征起到主要的交流作用，但却一直被人们所忽略。个人和社群成员希望传递的具体信息通过个人和社群的个人化发挥作用。设计和规划必须考虑到这一点。

总结一下就是，可以将环境视为一种非语言的交流形式，使用者需要解读且必须经过编码和解码过程。这似乎为解码环境提供了一个潜在的有力分析工具，否则很可能误解环境信息。它也可能是一种使设计师的角色和任务变得更容易的编码方法，让设计师思考他们能做到的极限是什么、开放性设计的重要性，以及将城市看作是由一组或多或少有着不同符码和意义的地区组成的。

文化、符号和形式——解决信息过载问题的方法

除了将环境本身视为一种交流方式，还可以将其视为促进或控制个人和社群之间交流的媒介。在这种关联中，可以将建成环境视为一种有效体现文化模式化的方式，并为其提供线索。模式化是降低社会和环境信息过载的一种方式。一些居住地选择，如现代城市的

郊区，就可以看作一种将过量信息降低到可管理水平的方式。非洲、中国、日本等其他类型的城市也达到了同样地目的，但采用的手段却截然不同，这些城市用的都是认知、文化、社会和客观物质等所有能够解决信息过载的方式。用于私人空间的类似相关机制是用来控制不希望发生的互动和社交的一种方式。这可能是因为信息数量过大，或者是因为人们想要避免某种特定类型的互动方式，又或者是因为他们想要特定时间和环境下的互动。这些方式还能使一些人们无法避免的、不希望出现的互动结构化。

无论是处理环境信息还是社会互动，人们都是在处理一种交流形式，只是一个在客观物质环境中，另一个在社会环境中。因此，这是一个关于控制和构建交流机制的问题。我们已经看到，可以通过许多方式缓解信息过载的问题，其中包括在认知上将环境结构化成组合或符号，运用各种社会、心理和物理防御手段，以及聚居在有一定同质性的地区。它们相互关联，还可以与作为信息交流载体的符码和环境概念相关联。换句话说，对物理和社会环境进行模式化和结构化的各种方式在结构上是等同的，都是用来减轻信息过载的方式。有必要说明郊区和“内向型城市”等明显不同的形式在结构上几乎等同，因为两者都是减少压力和信息过载的有效机制。物质、认知、社会和其他机制也是如此。其实许多郊区住宅和地区的意象都反映了这一点，并且隐含在环境偏好中。许多关于环境的要素都是能够减少压力的——物质上、社会上、心理上，或者是通过联想和符号。住宅广告明确了这一点：有一些联想和符号是隐性的，比如第 2 章中讨论的那些强调环境品质方面的符号——空间、绿化、休闲活动、安静、同类人以及其他通常能联想到低压力的意向。另一些则明确让人们感受得到压力和紧张，比如开车上班和购物的煎熬，使得“人们不得不找地方逃避和放松，恢复精力以继续与压力进行斗争……唯一真正的和私人的避难所就是家里”（Lynton Homes 1972）。

依据感知的同质性聚居，从这个角度考虑就是一个地区同类。非语言行为的非固定特征意味着人们对于面部表情、身体动作、个人行为、礼仪举止、手势、衣着、笑容、言语、食物的味道和许多其他方面都有强烈的反应。在一个地方恰当的某些行为，在另一个地方可能就不恰当，甚至被视为一种“变态的”或是带有威胁性的侵犯。在城市中，人们可能在不说话的情况下与许多人有着视觉、嗅觉和听觉上的接触，因此产生许多非语言接触，这些接触主要发生在中心区、购物区以及公共交通工具上。人们除了在某些情况下（如使用特定社群的特定购物区，以避免前往城市中心区和使用私家车）尽量减少接触，还试图住在被同类人视为天堂的地区，这样的地区可以减小压力，使人放松，并为在那些避不开的异质地区遇到更多的压力做好准备。事实上，整个居住区就成为一个通过客观物质和社会线索沟通交流的后台地区。

因此，与同类人聚居在一起可以视为一种减压机制，就像人们更喜欢乘坐私家车一样（相对于公共交通）。私家车除了是一处可以使人隐蔽于此的领域之外，还保证了人们不必在很近的距离之内身处非同类人的非语言信息中，而这种情况在公共领域是很难避免的。这样我们就能够理解同质区域巴士专车的成功了，比如从弗吉尼亚州的莱斯顿到华盛顿特区的专车。在整个城市和居住区也存在着通过人工制品进行交流的情况。因此，同质区有助于加强交流环境的可预测性，这些同质区都隐含着对标准、对待物质要素的方式和特定事物的意义的共识。这一结论是从这个观念出发的，即物质和行为的意义在很大程度上是任意的和习得的，当然也有一些物种有它们特定的规律。* 物品和行为仅能在一个隐蔽的符码框架下传递信息，不仅要知道这些符码的意义，还要知道它们的组合规律，语境背景和“文本”的长度有助于减少非语言意义中的不确定性（例如：Greimas et al. 1970）。因此，体系中冗余越多，使用的渠道就越多——建筑、空间、栅栏、草坪、植物、颜色、噪声水平、衣着、行为、隐私规范、领域定义、时间节律等，体系就能更好地交流和传递信息，从而有效缓解信息过载的问题。

防御性结构有助于应对长期压力。在这方面，一些关键的文化价值是非常重要的，这些价值通过符号表达出来，使人们更容易形成社群认同和维护社群身份（Siegel 1970）。这得益于社群聚居、社群成员间的简单交流、对社群和家庭的有力管理、衣着和礼仪等，所有这些都有助于防御性结构的形成。当出现聚居现象时，这些要素最容易结合环境符号，以形成适当的环境，它们减少了社群内部的社会距离，拉大了与其他社群间的社会距离，相当于设置了边界。

这同样与主观距离、环境中的期望邻近度、过渡和联系的符号要素有关。因此，环境传达了人与人、人与物以及物与物之间的分离偏好。

通过社会和物质环境中的线索有选择地控制人与人之间的接触，它与具有恰当规范的行为环境的定义相对应，这些规范必须是已知的和可被理解的。因此，与其呼吁大家营造有利于人与人接触的环境，不如认真研究接触行为在量和质上的可变性以及接触行为的控制机制。

这种方法与设计和控制犯罪之间的关系相关联。无论是接受还是拒绝这些观点，犯罪行为显然是城市压力的一个主要来源，所有这些分析都与空间组织有关，这种空间组织将防止或者控制犯罪行为与公众之间的不必要互动。它也体现在当某些形式的空间组织失败时，犯罪率一般会上升，因为规范体系和非正式管理机制不再起作用了（例如：Rainwater 1966；Yancey 1971；Newman 1971；Angel 1968）。显然，非正式的规范在同质地区效力更好，因为那里的人们能够理解和共享这些规范和线索。然而，拥挤、人口结构不同、物质环境本身造成的信息过载等问题更常见、更普遍，正如我们所看到的；它也与隐私相关，是对非必要互动的一种控制。

城市形态在一定程度上影响人们对私人生活和参与公共生活的控制程度。利用选择性过滤的概念，可以将环境概念化为允许人们自己决定使用哪种机制、过滤多少信息、传递多少信息以及何时传递。需要注意的是，控制信息传递的一种方式是通过个人化和环境线索实现的，如草坪、维护、颜色、栅栏、墙体、房前屋后的空间分隔以及私人和公共领域

* 在非语言行为研究中，注意在支持特定文化符码（例如：Birdwhistell）和强调泛人类和特定文化要素相互作用（例如：Ekman 1972）之间存在较大争议。

的行为规范。这些信息来源于个人，又传递给个人，当它们都是恰当的并为人们充分且明确地理解时，就可以被过滤掉，然后人们就可以放松地做自己，更少与人进行不自主的（而更多自愿的）交往互动。房前与屋后空间环境的各种形式和布局，以及恰当的行为规范都可以理解为非语言信息。当非语言信息为人们所理解、物质和社会环境进行交流时，这些要素都能更容易、更轻松地运作。举一个简单的例子，在美国，邻近度往往使邻里之间产生某些特定的权利，这种情况在英国是没有的（Bracey 1964）。相同的环境线索、空间组织、边界位置等，都可能被其他社群误读，并造成混乱和压力。美国人抱怨英国人太冷漠，而英国人又抱怨美国人咄咄逼人。

同质地区有效地延伸了后台区域，这样人们就不需要高度警惕，不需要一直留意自己的行为和他人的行为。通过中间的保护性过滤作用，提供了额外的控制，也使得通过环境传达一个永久的公共意向的交流变得更加容易。事实上，我们仍然需要选择，通过非语言方式强迫互动，无论是直接的还是间接的，都是对隐私的侵犯。在这种情况下选择和控制就非常重要了，因为感知的控制和选择可以适当缓解压力 [Glass and Singer 1972；Rapoport（b）]。选择的一种形式也是城市环境的一种形式，即选择同质或异质、郊区或高层住宅区，以及在这些环境中的其他选择。我推测在现代西方城市，大部分人会选择“郊区”的同质地区，因为这些地区压力最小、控制力最强。在其他文化背景下，存在着其他的、对他们来说更合适的形式。

因此，聚居、空间组织、规范、坚实隔声的墙体、门和窗帘、私人花园和后院、庭院等都是控制不必要互动的方式。当然，方案层面的设计结论可能都是大相径庭的，更不用说实际的设计了。例如，出于多种原因，我一直在论证某些特定规模上的聚居意愿。而其他人暗中使用类似的模式得出了完全相反的结论，他们主张用信息过载的方式打破那些不必要的社会模式，从而实现根本性的转变（例如：Sennett 1970）。

可以将理想地反映概念和认知结构的城市客观物质结构视为一系列避免信息过载和减轻压力的机制，这种结构有两种意义：第一，传达了社会和文化规范的信息，如果人们能够遵守这些规范，便可以缓解信息过载的情况，另外城市结构的空间组织本身也是控制所需信息处理量的机制之一；第二，概念上相似的空间组织在具体细节上可能存在不同，即它们可能是某些更大模式的转化。* 因此，城市、郊区和城市中心区外围的小范围同质独立地区，在结构上等同于其他应对压力和信息过载的方式（图 6.1）。

这些差异显著的城市形态不仅在图像上相似，而且有相同的目标：区分感知的不相容性，从而减少不必要的互动和信息过载，同时允许在指定地点进行自愿互动。环境能够起到这一作用，主要是通过与理解这些规范的人进行沟通。这在殖民城市中非常明显，因为这些城市大部分都具有文化多元性。这些模式也是一种区分，强调各类社群之间的物质和社会距离，并且在各地区使用特定的文化设施。一个例子就是英国殖民时期的印度城市 [例

* 与之类似的是，d’Arcy Thompson（1942）曾指出，显然非常不同的空间组织是类似模式的转换。

如：King 1970，1974（a），（b）]，正如我们所看到的，环境差异很明显是用来强调和确定社会和种族隔离，并且在不同地区使用了特定文化的城市形态。

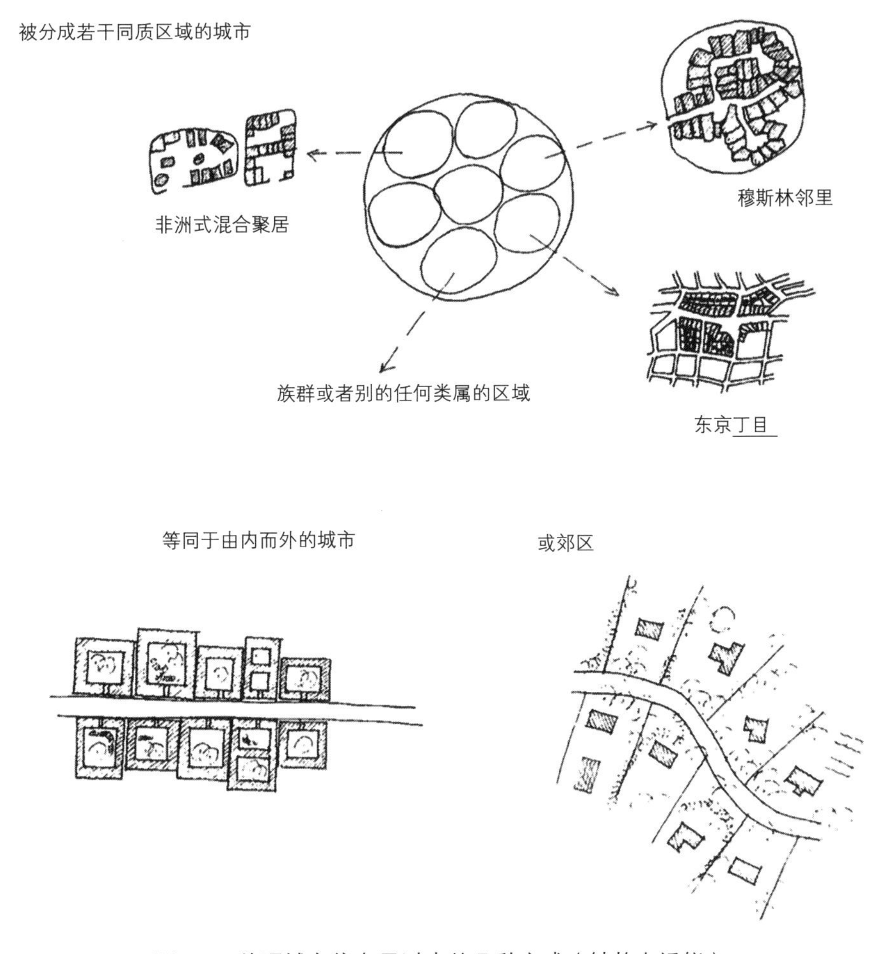

图 6.1　处理城市信息量过大的几种方式（结构上近似）

这些城市都建在原住民城市之外，通常有三个独立的聚居区——原住民聚居区、平民聚居区和（旧时英军驻印度的）兵营聚居区，即使在今天，这些聚居区也会给游客留下深刻的印象。在一般的殖民聚居区中，主要的手段是用充足的空间表达社会距离。在传统的印度城市中类似的内部社群同样表达了社群间巨大的社会距离，尽管不易察觉。除了位置、种姓和职业划分社群外，使用的要素设施也很不一样，人们更喜欢使用庭院和墙体，而不是空间。这两种控制互动的方法，即利用距离和障碍，似乎是最基本的。因此，本地居住区比较密集且空间狭小，与殖民居住区特别而充足的空间和距离形成鲜明对比。

在殖民地区，人们生活在混合区内，控制了社会互动和不必要的互动。以民事线内的混合区为例，生活是私密的，与外人的关系只限于正式的和次要的关系。印度人则被不成文的规定和法律排除在这些地区和混合区之外：编纂的规定“只是那些已经根植于人心的社会距离的正式表达”（King 1970，p. 12），并且在空间上很好地表达了出来。因此，在英国聚居区、混合区以及为规范和法律提供线索的住宅等周围存在着许多边界，这有助于对互动交流加以控制。社会和工作体系、休闲娱乐设施以及空间特征在殖民地区和本土地区是迥然不同的，足以确保两者的分离。

它通过两种方式起作用。首先，通过所传达的信息强调形态上的不同，从而建立非常明显的边界（伴有规则和制裁），创造与文化、生活方式和行为不一致的环境；其次，使用与运动相关的客观空间，让以步行为主的本地人觉得开放的低密度空间难以跨越，因为那里的氛围让人不舒服，非常单调，突出这些特点，从而使其易于控制。

从我们的角度来看，体系的具体细节没有那么重要，重要的是对英国聚居区的描述反映了英国乡村的理想模样，这也可以用来描述今天的理想郊区——一大片地上有一座独立式住宅，大量空间、自给自足的独立区域、远离“不必要的人”，与工作、运动、休闲和俱乐部等设施之间交通便捷，并与住宅有明显区分。如果我们将之与本土城市比较，可以超越表面的差异、特定背景环境，甚至超越高密度与低密度的对比，从控制不必要互动的角度来看，这些差异只是例证了内向型城市、片区型城市和障碍之间的基本区别，通过空间对比实现了结果间的比较，是一些隐私机制的具体例子。此外，两者都展现了聚居行为、严格的等级结构和明确的规范体系。

因此，很显然，物质环境的不同形式使用不同的线索传递类似的信息，并使用不同的机制达到类似的目的，这都是为了减少不必要的、充满压力的信息和互动，从而减少信息过载的情况（图 6.2）。

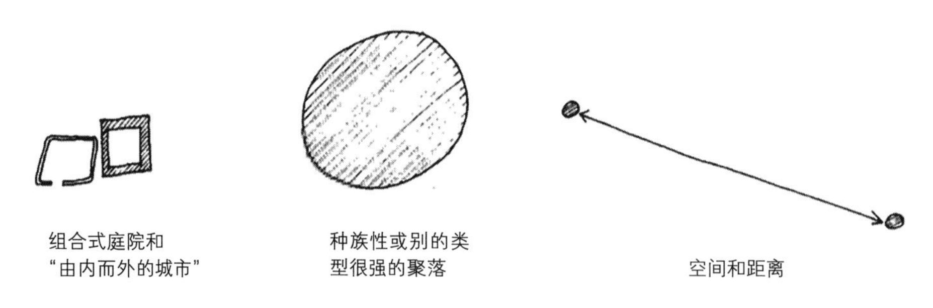

图 6.2　控制不必要的交流的三种等价方式

在其他殖民地区，社群差异和感知的不必要互动也很明显，并且在环境中有所反映。这些差异反映了不同社群的环境品质观念以及用于表明行为规范的空间组织和符号方面的明显差异。这些地区往往有着迥然不同的技术、文化、社会、经济和制度体系，因此无论是德里、马拉喀什、非斯、巴达维亚（雅加达），还是其他城市，城市特征差异都十分明显，这一点不足为奇。更为普遍的是，凡是有不同文化社群共存且邻近的地方，都会出现这种情况，尽管在那里发挥类似作用地区的特征差异及其使用的符号和线索的差异并不大。因此所有这些不同的空间分隔形式、空间组织和符号意义在结构上都是相同的，只是达到社群认同、减少信息和压力等相同目标的方式不同。

后者会倾向于从更普遍的观念出发来理解城市关系的重要性 [Rapoport 1969（e）]。城市结构往往由类似的要素（客观物质和社会文化设施的数量是有限的）组成，不同之处在于要素的组织、组合规则和意义。空间组织是设计师的基本工具，但还与线索、信息、规范和行为有关，因此可以把空间组织视作一种编码形式和避免不必要互动的方式。城市形态可以理解为消除不必要的行为和事件（或者是那些视为无关紧要的事物）的一种方式，更是控制事件和交流的一种方式。这主要是通过要素的组织实现的。

因此，在客观物质环境与社会环境中，不同形式的城市组织是建立互动、信息和交流的方式。这些城市组织在被包括和被排斥的社群之间是不同的；在时间节律、强调的感官模式、用于指示恰当行为的线索、指示恰当行为及其应该在何时何地发生的规范等方面也存在差异；对私人与公共领域、房前与屋后空间等的定义以及它们组织成体系的方式，比如聚居环境体系和社会关系网，亦各不相同；甚至对城市的使用也不一样。事实上，如果将城市理想地视为一种控制信息和互动的机制，那么就可以理解我们目前所讨论的大部分内容了。

显然，随着现代城市中交流、互动和传递信息的可能性的增加，人们有更大的流动性和更多的潜在联系，随着社会和文化规则变得越来越模糊和不确定，需要对这种互动交流进行控制，使城市成为一个具有选择性过滤功能的工具。环境应该帮助人们做出选择、区分私人和公共关系、有选择地拒绝互动。这可以是环境本身起作用，也可以通过将恰当行为传递给同质社群的方式来实现。

一个人有了提供安全和撤退隐居的区域，就更有可能与其他地区互动，因为它们构成了一个体系中的两个要素。因此，它不是鼓励或抑制互动的问题，而是适当控制特定社群互动的问题。例如，它不是用非空间机制取代空间机制的问题，也不是接受或拒绝聚居和地理邻近的有效性的问题，而是接受不同体系的各种组合共存，提供满足各类社群和个人需要的互动交流的程度和类型的问题。

大多数人将自己局限于与空间上的邻居进行某些形式的互动，因此拥有一群意象和图式能够为自己所理解，并且规范和符号清晰明确的邻居对互动有很大的帮助。与持续的不确定性和创新相比，确定性和安全会带来更有效的交流和互动，并减少压力。缺少这样的防御是危险的，正如我们一再看到的，充足和适当的防御是必要的。

大部分的讨论都是围绕社会信息过载及物质环境在帮助人们应对这一问题中所发挥的作用而展开的。正如我们所看到的，物质环境作为一种信息和交流的媒介，以及作为人的一种替代物，其直接影响是相似的。我们还可以看到，复杂的环境可能减轻压力，而混乱和单调的环境可能增加压力。这可能与人的复杂性的“开放程度”有关（例如：Pyron 1971，p. 409），如果认为不恰当的环境导致“关闭”，那么人们随之会变得“封闭”，而不是对多样性保持开放，这也可能导致压力。混乱的环境可能比单调的环境更容易导致人们的“关闭”，并促使人们寻找刺激，从而变得更加开放，尽管这只是推测。我们已经看到，过多的和持续的感官信息需要额外的信息处理，结果就会造成信息过载，给环境带来压力。如果信息所传达的意义过多过杂，没有充足的多渠道冗余读取这些信息，或符码不清晰，也可能造成上述情况。

显然，如果环境本身是一种非语言交流体系，那么在线索和符号信息明确清晰、符码能被人们共享和理解的情况下，读取和转译这些信息的需求就会减少，信息可以更自主地运作，人们与环境本身的互动需求就会减少。实际上环境更为冗余，人们可以半自主地使用环境，这样压力更小，也可以给其他活动和互动提供更多的时间和渠道。文化冲击的后果是众所周知的，人们不得不使用一个符码和信息都不明确的陌生环境。这种环境充满了压力，需要人们花费精力，集中更多的注意力学习其中的信息，从而降低了处理生活其他方面的能力。当环境通过恰当的符码和意义变得越来越清晰、更易辨认时，人们就可以腾出更多的时间进行其他互动。

角色的概念还可以从类似角度来理解。角色意味着人们与更少的人互动，当特定的活动结束时，这些互动就结束了。在大城市中（如大型的社群动物），人们只与邻里中的一小部分人建立联系，并在特定的互动中保持匿名。同样地，人类和动物都会通过控制互动解决拥挤问题（例如：McBride 1970，pp. 149-150），这种控制（隐私）是通过几个主要机制实现的。所有控制互动和信息流动的方式都能减少压力。在一定范围内，机制的选择是随机的，因此，在某些情况下信息被墙体和院落隐藏了起来，在另一些情况下这些信息则是开放的，因此没有必要怀疑有什么信息被隐藏了。当环境无法提供保护时，社会等级制度和规范可以替代环境发挥作用，例如在亚瓜印度人聚居区，随着城市化和规范的削弱，墙体开始被取代 [Rapoport 1969（a）]。又例如，在萨摩亚，开放的住宅无法提供保护和规范，人们无法把它们当作可以逃避的庇护所，所以这些住宅都是不恰当的；控制是通过退缩进自己的脑中（“内在空间”）和进入专注的状态实现的。* 无论这种方法在萨摩亚是否可行，其能否在更复杂的社会中发挥作用都令人质疑，尽管一些学者曾隐晦地提出过这一问题（Calhoun 1970）。

当然，关于空间控制有助于控制互动的说法与其相应领地及规则有关。通过控制不必要的互动，领地性可能产生直接的生理效应（例如：Pontius 1967）。因此，尽管一些观察家认为领地性行为是控制信息和互动的一种原始方式，但却是一种行之有效的方式，它通过建立一种秩序，即在个人与社群间建立一致的空间模式，有效地控制了信息和互动（例如：Paluck and Esser 1971）。在领域和空间秩序的帮助下，一些人能够使用社会和认知形式的秩序。然而，对另一些人来说，领域秩序可能是至关重要的，随着信息过载的增长，可能成为体系中更重要的要素，并帮助实施其他应对方法。从建筑尺度上的研究可以看出，地位较低的个人和社群需要更多的领域和空间结构（Sundstrom and Altman 1972）；这种差异也可能是文化传统和规范体系造成的。

---

* 与澳大利亚国立大学教授 Derek Freeman 的私人交流。

所有控制信息层次的形态都有一个目的，即使其与特定社群的信息需求和能力相符。为了理解和组织、构建和设计城市形态，需要理解这些层次及所使用的机制。在文化和生活方式等方面的变化与期望互动率的变化有关，并导致了不同形态和机制。这些也会影响社群的环境偏好，并有助于进一步明确之前讨论的许多问题。

因此，环境偏好不仅反映了环境的具体特征以及所使用的解决方案和策略，而且区分了期望的互动、接受信息的程度以及各要素的含义和联想。正因为如此，在大多数情况下，环境可以被视为有助于实现预期信息水平的一种机制。这不仅是减少互动的问题，在某些情况下还可能提高互动率。事实上，不同的观察者对一个地区的不同评价可以从这些角度来理解。这种差异中的主要因素非常清晰，包括障碍和防御的相对不渗透性，与被定义为私人或公共领域、房前或屋后空间的各类领域相关的规范等。因此，有观点认为，城市在一定程度上是控制人与环境以及人与人之间交流的一种机制，关于城市设计和空间组织的结论与另一些理论家的观点相左，那些理论家认为，通信技术使得城市客观物质设计和人的空间组织变得不再重要（例如：Meier 1962；Webber 1963）。事实上，城市的具体组织，尤其是在人们实际生活的片区尺度上，这类地区场所意义的组织成为控制、构建和调节信息流动的重要策略，这种信息流动既来自环境本身，又来自其他人。如果信息过载是现代都市的一个主要问题，那么正如我们所讨论的，设计可能变得更为重要。

似乎不可避免的是，环境被概念化为控制人与人之间、人与事物之间的交流渠道、障碍、联系和分离的一种方式。虽然人们可以学习处理增加的信息，但我们的处理水平有限，并且学习处理更为庞大的信息量是要付出成本的，尤其是在有更高层次的场所意义的时候。回顾一下，我们发现减少信息量的方法有很多种。一些是认知上的，将社群信息分成小块并转化为符号，以及使用意向和图式；一些则取决于个人或社群的习惯培养（即文化）：通过将行为常规化，人们可以忽略许多内容，从而减少需要处理的信息量，即通过习惯的养成来提高效率；另一种方式则通过同类人的集聚，减少需要解释的行为、衣着、非语言交流或环境符号和线索的数量，以及隐含的不成文规定和表明这些规定的物质要素的使用，更容易减少互动，实际上可以使这些规定成为“习惯”，从而减少信息处理过程。空间和物理上的隔离提供了另一套控制信息的策略。因此，城市形态和社会模式都是构建和调节信息的潜在策略和方式。

环境是一种交流，是信息编码和解码的过程；同时，环境也是一种控制社会互动的方式。显然，上文的讨论将这两种概念联系在了一起。与文化相关的信息处理依赖于信息的冗余和可预测性，通过学习符码（即文化规范），学习人们的期望，以及理解环境是如何表达这些信息的，可以实现信息冗余和预测信息。实际上，学习适当的环境线索可以确保环境对社会互动的限制，同时，环境信息自身的构建方式也是可以预知的，因此更易于管理。

感官环境这种连续体以不同的方式结构化为离散的单元。一个清晰可读的环境（即适当编码的环境）就已经做到了这一点，即引出了适当的图式，而不需要人们自己再去构建图式。当然，这种使世界变得有意义的过程就是我们在第 3 章中讨论的认知分类的过程，在最大尺度上，编码过程包括对认知领域进行客观表达，并明确认知领域。在较小尺度上，符码与指示领域和环境范围内恰当行为的符号和线索有关，与人们对这些符码和恰当行为关系的理解清晰度有关，并表明如何将它们结合到可理解的恰当体系中。在这些尺度上，我们能够得到形式与活动的一致性、环境要素的意义等。如果编码得当，并且能够被人们解码，这些符码就可以用来限制场所意义和组合，从而提高信息的可预测性和信息冗余。混乱与复杂在感知层面的区别也取决于人们对秩序的读取和理解能力，从而能够注意到它传达出来的一种秩序。

在本节的最后，我将讨论在城市背景下用于构建、编码和控制信息的主要策略方式。接下来将按照以设计为导向的程度由小到大的顺序逐一进行讨论。

心理策略。心理策略主要分为两种：一种是使用信息块和符号“压缩”信息，以及对分类法、类别以及各种模式的使用；另一种策略就是向内退缩，“关闭”或使用药物等，这在我们的语境中可能被视为是病态的。

文化策略。这方面的策略数量众多且各不相同，其中一些非常重要，值得拿出来单独讨论。然而，日常行为习惯和期望非常有用，因为由此能够自主地形成活动、规范和礼仪。礼仪以及所有行为的非语言方面都与此相关：如果能够为人们所共享，那么它们就可以被认为是理所当然的（即被惯例化），进而简化行为，并在体系上与形式相联系。

规范。规范是一种特定的文化策略，用来控制适量的信息和习惯，也是控制、降低或增加互动和信息的方式；如果规范能够被人们理解和分享，就会使彼此的行为更加顺利和简单，反之则可能产生冲突、信息过载和压力。例如，关于邻近关系与邻里权利和义务之间的不成文规定、各类活动对街道的使用情况、后院或门廊的用途、可接受的噪声水平、礼仪、衣着服饰、垃圾的存放方式、汽车的使用方式、儿童的游乐和抚养、性别角色和行为、空间关系学规范、语言的规范以及其他许多规范，其中一些等同于环境或指示。领地和领域的划分以及行为环境体系，都伴有各种规范。这些规范同样适用于郊区住宅和高层公寓。对于高层公寓来说，由于距离更近、防御措施更少，那里的规范会显得更加重要，更加严格，往往很清晰，并且编入法律条文。这可能给成人和儿童带来问题（例如：Blumhorst 1971；Bitter et al. 1967）。

这些规范同样适用于时间。不同社群有不同的节律和速度，而其同步性可能成为一个问题：在异质住宅区，可能引起冲突。鉴于时间概念和结构的多样性，时间规范的共享在减少信息处理的需要上发挥了重要作用，使人们能够更容易且自动地对环境作出反应。此外，时间规范和时间分配还通过管辖将其与空间使用和活动联系起来，因此，城市地区内的活动体系与时间规范密切相关。这些规范有时候可以代替空间和物质防御措施，但也会造成问题。由于广泛的城市网络和接触，而且这种接触相对短暂，生活在有规范体系共享的地区就变得非常重要，因此这些地区的人就会明白何时何地该做何事，谁“拥有”空间，以及空间、活动和时间是如何组织的。

聚居。聚居很显然是我们接下来讨论的主要问题，因为在多元背景下，能够确保规范共享的一个明显的方法，就是让拥有同质人口的地区共享规范。这是处理或避免信息过载的一种最有效方式，因为人们认同规范，并认为是理所当然的。为人所熟知的私人与公共领域和房前与屋后空间的行为规范、为人所理解的角色和规范，以及所有这些在客观物质层面的符号和非语言表达都非常清晰明确。我们已经看到，飞地的形成反映了各种认知上的同质性、边界性和非连续性。事实上，可以说文化的一个主要作用就是区分“我们”和“他们”，而文化能否生存往往取决于是否能建立这样的社群领地。在所有这些情况下，社群身份认同得到确定和强化，并且通过共同的社会关系网络建立社会空间和行为环境，通过环境符号建立聚居环境体系。如果管辖权和领地权是相关联的，那么可以认为在大型社群和复杂社会中不可能存在一个单一的或可行的等级结构：社群领地对于防止和减少压力及冲突有很大帮助，并且至关重要；事实上，这可能消除对绝对和严格等级的需求。

符号策略。聚居区之所以能够发挥作用，规范之所以能够共享，一个重要原因就是聚居区中的人能够理解符号，通过这些符号表明社会地位和社群成员，指示环境中适用的各种规范，显示不同程度的控制及与行为的一致性。在这样的地区，不仅更容易理解个人符号（因为这些符号在社群内比社群间的变化范围小），而且更能理解整体环境共享的社群符号，还不会传达矛盾的信息。这就避免了由于在不同的环境和领域中不理解这种提示，对环境要素的处理和维护不当，进而出现不恰当的行为而产生的冲突。如果信息过载的主要类型之一是“有吸引力的”（例如：Lipowski 1971），即城市传递的有吸引力的事物被人们解读和实现，那么通过在一些地区使用同质价值观、目标以及符号意义表明地位和成就，就更容易克服不利因素，并减少其影响。

设计策略。上述的一些策略可以由规划师和设计师使用、操控和提供。然而，还有许多策略无法做到这一点。如果人们理解了这些策略，那么就可以将它们编码在各种形式的客观设计和空间组织中，从设计师的角度来看，这些都是他们最可控的。

这些设计策略的类型不同。一类是由符号、意义和联想组成的，并通过与之相关的规范表明适当的行为。虽然它们在今天很难操作，但对于有着共同的符号体系的人来说确实存在着一定的可能性。

在符号性不太强的层面上，设计策略有很多类型，比如通过距离、时间、质量或诸如墙体和障碍一类的客观物质要素进行分隔。举一个涉及其中两个要素的简单例子，即空间组织和质量，以及空间组织和距离。它们都是处理联系和隔离的方式，但特点和位置均不同。墨西哥、穆斯林地区和日本城市的差异，以及美国与澳大利亚城郊地区的差异都可以从这些方面来理解。

空间组织和质量。“由内而外的城市”、对墙体和庭院的使用，以及清晰而强烈的过渡，都是表明领域的一种方式。在这种情况下，距离的重要性非常有限，只适用于城市内部地区。在较小尺度上，不透水的障碍物（质量）的使用对于分类社群、地区和用途至关重要。

空间组织和距离。尽管可以用墙体和栅栏作为隔离的补充方式，但在这种情况下，隔离主要指通过空间和距离分隔住宅与社群，以及不同的地区和使用方式，在现代城市中这种情况是以郊区秩序为代表的，它是一种特定的空间组织，而不具有通常所说的政治和区位意义。

这两种类型，即空间组织与障碍、空间组织与距离，它们虽然从表面上看是不同的，但与以上讨论的所有其他策略在结构上都是相似的。因此，像马萨诸塞州的布鲁克林与圣克里斯托瓦尔拉斯卡萨斯或伊斯法罕这样表面上完全不同的环境，实际上就是通过两种方式实现同一目标。更广泛地说，它代表了关于空间意义和重要性乃至环境品质的两种不同观点。这一点极为有用，有助于区分哪些文化利用空间分隔社群，哪些文化利用障碍明确划分领域，哪些文化利用其他机制实现这一目的。

对此有两种观点：第一，鉴于在大城市中很难（如果不是不可能的话）实现充分的空间分隔，它们自身可能会寻找其他方式；第二，这表明使用其他策略的主要障碍可能在于各种策略的交流功能，尽管它们在结构上是相同的，但彼此间的交流功能并不清晰。

为了说明最后一点，我将引用一位著名小说家的话。他走在苏联的一个中亚城市里，走在狭窄的街道上，高高的土墙光秃秃地伫立在街道两边，墙上没有窗户，门便是这些墙上唯一的通道，人们必须弯腰才能通过。进去就到了一个院子，院里有长椅、树木，四周围绕着有窗户的墙。这个院子就像一个能够居住的房间。“它完全不是俄罗斯的风格。在俄罗斯乡村和城镇里，所有客厅的窗户都是朝向街道的，这样家庭主妇们就可以透过窗帘，穿过窗槛花箱上的花束，凝视外面的世界，就像森林里埋伏着的士兵一样，看着街道上来来往往的陌生人，观察着来人是谁，要上哪里去，又为何而来。但奥列格很快就理解并接受了这种东方式氛围：‘我不想知道你的生活，而你也不要窥视我的生活’”（Solzhenitsin 1968，pp. 226-227）。

我对这种方式在现实中能否如此容易地被人们接受持怀疑态度。还需补充的是，在俄罗斯，对于那些有支付能力的人来说，有一种额外的空间机制——别墅。这是通过拥有一栋乡村小别墅实现空间上逍遥自在的一种方式 [Time 1972（c）]。更普遍的是，乡间别墅和第二住宅的发展与增长符合这一模式，成为解决信息过载的另一策略，并且将那些买不起这种住宅的人排除在外。

正如我们所看到的，中亚城市与俄罗斯城市之间的区别体现在许多不同地方，例如，在西班牙，穆斯林城市是朝内的，而基督教城市则是朝向街道的（Violich 1962）。我们也可以把英国景观理解为一种以门面作为“正面”符号指示的飞地体系。这就引出了我们将在下一节讨论的关于文化景观的主题。

跨文化视野下的城市——不同形式和文化景观

我们大部分时间讨论的一个基本主题就是不变和可变要素的相互作用，不过我一直强调文化的可变性，因为这一点一直为人们所忽略。但是，考虑不变和可变要素之间的相互作用，就意味着总结概括必须建立在大量案例的基础上，而历史以及所有其他方法都与设计密不可分。只有通过这种方式，人们才能深入了解形式的意义、形式的不变与可变，以及形式与文化的关系。我曾提出，许多城市理论，以及大多数城市规划和设计案例都是基于西方传统，而忽略了非西方的传统。然而，城市目标存在很多社会性差异，例如，在中国和伊朗，城市一直是稳定的中心，而不是像西方传统城市那样是变化的中心（Murphy 1954；English 1966）。即使是定义一个地方是否是城市的要素，如市场、浴场、露天集市等，在不同地区和不同文化中也有很大差异，城市是什么取决于定义，这在本质上是一种认知和分类的过程。

我也认为，许多城市理论和大多数城市规划和设计案例都是建立在高雅设计传统的基础上，而忽略了乡土传统。然而，人类的大部分建设活动是在传统乡土环境中进行的，因此，如果忽略了乡土传统，就相当于忽略了大部分建设成果，而概括的结论也往往是无效的。我认为设计与许多能改变物理环境的决策相关，而这些决策大多不是由设计师提出的。城市形态和景观是许多人做出的许多决策的综合结果，它们叠加在一起构成一个整体。这种景观反映的是理想情况，也就是说，大多数情况下有一些基本的意向或图式、我们讨论的移民案例，以及景观的选择和转换。

这些意象和图式时常发生变化，所产生的景观也会相应地变化（Heathcote 1972）。在这一关联中，文化景观的概念非常有用，尤其应用于几乎完全是人造城市的时候。简单来说，文化景观就是一个特定文化地区的外观，这个文化区可能大也可能小，但作为模式选择过程中许多决定的一种最终结果，它具有特定的可见性。这也适用于整个国家，例如，美国和墨西哥边境两侧，在短短的 100 多年里就发展形成了完全不同的文化景观；再例如，在罗马教皇划定的边境导致了巴西与其他拉丁美洲国家有着截然不同的景观特征 [Jackson 1966（c）；Morse 1969]。甚至在更为同质的地区也可能出现这种情况，例如维多利亚和南澳大利亚边境两侧有着不同的文化景观（A. J. Rose 1968）。在更小的尺度上，像威斯康星州多尔县这样相对较小的地区也可能发展出不同的文化景观（Henderson 1968）。并非所有的文化地理学者都对文化景观的本质及其重要性持一致意见。一些人认为文化景观的研究（研究对象）应该与感知 - 行为方法的研究（对人的研究）形成对比（例如：English and Mayfield 1972，pp. 212-213）。然而，这两种方法是相关联的，文化景观是许多决策、选择和偏好所依据的意向和图式的客观表达，也就是说，文化景观与人类行为有关。首先，文化景观是人类活动的可见客观结果。那么从建成环境是一种交流的角度来看，文化景观也是人们价值体系、环境态度和偏好的反映：它是信息的凝结。因此，环境景观是反映一系列态度的符号结果。不同的社群往往在一起生活，他们创造出的客观物质环境和文化景观的种类不亚于那些生活在不同地区的社群，这些环境和景观反映了社群的理想意向、视觉和行为细节以及符号体系，可以理解为环境要素和文化要素之间的一系列联系，这些要素为那些能够解读它们的人提供了恰当行为的线索。

当应用于城市和城市部分地区时，这一概念特别有用。我们已经看到，如何通过景观设计、空间组织和材料的主要差异表达不同意义。例如，对于一个社群来说，通过材料改善房屋可能是一种理想的方式，它能够表明该社群的品位和地位，但对另一个社群来说可能是最不理想的方式，比如有的社群用人造石材改善房屋，这样的地区在建筑师眼里可能就像一个贫民窟（Sauer 1972）。同样，在密尔沃基南部，铝制遮阳篷被广泛使用，而在东部却从未见过。

由此可以得出两点结论：第一，地区外观是各种城市和社会特征最重要的传播者；第二，文化景观及其意义是极其多变的，不能由设计师先验地假设，也不能强加给使用者。

最初相同的地区也可能变成两个截然不同的地区，日本和墨西哥与美国的案例[Rapoport 1969（a），p. 131 fn. 15] 可以证实这一过程，我们之前讨论的韦斯切斯特的两个地区也是一例（Duncan 1973）。还有一个能够说明这一过程的实际案例就是勒·柯布西耶在佩萨克的项目，这个项目所在地发生了太多的个体变化和个人化，以至于这一地区变成了转变器（Boudon 1969）。该过程的普遍性似乎很明显（Rapoport 1968）。

由于人们可以将任何人工环境概念化为一系列人为环境的结果，因此文化景观反映了人们的具体选择，如果选择是由多样社群做出的，就会出现随机的变化并可能造成混乱。然而，如果这些选择是一致的，那么就相当于一种风格，反映了一个共享某些价值观、行为和符号的社群的决定：这些变化加起来产生了一种独特的文化景观，能够交流、促进互动、表明行为规范，并作为一种社群认同的符号。这是城市设计师的关注点所在，尤其是因为它将外观与意义联系起来，城市地区的多变和明显的差异使复杂性成为可能，有助于地区的定义和心理地图的构建。

因此，城市文化景观包括空间组织、植被和景观、材料、形式、色彩、活动、人以及所有要素之间的关系，可以理解为基于意象和理想、不同认知规则和编码体系的一种文化表达，即文化景观是一种交流形式。这从我们之前讨论的案例就可以看出：西班牙的穆斯林和基督教城市、殖民城市，墨西哥米却肯州的印第安和西班牙城市的广场意义，以及不同文化中街道、娱乐设施和聚居环境体系的不同使用方式。随着文化变化引起的城市形态的变化也体现了这一点，因此城市形态变化是文化变化的表现。例如，巴洛克、罗曼蒂克和当代城市文化景观在私密性和公共性方面的显著差异，巴洛克城市规划更注重公共性，罗曼蒂克城市规划则更注重私密性 [Jackson 1966（a）]，而现代城市则可能是二者混合的。美国城市景观——从新英格兰镇到弗吉尼亚殖民地居民点，再到中西部及其他地区的城市，也可以从这一角度来理解，它们都反映了某些特定价值的文化景观（Arensberg and Kimball 1965）（图 6.3）。

更典型的例子是墨西哥一个市镇的文化景观，在较小的尺度上同时生活着印第安人和拉地诺斯人，这两类人在语言、服饰、住宅、家庭财产、活动和价值观方面差别很大，因而产生了完全不同的文化景观，这显然是选择的结果，而非约束的结果。它们不仅是一个很好的文化标识，而且还会随着地区文化的变化而改变，因此，出现了一个中间的混合区。

这两个社群之间的差异之一是，对印第安人来说，客观环境有强大的神秘性，而对拉地诺斯人来说，环境具有客观现实性，它仅仅是一种客观存在。这意味着印第安人不太愿意改变、调整和创建人工环境，产生的景观也会在自然 - 人工的维度上有所不同。印第安人地区多在边缘地带，并具有田园特征，安静、绿色、环绕着植被的小茅草屋，而拉地诺斯人则居住在中心地区，围绕着广场，这里的景观密度更高，有红瓦白墙的住宅、露天的市场和商店等（Hill 1964）。

印第安丛林村庄——坎昆村，[1] 尤卡坦半岛不规则排列的房屋围绕着用洞状陷穴（用于不同距离取水）。房屋之间分散布置得较远。在有围墙的院子里，到处是各种动物。没有公共建筑（除了避难用的小屋和日常祭坛）

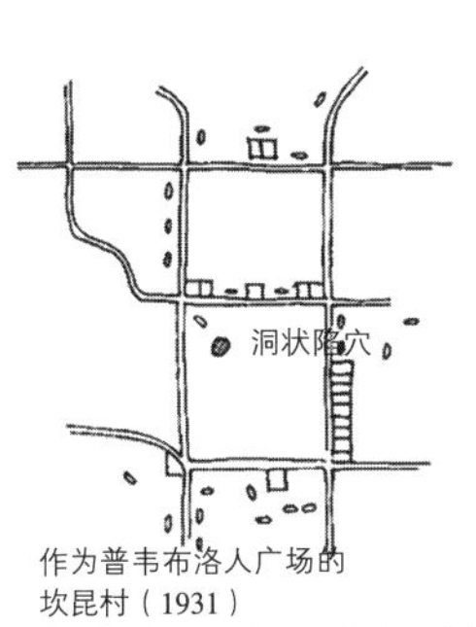

作为普韦布洛人广场的坎昆村（1931）

广场是首先要建造的——它是印第安人村庄的象征，包括洞状陷穴——第一个公共建筑。首批街道呈行列排布。广场四角建起了石墙，以表明延续的外立面在欢迎人们前往，房屋开始沿街排列

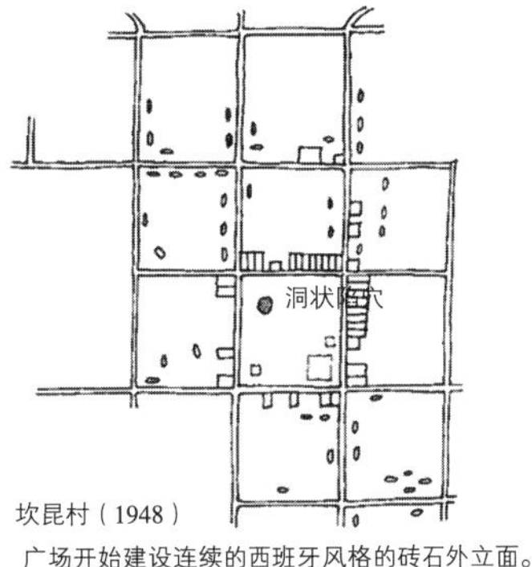

坎昆村（1948）

广场开始建设连续的西班牙风格的砖石外立面。教堂、学校、室外剧场与棒球场逐渐增加，街道排列得更整齐，高墙遮挡了那些曾经能从天井里看得见的活动，强化了性别隔离

（基于 Redfield 的口述与计划，1950）

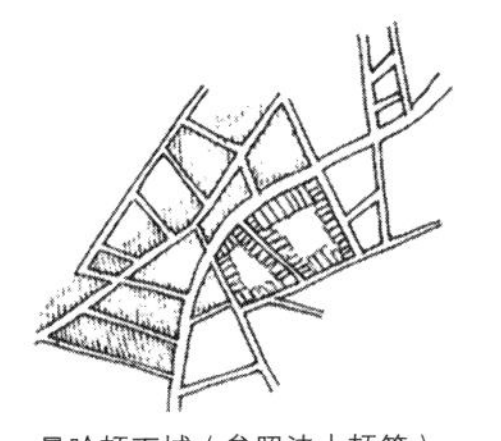

曼哈顿下城（参照波士顿等）

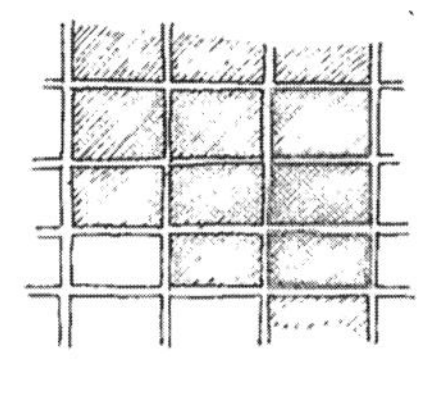

曼哈顿市中心
（参照中西部及美国其他城市）

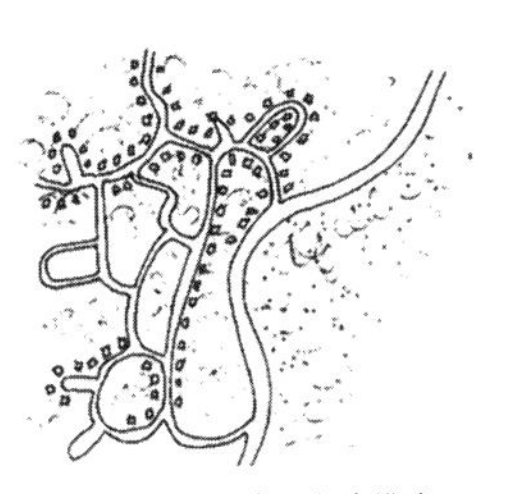

郊区组合模式
里弗代尔 / 科特兰公园，布朗克斯与长岛
（参照两次世界大战之间的郊区）

图 6.3

当我们聚焦于现代城市中具体而细微的差别时，这种方式就会让人质疑一种观点，即所有城市，特别是现代工业城市都是一样的。我们已经看到，美国许多地区之间存在着巨大的差异，尽管欧洲人很难注意到这些差异。显然，现代的日本城市与现代的美国和英国城市之间也很不一样，同时，在日本城市内部，小范围地区之间也存在特征上的差异，但正是这些差异划分了地区，尽管西方人很难读懂这些差异。在东京，不同的地区还会呈现出明显不同的颜色特征，因此，颜色可以用来区分传统、混合、现代和工业片区（Lenclos 1972）。由于文化景观是社群与社群领地互动的结果，所以城市与城市之间、城市内部片

[1] 坎昆村：一个位于尤卡坦的玛雅村落，是著名人类学家罗伯特·莱德菲尔德（Robert Redfield）的田野调查地。——译者注

区之间会有很大差异。诚然，这种差异在某种程度上是模糊的，尤其是当社群集聚和发展文化景观变得越来越困难时，这种微妙的差异仍然存在；通过适当的设计和规划能够强化和强调这些差异，从而为社会、文化、交流、行为、感知和认知方面带来益处。

毕竟，区分城市风貌还是其他地区景象是相对容易的。事实上，这种差异可以作为一种文化标识应用于某些环境中，例如西班牙的穆斯林城市和基督教城市的空间组织、加勒比地区不同社群的景观风貌等。城市景观也可以用于相同目的。因此，在宾夕法尼亚州有中世纪和古典两种不同形态的城市广场，分别与英语与非英语居民点有关。在第一种情况下，广场被视为一种与街道分离的空间，而在后一种情况下则被看作街道的一种延伸或拓宽（Pillsbury 1967）。在宾夕法尼亚州，城市街道模式可以作为一种文化标识，因此，不规则的、线性、直线型、"R 线性"四种类型的街道都是由文化决定的，并且成为该州四个文化区的标志。

类似地，南美洲的西班牙语和葡萄牙语（巴西）的城市规划也有差异。西班牙城市使用格状纹理，市政广场非常重要，以至于可以将城市概念化为一个由房屋和街道环绕的广场，而不是围绕广场的一系列房屋和街道。葡萄牙语城市中则没有市政广场，最接近的等同物要么是中心的一块空地，没有任何装饰，随着城市的发展逐渐被吸收，要么就是拓宽了的街道（Morse 1969）。在阿根廷，村庄和田野的规划形态可以用来辨识居住于此的各种族群，前提是他们发展出了自己的形态（Eidt 1971）。在新斯科舍省，居住区的形态可以作为文化标识，英语区中没有村庄，并且社区分散在农场里；而在法语区中，即使主要街道可能有 5 英里长，也试图保留村庄的形态（Collier 1967，p.20）！

在所有这些例子和研究中，人们关注的是原始地块，而不是城市是如何扩张和发展的，在这个过程中，人们的个人决定非常重要，同时也是个人和社群及其分布和集中的一种个人化体现，这一点很重要。它也成了感知和意义的问题。我已经指出，表面相同的规划在现实和细节上可能是不同的，正如米却肯州的广场（Stanislawski 1950），它们编码在形态中的意义是迥然不同的。在米却肯州的案例中，场所意义是中心广场与地位之间的关系。在中国和巴洛克式城市利用轴线的案例中，场所意义是编码在这些轴线上的不同意义，在某些情况下，轴线在符号意义上具有重要性，在另一些情况下，轴线又具有视觉意义上的重要性。在更详细的层面上，两种空间组织表明了这一点。在巴洛克城市中，轴线仅仅是连接建筑并揭示建筑特征的单一延伸；而对中国城市来说，符号意义是很重要的，轴线不是一种单纯的视觉景观，而是发挥着将一系列被门、塔和墙隔开的不同空间串联成整体的作用（Wheatley 1971，p. 425）（图 6.4）。

我们已经将穆斯林城市和带有庭院住宅的中国城市与西方城市进行了比较。在马来西亚有一个不同的发现，即中国城市的住宅有庭院，而马来西亚的住宅则没有。在中国本土，由于文化态度的不同，不同时期的城市在地区特征上有很大差异，因此，唐代城市的片区在空间使用、布局和特征上与宋代城市完全不同（Tuan 1969，pp. 134-135）。这进一步强调了理解基本的社会、文化和哲学体系的必要性，以便理解各个尺度的文化景观。

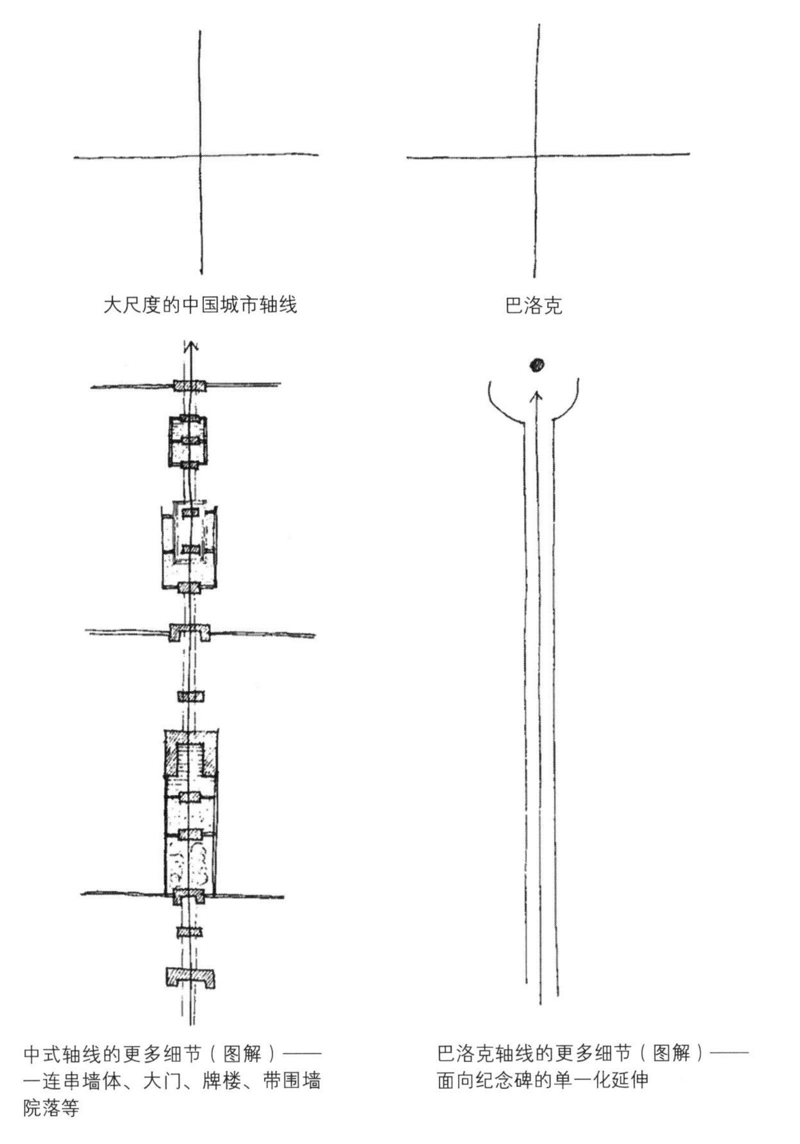

图 6.4　代表不同意义的两种城市轴线

由于社群聚落的使用标准和聚居方式存在很大差异，因此，建筑、景观、材料在空间表达和细节特征及其意义上也存在相应的差异。在非洲，城市与城市之间、城市内部之间的差异非常显著。在撒哈拉以南的非洲殖民城市中，城市客观布局反映了非洲人和白人的隔离，这与印度城市非常相似，但具体细节又有所不同。欧洲居民区靠近行政办公、酒店、商店等设施，并且人们常常光顾这些地方，而非洲居民区则有着严格的划分，并远离市中心。不同的非洲本地社群也被分隔开，并发展出了不同的文化景观。欧洲居民区往往能反映出他们的本土建筑风格，比如达累斯萨拉姆的巴伐利亚风格、伊丽莎白威勒的比利时风格、赞比亚铜矿城镇带的英伦风格（Epstein 1971），以及洛伦索・马贵斯的露天咖啡馆、穿插其间的人行道和葡萄牙风格建筑。在葡萄牙殖民地区，各地区之间有紧密的连续性，就像葡萄牙本土城镇一样；而在英属非洲城镇，就像英国本土和英属印度一样，各地区之间都是分隔的（de Blij 1968）。比利时殖民城镇的中心区同样反映了比利时的传统，并且这些城镇被划分成不同的民族地区，形成了不同的文化景观。在欧洲居民区，文化景观反映了民族特色。英国人喜欢门前有漂亮草坪的小屋，如果能种一些玫瑰花，他们就更加幸福和满足了，比利时人想要大而舒适的别墅，法国人试图重现幻想中的“波希米亚”小屋，而葡萄牙人则希望住在他们的传统风格住宅里（Denis 1958）。

还有一类像巴马科这样的城市。欧洲居民区有高层建筑，而非洲居民区的建筑只有1层，而且是用廉价材料建造的。在一些非洲居民区，广场庭院常常是面向只有一个开间宽度的建筑敞开，而在一些新建地区，则更多地朝着欧洲形式改变，成为旧式风格和平房小屋之间的过渡。在传统地区，庭院是供所有住户共同使用的：妇女在庭院里洗衣、做饭、捣鼓食物和饲养动物。街道是宽阔的土路，也是住宅的一部分，孩子们在那里玩耍，妇女在那里工作，小商贩和工匠在那里售卖，人们在那里跳舞。这类地区杂草丛生，并且不同时期的形式与联想会发生变化（Meillassoux 1968）。

因此，如果我们将巴马科与印度殖民城市进行比较，可以发现不同的要素会产生截然不同的文化景观，同时，在这两个案例中，社群之间的差异非常明显。非洲城市中这些社群的数量要远多于印度殖民城市。例如，在乌干达的某城镇，我们可以分出四类社群——非洲人、印度人、阿拉伯人和欧洲人。乌干达的非洲人是分散的，而其他三类社群则是聚居的。因此，在区域尺度上，非洲人生活在分散的乡村单元中，而其他三类社群则生活在城市地区；在城市内部，欧洲人居住在具有行政和欧洲商业功能的地区内，印度人则更多地分散在交易中心的小范围聚居区，阿拉伯人又与他们不同。其结果是形成了几种截然不同的文化景观，每个社群都有组织城市内部空间的特有方式。事实上，随着各移民社群的发展繁衍，他们发展出了反映传统空间组织的空间模式，形成了一个连贯的体系，并用来强调与本土文化的差异。虽然随着时间的推移，可能产生多元文化的同化过程，但如果这种趋势不是强制的且社群能够幸存，那么该差异还存在，只是形式上会有所改变（图6.5）。

非洲原住民。以农场为单位的分散式家庭模式。山上的家庭群落组成了村庄，村庄由世袭的首领管理。1958年，只有极少数人放弃了自己的田地，搬到由雇主提供的城市住宅中。即便搬进了城里，他们也试着自己种一些粮食产物，保有农民自己的财产。传统的住宅是蜂巢形的，后来受欧洲影响变成了矩形或正方形，但仍然保留了带有2～3英亩花园的分散模式。

非洲移民。这些人往往来自不同的部落，因此缺乏共同的文化，他们是一个既不属于部落、也不属于城市的临时性分散社群。他们在城镇中有两种居住模式：（a）政府或雇主的住宅，即规划的住宅；（b）郊区的棚户区。后者是一些沿着非正规街道搭起来的违建房屋，那里有露天市场，市场里设有小摊位，周边都是酒吧、食品店和其他一些商店；还有流浪的手艺人、小商贩和修理工，他们都聚集在树荫底下。相对来说，这些人很少聚集到社会或政治单元中去。

英裔欧洲人。他们重建自己的文化，并对其进行修改以适应当地条件。因为殖民者调动变换非常频繁，所以没有对某地的依恋。无论在哪里，他们都喜欢选择英式郊区，有宾至如归的感觉。房屋是大而精致的别墅，有遮阴的门廊，以及镀锌铁或小瓦片的斜脊屋顶（有的还提供公寓）。房屋后退街道很多，留出宽敞的空地，有大草坪、树荫、花卉和树篱。硬质铺装的街道提供各种城市服务。还有一些地区中心，如欧洲商店、学校、教堂和俱乐部等。

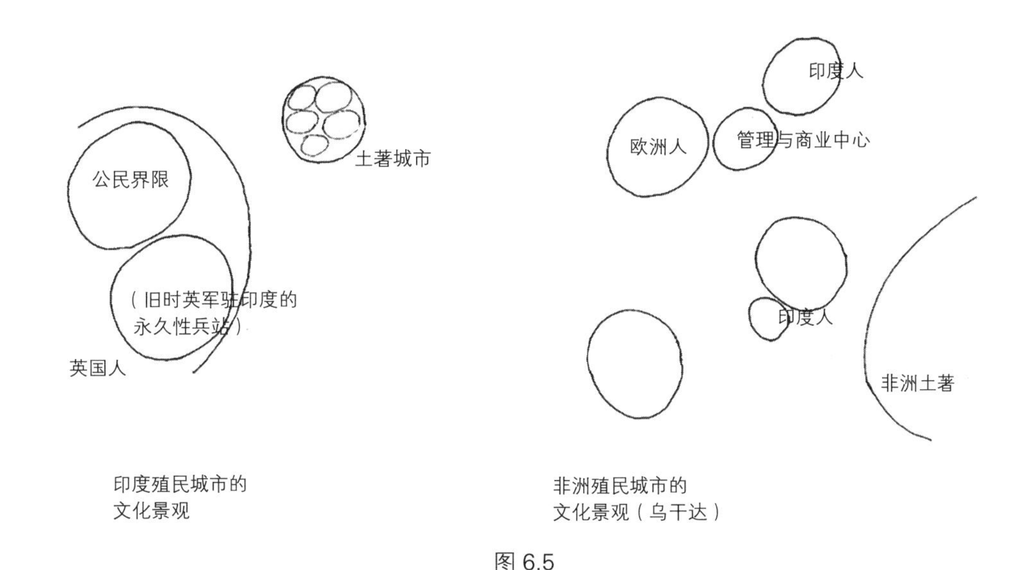

图 6.5

印度人。这些人主要是古吉拉特人，属于不同的种姓。他们居住生活在大家庭中，在东非各地有着商业、亲缘和种姓上的联系。无论是在乡村还是在城镇，他们都是以商业为中心，高度聚居。事实上，东非的大部分商店都是印度人开的。其布局模式为：前面是商铺，后面是住宅，因此居住单元与生活紧密关联，并集中在集市区。这种模式来源于印度，建筑在地块允许的范围内紧密排列在一起，形成高密度片区，前部的商店有遮阴的走廊，后部通常是用于居住生活的起居室，后院开阔，有围墙和铺装，大部分家务活都在这里完成。人们曾经尝试为妇女提供单独的厨房，为男孩提供单独的生活空间。建筑有着高高的墙体，并使用灰泥、金银丝饰品和屋顶装饰，但周边缺少遮阴树木、植物和草坪。在这个高密度混合的集市外围，是为不同种姓和教派服务的俱乐部、宗教建筑和学校（图 6.6）。

阿拉伯人。他们是边缘人口，经常与非洲人通婚。关于阿拉伯人的资料很少（in Larimore 1958），但他们的模式显然是一种舶来品，在其他地方有对这种模式的描述。因此，在蒙巴萨，各类社群建设了类似“回家”的模式。阿拉伯人和波斯人建造了狭窄的小巷式街道、坚固的石头和水泥房屋，有庭院、装饰性的门和小窗；在城市地区，还建造了市场和清真寺。其他社群在老城区的建设模式则与之不同，英国人来了之后，就在外围地区进行建设，并再现了英国的郊区。在蒙巴萨，也有像非洲乡村一样的地区，有着相同的房子和种植花园；人们试图重建乡村布局和群落，以反映居民的部落背景。这些不同分区有自己的商店和教堂，帮助移民适应和融入当地环境，并产生了不一样的文化景观，与老城、中央商业区和阿拉伯聚居区及英国人聚居区形成了鲜明对比（de Blij 1968）。

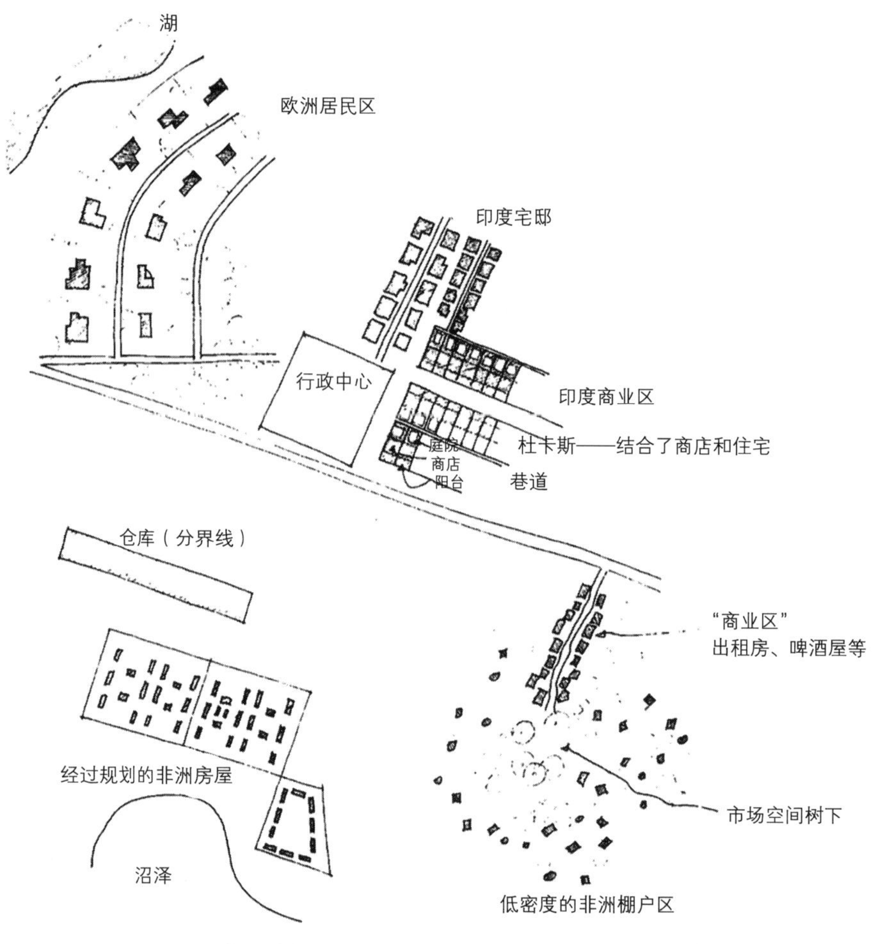

图 6.6　乌干达镇的不同文化景观（基于：Larimore 1958）

基本上，非洲的殖民城市（我用来举例的那些城市）呈现出了不同的文化景观，例如，欧洲郊区和中心区、工人聚居区、印度和阿拉伯聚居区，以及种类繁多的非洲要素，根据出身和文化背景的不同，使用的材料也不一样，但都多多少少类似于村落的氛围，分散、活跃、嘈杂、丰富多彩以及无处不在的商业：大量的商店、市场、摊位、摊点和作坊，所有的街道和小巷都有这些商业设施。同时，商业活动也在各地区间转移——黎明时在中央市场，下午在各个片区的户外小市场，然后随着流动商人在任何一块空地上停留，他们的市场也在不断移动。在像卡诺这样的老牌穆斯林城市，有商贸活动组织形成的片区，但在中非地区，商贸活动无处不在（Denis 1958）。因此，文化景观不仅在街道和房屋的空间组织、形式、材料和颜色上存在差异，而且在家庭结构、社会关系网和行为方面，在活力、活动体系和时间节奏方面，在气味、声音以及我们之前讨论过的所有其他非视觉特征方面都有所差异。

因此，相比于印度人聚居的城市以及南非、东非、北非城市，撒哈拉以南的非洲殖民城市呈现出不同的特色景观，但是城市景观风格的形成过程是相似的，说明了文化、社群认同与文化景观之间的关系。反过来说，这些殖民城市只是一个更清晰、突出的案例，说明了一个更普遍的原则，即只要有不同的社群存在、定居和界定地区，并能够表现社群自身的模式，使用自己的符号表达和控制自己的生活方式，即使是在贫民区这种材料使用影响较小的地区，也会出现各种多元的文化景观。这些差异可能是显眼且巨大的，也可能是微不足道的；可能是大尺度层面的，也可能是小尺度层面的；但无论是哪种情况，都说明了一种文化模式，维护了社会认同，并将有关恰当行为的信息传达给那些能够读懂线索的人。

当然，我们不能指望现实的客观形态或行为与理想的形态或行为（即意象与其客观表达形式）能够完美对应。首先，理想情况或意象虽然在某种程度上是共享的，但并不清晰明确，而且需要大量的具体解释来表示。还有材料、客观物质、经济、政治等方面的限制因素。另外，理想的行为和规范与实际行为之间总是存在着差异 [例如：Tuan 1968（a）]。*

但即使二者之间无法完美对应，也能够获得深刻的认识，因此还是需要了解理想情况、意象和价值观，这样才能更好地理解现有的文化景观，从而为不同的社群设计恰当的环境，创造出各种城市景观，大家都知道这是必要的，但却鲜有人知道该如何创造城市景观，而不是无意义地任其随意变化。

必须考虑到有助于文化景观形成的所有要素，城市才能成为多变且复杂的体系。只有将场所理解为文化和亚文化景观的一种体系，才能通过设计手段对其进行保护、提升和强化。这样可以提高各个社群的满意度，从而提高整个城市的丰富性、多样性和复杂性。

文化景观不仅反映了价值观、理想和意向，而且还会影响景观的感知和评估方式，因为感知和认知的文化景观会影响人们的行为、情绪和满意度。通过了解某个社群推崇和重视的特征，就可以通过明显的差异预测人们如何感知相应的文化景观，以及文化景观如何被认知和组织成图式，进而被利用。

这就把环境评价和偏好、认知、感知、行为学和社会文化、符号，以及环境作为交流方式全部联系在了一起，事实上就是我们迄今为止讨论过的所有内容。如果说城市是由不同的文化景观构成的，即用来区分不同地区的场所，那么这些文化景观就代表了城市形态中的文化差异，也就是说，文化景观是图式、意象和理想的表达，是可视的概念环境。理想的设计是在尽力表达意象，使人们能够亲眼看见他们理想中的那个世界。无论是高格调设计还是本土化设计，这一点都适用：在任何情况下，人们的选择都会导致特定场所的产生。

---

* 在人类学研究中，这是一个非常重要的主题，此处我将简化这一问题。

当客观环境与概念环境相一致时，它们所传达出来的信息就是有意义的，人们就能够感知到客观环境并将其解释成所预期的图式，并相应地加以利用。

多元文化下的设计

如果城市形态确实是文化的一种表达形式，是一种城市文化景观，并且理想情况下城市由一系列具有不同文化和亚文化特征的地区构成，那么就会产生许多设计成果。

首先，有必要了解各有关社群的文化，以及他们的价值观、生活方式、活动体系、符号和我们前面讨论过的所有其他因素对城市形态的影响。这会在很大程度上改变城市的规划和设计，因为这些因素在之前并未真正考虑过。

其次，如果城市由一系列特点不同的地区组成，将影响到人们对城市的感知方式——在明显的差异性和复杂性方面，还会影响人们对地区的主观界定和心理地图的构建。这样的城市更容易形成一个清晰的认知形态，但如果各类定义清晰的地区被附加上负面含义的话，人们的心理地图上就会留下大片空白区。由此造成一个问题，即一个社群的核域可能就是其他社群的范围或领域，导致这一体系变得相当复杂，甚至无法运作，因为核域与用于会面的“中性”地区之间的关系可能变得模糊。就算核域可以单独存在，可能发生冲突的边缘地区也会成为一个问题。以某一特定社群为例，比如老年人社群，他们可能有某些环境需求，如需要信息冗余度更高、复杂性更低的环境，这与其他社群的需求可能产生冲突。尽管有一些互动、会面以及对空间的共同使用，但特别适合某一社群的地区对于其他社群可能就很不合适 [Rapoport 1973（d）]。

最后，为不同的社群设计一个城市变得极其困难。这些社群有着不同的需求和不同的价值观，在不同的环境中表现为不同的符码和交流形式、不同的符号和空间使用、不同的活动体系和时间节奏、不同的聚居环境体系和潜在的意象与规范。相同的要素在不同社群看来可能是完全对立的，人们的偏好和认知方式也可能大相径庭。

我们的目标很明显就是在城市尺度上解决冲突，同时，这似乎意味着在一个尺度是同质的，而在另一个尺度却是异质的，剩下的其他地区便是“中性”区。这些需要解决的问题尚无明确答案，它们与每个地区的尺度、本地化程度、边界清晰度和交织程度相关。这样看来，在严格的同质性和随机的异质性两个极端之间可能有一个同质性和异质性相互作用的平衡位置，这种体系的形式能够很容易地用抽象的语言描述出来，但却很难在实践中体现。

设计方面的另一个问题就是，我们面对的是动态过程，而非静态过程。一方面，城市人口在动态变化，各地区可能被不同的社群占据，过于紧密的契合是行不通的，甚至可能适得其反；另一方面，社群本身的文化、价值观和生活方式也会发生变化。这两个因素，加上现有的理论中缺乏与客观物质环境之间的明确关系，使得在这种条件下的设计过程变得非常困难。

一个合理的建议就是，使用与其相关联的框架进行开放式设计。

开放式设计是体系中某一部分带动其他部分的一种设计形式，包括不可预见的和自然而然产生的（Rapoport 1968）。它允许一定程度上的模糊性，允许通过个人化赋予场所意义，允许在环境中展现不同的价值观、需求和生活方式，同时解决了紧身式设计的问题：环境可以被不同的社群和个人使用。在城市中，连续的社群可以更容易地重组空间、时间、场所意义以及沟通交流方式。

然而，除了少数例外，建筑师、规划师和那些对规划感兴趣的人一致反对这个观点：一切都需要控制和规划，个人或社群的个人化表达都是混乱和丑陋的，因此“我们必须摆脱这种胡乱而随意的处理方式，确保一切都要经过最详尽的规划”（Lunn 1971；cf. Rapoport 1968）。

进行“最详尽的”规划不但是不可能的，而且是不可取的。有时候会产生一些意想不到的需求，并且这些需求也会发展变化：即兴和表达，也就是环境的人性化需求和发展特定的文化景观的需求。问题在于，为了得到某些特定的结果，最不需要规划、设计和固定的是哪些要素。这个结论似乎是无法回避的。例如，如果环境不能决定人的行为或感受，而是用来抑制或促进行为或感受，并为恰当的行为提供线索，那么一个设计过度的环境实际上起到抑制作用，要么是因为它提供了错误的策略或线索——设计和规划得越多，越有可能产生这样的结果，因为线索或策略的范围会变得更窄；要么是因为随着线索、限制和规范数量的增加，行为受到了过度的限制。虽然一些引导对于沟通交流来说是必不可少的，但它是社群特有的，而不是普遍的限制。

开放式设计在理想情况下创造了自由度更高的环境。尽管对环境的改变可能是积极的或消极的，尽管迫使人们改变或干预环境和无力改变环境一样糟糕，但人们也许可以根据活动自由、参与、积极创新和改变的程度对城市和建筑进行评价。

两种城市空间的区别及其对街道使用的影响就是一个例证。如果把活动空间设计在一个将街道视为过渡空间的地区，它可能变成一种负担和限制。但是相反的情况也是一样，这都属于正常现象。大部分规划师将街道视为一种过渡空间，避免将其作为公共空间、活动空间或社会空间，然而，这样的使用方式在许多城市的设计和规划中起到了非常重要的作用，正如我们在墨西哥、非洲及其他地区城市所看到的那样。回忆一下我们之前讨论过的墨西哥小商贩的重要作用。在亚洲城市，流动商贩和街头摊位也起着重要的作用，甚至可以彻底改变城市规划和设计方法（例如：Prakash 1972）。街道作为休闲和开放空间能够起到更大的作用，然而，由于设计师对形态和“品质”的控制，甚至从未恰当考虑过它们，导致这类城市地区出现设计过度和开放性不足的问题。

中国香港鸭脷洲棚户区有 145 间商店和 196 个摊贩（Wong 1971），这两种类型的商铺都适合开在开放式的环境中。工业、商业和手工业能够发展起来，人们能够饲养宠物或喂养动物，并通过自己的努力建立公平，这都要归功于棚户区的开放性，也在一定程度上解释了这些地区能够成功的原因。同时，棚户区的开放性还有助于维系某些重要社群之间的关系。在规划严格且开放性不高的地区是不可能实现这些成果的。事实上，无论何时从娱乐、住房、隐私和行业等角度检视新开发区域，主要的薄弱之处（无论具体内容是什么）总是在一定程度上可以理解为缺乏开放性（Laporte 1969；Joerges 1969；Turner and Fichter 1972）。我们关于标准的可变性及其抑制作用的讨论可以放在这一概念框架中理解。

这些颇具“异国情调”的案例只比我们熟知地区中的那些微妙问题更引人注目罢了。这不仅是设计师无法理解文化细节的问题，而且是他们过度受限的设计所不允许出现的，尽管这就是限制条件之一。还有一个更为普遍的问题：规划师和设计师是在受到高度控制的时尚风格传统中进行设计的。这种设计不适合改变、增加或减少。这是时尚风格与本土环境的最主要差异之一 [例如：Rapoport 1969（a），（e）]。一个本土城市的例子最好可以通过图示来说明（图 6.7）。

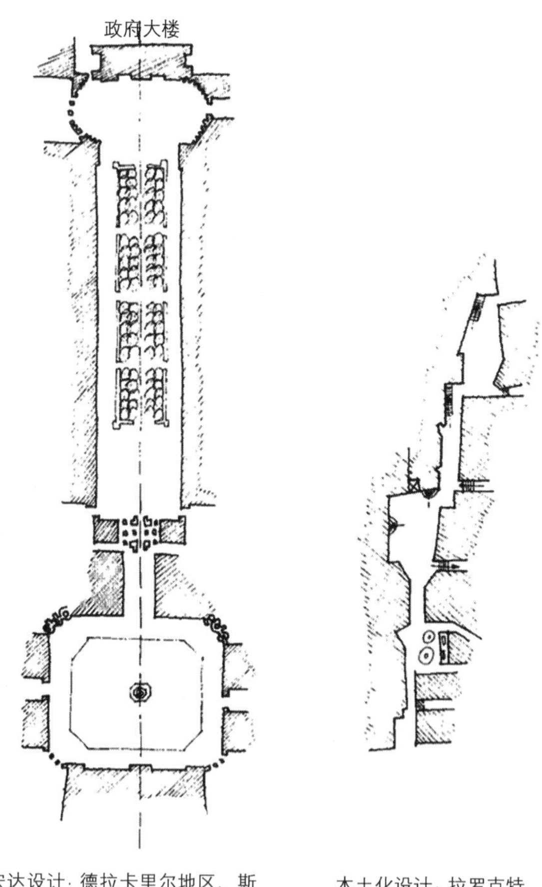

图 6.7 城市空间的串联——本土设计和宏大设计 [来自 Rapoport，1969（e）]

即使是典型的“主要街道”建筑或路边建筑，也具有这种时尚风格设计中没有的品质。商店、加油站、公寓都可以在保证基本形态的前提下改变特性、使用方式和空间组织。如果调查一个 40 年或 50 年以上的典型主路，你就会发现在相对灵活的形式下，商店和场所的使用、立面、标识、装饰以及其他方面都发生了巨大的变化，尽管在城市尺度上，街道的开放性并不是很强。

鉴于城市设计各要素之间关系的重要性 [Rapoport 1969（e）]，在开放式的本土化语境中，这种关系会产生许多不同的效果，因为它是动态的而非静态的，并且能够清晰地表达文化意义。而要素本身也可以很容易地改变，以反映不断变化的需求和意义（图 4.14）。

开放性与地域性密切相关，因为它允许个人化的存在，而个人化是定义个人与社群领域的一种重要方式。让社群形成自己的标识，从而确定领域占有的规范，并使人们不仅能够注意和理解这些规范，而且自愿遵守它们。由于这些规范通常不明显，不易察觉，并且可能发生微妙的变化，设计师无法事先设计。因此，最好让这些规范在一个开放式的框架内自主发展，这样它们也就能更好地应对不同地区的人口变化。这是赋予环境意义的一种主要方式。

所有的证据似乎都指向了同一个方向，即经过设计的环境必须能够应对各种变化，这些变化是永远无法设计或规划出来的，但环境必须促进这种变化而非使它们保持不变。并且它还不是单一变化或一小部分的变化，而是随着时间推移和针对不同人群带来的许多潜在变化：鉴于这些考虑，似乎设计师更倾向于过度设计。

虽然项目的规模、灵活规划的困难性是一部分原因，但同时反映了规划师和设计师所持的某种意识形态和意象。事实上，考虑意象的作用也是进行开放设计的另一个原因。我们已经多次看到，在这一探索的过程中，设计师和使用者的价值观和理想环境的意象明显不同，实际上，他们有着不一样的“语言领域”[Rapoport 1970（a）]。因此，规划师和设计师所做的假设常常是错误的。解决这两方面问题的方法就是开放式设计。* 一个开放式的环境不仅能够容纳不同的意象和价值观、不同的活动参与和表达方式、日渐强化的意义、逐渐增加的复杂性、清晰的模式，以及允许适应变化，而且能在任一时间点和任何一段时间内提供最多的选择。因此，开放性、过程、变化和参与度都是一致的。

考虑到城市中各类社群的不同生活方式、活动体系、住房体系和偏好，会得出相同的结论，即需要进行开放式设计。多元化的观点意味着简单的概括、标准规范和确定性的方法是无效的。由于不可能完全理解这一体系，开放式规划和设计就变得至关重要，尽管出发点是必须最大限度地理解这一体系。这些需求在不同场所可能有不同的临界性，取决于场所的异质性，但所有场所要足够异质，才能从中受益，因为人们所偏好的和有意义的城市景观能够反映构成场所的许多社群的意象和价值观，即使是最同质的场所，也是由许多社群组成的。

在城市尺度上很难定义开放性，除了选择、规范和条例方面的开放性，许多大尺度上的城市要素也要确定下来：比如，城市基础设施必须是固定的，这是规划的一个重要

* 一个开放式设计过程，即涉及公众需求的设计，也是一个重要的话题，在这里未做讨论。

作用，适用于一般的和共享的城市体系。随着尺度的缩小，客观物质方面的开放性设计变得越来越易于理解。在较小尺度上，例如子区域、项目或单个要素，大多数关于开放性的提议都有某些共同点。重点是，客观物质要素可以固定不变，而其他要素可能是灵活多变的。但它可以从规范的角度设想，并从社会、行为和经济的角度去理解，而且开放性还有重要的符号意义。* 开放性也符合对“功能”灵活性的迫切需求，这是一种潜在的优势，如果二者能够相一致，将会带来更好的结果。因此，如果场所意义和家域（以及聚居环境体系）相一致，就会产生非常清晰的模式。但它们并不一定一致，尤其是如果我们将功能与活动的潜在特征联系起来，符号性和交流的灵活度可能比使用方式和工具性的灵活度更加重要。

事实上，调整和影响的愿望主要是符号性的，是传达个人和社会身份认同以及构建防御机制的一种方式，也是强调生活方式和活动差异的一种方式，并且绝大多数处于潜在的和象征性的最小尺度上。在考虑开放式设计时，重点应该落在潜在功能而非表面功能，强调价值和符号对象而非具体实物和使用对象：前者的开放性更为重要。然而，设计师往往采取的是相反的观点——只要能够控制符号和表达，就允许活动和使用发生变化，允许它们变得更开放。然而，所有这些都表明，开放性不只是客观物质要素的问题，在任何情况下，哪些领域是人们认为需要控制的、哪些领域是人们愿意甚至急于确定下来的，都是非常重要的。这对于不同的社群来说有差异（Rapoport 1968）。如果能够发现那些变化和需要开放的要素的本质，以及那些不变化或变化缓慢的、可以固定的要素，人们就可以着手解决这一重要问题了。

那么设计问题就成了创造一个共同、中立和共享地区框架的问题，并且在更小的尺度上设计得更加具体和开放。需要全社区共同确定基础设施，与开放性概念一起，代表着某种形式的框架和渗透的概念。一般来说，大部分框架是施加某种形式限制的准则。这些限制和引导变化的方向一样，还有开放或固定的地区，必须基于本书所讨论的类型标准。所有城市都需要建构性要素和引导性要素，并且可能发生变化。尽管这些框架必须有客观上的物理意义，但不能只把它们当作客观基础设施，还要从领域的重要性或符号性要素的角度加以理解，即城市中为人所熟知的要素，而不是那些只有当地人或个人才关注的要素。

正是在这些较小的尺度上，大部分关于符号、私人领域、聚居环境体系等方面文化独特性的讨论才变得如此相关。它可能与我们关于认知和感知的讨论相类似。我认为意向性与复杂性之间的矛盾是人们的错觉，因为在某一尺度上需要一种可识别性，以便在另一个尺度上实现复杂性。同样地，人们在某一尺度上需要一个总体结构，以便在其他尺度上有具体的地区相对应。框架必须有客观的表达，即便是规范体系也有具体的客观结果。我们不仅仅是在处理客观框架和“嵌入式”的城市（例如：Cook 1970），为了更好地理解和使用，框架还必须具有客观特性。

---

* 例如，荷兰哈布拉肯的工作（如今在 MIT）。

任何环境都是多决策共同作用的结果，因此，必须对此进行引导和约束。引导和约束各种决策是非常重要的，以便使它们相互一致，并且与其他要求相一致。客观框架是主要的城市设计要素，其强度足以适应和引导变化的方向，导致大量要素的变动，同时保持一个统一的体系。这样的框架是主要的形态要素，重点是风格化的，反映了指导思想，并在周遭发生变化的同时维持了原状。直到最近，这些变化依然是以统一的、公认的规范体系为指导的乡土传统的一部分，这种规范体系通常在不需要其他体系的情况下也能取得很好的效果。事实上，正式的框架规范，比如印度法，正是在本土性和共同的不成文规范框架不再起作用或缺失的时候引入的 [Rapoport 1969（a）]。

历史上有许多关于此类框架的例子。更为重要的是，通常认为网格模式是开放式设计的典型例子。因此，美国西部从费城开始的网格模式就被解读为一个无止境扩张的开放式框架，并且编号体系使得这一网式更为引人注目 [Jackson 1966（b）]。* 城市网格也被视为一种骨架（Kouwenhoeven 1961）。还有许多其他的网格模式；轴线、墙体、大门和其他一些仪式性的方式是其中发生变化的要素，它们能够以多样且多变的方式填充；仪式性的部分是框架，其余部分则是填充，不过这些要素并不是随意布置的，它们反映了空间组织和聚居等的一些规范（图 6.8）。

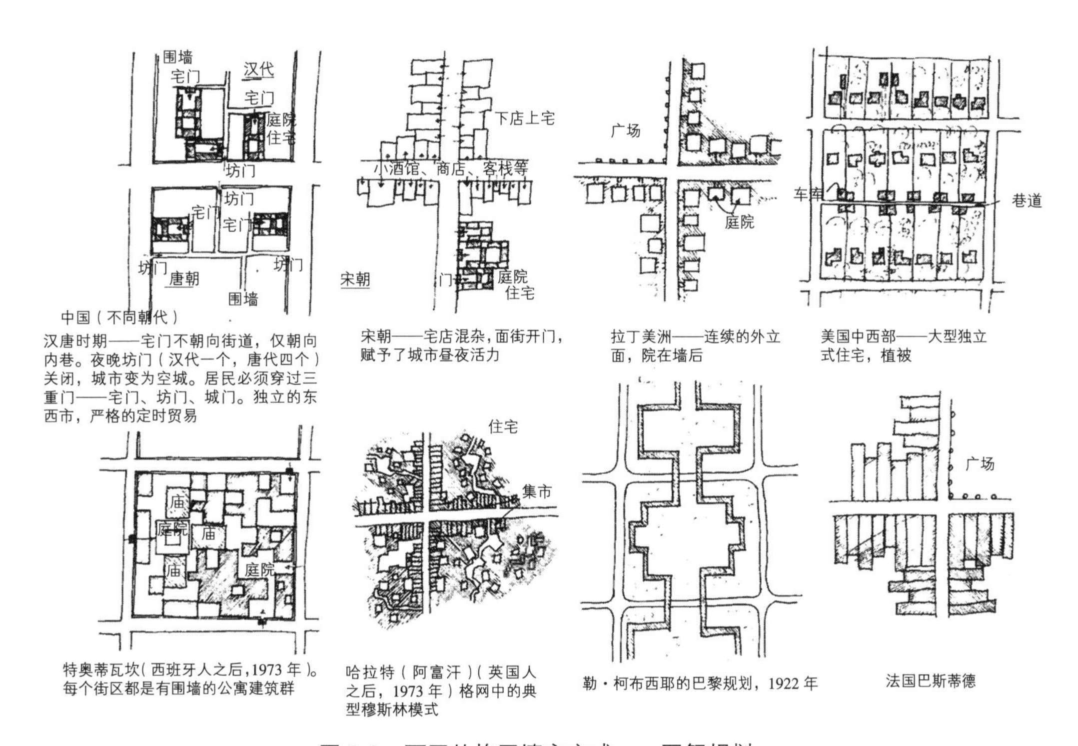

中国（不同朝代）
汉唐时期——宅门不朝向街道，仅朝向内巷。夜晚坊门（汉代一个，唐代四个）关闭，城市变为空城。居民必须穿过三重门——宅门、坊门、城门。独立的东西市，严格的定时贸易

宋朝——宅店混杂，面街开门，赋予了城市昼夜活力

拉丁美洲——连续的外立面，院在墙后

美国中西部——大型独立式住宅，植被

特奥蒂瓦坎（西班牙人之后，1973 年）。每个街区都是有围墙的公寓建筑群

哈拉特（阿富汗）（英国人之后，1973 年）格网中的典型穆斯林模式

勒·柯布西耶的巴黎规划，1922 年

法国巴斯蒂德

图 6.8 不同的格网填充方式——图解规划

* 回顾第二次世界大战描绘洛杉矶城市风貌的漫画，整个城市就像是在新几内亚或北非的散兵坑中。

另外一种类型的例子是由内而外的圈层城市，规范体系引导了庭院和其他要素组合的集聚：这些要素在指导原则的引导下相互叠加，体现了在一定程度上自我约束地区的一种等级和体系。这些引导性规范就是具体且多变的文化。在较小的尺度上，这种框架可能呈现出庭院或大院特殊的空间组织，以及街道的模式，还有拱廊和住区广场的使用方式。

在历史事实中，看清客观物质框架要素和规范体系发挥的作用会相对容易一些，而确定哪些框架和基础设施在今天各种环境条件中依然有效则比较困难。这里没有明确的答案，目前现有的框架都忽略了我们之前所讨论的要素问题。在最近的规划理论中一直提倡网格模式，尤其是因为它们具有开放性特征。这也是将洛杉矶视为优秀城市案例的人们的论点（例如：Ternko 1966；Banham 1971）。所有这些都可以理解为在主张一种框架和填充体系，但具体形式并不是该讨论的重点。各种各样的城市形态可以通过所拥有的某些框架要素评价它们是否成功，这些持续存在的要素能够给城市带来连续性，并且其内部和周围可能发生改变、填充和变异，这使得人们能够影响环境，并在不失去大尺度组织模式的基础上表达自己（例如：Bacon 1967）。从概念上讲，这是一个关于连续性与变化以及在一定秩序内变异的例子，我们之前已经讨论过了。

目前提出的主要框架，无论其形式如何，都是以活动体系为基础的：无论是带状的高速公路带（Venturi et al. 1972），还是与之相联系的一般活动体系（Smithson and Smithson 1967）、高速公路体系（Banham 1971），或一般道路体系。* 另一些人则再次提出了与活动体系相联系的线性要素。目前所提出的大部分框架都是将活动体系（指机械运动）作为结构要素，它更多体现的是规划者的价值观，也可能反映了一部分人的价值观，但并不是社群的价值观。更重要的是，这种框架忽略了人们的需求和反馈，忽略了其与人们使用、评价、感知和认知城市的方式之间的关系。虽然在我们的文化中，活动要素不可避免地发挥着重要的作用，但问题在于它们是否具有至高无上的地位，以及要素本身是否应该对感知、认知和其他要素作出反馈。

除了活动体系和网格模式，从人本主义视角研究城市形态的文献相对较少，因此对于框架的其他可能类型也鲜有讨论。对框架的要求可以列举如下：框架应该允许表达各类社群的特征和偏好，允许人们构建有效的认知图示，并提供恰当的感知信息和意义。因此，评价、认知、感知、社会文化和环境的符号性方面以及人的特点应该成为设计领域的基础和框架。由于本书关注的是小尺度层面的问题，所以强调的都是多样的和具体的要素。很明显，在大多数地方，都有一种占主导地位的主要文化，而多种文化平均并存的地方很少。因此，总体结构是与那个更主要的文化相关的，并且在各类社群所在地区还有一些小而微妙的变化。当然，这样做的好处是，人们交流和对城市的使用更加方便。可以说，许多连锁企业的成功，就是因为无论你走到哪里，都能通过清晰易懂的符号了解它们所传达的预期行为，相当于有了可预测性。在更大尺度上使用这种一致的符号和空间体系，能够使一

* 例如，勒·柯布西耶的昌迪加尔规划、C. A. 道萨迪斯近期的研究，或者英国的卢埃林 - 戴维斯公司的米尔顿·凯恩斯规划。

般的共享要素得到加强并为人们所习得，还能形成联想，从而使其他尺度上的变化性得以存在 [Rapoport 1973（a）]。

这些一般的体系需要高度冗余——图像性的、符号性的、客观物质性的和社会性的线索都应该有一致性和连续性，并且相互强化，相辅相成。这些体系应该相互叠加，让不同的人使用不同的路线，拥有不同的活动体系和家域范围；它们需要知道这个城市能够提供什么。这些有助于定向和建构认知的要素，应该是大部分人都能理解的（即与主要的活动体系相关），并与共享范围最广的意象和符号相关（即理解符号性和联想性）。它将促进联想的形成和对线索与意义的解读。这些要素应逐渐有所变化，但任何变化都要严格地控制，以保持特性、一致性和可识别性等。所使用的体系和要素的结构至少对大多数人来说必须简单明了。地区的集聚和越来越具体的特定地区与子地区，以及对特定社群作出的反馈将更加多样化。因此，需要强调一般和常见要素的通用性和一致性，以及特殊环境的独特性和特异性，即需要强调它们之间的明显差异。

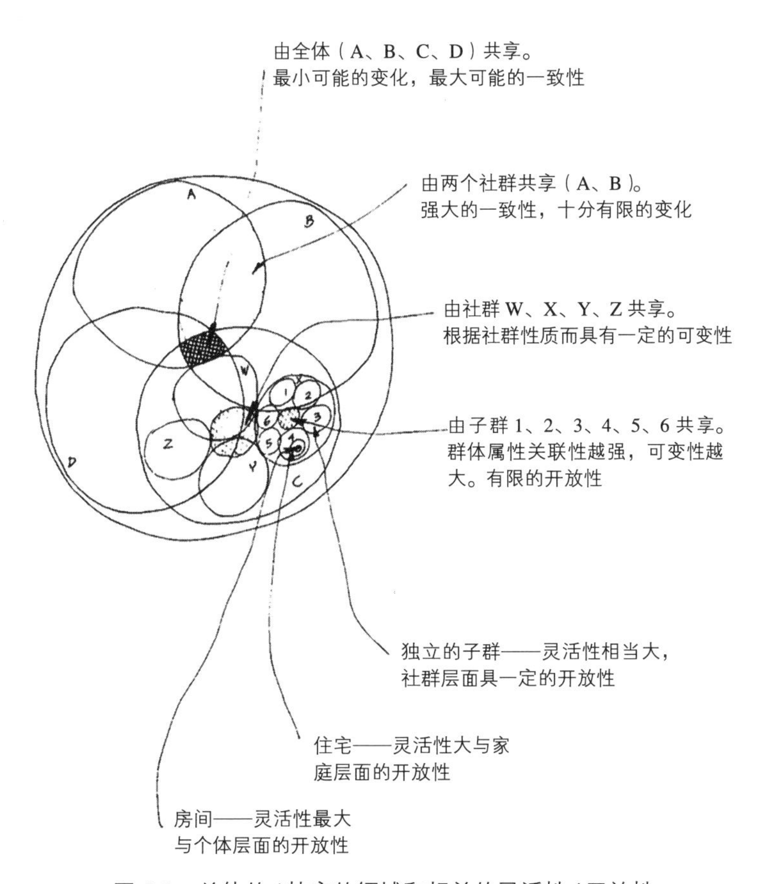

图 6.9　总体的 / 特定的领域和相关的灵活性 / 开放性

随着各地区从一般和“普遍”向特定化和本地化转变，地区的开放性应该随之提高，以增加同质化程度越来越高的社群的影响和作用。此外，一般的框架应该“封闭”起来，以保留其个性和可识别性。当然，对住宅来说还存在着个人和家庭的影响，以及街区、邻里和区域尺度的社群影响等。这些层次的定义、开放程度以及它们对不同社群的意义等，仍然是一个尚待解决的问题，但却是补充其他讨论的一个最有用的方法（图 6.9）。

任何城市都有异质人口。显然，一些城市（或国家）比其他城市的人口结构更同质一些，但所有城市的异质性都比其所意识到的要高，尤其是在使用主观定义的标准时，而不是使用先验的标准。但实际上，随着种族、生活方式和其他形式身份认同的强化，城市的异质性似乎在不断增加。至少在理论上，每个社群都有自己的一系列需求和解读。对人们来说，能够识别出各个社群的独特之处以及相应的各种环境是必要的。为了做到这一点，人们需要进一步了解它们为什么不同，在哪些方面不同，哪些差异是关键性的，哪些差异是次要的，人们还需要知道哪些重要的差异被外在因素淘汰或阻挡了。在理想情况下，一个人是能够将各种社群与其环境相匹配的。同时还必须对共性进行研究。事实上，在任何一个地区，这类研究都极可能揭示出某种程度的大量重叠，或多或少（图 6.10），或是具有独特性，鉴于缺乏这类方法的经验，其具体程度很难预测，因此还需要继续探索。

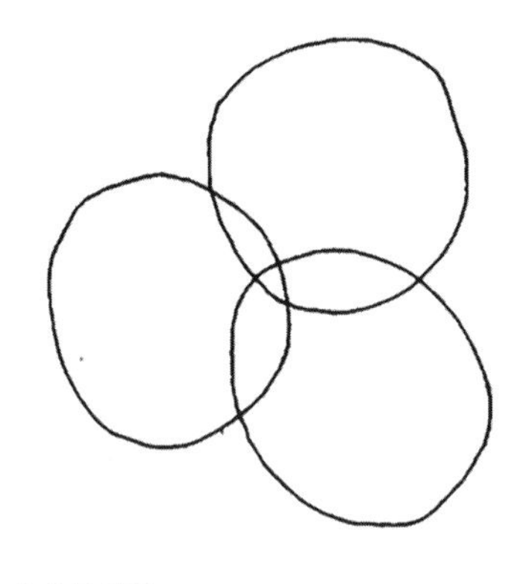

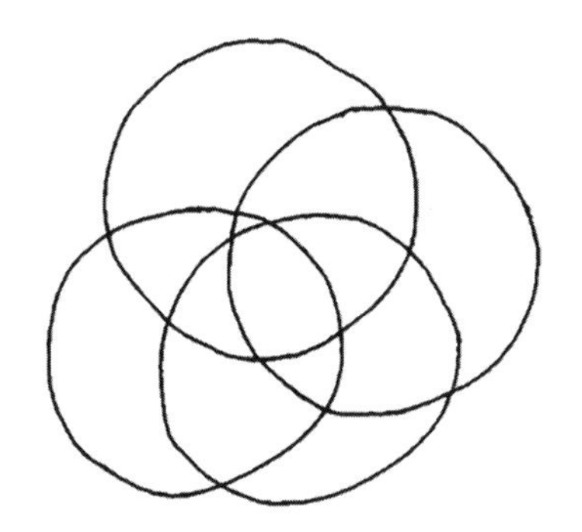

图 6.10　重叠程度的差异

显然，共同的重叠特征为城市提供了总体框架和共同要素，局部的重叠为集群提供了共性，而独特性则提供了特定的可变性。这既要提供整体的意向性和结构，又要让独特性的特征得以体现，还要随着人口和文化的变化而变化。还应该明确的是，在任何一种具体情况下，用来强调和表达社群身份、生活方式和独特性的客观物质要素都会有所不同，虽然在某些情况下差异可能相对较小。当然，各种要素对不同社群福祉的相对关键程度也不太一样，这取决于该社群的文化能力和对环境的适应程度，以及他们对环境符号的依赖程度 [Rapoport 1968，1972（d）]。

这个问题并没有那么容易。如果不同社群的意向各不相同，那么他们对空间的使用、空间的意义和表明领域的方式、用于表示恰当行为的符号、时间的使用以及城市结构的层次等也会有所差异，显然，这个问题是很复杂的。然而，社群很难在不恰当的环境中生活，使用不同的空间、时间和符号的社群生活在一起很难不起冲突。显然，由此产生的环境变化不仅会产生奇妙的问题，还会带来巨大的环境前景。在任何情况下，设计过程都应该寻求社群中居民的心理、社会文化和符号模式与他们的生活环境之间的一致性。

再次强调关于如何进行设计的建议是可能实现的。显然，在大多数的城市中都有共同的时间节奏和韵律，当然也存在特殊情况。可以通过这种方式分析时间，并且对环境进行恰当的规划和设计，因为共同的地区和体系与共同的时间使用有关。我们看到，在大多数城市中，都有与整个城市相关的符号和意象作为城市的象征。可以将这些一般化的符号和意象与一般化的体系相匹配，而特殊的符号和意向则与特定的体系相匹配，对于场所意义、空间中的活动体系、社会关系网、聚居环境体系中相互叠加的、共同的以及其他要素同样适用。

显然，一个社会越多元、越异质，问题就越难解决，尤其是当社会价值观中包括了人人平等和互动最大化的时候，就避免了隔离现象，使得各地区并行发展（这种形式易于设计）。我认为，承认社群和集群之间的差异，并将城市作为不同场所的拼贴，可以让问题变得稍微容易一些，因为如此一来，人们只需要在共享策略的层面上协调冲突。基于共同的场所意义、符号、用途、活动等分隔共同和主要的城市体系，并保有在同质地区内退缩、生活和维持主要关系的能力，将使设计师更可能实现许多目标，人们更好地生活以及更有效地使用城市。

当然，这种对比并不像我们所描述的那样简单清晰。正如我们所见，它有一个完整的范围，从所有人共享的要素到大规模社群共享的要素，然后到更小规模社群的要素，最后再到不属于城市设计范畴的个人特有要素。

再来讨论休闲娱乐空间。在美国的中产阶层社群中，住宅区和城市地区最近开始围绕休闲娱乐空间进行组织。我们看到，这些设施与其说是为了使用，不如说是为了表明地位和价值观，因此是人们共享的。同时，在地区之间和地区内部，会强调不同类型的休闲娱乐活动——游泳、帆船、网球、马术、高尔夫，等等。这些差异是区域性的、气候性的、亚文化性的；在一些地方，不同的邻里街区围绕着一种特定的休闲娱乐类型组织起来。这个微不足道的例子展现了一个大型体系内部的相互作用，例如在居住区强调娱乐空间，以表明身份地位，还展现了在子地区中强调不同要素的可能性。由此得出，这种差异不只是体现在休闲娱乐活动的类型和设施的需求上，如果进一步发展的话，住宅类型、空间组织和景观等方面也会出现差异。

同时，我们已经看到，在其他社群中，可供使用的休闲娱乐空间在数量和形式上有很大差异，这些空间包括街道、公园、购物区或用来踢球的“废弃”场地，甚至还可能包括墓地。然而，某些文化社群无法接受将墓地当作休闲娱乐空间，因此，如果真的选择在墓地中进行某些形式的休闲娱乐活动 [Time 1972（b），p. 46]，将会改变某些社群的休闲娱乐体系，一些社群可以将这个地区作为休闲娱乐空间，而另一些社群则不行，因为后者会拒绝墓地的这一用途，进而导致他们对于土地使用类别的认知变化。对其他社群来说，街道空间可以被人们使用，或者应该将房前和屋后空间颠倒过来，又或者他们认为应该提供公园、网球场等空间，不同社群在设计和各类地区的组织上存在明显的差异，而在庭院和住宅上，个体之间也有明显的差异。

因此，在大都市区和城市尺度上，有必要就使用、符号和意义方面达成一致。然后，通过调查各种情况下的社群内在结构、理解和使用各种子体系的方式，就有可能实现汇总和编排特异性的共享程度和范围以及相关社群的规模等。还有一些独特性主导的小尺度地区，各社群的特殊性可以在这些地区表达出来，从而产生大量不同的地区。最后，在住宅尺度上有家庭的多样性（在社群的限定范围内）和个体的多样性。每种尺度上的情况都不一样，但会形成一个范围，即社群内部的多样性较少，而外部的多样性较多。

另外一个因素是，某些要素可能被一些社群视为控制多样性的重要因素，而另一些社群则认为相对不重要，因此，可能有一些个体和社群的多样性需要框架本身对其作出反应。应该重申的是，我们对社群多样性的了解要少于个体多样性，并且不太可能出现相反的情况，除非是同质性社群。当然，这就又回到了之前的框架问题上。

框架的作用至关重要，没有框架就会导致混乱，城市就会缺乏连续性。没有了框架和规范的限制，就不会有交流，因为交流的前提和意义就是对要素及要素的组合在数量上进行限制，同时允许必要的组合表达人们所需和认为重要的意义范围。这可能意味着对各类社群类别的界定和领域的重要性、具有普遍性的和特殊性的地区、变化速度快和慢的区域——也可能意味着界定存在冲突的领域并解决其中的冲突，同时使没有冲突的地区更加开放。在所有这些情况下，都需要根据一般标准分析城市，且每种情况都会有细节上的不同。

不同的规范适用于不同的社群，而且在某些情况下这些规范之间可能相互矛盾。我们需要找出各类要素和意义的相对优先次序。框架的规范细则除了具体说明特定地区的特点，使各个尺度的地区拥有必要的自由度，还能以压力最小的方式解决冲突。最困难的问题在于最普遍的城市要素，因为这些要素的选择性较少，可变性较小，需要对它们进行设计，以便尽量减少冲突，并且使其对许多人具有同等意义。

鉴于现代城市的尺度和范围，可以说，从城市设计的角度来看，与社群具体情况相关的开放式的本土地区比大的框架更重要。本土地区的多样性，以及人们在社群和个体层面的个人化能力，有助于建立社群认同、表达偏好，还有助于界定合适的领域、合适的活动、时间、行为环境和聚居环境体系。这样一来，本土地区的各种要素将产生明显的差异和复杂性，为模式提供恰当的线索以及帮助定向等。此外，还可以防止规划城市的不实性，防止过快地产生各种“没有规划的”城市问题。

在一个由框架和各类开放性填充要素组成的体系中，需要将固定要素和开放要素与人的特征联系起来。为了充分组织这些规范，即设计师和各类公众认识的规范、不成文以及成文的规范，必须考虑潜在的、符号性的对象和功能，以及具体的事物和要素。我说过，尺度的减小会带来多样性的增加。同样，认知和感知的清晰度、意象和意义的强度随着尺度的减小而增加，人们积极参与的程度和重要性也随之增加。如果这一观点正确，那么基础设施 - 框架可以用共享范围更广的但较弱的意象来定义，而开放式的填充则用共享范围小但较强的意象定义。

这些概念仍然是不确定的，但并不影响潜在效用。这些概念会随时间的推移发生变化，并且考虑到社群在某一时刻也会改变。它们带来了复杂性、明显的差异以及形式与活动的一致性，增强了意义、交流和个人化，使城市变得丰富多彩，使人为干预更加恰当，同时展现了历史的变化；它们还平衡了整体认知的清晰度、感知特征的复杂性和环境的多样性；它们可能在大尺度上具有清晰导向性的体系，而在小尺度上稍有“迷失”；它们还可能使我们将形式和邻近度与时间节律联系起来。更概括地说，它们提供了一种使用信息类型的方法，这一方法我之前曾提到过，其目的是在不过度设计或产生适得其反环境的情况下，达到最大程度的一致性。

人们对于环境的干预及其影响

开放性和文化景观意味着人对其所在环境起着积极的作用。然而，在大部分环境研究的文献中，公众被认为是被动的消费者。假设（但愿是含蓄地）使用者确实是被动的消费者，那么其所在的环境就会产生反作用。我们已经看到，如果有机会，人们就会选择一个恰当的环境作为自己的居住地，这是环境影响人类行为的一种最重要的方式，同时也是人们维持对环境主宰和控制的一种重要途径，是影响人们幸福感的一项重要因素。

这种控制欲是人的基本需求，甚至动物在对栖息地的选择和对客观环境的处理方面也表现出了这种控制欲，正是这两点表明了野生动物和圈养动物之间的明显区别。在动物中，改造环境几乎与栖息地选择一样重要，因此才有动物园里部分非自然区域和实验室的存在（Hediger 1955；Willems and Rausch 1969）。野生动物在很大程度上能够控制环境，而人工环境则阻断这种潜在的控制，从而改变了动物的行为。圈养动物急于利用环境提供的任何可能性改造和操控环境（例如：Kavanau 1969）。在这里我们没必要得出极端的观点（例如：Morris 1970），但通过上述内容可以推测，这种控制环境的需求对人类非常重要。

操控环境的能力可能影响人们之间的社会关系。人们发现，共同完成未完成项目的合作可以促进友谊，比参加已完成的项目带来更多的社会组织关系和参与度（Festinger et al. 1950；Whyte 1956）。控制欲，甚至仅仅是认为自己有控制欲，都可以缓和压力和拥挤所带来的影响。例如，在孤立的小社群中，社会关系的发展和行为在很大程度上普遍受到社群积极构建环境能力的影响。人们通过重新摆放椅子和床，调整对空间的使用，构建社会关系（Altman and Haythorn 1970）。如果人们无法改造和调整环境，环境就可能对人们产生更大的影响，而且是负面的。通过增加选择的发生，可以减少环境对人类行为的影响 [Proshansky et al. 1971（a）]。

但最主要的影响是在情感方面。当人们觉得可以控制和影响环境，并使环境发生明显改变时，他们对于城市的感知与不能控制和影响的环境差异很大。对领域权的讨论表明，在人类社会中，属地化和占有的一种重要方式就是将其个人化，即在一部分环境中打上个人性格的烙印。规模的小与大、人口不足与人口过剩的影响以及行为环境也可以从这个角度来解释。在规模较小且人口不足的情况下，居民可以更多地控制环境，虽然这种控制大部分是社会性的，但与实物控制有相同的效果。设计师与使用者之间永远不会达到完全一致，说明一些冲突是不可避免的。这些冲突可能是有意识或无意识的、被动的或主动的，人们以类似的方式适应环境——有意识或无意识，主动或被动。解决冲突和适应环境的首选模式就是让居民有意识地主动参与其中，即创造性地参与[de Lauwe 1965（b），p. 164]。这一思路不仅适用于住宅问题，在较小程度上也适用于规划和设计问题。

在规划上，人们关注的是政策层面的参与；与建成环境相比，人们的参与集中在建筑规模方面。显然，人们改变、增加和装饰环境的能力使某种特定形式的环境和所有权变得更合心意。我曾说过，与公寓和高密度住房相比，个人化的能力可能是人们偏爱独立式住宅的一个重要原因，因为独立式住宅允许人们将其个人化，并通过恰当的符号定义其中的特定领域。一般来说，这种环境能以其他环境做不到的方式表达个人或社群认同。显然，其中涉及了许多其他因素，独立式住宅的一个主要优势就是它可以由业主装饰和改造，还能通过增减、改变和重组的方式进行个人化处理，使用不同的符号。这使得住宅能够通过恰当的方式改变外观和花园，建立社群身份认同，从而赋予房屋一定的意义 [Raymond et al. 1966；Rapoport 1967（a），1968]。

个人化为那些工作完全不具有创造性的人们提供了一种创造性的方式，正如英国工人阶层一样（Wilmott 1963）。在美国的类似社群中也能发现个人化和家居装修的重要性。由于工人阶层无法在工作或社区活动中获得社会地位，他们对环境的控制就成为自豪感和自尊的一种基本表达方式。我们常听到诸如“我的血和泪都在这所房子里”或者“我的身体和灵魂都在这所房子里”这样的说法，许多人不仅把大量空闲时间花在了房子上，甚至还用照片记录下房屋前前后后的变化（Fellman and Brandt 1970）。

除了符号方面的优势，还有另一些好处，比如为大家庭或小家庭以及老年人改造更适合的住宅（有时可能不需要搬迁），或者根据新的爱好和活动改造住宅。一些国家的案例表明，将人们从棚户区或贫民窟中迁出可能产生负面影响。原因之一是，那些地方是开放性的，人们可以搭建动物棚舍，饲养宠物，开设作坊，而新的住宅却是“封闭的”，原先的事情在这里都是不可能发生的。在新地区，无法维持某些家庭和更大的社群促使问题变得更加复杂，而这些同质社群的集聚有助于防御性结构的形成，因为使用恰当的符号能够维护社群及其身份，并维护规范、非正式控制与机制（例如：Laporte 1969）。在比较芝加哥某地区的各类社群时发现，公共住房中社群的生活状况是最差的，部分原因是他们无法控制环境，无法表达自己的社会身份，没有商店，等等（Suttles 1968）。

显然，人们渴望做出改变，并在环境中留下自己的个性，这也是评价环境品质的标准之一（例如：Boudon 1969）。尽管大多数改变和讨论都集中在建筑层面，但它们都有明确的区域影响范围，尤其是在有一定同质程度的社群聚居地，许多的个体变化产生了表达社群身份认同的文化景观，并且其中还具有个体的差异。显然，同质社群更容易进行社群内的合作。关于个体改造的争论比较少，但这些改造加在一起是一个更大的整体。这就与居住地选择和改造环境使其集聚的能力有关。

关于改造环境的意义，有两种不同的观点：一种观点是，对环境的调整越多，环境就越适宜（例如：Perin 1970）；另一种观点是，调整越多，就越说明这不是一个令人满意的环境（Brolin and Zeisel 1968）。问题就在于变化的程度及其特征。虽然决策和改变过多可能付出代价（有些论点离题太远，大部分是在迫使人们做出改变并参与其中），但改造环境以及在某种程度上掌握环境能够减少人们的压力，即使这种想法是“虚幻的”（Glass et al. 1969）。环境背景、控制程度，以及更加普遍的可预测性程度，往往都会对客观物质和社会压力源的大小产生极大的影响（Glass and Singer 1972，1973；Wohlwill 1971）。虽然除了开放之外，还有其他减少压力的方式，例如居住地选择和聚居，但所有方式都与选择相关，因此在一定程度上也是一种干预和开放。它们以相似的方式起作用，因此，我们在第 5 章可以看到，同质性通过增加可预测性的方式减少压力，即给人一种控制感 [cf. Rapoport（b）]。

如果把活动和干预看作对城市环境的使用，那么我们已经看到，它与人们了解城市和构建心理地图的方式相关。因此，在某种意义上，我们所讨论的活动、行为环境、聚居环境体系和家域范围与人们的干预程度相关。如果考虑到活动的潜在和符号性，则更是如此。其他要素就是某些活动需要对环境产生明显的影响。

最后一点与感知和认知有关，特别是有证据表明，为了了解环境并使用环境，动物必须积极参与到环境中并在其间移动，仅仅被动地观察环境是不够的（Held and Heim 1968）。在儿童的成长过程中，运动至关重要 [Piaget 1954，1962，1963（a），（b）；G. Moore 1972]。对于成年人来说也是如此，在环境中活动并且积极使用环境，对人们了解环境并形成心理地图是非常重要的。从静态视角获取的信息比从运动中获取的信息少，部分原因是其他感官会发挥一定的作用，部分原因是运动经验和感官信息的相互作用。一般来说，在感知和运动之间存在着关联，城市认知也会因为主动的探索或是更主动的运动模式而变化。事实上，我们可以这样理解在第 3 章所讨论的各种运动模式的影响：模式越主动活跃，我们对环境的认识就越好，越全面。

同样明显的是，儿童和成人的家域范围可能受到通过心理地图形成的干预过程的极大影响。事实上，这似乎就是我们讨论过的小城镇儿童比大城市儿童的认知地图大这一结论的意义，显然是因为儿童在小城镇中有更大的自由度，可以更主动地参与到各种环境中。如果儿童难以在城市中穿行，难以使用城市环境，难以主动而自由地对城市环境进行控制，那么就很可能影响他们的感官和心理发展，以及影响城市作为学习场地的功能。如果人们无法在城市中漫步、奔跑、玩耍，无法对环境进行感官干预，那么这座城市将会逐渐衰败。大量有关动物和儿童的探索性和嬉戏行为的重要性文献研究支持了这一观点，因此，环境能够提供这种行为的能力是一项关键要求，而目前的环境剥夺了儿童和其他人的这种能力。

小学生在上学途中的长途跋涉所带来的影响很好地诠释了这一点。用焦虑、攻击性、压抑、受欢迎程度、智力等因素来衡量，搭乘公共汽车去上学比步行上学的危害性更大 [Lee 1971（b）]。这与时间长短和疲劳程度无关，关键是他们是否与母亲分离。任何能维持与母亲沟通交流的措施都有助于缓解分离所带来的影响。在这种情况下，与此相关的因素是感知的可及性。那些步行的儿童是凭自己的能力上学的，他们了解上学的路线和走过的空间，一切都在自己的控制中，随时可以返回。路上的障碍也是儿童可以随意克服的。乘坐公共汽车不仅妨碍了这种连接图式的构建，而且妨碍了决策的制定和行动。儿童们知道，一旦错过了公交车，就无法回家，直到下一辆公交车的到来。其中的关键原因显然是直接的活动使儿童获得一种控制感或控制力。

能力被定义为一种以掌握环境为目标的、定向的、有选择的和持续的行为模式，是一种“应对环境的内在需求”，其对环境产生的影响正在逐渐加强，并且人们对环境的掌控使其产生了一种强大而积极的自我形象（White 1959；Perin 1970；Poole 1972）。当讨论干预、活动和能力的重要性时，人们常常发现自己是在讨论老年人、特定文化社群或儿童的问题。这是由于人们认为能力的降低或环境顺从度的增加提高了临界点，扩大了环境对行为的影响 [Lawton 1970（a），1972（d）；Rapoport 1972（d）]，因此那些最依赖环境的人受到的影响最大。这些社群所受到的影响更加明显，当然其他社群也会受到影响。对于控制的需求是很普遍的，但临界点不同。

因此，高层公寓对于儿童的影响比对成年人的影响更大，因为在高层公寓中，为了不影响邻居，儿童正常的行为、活动、探索和随心所欲的玩耍往往受到限制。更一般地说，如果一种环境阻碍了人们的行为能力，并且影响人们根据需求以恰当的方式干预环境，那么人们就会认为这种环境就是抑制性的，并且有潜在的危害性。由于恰当的行为有很大的差异，关于同质性的观点似乎与干预的内容有关，正如我们前面所讨论的那样，相同的环境对于不同的社群影响不同，不同的社群对于特定环境也有不同的适应方式。

如果让人们住进政府住房，选择和主动的干预对他们的生活方式和“贫困文化”几乎不会产生影响，但如果人们是自行搬迁，则会产生极大的影响；如果是自己建造住房和社区，影响甚至更大（Mangin 1970，p. xxxii）。同样地，对于那些自己选择搬到郊区和被迫搬到郊区的人也会产生不同的影响，一部分原因是人们的生活环境与其生活方式和价值观可能一致，也可能不一致；另一部分原因是与选择和主动控制的要素有关，包括搬迁本身和搬迁后对环境的控制。由此看来，人们是从主动干预的角度定义环境的，即他们对环境中的要素做了什么以及对环境本身做了什么。同时，人们想做什么、需要做什么、在哪里做以及适合做什么等都是主观界定的，因此，在规划中需要更多地从行为和社会文化层面对活动进行定义，强调潜在功能。

主动控制不仅与居住地选择和环境改造相关，而且与包括私人与公共领域、房前与屋后空间、聚居环境体系、街道的使用以及其他环境的界定相关，其中有许多都是通过不同的个人和社群干预定义的。家域及其产生的行为或生活空间的文化差异，以及我们之前讨论过的其他方面的文化差异，都是通过人们主动自由选择和行动的能力定义的。

例如，城市开放空间的感知、认知、符号和行为定义就是通过干预与活动联系在一起的。如果一个空间能让人们在其中自由活动，那么它就可以被视为开放空间，而非只有绿地才是开放空间——这种方法上的改变在规划上具有广泛意义。开放空间为特定社群提供了进入和通过的自由，无论是客观物质还是规范，都没有制约和限制，也不存在“所有权”或被占用的情况，这些空间并非过于决定性的，是对需求的响应而非过度设计，能够让人们在其中自由地活动。它可以描述为宽松空间而非密集空间（Skolimowski 1969）。开放空间能够通过与封闭空间或建设空间进行对比来定义。只有当人们能够以符合自己对适当开放空间行为的意向和定义的方式使用它时，它才是开放空间。这些目的不能是反社会的，为了避免冲突，还必须相互一致，才能满足同质地区的需求。

我已经多次提到，客观环境的易读性和沟通交流能力部分程度上取决于感知、社会等其他方面的一致性，比如形式与活动的一致性。这是关于一致性的更广泛的概念，也是人与环境互动的核心概念。如何理解城市、如何与其沟通交流同样重要，即城市作为一个符号体系的效率是很重要的。我还指出过，城市在这方面并没有发挥太大作用，因为它缺少一套共同的语言和符码，因此人们无法读懂相应的恰当行为的线索。但它还与形式与社会活动的一致性相关。

可以从不同的角度理解活动；许多不同的学科从各自的角度认为活动是理解城市体系的核心。我已经强调了活动的主观意义、潜在意义和符号意义，以及通过符号的修改和改变间接体验他人活动的可能性。我们感兴趣的是城市环境中由于活动产生的明显差异性，因此一致性不仅在活动与客观形态之间显得非常重要，在活动和那些人们可以把握的标志之间同样具有重要意义。例如，一个场所可能地处中心且位置突出，有着同等重要的活动水平，但是从地方性质来看，活动的水平可能并没有那么明显，或者变化的标志可能与其中发生的活动并不一致。这可能使活动的位置、形态和符号之间缺乏一致性，并导致环境的冲突和不确定性。因此，尽管对于个人来说，是活动、环境、意象、符号表达和位置之间的一致性，而对其他人来说，则是通过明显的线索判断活动。

显然，这与感知和经验的多感官属性有关，与在定位、构建和解释城市过程中使用的各种各样的线索有关。回想一下，不只是儿童会使用这样的线索，在对大面积新建的统一住房进行定位时，很明显，变化和个人化的微小标志成为要素（de Jonge 1962）（图 6.11）。它们不仅促成感知上重要而明显的差异，为统一地区赋予身份，而且通过作为活动和人类干预标志的联想价值而变得更加重要、突出和有意义。

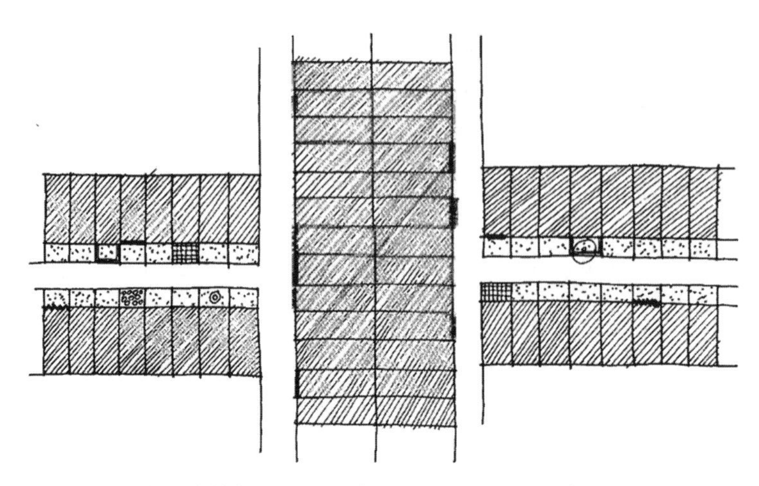

图 6.11　在一个整齐划一的环境里，很小的细节也会变得非常重要

同样地，由于不同的人使用不同的定位体系——一些人使用布局，另一些人使用地标，还有一些人使用联想价值（Baers 1966），因此对于许多人来说，人类活动的明确标志可能是重要的线索，如果这些线索与其他要素和指标相一致，将有助于定位。

因此，在城市设计中有必要鼓励设计师使用尽可能多的人类活动线索和标志。使用多种渠道的能力和冗余可以表现出更高层次的一致性。单一模式和体系的主导地位——尤其是作为城市中主要活动的表达方式，机动交通占据了主导地位，以及为此目的制定的规范和条例对所有其他表达形式的阻挡作用（与对大多数感官模式的阻挡作用一样），是实现形式、活动及其可见表达之间一致性的严重障碍。其他制约因素包括：采用的新材料和新方法阻碍了可能发生的变化；提高了密度但缺乏表达要素，如花园和植物等；法律限制住户改造环境；安全和保险条例；政府的政策和规划师的目的是创造异质地区，而不是抑制变化的同质地区，这使发生的变化与活动的一致性越来越小，因为既没有体系上的改变，又没有活动的呈现。

虽然游客和居民的认知和偏好各不相同，但游客对于某些类型的城市和国家的偏好很有启发性，这在一定程度上是由于此类环境能更清楚地展现人类活动一致的标志，并提供了解人们日常活动的机会。行人的流动、人们改造环境的能力让这一点变得更加容易，此外，变化是一个清晰的文化体系的一部分，并且与生活和城市环境的其他所有方面相一致，这一事实使环境更容易、更清楚地展现人类活动。然而，尽管它提供了线索，许多人在作为游客时很喜欢这样的环境，但当回到自己所在的环境，或者作为当地居民时，就不喜欢甚至讨厌这样的环境。这些方面对形式与活动的一致性以及在人们干预环境的重要性方面显得非常重要。

作为个人和不同社群的成员，首先，应该能够在不同尺度对环境进行明显的改造；其次，应该能够感知、体验和意识到他人的活动，并以一致的方式将其与客观形态联系起来，特别是通过自身的干预；最后，除了直接体验活动外，还应该通过对不同环境的改造，解读现在和过去活动的标志，这些改造使活动、形式和其他方面取得一致，传达出恰当的信息，为人们提供了干预和掌控环境的证据。

显然，人们对城市的认识来自城市中的活动、行为和干预。那些看不到的地区，还有更重要的，没有主动使用或体验过的地区，我们既不知道它们，又对它们缺乏了解。城市的复杂性与人们主动干预环境的可见性表达密切相关。除了个性化对于多样性以及在某一时刻产生明显差异和复杂性意义的影响，随着时间的推移，复杂性也会增强，这是由于人类活动所导致的周期性变化。它们都是减少适应的钝化效应的重要因素。我们还看到，环境的丰富性取决于许多未阐明且很难注意的因素，这些因素增强了环境在情感方面的作用（参见：Ehrenzweig 1970，pp. 43-44），涉及所有的感官体系，它们是无法被设计出来的，只能自然产生（图 6.12）。

环境的复杂性与主动干预在两个方面是相关的：第一，不完整的形象往往比完整的形象更为复杂，因为需要人们主动完善（Bartlett 1967，p. 25）；第二，有生命的事物对人们来说最有趣，最引人注目（Bartlett 1967，p. 37；Weiss and Boutourline 1962）。当然，活动和城市要素的社会意义对于城市认知和感知也非常重要。主要指标除了活动本身之外，还有人类活动的可见标志；过度设计阻碍了人类行为的明显视觉表达，因此增加了复杂性，并在构建认知图式方面作用明显。

所有人都有一个疑问，是否个人的所有直接干预都是至关重要的，或者其他人的干预标志是否能够满足需求。我们已经看到，有些人认为直接的、运动性的活动对于理解环境和构建认知图式至关重要。还有另外一种观点认为，这种活动并不是真正必需的，而只是为了使有机体接触到学习所需的线索，如果这些线索可以通过其他方式获得，也可以发生学习行为（例如：Kilpatrick 1971）。与后一种观点相反的证据大多数建立在儿童发展的基础上。显然，对儿童来说，直接的、主动的运动性干预的确很重要，而且与环境的互动越多，所建立的心理地图就越翔实。如果有活动场所，那么人们就会使用和了解环境；如果没有这样的场所，环境往往就是贫乏的，很少为人们所知晓（Anderson and Tindall 1972）。对成年人来说，这个过程起到了一定的作用，虽然成人行为的探索性较弱，对行为的限制更多，但干预标志的作用可能因此变得更为重要。对成人和儿童来说，不恰当的环境可能导致更少的活动和更低的了解程度。鼓励活动的环境特征之一，就是一个环境能够表现出人类活动和个性化迹象，因其更为复杂，表明了活动的可能性，也因其表达了人类活动，所以更加令人难忘和有意义。

我们已经看到，在儿童和青少年的城市感知和认知中，有人类活动和改造迹象的地区是最重要的因素。除了少数著名的纪念碑，建筑特征本身往往不是非常重要或令人难忘的，但如果与一些“重要活动”联系在一起，就不一样了（Sieverts 1967），因此，商店要比高楼大厦更吸引人。同样地，允许干预发生并进行视觉表达的不完整要素，以及其他表明人类存在和干预的要素比主要建筑更令人难忘：事实上，显然是商店橱窗、标志、阳台窗棂、小花园这些显示人类行为迹象的细小要素更加重要（Sieverts 1969）。

没有人类活动迹象

1. 纽约皇后区，福里斯特希尔斯的中产阶层公寓

有人类活动迹象

2. 纽约下东区的街道（1956 年）

图 6.12（一）（作者自摄）

没有人类活动迹象

3. 中国香港，华富住房项目

有人类活动迹象

4. 中国香港的街道

图 6.12（二）（由悉尼大学的 R.N.Johnson 教授拍摄，已获授权）

没有人类活动的象征符号
5. 中国香港，华富住房项目

具有人类活动的象征符号
6. 中国香港的街道

图 6.12（三）（由悉尼大学的 R.N.Johnson 教授拍摄，已获授权）

没有人类活动迹象

7. 新加坡的公共住房

有人类活动迹象

8. 新加坡的街道

图 6.12（四）（作者自摄）

当然，这只是场所意义的一个例子，即人类改造、活动和干预的迹象增加和强化了要素的意义，这些要素取决于环境的尺度、声望或位置，人们并不会期望它们有多重要。因此，人类活动迹象标志有一个重要的语义功能，即它们是环境作为场所意义组织的一个重要方面，并为多元文化设计问题提供了部分解决方案。通过包容变化的开放式设计，同质社群可以创造有意义的优势环境。即使是更大尺度的体系也可以从中受益——意向性和清晰的图式都与明显的差异有关，且可见的变化和活动迹象对此有帮助，尤其是当它们不是随机的，而是体系的变化和活动时。

一般来说，无论是居住区还是中心城市，成功都取决于该地区对于居民的场所意义；所谓场所意义，就是人们活动、使用和运动的结果，即干预（Prokop 1967；Buttimer 1972），并且由可见的行动迹象作为标志和线索。人们的偏好在一定程度上受到人类活动和干预的影响，并且这种偏好很可能与能力的概念有某种联系。一个人如何理解环境及其场所意义和情感影响，可能与活动和形成环境印象的能力有关。尤其是在居住区，这就给人一种有能力、有理解力和有意义的感觉，并对环境和自身产生满足感。有人认为，涂鸦、打砸、喷涂等破坏行为都是试图在环境中留下印记，但这些都是不允许的。其中还涉及许多其他要素，但它们可能起到了某种作用。

这在理解环境对人们产生的影响方面非常重要。人们所拥有的对自己的形象，即自我形象，是以一种能力感为基础的，并且影响心中的环境意象，从而影响对环境的评价以及与环境的互动方式。它与干预、意象在人与环境互动中的作用、人类行为和活动体系、客观环境在建立社群认同中的符号功能以及对城市的感知和认知相关。

新城镇和新发展地区有一个普遍问题，就是这些地方总是“死气沉沉”“毫无生机”。设计师努力通过形态上的改变和平面与空间上的变化使这些地区富有生机，但其中的变化并没有明显差异。他们没有考虑到人类活动和干预迹象的重要性，更没有考虑到人们改造和改变环境，从而使环境丰富化和复杂化的可能性。规划过的城镇与“自然”城镇之间的区别也是这种类型的问题，人们没有考虑到时间要素。 许多所谓的自然城镇最初都是经过规划的，是时间使这些城镇发生了变化，在某种程度上改变了这些城镇的特色。事实上，这是人们将除了主要的符号性和结构性要素以外的其他许多微小的变化和多样性引入城市结构中的结果。

在大多数新城镇中，人类活动和居住的影响尚未在环境中体现出来，城镇设计常常阻碍了其在环境中的表达。随着时间的推移，假设城镇设计和管理政策是恰当的，这些变化将开始积累，因此，人们将从不同的角度看待和评估城市及其区域，因为城市环境将是人性化的，即表现出人类主动干预和个性化的迹象。因此，个性化不仅发生在个人层面，还要通过许多个人和社群的活动来实现。要实现这一目标，并在社群层面起作用，这些地区必须拥有之前讨论过的、或多或少同质性的社群特征，这是一个基本的规划决策。还有一些其他的规划和设计决策也至关重要。这些决策必须允许旧城市环境提供个性化、参与性和人性化的可能性，这些变化必须发生在一些明显的结构框架内，以免给城市环境造成混乱。大部分新近的城镇设计都没有提供这种可能性，城市因此无法成为人性化的城市，无法获得意义。

这些策略可能在城市层面上并不容易描述，但却在较小的尺度上更容易描述。例如，个人住宅比公寓有更多的可能性，而这些可以通过设计使个性化成为可能。花园和景观的作用也很重要：人们还没有考虑到它们，也没有有意识地使用它们促进城市圈中认同、意义和符号的形成，尽管这样做很容易。我提到过涂鸦的方式，在这方面，广告板和展板的使用很有趣，它们往往是城市中唯一允许个性化和主动干预的地方，它们的设计可以进一步促进城市圈的个性化。老商店通常允许店主进行个性化的尝试，例如通过广告和展陈的方式，这些都比受到控制的形式要丰富得多，且更容易解读为个人活动的例证，在不同的地区和场所更显多样化（图6.13）。

在城市层面对这一问题的研究很少，已有的研究虽然令人鼓舞，但往往忽略了重要的方面。因此，考虑到围墙、栅栏及其他表面对人们自我表达和干预的作用，人们试图区分作为一种流行的功能或用来评判同侪社群接受度功能的“被动结构”（被视为“坏的”）和被视为“自我表达”的“主动结构”（因此是“好的”）（Elmer and Sutherland 1971）。然而，这种区分似乎并不成立。首先，二者是一个单一进程的两种文化表达方式；其次，如果有的话，社群认同的实现可能比住宅和花园所提供的个人表达更为重要。因为这是一种美学上的区分方法，并未涉及这一过程作为人与环境互动中重要组成部分的符号和交流功能。

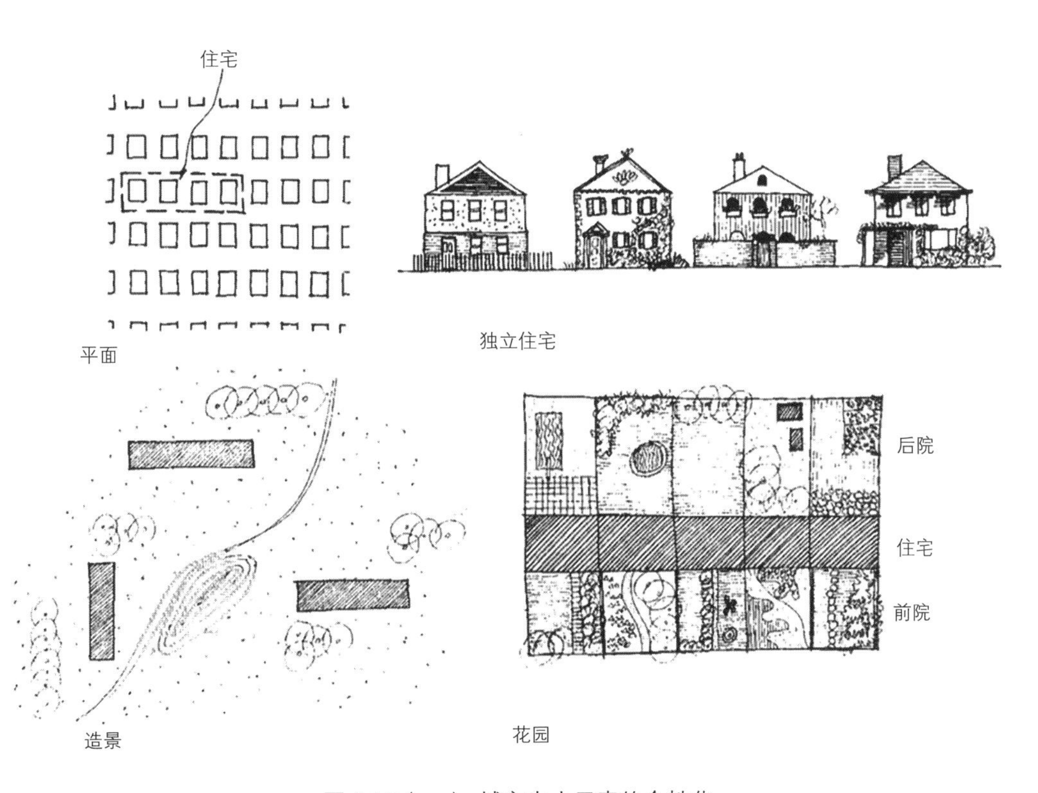

图6.13（一） 城市中小元素的个性化

加利福尼亚大学伯克利分校的围墙，1966 年

维多利亚州本迪戈的报刊经销处（澳大利亚）

图 6.13（二） 城市中个性化的细节元素（作者自摄）

除了墙上的涂鸦之外，还有更多的表达方式。活动，包括潜在方面和符号性方面，是一种通过个人努力维护社群身份认同的方式，对城市环境意义的形成尤为重要；通过定义城市中能够表达社群意义的地区，人们可以传达各自的身份。尽管使用了一些要素，但看起来似乎并没有使用，即通过城市客观结构的变化表达感知的使用，很难被特定社群的成

员识别出来，它们本身并没有那么重要，因此在人们的认知图式中也就不那么重要了（尽管特定社群的表达可能会遭到主动拒绝）。反过来，这将导致人们更少地使用要素，更少地获取信息，如此循环往复，许多城市环境会变得越来越冷漠，并逐渐走向衰退。

结论

从这一复杂的研究（例如：Regional Plan Ass'n 1969，pp. 31，96）中可以总结出一些关于城市设计的要求：

* 一种强调一致性、方向性和视觉对比的可达性体系。

* 一个形象而连贯的整体，同时其内部要素与周边地区有明显区别。

* 在所有主要活动轨迹中有非常明显和富有表现力的入口点。

* 一套统一的视觉词汇。

* 空间符合人的密度需求。

* 与当地城市设计和建筑风格保持一致。

所有类似的需求，明显取决于这些术语的含义、需求的定义及其与人类特征之间的关系。

本书的目的是回顾一些能够适用于城市设计的人与环境相互作用及其相关方面的证据和发现，并运用于新形式的分析中。从论证中可以看出，这种方法似乎是有用的，它使我们提出新的问题，引入新的见解，有助于重新定义和解释许多概念，并使看起来不相关的概念、理论和研究之间呈现出千丝万缕的联系。

这种方法在“公式化”的层面尚无法运用——前提是存在“公式化”意义。其基本论点是：任何有关人类偏好、感知、认知、行为、社会文化多样性等方面的发现，原则上都会影响我们对城市形态的理解，进而影响城市组织方式和规划设计中所使用的标准，以补充现有的标准。我们已经讨论了一些具体的研究成果，虽然这些成果具有一定的代表性，但并不完善。与该研究领域的快速发展相比，这一差距已经变得不那么重要了。无论如何，基本方法都是更重要的——即使一些具体的研究成果可能有变化，证明是错的，或者被大幅度修改（正如我们所预期的那样），但仍然是有效的方法。

在城市设计中，与人以及与城市互动方式相关的要素往往被忽视，即便考虑到了这些要素，也很少以人与环境研究的数据和理论为基础进行讨论。此外，还存在着对于“人类需求”以偏概全的现象，忽略了设计中必须了解的具体细节。因此，必须考虑概念的多变性；通过这些概念，可以理解所发现的恒定要素，并且使它们变得更为重要。在这种可变性的基础上，有更多不变的过程性原则，即人们与城市环境互动的方式。理论的缺失意味着缺少一种一致的方法，这种方法是从人们与环境的互动方式中提取的，而不是基于先验的假设。在所提出的方法中，可以使用具体的数据和特征。通过这种方法，设计就变成了一个提供多样化环境的问题，需要明确详细的环境品质和特征，与其他实现这些目标的手段一样，这种方法意味着需要评估设计所依据的假设能否成功。事实上，任何设计都可以视为一种需要评估的假设。

大部分的结论都是一脉相承的。尽管我已经尽量保持了各个主题的独立性，但还需要重复的是，有时候不得不进行交叉引用。我们所讨论的各个方面相互影响，相互加强，引出了许多有趣的相互关系，有一些例子可以用来说明许多明显的不同之处。

我没有想要说明某种方法是“更好”的。相反，我的意图是，将不同的方法结合在一起，于是得到各种各样的“答案”，它可以让人们对城市有更全面的理解，从而更有效地说明人的需求，通过使设计要素与人们对其的感知、理解、评估和使用达到最大限度的一致，更好地进行城市设计。最基本的问题在于如何在客观物质环境和人类需求之间取得最大限度的一致（或者是最小限度的不一致），可以更好地理解为在既定时间内存在一致性最大化的传统环境模型。在这里，我们既要使用新方法和视角，又要使用旧方法——彼此间建立的关联越多，能够获取的要素信息也就越多。因此，我们这里所讨论的所有方法都只是对其他方法的补充，而不能取代它们。

参考文献

Abercrombie, M. L. Johnson (1969) *The Anatomy of Judgement*, Harmondsworth, Penguin.

Abler, R., J. D. Adams and P. Gould (1971) *Spatial Organization* (the geographer's view of the world) Englewood Cliffs, NJ, Prentice-Hall.

Ablon, Joan (1971) "The social organization of an urban Samoan community", *SW J of Anthropology* vol. 27, No. 1 (Spring) pp. 75–96.

Abrahamson, Mark (1966) *Interpersonal Accommodation* Princeton, NJ, Van Nostrand (paperback).

Abrams, Charles (1969) "Housing policy 1937–1967" in B. J. Frieden and W. W. Nash (ed.) *Shaping an Urban Future*, Cambridge MIT Press.

Abu-Lughod, Janet (1969) "Migrant adjustment to city life: the Egyptian case" in G. Breese (ed.) *The City in Newly Developing Countries*, Princeton, Princeton University Press, pp. 376–388.

__________ (1971) *Cairo: 1001 Years of the City Victorious*, Princeton, Princeton University Press.

Acking, Carl-Axel and R. Küller (1973) "Presentation and judgement of planned environments and the hypothesis of arousal" in W. Preiser (ed.) *EDRA 4* Stroudsburg, Pa., Dowden, Hutchinson and Ross, vol. 1, pp. 72–83.

Acking, Carl-Axel and G. Iarle Sorte (1973) "How do we verbalize what we see?" *Landscape Architecture* vol. 64, No. 1 (Oct.) pp. 470–475.

Adams, John S. (1969) "Directional bias in intraurban migration", *Economic Geography*, vol. 45 (Nov.) pp. 302–323.

Adams, Marie Jeanne (1973) "Structural bases of village art", *American Anthropologist*, vol. 75, No. 1 (Feb.), pp. 265–279.

Adjei-Barwuah, Barfour and H. M. Rose (1972) "Some comparative aspects of the West African Zongo and the black American ghetto" in Harold M. Rose (ed.) *The Geography of the Ghetto* DeKalb, Ill., Northern Illinois University Press.

Adler, B. F. (1911) "Maps of primitive people" (transl. and abridged by H. D. Hutorowitz), *Bulletin, Am. Geog. Soc.* vol. 43.

Agron, George (1972) "Some observations on behavior in institutional settings" in J. F. Wohlwill and D. H. Carson (ed.) *Environment and the Social Sciences: Perspectives and Applications*, Washington D.C., American Psychological Association, pp. 87–94.

Alexander, Christopher *et al.* (1969) *Houses Generated by Patterns*, Berkeley, Center for Environmental Structures.

Allen, D. Elliston (1968) *British Tastes* (an enquiry into the likes and dislikes of the regional consumer) London, Hutchinson.

Allen, Edward B. (1969) "The Passagiata," *Landscape*, vol. 18, No. 1 (Winter), pp. 29–32.

Alonso, William (1971) "The historic and the structural theories of urban form: their implications for urban renewal" in Larry S. Bourne (ed.) *Internal Structure of the City*, New York, Oxford University Press, pp. 437–441.

Altman, Irwin (1970) "Territorial behavior in humans – an analysis of the concept" in L. A. Pastalan and D. H. Carson (ed.) *Spatial Behavior of Older People*, Ann Arbor, University of Michigan, pp. 1–24.

Altman, Irwin and William W. Haythorn (1970) "The ecology of isolated groups" in Harold M. Proshansky *et al.* (ed.) *Environmental Psychology: Man and His Physical Setting*, New York, Holt, Rinehart and Winston, pp. 226–239.

Amato, Peter W. (1969) "Residential amenities and neighborhood quality," *Ekistics*, vol. 28, No. 116 (Sept.) pp. 180–184.

__________ (1970) "Elitism and settlement patterns in the Latin American city", *AIP Journal*, vol. 36, No. 2 (March), pp. 96–105.

Anderson, E. N. Jr. (1972) "Some Chinese methods of dealing with crowding," *Urban Anthropology*, vol. 1, No. 2 (Fall), pp. 141–150.

Anderson, J. (1971) "Space-time budgets and activity studies in urban geography and planning", *Environment and Planning*, vol. 3 (Aug.), pp. 353–368.

Anderson, Jeremy and Margaret Tindall (1972) "The concept of home range: new data for the study of territorial behavior" in W. Mitchell (ed.) *EDRA 3*, Los Angeles, University of California, vol. 1 pp. 1-1-1–1-1-7.

Anderson, N. and K. Ishwaran (1965) *Urban Sociology*, New York, Asia Publishing House.
Andrews, Frank M. and George W. Phillips (1971) "The squatters of Lima: who they are and what they want," *Ekistics*, vol. 31, No. 183 (Feb.), pp. 132–136.
Angel, Shlomo (1968) *Discouraging Crime Through City Planning*, Berkeley, University of California, Center for Planning and Development Research, working paper No. 75 (Feb.)
Antrobus, John S. (ed.) (1970) *Cognition and Affect*, Boston, Little Brown.
Appleyard, Donald (1968) in *Dot Zero 5* (Fall).
_______ (1969) "Why buildings are known," *Environment and Behavior*, vol. 1, No. 3 (Dec.), pp. 131–156.
_______ (1970(a)) "Styles and methods of structuring a city," *Environment and Behavior*, vol. 2, No. 1 (June), pp. 100–117.
_______ (1970(b)) "Notes on urban perception and knowledge," in J. Archea and C. Eastman (ed.), *EDRA 2* pp. 97–101.
_______ (n.d.) "Communicating the functional and social city" and "The plural environment and its design" (mimeo).
Appleyard, Donald and Mark Lintell (1972) "The environmental quality of city streets: the residents' viewpoint," *AIP Journal*, vol. 38, No. 2 (March), pp. 84–101.
Appleyard, Donald, K. Lynch and J. Meyer (1964) *The View from the Road*, Cambridge, Mass. MIT Press.
Appleyard, Donald and Rai Y. Okamoto (1968) *Environmental Criteria for Ideal Transportation Systems*, Inst. of Urban and Regional Development, University of California, Berkeley, reprint No. 56.
Architects Journal (1973) "High density housing" (Jan.), pp. 23–42.
Architectural Review (1971) (Special issue on India), vol. CL, No. 898.
_______ (1972) "Covent garden," vol. CL11, No. 905 (July) p. 28.
Architecture Research Unit (1966) *Courtyard Houses, Inchview, Prestonpans*, University of Edinburgh, Dept. of Architecture.
Arensberg, C. M. and S. T. Kimball (1965) *Culture and Community*, New York, Harcourt Brace and World.
Arnheim, Rudolf (1969) *Visual Thinking*, Berkeley and Los Angeles, University of California.
Artinian, V. A. (1970) "The elementary school classroom" in J. Archea and C. Eastman (ed.), *EDRA 2*, pp. 13–21.
Ashihara, Y. (1970) *Exterior Design in Architecture*, New York, Van Nostrand/Reinhold.
Ashton, Guy T. (1972) "The differential adaptation of two slum subcultures to a Columbian [*sic*] housing project," *Urban Anthropology*, vol. 1, No. 2 (Fall), pp. 176–194.
Athanasiou, Robert and Gary A. Yoshioka (1973) "The spatial character of friendship formation", *Environment and Behavior*, vol. 5, No. 1 (March), pp. 43–66.
Auld, Elizabeth (1972) "Plum slice of Toorak goes for $301,250", *The Australian* (April 24).
Austin, M. R. (1973) "The Pakeha architect and the Polynesian problems," *Ekistics*, vol. 36, No. 213 (Aug.), pp. 143–144.
_______ (in press) "A description of the Maori Marae" in Amos Rapoport (ed.) *The Mutual Interaction of People and Their Built Environment: a Cross-Cultural Perspective*, the Hague, Mouton.
Austin, M. R. and G. Rosenberg (1971) "Living in town," paper given at second South Pacific Seminar, Lancala, Suva (mimeo).
Australian Frontier (1971) *Help* (a short report on the Elizabeth youth study) Adelaide.
The Australian (1972(a)) (March 3).
_______ (1972(b)) (July 18), p. 9.
Awad, Hassan (1970) "Morocco's expanding towns" in William Mangin (ed.), *Peasants in Cities*, Boston, Houghton Mifflin.
Axelrad, Sidney (1969) "Comments on anthropology and the study of complex cultures" in W. Muensterberger (ed.), *Man and his Culture*, London, Rapp and Whiting, pp. 273–293.
Bachelard, Gaston (1969) *The Poetics of Space*, Boston, Beacon Press.
Bacon, Edmund N. (1967) *Design of Cities*, New York, Viking Press.
Baers, Ronald L. (1966) "A study of orientation", B. Arch. thesis, Berkeley (June) (unpublished).
Bailey, Anthony (1970) "The little room", I and II, *The New Yorker* (Aug. 8 & 15).
Baird, John C. *et al.* (1972) "Student planning of town configurations", *Environment and Behavior*, vol. 4, No. 2 (June) pp. 159–188.
Baker, S. (1961) *Visual Persuasion*, New York, McGraw Hill.
Banerjee, Tridib and Kevin Lynch (1971) "Research guide for an international study of the effects of economic development on the spatial environment of children" (mimeo) (Sept.)
Banham, Reyner (1971) *Los Angeles*, (the architecture of the four ecologies), London, Penguin.

Barker, M. L. (1968) "The perception of water quality as a factor in consumer attitudes and space preferences in outdoor recreation" (paper presented at the Annual Meeting, Ass'n Am Geog, Washington, D.C.) (mimeo).
Barker, Roger G. (1968) *Ecological Psychology*, Stanford, University Press.
Barker, Roger G. and Louise S. Barker (1961) "Behavior units for the comparative study of culture" in B. Kaplan (ed.), *Studying Personality Cross-Culturally*, New York, Harper and Row, pp. 457–476.
Barker, Roger G. and Paul V. Gump (1964) *Big School, Small School*, Stanford, University Press.
Barker, Roger G. and P. Schoggen (1973) *Qualities of Community Life*, San Francisco, Jossey-Bass.
Barnes, J. A. (1971) "Networks and political processes" in J. Clyde Mitchell (ed.) *Social Networks in Urban Situations*, Manchester, University Press.
Barnlund, Dean S. and C. Harland (1963) "Propinquity and prestige as determinants of communication networks," *Sociometry*, vol. 26, pp. 467–479.
Barrett, B. (1971) *The Inner Suburbs* (The evolution of an industrial area), Melbourne, University Press.
Barth, Fredrik (1969) *Ethnic Groups and Social Boundaries*, Boston, Little Brown.
Barthes, Roland (1970–71) "Semiologie et Urbanisme," *Architecture d'Aujourd'hui*, vol. 42, No. 153 (Dec. 1970–Jan. 1971), pp. 11–13.
Bartlett, Sir Frederick (1967) *Remembering*, Cambridge Press (paperback) (originally published 1932).
Bartlett, S. (1971) "Perceived environment: the commuter" in Ross King (ed.), *Perception of Residential Quality: Sydney case Studies*, Ian Buchan Fell Research Project on Housing, Collected papers No. 2, University of Sydney (Aug.), pp. 111–116.
Barwick, Ruth (1971) "Perception of the environment of adjoining suburbs: Killarney Heights and Forrestville" in Ross King (ed.), *Perception of Residential Quality: Sydney Case Studies*, Ian Buchan Fell Research Project on Housing, Collected papers No. 2, University of Sydney (Aug.), pp. 96–104.
Baum, Andrew *et al.* (1974) "Architectural variants of reaction to spatial invasion," *Environment and Behavior* vol. 6, No. 1 (March), pp. 91–100.
Bechtel, Robert B. (1970) "A behavioral comparison of urban and small town environments" in J. Archea and C. Eastman (ed.), *EDRA 2*, pp. 347–353.
________ (1972) "The public housing environment: a few surprises" in W. Mitchell (ed.) *EDRA 3*, Los Angeles, University of California, vol. 1, pp. 13-1-1–13-1-9.
________ *et al.* (1970) *East Side, West Side and Midwest* (a behavioral comparison of three environments) Kansas City, Mo., Greater Kansas City Mental Health Foundation, Epidemiological Field Station.
Becker, Franklin D. (1973) "A class-conscious evaluation" (going back to Sacramento's mall) *Landscape Architecture*, vol. 64, No. 1 (Oct.), pp. 448–457.
Beeley, Brian W. (1970) "The Turkish village coffee house as a social institution," *The Geog. Review*, vol. LX, No. 4 (Oct.), pp. 475–493.
Beer, Stafford (1966) *Decision and Control*, London, Wiley.
Bell, Gwen, Margrit Kennedy *et al.* (1972) "Age group needs and their satisfaction: a case study of the East Liberty renewal area, Pittsburgh" in W. Mitchell (ed.) *EDRA 3*, Los Angeles, University of California, vol. 1, pp. 15-1-1–15-1-8.
Berenson, Bertram (1967–68) "Sensory architecture," *Landscape*, vol. 17, No. 2 (Winter), pp. 19–21.
Berger, B. M. (1960) *Working Class Suburb*, Berkeley and Los Angeles, University of California Press.
________ (1966) "Suburbs, subcultures and the urban future" in S. B. Warner (ed.) *Planning for a Nation of Cities*, Cambridge, MIT Press.
________ (1968) "Suburbia and the American dream" in S. F. Fava (ed.) *Urbanism in World Perspective: a reader*, New York, Crowell.
Berlin, Brent and Paul Kay (1969) *Basic Color Terms*, Berkeley and Los Angeles, University of California Press.
Bernstein, B. *et al.* (1966) "Ritual in education" in J. Huxley (ed.) *Ritualization of Behavior in Animals and Man*, Philosophical Transactions of the Royal Society of London, Series B, vol. 251 (Biological Sciences), pp. 429–436.
Berry, J. W. (1969) "The stereotypes of Australian states," *Aust. J. of Psych.* vol. 21, No. 3 (Dec.), pp. 227–233.
Beshers, J. M. (1962) *Urban Social Structure*, New York, the Free Press.
Best, Gordon (1970) "Direction finding in large buildings" in David Canter (ed.) *Architectural Psychology* London RIBA.
Best, J. B. (1963) "Protopsychology," *Scientific American*, vol. 32, No. 208 (Feb.), pp. 54–62.
Birdwhistel, Ray L. (1968) "Communication without words", *Ekistics*, vol. 25 (June).
Bishop, R. L., G. L. Peterson and R. M. Michaels (1972) "Measurement of children's preference for the

play environment" in W. Mitchell (ed.) *EDRA 3*, Los Angeles, University of California, vol. 1, pp. 6-2-1–6-2-9.
Bitter, C. *et al.* (1967) "Development and well being of little children in modern flats," *The Social Environment and its Effect on the Design of the Dwelling and its Immediate Surroundings*, CIB Report 5/68, Stockholm (Oct.), pp. 69–80.
Blaut, James M. *et al.* (1970) "Environmental mapping in young children," *Environment and Behavior*, vol. 2, No. 3 (Dec.).
Blaut, James M. and David Stea (1970) "Notes towards a developmental theory of spatial learning," paper given at *EDRA 2* (not published in proceedings) (mimeo).
———— (1971) "Studies of geographic learning," *Annals Ass'n. of Am. Geog.* vol. 61, No. 2 (June), pp. 387–393.
Bleiker, Annemarie H. (1972) "The proximity model of urban social relations," *Urban Anthropology*, vol. 1, No. 2 (Fall), pp. 151–175.
Blumer, Herbert (1969(a)) *Symbolic Interactionism*, Englewood Cliffs, NJ, Prentice Hall.
———— (1969(b)) "Fashion: from class differentiation to collective selection," *The Sociological Quarterly* (Summer), pp. 275–291.
Blumhorst Roy (1971) "Welcome to Marina City – the shape of the new style" in Walter McQuade (ed.), *Cities Fit to Live In*, New York, Macmillan, pp. 26–29.
Boeschenstein, Warren (1971) "Design of socially mixed housing," *AIP Journal*, vol. 37, No. 5 (Sept.), pp. 311–318.
Bonnett, Alvin (1965) "A study of path selection," unpublished B. Arch. thesis, Berkeley (June).
Borhek, J. T. (1970) "Ethnic group cohesion," *Am. J. of Sociology*, vol. 76, pp. 33–46.
Borroughs, Patricia and Margaret Sim (1971) "Wahroonga and Vaucluse: the perceived environment in two high status suburbs of Sydney" in Ross King (ed.), *Perception of Residential Quality: Sydney Case Studies*, Ian Buchan Fell Research Project on Housing, Collected papers No. 2, University of Sydney (Aug.), pp. 53–60.
Bose, M. K. (1965) "Calcutta: a premature metropolis," *Scientific American*, vol. 213, No. 3 (Sept.), pp. 90–105.
Botero, Giovani (1606) *A Treatise Concerning the Greatness and Magnificence of Cities*, Ann Arbor, University Microfilms.
Boudon, Philippe (1969) *Pessac de Le Corbusier*, Paris, Dunod.
Boulding, Kenneth (1956) *The Image*, Ann Arbor, University of Michigan Press (paperback edition 1961).
Bourne, Larry S. (ed.) (1971) *Internal Structure of the City*, New York, Oxford University Press.
Bower, T. G. R. (1966) "The visual world of infants," *Scientific American* (Dec.), pp. 80–92.
———— (1971) "The object in the world of the infant," *Scientific American*, vol. 225, No. 4 (Oct.) pp. 30–38.
Boyce, Ronald R. (1969) "Residential mobility and its implications for urban spatial change," *Proceedings, Ass'n of Am. Geog.* vol. 1, pp. 22–26.
Boyden, S. V. (ed.) (1970) *The Impact of Civilization on the Biology of Man*, Canberra ANU Press.
———— (1974) Conceptual Basis of Proposed International Ecological Studies in Large Metropolitan Areas (mimeo).
Bracey, H. E. (1964) *Neighbours*, London, Routledge and Kegan Paul.
Brail, Richard K. and F. S. Chapin Jr. (1973) "Activity patterns of urban residents," *Environment and Behavior*, vol. 5, No. 2 (June) pp. 163–190.
Bratfisch, O. (1969) "A further study of the relation between subjective distance and emotional involvement," *Acta Psychologica*, vol. 29.
Brereton, John L. (1972) "Inter-animal control of space" in A. H. Esser (ed.) *Behavior and Environment*, New York, Plenum Press, pp. 69–91.
Briggs, Ronald (1972) *Cognitive Distance in Urban Space*, Columbus, Ohio, Ohio State University, Ph.D. Dissertation in Geography (unpublished).
———— (1973) "On the relationship between cognitive and objective distance" in W. Preiser (ed.) *EDRA 4*, Stroudsburg, Pa., Dowden, Hutchinson and Ross, vol. 2, pp. 186–192.
Brigham, Eugene F. (1971) "The determinants of residential land values" in Larry S. Bourne (ed.) *Internal Structure of the City*, New York, Oxford University Press, pp. 160–169.
Broadbent, D. E. (1958) *Perception and Communication*, Oxford, Pergamon.
Brolin, Brent C. and John Zeisel (1968) "Mass housing: social research and design," *Arch. Forum*, vol. 129, No. 1 (July/Aug.).
Brookfield, H. C. (1969) "On the environment as perceived" in C. Board *et al.* (ed.) *Progress in Geography* (Int. views of current research), vol. 1, London, Edward Arnold.
Broom, L. and P. Selznick (1957) *Sociology*, New York, Harper and Row.
Brower, Sidney M. (1965) "The signs we learn to read," *Landscape*, vol. 15, No. 1 (Autumn), pp. 9–12.

Brower, Sidney N. and P. Williamson (1974) "Outdoor recreation as a function of the urban housing environment," *Environment and Behavior*, vol. 6, No. 3 (Sept.), pp. 295–345.

Brown, H. J. (1975) "Changes in work place and residential location," *AIP Journal*, vol. 41, No. 1 (Jan.), pp. 32–39.

Brown, L. Carl (ed.) (1973) *From Madina to Metropolis*, Princeton, Darwin Press.

Brown, Lawrence A. *et al.* (1970) "Urban activity systems in a planning context," in J. Archea and C. Eastman (ed.) *EDRA 2*, pp. 102–110.

Brown, Lawrence A. and J. Holmes (1971) "Search behaviour in an intra-urban migration context: a spatial perspective," *Environment and Planning*, vol. 3, pp. 307–326.

Brown, Lawrence A. and Eric G. Moore (1971) "The intra-urban migration process: a perspective" in L. A. Bourne (ed.) *Internal Structure of the City*, New York, Oxford, pp. 200–210.

Browne, G. (1970) "Environmental measurement: the appearance of flat buildings" in Ross King (ed.) *Collected Papers: Architecture Research Seminars*, Ian Buchan Fell Research Project on Housing, Collected Papers No. 1, Sydney, University of Sydney (Dec.), pp. 109–130.

Bruner, Edward M. (1972) "Batak ethnic associations in three Indonesian cities," *SW J. of Anthropology*, vol. 28, No. 3 (Autumn), pp. 207–229.

Bruner, Jerome (1951) "Personality dynamics and the process of perceiving" in R. R. Blake and G. V. Ramsey (ed.) *Perception: an Approach to Personality*, New York, Ronald Press.

________ *et al.* (1956) *A Study of Thinking*, New York, Wiley.

________ (1968) "On perceptual readiness" in R. N. Haber (ed.), *Contemporary Theory and Research in Visual Perception*, New York, Holt, Rinehart and Winston.

Bryson, L. and F. Thompson (1972) *An Australian Newtown* (life and leadership in a new housing suburb), Harmondsworth, Penguin.

Buehler, R. E. *et al.* (1966) "The reinforcement of behavior in institutional settings," *Behavior Research and Therapy*, vol. 5.

Bunker, Raymond (1970) "What is Sydney", *Arch. in Australia* (June), pp. 474–476.

________ (1971) *Town and Country or City and Region*, Melbourne, University Press.

Burby, R. J. III (1974) "Environmental amenities and new community governance: results of a nationwide survey" in D. H. Carson (ed.) *EDRA 5*, vol. 1, pp. 101–124.

Burch, Ernest S. Jr. (1971) "The non-empirical environment of the Arctic Alaskan Eskimo," *SW J. of Anthropology*, vol. 27, No. 2, pp. 148–165.

Burnett, Jacquetta Hill (1969) "Ceremony, rites and economy in the student system of an American high school," *Human Organization*, vol. 28, No. 1 (Spring), pp. 1–10.

Burnette, Charles H. (1972) "Designing to reinforce the mental image: an infant learning environment" in W. Mitchell (ed.) *EDRA 3*, Los Angeles, University of California, vol. 2, pp. 29-1-1–29-1-7.

Burnley, I. H. (1972) "European immigration settlement patterns in Metropolitan Sydney 1947–1966," *Aust. Geog. Studies*, vol. X, No. 1 (April), pp. 61–78.

Burns, Tom (1968) "Urban styles of life" in Centre for Environmental Studies SSRC/CES Joint Conference, *The Future of the City Region* (working paper No. 6), London (July).

Burton, Ian (1972) "Cultural and personality variables in the perception of natural hazards" in J. F. Wohlwill and D. H. Carson (ed.) *Environment and Social Sciences: Perspectives and Applications*, Washington, D.C. American Psychological Association, pp. 184–197.

Burton, Ian and Robert W. Kates (1972) "The perception of natural hazards in resources management" in P. W. English and R. C. Mayfield (ed.) *Man. Space and Environment*, New York, Oxford University Press, pp. 282–304.

Butterworth, Douglas S. (1970) "A study of the urbanization process among Mixtec migrants from Tilantongo in Mexico City" in W. Mangin (ed.) *Peasants in Cities*, Boston, Houghton, Mifflin, pp. 98–113.

Buttimer, Anne (1969) "Social space in inter-disciplinary perspective," *Geog. Review*, vol. 59, No. 3 (July), pp. 417–426.

________ (1971) "Sociology and Planning," *Town Planning Review*, vol. 42, No. 2 (April), pp. 145–180.

________ (1972) "Social space and planning of residential areas," *Environment and Behavior*, vol. 4, No. 3 (Sept.), pp. 279–318.

Cadwallader, Martin T. (1973) "A methodological examination of cognitive distance" in W. Preiser (ed.) *EDRA 4*, Stroudsburg, Pa., Dowden, Hutchinson and Ross, vol. 2, pp. 193–199.

Calhoun, John B. (1970) "Space and the strategy of life" in A. H. Esser (ed.) *Behavior and Environment*, New York, Plenum Press, pp. 329–387.

Calvin, James. S. *et al.* (1972) "An attempt at assessing preferences for natural landscapes," *Environment and Behavior*, vol. 4, No. 4 (Dec.), pp. 447–469.

Campbell, Donald T. (1961) "The mutual methodological relevance of anthropology and psychology" in L. K. Hsu (ed.) *Psychological Anthropology*, Homewood, Ill., The Dorsey Press.

Canter, David and Sandra Canter (1971) "Close together in Tokyo," *Design and Environment*, vol. 2, No. 2 (Summer), pp. 60–63.
Canter, David and S. K. Tagg (1975) "Distance estimation in cities," *Environment and Behavior*, vol. 7, No. 1 (March), pp. 59–80.
Caplow, Theodore (1961(a)) "The social ecology of Guatemala City" in G. A. Theodorson (ed.) *Studies in Human Ecology*, Evanston, Ill., Row, Peterson, pp. 331–348.
________(1961(b)) "Urban structure in France" in G. A. Theodorson (ed.) *Studies in Human Ecology*, Evanston, Ill., Row, Peterson, pp. 384–389.
Carpenter, C. R. (1958) "Territoriality: a review of concepts and problems: in A. Roe and G. G. Simpson (ed.) *Behavior and Evolution*, New Haven, Yale.
Carpenter, Edmund (1973) *Eskimo Realities*, New York, Holt, Rinehart and Winston.
________ *et al.* (1959) *Eskimo*, Toronto, University of Toronto Press.
Carpenter, Edmund and Marshall McLuhan (1960) "Acoustic space" in Edmund Carpenter and Marshall McLuhan (ed.) *Explorations in Communication*, Boston, Beacon Press.
Carr, Stephen (1970) "The city of the mind" in H. M. Proshansky *et al.* (ed.) *Environmental Psychology*, New York, Holt, Rinehart and Winston, pp. 518–533.
________ (1973) *City Signs and Lights: A Policy Study*, Cambridge, MIT Press (done with Ashley, Meyer, Smith).
Carr, Stephen and D. Schissler (1969) "The city as trip: perceptual selection and memory in the view from the road," *Environment and Behavior*, vol. 1, No. 1 (June), pp. 7–36.
Carrington, R. Allen (1970) "Analysis of mobility and change in a longitudinal sample," *Ekistics*, vol. 30, No. 178 (Sept.), pp. 183–186.
Carson, D. H. (1972) "Residential descriptions and urban threats" in Joachim F. Wohlwill and D. H. Carson (ed.) *Environment and the Social Sciences: Perspectives and Applications*, Washington, D.C. Am. Psych Ass'n, pp. 154–168.
Cassirer, Ernst (1957) *The Philosophy of Symbolic Forms*, vol. 3 (The phenomenology of knowledge), New Haven.
Challis, E. C. and G. Rosenberg (1973) "Pacific islanders in New Zealand," *Ekistics*, vol. 31, No. 213 (Aug.), pp. 139–143.
Chang, Amos (1956) *The Existence of Intangible Content in Architectonic Form*, Princeton, Princeton University Press (and University Microfilms, Ann Arbor, Mich.).
Chang, K. C. (ed.) (1968) *Settlement Archaeology*, Palo Alto, National Press.
Chapin, F. Stuart Jr. (1968) "Activity systems and urban structure: a working schema," *AIP Journal*, vol. 34, No. 1 (Jan.), pp. 11–18.
________ (1971) "Free time activities and quality of urban life," *AIP Journal*, vol. 37, No. 6 (Nov.), pp. 411–417.
Chapin, F. Stuart Jr. and H. C. Hightower (1966) *Household Activity Systems – A Pilot Investigation*, Chapel Hill Center for Urban and Regional Studies.
Chartres, John (1968) "Where souls are built in," *The Times* (London) (March 4).
Chermayeff, Serge and Christopher Alexander (1965) *Community and Privacy*, Garden City, NY, Anchor Books.
Chermayeff, Serge and Alexander Tzonis (1971) *Shape of Community*, Harmondsworth, Penguin.
Cherry, Colin (1957) *On Human Communication*, New York, Wiley.
Choay, Françoise (1970–71) "Remarques a propos de semiologie urbaine," *Arch. d'Aujourd'hui*, vol. 42, No. 153 (Dec.–Jan.), pp. 9–10.
Choldin, Harvey M. (1972) "Population density and social interaction," paper presented at the Population Ass'n of America, Toronto (April 14) (mimeo).
Choldin, Harvey M. and Michael J. McGinty (1972) "Population density and social relations," Urbana, University of Illinois, Dept of Sociology (mimeo).
Christy, Francis T. Jr. (1971) "Human needs and human values for environmental resources" in Robert M. Irving and George B. Priddle (ed.) *Crisis* (readings in environmental issues and strategies) New York, St. Martin's Press, pp. 211–221.
Chudacoff, Howard P. (1971) *Urban History Newsletter*, No. 16, University of Leicester (Summer), p. 9 (Report of Meeting).
Clark, David L. (1968) *Analytical Archaeology*, London, Methuen.
Clark, W. A. V. (1971) "Measurement and explanation in intra-urban residential mobility," *Ekistics*, vol. 31, No. 183 (Feb.), pp. 143–147.
Clarke, W. T. (1971) "Present environment and future residential preferences of school children" (2) in Ross King (ed.) *Perception of Residential Quality: Sydney Case Studies*, Ian Buchan Fell Research Project on Housing, Collected papers No. 2 (Aug.), University of Sydney, pp. 67–77.
Clayton, Christopher (1968) *Human Perception of Urban and Rural Environments*, unpublished masters thesis (geography) University of Cincinatti (cited in Saarinen 1969).
Cleary, Jon (1970) *Helga's Web*, London, Collins.

Coates, Gary and E. Bussard (1974) "Patterns of children's spatial behavior in a moderate-density housing development" in Robin C. Moore (ed.) Childhood City (*EDRA 5*, vol. 12), pp. 131–142.
Coates, Gary and Henry Sanoff (1972) "Behavioral mapping: the ecology of child behavior in a planned residential setting" in W. Mitchell (ed.) *EDRA 3*, Los Angeles, University of California, vol. 1, pp. 13-2-1–13-2-11.
Cohen, Abner (ed.) (1974) *Urban Ethnicity*, London, Tavistock.
Cohen, John (1964) "Psychological Time," *Scientific American* (Nov.), pp. 116–124.
________ (1967) *Psychological Time in Health and Disease*, Springfield, Ill. Charles C. Thomas.
Coing, Henri (1966) *Renovation Urbaine et Changement Social*, Paris, Editions Ouvrières.
Collier, John (1967) *Visual Anthropology*, New York, Holt, Rinehart and Winston.
Congalton, A. A. (1969) *Status and Prestige in Australia*, Melbourne, Cheshire.
Cook, J. A. (1969) *Gardens on Housing Estates: A Survey of User Attitudes and Behaviour on Seven Layouts* BRS, Current Paper 42/69 (Oct.).
Cook, Peter (1970) *Experimental Architecture*, London, Studio Vista.
Cooper, Clare (1965) "Some social implications of house and site plan design at Easter Hill Village: a case study," Berkeley, University of California, Center for Planning and Development Research (Sept.).
________ (1970(a)) "The adventure background: creative play in an urban setting as a potential focus for community involvement," Berkeley Institute of Urban and Regional Development, Working Paper No. 118 (May).
________ (1970(b)) "Resident attitudes towards the environment at St. Francis Square, San Francisco: a summary of the initial findings," Berkeley, University of California, Center for Planning and Development Research, Working Paper No. 126 (July).
________ (1971) *House as Symbol of Self*, Working Paper No. 120, Institute of Regional and Urban Development, University of California, Berkeley (May).
(1972) "Resident dissatisfaction in multifamily housing" in William M. Smith (ed.) *Behavior, Design and Policy Aspects of Human Habitats*, Green Bay University of Wisconsin, pp. 119–146.
Cooper, Robert (1968) "The psychology of boredom," *Ekistics*, vol. 25 (June).
Coss, Richard (1973) "The cut-off hypothesis: its relevance to the design of public places," *Man–Environment Systems* (Nov.).
Coughlin, Robert E. and Karen A. Goldstein (1971) "The extent of agreement among observers of environmental attractiveness," *Man–Environment Systems* (May).
Coulter, John (1972) "What the Flinders Ranges mean to me" in D. Whitelock and D. Corbett (ed.), *The Future of the Flinders Ranges*, Department of Adult Education/Town and Planning Association, University of Adelaide (Australia) Publication No. 28.
Cowburn, William (1966) "Popular housing," *Arena: Journal of the AA* (London) (Sept.–Oct.).
Cox, Harvey (1966) *The Secular City*, Harmondsworth, Penguin Books.
________ (1968) "The restoration of a sense of place: a theological reflection on the visual environment," *Ekistics*, vol. 25 (June).
Cox, Kevin and Georgia Zannaras, "Designative perception of macro-spaces: concepts, a methodology and applications" in J. Archea and C. Eastman (ed.) *EDRA 2*, pp. 118–130.
Craik, Kenneth H. (1968) "The comprehension of the everyday physical environment," *AIP Journal*, vol. 34, No. 1 (Jan.), pp. 29–37.
________ (1970) "Environmental psychology" in Theodore M. Newcomb (ed.) *New Directions in Psychology*, 4, New York, Holt, Rinehart and Winston, pp. 3–121.
Crane, David A. (1960) "The city symbolic," *AIP Journal*, vol. 26, No. 4 (Nov.).
________ (1961) review of *Image of the City AIP Journal*, vol. 27 (May).
________ (1964) "The public art of city building," *Annals. Am. Academy of Political and Social Science* (March).
Crone, G. R. (1962) *Maps and their Makers: an Introduction to the History of Cartography*, London, Hutchinson.
Crumrine, N. Ross (1964) *The House cross of the Mayo Indians of Sonora, Mexico* (a symbol of ethnic identity) Tucson, University of Arizona Press, Anthropology Paper No. 8.
Csikszentmihalyi, M. and S. Bennett (1971) "An exploratory model of play," *American Anthropologist*, vol. 73, No. 1 (Feb.), pp. 42–58.
Cullen, Gordon (1961) *Townscape*, London, Architectural Press.
________ (1964) *A Town Called Alcan*, London, Alcan Industries.
________ (1968) *Notation*, London, Alcan Industries.
Culpan, Maurice (1968) *The Vasiliko Affair*, London, Collins (Crime Club).
Daish, J. R. and P. J. Melser (1969) "A case study of twenty state houses and families" (preliminary findings) Housing Division, Ministry of Works, Wellington, NZ (Feb.) (mimeo).

Daly, M. T. (1968) "Residential location decisions: Newcastle, NSW," *Aust. and NZ Journal of Sociology*, vol. 14, pp. 18–35.
Daniel, Terry C., Lawrence Wheeler, Ron S. Boster and Paul R. Best (n.d.) "Quantitative evaluation of landscapes: an application of signal detection analysis to forest management alternatives" (mimeo).
Davis, Gerald (1972) "Using interviews of present office workers in planning new offices" in W. Mitchell (ed.) *EDRA 3*, Los Angeles, University of California, vol. 1, pp. 14-2-1–12-2-9.
Davis, Gerald and Ron Roizen (1970) "Architectural determinants of student satisfaction in college residence halls" in J. Archea and C. Eastman (ed.) *EDRA 2*, pp. 28–44.
Davis, John (1969) "Town and country," *Anthrop. Quarterly*, vol. 42, No. 3 (July) pp. 171–185.
Davis, K. (1965) "The urbanization of the human population," *Scientific American*, vol. 213, No. 3 (Sept.), pp. 40–53.
Davis, Shane (1972) "The reverse commuter transit problem in Indianapolis" in H. M. Rose (ed.) *Geography of the Chetto* DeKalb, Ill., Northern Illinois University Press.
Daws, L. F. and A. J. Bruce (1971) *Shopping at Watford*, Building Research Station.
DeBlij, Harm J. (1968) *Mombassa–an African City*, Evanston, Ill., Northwestern University Press.
Deetz, James (1968) "Cultural patterning of behavior as reflected by archaeological materials" in K. C. Chang (ed.) *Settlement Archaeology*, Palo Alto, California National Press, pp. 31–42.
de Jonge, Derk (1962) "Images of urban areas: their structure and psychological foundations," *AIP Journal*, vol. 28 (Nov.) pp. 266–276.
________ (1967–68) "Applied Hodology," *Landscape*, vol. 17, No. 2 (Winter), pp. 10–11.
de Lauwe, P. H. Chombart (1960) *Paris: essai d'observation Experimentale*, Paris CNRS.
________ (1965(a)) *Paris: essais de Sociologie 1952–1964*, Paris Editions Ouvrières.
________ (1965(b)) *Des Hommes et des Villes*, Paris, Payot.
________ (1967) *Famille et Habitation*, Paris CNRS.
Delaval, B. (1974) "Urban communities of the Algerian Sahara," *Ekistics*, vol. 38, No. 227, (Oct.), pp. 252–258.
DeLong, Alton J. (1967) "A preliminary analysis of the structure points of interpersonal and environmental transactions among the mentally impaired elderly," Philadelphia Geriatric Centre (Aug.) (mimeo).
________ (1970) "Coding behavior and levels of cultural integration" in J. Archea and C. Eastman (ed.), *EDRA 2*, pp. 254–265.
________ (1971(a)) "Dominance territorial criteria and small group structure," *Comparative Group Studies*, vol. 2 (Aug.), pp. 235–266.
________ (1971(b)) "A context for the concept of culture" (mimeo draft paper) (June).
________ (1971(c)) "Content vs. structure: the transformation of the continuous into the discrete," *Man–Environment Systems* (Jan.).
Denis, J. (1958) *Le phenomène urbain en Afrique centrale*, Brussels, Academie Royale des sciences coloniales, classe des sciences morales et politiques.
Department of the Environment (DOE) (1972) *The Estate Outside the Dwelling*, London, HMSO.
________ (1973) Children at Play (Design Bulletin 27) London, HMSO.
Department of Social Work (University of Sydney) (n.d.) "An areal analysis of social differentation in Sydney" (mimeo) (using 1961 census data).
Densor, J. A. (1972) "Towards a psychological theory of crowding," *J. of Personality and Soc. Psych.* vol. 21, No. 1, pp. 79–83.
Deutsch, Karl W. (1971) "On social communication and the metropolis" in Larry S. Bourne (ed.) *Internal Structure of the City*, New York, Oxford University Press, pp. 222–230.
de Vise, Pierre (1973) work presented at the 9th ICAES and reported in *Chicago Daily News* (Aug. 31) and *Chicago Tribune* (Sept. 1).
Dewey, Alice G. (1970) "Ritual as a mechanism for urban adaptation," *Man*, vol. 5, No. 3 (Sept.), pp. 438–448.
de Wofle, Ivor (1971) *Civilia*, London Architectural Press.
Dixon, N. F. (1971) *Subliminal Perception: the Nature of a Controversy*, New York, McGraw Hill.
Doeppers, D. F. (1974) "Ethnic urbanism and Philippine Cities," *Annals. Ass'n Am. Geog.* vol. 64, No. 4 (Dec.) pp. 549–559.
Doherty, J. M. (1968) *Residential Preference for Urban Environments in the United States*, London, LSE Graduate School of Geography, Discussion Paper No. 29.
Donaldson, Scott (1969) *The Suburban Myth*, New York, Columbia University Press.
Doob, Leonard W. (1971) *Patterning of Time*, New Haven, Yale University Press.
Dornic, S. (1967) "Subjective distance and emotional involvement: a verification of the exponent invariance," University of Stockholm (mimeo).
Doshi, S. L. (1969) "Nonclustered tribal villages and community development," *Human Organization*, vol. 28, No. 4 (Winter), pp. 297–302.

Doughty, Paul L. (1970) "Behind the back of the city: 'provincial' life in Lima, Peru" in William Mangin (ed.) *Peasants in Cities*, Boston, Houghton Mifflin, pp. 30–46.
Downing, Margaret (1968(a)) "What it's like to live in Tower Hamlets," *Evening Standard* (London) (May 28).
________ (1968(b)) Reply to letter by Mr. Longstaff, *Evening Standard* (London), (June 11).
Downs, Roger M. (1967) Approaches to, and problems in, the measurement of geographical space perception, *Seminar Paper* Series A, No. 9 (Dept. of Geography, Bristol University) (mimeo).
________ (1968) *The Role of Perception in Modern Geography*, Dept. of Geography, University of Bristol, Seminar Paper Series A, No. 11 (Feb.).
________ (1970) "The cognitive structure of an urban shopping center," *Environment and Behavior*, vol. 2, No. 1 (June), pp. 13–39.
Downs, Roger M. and David Stea (ed.) (1973) *Image and Environment* (cognitive mapping and spatial behavior), Chicago, Aldine.
Doxiadis, Constantinos (1968(a)) "A city for human development," *Ekistics*, vol. 25 (June), pp. 374–394.
________ (1968(b)) *Ekistics*, London, Hutchinson.
Dubos, Rene (1965) "Humanistic biology," *American Scientist*, vol. 53.
________ (1966) *Man Adapting*, New Haven, Yale University Press.
________ (1972) "Is man overadapting to the environment?" *Sydney University Union Recorder*, vol. 52, No. 6 (April 13).
Duncan, H. D. (1972) *Symbols in Society*, New York, Oxford.
Duncan, James S. Jr. (1973) "Landscape taste as a symbol of group identity," *Geog. Review*, vol. 63 (July), pp. 334–355.
________ (in press) "Landscape and the communication of social identity" in Amos Rapoport (ed.) *The Mutual Interaction of People and their Built Environment: A Cross-Cultural Perspective*, the Hague, Mouton.
Duncan, James S. and N. G. Duncan 1976 "Social worlds, status passage and environmental perspectives: a case study of Hyderabad, India" in G. T. Moore and R. G. Golledge (ed.) *Environmental Knowing*, Stroudsburg, Pa., Dowden, Hutchinson and Ross.
Duncan, Otis and Beverly Duncan (1955) "Residential distribution and occupational stratification," *Am. J. Sociol.* vol. 60 (March).
Dunham, H. W. (1961) "Social structures and mental disorders: competing hypotheses of explanation," *Milbank Mem. Fund Q.* vol. 31.
Eastman, Charles M. and Joel Harper (1971) "A study of proxemic behavior-toward a predictive model," *Environment and Behavior*, vol. 3, No. 4 (Dec.), pp. 418–437.
Eberts, E. H. "Social and personality correlates of personal space" in W. Mitchell (ed.) *EDRA 3*, Los Angeles, University of California, vol. 1, pp. 2-1-1–2-1-9.
Eckman, Judith *et al.* (1969) "Gregariousness in rats as a function of familiarity of environment," *J. of Personality and Soc. Psych.* vol. 11, No. 2, pp. 107–114.
Ehrenzweig, Anton (1970) *The Hidden Order of Art*, London, Paladin Books.
Ehrlich, Allen S. (1971) "History, ecology and demography in the British Caribbean: an analysis of East Indian ethnicity," *SW J. of Anthropology*, vol. 27, No. 2, pp. 166–180.
Eibl-Eibesfeld, I. (1970) *Ethology: the Biology of Behavior*, New York, Holt, Rinehart and Winston.
Eichler, Edward P. and Marshall Kaplan (1967) *The Community Builders*, Berkeley and Los Angeles, University of California Press.
Eidt, Robert C. (1971) *Pioneer Settlement in Northeast Argentina*, Madison, University of Wisconsin Press.
Eisenberg, J. F. and W. S. Dillon (ed.) (1971) *Man and Beast* (comparative social behavior) (Smithsonian Annual III) Washington D.C., Smithsonian.
Ekambi-Schmidt, Jezebelle (1972) *La Perception de L'Habitat*, Paris, Editions Universitaires.
Ekman, G. and B. Bratfisch (1965) "Subjective distance and emotional involvement: a psychological mechanism," *Acta Psychologica*, vol. 24.
Ekman, Paul (1972) "Universals and cultural differences in facial expressions of emotion" in J. Cole (ed.) *Nebraska Symposium on Motivation*, Lincoln, University of Nebraska Press.
Eliade, Mircea (1961) *The Sacred and the Profane*, New York, Harper and Row.
Elisséeff, Nikita (1970) "Damas à la Lumière des Théories de Jean Sauvaget" in A. H. Hourani and S. M. Stern (ed.) The Islamic City Oxford, Cassirer, pp. 157–177.
Ellis, Michael (1972) "Play: theory and research" in W. Mitchell (ed.) *EDRA 3*, Los Angeles, University of California, vol. 1, pp. 5-4-1–5-4-5.
Ellis, William R. (1972) "Planning, design and black community style: the problem of occasion-adequate space" in W. Mitchell (ed.) *EDRA 3*, Los Angeles, University of California, vol. 1, pp. 6-12-1–6-12-10.

Elmer, Frank L. and Duncan B. Sutherland (1971) "Urban design and environmental structuring," *AIP Journal*, vol. 37, No. 1 (Jan.), pp. 38–41.
Elon, Y. and Y. Tzamir (1971) "The perception of the built environment of public housing," Haifa, Israel, Faculty of Architecture and Town Planning, Center for Urban and Regional Studies, Technion, Project No. 020–019 (July) (English abstract).
English, Paul W. (1966) *City and Village in Iran*, Madison, University of Wisconsin Press.
________ (1973) "The traditional city of Herat, Afghanistan" in L. Carl Brown (ed.) *From Medina to Metropolis*, Princeton, Princeton University Press, pp. 73–90.
English, Paul Ward and R. C. Mayfield (ed.) (1972) *Man, Space and Environment* (part 3), New York, Oxford University Press.
Epstein, A. L. (1969) "Urbanization and social change in Africa" in Gerald Breese (ed.) *The City in Newly Developing Countries*, Englewood Cliffs, NJ, Prentice-Hall, pp. 246–287.
Esser, A. H. (1970(a)) "Interactional hierarchy and power structure on a psychiatric ward-ethological studies of dominance behavior in a total institution" in S. J. Hutt and C. Hutt (ed.) *Behavior Studies in Psychiatry*, Oxford, Pergamon, pp. 25–59.
________ (1970(b)) "The psychopathology of crowding (human pollution)" Am. Psychiatric Ass'n Meeting (Sept. 4) (mimeo).
________ (ed.) (1971(a)) *Behavior and Environment*, New York, Plenum Press.
________ (1971(b)) "Towards a definition of crowding," *The Sciences* (NY Academy of Sciences) (Oct.).
________ (1972) "A biosocial perspective on crowding" in J. F. Wohlwill and D. H. Carson (ed.) *Environment and the Social Sciences: Perspectives and Applications*, Washington, D.C. Am. Psych. Ass'n., pp. 15–28.
________ (1973) "Experience of crowding: illustration of a paridigm for man–environment relations," *Repr. Research in Soc. Psych.* vol. 4, No. 1 (Jan.), pp. 207–218.
Everitt, John and Martin Cadwallader (1972) "The home area concept in urban analysis: the use of cognitive mapping and computer procedures" in W. Mitchell (ed.) *EDRA 3*, Los Angeles, University of California, vol. 1, pp. 1-2-1–1-2-10.
Eyles, J. D. (1969) *Inhabitants' Images of Highgate Village, London – an Example of a Perception Measurement Technique*, London, LSE, Dept of Geography, Discussion Paper No. 15.
Fel, Edit and Tamas Hofer (1973) "Atany patronage and factions" (tanyakert-s patron-client relations and political factions in Atany) *American Anthropologist*, vol. 75, No. 3 (June), pp. 787–801.
Feldman, A. S. and C. Tilly (1960) "The interaction of social and physical space," *Am. Sociological Review*, vol. 25, No. 6 (Dec.), pp. 877–884.
Feldt, Allan G. *et al.* (n.d.) *Residential Environment and Social Behavior* (a study of selected neighborhoods in San Juan, Puerto Rico) Ithaca, NY, Dept of City Planning, Cornell University (mimeo).
Fellman, Gordon and Barbara Brandt (1970) "A neighborhood a highway would destroy," *Environment and Behavior*, vol. 2, No. 3 (Dec.), pp. 281–302.
Fernandez, James W. (1970 "Fang architectonics," paper given at conference on traditional African architecture (Sept. 1) (Mimeo).
Festinger, L. *et al.* (1950) Social Pressures in Informal Groups, Stanford, Stanford University Press.
________ (1957) *The Theory of Cognitive Dissonance*, New York, Harper and Row.
Festinger, Leon and Harold H. Kelly (1951) *Changing Attitudes Through Social Contact* (an experimental study of a housing project) Ann Arbor University of Michigan Research Center for Group Dynamics, Institute for Social Research (Sept.).
Firey, Walter (1947) *Land Use in Central Boston*, Cambridge, Harvard University Press.
________ (1961) "Sentiment and symbolism as ecological variables" in George A. Theodorson (ed.) *Studies in Human Ecology*, Evanston, Row Peterson, pp. 253–261.
Fisher, Gerald H. (1968) *The Frameworks for Perceptual Localization*, Dept. of Psychology, University of Newcastle upon Tyne.
Fitzgerald, C. P. (1965) *Barbarian Beds*, London, Cressett Press.
Flachsbart, Peter G. and George L. Peterson (1973) "Dynamics of preference for visual attributes of residential environments" in W. Preiser (ed.) *EDRA 4*, Stroudsburg, Pa., Dowden, Hutchinson and Ross, vol. 1, pp. 98–106.
Fonseca, Rory (1969(a)) "The walled city of New Delhi" in P. Oliver (ed.) *Shelter and Society*, London, Barrie and Rockliffe, pp. 103–115.
________ (1969(b)) "The walled city of Old Delhi," *Landscape*, vol. 18, No. 3 (Fall), pp. 12–25.
Forgus, R. H. (1966) *Perception: the Basic Process in Cognitive Development*, New York, McGraw Hill.
Foster, Donald W. (1972) "Housing in low income barrios in Latin America: some cultural considerations", paper presented at the 71st annual meeting of the American Anthropologists Ass'n, Toronto (Dec.) (mimeo).

Fox, Robin (1970) "The cultural animal," *Encounter*, vol. XXXV, No. 1 (July), pp. 31–42.
Frank, Lawrence K. (1966(a)) "Tactile communication" in E. Carpenter and M. McLuhan (ed.) *Explorations in Communication*, Boston, Beacon paperback, pp. 4–11.
________ (1966(b) "The world as a communication network" in G. Kepes (ed.) *Sign, Image, Symbol*, New York Braziller, pp. 1–14.
Frankenberg, Ronald (1967) *Communities in Britain*, Harmondsworth, Penguin.
Franks, Lucinda (1974) "Yorkville fighting loss of old flavor," *New York Times* (April 12).
Fraser, Douglas (1968) *Village Planning in the Primitive World*, New York, Braziller.
Fraser, J. T., F. C. Haber and G. H. Muller (ed.) (1972) *The Study of Time*, New York, Springer Verlag.
Fraser, Thomas M. (1969) "Relative habitability of dwellings – a conceptual view," *Ekistics*, vol. 27, No. 158 (Jan.), pp. 15–18.
Freides, David (1974) "Human information processing and sensory modality: cross-model functions, information complexity, memory and deficit," *Psych. Bulletin*, vol. 81, No. 5 (May), pp. 284–310.
Fried, Marc (1963) "Grieving for a lost home" in Leonard J. Duhl (ed.) *The Urban Condition*, New York Basic Books, pp. 151–171.
________ (1973) *The World of the Urban Working Class*, Cambridge, Harvard University Press.
Fried, Marc and Peggy Gleicher (1961) "Some sources of residential satisfaction in an urban slum," *AIP Journal*, vol. 27, No. 4 (Nov.) (reprinted in H. M. Proshansky *et al.* (ed.) *Environmental Psychology*, New York, Holt, Rinehart and Winston (1970), pp. 333–346).
Friedberg, M. Paul (1970) *Play and Interplay*, New York, Macmillan.
Frolic, B. Michael (1971) "Soviet urban sociology," *Int. J. of Comp. Sociol.*, vol. 12, No. 4 (Dec.), pp. 234–251.
Gans, Herbert J. (1961(a)) "Planning and social life" (Friendship and neighbour relations in suburban communities), *AIP Journal*, vol. 27, No. 2 (May), pp. 134–140.
________ (1961(b)) "The balanced community" (homogeneity or heterogeneity in residential areas), *AIP Journal*, vol. 27, No. 3 (Aug.), pp. 176–184.
________ (1968) *People and Plans*, New York, Basic Books (English edition 1972, Harmondsworth, Penguin).
________ (1969) *The Levittowners*, New York, Random House, Vintage Books Edition.
________ (1971) "The West end: an urban village" in Larry S. Bourne (ed.) *Internal Structure of the City*, New York, Oxford University Press, pp. 300–308.
Garbrecht, Dietrich (1971) "Pedestrian paths through a uniform environment," *Town Planning Review*, vol. 42, No. 1 (Jan.), pp. 71–84.
Gardiner, Stephen (1973) "How can it happen in France?" *RIBA Journal*, vol. 80, No. 11 (Nov.), pp. 555–560.
Ghaidan, U. (1974) "Lamu: a case study of the Swahili town," *Town Planning Review*, vol. 45, No. 1 (Jan.), pp. 84–90.
Gibson, J. J. (1950) *The Perception of the Visual World*, Boston, Houghton Mifflin.
________ (1968) *The Senses Considered as Perceptual Systems*, London, Allen and Unwin.
Giedion, Siegfried (1962) *The Eternal Present* (the beginnings of art) New York, Pantheon Books.
________ (1964) *The Eternal Present* (the beginnings of architecture) New York, Pantheon Books.
Gittins, J. S. (1969) "Forming impressions of an unfamiliar city: a comparative study of aesthetic and scientific knowing," MA thesis, Clark University (unpublished).
Glass, D. C. *et al.* (1969) "Psychic cost of adaptation to an environmental stressor," *J. of Personality and Soc. Psych.* vol. 12, No. 3 (July), pp. 200–210.
Glass, David C. and Jerome E. Singer (1972) *Urban Stress*, New York, Academic Press.
________ (1973) "Experimental studies of uncontrollable and unpredictable noise," *Repr. Research in Social Psych.* vol. 4, No. 1 (Jan.), pp. 165–184.
Glass, Ruth (1955) "Urban sociology," *Current Sociology*, vol. 4, No. 4.
Goffman, Erving (1957) "The presentation of self in everyday life," Garden City, NY, Doubleday.
________ (1963) *Behavior in Public Places*, New York, Free Press.
Goheen, Peter G. (1971) "Metropolitan area definition: a re-evaluation of concepts and statistical practice" in Larry S. Bourne (ed.) *Internal Structure of the City*, New York, Oxford University Press, pp. 47–58.
Gold, Seymour (1972) "Non-use of neighborhood parks," *AIP Journal*, vol. 38, No. 6 (Nov.), pp. 369–378.
Goldfinger, Erno (1941(a)) "The sensation of space," *Arch. Review* (Nov.).
________ (1941(b)) "Urbanism and spatial order," *Arch. Review* (Dec.).
________ (1942) "The elements of enclosed space," *Arch. Review* (Jan.).
Golledge, R. G. (1969) "The geographical relevance of some learning theories" in K. R. Cox and R. G. Golledge (ed.) *Behavioral Problems in Geography*, Evanston, Ill., Northwestern University, Dept. of Geography, Studies in Geography No. 17, pp. 101–145.

———— (1970) Seminar at the University of Sydney (May).
Golledge, R. G., R. Briggs and D. Demko (1969) "The configuration of distance in intra-urban space," *Proceedings. Ass'n Am. Geog.* vol. 1, pp. 60–65.
Golledge, R. G., L. A. Brown and F. Williamson (n.d.) "Behavioral approaches in geography: an overview," Columbus, Ohio, Dept. of Geography, Ohio State University (mimeo).
Golledge, R. G. and Georgia Zannaras (n.d.) "Cognitive approaches to the analysis of human spatial behavior," Columbus, Ohio, Dept. of Geography, Ohio State University (mimeo).
Gombrich, E. H. (1961) *Art and Illusion*, New York, Pantheon Books.
Gonzales, Nancie L. (1970) "Social functions of carnival in a Dominican city," *SW J: of Anthropology*, vol. 26, No. 4 (Winter), pp. 328–342.
Goodey, Brian (1969) "Messages in space: some observations on geography and communication," *North Dakota Quarterly*, vol. 37, No. 2 (Spring), pp. 34–49.
———— *et al.* (1971) *City Scene* (an exploration into the image of central Birmingham as seen by area residents) University of Birmingham, Centre for urban and regional studies, Research Memorandum No. 10 (Oct.).
Goodey, Brian and Sue Ann Lee (n.d.) *City Scope: Image Mapping in Hull* (mimeo).
Gordon, Cyrus H. (1962) *Before the Bible*, London, Collins.
Gordon, Milton (1964) *Assimilation in American Life*, New York, Oxford.
Gottmann, Jean, P. M. Hauser, Kenzo Tange and J. R. James (1968) "Images of the future urban environment," *Ekistics*, vol. 125, No. 150 (May).
Gould, P. R. (1972(a)) "Location in information space," paper at Cognitive Seminar following *EDRA 3* Conference, Los Angeles (Jan. 29) (mimeo).
———— (1972(b)) "On mental maps" in Paul W. English and Robert C. Mayfield (ed.) *Man, Space and Environment*, New York, Oxford, pp. 260–281.
Gould, P. R. and P. R. White (1968) "Mental maps of British school leavers," *Regional Studies*, vol. 2 (Nov.), pp. 161–182.
———— (1974) *Mental Maps*, Harmondsworth, Penguin.
Gould, Richard A. (1969) *Yiwara*, New York, Charles Schribners Sons.
Green, Helen B. (1972) "Temporal attitudes in four Negro subcultures" in J. T. Fraser *et al.* (ed.) *The Study of Time*, New York, Springer Verlag, pp. 402–417.
Greenbie, Barrie B. (1973) "An ethological approach to community design" in W. F. Preiser (ed.) *EDRA 4*, Stroudsburg, Pa., Dowden, Hutchinson and Ross, vol. 1, pp. 14–23.
Greer, Scott (1960) "The social structure and political process of suburbia," *Am. Sociol. Review*, vol. 25, No. 4, pp. 514–526.
Gregory, R. L. (1969) *The Intelligent Eye*, London, Weidenfeld and Nicolson.
Greimas, A. J. *et al.* (1970) *Sign, Language, Culture*, The Hague, Mouton.
Grenell, Peter (1972) "Planning for invisible people: some consequences of bureaucratic values and practices" in John F. C. Turner and R. Fichter (ed.) *Fxeedom to Build*, New York, Macmillan, pp. 95–121.
Grey, Arthur L. *et al.* (1970) *People and Downtown* (urban renewal demonstration grant project No. Wash D-1) College of Architecture and Urban Planning, University of Washington, Seattle.
Gruen, Victor (1964) *The Heart of our Cities*, New York, Simon and Schuster.
———— (1966) "New forms of community" in L. B. Holland (ed.) *Who Designs America*?, Garden City, NY, Doubleday, pp. 172–213.
Gubrium, Jaber F. (1970) "Environmental effects on morale in old age and the resources of health and solvency," *Gerontologist*, vol. 10, No. 4 (Winter), Part 1.
Guildford, Michael *et al.* (1957) "Description of spatial visualization ability," *Educational and Psychological Measurement*, vol. 17.
Gulick, John (1963) "Images of an Arab city," *AIP Journal*, vol. 29, No. 3 (Aug.), pp. 179–198.
Gump, Paul V. (1972) "Linkages between the 'ecological environment' and behavior and experience of persons" in William M. Smith (ed.) *Behavior, Design and Policy Aspects of Human Habitats*, University of Wisconsin, Green Bay, pp. 75–84.
Gumperz, J. J. and Dell Hymes (ed.) (1964) *The Ethnography of Communication* (*American Anthropologist* special publication No. 3 (vol. 66, No. 6, part 2)).
Gutkind, Peter C. W. (1969) "African urbanism, mobility and the social network" in G. Breese (ed.) *The City in Newly Developing Countries*, Englewood Cliffs, NJ, Prentice-Hall, pp. 389–400.
Gutman, Robert (1966) "Site planning and social interaction," *J. of Social Issues*, vol. 22, No. 4 (Oct.), pp. 103–115.
Gutmann, David (1969) "Psychological naturalism in cross-cultural studies" in Edwin P. Willems and Harold L. Rausch, *Naturalistic Viewpoints in Psychology*, New York, Holt, Rinehart and Winston, pp. 162–176.
Guttentag, Marcia (1970) "Group cohesiveness, ethnic organization and poverty," *J. of Social Issues*, vol. 26, No. 2, pp. 105–132.

Haber, Ralph N. (ed.) (1968) *Contemporary Theory and Research in Visual Perception*, New York, Holt, Rinehart and Winston.

Hall, Edward T. (1961) *The Silent Language*, Greenwich, Conn., Faucett.

——— (1963) "Proxemics – the study of man's spatial relations" in I. Galdston (ed.) *Man's Image in Medicine and Anthropology*, New York, International Universities Press, pp. 422–445.

——— (1964) "Adumbration as a feature of inter-cultural communication" in J. J. Gumperz and Dell Hymes (ed.) *The Ethnography of Communication* (*American Anthropologist* special publication No. 3, vol. 66; No. 6, part 2), pp. 154–163.

——— (1966) *The Hidden Dimension*, Garden City, NY, Doubleday.

——— (1971) "Environmental communication" in A. H. Esser (ed.), *Behavior and Environment*, New York, Plenum Press, pp. 247–256.

Hallowell, A. Irving (1955) *Culture and Experience*, Philadelphia, University of Pennsylvania Press.

Hamilton, Peter (1972) "Aspects of interdependence between aboriginal social behavior and spatial and physical environment" in Royal Australian Institute of Architects Seminar on low-cost self-help housing for Aborigines in remote areas, Canberra (Feb. 10–11).

Hammond, B. E. (1970) "Environmental perception and mental maps," Dept. of Geography, University of Sydney (unpublished).

Hampton, William (1970) *Democracy and Community* (a study of politics in Sheffield), New York, Oxford University Press.

Hardin, G. (ed.) (1969) *Science, Conflict and Society*, San Francisco, W. H. Freeman.

Hardy, R. and D. Legge (1968) "Cross-modal induction of changes in sensory thresholds," *Quarterly J. of Exp. Psych.* vol. 20, part 1 (Feb.).

Harrington, Molly (1965) "Resettlement and self image," *Human Relations*, vol. 18, No. 2 (May), pp. 115–137.

Harris, Evelyn G. and R. J. Paluck (1971) "The effects of crowding in an educational setting," *Man–Environment Systems* (May).

Harrison, James D. and William A. Howard (1972) "The role of meaning in the urban image," *Environment and Behavior*, vol. 4, No. 4 (Dec.), pp. 389–411.

Harrison, John and Philip Sarre (1971) "Personal construct theory in the measurement of environmental images," *Environment and Behavior*, vol. 3, No. 4 (Dec.), pp. 351–374.

Harrison, Paul (1972) "Piccadilly participation," *New Society* (Dec. 14).

Hart, R. and G. T. Moore (1971) *The Development of Spatial Cognition: a Review*, Worcester, Mass., Graduate School of Geography/Dept. of Psychology, Clark University, Place Perception Reports No. 7 (July).

Hartman, Chester W. (1963) "Social values and housing orientations," *J. of Social Issues*, vol. 19, No. 2 (April), pp. 113–131.

Hass, Hans (1970) *The Human Animal*, London, Hodder and Staughton.

Haugen, Einar (1969) "The semantics of Icelandic orientation" in S. Tyler (ed.) *Cognitive Anthropology*, New York, Holt, Rinehart and Winston, pp. 330–342.

Havinghurst, R. J. (1957) "Leisure activities of the middle aged," *Am. J. Sociology*, vol. 63, No. 2.

Haynes, Robin M. (1969) "Behavior space and perception space: a reconnaissance," *Papers in Geography* No. 3, Dept. of Geography, Pennsylvania State University (June) (mimeo).

Hayter, Stanley W. (1965) "Orientation, direction cheirality, velocity and rhythm" in G. Kepes (ed.) *The Nature and Art of Motion*, New York, Braziller, pp. 71–80.

Hayward, D. G. *et al.* (1974) "Children's play and urban playground environments," *Environment and Behavior*, vol. 6, No. 2 (June), pp. 131–168.

Hayward, Scott C. and S. S. Franklin (1974) "Perceived openness-enclosure of architectural space," *Environment and Behavior*, vol. 6, No. 1 (March), pp. 37–52.

Hazard, J. N. (1962) "Furniture arrangement as a symbol of judicial roles," *ETC: a Review of General Semantics*, vol. 19 (reprinted in R. Gutman (ed.) *People and Buildings*, New York, Basic Books, 1972, pp. 291–298).

Heath, T. F. (1971) "The aesthetics of tall buildings," *Architectural Science Review*, vol. 14, No. 4 (Dec.), pp. 93–94.

Heathcote, L. R. (1965) *Back of Burke* (a study of land appraisal and settlement in semi-arid Australia) Carlton Melbourne University Press.

——— (1972) "The visions of Australia 1770–1970" in Amos Rapoport (ed.) *Australia as Human Setting*, Sydney, Angus and Robertson, 1972, pp. 77–98.

Heckhausen, H. (1964) "Complexity in perception: phenomenal criteria and information theoretic calculus – a note on Berlyne's 'complexity effects' " *Canadian J. of Psych.* vol. 18, No. 2 (June), pp. 168–173.

Hediger, H. (1955) *Studies of Psychology and Behaviour of Animals in Zoos and Circuses*, London, Butterworth.

Heinemeyer, William F. (1967) "The urban core as a centre of attraction: a preliminary report" in *Urban Core and Inner City*, Leiden, Brill.
Heiskannen, Veronica S. (1969) "Community structure and kinship ties: extended family relations in three Finnish communities," *Int. J. of Comp. Sociol.* vol. 10, No. 3–4 (Sept./Dec.), pp. 251–262.
Held, Richard and Alan Heim (1968) "Movement-produced stimulation in the development of visually guided behavior" in Ralph N. Haber (ed.) *Contemporary Theory and Research in Visual Perception*, New York, Holt, Rinehart and Winston, pp. 607–612.
Held, Richard and Whitman Richards (ed.) (1972) *Perception: Mechanisms and Models*, San Francisco, W. H. Freeman.
Helson, H. (1964) *Adaptation-Level Theory*, New York, Harper and Row.
Henderson, D. B. (1968) *Impacts of Ethnic Homogeneity and Diversity on the Cultural Landscape of Door County, Wisconsin* (M.A. thesis in Geography, University of Wisconsin-Milwaukee).
Henry, L. and P. A. I. Cox (1970) "The neighbourhood concept in new town planning: a perception study in East Kilbride," *Horizon*, No. 19.
Herpin, Isabelle and Serge Santelli (1970–71) "Le Bidonville, phenomène urbain direct," *Arch. d'Aujourd'hui* No. 153 (Dec.–Jan.), pp. XXI–XXIV.
Hewitt, Kenneth and F. Kenneth Hare (1973) *Man and Environment* (conceptual frameworks) Commission on College Geography, resource paper No. 20, Washington, DC Ass'n. American Geog.
Hill, A. David (1964) *The Changing Landscape of a Mexican Municipio* (Villa LaRosas, Chiapas) Chicago, University of Chicago, Dept. of Geography Research Paper No. 91.
Hinshaw, Mark and Kathryn Allott (1972) "Environmental preferences of future housing consumers," *AIP Journal*, vol. 38, No. 2 (March), pp. 102–107.
Hipsley, E. H. in S. V. Boyden (ed.) (1970) *The Impact of Civilization on the Biology of Man*, Canberra, ANU Press.
Hirschon, Renee and Thakudersai (1970) "Society, culture and spatial organization: an Athens community," *Ekistics*, vol. 30, No. 178 (Sept.), pp. 187–196.
Hitchcock, John R. (1972) "Daily activity patterns: an exploratory study," *Ekistics*, vol. 34, No. 204 (Nov.).
Hochberg, Julian (1964) *Perception*, Englewood Cliffs, NJ, Prentice-Hall.
________ (1968) "In the mind's eye" in R. N. Haber (ed.) *Contemporary Theory and Research in Visual Perception*, New York, Holt, Rinehart and Winston, pp. 309–331.
Hochschild, Arlie Russell (1973) *The Unexpected Community*, Englewood Cliffs, NJ, Prentice-Hall.
Hoffman, Gerald and Joshua A. Fishman (1971) "Life in the neighborhood" (a factor-analytic study of Puerto Rican males in the New York City area), *Int. J. of Comp. Sociol.* vol. 12, No. 2 (June), pp. 85–100.
Hoinville, G. (1971) "Evaluating community preference," *Environment and Planning*, vol. 3, pp. 33–50.
Holmes, Thomas H. (1956) "Multidiscipline studies of tuberculosis" in P. J. Sparer (ed.) *Personality, Stress and Tuberculosis*, New York, International Universities Press.
Holubař, J. (1969) *The Sense of Time*, Cambridge, Mass., MIT Press.
Holzner, Lutz (1970(a)) "The role of history and tradition in the urban geography of West Germany," *Annals. Ass'n. Am. Geog.* vol. 60, No. 2 (June) pp. 315–339.
________ (1970(b)) "Urbanism in South Africa," *Geoforum*, vol. 4, pp. 75–90.
Honigman, John J. (1963) "Dynamics of drinking in an Austrian village," *Ethnology*, vol. 2, pp. 157–169.
Hooper, D. (1970) cited in Stanley Milgram, "The experience of living in cities," *Science*, vol. 167 (March 13).
Horton, Frank E. and David R. Reynolds (1971) "Effects of urban spatial structure on individual behavior," *Economic Geography*, vol. 47, No. 1 (Jan.), pp. 36–48.
Hosken, F. P. (1968) *The Language of Cities*, New York, Macmillan.
Hourani, A. H. and S. M. Stern (ed.) (1970) *The Islamic City*, Oxford, Cassirer.
Howard, I. P. and W. B. Templeton (1966) *Human Spatial Orientation*, London, Wiley.
Howe, Irving (1971) "The city in literature," *Commentary*, vol. 51, No. 5 (May), pp. 61–68.
Howell, Sandra C. (1972) "Environment and vulnerability" (mimeo).
Howland, Bette (1972) "Public facilities – a memoir," *Commentary*, vol. 53, No. 2 (Feb.).
H.U.D. (1969) *Urban Land Policy-Selected Aspects of European Experience*, Washington, D.C. HUD 94-SF (March).
Hurst, M. E. Eliot (1971) "The structure of movement and household travel behavior" in Larry S. Bourne (ed.) *Internal Structure of the City*, New York, Oxford University Press, pp. 248–255.
Huxley, J. (ed.) (1966) *Ritualization of Behaviour in Animals and Man*, Philosophical transactions of the Royal Society of London, Series B, vol. 251, Biological Sciences.
Hymes, Dell (1964) "Towards ethnographies of communication," *American Anthropologist* special publication, vol. 66, No. 6, part 2 (Dec.).

Ingham, John M. (1971) "Time and space in ancient Mexico: the symbolic dimensions of clanship," *Man*, vol. 6, No. 4, pp. 615–629.
Isaacs, Harold R. (1972) "The new pluralists," *Commentary*, vol. 53, No. 3 (March).
Ishikawa, Enjo (1953) *The Study of Shopping Centers in Japanese Cities and Treatment of Reconstructing,* Memoirs of the faculty of Science and Engineering No. 17, Tokyo: Waseda University.
Issawi, Charles (1970) in Ira Lapidus (ed.) *The Middle Eastern City*, Berkeley and Los Angeles, University of California Press.
Ittelson, William H. (1960) "Some factors influencing the design and function of psychiatric facilities," Brooklyn, Dept. of Psychology, Brooklyn College (Nov.).
——— (1970) "The perception of the large scale environment," paper presented to the New York Academy of Sciences (April) (mimeo).
——— *et al.* (1970) "The use of behavioral maps in environmental psychology" in H. M. Proshansky *et al.* (ed.) *Environmental Psychology*, New York, Holt, Rinehart and Winston, pp. 658–668.
——— (ed.) (1973) *Environment and Cognition*, New York, Seminar Press.
Ittelson, William and H. Proshansky (n.d.) "The use of bedrooms by patients on a psychiatric ward," Env. Psych. Program CUNY (mimeo).
Jackson, J. B. (1951) "Chihuahua – as we might have been," *Landscape*, vol. 1, No. 1 (Spring).
——— (1957) "The stranger's path," *Landscape*, vol. 7, No. 1.
——— (1964) "Limited access" (review of Peter Blake's *God's Own Junkyard*) *Landscape*, vol. 14, No. 1 (Autumn), pp. 18–23.
——— (1966(a)) "The purpose of a city-changing city landscapes as manifestations of cultural values" in Marcus Whiffen (ed.) *The Architect and the City*, Cambridge, MIT Press.
——— (1966(b)) Seminar, Dept. of Landscape Architecture, University of California, Berkeley.
——— (1966(c)) "Boundaries" Seminar lecture, University of California, Berkeley (Feb.) (mimeo).
——— (1972) *American Space*, New York, Norton.
Jackson, L. E. and R. J. Johnston (1974) "Underlying regularities to mental maps: an investigation of relationships among age, experience and spatial preference," *Geographical Analysis*, vol. 6, No. 1 (Jan.), pp. 69–84.
Jacobs, Jane (1961) *The Death and Life of Great American Cities*, New York, Random House.
Jakle, John A. and James O. Wheeler (1969) "The changing residential structure of the Dutch population of Kalamazoo, Michigan," *Annals. Ass'n. Am. Geog.* vol. 59.
James, L. D. and D. R. Brogan (1974) "The impact of open urban land on community well being" in C. P. Wolf (ed.) *Social Impact Assessment – EDRA 5*, vol. 2, pp. 151–167.
Jeanpierre, C. (1968) "La perception de l'espace et les dimensions des loceaux d'habitation," *Cahiers du Centre Scientifique et Technique du Batiment*, No. 90 (No. 779) (Feb.).
Jencks, Charles (1972) "Rhetoric and architecture," *AAQ*, vol. 4, No. 3 (Summer), pp. 4–17.
Jencks, Charles and George Baird (ed.) (1969) *Meaning in Architecture*, New York, Braziller.
Joerges, B. (1969) "Communication and change at the local level," *Ekistics*, vol. 27, No. 158 (Jan.), pp. 60–64.
Johnson, Ann (1971) "An investigation of the mental maps of well travelled routes of some residents of Killarney Heights" in Ross King (ed.) *Perception of Residential Quality: Sydney Case Studies*, Ian Buchan Fell Research Project on Housing, Collected Papers No. 2, University of Sydney (Aug.) pp. 117–122.
Johnson, Philip (1965) "Whence and whither: the processional element in architecture," *Perspecta 9/10* (The Yale Architectural Journal), pp. 167–178.
Johnson, Sheila K. (1971) *Idle Haven* (community building among the working class retired) Berkeley and Los Angeles, University of California Press.
Johnston, R. J. (1971(a)) *Urban Residential Patterns*, London, George Bell.
——— (1971(b)) "Mental maps of the city: suburban preference patterns," *Environment and Planning*, vol. 3, pp. 63–69.
Jonassen, C. T. (1961) "Cultural variables in the ecology of an ethnic group" in G. A. Theodorson (ed.) *Studies in Human Ecology*, Evanston, Ill., Row Peterson, pp. 264–273.
Jones, A. (1966) "Information deprivation in humans" in B. A. Maher (ed.) *Progress in Experimental Personality Research*, vol. 3, New York, Academic Press.
Jones, Emrys (1960) *The Social Geography of Belfast*, Oxford, University Press.
Jones, F. Lancaster (1968) "Social area analysis: some theoretical and methodological comments illustrated with Australian data," *British J. of Sociology*, vol. XIX, No. 4 (Dec.).
Jones, Mark M. (1972) "Urban path-choosing behavior: a study of environmental clues" in W. Mitchell (ed.) *EDRA 3*, Los Angeles, University of California, vol. 1, pp. 11-4-1–11-4-10.

Jones, Philip N. (1970) "Some aspects of the changing distribution of coloured immigrants in Birmingham 1961–1966," *Transactions. Inst. of British Geographers*, No. 50 (July), pp. 199–219.
Jones, W. T. (1972) "World views: their nature and their function," *Current Anthropology*, vol. 13, No. 1 (Feb.), pp. 79–109.
Jung, Carl (1964) *Man and His Symbols*, Garden City, NY, Doubleday.
Juppenlatz, M. (1970) *Cities in Transformation* (The urban squatter problem in the developing world) St. Lucia, University of Queensland Press.
Kaës, R. (1963) *Vivre dans les grands ensembles*, Paris, Editions Ouvrières.
Kaiser, E. J. and S. F. Weiss (1969) "Decision agent models of the residential development process: a review of recent research," *Traffic Quarterly*, vol. 23, pp. 597–630.
Kaplan, S. (1970) "The role of location processing in the perception of the environment" in J. Archea and C. Eastman (ed.) *EDRA 2*, pp. 131–134.
——— (1971) "A psychological approach to ecology," Am. Psych. Ass'n. Meeting, Washington, D.C. (Sept. 4) (mimeo).
Kaplan, Stephen and J. S. Wendt (1972) "Preference and the visual environment: complexity and some alternatives" in W. Mitchell (ed.) *EDRA 3*, Los Angeles, University of California, vol. 1, pp. 6-8-1–6-8-5.
Kasl, Stanislav and Ernest Harburg (1972) "Perceptions of the neighborhood and the desire to move out," *AIP Journal*, vol. 38, No. 5 (Sept.), pp. 318–324.
Kasmar, Joyce V. (1970) "The development of a usable lexicon of environmental descriptors," *Environment and Behavior*, vol. 2, No. 2 (Sept.), pp. 153–169.
Kates, R. W. (1962) *Hazard and Choice Perception in Flood Plain Management*. Chicago, Dept. of Geography, University of Chicago, Research Paper No. 78.
——— (1966) "Stimulus and symbol: the view from the bridge," *J. of Social Issues*, vol. 22, No. 4 (Oct.), pp. 21–28.
Kates, R. W. Ian Burton *et al.* (ongoing) Research on Natural Hazard Perception.
Kavanau, J. L. (1969) "Behavior of captive white-footed mice" in E. P. Willems and H. L. Rausch (ed.) *Naturalistic Viewpoints in Psychological Research*. New York, Holt, Rinehart and Winston, pp. 221–270.
Keats, John (1956) *The Crack in the Picture Window*, Boston.
Keller, Suzanne (1968) *The Urban Neighborhood* (a sociological perspective) New York, Random House.
Kelly, G. A. (1955) *The Psychology of Personal Constructs*, New York, Norton.
Kepes, Gyorgy (1961) "Notes on expression and communication in the city-scape," *Daedalus*, vol. 90, No. 1 (Winter), pp. 147–165.
Khudozhnik I Gorod (1973) (The Artist and the City) Moscow, Soviet Artist.
Kilpatrick, F. P. (1971) "Two processes in perceptual learning" in H. M. Proshansky *et al.* (ed.) *Environmental Psychology*, New York, Holt, Rinehart and Winston, pp. 104–112.
Kimber, Clarissa (1966) "Dooryard gardens of Martinique," *Yearbook, Ass'n. Pacific Coast Geographers*, vol. 28, pp. 97–118.
——— (1971) "Interpreting the use of space in dooryard gardens: a Puerto Rican example" (mimeo).
——— (1973) "Spatial patterning in the dooryard gardens of Puerto Rico," *Geog. Review* (Jan.), pp. 6–26.
King, A. D. (1970) "Colonial urbanization: a cross-culture inquiry into the social use of space," 7th World Congress of Sociology, Varna (Bulgaria) (Sept.) (mimeo).
——— (1974(a)) "The language of colonial urbanization," *Sociology*, vol. 8, No. 1 (Jan.), pp. 81–110.
——— (1974(b)) "The colonial bungalow-compound complex: a study in the cultural use of space," *J. of Architectural Research*, vol. 3, No. 2, pp. 30–43.
King, Ross (1971(a)) "Perception, evaluation and use of residential space," *Circa* 70 (Sydney University School of Architecture) (Feb.).
——— (ed.) (1971(b)) *Perception of Environmental Quality: Sydney Case Studies*, University of Sydney Faculty of Architecture, Ian Buchan Fell Research Project, Collected Papers No. 2 (Aug.).
——— (1973) "Some children and houses," *Arch. in Australia*, vol. 62, No. 5 (Oct.), pp. 83–94.
Kittler, Richard (1968) "Some spatial and environmental considerations of the [*sic*] architectural design based on the perceptual phenomena under daylight conditions," paper given at the Bartlett School of Architecture, London (mimeo).
Klass, Morton (1972) "Community structure in West Bengal," *American Anthropologist*, vol. 74, No. 3 (June), pp. 601–610.
Klein, Hans-Joachim (1967) "The delimitation of the town centre in the image of its citizens" in *Urban Core and Inner City*, Leiden, Brill, pp. 286–306.

Knapp, E. K. (1969) *Heterogeneity of the Micro-Neighborhood as it relates to Social Interaction*, PhD Dissertation, Michigan State University (unpublished).
Knittel, Robert E. (1973) "New town knowledge, experience and theory: an overview," *Human Organization*, vol. 32, No. 1 (Spring), pp. 37–48.
Knowles, Eric S. (1972) "Boundaries around social space: dyadic responses to an invader," *Environment and Behavior*, vol. 4, No. 4 (Dec.), pp. 437–445.
Koestler, Arthur (1964) *The Act of Creation*, New York, Macmillan.
Kohn, Bernard (1971) "A new deal for the village," *Arch. Review*, vol. CL, No. 898 (Dec.).
Kouwenhoeven, A. (1961) *The Beer Can by the Highway*, Garden City, NY, Doubleday.
Krapf-Askari, Eva (1969) *Yoruba Towns and Cities*, Oxford, Clarendon Press.
Kroeber, A. L. and Clyde Kluckhohn (1952) *Culture (a Critical Review of Concepts and Definitions)* New York, Vintage Books (Reprinted from Harvard University, Papers of the Peabody Museum, vol. XLVII, No. 1).
Kuhn, Thomas (1965) *The Structure of Scientific Revolutions*, Chicago, University of Chicago Press.
Kummer, Hans (1971) "Spacing mechanisms in social behavior" in J. F. Eisenberg and W. S. Dillon (ed.) *Man and Beast* (Comparative Social Behavior) (Smithsonian Annual III) Washington, D.C., Smithsonian.
Kuper, Leo (1970) "Neighbor on the hearth" in H. M. Proshansky *et al.* (ed.), *Environmental Psychology*, New York, Holt, Rinehart and Winston, pp. 246–255.
Ladd, Florence C. (1970) "Black youths view their environment: neighbourhood maps," *Environment and Behavior*, vol. 2, No. 1 (June), pp. 74–99.
________ (1972) "Black youths view their environments: some views on housing," *AIP Journal*, vol. 38, No. 2 (March), pp. 108–116.
Lamy, Bernard (1967) "The use of the inner city of Paris and social stratification" in *Urban Core and Inner City*, Leiden, Brill, pp. 356–367.
Lancaster, O. *Classical Landscape With Figures*, cited in P. Kriesis (1963) *Three Essays on Town Planning*, St. Louis, Mo., Washington University, School of Architecture, Special Publication No. 1 (May).
Lang, S. (1952) "The ideal city from Plato to Howard," *Arch. Review*, vol. 112 (Aug.), pp. 91–101.
Langer, Suzanne (1953) *Feeling and Form*, New York, Schribner.
________ (1966) "The social influence of design" in L. B. Holland (ed.) *Who Designs America?* Garden City, NY, Anchor Books, pp. 35–50.
Lansing, John B. and Robert W. Marans (1969) "Evaluation of neighborhood quality," *AIP Journal*, vol. 35, No. 3 (May), pp. 195–199.
Lansing, John B. Robert W. Marans and Robert B. Zehner (1970) *Planned Residential Environments*, Ann Arbor, Institute for Social Research, University of Michigan.
Lapidus, Ira (ed.) (1969) *Middle Eastern Cities*, Berkeley, University of California Press.
Laporte, Roy S. B. (1969) "Family adaptation of relocated slum dwellers in Puerto Rico," *Ekistics*, vol. 27, No. 158 (Jan.), pp. 56–59.
Largey, G. P. and D. R. Watson (1972) "The sociology of odors," *Am. J. of Sociology*, vol. 77, No. 6, pp. 1021–1034.
Larimore, Ann E. (1958) *The Alien Town* (patterns of settlement in Busoga, Uganda) Chicago, University of Chicago, Dept. of Geography, Research Paper No. 55.
Lawton, M. Powell (1970(a)) "Ecology and aging" in L. A. Pastalan and D. H. Carson (ed.) *Spatial Behavior of Older People*, Ann Arbor, University of Michigan, pp. 40–67.
________ (1970(b)) "Public behavior of older people in congregate housing" in J. Archea and C. Eastman (ed.), *EDRA 2*, pp. 372–380.
________ (1970(c)) "Planning environments for older people," *AIP Journal*, vol. 36, pp. 124–129.
Layton, R. (1972(a)) "Defining psychographics," *The Australian* (Marketing) (March 30).
________ (1972(b)) "Life styles and how to use them," *The Australian* (Marketing) (April 6).
Leach, Edmund (1970) *Lévi-Strauss*, London, Fontanna.
LeCompte, William F. (1972) "Behavior settings: the structure of the treatment environment" in W. Mitchell (ed.) *EDRA 3*, Los Angeles, University of California, vol. 1, pp. 4-2-1–4-2-5.
LeCompte, William F. and Edwin P. Willems (1970) "Ecological analysis of a hospital: location dependencies in the behavior of staff and patients" in J. Archea and C. Eastman (ed.) *EDRA 2*, pp. 236–247.
Ledrut, Raymond (1968) *L'espace social de la ville*, Paris, Editions Anthropos.
Lee, Douglas F. K. (1966) "The role of attitude in response to environmental stress," *J. of Social Issues*, vol. 22, No. 4 (Oct.), pp. 83–91.
Lee, Hahn-Been (1968) "From ecology to time: a time orientation approach to the study of public administration," *Ekistics*, vol. 25, No. 151 (June), pp. 432–438.

Lee, Maurice (1968) "Islamabad–the image," *Ekistics*, vol. 25, No. 150 (May), pp. 334–335.
Lee, Terence R. (1962) "Brannan's law of shopping behaviour," *Psych. Report* No. 11, p. 662.
________ (1968) "Urban neighborhood as socio-spatial schema," *Human Relations*, vol. 21, No. 3 (Aug.), pp. 53–61.
________ (1969) "The psychology of spatial orientation," *Architectural Association Quarterly*, vol. 1, No. 3 (July), pp. 11–15.
________ (1970) "Perceived distance as a function of direction in the city," *Environment and Behavior*, vol. 2, No. 1 (June), pp. 40–51.
________ (1971(a)) "Psychology and architectural determinism" (Part 2) *Architects Journal* (Sept. 1), pp. 475–483.
________ (1971(b)) "Architecture and environmental determinism" (Part 3) *Architects Journal* (Sept. 22), pp. 651–659.
Leibman, Miriam (1970) "The effects of sex and race norms on personal space," *Environment and Behavior*, vol. 2, No. 2 (Sept.), pp. 206–246.
Lenclos, Jean Philippe (1972) "Couleurs et paysages," *Architecture d'Aujourd'hui* No. 164 (Oct.–Nov.), pp. 41–44.
Lenneberg, F. H. (1972) "Cognition in ethnolinguistics" in P. Adams (ed.) *Language in Thinking*, Harmondsworth, Penguin, pp. 157–169.
Lévi-Strauss, Claude (1955) *Tristes Tropiques*, Paris, Plon.
Levine, C. (1974) "La Habana Chica: Miami's lively Latin Quarter," *Pastimes* (Eastern Airlines Magazine) (Jan./Feb.), pp. 11–20.
LeVine, Robert A. (1973) *Culture, Behavior and Personality*, Chicago, Aldine.
Lewin, Kurt (1936) *Principles of Topological Psychology*, New York, McGraw-Hill.
________ (1951) *Field Theory in Social Science*, New York, Harper Torchbooks.
Lewis, Oscar (1965) "The folk-urban ideal types" in P. M. Hauser and L. F. Schnore (ed.) *The Study of urbanization*, New York, Wiley, pp. 491–517.
Lewis, Ralph (1970) "The Korean tearoom: its function in Korean society," *Sociology and Social Research*, vol. 55, No. 1 (Oct.), pp. 53–62.
Leyhausen, P. (1970) "The communal organization of solitary mammals" in H. M. Proshansky *et al.* (ed.) *Environmental Psychology*, New York, Holt, Rinehart and Winston, pp. 183–195.
________ (1971) "Dominance and territoriality as complemented in mammalian social structure" in A. H. Esser (ed.) *Behavior and Environment*, New York, Plenum Press, pp. 22–23.
Lime, David W. (1972) "Behavioral research in outdoor recreation management – an example of how visitors select campgrounds" in J. F. Wohlwill and D. H. Carson (ed.) *Environment and the Social Sciences: Perspectives and Application*, Washington, D.C., Am. Psych. Ass'n., pp. 198–206.
Linge, G. J. R. (1971) "Government and spatial behaviour" in G. J. R. Linge and P. J. Rimmer (ed.) *Government Influence and the Location of Economic Activity*, Canberra, Australian National University Research School of Pacific Studies, Dept. of Human Geography, Publication HG/5.
Lipman, Alan (1968) "Building design and social interaction in a preliminary study of three old people's homes," *Architects Journal* (Jan. 3).
Lipowski, Z. J. (1971) "Surfeit of attractive information inputs: a hallmark of our environment," *Behavioral Science*, vol. 16, No. 5.
Littlejohn, James (1967) "The Temne house" in J. Middleton (ed.) *Myth and Cosmos*, Garden City, NY, Natural History Press, pp. 331–347.
Lloyd, Barbara (1972) *Perception and Cognition: a Cross-Cultural Perspective*, Harmondsworth, Penguin.
Lofland, Lyn H. (1973) *A World of Strangers* (order and action in urban public space), New York, Basic Books.
Longstaff, Owen (1968) Letter to the Editor, *Evening Standard* (London) (June 6).
Loo, Chalsa (1973) "Important issues in researching the effects of crowding in humans," *Repr. Research in Social Psych.*, vol. 4, No. 1 (Jan.).
Love, Ruth (1973) "The fountains of urban life," *Urban Life and Culture*, vol. 2, No. 2 (July), pp. 161–210.
Loveless, N. E. *et al.* (1973) "Bisensory presentation of information," *Psych. Bulletin*, vol. 73, No. 3 (March).
Lowenthal, David (1961) "Geography, experience and imagination: towards a geographical epistemology," *Annals. Ass'n. of Am. Geog.* vol. 51, No. 3 (Sept.), pp. 241–260.
________ (1967) "An analysis of environmental perception," 2nd interim report to Resources for the Future, Inc. No. 2 (mimeo).
________ (1968) "The American Scene," *Geog. Review*, vol. 58, No. 1, pp. 61–88.
________ (1971) "Not every prospect pleases" in Robert M. Irving and George B. Priddle (ed.) *Crisis*, New York St. Martin's Press.

Lowenthal, David and Hugh C. Prince (1964) "The English landscape," *Geog. Review*, vol. 54, No. 3, pp. 309–346.

——— (1965) "English landscape tastes," *Geog. Review*, vol. 55, No. 2, pp. 186–222.

——— (1969) "English Facades," *AAQ*, vol. 1, No. 3 (July), pp. 50–64.

Lowenthal, David and M. Riel (1972) "The nature of perceived and imagined environments," *Environment and Behavior*, vol. 4, No. 2 (June), pp. 189–207.

Lowrey, Robert A. (1970) "Distance concepts of urban residents," *Environment and Behavior*, vol. 2, No. 1 (June), pp. 52–73.

Lucas, John (1972) "Lae – a town in transition," *Oceania*, vol. 17, No. 4 (June), pp. 260–275.

Lucas, Robert C. (1970) "User concepts of wilderness and their implications for resource management" in H. M. Proshansky *et al.* (ed.) *Environmental Psychology*, New York, Holt, Rinehart and Winston, pp. 297–303.

Lundberg, G. *et al.* (1934) *Leisure: a Suburban Study*, New York, Agathon Press (Reprinted).

Lunn, Hugh (1971) "Brisbane boom could become a nightmare," *Sunday Australian* (Dec. 26) (quoting Professor Gareth Roberts, then professor of Architecture at the University of Queensland).

Lurie, Ellen (1963) "Community action in East Harlem" in L. J. Duhl (ed.) *The Urban Condition*, New York, Basic Books, pp. 246–258.

Lyman, S. M. and M. B. Scott (1970) *A Sociology of the Absurd*, New York, Appleton, Century Crofts.

Lynch, Kevin (1960) *Image of the City*, Cambridge, MIT Press.

——— (1962) *Site Planning*, Cambridge, MIT Press.

——— (1965) "The city as environment", *Scientific American*, vol. 213, No. 3 (Sept.), pp. 209–219.

——— (1972) *What Time is this Place*? Cambridge, MIT Press.

Lynch, Kevin and Malcolm Rivkin (1970) "A walk around the block" in H. M. Proshansky *et al.* (ed.) *Environmental Psychology*, New York, Holt, Rinehart and Winston, pp. 631–642.

Lynton Homes (1972) "Paul Nelson, homes and my favourite topic," Advertisement in *Sydney Morning Herald* (June 10).

Mabogunje, Akin L. (1968) *Urbanization in Nigeria*, London, University of London Press.

MacCormack, Richard and Peter Wilmott (1964) "A Radburn estate revisited," *Architects Journal* (March 25).

MacEwen, Alison (1972) "Stability and change in a shanty town: a summary of some research results," *Sociology*, vol. 6, No. 1, pp. 41–57.

MacKay, D. B., R. W. Olshavsky and G. Sentell (1975) "Cognitive maps and spatial behavior of consumers," *Geographical Analysis*, vol. 7, No. 1 (Jan.), pp. 19–34.

Mackworth, N. H. (1968) "Visual noise causes tunnel vision" in Ralph N. Haber (ed.) *Contemporary Theory and Research in Visual Perception*, New York, Holt, Rinehart and Winston.

MacMurray, Trevor (1971) "Aspects of time and the study of activity patterns," *TP Review*, vol. 42, No. 2 (April), pp. 195–209.

Madge, Charles (1950) "Private and public spaces," *Human Relations*, vol. 3, No. 2 (June), pp. 187–199.

Maki, Fumihiko (1964) *Investigations in Collective Form*, St. Louis, School of Architecture, Washington University Special Publication No. 2 (June).

——— (1973) "Some observations on urbanization and communication in the Japanese metropolis." Paper given at Conference on Urbanization and Communication, East-West Center, Honolulu (Jan.) (mimeo).

Mangin, William (1963) "Urbanization case history in Peru," *Architectural Design*, vol. 33 (Aug.).

——— (1967) "Latin American squatter settlements: a problem and a solution," *Latin Am. Research Review*, vol. 2, No. 3 (Summer).

——— (ed.) (1970) *Peasants in Cities*, Boston, Houghton Mifflin.

Mann, L. (1969) *Social Psychology*, Sydney, John Wiley (Australasia).

Manus, Willard (1972) "Hostelbro," *Ekistics*, vol. 34, No. 204 (Nov.), pp. 379–376.

Marans, Robert W. (1969) "Planning the experimental neighborhood at Kiryat Gat, Israel," *Ekistics*, vol. 27, No. 158 (Jan.), pp. 70–75.

Marans, R. W. and W. Rodgers (1973) "Evaluating resident satisfaction in established and new communities" in R. W. Burchell (ed.) *Frontiers of Planned Unit Development: a Synthesis of Expert Opinion*, New Brunswick, NJ, Center for Urban Policy Research, Rutgers University, pp. 197–227.

Markman, Robert (1970) "Sensation seeking and environmental preference" in J. Archea and C. Eastman (ed.) *EDRA 2*, pp. 311–315.

Marks, J. (1973) "The SoHo phenomenon," *American Airlines Magazine* (July).

Marris, Peter (1967) "Reflections on a study in Lagos" in H. Miner (ed.) *The City in Modern Africa*, London, Pall Mall Press, pp. 40–46.
Marsh, Alan (1973) "Race, community and anxiety," *Ekistics*, vol. 36, No. 213 (Aug.), pp. 111–114.
Marshall, Nancy J. (1970) "Environmental components of orientations towards privacy" in J. Archea and C. Eastman (ed.) *EDRA 2*, pp. 246–251.
Marston, Wilfred G. (1969) "Social class segregation within ethnic groups in Toronto," *Canadian Review of Sociology and Anthropology*, vol. 6, No. 2 (May), pp. 65–79.
Martin, Jean I. (1967) "Extended kinship ties: an Adelaide study," *Aust. and NZ J of Sociology*, vol. 3, No. 1, pp. 44–63.
Martin, Jean I. (1967) "Extended kinship ties: an Adelaide study," *Aust. and NZJ. of Sociology*, vol. 213–214.
Maurer, Robert and James C. Baxter (1972) "Images of the neighborhood and city among black-, anglo-, and Mexican-Americans," *Environment and Behavior*, vol. 4, No. 4 (Dec.), pp. 351–388.
Mavros, Anastasia (1971) "Residential quality perceived by Greek migrants in Sydney" in Ross King (ed.) *Perception of Residential Quality: Sydney Case Studies*, Ian Buchan Fell Research Project on Housing, Collected Papers No. 2, University of Sydney (Aug.), pp. 32–40.
McBride, Glen (1964) "A general theory of social organization and behavior," St. Lucia, University of Queensland, Faculty of Veterinary Science Paper, vol. 1, No. 2.
________ (1970) "Social adaptation to crowding in animals and man" in S. V. Boyden (ed.) *The Impact of Civilization on the Biology of Man*, Canberra, ANU, pp. 142–166.
McCully, R. S. (1971) *Rorschach Theory and Symbolism*, Baltimore, Williams and Wilkins.
McKechnie, G. E. (1970) "Measuring environmental dispositions with the environmental response directory" in J. Archea and C. Eastman (ed.) *EDRA 2*, pp. 320–326.
McKenzie, R. D. (1921–1922) "The neighborhood: a study of local life in Columbus, Ohio," *Am. J. of Sociology*, vol. 27.
Meenegan, Thomas M. (1972) "Community delineation: alternative methods and problems," *Sociology and Social Research*, vol. 56, No. 3 (April), pp. 345–355.
Meggitt, M. J. (1965) *Desert People* (A study of the Walbiri Aborigines of Central Australia), Chicago, University of Chicago Press.
Mehrabian, Albert (1972) *Nonverbal Communication*, Chicago, Aldine.
Mehrabian, Albert and James A. Russell (1973) "A measure of arousal seeking tendency," *Environment and Behavior*, vol. 5, No. 3 (Sept.), pp. 315–333.
________ (1974) *An Approach to Environmental Psychology*, Cambridge, Mass., MIT Press.
Meier, Richard (1962) *A Communications Theory of Urban Growth*, Cambridge, MIT Press.
________ (1966) *Studies on the Future of Cities in Asia*, Center for Planning and Ev Research, University of California, Berkeley (July).
Meillassoux, Claude (1968) *Urbanization of an African Community* (Voluntary associations in Bamako), Seattle, University of Washington Press.
Meining, Donald (1965) "The Mormon culture region: strategies and patterns in the American West 1847–1964," *Annals. Ass'n. Am. Geog.* vol. 55, No. 2 (June), pp. 191–220.
Melser, Peter J. (1969) "A study of medium density housing," Housing Division Ministry of Works, Wellington, NZ (Nov.) (mimeo).
Mercer, David (1971(a)) "The role of perception in the recreation experience: a review and discussion," *J. of Leisure Research*, vol. 3, No. 4 (Fall), pp. 261–276.
________ (1971(b)) "Discretionary travel behaviour and the urban mental map," *Aust. Geog. Studies*, vol. 9, pp. 133–143.
________ (1972) "Beach usage in the Melbourne region," *The Australian Geographer*, vol. 12, No. 2, pp. 123–137.
Metton, Alain (1969) "Le Quartier: étude géographique et psycho-sociologique," *Canadian Geographer*, vol. 13, No. 4 (Winter), pp. 299–315.
Meyerson, Martin (1963) "National character and urban development," *Public Policy* (Harvard), vol. XII, pp. 78–96.
Michel, Jacques (1965) "Second renaissance à Chicago," *Le Monde* (Sept. 1).
Michelson, William (1966) "An empirical analysis of urban space preferences," *AIP Journal*, vol. 32, No. 6 (Nov.), pp. 355–360.
________ (1968) "Most people do not want what architects want," *Transaction* (July/Aug.).
________ (1969 "Analytic sampling for design information: a survey of housing experiences" in H. Sanoff and S. Cohn (ed.) *EDRA 1*, pp. 183–197.
________ (1970(a)) *Man and His Urban Environment*, Reading, Mass., Addison-Wesley.
________ (1970(b)) "Selected aspects of environmental research in Scandinavia," *Man–Environment Systems* (July), p. 2 ff.
________ (1971(a)) "Some like it hot: social participation and environmental use as functions of the season," *Am. J. of Sociology*, vol. 76, No. 6 (May), pp. 1072–1083.

——— (1971(b)) "Environment, social adjustment to," *Encyclopedia of Social Work*, vol. 1, pp. 290–304.
Michelson, William and Paul Reed (1970) *The Theoretical Status and Operational Usage of Lifestyle in Environmental Research*, Research Paper No. 36, Center for Urban and Community Studies, University of Toronto (Sept.).
Milgram, Stanley (1970) "The experience of living in cities," *Science*, vol. 167 (March 13), pp. 1461–1468.
——— *et al.* (1972) "A psychological map of New York City," *American Scientist*, vol. 60, No. 2 (March–April), pp. 194–200.
Miller, D. C. (1971) *Sydney Morning Herald* (Dec. 28) (letter).
Miller, G. A. (1956) "The magical number seven plus or minus two: some limits on our capacity for processing information," *Psych. Review*, vol. 63, pp. 81–97.
Miller, G. A., E. Gallanter and K. H. Pribram (1960) *Plans and the Structure of Behaviour*, New York, Holt, Rinehart and Winston.
Millon, René (ed.) (1973) *Urbanization at Teotihuacan, Mexico* (vol. 1, parts 1 & 2), Austin, University of Texas.
Mills, Robert (1972) "Melbourne experts look east for price growth: (business and investment)" *The Australian* (March 27).
Milwaukee Journal (1973) "Home owner wants a different view" (Sept. 26).
Miscler, E. G. and N. A. Scotch (1963) "Socio-cultural factors in schizophrenia: a review," *Psychiatry*, vol. 26.
Mitchell, J. Clyde (1970) "Africans in industrial towns in Northern Rhodesia" in W. Mangin (ed.) *Peasants in Cities*, Boston, Houghton, Mifflin, pp. 160–169.
——— (ed.) (1971) *Social Networks in Urban Situations*, Manchester, University Press.
Mitchell, Robert E. (1971) "Some social implications of high density housing," *Am. Social Review*, vol. 36, No. 1 (Feb.), pp. 18–29.
Mittelstaedt, Robert *et al.* (1974) "Psychophysical and evaluative dimensions of cognized distance in an urban shopping environment" (Paper given at the Fall Conference, Am. Marketing Ass'n., Portland, Oregon) (Aug.) (mimeo).
Moles, Abraham (1966) *Information Theory and Esthetic Perception*, Urbana, University of Illinois Press.
Moore, Eric G. (1972) *Residential Mobility in the City*, Commission on College Geography Resource Paper No. 13, Ass'n. of Am. Geog., Washington, D.C.
Moore, Gary T. (1972) "Elements of a genetic-structural theory of the development of urban cognition," Cognitive Seminar following *EDRA 3* (mimeo).
——— (1973) "Developmental differences in environmental cognition," in W. Preiser (ed.) *EDRA 4*, Stroudsburg, Pa., Dowden, Hutchinson and Ross, vol. 2, pp. 232–239.
Moore, G. T. and R. G. Golledge (ed.) (1976) *Environmental Knowing*, Stroudsburg, Pa., Dowden, Hutchinson and Ross.
Moore, Robin (1966) "An experiment in playground design," MCRP Thesis MIT (Nov.) (unpublished).
Moriarty, Barry W. (1974) "Socio-economic status and residential locational choice," *Environment and Behavior*, vol. 6, No. 4 (Dec.), pp. 448–469.
Morris, Desmond (ed.) (1967) *Primate Ethology*, Chicago, Aldine.
——— (1970) *The Human Zoo*, New York, McGraw-Hill.
Morse, Richard M. (1969) "Recent research on Latin America: a selective survey with commentary" in G. Breese (ed.) *The City in Newly Developing Countries*, Englewood Cliffs, NJ, Prentice-Hall, pp. 474–506.
Moss, Lawrence (1965) "Space and direction in the Chinese garden," *Landscape*, vol. 14, No. 3 (Spring), pp. 29–33.
Mukerjee, R. (1961) "Ways of dwelling in the communities of India" in G. A. Theodorson (ed.) *Studies in Human Ecology*, Evanston, Ill., Row, Peterson, pp. 390–401.
Müller, Werner (1961) *Die Heilige Stadt*, Stuttgart, Kohlhammer Verl.
Murch, Gerald M. (1973) *Visual and Auditory Perception*, Indianapolis, Bobbs Merrill.
Murdie, Robert A. (1965) "Cultural differences in consumer travel," *Economic Geography*, vol. 41.
——— (1971) "The social geography of the city: theoretical and empirical implications" in L. S. Bourne (ed.) *Internal Structure of the City*, New York, Oxford University Press, pp. 279–290.
Murphy, Peter E. (1969) *A Study of the Influence of Attitude as a Behavioral Parameter on the Spatial Choice Patterns of Consumers*, unpublished PhD Dissertation in Geography, Ohio State University.
Murphy, Peter E. and Reginald G. Golledge (n.d.) "Comments on the use of attitude as a variable in urban geography," Columbus, Ohio, Dept. of Geography, Ohio State University (mimeo).
Murphy, Rhoads (1954) "The city as a center of change: Western Europe and China," *Annals. Ass'n. Am. Geog.* vol. 44.

Nagashima, Koichi (1970) "Future urban environment: evolution of social and leisure space with reference to Japan," *Ekistics*, vol. 30, No. 178 (Sept.), pp. 218–222.
Nahemow, Lucille (1971) "Research in a novel environment," *Environment and Behavior*, vol. 3, No. 1, pp. 81 ff.
Nahemow, Lucille and M. Powell Lawton (1973) "Toward an ecological theory of adaptation and aging" in W. Preiser (ed.) *EDRA 4*, Stroudsburg, Pa., Dowden, Hutchinson and Ross, vol. 1, pp. 24–32.
Nairn, Ian (1955) *Outrage*, London, Architectural Press.
——— (1956) *Counterattack*, London, Architectural Press.
——— (1965) *The American Landscape* (a critical view), New York, Random House.
Neisser, Ulric (1967) *Cognitive Psychology*, New York, Appleton-Centure-Crofts.
——— (1968) "Cultural and cognitive discontinuity" in R. A. Manners and D. Kaplan (ed.) *Theory in Anthropology*, Chicago, Aldine, pp. 354–364.
Nelson, Howard J. (1971) "The form and structure of cities: urban growth patterns" in L. S. Bourne (ed.) *Internal Structure of the City*, New York, Oxford University Press, pp. 75–83.
Neumann, E. S. and G. L. Peterson (1970) "Perception and the use of urban beaches" in J. Archea and C. Eastman (ed.) *EDRA 2*, pp. 327–333.
N. J. County and Municipal Government Study Commission (1974) *Housing and Suburbs.*
Newman, Oscar (1971) *Architectural Design for Crime Prevention*, US Dept. of Justice, Law Enforcement Assistance Administration, Washington, D.C.
New York Times (1971) (Jan. 24).
——— (1972) (Jan. 24), p. 1.
——— (1974) "Swiss voters defeat plan to oust half of foreigners" (Oct. 21).
New Yorker (1969 (July 19).
Nicolson, Marjorie Hope (1959) *Mountain Gloom and Mountain Glory*, Ithaca, NY, Cornell University Press.
Nielson, Helen (1971) *Shot on Location*, London, Golancz.
Nilsson, S. A. *et al.* (n.d.) *Tanzania: Zanzibar – Present Conditions and Future Plans*, Lund, Dept. of Architecture, University of Lund.
Nimtz, Maxine (1971) Zanzibar in the 1930's (unpublished paper).
Norberg-Schulz, C. (1971) *Existence, Space and Architecture*, New York, Praeger.
Noton, David and L. Stark (1971) "Eye movements and visual perception," *Scientific American*, vol. 224, No. 6 (June), pp. 34–43.
Ohnuki-Tierney, Emiko (1972) "Spatial concepts of the Ainu of the Northwest coast of Southern Sakhalin," *American Anthropologist*, vol. 74, No. 3 (June), pp. 426–457.
Ojo, G. J. Afolabi (1969) "Development of Yoruba towns in Nigeria," *Ekistics*, vol. 27, No. 161 (April), pp. 243–247.
Olver, R. and J. Hornsby (1972) "On equivalence" in P. Adams (ed.) *Language and Thought*, Harmondsworth, Penguin Books, pp. 306–320.
Ommaney, Francis P. (1955) *Isle of Cloves*, London, Longmans Green.
Onibokun, Gabriel O. (1970) "Socio-cultural constraints on urban renewal policies in emerging nations: the Ibadan case," *Human Organization*, vol. 29, No. 2 (Summer), pp. 133–139.
Oram, Nigel (1966) "Health, housing and urban development," *Architecture in Australia* (Nov.), pp. 98–107.
——— (1970) "The development of Port Moresby – what and who are the problems?" paper given at 42nd ANZAAS Congress, Port Moresby TPNG, published in *Search*, vol. 1, No. 5 (Nov.), pp. 282–288.
Orleans, Peter (1971) "Differential cognition of urban residents: effects of social scale on mapping," School of Architecture and Urban Planning, UCLA (Nov.) (mimeo).
Orleans, Peter and Sophie Schmidt (1972) "Mapping the city: environmental cognition of urban residents" in W. Mitchell (ed.) *EDRA 3*, Los Angeles, University of California, vol. 1, pp. 1-4-1–1-4-9.
Orme, J. E. (1969) *Time, Experience and Behavior*, London, Iliffe.
Ornstein, R. E. (1969) *On the Experience of Time*, Harmondsworth, Penguin.
Ortiz, Alfonso (1972) "Ritual drama and the Pueblo world view" in A. Ortiz (ed.) *New Perspectives on the Pueblos*, Albuquerque, University of New Mexico.
Osgood, Charles E. (1971) "Exploration in semantic space: a personal diary," *J. of Social Issues*, vol. 27, No. 4, pp. 5–64.
Pahl, R. E. (1968) *Spatial Structure and Social Structure*, London Centre for Environmental Studies, Working Paper No. 10 (Aug.).
——— (1971) *Pattern of Urban Life*, London, Longmans.
Pailhous, Jean (1970) *La Représentation de L'Espace Urbain* (L'exemple du chauffeur de taxi), Paris, Presses Universitaires de France.

Pallier, M. (1971) "The perception of a boundary to a residential area" in Ross King (ed.) *Perception of Residential Quality: Sydney Case Studies*, Ian Buchan Fell, Research Project on Housing, Collected Papers No. 2, University of Sydney (Aug.), pp. 87–95.
Paluck, Robert J. and A. H. Esser (1971) "Controlled experimental modification of aggressive behavior in territories of severely retarded boys," *Am. J. of Mental Deficiency*, vol. 76, No. 1, pp. 23–29.
Pande, Shashi K. (1970) "From hurried habitability to heightened habitability," *Ekistics*, vol. 30, No. 178 (Sept.), pp. 213–217.
Panoff, M. (1969) "The notion of time among the Maenge people of New Britain," *Ethnology*, vol. 8, No. 2 (April), pp. 153–166.
Papageorgiou, A. (1971) *Continuity and Change*, London, Pall Mall.
Pappas, P. (1967) "Time allocation in eighteen Athens communities," *Ekistics*, vol. 24, No. 140 (July), pp. 110–127.
Parducci, A. (1968) "The relativism of absolute judgements," *Scientific American*, vol. 219, No. 6 (Dec.), pp. 84–90.
Parkes, Don (1972) "Some elements of time and urban social space," Paper given at ANZAAS Congress, Sydney (Aug.) (mimeo).
________ (1973) "Timing the city: a theme for urban environment planning," *Royal Aust. Planning Inst. J.*, vol. 11, No. 5 (Oct.), pp. 130–135.
Parr, A. E. (1965) "City and Psyche," *The Yale Review*, vol. LV, No. 1 (Autumn), pp. 71–85.
________ (1967) "Urbanity and the urban scene," *Landscape*, vol. 16, No. 3 (Spring), pp. 3–5.
________ (1968) "The five ages of urbanity," *Landscape*, vol. 17, No. 3 (Spring), pp. 7–10.
________ (1969(a)) "Lessons of an urban childhood," *The American Montessori Society Bulletin*, vol. 7, No. 4.
________ (1969(b)) "Problems of reason, feeling and habitat," *AAQ*, vol. 1, No. 3 (July), pp. 5–10.
________ (1969(c)) "Speed and community," *The High Speed Ground Transportation Journal*, vol. 3, No. 1 (Jan.).
Passini, R. (1971) "Response to an urban environment and the formation of mental images: experiments based on the varying of sensory modalities" (in French, English abstract) Montreal, School of Architecture, University of Montreal (mimeo).
Pastalan, L. A. and D. H. Carson (ed.) (1970) *Spatial Behavior of Older People*, Ann Arbor, University of Michigan.
Paulsson, Gregor (1952) *The Study of Cities* (notes about hermeneutics of urban space), Copenhagen, Munksgaard.
Pavlou, Kandia and Christine Kelly (1971) "Movement of Greek migrants within Sydney: the effect of the perceived environment" in Ross King (ed.) *Perception of Environmental Quality: Sydney Case Studies*, Ian Buchan Fell Research Project on Housing, Collected Papers No. 2, University of Sydney (Aug.), pp. 41–45.
Pawley, Martin (1971) *Architecture vs. Housing*, New York, Praeger.
Payne, Geoffrey K. (1971) "A squatter colony," *Architectural Review*, vol. CL, No. 898 (Dec.), pp. 370–371.
________ (1973) "Functions of informality: a case study of squatter settlements in India," *Architectural Design*, vol. 43, No. 8, pp. 494–503.
Peattie, Lisa R. (1969) "Social issues in housing" in B. J. Frieden and W. W. Nash (ed.) *Shaping an Urban Future*, Cambridge, Mass., MIT Press, pp. 15–34.
________ (1972) *The View from the Barrio*, Ann Arbor, University of Michigan Press.
Perin, Constance (1970) *With Man in Mind*, Cambridge, MIT Press.
Perinbanayagam, R. S. (1974) "The definition of the situation: an analysis of the ethnomethodological and dramaturgical view," *Sociological Quarterly*, vol. 15, No. 4 (Autumn), pp. 521–541.
Peters, Roger (1973) "Cognitive maps in wolves and men" in W. Preiser (ed.) *EDRA 4*, Stroudsburg, Pa., Dowden, Hutchinson and Ross, vol. 2, pp. 247–253.
Peterson, George L. (1967(a)) "A model of preference: quantitative analysis of the perception of the visual appearance of residential neighborhoods," *J. of Regional Science*, vol. 7, No. 1, pp. 19–31.
________ (1967(b)) "Measuring visual preferences of residential neighborhoods," *Ekistics*, vol. 25, No. 136 (March), pp. 169–173.
________ (1969) "Toward a metric for evaluating the impact of urban highway construction on neighborhood structure," paper at Joint Meeting Am. Astronautical Society/Operations Research Society (June) (mimeo).
Peterson, G. L. and R. D. Worrall (1969) "On a theory of accessibility preference for selected neighborhood services," Joint National Meeting Operations Research Society (35th Annual Meeting) Am. Astronautical Society (15th Nat. Meeting) (June).

Peterson, George L., R. L. Bishop and E. S. Neumann, "The quality of visual residential environments" in H. Sanoff and S. Cohn (ed.), *EDRA 1*, pp. 101–114.
Petonnet, Collette (1972(a)) "Reflexions au sujet de la ville vue par en dessous," *L'Année Sociologique*, vol. 21, pp. 151–185.
———— (1972(b)) "Espace, distance et dimension dans une société musulmane" (A propos du bidonville Marocain de Douar Doum à Rabat) *L'Homme*, vol. 12, No. 2 (April/June), pp. 47–84.
Phelan, Joseph G. (1970) "Relationship of judged complexity to changes in mode of presentation of object shapes," *J. of Psych.* vol. 74 (1st half) (Jan.), pp. 21–27.
Piaget, Jean (1954) *The Child's Construction of Reality*, New York, Basic Books.
———— (1963(a)) *The Origins of Intelligence in Children*, New York, Norton.
———— (1963(b)) *The Psychology of Intelligence*, Totoya, NJ, Littlefield Adams.
Piaget, Jean and B. Inhelder (1962) *The Child's Conception of Space*, New York, Norton.
Pick, Herbert L. Jr. *et al.* (1967) "Perceptual integration in children" in Lewis P. Lipsitt and Charles C. Spiker (ed.), *Advances in Child Development and Behavior*, vol. 3, New York, Academic Press, pp. 192–223.
Pillsbury, Richard (1967) "The market or public square in Pennsylvania 1682–1820," *Proceedings. Pa. Academy of Science*, vol. 41.
———— (1970) "The urban street pattern as culture indicator: Pennsylvania 1682–1815," *Annals. Ass'n. Am. Geog.* vol. 60, No. 3 (Sept.), pp. 428–446.
Plant, J. (1930) "Some psychiatric aspects of crowded living conditions," *Am. J. of Psychiatry*, vol. 9, No. 5, pp. 849–860.
Plotnicov, Leonard (1972) "Who owns Jos? Ethnic ideology in Nigerian urban politics," *Urban Anthropology*, vol. 1, No. 1 (Spring), pp. 1–13.
Pollock, Leslie S. "Relating urban design to the motorist: an empirical viewpoint" in W. Mitchell (ed.) *EDRA 3*, Los Angeles, University of California, vol. 1, pp. 11-1-1–11-1-10.
Pontius, A. A. (1967) "Neuro-psychiatric hypotheses about territorial behavior," *Perceptual and Motor Skills*, vol. 24 (June), pp. 1232–1234.
Poole, M. E. *et al.* (1972) "A rationale for teaching communication skills to the culturally deprived," *Aust. J. of Soc. Issues*, vol. 7, No. 1 (Feb.).
Porteous, J. Douglas (1970) "The nature of the company town," *Transactions Inst. British Geog.* vol. 51, pp. 127–142.
———— (1971) "Design with people (the quality of the urban environment," *Environment and Behavior*, vol. 3, No. 2 (June), pp. 155–178.
Porter, Tyrus (1964) "A study of pathtaking behavior," unpublished B. Arch. thesis, Department of Architecture, University of California, Berkeley.
Prakash, Aditya (1972) "Rehri: the mobile shop of India," *Ekistics*, vol. 34, No. 204 (Nov.), pp. 328–333.
Pred, Allan (1964) "The esthetic slum," *Landscape*, vol. 14, No. 1 (Autumn), pp. 16–18.
Price-Williams, D. R. (ed.) (1969) *Cross-Cultural Studies*, Harmondsworth, Penguin.
Prince, Hugh C. (1971) "Real, imagined and abstract worlds of the past" in C. Board *et al.* (ed.) *Progress in Geography* (International reviews of current research), vol. 3, London Edward Arnold, pp. 4–86.
Prokop, Dieter (1967) "Image and functions of the city" in *Urban Core and Inner City*, Leiden, Brill, pp. 22–34.
Proshansky, Harold M. *et al.* (1970(a)) "Freedom of choice and behavior in a physical setting" in H. M. Proshansky *et al.* (ed.) *Environmental Psychology*, New York, Holt, Rinehart and Winston, pp. 173–183.
———— *et al.* (ed.) (1970(b)) *Environmental Psychology*, New York, Holt, Rinehart and Winston.
Pryor, E. G. (1971) "The delineation of blighted areas in urban Hong Kong" in D. J. Dwyer (ed.) *Asian urbanization* (a Hong Kong casebook), Hong Kong, University Press, pp. 70–88.
Pryor, R. J. (1971) "Defining the rural-urban fringe" in L. S. Bourne (ed.) *Internal Structure of the City*, New York, Oxford University Press, pp. 59–68.
Pyron, Bernard (1971) "Form and space diversity in human habitats" (perceptual responses) *Environment and Behavior*, vol. 3, No. 2 (Dec.), pp. 382–411.
———— (1972) "Form and diversity in human habitats (judgemental and attitude responses)" *Environment and Behavior*, vol. 4, No. 1 (March), pp. 87–120.
Quick, Stephen L. (1966) "The influence of the peer group on city planning," unpublished paper done for course (Rapoport, Arch 249A, Social and Cultural Factors in Design) Berkeley, California, Dept. of Architecture (Fall).
Rainwater, Lee (1966) "Fear and house-as-haven in the lower class," *AIP Journal*, vol. 32, No. 1 (Jan.), pp. 23–31.
Raison, Timothy (1968) "Touching, smelling, feeling, looking – the desire for increased sensuality," *Evening Standard* (London) (Nov. 26).

Rand, G. (1972) "Children's images of houses: a prolegomena to the study of why people still want pitched roofs" in W. Mitchell (ed.) *EDRA 3*, Los Angeles, University of California, vol. 1, pp. 6-9-1–6-9-10.

Rapoport, Amos (1957) "An approach to urban design," M. Arch. Thesis, Rice University (May) (unpublished).

_______ (1964–65) "The architecture of Isphahan," *Landscape*, vol. 14, No. 2 (Winter), pp. 4–11.

_______ (1965) "A note on shopping lanes," *Landscape*, vol. 14, No. 3 (Spring), p. 28.

_______ (1966) "Some aspects of urban renewal in France," *Town Planning Review*, vol. 37 (Oct.), pp. 217–227.

_______ (1967(a)) "Whose meaning in architecture," *Interbuild/Arena* (Oct.), pp. 44–46.

_______ (1967(b)) "Yagua or the Amazon dwelling," *Landscape*, vol. 16, No. 3 (Spring), pp. 27–30.

_______ (1968) "The personal element in housing: an approach to open-ended design," *RIBA Journal* (July), pp. 300–307.

_______ (1968–69) "The design professions and the behavioural sciences," *AA Quarterly*, vol. 1, No. 1 (Winter), pp. 20–24.

_______ (1969(a)) *House Form and Culture*, Englewood Cliffs, NJ, Prentice-Hall.

_______ (1969(b)) "Housing and housing densities in France," *Town Planning Review*, vol. 39, No. 4 (Jan.), pp. 341–354.

_______ (1969(c)) "Facts and models" in G. Broadbent and A. Ward, *Design Methods in Architecture*, London, Lund Humphries, pp. 136–146.

_______ (1969(d)) "The Pueblo and the Hogan: a cross-cultural study of two responses to an environment" in P. Oliver (ed.) *Shelter and Society*, London, Barrie and Rockliffe, pp. 66–79.

_______ (1969(e)) "The notion of urban relationships," *Area* (J. of Inst. of British Geog.), vol. 1, No. 3, pp. 17–26.

_______ (1969(f)) "Some aspects of the organization of urban space" in Gary J. Coates and Kenneth M. Moffett (ed.) *Response to Environment*, student publication, School of Design, NC State University No. 18, Raleigh, NC, pp. 121–140.

_______ (1969(g)) "An approach to the study of environmental quality" in H. Sanoff and S. Cohn (ed.) *EDRA 1*, pp. 1–13.

_______ (1970(a)) "Observations regarding man–environment studies," *Man–Environment Systems* (Jan.) reprinted in *Arch. Research and Teaching*, vol. 2, No. 1 (Nov. 1971).

_______ (1970(b)) "The study of spatial quality," *J. of Aesthetic Education*, vol. 4, No. 4 (Oct.), pp. 81–96.

_______ (1970(c)) "Symbolism and environmental design," *Int. J. of Symbology*, vol. 1, No. 3 (April), pp. 1–10.

_______ (1971(a)) "Designing for complexity," *AA Quarterly*, vol. 3, No. 1 (Winter), pp. 29–33.

_______ (1971(b)) "Environmental quality: guidelines for decisionmakers" in G. J. R. Linge and P. J. Rimmer (ed.) *Government Influence and the Location of Economic Activity*, Research School of Pacific Studies, Dept. of Human Geography, Publication HG/5, Canberra, Australian National University.

_______ (1971(c)) "Observations regarding man–environment studies," *Man–Environment Systems* (Jan. 1971); *Arch. Research and Teaching*, vol. 2, No. 1 (Nov. 1971).

_______ (1971(d)) "Programming the housing environment," *Tomorrow's Housing*, Dept. of Adult Education, University of Adelaide, Publication No. 22.

_______ (1971(e)) "Human and psychological reactions" in *Australian Report on Environmental Aspects of the Design of Tall Buildings*, ASCE–IABSE Committee; also in *Architectural Science Review*, vol. 14, No. 4 (Dec.), pp. 95–97.

_______ (1972(a)) "Environmental quality in the design of a new town" in D. Whitelock and D. Corbett (ed.) *City of the Future* (The Murray New Town Proposal) Publication No. 33, Dept. of Adult Education, University of Adelaide, reprinted (with some material left out) in *Royal Australian Planning Journal*, vol. 10, No. 4 (October).

_______ (1972(b)) "Some perspectives on the human use and organization of space," paper given at Symposium of Space and Territory, Australasian Ass'n. of Soc. Anthrop., Melbourne (May), published in *AA Quarterly*, vol. 5, No. 3 (Autumn 1973) (References in *AA Quarterly*, vol. 6, No. 2, 1974).

_______ (1972(c)) "Environment and people" in Amos Rapoport (ed.) *Australia as Human Setting*, Sydney, Angus and Robertson.

_______ (1972(d)) "Cultural variables in housing design," *Architecture in Australia*, vol. 61, No. 3 (June), reprinted as "The ecology of housing" in *The Ecologist* (London), vol. 3, No. 1 (January (1973) abstracted in *Ekistics*, vol. 36, No. 213 (Aug. 1973).

_______ (1972(e)) "Australian Aborigines and the definition of place" in William J. Mitchell (ed.) *EDRA 3*, Los Angeles, University of California, vol. 1, pp. 3-3-1–3-3-14.

——— (1973(a)) "Images, symbols and popular design," *Int. J. of Symbology*, vol. 4, No. 3 (Nov.), pp. 1–12.
——— (1973(b)) "Some thought on the methodology of man–environment studies," *Inter. J. of Env. Studies*, vol. 4, pp. 135–140.
——— (1973(c)) "The problems of today, the city of tomorrow, and the lessons of the past," paper given at the Symposium on Urbanization AAAS Meetings, Mexico City (July) and published in *DMG/DRS Journal*, vol. 7, No. 3 (July/Sept.).
——— (1973(d)) "Urban design for the elderly: some preliminary considerations," paper given at a conference on *Environmental Research and Aging*, St. Louis (May 13–15), published in Thomas O. Byerts (ed.) *Environmental Research and Aging*, Washington, D.C., Gerontological Society, 1974.
——— (1973(e)) "An approach to the construction of man–environment theory" in W. Preiser (ed.) *EDRA 4*, Stroudsburg, Pa., Dowden, Hutchinson and Ross, vol. 2, pp. 124–135.
——— (1974) "Nomadism as a man–environment system," paper given at conference on Psychosocial Consequences of Sedentarization, UCLA (Dec.) (mimeo).
——— (1975(a)) "An 'anthropological' approach to environmental design research" in Basil Honikman (ed.) *Responding to Social Change*, Stroudsburg, Pa., Dowden, Hutchinson and Ross, pp. 145–151.
——— (1975(b)) "Towards a redefinition of density," *Environment and Behavior*, vol. 7, No. 2 (June), pp. 133–158.
——— (1976) "Environmental cognition in cross-cultural perspective" in G. T. Moore and R. G. Golledge (ed.) *Environmental Knowing*, Stroudsburg, Pa., Dowden, Hutchinson and Ross.
——— (in press(a)) "Socio-cultural aspects of man–environment studies" in Amos Rapoport (ed.) *The Mutual Interaction of People and the Built Environment: a Cross-Cultural Perspective*, The Hague, Mouton.
——— (in press(c)) "Culture and the subjective perception of stress."
Rapoport, Amos and Robert E. Kantor (1967) "Complexity and ambiguity in environmental design," *AIP Journal*, vol. 33, No. 4 (July), pp.210–221.
Rapoport, Amos and Ron Hawkes (1970) "The perception of urban complexity," *AIP Journal*, vol. 6, No. 2 (March), pp. 106–111.
Rapoport, Amos and Newton Watson (1972) "Cultural variability in physical standards" in R. Gutman (ed.) *People and Buildings*, New York, Basic Books, pp. 33–53 (originally in *Transactions of the Bartlett Society*, vol. 6, 1967–68).
Rapoport, Anatol and H. Horowitz (1960) "The Sapir–Whorf–Korzybski hypothesis – a report and a reply," *ETC: Journal of General Semantics*, vol. 17.
Ravetz, Alison (1971) "The use of surveys in the assessment of residential design," *Arch. Research and Teaching*, vol. 1, No. 3 (April), pp. 23–31.
Ray, Talton F. (1969) *The Politics of the Barrios of Venezuela*, Berkeley and Los Angeles, University of California Press.
Raymond, H. *et al.* (1966) *L'Habitat Pavillonnaire*, Paris, Centre de Recherche d'Urbanisme.
Redfield, Robert (1950) *The Village that Chose Progress* (Chan Kom revisited) Chicago, University of Chicago Press.
Reed, Roy (1973) "A different kind of inner-city community," *NY Times* (Aug. 3).
Regional Plan Association (1969) *Urban Design Manhattan*, London, Studio Vista.
Reid, John (1973) "Community conflict in N Ireland: analysis of a new town plan," *Ekistics*, vol. 36, No. 213 (Aug.), pp. 115–119.
Rent, George S. (1968) "Changing homogeneity of occupational prestige in urban residential areas," unpublished PhD Dissertation, Florida State University.
Reynolds, Ingrid *et al.* (1974) "The quality of local authority housing schemes," *Architects Journal* (Feb. 27), pp. 1–10.
Rhodes, A. Lewis (1969) "Residential stratification and occupational stratification in Paris and Chicago," *The Sociol. Quarterly* (Winter), pp. 106–112.
Riley, P. J. (1971) "The image of the city in aboriginal primary school children living in inner Sydney," 1st year essay in my MES course, Sydney University.
Ritter, Paul (1964) *Planning for Man and Motor*, New York, Macmillan.
Rivizzigno, V. and R. G. Golledge (1974) "A method for recoverying cognitive information about a city" in B. Honikman (ed.) *EDRA 5*, vol. 11, pp. 9–18.
Robinson, G. W. S. (1973) "The recreation geography of South Asia," *Ekistics*, vol. 35, No. 208 (March), pp. 139–144.
Robinson, John P. and Robert Hefner (1968) "Perceptual maps of the world," *Public Opinion Quarterly*, vol. 32, No. 2 (Summer), pp. 273–280.
Rock, I. and C. S. Harris (1967) "Vision and touch," *Scientific American* (May), pp. 96–104.

Rogers, David S. (1970) *The Role of Search and Learning in Consumer Space Behavior: the Case of Urban In-Migrants* MSc Thesis in Geography, University of Wisconsin (unpublished).
Roggemans, M. L. (1971) *La Ville Est Un Système Social*, Institut de Sociologie, Université Libre de Bruxelles.
Rokeach, Milton and Seymour Parker (1970) "Values as social indicators of poverty and race relations in America," *Annals. Am. Ass'n. of Political and Social Science*, vol. 388 (March), pp. 97–111.
Romanos, Aristides, G. (1969) "Illegal settlements in Athens" in P. Oliver (ed.), *Shelter and Society*, London, Barrie and Rockliff, pp. 137–155.
________ (1970) "Squatter housing," *AA Quarterly*, vol. 2, No. 2, pp. 14–26.
Roos, Philip D. (1968) "Jurisdiction: an ecological concept," *Human Relations*, vol. 21, No. 1, pp. 75–84.
Rose, A. James (1968) "Some boundaries and building materials in Southeastern Australia" in *Land and Livelihood* (Geographical Essays in honor of George Jobberns), pp. 255–276.
Rose, Daniel M. (1968) "Culture and cognition: some problems and a suggestion," *Anthrop. Quarterly*, vol. 41, No. 1 (Jan.), pp. 9–28.
Rose, Harold M. (1969) *Social Processes in the City: Race and Urban Residential Choice*, Commission on College Geography Resource Paper No. 6, Washington, D.C., Ass'n. Am. Geog.
________ (1970) "The development of an urban subsystem: the case of the Negro ghetto," *Annals, Ass'n. Am. Geog.* vol. 60, No. 1 (March), pp. 1–17.
Rosenberg, Gerhard (1968) "High population densities in relation to social behavior," *Ekistics*, vol. 25 (June), pp. 425–427.
Rosenberg, M. J. (1970) "The experimental parable of inauthenticity: consequences of counter-attitudinal performance" in J. S. Antrobus (ed.) *Cognition and Affect*, Boston, Little Brown.
Rosser, C. and C. Harris (1965) *The Family and Social Change: a study of Family and Kinship in a South Wales Town*, London, Routledge and Kegan Paul.
Rossi, Peter H. (1955) *Why Families Move*, Glencoe, The Free Press.
Rothblatt, Donald N. (1971) "Housing and human needs," *Town Planning Review*, vol. 42, No. 2 (April), pp. 130–144.
Royal Commission on Local Government (1969) *Community Attitudes Survey* (Research Study No. 9), London, HMSO.
Royse, Donald C. (1969) *Social Inferences Via Environmental Cues*, Cambridge, Mass., MIT Planning, PhD Dissertation (unpublished).
Rozelle, Richard M. and James C. Baxter (1972) "Meaning and value in conceptualizing the city," *AIP Journal*, vol. 38, No. 2 (March), pp. 116–122.
Rudofsky, Bernard (1969) *Streets for People*, Garden City, NY, Doubleday.
Ruesch, J. and W. Kees (1956) *Non-verbal communication*, Berkeley, University of California Press.
Rushton, Gerald (1969) "Analysis of spatial behavior by revealed space preference," *Annals. Ass'n. of Am. Geog.* vol. 59, No. 2 (June), pp. 391–400.
Ryan, T. A. and M. S. Ryan (1940) "Geographical orientation," *Am. J. of Psych.* vol. 53, No. 2 (April), pp. 204–215.
Rykwert, Joseph (n.d.) *The Idea of a Town*, Hilversum, G. Van Saane.
Saarinen, Thomas F. (1966) *Perception of Drought Hazard in the Great Plains*, Chicago, Dept. of Geography, University of Chicago, Research Paper No. 106.
________ (1969) *Perception of Environment*, Commission on College Geography Resource Paper No. 5, Washington, D.C., Ass'n. of Am. Geog.
Saegert, Susan (1973) "Crowding: cognitive overload and behavioral constraint" in W. Preiser (ed.) *EDRA 4*, Stroudsburg, Pa., Dowden, Hutchinson and Ross, vol. 2, pp. 252–260.
Saile, David G. *et al.* (1972) "Familities in Public housing: a study of three localities in Rockford, Illinois" in W. Mitchell (ed.) *EDRA 3*, Los Angeles, University of California, pp. 13-7-1–13-7-9.
Salapatek, Philip and William Kessen (1968) "Visual scanning of triangles by the human newborn" in Ralph N. Haber (ed.) *Contemporary Theory and Research in Visual Perception*, New York, Holt, Rinehart and Winston.
Sandström, Carl-Ivar (1972) "What do we perceive in perceiving?" *Ekistics*, vol. 34, No. 204 (Nov.), pp. 370–371.
Sanoff, Henry (1969) "Visual attributes of the physical environment" in G. J. Coates and K. M. Moffat (ed.) *Response to Environment*, Student Publication, School of Design No. 18, Raleigh, NC, North Carolina State University, pp. 37–62.
________ (1970) "Social perception of the ecological neighborhood," *Ekistics*, No. 177 (Aug.), pp. 130–132.
________ (1973) "Youth's perception and categorization of residential cues" in W. Preiser (ed.) *EDRA 4*, Stroudsburg, Pa., Dowden, Hutchinson and Ross, vol. 1, pp. 84–97.

Sanoff, Henry and Man Sawhney (1972) "Residential liveability: a study of user attitudes towards their residential environment" in W. Mitchell (ed.) *EDRA 3*, Los Angeles, University of California, vol 1, pp. 13-8-1–13-8-10.
Sapir, E. (1958) "Language and environment" in D. G. Mandelbaum (ed.) *Selected Writings of Edward Sapir in Language, Culture and Personality*, Berkeley, University of California Press.
Sauer, Louis (1972) "The architect and user needs" in William M. Smith (ed.) *Behavior, Design and Policy Aspects of Human Habitats*, Green Bay, University of Wisconsin, pp. 147–170.
Savarton, S. and K. R. George (1971) "A study of historic, economic and socio-cultural factors which influence aboriginal settlements at Wicannia and Weilmeringle NSW," unpublished B. Arch. Thesis, University of Sydney.
Sawicky, David S. (1971) *A Definition of Urban Sub-Areas Using Social Disorganization as a Conceptual Framework*, Cornell Dissertations in Planning, Dept. of City and Regional Planning, Ithaca, NY (Jan.).
Schachtel, Ernest G. (1959) *Metamorphosis* (on the development of affect, perception, attention and memory) New York, Basic Books.
Schak, David C. (1972) "Determinants of children's play patterns in a Chinese city: an interplay of space and values," *Urban Anthropology*, vol. 1, No. 2 (Fall), pp. 195–204.
Schmidt, R. C. (1966) "Density, health and social disorganization," *AIP Journal*, vol. 32 (Jan.), pp. 38–40.
Schnapper, Dominique (1971) *L'Italie Rouge et Noire* (Les modèles culturels de la vie quotidienne à Bologne), Paris, Gallimard.
Schoder, R. V. (1963) "Ancient Cumae," *Scientific American* (Dec.), pp. 109–121.
Schorr, Alvin L. (1966) *Slums and Social Insecurity*, US. Dept. of HEW, Social Security Administration, Division of Research and Statistics, Research Report 1; partly reprinted in H. M. Proshansky *et al.* (ed.) *Environmental Psychology*, New York, Holt, Rinehart and Winston (1970) pp. 319–333.
Schwartz, Barry (1968) "The social psychology of privacy," *Am. J. Sociology*, vol. 73, No. 6 (May), pp. 541–542.
Schweitzer, Eric *et al.* (1973) "A bi-racial comparison of density preferences in housing in two cities" in W. Preiser (ed.) *EDRA 4*, Stroudsburg, Pa., Dowden, Hutchinson and Ross, vol. 1, pp. 312–323.
Scott-Brown, Denise (1965) "The meaningful city," *AIA Journal*, vol. 43, No. 1 (Jan.).
Scully, Vincent (1962) *The Earth, the Temple and the Gods*, New Haven, Yale University Press.
Seagrim, G. N. (1967–68) "Representation and communication," *Transactions of the Bartlett Society*, vol. 6, pp. 9–24.
Seamon, David (1972) "Environmental imagery: an overview and tentative ordering" in W. Mitchell (ed.) *EDRA 3*, Los Angeles, University of California, vol. 1, pp. 7-1-1–7-1-7.
Seddon, George (1970) *Swan River Landscape*, Nedlands, University of Western Australia Press.
Segal, S. J. (ed.) (1971) *Imagery: Current Cognitive Approaches*, New York, Academic Press.
Segal, S. J. and V. Fusella (1971) "Effect of images in six sense modalities on detection of visual signal from noise," *Psychonomic Science*, vol. 24, No. 2 (July), pp. 55–56.
Segall, Marshall H., D. T. Campbell and M. J. Herskovits (1966) *The Influence of Culture on Visual Perception*, Indianapolis, Bobbs Merrill.
Sennett, Richard (1970) *The Uses of Disorder*, New York, Alfred Knopf.
Sewell, W. R. Derrick (1971) "Crisis, conventional wisdom and commitment: a study of perceptions and attitudes of engineers and public health officials," *Environment and Behavior*, vol. 3, No. 1 (March).
Shafer, Elwood, L. Jr. *et al.* (1969(a)) "Natural landscape preferences: a predictive model," *J. of Leisure Research*, vol. 1, No. 1 (Winter), pp. 1–19.
———— (1969(b)) "Perception of natural environments," *Environment and Behavior*, vol. 1, No. 1 (June), pp. 71–82.
Shafer, Elwood L. Jr. and H. D. Burke (1965) "Preferences for outdoor recreation facilities in four state parks," *J. of Forestry* (July).
Shafer, Elwood L. Jr. and James Mietz (1972) "Aesthetic and emotional experiences are high with Northeast wilderness hikers" in Joachim F. Wohlwill and D. H. Carson (ed.) *Environment and the Social Sciences: Perspectives and Applications*, Washington, D.C., Am. Psych. Ass'n, pp. 207–216.
Shankland, Cox and Associates Social Survey (1967) Childwall Valley Estate, Liverpool, London (Aug.) (mimeo).
Sharp, Thomas (1968) *Town and Townscape*, London, John Murray.
Sharply, Anne (1969) "This . . er . . . rush to the . . er . . . Hayward," *Evening Standard* (London) (May 8).
Shepard, Paul (1969) *English Reaction to the New Zealand Landscape before 1850* (Pacific viewpoint Monograph No. 4) Wellington, Victoria, University of Wellington, Dept. of Geography.

Sherif, Muzafer and C. W. Sherif (1963) "Varieties of social stimulus situations" in S. B. Sells (ed.) *Stimulus Determinants of Behavior*, New York, Ronald Press, pp. 82–106.
Siegel, B. J. (1970) "Defensive structuring and environmental stress," *Am. J. of Sociology*, vol. 76, pp. 11–46.
Sieverts, Thomas (1967) "Perceptual images of the city of Berlin" in *Urban Core and Inner City*, Leiden Brill.
________ (1969) "Spontaneous architecture," *AA Quarterly*, vol. 1, No. 3 (July), pp. 36–43.
Simmons, J. W. (1968) "Changing residence in the city: a review of intraurban mobility," *Geog. Review*, vol. 58, No. 4 (Oct.), pp. 622–651.
Sinclair, Robert (n.d.) *Town Spotter*, Take Home Books.
Sitté, Camillo (1965) *City Planning According to Artistic Principles*, New York, Random House.
Skinner, G. William (1972) "Marketing and social structure in rural China" in Paul W. English and Robert C. Mayfield (ed.) *Man, Space, and Environment*, New York, Oxford, pp. 561–600.
Sklare, Marshall (1972) "Jews, ethnics and the American city," *Commentary*, vol. 53, No. 4 (April), pp. 70–77.
Skolimowski, Henry K. (1969) "Human space in the technological age," *AA Quarterly*, vol. 1, No. 3 (July), pp. 80–83.
Smailes, A. E. (1955) "Some reflections on the geographical description and analysis of townscapes," *Trans. Inst. of British Geog.* vol. 21, pp. 99–115.
Smets, G. (1971) "Pleasingness vs. interestingness of visual stimuli with controlled complexity: their relationship to looking time as a function of exposure time," *Perceptual and Motor Skills*, vol. 40, No. 1 (Feb.), pp. 3–10.
Smith, B. J. (1960) *European Vision and the South Pacific 1768–1850*, Oxford, Clarendon Press.
Smith, Peter F. (1972) "The pros and cons of subliminal perception," *Ekistics*, vol. 34, No. 204 (Nov.), pp. 367–369.
________ (1973) "Symbolic meaning in contemporary cities," *RIBA J.* vol. 80, No. 9 (Sept.), pp. 436–441.
Smith, Richard A. (1971) "Crowding in the city: the Japanese solution," *Landscape*, vol. 19, No. 1, pp. 3–10.
Smith, Suzanne *et al.* (1971) "Interaction of sociological and ecological variables affecting women's satisfaction in Brasilia," *Int. J. of Comp. Sociol.* vol. 12, No. 2 (June), pp. 114–127.
Smithson, Alison and Peter (1967) *Urban Structuring*, London, Studio Vista (New York, Reinhold).
Social Council of Metropolitan Toronto (1966) "A preliminary study of the social implications of high density living conditions" (April 4) (mimeo).
Soen, Dan (1970) "Neighborly relations and ethnic problems in Israel," *Ekistics*, vol. 30, No. 177 (Aug.), pp. 133–138.
Soja, Edward W. (1971) *The Political Organization of Space*, Commission on College Geog, Resource Paper No. 8, Washington, D.C. Ass'n. Am. Geog.
Solzhenitsin, Alexander (1969) *Cancer Ward* (part 2), London, The Bodley Head.
Sommer, Robert (1968) "Hawthorn Dogma," *Psych. Bulletin*, vol. 70, No. 6, pp. 592–595.
Sonnenfeld, Joseph (1966) "Variable values in space and landscape: an inquiry into the nature of environmental necessity," *J. of Social Issues*, vol. 22, No. 4 (Oct.), pp. 71–82.
________ (1969) "Equivalence and distortion of the perceptual environment," *Environment and Behavior*, vol. 1, No. 1 (June), pp. 83–99.
________ (1972) "Geography, perception and the behavioral environment" in Paul W. English and Robert C. Mayfield (ed.) *Man, Space, and Environment*, New York, Oxford, pp. 244–250.
Sopher, David (1964) "Landscapes and seasons: man and nature in India," *Landscape*, vol. 13, No. 3 (Spring), pp. 14–19.
________ (1969) "Pilgrim circulation in Gujarat," *Ekistics*, vol. 27, no. 161 (April), pp. 251–260.
Southworth, Michael (1969) "The sonic environment of cities," *Environment and Behavior*, vol. 1, No. 1 (June), pp. 49–70.
Spencer, Paul (1971) "Towards a measure of social investment in communities," *Arch. Research and Teaching*, vol. 1, No. 3 (April), pp. 32–38.
Spoehr, Alexander (1956) "Cultural differences in the interpretation of natural resources" in W. L. Thomas Jr. (ed.) *Man's Role in Changing the Face of the Earth*, Chicago, University of Chicago Press, pp. 93–102.
Spradley, James P. (ed.) (1972) *Culture and Cognition: Rules, Maps and Plans*, San Francisco, Chandler.
Spreiregen, Paul D. (1965) *Urban Design: the Architecture of Towns and Cities*, New York, McGraw-Hill.
Sprott, W. J. H. (1958) *Human Groups*, Harmondsworth, Penguin.
Sprout, Harold and Margaret Sproud (1956) *Man–Milieu Relationship Hypotheses in the Context of International Politics*, Princeton University, Center of International Studies.

Stacey, G. (1969) "Cultural basis of perception," *Science Journal* (Dec.), pp. 48–52.
Stagner, Ross (1970) "Perceptions, aspirations, frustrations and satisfactions: an approach to urban indicators," *Annals, Am. Academy of Political and Social Science*, vol. 388 (March), pp. 59–68.
Stanislawski, Dan (1950) *The Anatomy of Eleven Towns in Michoacan*, Austin, University of Texas, Institute of Latin American Studies, No. X (Austin, Texas).
——— (1961) "The origin and spread of the grid-pattern town," in G. A. Theodorson (ed.), *Studies in Human Ecology*, Evanston, Ill., pp. 294–303.
Stanley, Jane (1972) *Migrant Housing* unpublished MSc (Arch.) Thesis, School of Architecture, University of Sydney.
Starr, Roger (1972) "The lesson of Forest Hills," *Commentary*, vol. 53, No. 6 (June).
Stea, David (1965) "Space, territory and human movement," *Landscape*, vol. 15, No. 1 (Autumn), pp. 13–16.
——— (1967) "The reasons for our moving," *Landscape*, vol. 17, pp. 27–28.
——— (1969(a)) "Environmental perception and cognition: toward a model for 'mental maps'," *Student Publication of the School of Design*, vol. 18, Raleigh, North Carolina State University, pp. 63–76.
——— (1969(b)) "The measurement of mental maps: an experimental model for studying conceptual spaces" in Kevin Cox and Reginald Golledge (ed.) *Behavioral Problems in Geography*, Evanston, Ill., Northwestern University, pp. 228–253.
——— (1969(c)) "On the metrics of conceptual spaces: distance and boundedness in psychological geography," paper presented at Congress of Sociedad Interamericana de Psicologia, Montevideo, Uruguay (April) (mimeo).
——— (1970) "Home range and use of space" in L. A. Pastalan and D. H. Carson (ed.), *Spatial Behavior of Older People*, Ann Arbor, University of Michigan.
Stea, David and J. M. Blaut (1970) "Notes towards a developmental theory of spatial learning" (mimeo).
——— (1971) "Some preliminary observations on spatial learning in Puerto Rican school children" (mimeo).
——— (1972) "Notes toward a developmental theory of spatial learning" in Cognitive Seminar following the *EDRA 3* Conference, UCLA (Jan.) (mimeo).
Stea, David and Daniel H. Carson (n.d.) "Navajo color categories and color discrimination: an experiment in the relation between language and perception" (mimeo).
Stea, David and Roger M. Downs (1970) "From the outside looking in at the inside looking out," *Environment and Behavior*, vol. 2, No. 1 (June), pp. 3–12.
Stea, David and S. Taphanel (n.d.), "Theory and experiment in the relation between environmental modeling ('toy play') and environmental cognition," UCLA, School of Architecture and Urban Planning, Discussion Paper No. 33 (mimeo).
Stea, David and D. Wood (1971) *A Cognitive Atlas: Explorations into the Psychological Geography of Four Mexican Cities*, Chicago, Environment Research Group, Place Perception Research Report No. 10.
Steinberg, S. (1969) Cartoon in the *New Yorker* (April 12), p. 43.
Steinitz, Carl (1968) "Meaning and congruence of urban form and activity," *AIP Journal*, vol. 34, No. 4 (July), pp. 233–248.
Stephens, William N. (1963) *The Family in Cross-Cultural Perspective*, New York, Holt, Rinehart and Winston.
Stewart, Norman R. (1965) "The mark of the pioneer," *Landscape*, vol. 15, No. 1 (Autumn), pp. 26–28.
Stilitz, I. B. (1969) *Behaviour in Circulation Areas*, University College Environmental Research Group, London (June).
Stokols, Daniel (1972) "A social-psychological theory of human crowding phenomena," *AIP Journal*, vol. 38, No. 2 (March), pp. 72–83.
Stone, G. P. (1954) "City shoppers and urban identification: observations on the social psychology of city life," *Am. J. Sociology*, vol. 60.
Strauss, Anselm (1961) *Images of the American City*, New York, Free Press.
Stringer, Peter (1971) "The role of spatial ability in a first year architecture course," *Arch. Research and Teaching*, vol. 2, No. 1 (Nov.).
Strodbeck, Fred L. and L. H. Hook (1961) "The social dimensions of a twelve man jury table," *Sociometry*, vol. 24, pp. 397–415.
Suchman, R. G. (1966) "Cultural differences in children's color and form preferences," *J. Soc. Psych.* vol. 70, pp. 3–10.
Sud, K. N. (1973) "The unwanted tenant," *Sunday World* (India), (Oct. 14).
Sun, The (1971) (Sydney, Australia), "Remember when you were a little boy" (Dec. 29).

Sunday Australian (1972) "Clontarf attracts the individualist to help keep its strictly private peninsular air" (Real Estate Section) (April 16).

Sunday Telegraph (1972(a)) (Sydney, Australia) "Where they hang out the big hang-ups" (Aug. 20).

________ (1972(b)) (Sydney, Australia) "Rare car numbers fetch up to $5000 (Sept. 3).

Sundstrom, Eric and Irwin Altman (1972) *Relationship between Dominance and Territorial Behavior* (field study in a youth rehabilitation setting) US Dept. of Justice, Law Enforcement Assistance Admin, Technical Report.

Sutcliffe, J. P. and B. D. Crabbe (1963) "Incidence and degrees of friendship in urban and rural areas," *J. of Social Forces*, vol. 42, No. 1 (Oct.), pp. 60–67.

Suttles, Gerald D. (1968) *The Social Order of the Slum* (Ethnicity and territory in the inner city), Chicago, University of Chicago Press.

________ (1972) *The Social Construction of Communities*, Chicago, University of Chicago Press.

Swan, James (1970) "Response to air pollution: a study of attitudes and coping strategies of high school students," *Environment and Behavior*, vol. 2, No. 2 (Sept.), pp. 127–152.

Swedner, Harald (1960) *Ecological Differentiation of Habits and Attitudes* (Lund studies in Sociology), Lund, CWK Glerup.

Sydney Morning Herald (1972) Issues of August 29, Oct. 13, Nov. 21.

Szalay, Lorand B. and Jean A. Bryson (1973) "Measurement of psychocultural distance: a comparison of American blacks and whites" in *J. of Personality and Soc. Psych.* vol. 26, No. 2, pp. 166–177.

Szalay, Lorand B. and Bela C. Maday (1973) "Verbal associations in the analysis of subjective culture," *Current Anthropology*, vol. 14, No. 1–2 (Feb.–April), pp. 33–50.

Taeuber, Karl E. (1965) "Residential segregation," *Scientific American*, vol. 213, No. 2 (Aug.).

Tagore, Rabindranath (1928) *City and Village*, Calcutta, Visva-Bharati, Bulletin No. 10 (Dec.).

Taut, Bruno (1958) *Houses and People of Japan*, Tokyo, Sanseido Co.

Taylor, Nicholas (1973) *The Village in the City*, London, John Teple Smith.

Temko, Alan (1966) "Reshaping super-city: the problem of Los Angeles," *Cry California*, vol. 1, No. 2 (Spring), pp. 4–10.

Thakudersai, S. G. (1972) "Sense of place in Greek anonymous architecture," *Ekistics*, vol. 34, No. 204 (Nov.), pp. 334–340.

Theodorson, George A. (ed.) (1961) *Studies in Human Ecology*, Evanston, Ill., Row Peterson.

Thibaut, J. and H. H. Kelley (1959) *The Social Psychology of Groups*, New York, Wiley.

Thiel, Philip (1961) "A sequence: experience notation for architectural and urban spaces," *Town Planning Review*, vol. 32, No. 2 (April), pp. 33–52.

________ (1970) "Notes on the description, scaling, notation and scoring of some perceptual and cognitive attributes of the physical environment" in H. M. Proshansky *et al.* (ed.) *Environmental Psychology*, New York, Holt, Reinehart and Winston, pp. 593–619.

Thomas, W. L. Jr. (ed.) (1956) *Man's Role in Changing the Face of the Earth*, Chicago, University of Chicago.

Thompson, Donald L. (1969) "New concept subjective distance" (Store impressions affect estimates of travel time) in P. J. Ambrose (ed.) *Analytical Human Geography*, London, Longmans, pp. 197–203.

Thompson, Kenneth (1969) "Insalubrious California: perception and reality," *Annals, Ass'n. Am. Geog.* vol. 59, No. 1 (March), pp. 50–64.

Thompson, W. d'Arcy (1942) *On Growth and Form*, Cambridge, University Press.

Thorne, Ross and David Canter (1970) "Attitudes to housing: a cross-cultural comparison," *Arch Research Foundation*, University of Sydney, Research Paper No. 1 (also in *Environment and Behavior*, vol. 4, No. 1 (March 1972) pp. 3–32).

Tibbett, Paul (1971) "A philosopher examines the organism-environment relation in modern ecology and ethology," *Man–Environment Systems* (May).

Tiger, Lionel (1969) *Men in Groups*, New York, Random House.

Tiger, Lionel and Robin Fox (1966) "The zoological perspective in social science," *Man*, vol. 1, No. 1.

________ (1971) *The Imperial Animal*, New York, Delta Books.

Tilly, Charles (1971) "Anthropology on the town" in L. S. Bourne (ed.) *Internal Structure of the City*, New York, Oxford University Press, pp. 40–46.

Time (1972(a)) Reviewing D. and H. Franke, *Safe Places* (March 6).

________ (1972(b)) (June 26).

________ (1972(c)) "La dacha vita" (July 10).

Timms, Duncan (1971) *The Urban Mosaic* (*Towards a Theory of Residential Differentiation*), Cambridge, University Press.

Tolman, Edward C. (1948) "Cognitive maps in rats and men," *Psych. Review*, vol. 55, pp. 189–208.

Toon, John (1966) "Housing densities and standards," *Architectural Science Review*, vol. 9, No. 1 (March), pp. 6–15.

Townsend, Peter (1957) *The Family Life of Old People*, London, Routledge and Kegan Paul.
Treisman, Anne (1966) "Human attention" in B. M. Foss (ed.), *New Horizons in Psychology*, Harmondsworth, Penguin Books.
Trowbridge, C. C. (1913) "On fundamental methods of orientation and mental maps," *Science*, vol. 38, No. 990 (Dec. 19), pp. 888–897.
Troy, P. N. (1970) "The quality of the residential environment," Seminar Paper, Urban Research Unit, Australian National University, Canberra (Oct.) (mimeo).
Tuan, Yi-Fu (1968(a)) "Discrepancies between environmental attitude and behavior: examples from Europe and China," *Canadian Geographer*, vol. 12.
———— (1968(b)) "A preface to Chinese cities" in R. P. Beckinsale and I. M. Houston (ed.) *Urbanization and its Problems*, Oxford, Blackwell, pp. 218–253.
———— (1969) *China*, Chicago, Aldine.
———— (1971) *Man and Nature* Commission on College Geography, Resource Paper No. 10, Washington, D.C., Ass'n. of Am. Geog.
———— (1974) *Topophilia* (The study of environmental perception, attitudes and values), Englewood Cliffs, NJ, Prentice-Hall.
Tunnard, Christopher and Boris Pushkarev (1963) *Manmade America: Chaos or Control*, New Haven, Yale University Press.
Turner, John F. C. (1967) "Barriers and channels for housing development in modernizing countries," *AIP Journal*, vol. 33, No. 3 (May).
Turner, John F. C. and R. Fichter (ed.) (1972) *Freedom to Build* (Dweller control of the housing process), New York, Macmillan.
Tyler, Stephen A. (ed.) (1969) *Cognitive Anthropology*, New York, Holt, Rinehart, and Winston.
Ucko, Peter *et al.* (ed.) (1972) *Man, Settlement and Urbanism*, London, Duckworth.
UCLA, School of Architecture and Planning (1972) *Facing the Future* (Five alternatives for Mammoth Lake, Calif.) (Los Angeles).
Urban Core and Inner City (1967) Leiden, Brill.
Valentine, C. W. (1962) *The Experimental Psychology of Beauty*, London, Methuen.
Vance, J. E. Jr. (1971) "Focus on downtown" in L. S. Bourne (ed.), *Inner Structure of the City*, New York, Oxford University Press, pp. 112–120.
Van der Ryn, Sim and C. Alexander (1964) "Special study of urban amenities" (Progress report to Arthur D. Little) (Jan.) (mimeo).
Van der Ryn, Sim and W. R. Boie (1963) "Measurement and visual factors in the urban environment," Berkeley, College of Environmental Design, Design Research Laboratory (Jan.) (mimeo).
Van der Ryn, Sim and M. Silverstein (1967) *Dorms at Berkeley*, Berkeley, University of California, Center for Planning and Development Research.
Van Lawyck-Goodall, Jane and H. Van Lawyck-Goodall (1971) *Innocent Killers*, Boston, Houghton Mifflin.
Vatuk, Sylvia (1971) "Trends in North Indian urban kinship: the matrilateral asymmetry hypothesis," *SW. J. of Anthropology*, vol. 27, No. 3 (Autumn), pp. 287–307.
———— (1972) *Kinship and Urbanization* (White collar migrants in North India), Berkeley, University of California Press.
Venturi, R. (1966) *Complexity and Contradiction in Architecture*, New York, Museum of Modern Art.
———— *et al.* (1969) "Mass communication on the people freeway," *Perspecta, 12* (Yale Arch Journal), pp. 49–56.
———— *et al.* (1972) *Learning from Las Vegas*, Cambridge, MIT Press.
Vernon, M. D. (1955) "The functions of schemata in perceiving," *Psych. Review*, vol. 62, pp. 180–192.
Vernon, Raymond (1962) *The Myth and Realities of our Urban Problems*, Cambridge, MIT-Harvard Joint Center.
Vickery, R. L. Jr. (1972) *Anthropophysical Form*, Charlottesville, University of Virginia.
Vielle, A. (1970) "Relations with neighbours and relations in working class families in the Department de la Seine," in C. C. Harris (ed.) *Readings in Kinship in Urban Society*, Oxford, Pergamon Press, pp. 99–117.
Vigier, François (1965) "An experimental approach to urban design," *AIP Journal*, vol. 31, No. 1 (Feb.), pp. 21–31.
Vinson, A. and A. Robinson (1970) "Metropolitan clubs: spatial and social factors," *RAIA News* (June), pp. 63–66.
Violich, Francis (1962) "Evolution of the Spanish city," *AIP Journal*, vol. 28, No. 3 (Aug.), pp. 170–179.
Vogt, Evon Z. (1968) "Some aspects of Zanacantan settlement patterns and ceremonial organization" in K. C. Chang (ed.) *Settlement Archaeology*, Palo Alto, California National Press, pp. 154–173.

________ (1970) "Lévi-Strauss among the Maya," *Man*, vol. 5, No. 3 (Sept.), pp. 379–392.
Vogt, Evon Z. and E. M. Albert (ed.) (1966) *People of Rimrock: a Study of Value in Five Cultures*, Cambridge, Mass., Harvard University.
von Gruenebaum, G. E. (1958) "The Moslem town," *Landscape*, vol. 1, No. 3 (Spring).
Von Hoffman, N. (1965) "L. A. man: noble savage in a plastic jungle," *S. F. Sunday Examiner and Chronicle* ("World," pp. 16–20), (Oct. 3).
von Uexküll, J. J. (1957) *Umwelt und Innerwelt der Tiere,* Berlin 1909 translated as "A stroll through the world of animals and men" in Claire H. Scholler (ed.) *Instinctive Behavior*, New York, International Universities Press.
Voorhees, Alan M. (1968) "Land use/transportation studies," *J. of the TPI*, vol. 54, No. 7 (July/August), pp. 331–337.
Wagner, Philip L. (1972(a)) "Cultural landscapes and regions: aspects of communication" in Paul W. English and Robert C. Mayfield (ed.) *Man, Space and Environment*, New York, Oxford, pp. 55–68.
________ (1972(b)) *Environments and Peoples*, Englewood Cliffs, Prentice-Hall.
Walker, Edward L. (1970) "Complexity and preference in animals and men," *Annals of the NY Academy of Sciences*, vol. 169, Article 3 (June 23), pp. 619–653.
________ (1972) "Psychological complexity and preference: a hedgehog theory of behavior," Paper given at NATO Symposium, Kersor, Denmark (June).
Wall Street Journal (1973) "A sense of identity – small ethnic groups enjoy revived interest in cultural heritages" (July 11).
Wallace, Anthony F. C. (1965) "Driving to work" in M. E. Spiro (ed.) *Context and Meaning in Cultural Anthropology*, New York, Free Press, pp. 277–292.
Ward, David (1971) "The emergence of central immigrant ghettoes in American cities" in L. S. Bourne (ed.) *Internal Structure of the City*, New York, Oxford, pp. 291–299.
Warr, Peter B. and C. Knapper (1968) *The Perception of People and Events*, London, Wiley.
Warrall, R. D. *et al.* (1969) "Toward a metric for evaluating urban highway construction on neighborhood structure," Am. Astronautical Society (15th annual)/Operations Research Society (35th national) Joint Meeting (June), (mimeo).
Waterman, T. T. (1920) *Yurok Geography*, Berkeley, University of California Press.
Watson, J. Wreford (1969) "The role of illusion in North American geography: a note on the geography of North American settlement," *Canadian Geographer*, vol. 13, No. 1, pp. 10–27.
Webber, Melvin M. "Culture, territoriality and the elastic mile" in H. Wentworth Eldredge (ed.) *Taming Megalopolis*, Garden City, NY, Anchor Books, vol. 1.
________ (1963) "The urban place and the non-place urban realm" in M. M. Webber (ed.) *Explorations into Urban Structure*, Philadelphia, University of Pennsylvania Press.
Wecker, Stanley C. (1964) "Habitat selection," *Scientific American*, vol. 32, No. 211 (Oct.), pp. 109–116.
Weiss, Robert S. and Serge Boutourline (1962) *Fairs, Exhibits, Pavilions and their Audiences* (mimeo report).
Weiss, S. F., K. B. Kenney and P. C. Steffens (1966) "Consumer preferences in residential location: a preliminary investigation of the home purchase decision," Research Previews (University of North Carolina) (mimeo).
Werner, Heinz and Seymour Wapner (1952) "Toward a general theory of perception," *Psych. Review*, vol. 59, No. 4 (July), pp. 324–338.
Werthman, Carl (1968) *The Social Meaning of the Physical Environment*, Berkeley, University of California, Dept. of Sociology, PhD Dissertation (unpublished).
Weulersse, J. (1934) "Antioche-essai de géographie urbaine" *Bulletin d'Etudes Orientales* (Institut Français de Damas), vol. IV, pp. 27–79.
Wheatley, Paul (1963) "What the greatness of a city is said to be," *Pacific Viewpoint*, vol. 4, No. 2 (Sept.), pp. 163–188.
________ (1969) *City as Symbol*, London, Lewis.
________ (1971) *The Pivot of the Four Quarters*, Chicago, Aldine.
Wheeler, J. O. (1971) "Residential location by occupational status" in L. S. Bourne (ed.) *Internal Structure of the City*, New York, Oxford University Press, pp. 309–315.
Wheeler, Lawrence (1972) "Student reactions to campus planning: a regional comparison" in W. Mitchell (ed.) *EDRA 3*, Los Angeles, University of California Press, vol. 1, pp. 12-8-1–12-8-9.
White, L. E. (1970) "The outdoor play of children living in flats: an inquiry into the use of courtyards as playgrounds" in H. M. Proshansky *et al.* (ed.) *Environmental Psychology*, New York, Holt, Rinehart and Winston, pp. 370–382.
White, Morton and Lucia White (1962) *The Intellectual vs. the City*, Cambridge, Mass., Harvard University Press.

White, R. W. (1959) "Motivation reconsidered: the concept of competence," *Psych. Review*, vol. 66, pp. 313–324.
White, W. P. D. (1967) "Meaning of character in architectural space" (unpublished B. Arch Thesis) Raleigh, N. C., School of Design, N. C. State University (May).
Whorf, Benjamin Lee (1956) *Language, Thought and Reality* (Selected writings of Benjamin Lee Whorf, Edited by John B. Carrol), Cambridge, MIT Press.
———— (1972) "The relation of habitual thought and behavior to language" in P. Adams (ed.) *Language in Thinking*, Harmondsworth, Penguin, pp. 123–149.
Whyte, William H. Jr. (1956) *The Organization Man*, New York, Simon and Schuster.
———— (1968) *The Last Landscape*, Garden City, NY, Doubleday.
Wicker, Allan W. (1973) "Undermanning theory and research: implications for the study of psychological and behavioral effects of excess populations," *Repr Research in Social Psych.* vol. 4, No. 1 (Jan.), pp. 185–206.
Wiebenson, John (1969) "Planning and using resurrection city," *AIP Journal*, vol. 35, No. 6 (Nov.).
Wiggins, L. L. (1973) "Use of statistical methods to measure people's subjective responses to urban spaces," *DMG-DRS Journal*, vol. 7, No. 1 (Jan.–March), pp. 1–10.
Wilkinson, Robert (1969) "Some factors influencing the effect of environmental stressors upon performance," *Psych. Bulletin*, vol. 72, No. 4.
Willems, Edwin P. (1972) "Place and motivation: independence and complexity in patient behavior" in W. Mitchell (ed.) *EDRA 3*, Los Angeles, University of California, vol. 1, pp. 4-3-1–4-3-8.
Willems, Edwin P. and Harold L. Raush (ed.) (1969) *Naturalistic Viewpoints in Psychological Research*, New York, Holt, Rinehart and Winston.
Williams, Anthony V. and Wilbur Zelinski (1971) "On some patterns in international tourist flows," *Ekistics*, vol. 31, No. 184 (March), pp. 205–212.
Willis, Margaret (1969) "Sociological aspects of urban structure," *Ekistics*, vol. 28, No. 166 (Sept.), pp. 185–190.
Willis, Richard H. (1968) "Ethnic and national images: people vs. nations," *Public Opinion Quarterly*, vol. 32, No. 2 (Summer).
Wilmott, Peter (1962) "Housing density and town design in a new town," *Town Planning Review*, vol. 33 (July), pp. 115–127.
———— (1963) *The Evolution of a Community*, London, Routledge and Kegan Paul.
———— (1964) "Housing in Cumbernauld: Some Residents' Opinions," *TPI Journal*, vol. 50, No. 5 (May), pp. 195–200.
———— (1967) "Social research and new communities," *AIP Journal*, vol. 33, No. 6 (Nov.), pp. 387–398.
Wilmott, Peter and Edmund Cooney (1963) "Community planning and sociological research: a problem of collaboration," *AIP Journal*, vol. 29, No. 2 (May), pp. 123–126.
Wilson, James Q. (1967) "A guide to Reagan country," *Commentary* (May).
Wilson, Robert L. (1962) "Liveability of the city: attitudes and urban development," in F. Stuart Chapin Jr. and Shirley F. Weiss (ed.) *Urban Growth Dynamics*, New York, Wiley, pp. 359–399.
Wilson, Roger (1963) "Difficult housing estates," *Human Relations*, vol. 16, No. 1 (Feb.), pp. 3–43.
Winkel, Gary, R. Malek and P. Thiel (1969) "A study of human response to selected roadside environments" in H. Sanoff and S. Cohn (ed.) *EDRA 1*, pp. 224–240.
Wirth, Louis (1938) "Urbanism as a way of life," *Am. J. of Sociology*, vol. 44, pp. 1–24.
Wittkower, Rudolf (1962) *Architectural Principles in the Age of Humanism*, London, Tiranti.
Wober, M. (1966) "Sensotypes," *J. of Soc. Psych.* vol. 70, pp. 181–189.
Wohlwill, Joachim F. "The concept of sensory overload" in J. Archea and C. Eastman (ed.) *EDRA 2*, pp. 340–344.
———— (1971) "Behavioral response and adaptation to environmental stimulation" in A. Damon (ed.) *Physiological Anthropology*, Cambridge, Havard University Press.
Wohlwill, Joachim F. and Imre Kohn (1973) "The environment as experienced by the migrant: an adaptation-level view" *Repr. Research in Social Psych.* vol. 4, No. 1 (Jan.), pp. 135–164.
Wolfe, Alvin W. (1970) "On structural comparison of networks," *The Canadian Review of Sociol. and Anthrop.*, vol. 7, No. 4 (Nov.).
Wolffe, A. (1972) Letter about Gloucester Township, Camden County, NJ in *Design and Environment*, vol. 3, No. 1 (Spring), p. 6.
Wolforth, John (1971) "The journey to work" in L. S. Bourne (ed.) *Internal Structure of the City*, New York, Oxford University Press, pp. 240–247.
Wolpert, Julian (1964) "The decision-making process in spatial context," *Annals, Ass'n. Am. Geog.* vol. 54, pp. 537–558.
———— (1966) "Migrations an adjustment to environmental stress," *J. of Social Issues*, vol. 22, No. 4 (Oct.), pp. 92–102.

Wong, S. K. Luke (1971) "The Aplichau squatter area: a case study" in D. J. Dwyer (ed.) *Asian Urbanization* (A Hong Kong casebook) Hong Kong University Press, pp. 89–110.
Wood, Dennis (1969) "The image of San Cristobal," *Monandnock*, vol. 43, pp. 29–45.
Wood, L. J. (1970) "Perception studies in geography," *Trans. Inst. British Geog.* No. 50 (July), pp. 129–142.
World Federation of Mental Health (1957) *Mental Health Aspects of Urbanization* (UN discussion) (March).
Worskett, Roy (1969) *The Character of Towns*, London, Arch Press.
Wright, H. F. (1969) *Children's Behavior in Communities Differing in Size*, Lawrence, University of Kansas.
________ (1970) "Children in smalltown and largetown USA," Lawrence, Kansas, Dept. of Psychology, University of Kansas.
Wülf, F. (1938) "Tendencies in figural variation" in W. D. Ellis (ed.) *A Source-book of Gestalt Psychology*, London, Routledge and Kegan Paul, pp. 136–148.
Wynne-Edwards, V. C. (1962) *Animal Dispersion in Relation to Social Behavior*, Edinburgh, Oliver & Boyd.
Yaker, H. M. *et al.* (ed.) (1971) *The Future of Time*, Garden City, NY, Doubleday.
Yancey, William L. (1971) "Architecture, interaction and social control" (The case of a large-scale public housing project), *Environment and Behavior*, vol. 3, No. 1 (March), pp. 3–21.
Young, M. and P. Wilmott (1962) *Family and Kinship in East London*, Harmondsworth, Penguin.
________ (1973) *The Symmetrical Family*, New York, Pantheon.
Zborowski, M. and E. Herzog (1955) *Life is with People* (The Jewish littletown of Eastern Europe), New York, International Universities Press.
Zehner, Robert B. (1970) "Satisfaction with neighborhoods: the effects of social compatibility, residential density and site planning," unpublished PhD Dissertation, University of Michigan.
Zeisel, John (1969) "Symbolic meaning of space and the physical dimensions of social relations," Paper, Am. Sociological Ass'n Annual Meeting (Sept. 1) (mimeo).
Zubrzycki, Jerzy (1960) *Immigrants in Australia*, Melbourne, University Press.